식품 저장실 필수품
A. 코셔 소금 또는 가는 천일
B. 말린 고추
C. 월계수 잎
D. 간장
E. 향신료
F. 견과류, 건과일
G. 초콜릿, 코코아
H. 파스타, 쌀, 곡류
I. 엑스트라버진 올리브유와 특별한 맛이 나지 않는 식용유
O. 참치, 안초비
P. 마늘
Q. 레몬, 라임
R. 레드와인, 화이트 와인, 발사믹 식초, 청주 식초
S. 흑후추
T. 얇은 소금
U. 버터
V. 파르미지아노 치즈
W. 달걀
D
E
F
G
H
J
K
L
M
R
Q
N
O
P
20-27
T
16
17
15
U
W
V
19
18

소금지방산열을 향한 찬사

쉽게 이해할 수 있도록 잘 쓰여진 이 멋진 책은 요리하는 법을 가르쳐 줄 뿐만 아니라 요리는 탐구심과 진심 어린 마음으로 즐겁게 '느껴야' 한다는 사실을 짚어 준다. 사민 노스랏은 지금까지 내가 만난 이들 가운데 가장 뛰어난 선생님이다. 저자의 강력한 열정과 호기심은 사람들로 하여금 진짜 음식, 즉 자연을 생각하면서 제철에 맞고 생생하게 살아 있는 음식을 만들도록 이끈다.

— 앨리스 워터스, 《뉴욕 타임스》 베스트셀러 『간단 요리의 미학(*The Art of Simple Food*)』 저자

마이클 폴란이 '무엇을 먹어야 하는가'라는 방대하고 복잡한 주제를 '음식을 먹되 너무 많이 먹지 말고, 식물로 대부분을 채워라'라는 아주 짧은 말로 요약했을 때 모두가 감명받았다. 사민 노스랏은 '어떻게 요리해야 하는가'라는 방대하고 복잡한 주제를 '소금, 지방, 산, 열'로 요약했다. 이번에도 큰 감명을 받을 것이다.

— 요탐 오토렝기, 《뉴욕 타임스》 베스트셀러 『예루살렘(*Jerusalem*)』 저자

『소금, 지방, 산, 열』은 더 나은 요리사가 되고 싶은 모든 사람이 꼭 읽어 봐야 할 책이다. 웬디 맥노튼의 재미있는 일러스트레이션이 더해진 사민 노스랏의 글은 요리의 기본적인 원리를 알려 주고, 음식을 맛있게 만드는 네 가지 요소를 깊이 파헤친다. 그러니 이 책을 사서 읽는 건 스스로에게 호의를 베푸는 것과 같다. 내가 장담하건대 후회하지 않을 것이다.

— 에이프릴 블룸필드, 제임스 비어드상 수상 요리사, 『소녀와 그녀의 돼지(*A Girl and Her Pig*)』 저자

『소금, 지방, 산, 열』은 사민 노스랏이 주방에서 만들어 낸 놀라운 음식처럼 멋진 이야기 솜씨와 명확한 과학적 사실, 보는 사람까지 끌리게 만드는 음식을 향한 사랑 그리고 일러스트레이터 웬디 맥노튼의 강력한 예술이라는 최상급 재료가 완벽하게 혼합된 결과물이다. 노스랏의 문장과 맥노튼의 아름다운 그림이 합쳐져 최고의 맛을 낼 수 있는 과학적인 요리법을 소개한 완벽한 지침서가 되었다.

— 레베카 스클루트, 《뉴욕 타임스》 베스트셀러
『헨리에타 랙스의 불멸의 삶(*The Immortal Life of Henrietta Lacks*)』 저자

『소금, 지방, 산, 열』이 너무나 중요한 책인 이유는 훌륭한 레시피가 많아서도 아니고, 저자가 '셰 파니스(Chez Panisse)' 출신 요리사이기 때문도 아니다. 물론 이 두 가지도 중요한 사실이지만, 그보다 이 책이 집에서 요리하는 사람들에게 주방에서 사용할 수 있는 나침반을 제시하고, 그 나침반을 얼마든지 활용할 수 있다는 확신을 주었다는 점이 더 중요하다. 편안하게 느낌 가는 대로 요리하는 사민의 방식에서 잘난 척하는 태도나 엘리트주의는 전혀 찾아볼 수 없다. 레시피 없이도 요리에 한 발짝 더 가까이 다가가 주방에서 확고한 자신감(그리고 즐거움!)을 느낄 수 있게 한다.

— 존 베커와 메건 스콧, 《뉴욕 타임스》 베스트셀러 『요리의 즐거움(*Joy of Cooking*)』 4대째 관리자

어마어마하게 많은 정보가 담긴 『소금, 지방, 산, 열』은 차세대 요리 자료다. 사민 노스랏의 풍부한 경험은 매력적인 이야기와 직설적인 설명, 일러스트레이션, 영감을 불어넣는 정보와 완벽하게 조화를 이룬다. 이제 막 요리사가 된 사람이나 숙련된 요리사 모두를 만족시킬 것이며, 주방에 들어설 때마다 가장 올바른 길을 제시할 것이다.

— 하이디 스완슨, 《뉴욕 타임스》 베스트셀러 『슈퍼 내추럴 요리(*Super Natural Cooking*)』 저자

일러두기

— 본문 하단의 주석은 모두 옮긴이 주입니다.

— 원서의 화씨(°F)는 섭씨(℃)로, 인치(inch)는 센티미터(cm)로, 쿼트(quart)는 리터(*l*)로, 파운드(pound)와 온스(ounce)는 킬로그램(kg)으로 환산했습니다.

소금 지방 산 열

SALTFATACIDHEAT

훌륭한 요리를 만드는 네 가지 요소

사민 노스랏

웬디 맥노튼 그림 제효영 옮김

; 세미콜론

SALT, FAT, ACID, HEAT

: Mastering the Elements of Good Cooking
by Samin Nosrat and art by Wendy MacNaughton

내게 주방을 선사한 앨리스 워터스,

그리고 세상을 주신 엄마께

먹는 걸 좋아하는 사람은, 요리 잘하는 법도 금세 배울 수 있다.

— 제인 그릭슨

목차

2부

레시피와 조언

이 책을 소개합니다

내가 서문을 쓰는 지금은『소금, 지방, 산, 열』이 아직 세상에 나오기 전이지만, 벌써 이 책은 없어서는 안 될 자료라는 생각이 든다.

'뭘 그렇게 호들갑이지?'라고 생각하는 사람도 분명 있을 것이다. 하지만 장담하건대, 내가 지금까지 읽었던 요리책 가운데 이만큼 독특하면서도 유용한 책은 솔직히 본 적이 없다.『소금, 지방, 산, 열』은 종이로 된 요리책을 읽는다기보다 굉장히 훌륭한 요리 수업을 듣는 것에 가깝기 때문이다. 앞치마를 두른 채 두툼한 도마가 놓인 조리대에 서서, 유려한 언변에 가끔 유머를 섞으며 '망쳐 버린 마요네즈를 어떻게 살리는지' 알려 주는 선생님의 말씀을 경청하는 그 느낌 말이다. ("물을 조금 넣고 '바다에서 수영하다 상어를 만난 사람이 필사적으로 헤엄치는 속도로' 휙휙 저으세요.") 이제 선생님이 살려 낸, 비단처럼 부드러운 마요네즈가 가득 찬 그릇이 우리에게 오면 다들 작은 숟가락으로 맛을 보고 생각하리라. "아, 이제 알겠어."

『소금, 지방, 산, 열』에서 사민 노스랏은 일반적인 요리책보다 훨씬 더 깊이, 훨씬 더 멀리 우리를 요리의 세계로 안내한다. 솔직히 요리책으로 분류되는 도서들은 유용하지만 심각한 한계도 많다. 제아무리 훌륭하고 철저히 검증된 내용이라 하더라도 레시피는 그 요리를 어떻게 만드는지에 관한 내용에만 그칠 뿐, 제대로 요리하는 법은 전혀 알려 주지 않는다. 일단 레시피는 독자를 어린아이처럼 대한다. '내 말대로만 해. 잘 알지도 못하면서 왜 그래야 하는지 묻거나 걱정하지 마.' 하는 식이다. 그저 믿고 따르기만을 요구하는 그런 레시피에서는 아무것도 얻을 게 없고, 어떤 설명도 들을 수 없다.

할 일을 단계별로 열거만 하는 대신 그 안에 담긴 원리를 설명하면 우리가 얼마나 많은 것을 배우고 또 간직할 수 있을지 생각해 보라! 원리로 무장하고 나면 굳이 레시피를 구명보트처럼 붙들고 의지할 필요가 없다. 혼자서도 얼마든지, 그때그때 상황에 맞게 대응할 수 있다.

물론 이 책에도 훌륭한 레시피가 가득 담겨 있지만, 가장 중요한 내용은 요리의 원리다. 사민 노스랏은 그 범위가 무한정할 뿐만 아니라 다양한 문화가 모여 완성되는 요리를 우리에게 소개하기 위해 네 가지 필수 요소를 대담하게 선정했다. 맛보기도 제법 큰 부분을 차지하니 총 다섯 가지라고 말할 수도 있겠다. 사민은 이 기본 원칙을 숙달하면 샐러드 드레싱부터 찜 요리, 프랑스식 케이크까지 어떤 지역의 무슨 요리든 맛있게 만들 수 있다고 단언한다. 적정량의 소금으로 적정 시간만큼 양념하기, 재료의 맛이 가장 잘 배어 나오게 하는 최상의 매개체인 지방을 선택하기, 산을 더해 균형을 맞추는 동시에 맛에 생기를 부여하기, 요리별로 최적의 가열 방식과 열량을 충족하는 열원을 선택해 적정 시간만큼 가열하기, 이 모든 요건을 갖춘다면 레시피와 상관없이 강렬하고 훌륭한 음식을 만들 수 있다. 거창하게 들리겠지만 사민의 수업을 들으면, 즉 이 책을 읽어 보면 충분히 가능하다는 사실을 알게 될 것이다. 요리 새내기든 주방 경력만 수십 년쯤 되는 사람이든 간에 모든 요리에 깜짝 놀랄 만큼 새로운 맛을 더하는 방법을 이 책에서 배울 수 있다.

● ● ●

사민은 놀라운 재능의 소유자다. 샌프란시스코 베이에서 손꼽히는 유명 음식점에서 수년간 일한 숙련된 요리사인 동시에 가르치는 능력도 타고난 터라 지혜롭게 상대방을 북돋우며 설득할 줄 안다. 한때 내게 글쓰기를 배운 학생이자 내가 『요리를 욕망하다(*Cooked*)』를 쓸 때는 요리 선생님으로 함께 일하면서 직접 경험하고 내린 결론이다.

사민과 처음 만난 것은 지금으로부터 10년 전, 당시 내가 버클리 대학교에서 대학원생을 대상으로 진행했던 요리 저널리즘 수업을 그녀가 청강해도 되는지 문의해 왔을 때였다. 그때 그렇게 하라고 허락한 것은 글쓰기를 가르치는 교수로서는 물론, 먹는 것을 좋아하는 사람으로서 내 평생 가장 잘한 일이라 자부한다. 사민은 매력적인 목소리와 (여러분도 이 책에서 곧 느끼게 될) 특유의 확신에 찬 문장력을 드러내며 함께 수강했던 여러 저널리스트 사이에서도 전혀 뒤처지지 않았다. 그리고 간식 시간에는 누구보다 강력한 존재감을 드러냈다.

당시 수업은 주제가 주제였던 만큼 다 함께 먹을 일도 많았다. 나는 학생들에게 매주 한 사람씩 돌아가며 각자 '사연이 있는 음식'을 가지고 와서 여지껏 살아 온 삶이나 앞으로 하고 싶은 일, 현재 열정을 품고 있는 일에 대해 소개하도록 했다. 어떤 날은 쓰레기통을 뒤져서 주워 온 바게트가 등장한 적도 있고, 직접 캔 버섯과 풀 그리고 온갖 전통 음식 등을 먹을 수 있었지만 보통 한 입, 많아 봐야 두 입 정도 맛본 후에 이야기를 듣는 것으로 끝났다. 하지만 사민의 차례가 돌아온 날, 우리는 아예 한 끼 식사를 대접 받았다. 사민은 직접 만든 시금치 라자냐를 풍성하게 차려 낸 것으로도 모자라 제대로 된 접시며 식탁보, 식기까지 모두 준비해 왔다. 이전까지 내 수업에서 한 번도 본 적 없는 이런 준비까지 철저히 해 온 사민은, 모두가 인생 최고의 라자냐를 맛보는 동안 자신이 파스타 만드는 법을 처음 어떻게 배웠는지 들려 주었다. 피렌체에서 사민에게 지대한 영향을 준 스승인 베네데타 비탈리의 수련생으로 공부하던 시절, 밀가루와 달걀을 손으로 어떻게 섞었는지 설명하는 사민의 이야기에 우리는 모두 몰입해서 귀를 기울였다. 사민의 이야기 솜씨는 요리 솜씨만큼이나 매력적이었다.

그래서 몇 년 뒤 내가 요리를 진지하게 배워 보리라 마음먹었을 때, 스승으로 삼을 사람은 이미 정해져 있었다. 사민은 곧바로 내 요청에 응했고, 1년이 넘는 기간 동안 한 달에 한 번씩, 주로 일요일

오후에 내가 있는 곳으로 와서 세 가지 메뉴로 구성된 코스 요리를 함께 만들었다. 코스는 매번 다른 주제로 구성했다. 사민은 시장바구니와 앞치마, 천주머니에 담은 칼을 들고 우리 집 주방에 성큼 들어서면서 오늘은 어떤 수업을 할지 알려 주곤 했는데, 그때 배운 원칙은 이 책에도 대부분 포함되어 있다. "오늘은 유화(emulsion)에 관한 모든 걸 배워 보기로 해요." (유화는 "지방과 수분의 일시적 평화 조약"이라고 했던 사민의 설명이 지금도 기억에 남는다.) 수업에 육류 메뉴가 있을 때, 사민은 전날 저녁에 직접 들르거나 전화를 걸어 다음 날 구울 고기나 닭고기를 미리 적절하게 양념해 두라고 알려 주었다. 여기서 양념하라는 말은 고기에 충분히 간이 배도록 최소 24시간 전에 재워야 하며, 보통 심혈관 전문의의 권고보다 다섯 배 정도 더 많은 양의 소금을 사용하라는 의미였다.

처음에는 일대일 과외로 시작해서 사민과 나 두 사람만 부엌 조리대에서 함께 재료를 썰며 이야기를 나누었는데, 시간이 지나고 부엌에서 흘러나오는 맛있는 냄새와 즐거운 웃음소리에 나의 아내 주디스와 아들 아이삭도 자연스레 합류했다. 그러다 이 맛있는 음식을 우리끼리만 즐길 수는 없다는 생각에 친구들을 수업 날 저녁에 초대하기 시작했다. 나중에는 그들마저 식사 시간 전부터 오기 시작하더니 급기야 오후부터 함께 부엌에서 파이 반죽을 밀대로 밀기도 하고, 아이삭이 달걀노른자가 듬뿍 들어간 노란색 파스타 반죽을 조금씩 떼서 기계에 넣으면 곁에서 손잡이를 열심히 돌리곤 했다.

요리를 향한 열정과 유머, 인내심과 더불어 사민이 요리를 가르치는 방식에는 남다른 전염성이 있다. 무엇보다 아주 복잡한 과정도 쉽게 이해할 수 있도록 잘게 쪼개는 능력이 대단한데, 이는 요리의 각 단계마다 바탕이 되는 원칙을 늘 빠짐없이 설명하기 때문에 가능한 일이다. 고기를 일찍 소금에 절여 두어야 하는 이유는 그래야 소금이 근육까지 확산되는 데 충분한 시간을 확보할 수 있고, 단백질 결합이 풀리면서 액체를 머금은 겔과 같은 상태로 바뀌기 때문이다. 그 결과 고기는 더욱 촉촉해지고 동시에 속에서부터 맛이 우러난다. 요리의 모든 단계에는 그래야 하는 이유가 있고, 그 이야기를 들으면 왜 그런 단계가 필요한지 곧바로 이해하게 되므로 지극히 자연스러운 일로 받아들이게 된다. 반복된 신체 동작을 근육이 기억하는 것처럼 이 과정을 거쳐 특별한 요리 기억이 구축된다.

사민이 우리에게 가르치는 기술은 지극히 논리적이고 심지어 과학적이지만, 동시에 사민은 얼마나 맛을 잘 보고 냄새를 잘 맡느냐에 따라 훌륭한 요리가 좌우된다고 이야기한다. 그러므로 감각을 훈련하고 감각을 믿

는 법을 배워야 한다는 것이다. "맛을 보고, 또 맛을 보고, 또다시 맛을 보세요." 양파를 기름에 볶는 아주 단순하고 지루해 보이는 단계에서도 사민은 이렇게 이야기한다. 시큼하고 아삭하던 네모난 양파 조각들이 투명하고 달콤한 상태가 되었다가 캐러멜화가 진행될수록 스모키한 향이 감돌기 시작하고, 갈색이 짙어지면서 약간 쓴맛이 나는, 복합적인 대변화가 프라이팬에서 일어난다. 사민은 이처럼 소박한 재료 하나에서 여섯 가지 맛이 어떻게 배어 나오는지 보여 주고, 이 과정이 요리의 네 번째 원칙인 열을 어떻게 조절하느냐에 따라 영향을 받는다는 사실도 알려 준다. 더불어 양파에서 우리가 충분히 인지할 수 있는 다른 향이 나오고 대대적인 변화가 일어날 때, 우리는 감각을 활용해 각 단계를 인지해야 한다는 것도 일러 준다. 세상에 어떤 레시피가 이런 것까지 알려 줄 수 있을까? 사민이 스승에게 배워 자주 인용하는 말에도 이러한 사실이 담겨 있다. "음식을 맛있게 만드는 건 레시피가 아니다. 사람이다."

내가 이 책에서 가장 흡족하다고 느끼는 부분은 사민이 요리를 향한 자신의 열정과 지성을 페이지마다 담는 방법을 (독자들에게 영감과 정보를 안겨 주는 힘이 사민 못지않게 대단한 웬디 맥노튼의 일러스트와 함께) 찾아냈다는 사실이다. 덕분에 배울 것이 많으면서도 즐겁게 읽을 수 있는 책이 탄생했다. (어떤 글이든 이 두 가지를 이룬다는 건 대단한 성과다.) 짐작건대 이 책은 여러분 책장에 꽂힌 몇 안 되는 요리책 중에서도 절대 없어서는 안 될 책이 될 것이다. 아무리 공간이 부족해도 이 책을 꽂을 자리만큼은 반드시 만들게 되리라 확신한다.

— 마이클 폴란

시작하면서

누구나 어떤 음식이든 만들 수 있고, 심지어 맛있게 만들 수 있다.

살면서 칼 한 번 잡아 본 적 없는 사람이든 성공한 요리사이든, 누구에게나 음식의 맛을 좌우하는 기본 요소는 단 네 가지다. 맛을 돋우는 소금, 맛을 증폭시키고 매력적인 식감을 만드는 지방, 맛에 활력과 균형을 더하는 산, 그리고 음식의 전체적인 질감을 결정하는 열이다. 소금, 지방, 산, 열은 요리할 때 지켜야 할 가장 기본 원칙이며 이 책은 여러분이 어떤 주방에서든 이 네 가지 요소를 활용할 수 있는 방법을 알려 준다.

레시피가 없으면 길을 잃은 아이처럼 막막하고, 변변한 재료가 아무것도 없는데도(혹은 냉장고가 텅텅 비어 있는데도) 요리를 뚝딱 만들어 내는 요리사가 부럽기만 한가? 소금, 지방, 산, 열은 여러분이 어떤 재료를 어떻게 요리해야 하는지 알려 주고, 요리의 마지막 몇 분 동안만 맛을 잘 조절해도 처음 기대와 정확히 맞아떨어지는 음식을 만들 수 있는 이유를 설명해 준다. 화려한 수상 경력을 자랑하는 요리사나 모로코 가정의 할머니, 분자 요리의 대가까지 소위 '위대한' 솜씨를 가진 사람들이 늘 변함없이 맛있는 음식을 만드는 이유도 이 네 가지 요소에서 찾을 수 있다. 여러분도 소금과 지방, 산, 열의 원리를 습득하면 가능한 일이다.

소금, 지방, 산, 열에 담긴 비법을 깨우치면 여러분도 주방에서 즉흥적으로 여러 가지 시도를 할 수 있다. 정해진 레시피나 장보기 목록대로 식재료를 준비해야 한다는 압박에서 벗어나 농산물 직판장이나 정육점에서 최상의 재료를 느긋하게 고를 수 있고, 그 재료로 균형 잡힌 한 끼 식사를 만들어 낼 수 있다는 자신감도 얻게 될 것이다. 또한 자신의 미각을 굳게 믿고 레시피를 변형할 줄 알게 되며, 뭐든 손에 잡히는 재료로 요리를 할 수 있다. 이 책을 통해 요리와 음식을 먹는 것에 관한 전반적인 '생각'이 바뀔 것이다. 그리고 어떤 주방에서 어떤 재료로 무슨 요리를 하건, 요리를 대하는 여러분만의 접근 방식을 찾게 될 것이다. 일단 이 책에 수록된 레시피를 비롯해 다양한 레시피를 출발점으로 삼으면 된다. 실제로 전문 요리사도 레시피를 참고하는데, 이는 글자 하나까지 따라 하기 위해서가 아니라 새로운 영감을 얻고 요리의 배경과 전체적인 흐름을 보기 위해서다.

여러분도 요리를 잘할 수 있을 뿐만 아니라 아주 훌륭한 요리사가 될 수 있다고 나는 약속한다. 이렇게 장담할 수 있는 이유는 바로 나에게 그런 일이 일어났기 때문이다.

나는 맛을 좇으며 살아왔다.

어릴 때 내가 부엌에 들어갈 수 있었던 건 엄마가 다른 형제들과 내게 생누에콩 껍질을 벗기라고 할 때나 매일 저녁 엄마표 정통 페르시아 요리에 들어갈 허브를 따 오라고 할 때뿐이었다. 부모님은 내가 태어나기 직전인 1979년, 이란 혁명 바로 전날에 테헤란을 떠나 샌디에이고로 왔다. 나는 페르시아어로 말하고, 이란의 새해 명절인 노루즈(No-Ruz)를 쇠면서 자랐으며, 읽기와 쓰기도 이란인 학교에서 배웠다. 페르시아 문화에서 내가 가장 깊이 끌린 건 모두를 한자리에 모이게 하는 음식이었다. 우리는 거의 매일 저녁 이모과 삼촌, 할머니 할아버지까지 함께 둘러앉아서 식사했다. 식탁은 늘 접시에 수북이 쌓인 허브 요리와 사프란이 들어간 쌀밥, 맛있는 냄새가 솔솔 풍기는 스튜 냄비로 빈틈없이 채워졌다. 엄마가 페르시아식 쌀밥을 지을 때마다 냄비 바닥에 눌어붙은 노르스름하고 바삭바삭한 누룽지, 타딕(tahdig)이 식탁에 올라오면 가장 색이 진하고 바삭한 부분은 항상 내 차지였다.

그렇게 먹는 걸 좋아하면서도 내가 요리사가 될 줄은 꿈에도 몰랐다. 고등학교를 졸업할 무렵에는 문학에 심취해서 대학도 영문학을 공부하기 위해 집에서 북쪽으로 떨어진 UC 버클리로 진학했다. 신입생 오리엔테이션 기간에 누군가 내게 학교 근처에 유명 레스토랑이 있다고 이야기했을 때도 한번 가 볼 마음조차 들지 않았다. 그때까지 나에게 외식이라곤 가족과 살던 오렌지 카운티에서 주말마다 한참을 걸어 찾아가곤 했던 페르시아 케밥 요리점이나 피자집, 해변의 생선 타코 가게 정도가 전부였다. 샌디에이고에는 유명한 레스토랑이 없었다.

그러다 나는 발그레한 볼에 반짝반짝 빛나는 눈을 가진 시인, 조니와 사랑에 빠졌다. 그는 자신이 나고 자란 샌프란시스코의 맛집으로 나를 안내했다. 평소에 즐겨 가던 멕시코 식당에도 데려가서 완벽한 미션 부리토(Mission burrito)를 먹으려면 어떻게 주문해야 하는지 가르쳐 주었다. 함께 '미첼스'[1]에서 베이비 코코넛 아이스크림과 망고 아이스크림을 맛보고, 늦은 밤 코이트 타워의 계단을 살금살금 올라가 발아래 펼쳐진 불빛이 반짝이는 도시 풍경을 바라보며 '골든 보이 피자'[2]를 먹기도 했다. 하루는 조니가 '셰 파니스'에 꼭 가 보고 싶은데 아직 한 번도 가지 못했다고 말했다. 그제야 나는 신입생 때 흘려들었던 레스토랑이 미국 전역에 알려진 아주 유명한 곳임을 알게 되었다. 조니와 나는 장장 7개월 동안 돈을 모으고 복잡한 예약 시스템을 열심히 연구한 끝에 마침내 그곳 테이블을 하나 확보했다.

드디어 '셰 파니스'에 가는 날, 우리는 그동안 모은 동전과 지폐가 담긴 신발 상자를 들고 은행에

1 Mitchell's Ice Cream. 1953년 영업을 시작한, 샌프란시스코 지역의 전통 있는 아이스크림 가게.

2 Golden Boy Pizza. 1978년 영업을 시작해 근 40년의 역사를 자랑하는 샌프란시스코의 명물 피자집.

가서 빳빳한 100달러짜리 지폐 두 장과 20달러짜리 지폐 두 장으로 바꿨다. 가장 좋은 외출복을 차려 입은 우리는 조니의 클래식 컨버터블 폭스바겐 비틀에 올라타고 서둘러 목적지로 향했다.

식사는 두말할 것도 없이 훌륭했다. 우리는 프리제 오 라동(Frisée aux Lardons) 샐러드, 자작한 육수와 함께 나온 넙치, 그리고 작은 살구버섯을 곁들인 뿔닭 요리를 먹었다. 평생 처음 먹어 보는 진미들이었다.

디저트는 초콜릿 수플레였다. 서빙 직원은 수플레 그릇을 가져와서 내 디저트 숟가락을 들고 위에 구멍을 살짝 내더니 함께 가져온 라즈베리 소스를 부었다. 내가 한입 떠먹는 모습을 지켜보던 직원에게 나는 열띤 음성으로 포근한 초콜릿 구름 같은 맛이 난다고 이야기했다. 그때 딱 하나를 더하면 이 맛을 더 풍부하게 느낄 수 있겠다는 생각이 들었다. 바로 차가운 우유였다.

고급 요리를 먹어 본 적이 없었던 나는, 대식가들조차 아침 식사 외에 우유를 마시는 건 좋게 봐야 유치한 입맛이고 최악의 경우 역겹다고까지 생각한다는 사실을 전혀 알지 못했다.

지금도 나는 낮이건 밤이건 따뜻한 브라우니와 차가운 우유 한잔만큼 맛있는 조합은 없다고 주장하지만, 당시 '셰 파니스'에서도 나는 그런 순진무구한 생각을 서빙 직원에게 그대로 전했다. 내 순진함을 귀엽다고 생각했는지, 몇 분 뒤에 다시 나타난 직원은 차가운 우유 한 잔과 함께 원래 수플레와 함께 선택했어야 할 '세련된' 음료인 디저트 와인 두 잔도 가지고 왔다.

나의 전문적인 요리 공부는 바로 이날의 경험에서 시작됐다.

얼마 후 나는 '셰 파니스'의 소유주이자 요리계의 전설, 앨리스 워터스에게 그날의 꿈만 같았던 저녁 식사의 감동을 편지로 상세히 썼다. 이 편지에서 나는 '셰 파니스'에서 손님들이 다 먹은 접시를 치우는 홀 직원으로 일하고 싶다는 뜻도 밝혔다. 그전까지 레스토랑에서 일해 보고 싶다는 생각은 한 번도 한 적이 없었는데 '셰 파니스'의 저녁 식사에서 너무나 큰 감명을 받은 나머지, 그곳에서 내가 느낀 마법 같은 시간을 만드는 일에 아주 작은 부분일지언정 동참하고 싶었다.

편지와 이력서가 담긴 봉투를 들고 다시 '셰 파니스'를 찾아가 방문 목적을 설명하자 안내 직원은 홀 매니저에게 전달하라며 나를 사무실로 데리고 갔다. 홀 매니저와 나는 보자마자 서로를 알아보았다. 그날 우리 테이블에 우유와 디저트 와인을 가져다주었던 바로 그분이었다. 내 편지를 읽은 매니저는 그 자리에서 바로 함께 일하자고 했다. 그리고 다음 날부터 교대로 진행되는 교육에 참여할 수 있느냐고 물었다.

교육이 시작되던 날, 나는 안내 직원을 따라 주방을 거쳐 아래층 식당으로 갔다. 바닥을 청소기로 치우는 것이 내게 주어진 첫 과제였다. 너무나 멋진 주방의 모습, 바구니 가득 담

긴 잘 익은 무화과, 번쩍이는 구리가 덮인 벽을, 나는 넋을 잃고 바라보았다. 얼룩 한 점 없는 새하얀 옷을 입고 우아하면서도 효율적으로 움직이는 요리사들을 보는 순간, 나는 요리의 마법에 푹 빠져 버렸다.

몇 주 후에 나는 요리사들을 졸라서 주방 일을 도울 수 있게 되었다.

내가 그저 심심풀이로 요리에 관심을 쏟는 것이 아님을 그들이 확신한 후에야 나는 홀 대신 주방에서 인턴으로 일할 수 있었다. 온종일 요리를 하고 밤에는 요리책을 읽다가 잠들었다. 꿈에는 마르첼라 하잔의 볼로네제 소스와 폴라 울퍼트가 손바닥을 굴려 가며 만든 쿠스쿠스가 나오곤 했다.

'셰 파니스'의 메뉴는 매일 새롭게 바뀌므로 주방에서는 교대 시간마다 메뉴 회의를 한다. 주방장과 요리사들이 모두 빙 둘러앉아 함께 콩이나 마늘 껍질을 벗기면서 그날 만들 요리를 이야기하는 식이다. 스페인 해안으로 떠난 여행에서, 혹은 몇 년 전 《뉴요커(*New Yorker*)》에서 읽은 기사에서 영감을 얻은 요리를 이야기할 수도 있고, 어떤 허브를 쓸지 당근은 어떻게 썰어야 할지 같은 구체적인 부분을 이야기하기도 한다. 쓰고 버리는 종이 뒷면에 완성된 요리를 스케치해서 보여 주기도 하면서 논의를 거쳐 각 요리사에게 메뉴가 할당된다.

인턴으로 메뉴 회의에 참석하기란 설레는 만큼 두려운 일이었다. 마침 잡지 《고메(*Gourmet*)》에서 '셰 파니스'를 미국 최고 레스토랑으로 선정한 직후라, 나는 사실상 세계에서 가장 뛰어난 요리사들과 함께 앉아 있는 셈이었다. 이들의 이야기를 가만히 듣고 있는 것만으로도 배울 것이 엄청나게 많았다. 도브 프로방살(Daube provençal)[1]이니 모로코식 타진(tagine), 로메스코 소스를 곁들인 칼소트(calçots con romesco)[2], 툴루즈식 카술레(cassoulet toulousain)[3], 아바키오 알라 로마나(abbacchio alla romana)[4], 마이알레 알 라테(maiale al latte)[5] 같은 도무지 알아들을 수 없는 단어들이 들렸다. 나는 요리 이름만으로도 머릿속이 복잡한데, 요리사들이 요리책을 뒤적이는 경우는 거의 없었다. 이 사람들은 어떻게 주방장이 언급하는 요리들을 조리법까지 전부 꿰고 있는지 너무나도 궁금했다.

도저히 못 당하겠다는 생각이 들었다. 이름표도 없는 유리병에 줄줄이 담긴 향신료들을 구분하는 날이 오긴 올까 하는 생각에 두려웠다. 쿠민과 회향 씨도 못 알아보는데 프로방스식 부야베스(Provençal bouillabaisse)와 토스카나식 카치우코(Tuscan cacciuco)의 미묘한 차이는 절대로 찾지 못할 것 같았다. (둘 다 지중해 지역의 해산물 스튜 요리로, 겉보기에는 똑같다.)

1 프로방스식 스튜.

2 우리의 대파와 비슷한 부추속의 식물로 스페인 카탈루냐 지방에서 주로 먹는다.

3 고기와 콩을 넣어 뭉근히 끓인 랑그도크(프랑스 남부의 옛 행정구역명) 지방의 요리. 툴루즈는 랑그도크의 주도였다.

4 로마식 새끼양 요리.

5 우유에 졸인 돼지고기 요리.

매일 모두에게 질문하고, 음식에 관한 것이라면 뭐든 읽고, 만들어 보고, 맛을 보고, 글로도 썼다. 조금이라도 더 깊이 이해하기 위해 그렇게 노력했다. 농장이나 농산물 시장에 찾아가서 어떤 물건이 팔리는지도 공부했다. 요리사들은 조금씩 내게 일을 맡겼다. 아주 작은 재료를 굽는 일, 첫 번째 코스 메뉴에 올라갈 안초비에 윤기를 더하는 일에서 시작해, 한 단계 더 나아가 두 번째 요리로 나가는 작고 완벽한 라비올리를 빚기 시작했다. 이어 세 번째 코스 메뉴에 쓸 쇠고기를 손질했다. 셀 수 없이 많은 실수를 하면서도 그 순간의 스릴은 내내 남아 있었다. 고수를 가지고 오라는 지시에 뭐가 뭔지 몰라서 파슬리를 집어 오는 사소한 실수도 있었지만, 영부인이 저녁 식사를 하러 온 날 걸쭉한 쇠고기 소스를 태워 먹는 큰 실수도 저질렀다.

실력이 나아질수록 맛있는 음식과 훌륭한 음식의 미묘한 차이를 감지할 수 있게 되었다. 요리 하나에 들어가는 재료가 구분되기 시작했고, 소금은 파스타 소스가 아니라 파스타 삶는 물에 넣어야 한다는 것과 언제 넣어야 하는지, 진하고 달콤한 양고기 스튜와 균형을 맞추려면 허브 살사에 식초를 언제 더 첨가해야 하는지도 깨달았다. 매일 바뀌고 계절마다 새로워서 끝 모를 미로처럼 느껴지던 메뉴 선정에도 법칙이 존재함을 알게 되었다. 두툼하게 썬 고기는 전날 밤에 소금에 재우지만 얇은 생선 필레는 요리할 때 양념해야 한다는 것, 튀김 요리를 할 때 기름이 뜨겁지 않으면 음식이 눅눅해진다는 것, 반대로 타르트 반죽에 들어가는 버터는 차가운 상태를 유지해야 파이가 바삭바삭하고 얇게 나온다는 것도 깨달았다. 샐러드, 수프, 푹 삶는 요리에 레몬즙이나 식초를 약간 더하면 맛이 좋아지고, 고기마다 구이에 알맞은 부위가 있고 삶아서 익혀야 하는 부위가 있다는 것도 배웠다.

소금과 지방, 산, 열은 종류에 상관없이 모든 요리에서 가장 기본적인 의사 결정에 바탕이 되는 네 가지 요소라는 사실도 깨달았다. 나머지는 문화적인 요소와 계절적인 특성, 세부적인 기술에 좌우되며 이 부분은 요리책이나 전문가, 역사, 지도를 참고해야 이해할 수 있다는 것도 알게 되었다. 생각지도 못했던 깨달음이었다.

훌륭한 음식을 만들기란 정답 없는 수수께끼 같은 일이라고 생각했던 시절도 있었지만, 이 사실을 깨우친 뒤부터는 주방에 들어설 때마다 머릿속으로 '소금, 지방, 산, 열' 이렇게 나만의 작은 체크리스트를 떠올렸다. 어느 날 한 요리사에게 이 생각을 이야기했더니, 그는 미소를 지으면서 이렇게 말했다. "저런, 그걸 모르는 사람이 있을까."

하지만 정말로 아는 사람은 아무도 '없었다'. 그전까지 그런 내용을 듣거나 읽은 적도, 명확하게 내게 설명해 준 사람도 없었다. 이 네 가지 원리를 이해하고 전문 요리사에게 확인을 받고 나자, 요리 입문자에게 이 원칙을 가르쳐 주는 사람이 지금껏 없었다는 사실을 더더욱 이해할 수가 없었다. 나는 다른 아마추어 요리사들도 알 수 있도록 책을 쓰기로 마음먹었다.

그래서 노란색 유선 노트를 사서 글을 쓰기 시작했다. 지금으로부터 17년 전, 요리를 시작한 지 겨우 1년 남짓 되던 스무 살 때의 일이다. 시작하자마자 나는 누군가에게 뭔가를 가르치려면 요리와 글쓰기 모두 내가 배워야 할 부분이 많다는 사실을 깨달았다. 책을 쓰겠다는 생각은 일단 접어 두고, 글을 읽고 쓰면서 요리를 계속해 나갔다. 그때부터 내가 배운 모든 지식을 소금, 지방, 산, 열이라는 새 원칙으로 정리하면서 나만의 요리 사고체계를 세워 갔다.

무언가를 맨 처음 발견하거나 개발한 원저자의 자료를 찾아보는 학자들처럼, 나도 '셰 파니스'에서 배우고 사랑하게 된 요리의 원형을 보고 싶었다. 이 열망을 품고 이탈리아로 떠난 나는 피렌체에서 음식의 신기원을 이룩한 토스카나 출신 요리사 베네데타 비탈리의 레스토랑 '지빕보(Zibibbo)'를 찾아가 수련생이 되었다. 낯선 주방에서 거의 알아들을 수 없는 언어로 소통해야 하는 데다 미터법과 섭씨 단위를 쓰는 곳에서 생활하는 것 자체가 끊임없는 도전의 연속이었다. 하지만 소금, 지방, 산, 열을 떠올리며 일른 할 일을 찾아 나갔다. 베네데타의 가르침을 세세한 부분까지 전부 이해하지는 못해도 라구(ragù) 소스에 들어가는 고기를 노릇하게 익히는 방법이나 재료를 볶기 전에 올리브유를 가열하는 방법, 파스타 삶는 물에 간하는 법, 레몬즙을 첨가해서 보다 풍부한 맛을 끌어내는 방식은 모두 저 멀리 캘리포니아에서 깨달은 원리와 일치했다.

쉬는 날에는 8대째 대를 이어 정육 일을 하는 다리오 체키니와 키안티 언덕에 바람을 쐬러 갔다. 성격이 굉장히 좋고 마음도 넓은 다리오는 나를 제자로 받아들여 정육 기술과 토스카나 지역의 정통 음식을 열과 성을 다해 가르쳐 주었다. 주변 지역 곳곳으로 나를 데려가서 농부들과 포도주 만드는 사람들, 빵 굽는 사람들, 치즈 만드는 사람들도 만나게 해 주었다. 이들을 통해 나는 신선하고 소박한 재료를 세심하게 조리함으로써 가장 깊은 맛을 내는 토스카나 지역 특유의 요리 철학이 지리적인 특성과 계절, 역사가 한데 모여 수백 년에 걸쳐 형성되었다는 사실을 깨달았다.

나는 맛을 찾아 계속해서 전 세계를 돌아다녔다. 호기심에 부풀어 중국에서 가장 오래된 절임 식품점을 찾아가기도 하고, 파키스탄에서 지역마다 조금씩 다르게 만드는 렌틸콩 요리도 직접 먹어 보았다. 경제 제재로 식재료 수급이 한정된 쿠바에서는 요리에 녹아든 복잡한 정치적 역사를 느꼈고, 멕시코에서는 토르티야에 사용되는 원형 옥수수가 품종마다 어떤 차이가 있는지 비교해 보았다. 여행을 다닐 수 없을 때는 다양한 책을 읽고, 고향을 떠나 이주해 온 할머니들을 만나 그분들이 만든 전통식을 맛보았다. 어떤 상황, 어떤 장소에서든 소금, 지방, 산, 열은 믿음직한 나침반처럼 내가 만드는 모든 요리에 방향을 제시했다.

● ● ●

버클리로 돌아온 후에는 '셰 파니스' 시절 나의 멘토였던 크리스토퍼 리가 새로 차린 이탈리아 레스토랑 '에콜로(Eccolo)'에서 일했다. 얼마 후에는 그곳에서 주방장을 맡았다. 함께 일하는 요리사들이 재료나 식품이 반응하는 정교한 특성을 익히고, 왜 그런 특성이 나타나는지 과학적인 원리를 하나하나 이해하도록 하는 것이 주방장으로서 내가 해야 할 몫이라고 나름의 기준을 정했다. 그래서 그들에게는 "무엇이든 맛을 봐야 한다."는 이야기와 함께 '어떻게 해야' 더 나은 선택을 할 수 있는지 가르쳐 주었다. 그때는 소금, 지방, 산, 열에 관한 이론을 맨 처음 떠올린 때로부터 10년이 흐른 후였고, 충분한 정보가 축적된 덕분에 마침내 신입 요리사들에게도 그 원리를 가르칠 수 있게 되었다.

소금, 지방, 산, 열이 전문 요리사에게도 얼마나 많은 가르침을 줄 수 있는지 확인한 후, 저널리즘 수업을 들었던 마이클 폴란 교수님으로부터 도움 요청을 받았다. 요리의 자연사를 정리하는 책 『요리를 욕망하다』 준비를 위해 요리를 배워야 하니 도와 달라는 것이었다. 그때도 나는 앞서 깨우친 원리를 똑같이 적용해서 수업을 했다. 소금과 지방, 산, 열, 이 네 가지 요소를 훌륭한 요리의 핵심이라고 보는 내 생각을 금세 이해한 마이클 교수님이 정규 수업을 만들어서 다른 사람들에게도 가르쳐 보는 것이 어떻겠냐고 제안하기에 나는 한번 해 보기로 했다. 요리 학교, 시니어 강좌, 중학교, 커뮤니티 센터 등을 찾아가 내가 고안한 원칙을 가르쳤다. 수업 시간에 함께 멕시코 요리든, 이탈리아, 프랑스, 페르시아, 인도, 일본 요리든 무엇을 만들든 간에, 학생들은 예외 없이 자신감을 얻고 무엇보다 맛을 중시하면서 주방에서 더 좋은 의사 결정을 내렸다. 그리고 더 나은 결과물 얻는 법을 배우는 모습도 지켜볼 수 있었다.

이 책의 기반이 된 아이디어를 맨 처음 떠올린 때로부터 15년이 지나서야 나는 본격적으로 집필을 시작했다. 소금, 지방, 산, 열의 원리를 처음 깨닫고 심층적인 탐구를 거쳐 수년간 다른 사람들에게 가르치는 동안 나는 훌륭한 요리의 가장 핵심 요소가 무엇인지 제대로 판단할 수 있게 되었다.

소금, 지방, 산, 열의 원리를 하나씩 배우다 보면 여러분도 무엇이든 맛있는 요리로 만들 수 있다. 이제 쭉 읽어 나가면 알게 될 것이다.

이 책의 활용법

곧 알게 되겠지만, 이 책은 여러분이 평소에 보던 요리책과는 차이가 있다.

우선 처음부터 끝까지 순서대로 읽어 보기 바란다. 각종 기법과 과학 원리, 이야기에 주목하되 전부 암기하려고 애쓰지 않아도 된다. 나중에 '여러분'과 관련이 있는 개념을 다시 찾아서 읽으면 된다. 요리가 처음인 독자라도 기초 내용을 금방 익힐 수 있다. 각각의 요소는 맛과 과학적인 특성을 중심으로 소개하면서, 훌륭한 요리를 '왜' 만들어야 하고 '어떻게' 만들 수 있는지도 설명한다. 숙련된 요리사라면 책 곳곳에서 '아하!' 하고 놀랄 만한 내용을 발견하고, 이미 알고 있던 요령도 새로운 눈으로 보게 될 것이다.

장마다 주방에서 할 수 있는 몇 가지 실험을 담았다. 중심 개념을 파악할 수 있는 레시피를 활용하면 이론을 실전에 적용할 기회를 만들 수 있다.

책 뒷부분에는 소금, 지방, 산, 열을 충분히 이해하면 얼마나 많은 요리가 가능한지 보여 주는 기본 레시피를 모아 두었다. 시간이 갈수록 매일 레시피 '없이도' 편안하게 요리할 수 있겠지만, 직감적으로 요리하는 법을 몸에 익힐 때까지는 레시피가 보조 바퀴처럼 여러분의 마음을 편안하게 해 줄 것이다.

이 책에서 소개하는 레시피는 훌륭한 요리마다 나타나는 패턴을 강조할 수 있도록 식사 순서보다는 요리의 유형에 따라 분류되어 있다. 글로 충분히 설명하기 어려운 개념은 웬디 맥노튼의 기발하고 웃음을 자아내는 일러스트의 도움을 받아 다양한 시각적 가이드를 제시한다. 나는 책을 멋지게 꾸미는 수단으로 일부러 일러스트를 선택했다. 독자가 요리마다 완벽한 모습이 딱 하나뿐이라는 생각을 버리고 좀 더 자유롭게 접근하도록 하기 위해서다. 음식은 얼마든지 변주할 수 있고, 훌륭한 음식이란 어떤 모습이어야 하는지는 각자의 기준으로 판단하기 바란다.

다 읽은 후에도 곧바로 레시피에 접근하기가 부담스러울 때는 책 뒷부분의 **요리 실습**을 다시 읽어 보면 특정한 기술을 연마하거나 세부적인 기법을 터득하는 데 도움이 되는 레시피를 바로 찾을 수 있다. 어떤 요리를 어떻게 조합해서 한 끼 메뉴로 만들지 감이 잘 안 오는 분은 **추천 메뉴**를 가이드로 삼기 바란다.

마지막으로, 요리는 즐거워야 한다는 사실을 잊지 말자! 사랑하는 사람들과 함께 음식을 만들고, 함께 먹을 때 생기는 크고 작은 즐거움을 마음껏 즐기자!

1부

훌륭한 요리의 네 가지 요소

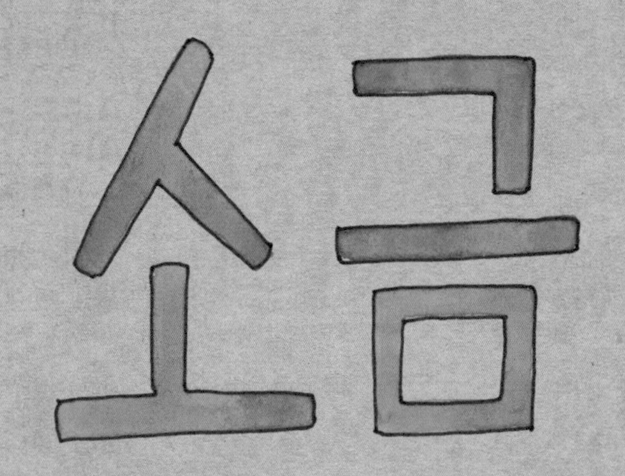
소금

어린 시절에는 소금이 그저 식탁 위 작은 병에 담아 놓기 위해 존재하는 줄로만 알았다. 내가 음식에 뿌린 적도, 엄마가 뿌리는 모습을 본 적도 없었기 때문이다. 소금 맛을 잘 아는 사람으로 유명했던 지바 이모가 저녁마다 사프란 쌀밥에 소금을 뿌리면 나와 남동생들은 키득키득 웃어 댔다. 우리에게는 세상에서 가장 이상하고 웃긴 일이었다. "소금을 넣는다고 대체 뭐가 달라진다는 거야?" 나는 의아할 뿐이었다.

소금을 생각하면 나는 유년기에 꽤 많은 시간을 보냈던 해변부터 떠오른다. 태평양을 바라보며 흘려보낸 수많은 시간, 파도를 얕보다가 입안 가득 바닷물이 들어차 꿀꺽 삼켜야 했던 순간, 해 질 무렵 친구들과 함께 바위 사이에 고인 웅덩이에 모여 말미잘을 쿡쿡 찔러 보다 찍 뿜어낸 소금물을 그대로 맞곤 했던 일들이 생각났다. 남동생들이 커다란 해초를 들고 쫓아와서 정신없이 달아나는 나를 붙잡으면, 우리는 흡사 저승에서 올라온 거대한 장식용 술처럼 생긴 그 짠내 나는 해초로 서로를 간질이며 장난을 쳤다.

우리 가족은 언제든 해변으로 달려가길 좋아했다. 엄마는 파란색 볼보 스테이션 왜건 뒤에 항상 우리의 수영복을 싣고 다녔다. 바다에 도착하면 세 남매를 얼른 물가로 내보내고는 능숙한 솜씨로 파라솔을 세우고 담요를 깔았다.

물속에서 놀다가 허기가 지면 햇볕에 바래 희미해진 산호색과 흰색 파라솔이 어디 있나 두리번거렸다. 엄마가 있는 곳을 알려 줄 유일한 표식이었던 그 파라솔을 찾으면, 우리는 눈가에 묻은 소금물을 문질러 닦아 내며 곧장 그쪽으로 갔다.

엄마는 바다에서 신나게 논 후에 먹으면 최고로 맛있는 음식이 무엇인지 늘 정확히 알고 있었다. 바로 라바시 빵에 양젖으로 만든 페타 치즈를 바르고 페르시아 오이를 올린 샌드위치였다. 우리는 얼음처럼 차가운 포도나 세모로 자른 수박으로 갈증을 달래며 샌드위치를 열심히 먹어 댔다.

곱슬곱슬한 머리카락에서 바닷물이 뚝뚝 떨어지고 피부에 소금 결정이 서서히 생기는 동안 먹던 그 간식은 이루 말할 수 없이 맛있었다. 물론 바닷가에서 노느라 한껏 신이 난 기분이 분명 마법 같은 효과를 발휘했을 것이라 생각하지만, 세월이 흘러 '셰 파니스'에서 일할 때 나는 비로소 바닷가에서 한입 크게 베어 물던 간식이 요리사의 관점에서도 왜 그토록 완벽할 수밖에 없었는지 깨달았다.

나는 '셰 파니스'에서 접시를 치우면서 첫해를 보냈다. 그 시절에는 매일 영업 시작 전, 요리사들이 주방장의 평가를 받기 위해 만든 시식용 음식을 내놓을 때가 음식을 가장 가까이에서 접할 수 있는 기회였다. 메뉴가 매일 바뀌다 보니 주방장은 시식용 음식을 맛보고 생각했던 요리가 제대로 나왔는지 확인했다. 모든 부분이 딱 맞아떨어져야만 합격이었다. 만족스러운 맛을 낼 때까지 요리사들은 계속 손을 보고 조절했다. 그 과정이 끝나면 홀 직원에게 음식을 돌렸다. 그러면 나를 포함해 10명 남짓한 인원이 식당 뒤편 자그마한 베란다에 옹기종기 모여 모두가 한입씩 맛볼 수 있도록 접시를 넘겨 가며 먹었다. 그때 나는 바삭하게 튀긴 메추라기 튀김이며, 무화과나무 잎과 함께 구운 부드러운 연어,

향긋한 야생딸기와 함께 버터밀크로 만든 판나 코타 같은 음식을 생전 처음 접했다. 때로는 교대 시간이 끝날 때까지 강렬한 맛이 입안에 맴돌기도 했다.

요리를 향한 열망이 생긴 후, 나는 '셰 파니스'의 요리사 크리스토퍼 리의 제자가 되었다. 그는 영업 전에 하는 시식보다는 부엌에서 벌어지는 일을 더 눈여겨보라고 조언했다. 요리사들이 어떤 말을 주고받는지, 음식이 이만하면 됐다고 판단하는 과정이 어떻게 이루어지는지 살펴보면 실력 있는 요리사가 되기 위한 단서를 찾을 수 있다는 이야기였다. 실제로 그렇게 해 본 후, 나는 완전히 망친 듯한 음식이라도 소금 양을 조절해서 다시 살려 낼 때가 상당히 많음을 알게 됐다. 소금의 조절이란 실제로 소금 결정을 넣는 것뿐 아니라 치즈를 갈아 넣거나 안초비, 올리브 혹은 케이퍼를 약간 더하는 것도 포함된다. 그제야 나는 훌륭한 요리를 위해서는 주방에서 음식을 신중하게 맛보는 것이 가장 중요하며, 특히 간을 꼼꼼하게 확인해야 한다는 사실을 깨달았다.

해가 바뀌고 주방에서 신입 요리사로 일하던 어느 날, 나는 폴렌타 만드는 일을 맡게 되었다. 그전까지 나는 폴렌타를 평생 딱 한 번 먹어 보았고 내 입에는 별로 맞지 않았다. 조리된 상태로 비닐에 포장된 모습은 마치 한 덩어리의 쿠키 반죽 같았고, 아무 맛도 나지 않았다. '셰 파니스'에 들어온 이상 어떤 음식이든 한 번씩은 다 맛보자는 결심을 했는데 폴렌타도 다시 맛볼 기회가 찾아왔다. 분명 우주 비행사나 먹을 법한 무미건조한 음식으로만 알고 있었는데, 어떻게 그런 크리미하고 복합적인 맛이 나는지 믿을 수가 없었다. 토종 옥수수를 갈아 만든 '셰 파니스'의 폴렌타는 먹을 때마다 달콤한 천상의 맛을 느낄 수 있었다. 언젠가 내가 직접 만들어 보고 싶다는 생각이 든 것도 당연한 일이었다.

칼 피터넬[1]이 폴렌타 만드는 방법을 알려 준 적이 있어서, 나는 배운 대로 요리를 시작했다. 커다란 냄비를 홀랑 태워서 못 쓰게 만들면 안 된다는 일념으로 나는 쉴 새 없이 저어 댔다. 이미 한 번 그런 사태를 일으킨 전력이 있었기 때문이다.

1시간 30분쯤 끓인 후, 칼이 알려 준 대로 버터와 파르미지아노 치즈를 넣었다. 그리고 크림처럼 걸쭉해진 폴렌타를 한 숟가락 가득 떠서 칼에게 가져갔다. 180cm가 넘는 키에 옅은 금발인 칼은 착한 거인 같은 분위기를 풍기지만 아주 무뚝뚝한 편이다. 그가 맛을 보는 동안, 나는 존경심과 두려움이 절반씩 뒤섞인 심정으로 그를 올려다보았다. "소금을 더 넣어야 해." 특유의 무미건조한 말투로 그가 내게 한 말이었다. 나는 조언에 충실히 따르기 위해 얼른 냄비 앞으로 돌아가 소금을 약간 더 넣었다. 흡사 금가루라도 쓰는 것처럼 신중하게 아끼듯이. 맛이 꽤 괜찮아진 것 같아서 나는 새로 간한 폴렌타를 다시 칼에게로 가져갔다.

1 Cal Peternell. 미국의 요리사이자 요리 저술가. 뉴저지주에서 태어났으며 뉴욕 시각예술학교에서 회화를 전공했으나 아내와 이탈리아에서 일하던 중 요리에 매력을 느껴 전업했다. '셰 파니스'에서 근무한 이후 현재는 요리 팟캐스트를 운영하면서 요리책을 저술하고 있다.

이번에도 칼은 간이 맞지 않다는 사실을 단번에 확인했다. 더 귀찮은 일이 생기지 않기를 바란 것인지 시간을 아끼기 위해서였는지, 그는 나를 데리고 냄비 앞으로 가더니 코셔 소금을 손바닥 가득 세 번이나 넣었다.

나름 완벽주의자인 나는 기겁할 만큼 놀랐다. 이제 내 폴렌타는 누가 책임진단 말인가! 그냥 망친 정도가 아니라, 완전히 망쳐 버렸다. 소금을 손바닥 가득 세 번이나 넣다니!

칼이 숟가락을 집어 들었고 나도 함께 맛을 보았다. 형언할 수 없는 변화가 느껴졌다. 옥수수는 한결 더 달콤해졌고, 버터 향도 진해졌다. 모든 맛이 한껏 강렬해졌다. 칼이 내 폴렌타를 소금 덩어리로 만들어 버렸다고 확신했는데, '짜다'는 표현은 도저히 떠오르지 않는 맛이었다. 오히려 먹을 때마다 '징' 하고 머릿속이 울릴 만큼 만족스러웠다.

벼락을 맞은 듯한 충격을 느낀 순간이었다. 소금은 후추 옆에 나란히 놓인 양념이라는 것 외에 달리 생각해 본 적이 한 번도 없었다. 그런데 지금, 소금이 일으킨 엄청난 변화를 직접 겪어 보니 나도 모든 음식을 이만큼 만족스럽게 만들고 싶다는 생각이 들었고, 그 비결을 꼭 알아내고 싶었다. 크면서 내가 좋아했던 모든 음식, 그리고 바닷가에서 입안 가득 베어 먹던 오이와 페타 치즈 샌드위치를 떠올려 보았다. 나는 이제 그것이 왜 그렇게 맛있었는지 깨달았다. 소금이 적당하게 들어가 간이 맞았던 것이다.

소금이란 무엇일까

'징' 하고 울린 감동의 비밀은 몇 가지 기본적인 화학적 특성에서 찾을 수 있다. 소금은 염화나트륨이라는 무기질의 일종이며, 인간의 생존에 꼭 필요한 수십 가지 필수영양소 중 하나다. 인간의 몸은 소금을 그리 많이 저장할 수 없으므로 우리는 수시로 소금을 섭취해야 한다. 그래야 혈압과 수분 분포를 적정 수준으로 유지할 수 있으며, 세포 안팎으로 영양소가 이동하고, 신경계의 신호가 오가고, 근육이 움직이는 것과 같은 기본적인 생물학적 기능이 원활히 이루어진다. 인체는 소금을 충분히 확보하려고 하므로 우리는 소금을 갈망하게 되어 있다. 다행히도 어떤 음식이건 소금을 넣으면 우리는 더 맛있다고 느낀다. 음식에 소금을 넣고도 맛이 심심해지는 경우는 거의 없다. 소금을 넣으면 음식의 맛이 강화되고, 우리가 음식을 먹으면서 경험하는 즐거움도 커진다.

소금은 대서양에서 왔을 수도 있고, 한때 바다였다가 지금은 세계 최대의 소금 사막이 된 4만 년 전 볼리비아의 민친 호수에서 왔을 수도 있지만, 기본적으로 모든 소금의 근원은 바다다. 바닷물이 증발하고 남은 소금은 '천일염(해염)'이라고 하고, 먼 옛날 호수나 바다였던 곳에서 캐낸 소금을 '암염'이라고 한다. 암염 중에는 현재 지하 깊숙이 묻혀 있는 경우도 있다.

음식을 만들 때 소금이 하는 주된 기능은 맛의 증폭이다. 음식의 질감에도 영향을 주고 짠맛 외 다른 맛에 변화를 주기도 하지만, 소금을 넣을 때마다 맛이 더 강화되고 깊어지는 효과는 거의 저절로 따라온다고 볼 수 있다.

그렇다면 소금은 무조건 '많이' 넣어야 할까? 아니다. 소금은 '잘' 넣는 것이 중요하다. 적정한 형태의 소금을 적절한 시점에 적정량만큼 넣어야 한다. 조리하는 동안 소금을 살짝만 쳐도 식탁에서 먹기 전에 듬뿍 뿌리는 것보다 음식 맛을 훨씬 더 살릴 수 있다. 병원에서 나트륨 섭취량을 제한하라는 지시를 받은 경우가 아니라면 일반적으로 집에서 만드는 음식은 소금 양을 크게 염려하지 않아도 된다. 채소 삶는 물에 내가 소금을 한 주먹 가득 넣으면 학생들이 모두 깜짝 놀라 잔소리를 하는데, 그럴 때마다 나는 지금 넣는 소금은 대부분 음식을 익힐 때 쓰는 물에 그대로 남아 있다고 알려 준다. 여러분이 집에서 직접 만든 음식은 대부분 가공식이나 간편 조리 식품, 또는 식당에서 먹는 음식보다 영양가가 높고 나트륨 함량은 낮다.

소금과 맛

미국 현대 요리의 아버지라 불리는 제임스 비어드[1]는 이런 질문을 던진 적이 있다. "소금이 없다면 우리는 어떻게 됐을까?" 나는 그 답을 알고 있다. 무미(無味)의 바다에서 하염없이 헤매고 있으리라. 여러분이 이 책에서 딱 한 가지 교훈을 간직한다면 '소금은 다른 어떤 재료보다 맛에 큰 영향을 준다'는 사실이었으면 좋겠다. 이 원칙을 잘 활용하는 법을 배운다면 맛있는 음식을 만들 수 있다.

소금과 맛의 관계는 다면적이다. 즉 소금 '자체의' 맛이 음식에 더해지는 동시에 '다른' 재료의 맛을 강화한다. 소금을 제대로 활용하면 쓴맛을 최소화하고 단맛의 균형을 잡으며, 풍미를 더하고 음식을 먹을 때 우리의 경험을 향상시킨다. 아주 가는 바닷소금을 살짝 뿌린 진한 에스프레소 브라우니를 한 입 베어 먹었을 때를 상상해 보자. 작은 소금 덩어리가 씹히는 즐거움과 더불어, 에스프레소의 쓴맛은 약화되고 초콜릿의 맛은 강렬해진다. 동시에 설탕의 단맛과 대비되는 기분 좋은 짠맛을 느낄 수 있다.

소금의 맛

소금은 불쾌한 냄새가 나지 않고 깔끔한 맛이 나야 한다. 먼저 소금을 있는 그대로 맛보자. 소금이 담긴 통에 손가락을 집어넣고 묻힌 다음 알갱이 몇 개를 혀에 올려 녹인다. 맛이 어떤가? 여름 바다의 맛이 날수록 좋다.

소금의 종류

요리사마다 각자 선호하는 소금과 믿고 쓰는 소금이 있다. 그래서 그 소금이 왜 다른 종류보다 우수한

1 James Beard(1903~1985). 역사상 최초의 텔레비전 요리 프로그램을 진행하고 수십 권의 요리책을 쓴 미국의 요리사. 그의 이름을 딴 기념 재단에서 요리사, 레스토랑, 요리 저술가에게 매년 수여하는 제임스 비어드 파운데이션 어워드는 '요식업계의 오스카상'이라 불릴 정도로 권위를 인정받고 있다.

지 구구절절 열성적으로 주장하기도 한다. 하지만 솔직히 말해, 가장 중요한 요소는 어떤 소금이든 사용하는 '당사자'에게 친숙해야 한다는 점이다. 굵은 소금과 가는 소금 중에 어느 쪽이 익숙한가? 끓는 물에 넣었을 때 다 녹기까지 걸리는 시간은? 로스트 치킨을 만들 때 간을 맞추려면 얼마나 넣어야 하는가? 쿠키 반죽에 넣으면 그대로 속에 녹아드는가, 아니면 쿠키가 다 완성된 후에도 기분 좋게 씹히면서 존재감을 드러내는가?

소금 결정은 모두 바닷물에서 물이 증발된 후에 남은 것이지만, 증발 속도에 따라 결정의 형태가 달라진다. 암염은 소금 퇴적물에 물이 범람해서 염수가 형성되었다가 물이 빠른 속도로 증발한 후에 남아서 축적된 소금을 캐낸 것이다. 정제 천일염도 바닷물이 급속히 증발하는 비슷한 과정을 거쳐 만들어진다. 폐쇄된 용기 안에서 증발이 일어나면 소금 결정은 크기가 작고 밀도가 높은 정육면체 형태의 과립으로 형성된다. 반면 개방된 용기에서 태양열이 표면에 닿아 물이 서서히 증발하면서 만들어진 소금은 결정이 움푹 꺼진 플레이크 형태를 띤다. 이렇게 표면에 떠오른 플레이크를 퍼내기 전에, 소금 결정의 푹 꺼진 공간으로 물이 들어오면 다시 소금물에 가라앉아 커다랗고 밀도 높은 소금 결정이 된다. 이것이 가공을 최소화한 비정제 바닷소금이다.

이처럼 크기와 형태가 다양한 소금 중 어떤 것을 사용하느냐에 따라 음식도 크게 달라진다. 가는 소금은 결정 사이가 훨씬 촘촘하므로 요리에 똑같은 한 숟가락을 넣어도 거칠고 굵은 소금보다 두세 배는 더 '짠맛'이 날 수 있다. 소금의 양을 부피보다 무게로 정해야 하는 이유도 이 때문이다. 그보다 나은 방법은 음식의 맛을 보고 소금의 영향을 파악하는 것이다.

식탁용 소금

과립 형태의 일반적인 식탁용 소금이 담긴 소금 통은 어디에서나 쉽게 볼 수 있다. 통을 들고 몇 번 흔들어서 손바닥에 조금 덜어 낸 후 살펴보면, 폐쇄된 진공 용기에서 물을 증발시킬 때 나타나는 특징적인 정육면체 모양이 뚜렷하게 드러난다. 식탁용 소금은 결정의 크기가 작고 밀도가 높아서 짠맛도 매우 강하다. 또한 따로 언급이 없으면 보통 아이오딘이 첨가되어 있다.[1]

아이오딘이 첨가된 소금을 넣으면 어떤 음식이든 약간 금속 맛이 나므로 쓰지 않는 편이 좋다. 아이오딘 결핍이 흔한 건강 문제였던 1924년, 몰튼 솔트(Morton Salt)사에서는 갑상샘종 예방을 위해 처음으로 아이오딘 첨가 소금을 만들기 시작했고 공중 보건에 큰 기여를 했다. 오늘날 우리는 다양한 자연식품에서 아이오딘을 충분히 섭취한다. 그러므로 음식을 골고루 먹고 해산물, 유제품 등 아이오딘이 풍부하게 함유된 식품을 많이 먹는 사람은 굳이 금속 맛을 견뎌야 할 필요가 없다.

1 소금에 아이오딘을 첨가하지 않으면 법적으로 식용 소금으로 판매할 수가 없는 나라들이 있으나, 천일염이 소금의 대부분을 차지하고 해조류 섭취율이 높은 대한민국은 이 같은 규정이 없다.

몇 가지 소금의 구조

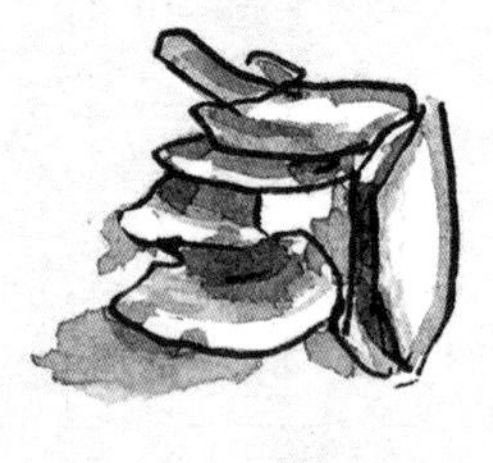

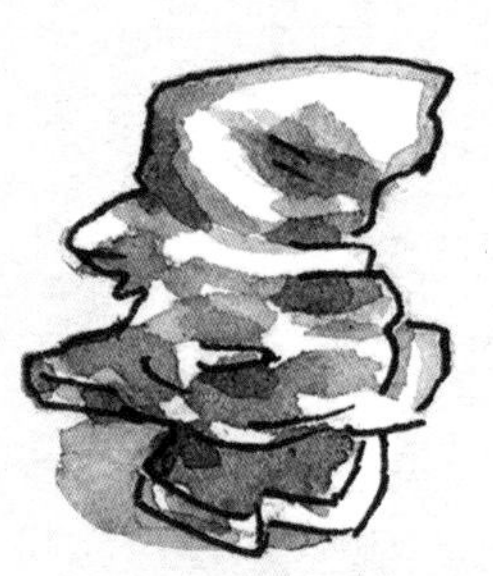

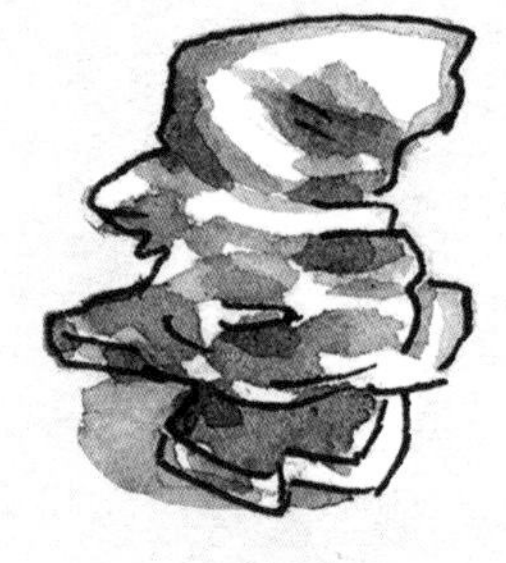
플뢰르
드 셀

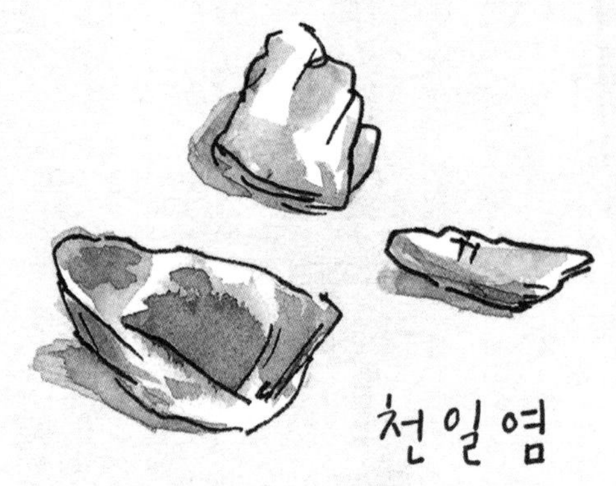
천일염

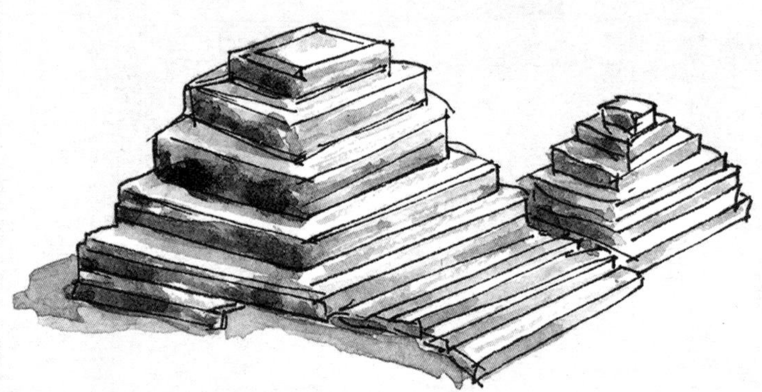
말돈

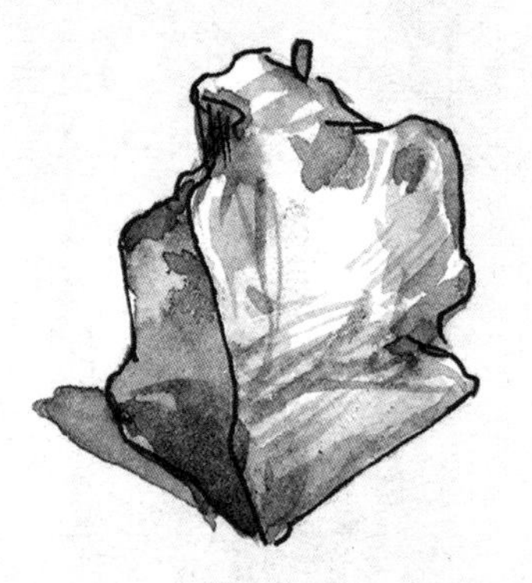
셀 그리스

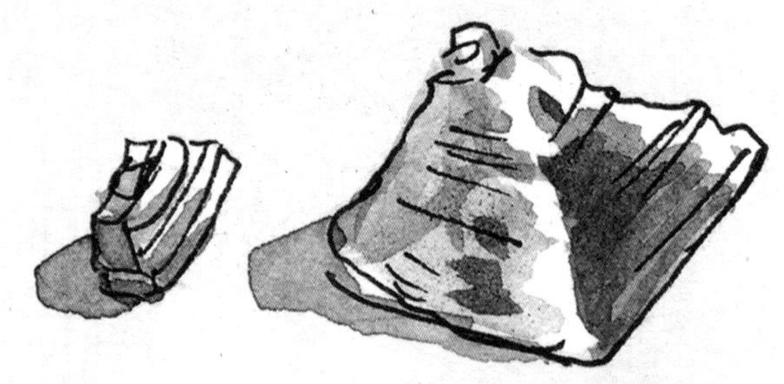

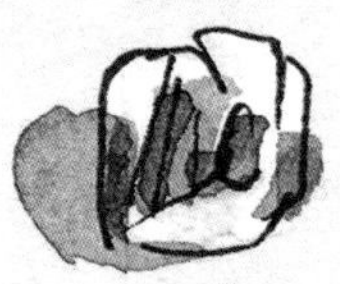
코셔 소금

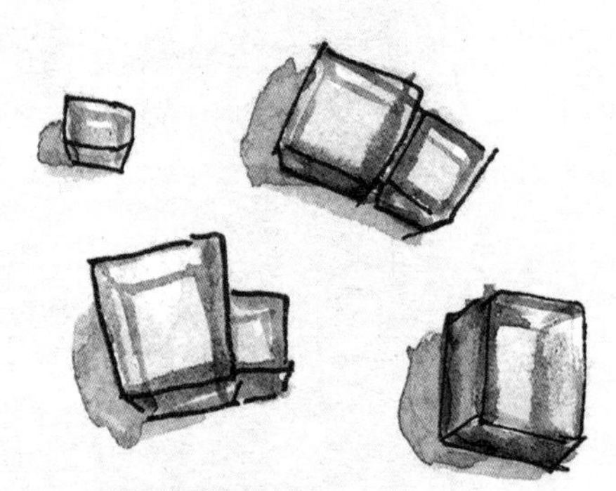
식탁용 소금

식탁용 소금에는 덩어리로 굳어지지 않게 하는 고결방지제가 들어 있거나 아이오딘 성분을 안정시키기 위해 당류의 일종인 덱스트로스(dextrose)가 들어 있는 경우가 많다. 둘 다 건강에 해로운 첨가물은 아니지만, 그렇다고 음식에 반드시 넣어야 할 이유도 없다. 짠맛을 내려면 그냥 소금만 넣으면 된다! 이 책에서 앞으로도 여러 번 강조하겠지만, 집에 식탁용 소금밖에 없다면 코셔 소금이나 천일염부터 준비하자.

코셔 소금

코셔 소금은 유대교에서 전통적으로 육류의 피를 제거할 때 썼던 소금이다. 코셔 소금에는 어떠한 첨가물도 없어 매우 순수한 맛이 난다. 코셔 소금을 제조하는 주요 업체는 두 곳이다. 다이아몬드 크리스털(Diamond Crystal)사는 개방된 용기에 소금물을 담아 소금 결정을 만드는 방식으로 가볍고 가운데가 움푹 들어간 플레이크 형태의 소금을, 몰튼사는 진공에서 수분을 증발시켜 정육면체로 만들어진 소금 결정을 압착하여 얇고 밀도 높은 플레이크 형태의 소금을 만든다. 이처럼 생산법이 다른 만큼 두 업체의 소금은 큰 차이가 있다. 다이아몬드 크리스털사의 코셔 소금은 음식에 넣으면 다른 재료와 쉽게 결합하고 부서지지만, 몰튼의 소금은 밀도가 훨씬 높아서 같은 양을 넣을 경우 두 배 정도 더 짠맛이 난다. 어떤 레시피를 참고하든 코셔 소금을 쓸 때는 어느 업체 제품인지 확인하고 반드시 그대로

지켜야 한다. 맛 차이가 크므로 바꿔 사용하면 안 된다! 이 책에 소개한 레시피는 모두 빨간색 상자에 담겨 판매되는 다이아몬드 크리스털사의 코셔 소금으로 테스트했다.

다이아몬드 크리스털사의 코셔 소금은 밀도 높은 과립 형태의 소금보다 용해되는 속도가 두 배 정도 빠르므로 단시간에 조리하는 음식에 알맞다. 소금이 빨리 용해되면 양념을 너무 많이 쓸 일도 줄어든다. 즉 소금이 다 녹기 전에 간을 보고 싱겁다고 오판할 일이 적다. 또한 표면적이 넓은 만큼 음식에 넣었을 때 밖으로 튕겨져 나오거나 재료와 분리되지 않고 쉽게 어우러진다.

코셔 소금은 저렴하고 다른 재료와 잘 섞이므로 일상적인 요리에도 매우 적합하다. 나는 개인적으로 다이아몬드 크리스털사 제품을 더 선호한다. 요리하면서 수다를 떠느라, 혹은 함께 요리하는 사람들을 챙기거나 와인을 한잔 마시느라 깜박하고 소금을 두 배로 넣었더라도 이 소금이라면 요리를 다시 살릴 수 있다.

천일염

바닷물이 증발하고 나면 천일염이 남는다. 플뢰르 드 셀(fleur de sel), 셀 그리스(sel gris), 말돈(maldon) 소금처럼 햇볕에 바닷물을 증발시켜서 만드는 비정제 과립 형태의 소금은 증발 과정이 모니터링 되며 그 과정이 5년까지 소요될 수 있다. 프랑스어로 '소금꽃'이라는 뜻의 플뢰르 드 셀은 섬세한 모양과 독특한 향을 자랑하는 플레이크 형태의 소금으로, 프랑스 서부에 형성된 특수한 염전의 표면에서 수확한다. 순백색의 플뢰르 드 셀이 표면 아래로 가라앉아 염화마그네슘, 황산칼슘 같은 바닷물 속 다양한 무기질과 결합하면 회색을 띠는데, 이것이 '회색 소금'을 의미하는 셀 그리스가 된다. 말돈 소금은 플뢰르 드 셀과 거의 비슷한 방식으로 만들어지지만, 속이 빈 피라미드 형태를 띤다. '플레이키 솔트(flaky salt, 얇은 소금)[1]'라고도 불린다.

천일염은 고된 과정을 거쳐 적은 양만 생산되므로 정제된 바닷소금보다 값이 비싼 편이다. 그런데도 특징적인 식감을 활용해야만 하는 때가 있으며, 이 경우 특유의 식감이 잘 드러나도록 사용해야 한다. 파스타 삶는 물에 플뢰르 드 셀로 간을 맞추거나 토마토소스에 말돈 소금을 넣는 것은 낭비다. 그보다는 연한 상추 샐러드 또는 진한 캐러멜 소스에 뿌리거나 초콜릿 칩 쿠키를 오븐에서 굽기 직전에 위에 뿌려서 소금이 씹히는 맛을 느낄 수 있도록 사용한다.

식료품 판매점에서 대형 용기에 포장 판매되는 정제된 과립 형태의 바닷소금은 이와 차이가 있다. 이러한 제품은 폐쇄된 진공 환경에서 바닷물 온도를 높여서 단시간에 증발시키는 방식으로 생산된다. 이렇게 만들어진 가는 소금이나 중간 크기의 결정 소금은 일상적인 요리에 아무 데나 사용해도 잘 어울린다. 채소나 파스타를 끓는 물에서 익힐 때, 육류를 굽거나 스튜를 끓일 때, 채소를 버무릴 때,

1 결정 하나하나가 종이처럼 얇은 막(flaky)과 비슷해서 붙은 명칭.

각종 반죽을 만들 때처럼 속에서부터 간이 배도록 해야 할 때는 정제 바닷소금을 사용하면 된다.

소금은 두 가지를 준비해 두자. 대용량으로 판매되는 정제 바닷소금이나 코셔 소금은 평소에 일상적으로 하는 요리에 사용하고, 말돈 소금이나 플뢰르 드 셸처럼 특별한 식감을 내는 특수한 소금은 요리가 거의 완성될 즈음에 고명처럼 뿌리는 용도로 사용한다. 어떤 소금을 사용하든 짠맛이 얼마나 강하고 어떤 맛이 나는지, 먹을 때 느낌은 어떠한지, 그리고 음식 맛에 어떤 영향을 주는지 잘 알고 있어야 한다.

소금이 맛에 끼치는 영향

소금이 맛에 어떤 영향을 주는지 이해하려면 우선 맛이 무엇인지부터 알아야 한다. 우리가 미각으로 느낄 수 있는 **맛**은 짠맛, 신맛, 쓴맛, 단맛 그리고 감칠맛까지 다섯 가지다. **향**은 이와 달리 코로 느끼는 수천 가지 화학적 화합물과 관련이 있다. 와인의 향을 묘사할 때 자주 사용하는 흙냄새, 과일 향, 꽃 냄새 같은 표현은 모두 향을 나타내는 것이다.

풍미는 맛과 향을 비롯해 음식의 질감, 음식을 먹을 때 나는 소리와 음식의 형태, 온도 등 감각적인 요소와 두루 관련이 있다. 향은 풍미를 결정하는 중요한 요소이므로 향을 풍부하게 느낄수록 그 음식을 먹는 사람은 더욱 생생한 경험을 할 수 있다. 코가 막히거나 감기에 걸렸을 때 식사가 그다지 즐겁지 않은 이유도 이 때문이다.

놀라운 사실은 소금이 맛뿐만 아니라 풍미에도 영향을 준다는 점이다. 우리는 음식에 소금이 들어 있는지, 있다면 얼마큼 쓰였는지 미각으로 구분할 수 있다. 그런데 소금은 음식에 함유된 수많은 향 물질을 깨워 우리가 음식을 먹을 때 곧바로 느낄 수 있도록 한다. 소금의 이런 기능을 확인하는 가장 간단한 방법은 간하지 않은 수프나 육수를 맛보는 것이다. **닭 육수**를 만들 때 꼭 확인해 보기 바란다. 밋밋한 맛이 나는 간이 안 된 육수에 소금을 첨가하면 그전에는 느낄 수 없었던 새로운 향이 느껴진다. 계속해서 소금을 더하면서 맛을 보면 소금의 맛과 함께 닭의 감칠맛, 닭 지방의 풍성함, 셀러리와 타임에서 나는 흙 내음 등 더욱 복합적이고 기분 좋은 풍미를 느낄 수 있다. '징!' 하는 느낌이 올 때까지 소금을 첨가하면서 맛을 보면 된다. 이 과정을 통해 소금으로 '맛을 내는' 방법을 익힐 수 있다. 레시피에 "입맛에 따라 간하시오."라는 말이 나오면 간이 알맞다고 느껴질 때까지 소금을 넣으면 된다.

전문 요리사들이 얇게 자른 토마토를 식탁에 내놓기 몇 분 전에 소금으로 간하는 이유도 이처럼 맛을 '깨우는' 소금의 기능을 감안한 것이다. 이렇게 하면 토마토의 단백질 성분에 묶여 있던 풍미와 관련된 분자가 풀려나므로 토마토의 맛이 한층 더 강하게 느껴진다.

또한 쓴맛이 나는 요리에 소금을 사용하면 다른 맛을 강조함으로써 쓴맛이 덜 느껴지게 하는 부차적인 기능을 한다. 달콤 쌉싸름한 초콜릿이나 커피 아이스크림, 태운 캐러멜처럼 쓴맛과 단맛이 모두 나는 음식에 소금이 들어가면 단맛은 강조되고 쓴맛은 약화된다.

보통 우리는 소스나 수프를 만들다가 쓴맛이 강하게 느껴지면 설탕을 넣어서 균형을 맞추려고 하지만, 쓴맛을 약화시키는 효과는 설탕보다 소금이 더 우수한 것으로 밝혀졌다. 리큐어의 일종인 캄파리(Campari)나 자몽 주스에 토닉 워터를 약간 더하고 맛을 보면 쓴맛과 단맛이 동시에 느껴지는데, 여기에 소금을 약간 넣어 섞은 뒤 다시 맛을 보면 깜짝 놀랄 정도로 쓴맛이 사라진 것을 알 수 있다.

양념

음식의 풍미를 더하는 재료는 모두 **양념**에 해당하지만, 일반적으로 양념을 한다고 하면 소금을 넣는다는 의미다. 풍미를 강화하고 변화시키는 영향력이 가장 강력하기 때문이다. 소금 간이 맞지 않는 음식은 제아무리 화려한 기법이나 고명을 동원해도 맛있게 만들 수가 없다. 소금이 들어가지 않으면 불쾌한 맛은 더 강하게 느껴지고 좋은 맛은 덜 느껴진다. 소금이 안 들어간 음식들에서 대부분 매우 실망스러운 맛이 나는 것과 마찬가지로 소금이 과도하게 들어간 음식도 영 달갑지 않게 느껴진다. 음식은 '짠맛'이 나서는 안 되며 '간이 적당해야' 한다.

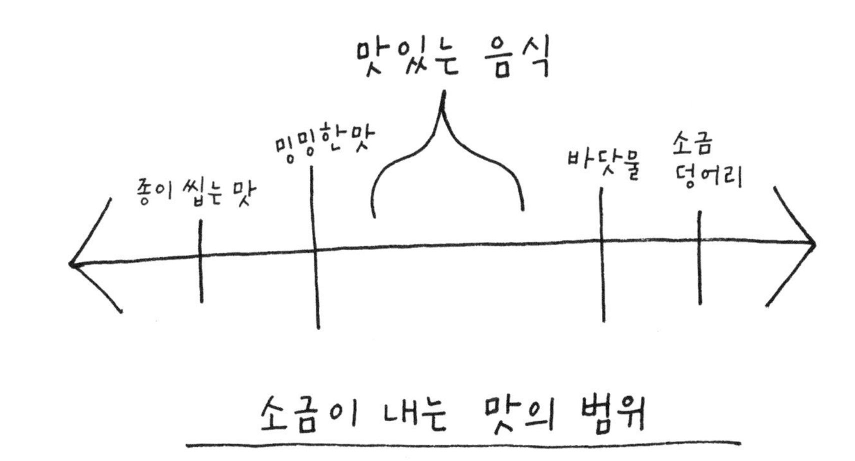

소금 간은 한 번에 끝낸 후 다 됐다고 제쳐 둘 일이 아니다. 요리하는 동안에도 계속해서 맛을 확인하고 식탁에 차린 후에도 어떤 맛이 날지 고려해야 한다. 샌프란시스코의 유명한 음식점 '주니 카페

(Zuni Café)'에서는 주방장인 주디 로저스가 요리사들에게 "소금을 일곱 알쯤 더 넣어야겠는데."라고 하는 말을 자주 들을 수 있다. 실제로 음식의 맛이 그 정도로 미묘한 양에 좌우될 때가 있다. 겨우 소금 알갱이 7개에 만족스러운 정도로 그치는 음식과 최고의 찬탄이 절로 나오는 음식이 갈리는 것이다. 또 폴렌타의 간을 맞추려면 소금을 한 움큼 가득 넣어야 할 때도 있다. 필요한 소금 양을 파악하는 유일한 방법은 맛을 보면서 맞춰 나가는 것이다.

재료를 추가하면서 맛을 보고 간을 맞추는 과정을 계속 반복하다 보면 요리의 전 과정에 걸쳐 맛이 서서히 변화하여 가장 맛있는 음식을 만들 수 있다. 간이 적절하다는 것은 음식을 처음 먹을 때부터 요리의 구성, 해당 요리 자체, 식사 코스 전체에 이르기까지 일관되게 적절하다는 의미이고, **음식의 속에서부터 간을 맞추는 방법**으로 그렇게 만들 수 있다.

어느 정도의 간이 적절한지에 관한 통념을 지구적으로 살펴보면, 하나의 정답이 존재한다기보다는 서로 조금씩 차이가 있다. 문화권에 따라 다른 곳보다 소금을 덜 넣는 곳도 있고, 더 많이 넣는 곳도 있다. 토스카나 사람들은 빵에는 소금을 넣지 않지만, 다른 모든 음식에 소금을 잔뜩 넣어서 균형을 맞춘다. 반면 프랑스 사람들은 바게트와 팽 오 르방(pain au levain)을 짭짤하게 만드는 대신 다른 음식은 살짝 심심하게 간을 맞춘다.

일본에서는 아무런 양념도 하지 않은 쌀밥이 풍미가 강한 생선이나 육류 요리, 카레 그리고 요리에 곁들이는 절임 음식을 감싸는 역할을 한다. 반면 채소, 육류, 달걀, 향신료를 볶다가 생쌀과 함께 찌는 인도의 쌀 요리 비리야니(biryani)는 반드시 간을 해야 한다. 소금 사용에 관해서는 요리의 전 과정에서 세심하게 신경 써야 한다는 것 외에 보편 규칙 같은 건 없다. 이것이 입맛대로 간하는 방법이다.

음식이 밋밋하게 느껴질 때 가장 흔한 원인은 간이 덜 된 것이다. 정말로 소금을 넣어야 해결될지 확신이 없다면, 만들던 음식을 한 숟가락(또는 한 덩어리) 덜어 낸 후 소금을 조금 뿌려서 다시 맛을 보자. 맛이 변하고 '징!' 하는 느낌이 오면 음식 전체에 소금을 첨가하면 된다. 이처럼 요리하고 맛보는 과정에 세심한 신경을 기울이면 여러분의 미각도 한층 더 발달한다. 재즈 음악가의 귀처럼, 맛을 많이 접할수록 감각은 더욱 섬세해지고, 다듬어지고, 즉흥적인 변화에도 능숙하게 대처하는 법을 터득하게 될 것이다.

소금의 작용 방식

요리의 절반이 예술적인 기교로 이루어진다면 나머지 절반은 화학이다. 소금의 작용 방식을 알면 소금을 '언제' '어떻게' 써야 음식의 질감을 살리고 속부터 간이 배게 하는지에 관해 더 나은 결정을 할 수 있다. 재료나 요리법에 따라 소금이 음식 안까지 침투해서 속에서 확산되려면 어느 정도 시간이 걸릴 수 있다. 또 어떨 때는 조리가 이루어지는 과정에 소금을 첨가해서 요리가 진행되는 동안 음식에 적정량이 충분히 흡수되도록 하는 것이 중요하다.

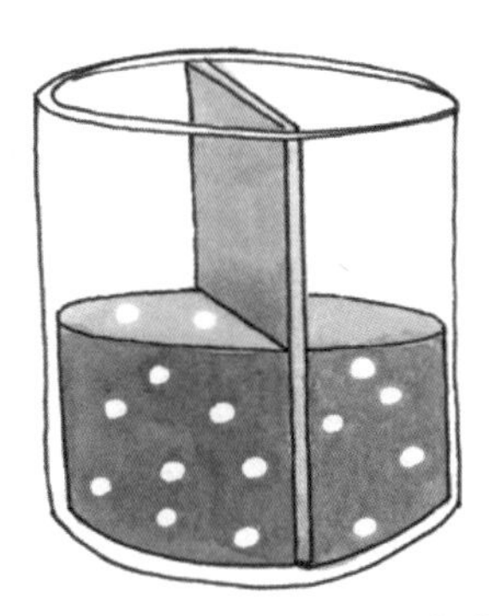
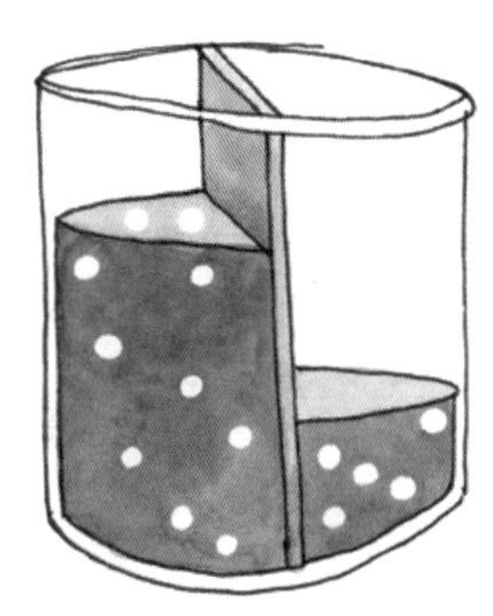
삼투압
세포벽 너머로 물이
이동하는 현상
= 반투과성 막

소금이 음식 전체로 퍼지는 과정은 **삼투압**과 **확산**으로 설명할 수 있다. 둘 다 평형을 유지하려는 자연적인 흐름, 또는 반투과성 막(즉 구멍이 많은 세포벽) 양쪽에 존재하는 무기질과 당류 같은 용질이 농도의 균형을 이루려는 흐름에 의해 이루어지는 화학반응이다. 식품에서는 물이 세포벽을 지나 짠맛이 약한 쪽에서 강한 쪽으로 이동하는 현상을 **삼투압**이라고 한다.

반면 **확산**은 소금이 세포벽 너머로 이동하는 현상으로, 이 과정은 대부분 소금이 더 많은 곳에서 적은 쪽으로 양쪽에 균등하게 분포할 때까지 천천히 진행된다. 닭고기 표면에 소금을 뿌리고 20분 뒤에 살펴보면 처음에 뚜렷하게 보이던 알갱이가 어느샌가 사라지는데, 소금이 용해된 후 닭고기 전체에 화학적 균형을 맞추기 위해 고기 속으로 이동했기 때문이다. 이 사실은 나중에 맛으로 확인할 수 있다. 소금을 닭고기 표면에 뿌렸지만 시간이 흐르면서 확산되므로,

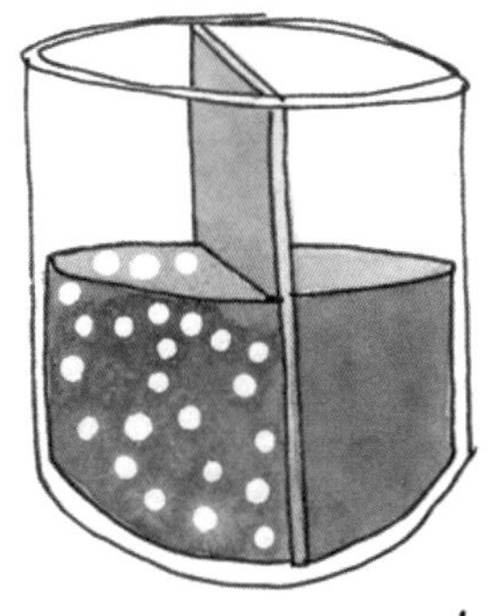
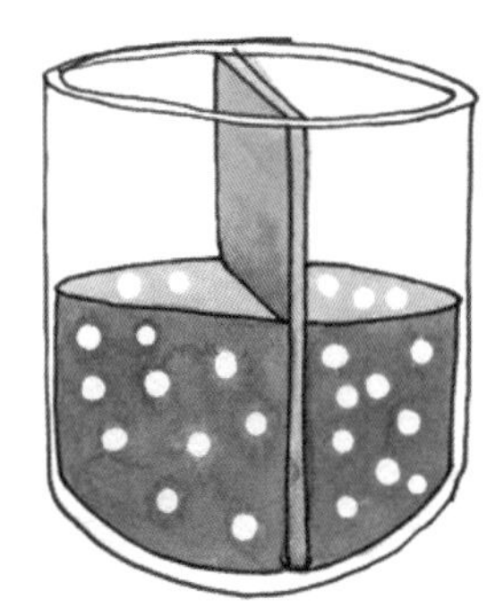
확산
세포벽 양쪽에 소금의 양이
같아질 때까지 소금이 세포벽
너머로 이동하는 현상

최종적으로는 고기 표면뿐만 아니라 고기 전체에 간이 균등하게 배어든다.

이때 닭고기 표면에 고인 물은 삼투압 현상의 흔적이다. 소금이 고기 '내부로' 이동한 것과 같은 이유로, 즉 고기 전체의 화학적인 균형을 맞추기 위해 물은 '외부로' 흘러나온다.

소금은 항상 음식 전체에 골고루 퍼지는 식으로 움직이며, 이 과정에서 음식마다 각기 다른 방식으로 질감이 변하는 결과가 발생한다.

소금의 작용

육류

내가 일을 시작한 무렵에 '셰 파니스'는 이미 수십 년째 기름칠이 잘된 기계처럼 쌩쌩 돌아가고 있었다. '셰 파니스'의 성공 비결은 매일 다음 날과 그다음 날 제공할 메뉴를 미리 준비하는 요리사 한 사람 한 사람이었다. 우리는 하루도 빠짐없이 다음 날 쓸 고기를 손질하고 밑간해 두었다. 이 작업은 주방을 효율적으로 운영하기 위한 필수 단계였지만, 나는 고기에 밑간하는 것이 맛과 관련 있는 줄은 몰랐다. 하룻밤 동안 소금이 조용히 얼마나 중요한 일을 하는지도 모르던 시절이었다.

확산은 느리게 일어나는 현상이므로 **양념을 미리 해 두면** 소금이 고기 전체에 골고루 퍼질 충분한 시간이 확보된다. 이렇게 해야 속에서부터 간이 밴다. 소금을 사전에 소량 뿌리는 것과 음식을 먹기 직전에 듬뿍 치는 것에는 아주 큰 차이가 있다. 맛의 차이를 만드는 중대한 변수는 소금의 양이 아니라 시간이다.

소금은 삼투압 현상도 일으키므로 거의 모든 재료가 소금과 만나면 수분이 빠진 것을 눈으로 확인할 수 있다. 이 때문에 많은 사람이 소금은 음식을 메마르고 딱딱하게 만든다고 생각한다. 그러나 시간이 흐를수록 소금과 만난 단백질이 용해되어 겔 상태가 되면서 물을 흡수하므로 재료를 익힐 때 수분이 더욱 효과적으로 유지된다. 물, 즉 수분이 유지되면 고기가 더 부드러워지고 육즙도 많아진다.

단백질은 느슨하게 감긴 고리와 바깥쪽 표면에 물 분자가 결합해 있는 형태로 생각하면 된다. 간이 배지 않은 단백질에 열이 가해지면 **변성**이 일어난다. 고리가 더 단단하게 감기면서 그 힘 때문에 바깥쪽에 붙어 있던 물 분자가 뜯겨 나가고, 이 상태로 과도하게 익히면 고기는 메마르고 질겨진다. 소금은 단백질의 구조 변화를 방해해서 이 고리 부분이 힘껏 꼬여 **응고**되지 않도록, 즉 뭉치지 않도록 만든다. 따라서 가열해도 더 많은 양의 물 분자가 그대로 결합해 있다. 그 결과 고기는 촉촉한 상태가 유지되고 과도하게 익을 위험도 줄어든다.

소금과 설탕, 향신료를 넣은 물에 고기를 담가 두는 염지도 화학적으로 같은 과정이다. **염지액**에 포함된 소금은 단백질 일부를 용해시켜 설탕과 향신료에 함유된 향 분자가 고기에 흡수된다. 뻑뻑하고 심지어 아무 맛도 안 나는 경우가 많은 살코기도 이 염지 과정을 거치면 큰 효과가 나타난다. **매콤하게 절인 칠면조 가슴살** 요리를 만들어 보라. 보통 이 부위는 뻑뻑하고 맛없는 요리로 끝나는 경우가 많지만, 소금과 향신료에 하룻밤 담가 둔 것만으로 어떤 변화가 일어나는지 확인할 수 있을 것이다.

미리 소금에 절인 고기를 내가 언제 맨 처음 맛보았는지, 미리 간을 한 고기인지 아닌지 언제부터 구분하게 되었는지는 기억나지 않는다. 하지만 이제는 어떤 고기를 맛보든 미리 절여 두지 않은 것을 골라낼 수 있다. 아직 과학적으로 입증되지는 않았으나 수년 동안 소금을 미리 뿌리거나 그렇지 않은 닭고기를 수천 번 요리해 본 내 경험상 미리 소금을 뿌린 고기는 그렇지 않은 고기보다 맛이 더 좋을 뿐만 아니라 육질이 부드럽다. 밑간한 고기에서 느낄 수 있는 놀라운 변화를 직접 경험하고 싶은 사람에게 딱 맞는 간단한 실험이 있다. 로스트 치킨을 만들어 보는 것이다. 통구이에 쓸 닭은 직접 절반으로 자르거나 식육점에 손질해 달라고 부탁하자. 그리고 절반은 익히기 하루 전날 소금을 뿌려 두고 나머지 절반은 그대로 둔다. 완성된 요리를 한 입씩 먹어 보면 채 삼키기도 전에 미리 소금을 쳐 둔 고기가 얼마나 다른지 느낄 수 있을 것이다. 소금을 뿌려 둔 부위는 살이 뼈와 쉽게 분리되지만, 소금을 뿌리지 않은 부위는 수분이 남아 있더라도 육질이 전혀 다르다.

요리할 육류에 소금을 뿌리는 시점은 언제든 미리 하기만 한다면 바로 뿌리는 것보다 낫지만, 되도록 오래 재워 둘수록 좋다. 가능한 한 하루 전날 양념하는 것을 목표로 하고, 그러지 못했다면 요리하는 날 아침에, 안 되면 오후에라도 뿌려 두자. 바로 요리에 돌입해야 하는 경우라도 다른 재료를 준비하기 전에 가장 먼저 고기부터 재워야 한다. 나는 장을 보고 집에 도착하자마자 고기부터 재운 다음에 다른 일을 하는 편이다.

요리할 부위가 큼직하고 밀도가 높거나 근육 함량이 높을수록 소금 양념을 미리 해야 한다. 소꼬리, 정강이 고기, 갈비는 하루나 이틀 전에 재워야 소금이 충분히 제 역할을 할 수 있다. 구이용 닭은 요리 하루 전날 소금을 뿌리고 추수감사절용 칠면조 고기는 이틀 전, 길게는 사흘 전에 양념해 두어야 한다. 고기가 차갑고 주변 온도가 낮을수록 소금이 제 역할을 하는 데 필요한 시간이 늘어나므로, 시간이 부족하면 소금을 뿌린 후 다시 냉장고에 넣지 말고 그대로 조리대 위에 올려 두자. (단, 2시간을 넘기면 안 된다.)

소금을 미리 뿌려 두는 것은 고기의 맛과 질감을 향상시키는 요긴한 방법이지만, '너무' 일찍 시작하면 문제가 될 수 있다. 소금은 수천 년 전부터 육류 보존용으로 사용해 왔다. 다량의 소금을 뿌리고 장기간 그대로 두면 육류의 수분이 제거되고 절여진다. 닭고기나 갈비를 밑간해 두었는데 식사 시간 직전에 요리를 못하는 상황이 생기더라도 하루나 이틀 정도는 그대로 두어도 된다. 그러나 그 이상 보관하면 수분이 빠져서 익히면 가죽처럼 질겨지고 절인 고기 맛이 난다. 고기에 이미 소금을 뿌렸는데 수일 안에 요리할 예정이 없을 때는 냉동실에 보관하자. 밀봉 포장해서 냉동하면 최대 2개월까지도 보관할 수 있다. 얼린 고기는 해동한 다음 원래 계획대로 요리하면 된다.

해산물

많은 생선과 패류는 육류와 달리 단백질 구조가 약해서 소금을 너무 일찍 뿌리면 분해되어 딱딱하고 빽빽하면서 질긴 음식이 된다. 살이 얇은 생선은 소금을 뿌린 후 15분 정도면 맛이 향상되고 수분이 유지된다. 참치나 황새치처럼 살코기 두께가 2.5cm 이상으로 두툼한 생선은 최대 30분 전에 소금 양념을 해도 된다. 그 밖에 다른 해산물은 요리하면서 바로 양념해야 특유의 식감을 그대로 보존할 수 있다.

지방

소금은 물에 녹는 성질이 있고 순수한 지방에는 녹지 않는다. 다행히 우리가 주방에서 쓰는 지방은 대부분 아주 적게나마 물을 포함하고 있다. 버터에는 수분이 소량 함유되어 있고 마요네즈에는 레몬즙이, 비네그레트 드레싱에는 식초가 사용되므로 소금을 넣으면 천천히 녹는다. 지방에 소금을 첨가할 때는 미리 간을 하고 소금이 충분히 녹을 때까지 기다렸다가 일단 맛을 본 다음에 필요하면 더 넣어야 한다. 소금을 물이나 식초, 레몬즙에 먼저 녹인 다음 지방에 첨가하면 금방 골고루 섞인다. 지방이 적은 살코기는 수분 (그리고 단백질) 함량이 다른 부위보다 높아서 돼지 등심이나 꽃등심처럼 지방 함량이 높은 부위보다 흡수할 수 있는 소금의 양도 많다. 프로슈토를 얇게 잘라 보면 이런 차이가 명확히 드러난다. 한 조각 잘랐을 때 지방이 적은 근육 부위(밝은 분홍색을 띠는 부분)가 수분 함량이 높고 절임 과정에서 소금도 더 많이 흡수한다. 반면 지방 부위(깨끗한 흰색 부분)는 수분 함량이 그보다 훨씬 낮으므로 소금을 흡수하는 속도도 느리다. 이 두 부위를 따로 맛을 보면, 살코기 부분은 불쾌할 정도로 짠맛이 나고 지방 부위는 아무 맛도 나지 않는다. 그러나 같이 먹으면 지방과 짠맛이 상승효과를 발휘한다는 것을 알게 된다. 소금 흡수에서 나타나는 이 같은 차이 때문에 지방 함량이 높은 육류를 양념할 때 따로 신경 쓸 필요는 없다. 그대로 조리한 후, 지방이 많은 부위와 살코기를 함께 먹고 필요하면 먹으면서 소금을 더 뿌리면 된다.

달걀

달걀은 소금을 쉽게 흡수한다. 그리고 소금을 흡수하면 더 낮은 온도에서도 단백질이 결합하므로 조리 시간이 줄어든다. 단백질이 빨리 굳을수록 달걀에 함유된 수분도 덜 빠져나가고, 조리 과정에서 달걀에 남은 수분이 많을수록 완성된 후 식감이 더 촉촉하고 부드러워진다. 달걀로 스크램블드에그, 오믈렛, 커스터드, 프리타타를 만들 때는 요리하기 전에 소금을 첨가하고, 달걀을 삶을 때도 물에 소금을 조금 넣자. 껍질째 익히거나 달걀프라이를 만들 때는 완성 직전에 소금을 넣으면 된다.

채소, 과일, 버섯류

많은 채소와 과일의 세포에는 우리가 소화하지 못하는 **펙틴**이라는 탄수화물이 포함되어 있다. 숙성 과정을 거치거나 열을 가하면 이 펙틴 성분이 약화되어 채소와 과일이 연해지고 부드러운 식감과 함께 더 맛있게 느껴지는 경우가 많다. 소금은 펙틴의 영향을 약화시키는 데 도움이 된다.

채소를 익히기 전에 소금을 첨가해 보면 실제로 그렇다는 사실을 확인할 수 있다. 채소를 구울 때는 올리브유와 함께 소금을 뿌려서 굽고, 데칠 때도 소금을 넣어서 끓인 물에 채소를 넣자. 채소를 볶을 때도 소금을 첨가하자. 토마토, 호박, 가지처럼 큼직하고 세포에 수분 함량이 높은 채소는 굽거나 익히기 전에 미리 소금을 쳐야 충분한 시간을 두고 제 기능을 할 수 있다. 이때 삼투압 현상도 함께 일어나 수분이 조금 빠질 수 있으므로 물기를 제거한 후에 조리하자. 소금은 채소와 과일이 가진 수분을 계속 빠져나오게 하고 그대로 두면 축 처져 고무 같은 상태가 되므로 너무 일찍 뿌리지 않도록 주의해야 한다. 대체로 15분 정도 두었다가 조리하면 충분하다.

버섯에는 펙틴이 없지만, 중량의 약 80퍼센트가 수분이므로 소금을 뿌리면 수분이 빠지기 시작한다. 따라서 버섯의 식감을 유지하려면 팬에서 익히다가 갈색을 띠기 시작할 때 소금을 넣어야 한다.

콩류와 곡류

'딱딱한 콩(tough beans)'은 주방에서 워낙 빈번히 일어나는 참사라 영어로 '힘든 일'을 뜻하는 관용어로도 사용될 정도다. 덜 익어 아무 맛도 안 나는 데다 딱딱해서 씹기도 힘든 콩을 한 번이라도 먹어 본 사람들은 다시는 콩을 입에 대지 않겠다고 결심하기도 한다. 소금은 건조된 콩을 딱딱하게 한다고 널리 알려져 있지만 실제로는 그렇지 않다. 소금은 콩의 세포벽에 포함된 펙틴의 약화를 촉진하므로 채소에 소금을 넣을 때와 동일한 효과를 낸다. 즉 콩을 더 연하게 만든다. 그러므로 말린 콩의 속까지 맛이 배게 하려면 물에 불리는 단계나 조리하는 단계 중 더 먼저 시작하는 쪽에 소금을 넣으면 된다.

콩류와 곡류는 건조된 씨앗이고 씨앗은 식물이 생명을 이어가는 원천이다. 따라서 스스로를 안전하게 보호하기 위해 겉껍질이 딱딱하게 형성되도록 진화했으므로 요리에 사용할 때는 물을 충분히 흡수할 수 있게 세심하게 다루어야 부드러워진다. 콩이나 곡류 요리가 딱딱해지는 가장 흔한 원인은 덜 익혔기 때문이다. 따라서 대부분은 계속 끓이면 해결된다! (그 밖의 원인으로는 너무 오래된 콩, 잘못된 방법으로 보관한 콩, 경수나 산도가 높은 물에 익히는 것을 꼽을 수 있다.) 조리 시간이 길어서 소금도 천천히 균등하게 퍼지므로 쌀이나 보리, 퀴노아 같은 곡물을 익힐 때는 채소를 데칠 때보다 소금을 덜 넣어도 된다. 특히 조리 과정에서 재료가 물을 전부 흡수하는 요리라면 물에 넣은 소금까지 모두 흡수한다는 뜻이다. 따라서 소금을 과도하게 넣지 않도록 주의해야 한다.

반죽

'셰 파니스'에서 내가 처음으로 돈을 받고 근무하게 되었을 때 가장 먼저 맡은 일은 '파스타와 상추'로 불리던 역할이었다. 그 일을 맡고 거의 한 해 내내 나는 상추를 씻었고 상상할 수 있는 모든 파스타 반죽을 만들었다. 아침마다 거대한 반죽기 볼에 효모와 물, 밀가루를 넣고 피자 반죽을 만드는 것으로 하루를 시작했다. 반죽이 잘 만들어지는지 온종일 확인하는 것도 내 몫이었다. 잠들어 있던 효모가 물과 밀가루를 만나 깨어나면 다시 밀가루와 소금을 첨가했다. 그런 다음 반죽을 치대고 발효시킨 후 올리브유를 조금 넣었다. 그러던 어느 날, 밀가루와 소금을 넣어야 하는 단계에 소금 통이 비어 있는 것을 발견했다. 창고까지 내려가서 소금을 가져올 시간이 없어서 그냥 나중에 오일 넣을 때 소금도 넣어야겠다고 생각하고 반죽을 치대는데, 평소보다 훨씬 더 빨리 뭉쳐진다는 느낌을 받았다. 하지만 다른 이유가 있으리라곤 생각하지 않았다. 2시간 뒤에 반죽을 완성하려고 다시 살펴보니, 믿기 힘든 일이 벌어졌다. 늘 하던 대로 반죽기를 켜서 부풀어 오른 반죽을 가라앉히고 다시 치대면서 소금을 넣었더니, 소금이 반죽에 흡수되면서 반죽기가 제대로 돌아가지 않았다. 소금 때문에 반죽이 빽빽해진 것이다. 눈에 확 띌 정도로 나타난 놀라운 변화였다! 대체 무슨 일이 벌어졌는지 알지도 못하고 뭔가 큰 실수를 저질렀구나 싶은 생각만 들었다.

하지만 큰 문제는 아니었다. 반죽을 쫄깃하게 만들고 점성을 부여하는 **글루텐**이라는 단백질은 소금과 만나면 강화되므로 소금을 넣자마자 반죽이 빽빽해진 것이다. 어느 정도 휴지기를 두자 글루텐이 다시 풀리면서 그날 오븐에서 나온 피자도 평소와 같이 맛있게 완성됐다.

요리할 때 사용하는 물이 적으면 소금이 녹기까지 어느 정도 시간이 걸린다. 따라서 빵 반죽에는 소금을 일찍 첨가해야 한다. 이탈리아식 파스타를 만들 때는 반죽에 아예 소금을 쓰지 않고, 나중에 소금을 넣은 물에 파스타를 익혀서 간을 맞춰야 한다. 라면과 우동 반죽에는 소금을 일찍 넣어야 글루텐이 강화되어 특유의 쫄깃한 맛을 느낄 수 있다. 케이크, 팬케이크, 섬세한 페이스트리 반죽에는 소금을 나중에 첨가해야 빵이 부드러워진다. 단, 소금을 넣고 난 뒤에는 꼼꼼히 저어서 소금을 균등하게 확산시킨 다음 익혀야 한다.

소금물에 음식 익히기

요리할 때 물에 적당히 간을 하면 음식의 영양분 보존에 도움이 된다. 깍지콩을 물에 삶는 상황을 생각해 보자. 물에 소금을 넣지 않거나, 넣더라도 양이 부족하면 콩에 함유된 무기질 농도보다 물에 함유된 무기질(즉, 소금)의 농도가 더 낮을 수 있다. 이러면 콩 내부 환경과 외부 환경인 물 사이에 평형을 맞추려고 콩 속 무기질과 천연 당류가 익히는 과정에서 밖으로 빠져나온다. 이렇게 삶은 콩은 맛도 없고 색도 칙칙하며 영양소 함량도 낮다.

소금을 첨가해서 무기질이 충분해진 물에 깍지콩을 삶으면 정반대의 현상이 일어난다. 평형을 맞추기 위해 콩이 익는 동안 물에 함유된 소금을 흡수하므로 속에서부터 간이 밴다. 또한 소금 균형이 맞춰지면 콩 속 마그네슘도 그대로 보존되어 클로로필 분자가 흘러나오지 않으므로 색깔도 생생하게 유지된다. 더불어 펙틴을 약화시키고 콩의 세포벽을 연하게 만드는 역할을 하므로 조리 시간이 단축된다. 냄비에서 익히는 시간이 줄어들수록 콩의 영양소가 손실될 확률 역시 그만큼 낮아지는 효과도 덤으로 얻을 수 있다.

재료를 데칠 때 소금을 정확히 얼마나 넣어야 하는지는 미리 정할 수가 없다. 데칠 때 사용하는 냄비의 크기, 물과 재료의 양이 얼마나 되는지도 알 수 없을 뿐더러 어떤 소금을 사용할 것인지 알 수 없기 때문이다. 필요한 소금의 양을 좌우하는 이러한 요소들은 요리할 때마다 바뀐다. 일단 재료를 익히는 물에 넣는 소금은 바닷물과 같은 농도가 되도록 맞추면 된다. (더 정확히 설명하면 여러분이 '기억하

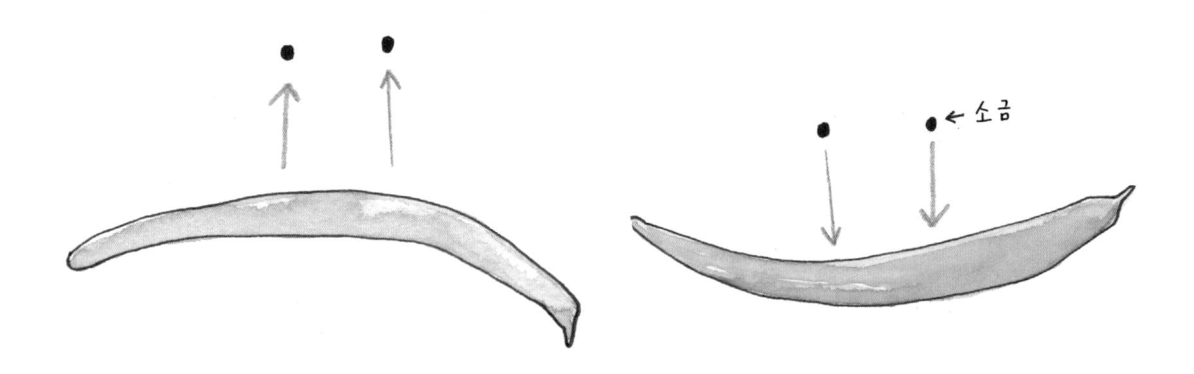

는' 바닷물의 짠맛에 맞추자. 바닷물의 염도는 3.5퍼센트로, 요리에 이렇게 짠물을 사용하리라고는 아무도 생각하지 않을 정도로 짜다.) 그 정도 농도에 맞추려면 소금을 굉장히 많이 넣어야 하고, 이를 깨닫고 나면 주춤할 수도 있지만 물에 들어가는 소금은 대부분 하수구에 버려진다는 점을 기억하자. 목표는 재료가 물에 들어가 있는 동안 소금이 재료 속에 전체적으로 고르게 확산될 수 있는 환경을 만드는 것이다.

소금은 물이 끓기 전이나 후 아무 때나 넣어도 상관없지만, 뜨거운 물에서 더 빨리 용해되어 확산된다. 어느 쪽이든 소금이 녹을 수 있도록 시간을 두고 충분히 간이 됐는지 맛본 후에 재료를 넣자. 단, 너무 오래 끓이면 물이 증발해 요리에 사용할 수 없을 만큼 간이 짤 수 있으니 유념해야 한다. 이런 문제는 물을 맛보고 적당한 농도인지 확인하면 간단히 방지할 수 있다. 맛을 보고 간이 안 맞으면 물이나 소금을 더 넣어 다시 맞추면 된다.

소금을 넣은 물에 음식을 익히는 것은 속에서부터 간을 배게 하는 가장 간단한 방법 중 하나다. 감자를 구울 때 오븐에 넣기 직전에 소금을 뿌리면 겉은 짜고 속은 심심한 맛이 되지만, 소금을 넣은 물에 감자를 잠깐 삶고 구우면 맛이 완전히 달라진다. 소금이 감자 속까지 확산되고 그 과정에서 감자 전체에 속속들이 골고루 간이 밴 것을 느낄 수 있다.

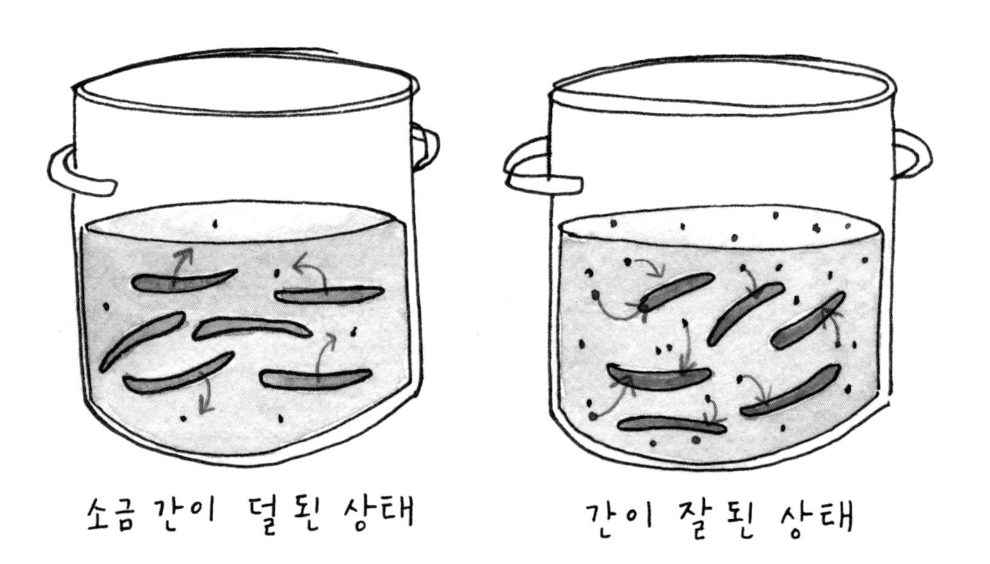

파스타 삶는 물, 감자 삶는 물, 곡류와 콩류를 익히는 물에는 소금을 되도록 빨리 넣어야 충분히 녹아서 식재료에도 고루 확산된다. 채소도 제대로 간이 맞춰진 물에 익히면 나중에 요리가 완성된 후 따로 소금을 첨가할 필요가 없다. 감자, 아스파라거스, 콜리플라워, 깍지콩 등 익힌 채소로 만드는 샐러드는 채소가 익는 동안 간이 맞춰져야 가장 맛있게 완성된다. 샐러드를 완성한 후 먹기 직전에 소금을 뿌리면 알갱이가 씹히는 기분 좋은 식감을 더할 수 있지만, 맛에는 큰 영향을 주지 않는다.

물에 넣어서 익히는 육류도 다른 요리에 사용하는 고기와 마찬가지로 미리 소금 간을 해 두어야 하지만, 스튜나 찌개, 고기 조림에 쓰는 물에는 소금을 조금만 넣어야 한다. 이 물에 들어가는 소금은 재료에 전부 흡수되기 때문이다. 익히는 물에 간이 덜 되어 있더라도 고기에 뿌린 소금이 육질을 부드럽게 하는 역할을 끝내고 물로 흘러나올 수 있으므로 밑간한 고기와 요리에 사용하는 물 사이에서 일어나는 맛의 변화를 고려해야 한다. 따라서 요리할 때 고기를 익히는 물의 맛을 보면서 간을 조절해 완성하면 된다.

열을 이용한 **데치기, 삶기, 끓이기, 졸이기**에 관한 내용은 '열' 부분에서 자세히 다루고 있다.

닭고기의 간은 어떻게 맞춰야 할까?

가장 맛있는 닭요리를 즐기는 간단한 팁

먼저 확인할 사항:
"언제 먹을 음식인가?"

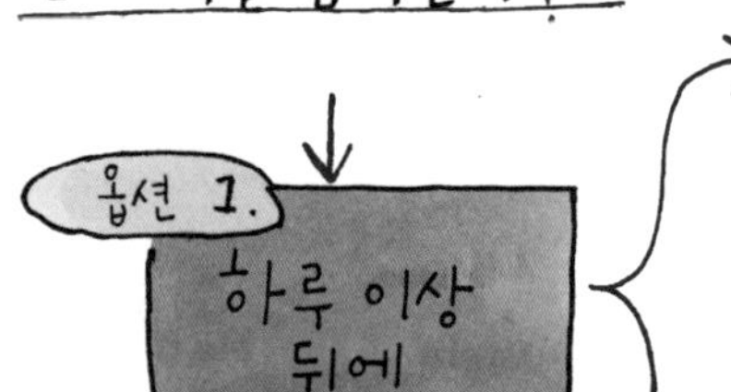

옵션 1 Ⓐ

버터밀크로 양념한 로스트 치킨을 만들자. (340쪽 참조) 먼저 닭을 통째로 소금 간을 한 뒤 버터밀크에 재워서 냉장고에 하루 동안 둔다. 최고로 연한 닭고기를 맛볼 수 있을 것이다.

옵션 1 Ⓑ

닭을 잘라서 (318쪽 참조) 소금 간을 한다. 냉장고에 하루 넣어 두었다가 렌틸콩밥을 곁들인 닭요리를 만들어 보자. (334쪽 참조)

또는

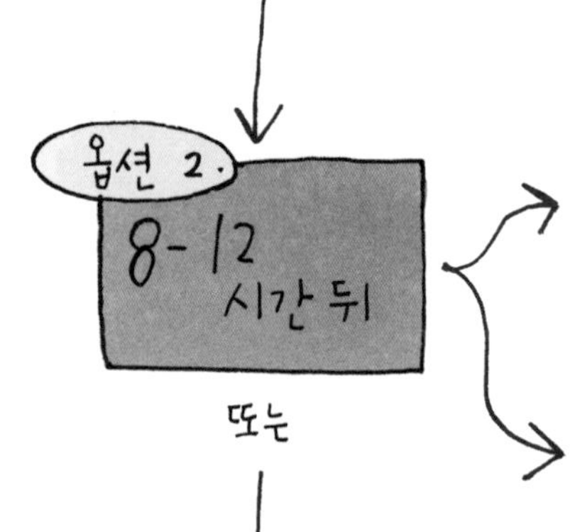

옵션 2 Ⓐ

등뼈를 제거하고 앞뒤에 적당히 소금 간을 한 다음 냉장고에 넣어 둔다. 오븐을 예열할 때 꺼내서 실온에 두었다가 구우면 바삭한 구이가 완성된다. (316쪽 참조)

옵션 2 Ⓑ

닭을 4등분해서 간해 두었다가 닭 초절임을 만들자. (336쪽 참조) 소금을 약간 넣은 와인에 넣어서 익히면 뼈까지 간이 밴다.

또는

옵션 3.
최대한 빨리!*
(지금 바로!)

*고기를 작게 잘라라. 작을수록 좋다!

옵션 3 Ⓐ

치킨마늘 수프를 만들자. (332쪽 참조) 풍미가 좋은 육수를 이용하면 고기에 간이 배는 데 도움이 된다.

옵션 3 Ⓑ

다리와 허벅지살에 붙은 뼈를 제거하고 컨베이어 벨트 치킨을 만들자. (325쪽 참조) 가슴살도 같은 방법으로 익히면 된다.

소금 확산 수준을 추정하는 법

소금의 확산을 좌우하는 가장 중요한 세 가지 요소는 시간, 온도 그리고 물이다. 요리를 준비할 때는 재료를 선택하고 조리법을 정하면서 '속까지 간이 배게 하려면 어떻게 해야 할까?'도 생각해야 한다. 아래와 같은 변수에 따라 재료나 요리에 사용할 물에 소금을 얼마나 미리 그리고 얼마만큼 넣을지 계획을 세울 수 있다.

시간

소금은 확산 속도가 매우 느리다. 크기가 크거나 밀도가 높은 재료에 소금이 스며들기를 바란다면, 중앙까지 도달할 수 있도록 최대한 일찍 소금 간을 해 두어야 한다.

온도

열을 가하면 소금 확산이 촉진된다. 냉장고보다 실온에 두면 더 빠른 속도로 퍼져 나간다. 닭고기나 스테이크용 고기에 미리 소금 간을 해 두지 않았다면 이런 특징을 활용하자. 집에 오자마자 고기부터 냉장고에서 꺼내 소금을 친 다음, 오븐이나 그릴을 예열하는 동안 그대로 실온에 둔다.

물

물은 소금의 확산을 촉진한다. 밀도가 높은 재료나 말린 재료, 질긴 재료는 물에 넣어서 익히면 소금이 속까지 침투하는 데 도움이 된다. 미리 간을 맞출 시간이 없을 때도 이런 방법이 유용하다.

소금달력

음식에 소금을 언제 넣어야 하는지 친절하게 알려 드립니다.

3년전

프로슈토
&
육포
&
비상 식량

3주전

콘드비프

소금에 절인 대구

5-7일 전

통구이용 송아지고기

3일전

생일파티에 쓸 하와이식 돼지 통구이!

기념일에 곧잘 해 먹는 양 또는 염소 통구이

2일전

추수감사절용 칠면조

크리스마스 거위처럼 명절에 쓸 대형 가금육

구이용 갈비와 양다리

1일전

닭고기!

두툼한 스테이크

메추라기고기

오리고기

콩 불리기

오늘

몇 시간 전

더 일찍 소금 간을 했어야 하는데 깜박 잊었다면 이때라도 하자. 아예 안 하기보다는 조금이라도 하는 편이 나으니까!

15~20분 전

가지, 애호박(물기를 제거하고 요리할 것), 코울슬로에 들어갈 양배추, 두툼한 참치, 스테이크용 황새치

요리 직전

얇은 생선과 살이 연한 조개류, 구이용 채소, 재료를 넣어서 끓일 물, 스크램블드 에그

요리 중

버섯, 가스레인지에서 요리하는 채소, 끓여서 만드는 소스

먹기 몇 분 전

샐러드에 넣을 토마토

먹기 직전

샐러드

음식 내기

먹기

먹다가 소금을 더 넣을 일이 없으면 좋겠지만 필요하다면 상관없다!

소금 활용하기

영국의 요리 저술가 엘리자베스 데이비드는 이런 말을 한 적이 있다. "나는 소금을 숟가락으로 넣기도 귀찮다. 소금을 손으로 넣는 것이 꼭 예의가 없거나 잘못된 행동인지도 잘 모르겠다." 나도 동의한다. 뚜껑에 구멍이 뚫린 소금 통은 갖다 버리고 큰 통에 소금을 담아 두었다가 손가락으로 집어 넣어 가면서 간을 맞추자. 소금 통은 손 하나가 쑥 들어가 소금을 손바닥 한가득 쉽게 쥘 수 있을 만큼 큼직해야 한다. 잘 알려지지 않았지만 사실 이 팁은 훌륭한 요리를 만들기 위한 중요한 규칙으로 여겨진다. 전문 요리사는 실제로 낯선 주방에서 요리할 때 본능적으로 소금 그릇으로 쓸 용기부터 찾는다. 나는 이것저것 가릴 경황이 없어서 코코넛 껍질에 소금을 담아 놓고 쓴 적도 있다. 한번은 쿠바 정부가 주최한 요리 교실에서 수업을 하는데, 국가가 관리한다는 주방이 너무 휑해서 결국 플라스틱 물병을 반으로 잘라 소금과 다른 양념을 담는 용기로 사용했다. 사실 그 정도면 충분했다.

소금 양 측정하기

필요한 소금의 양을 정확하게 재지 않고 요리하려면 어느 정도 믿음이 필요하다. 나도 처음 요리를 배울 때는 대체 어떻게 '이만하면 충분하다'고 판단하는지 궁금했다. 소금을 과도하게 넣지 않는 방법도 알고 싶었다. 굉장히 이해하기 힘든 일로 느낀 것도 사실이다. 소금을 충분히 넣었는지 아는 방법은 조금씩 더하면서 계속해서 맛보는 수밖에 없다고 생각했다. 일단 내가 넣는 소금을 잘 알아야 했다. 그렇게 시간이 흐르면서 나는 큰 냄비에 파스타를 삶을 때는 소금을 세 움큼 넣고 시작하면 된다는 사실을 깨달았다. 또 꼬치구이용 닭을 양념할 때는 도마 위에 약한 눈보라가 친 것처럼 뿌리면 된다는 것을 알았다. 요리를 반복하고 연습을 거친 후에야 이런 기준을 갖게 되었다. 예외가 있다는 사실도 배웠다. 몇몇 페이스트리나 소금물, 소시지처럼 재료를 전부 정확히 계량된 양만큼만 사용할 때는 계속 간을 보며 맞출 필요가 없었다. 그 밖에 다른 요리는 지금도 항상 맛을 보면서 간을 맞춘다.

다음에 돼지 등심을 구울 때는 고기에 간을 맞추기 위해 소금을 얼마나 사용하는지 신경 써서 기억해 두자. 그리고 요리를 완성한 후 처음 맛을 보고 간이 제대로 됐는지 판단해 보라. 간이 알맞다는 생각이 들면, 요리할 때 고기 표면에 뿌린 소금이 어느 정도였는지 기억을 더듬어 본다. 이렇게 하면 간이 안 맞을 경우 다음에 만들 때 처음 기억해 둔 양보다 늘려야 할지 줄여야 할지를 판단할 수 있다. 우리는 소금을 얼마나 넣어야 좋을지 판단하는 매우 우수한 도구를 보유하고 있다. 바로 혀다. 주방의 상황은 매번 바뀐다. 요리할 때마다 같은 냄비에 똑같은 양의 물을 담아 똑같은 크기의 닭고기와 똑같은 양의 당근을 넣지는 않으므로 소금의 양도 정확히 파악하기가 어렵다. 그러므로 혀에 의존해서 요리 단계마다 맛을 보면 된다. 익숙해지면 촉각, 시각 등 미각만큼 중요한 다른 감각도 함께 활용해 양을 조절할 수 있다.

『정통 이탈리아 요리법(*Essentials of Classic Italian Cooking*)』이라는 귀중한 책을 쓴 위대한 요리 전문가로 지금은 작고한 마르첼라 하잔이라면 냄새만 맡아도 소금을 더 넣어야 하는지 알 것이다!

나는 보통 간단한 규칙에 따라 소금을 넣는다. 즉 육류와 채소, 곡류에는 중량의 1퍼센트, 채소를 데치거나 파스타를 삶는 물은 염도가 2퍼센트가 되도록 소금을 넣는다. 다음 쪽에 제시한 것처럼 이 비율은 어떤 소금이냐에 따라 부피가 달라진다. 내가 제시한 양이 엄청나게 많아 보여 기겁했다면, 작은 실험을 해 보기 바란다. 냄비 2개에 각각 물을 담고 하나는 소금을 여러분이 평소 사용하는 양만큼 넣고 다른 하나는 염도가 2퍼센트가 되도록 넣는다. 그리고 짠맛이 어느 정도인지 기억해 두자. 이제 두 냄비 모두 물을 끓이고 깍지콩이나 브로콜리, 아스파라거스, 파스타를 같은 양만큼 넣어서 익힌 후 맛을 비교하자. 직접 맛을 보고 나면 내 말을 믿게 될 것이다.

위에서 밝힌 비율은 소금 양을 측정하는 출발점으로 삼으면 된다. 스스로 파스타를 한두 번 만들어 보면, 곧 소금 알갱이가 손바닥에서 냄비로 떨어지는 느낌만으로도, 혹은 맛을 보았을 때 바다가 절로 떠오르는지 여부를 토대로 소금을 충분히 넣었는지 판단할 수 있게 될 것이다.

소금 첨가량 기본 지침 *

소금의 종류	소금 1큰술당 중량(g)	뼈 없는 고기 450g 기준	뼈 붙은 고기 450g 기준 (로스트 치킨 등)	채소와 곡류 450g 기준	데치거나 파스타 삶는 데 쓸 물 1리터 기준	밀가루 반죽 버터 1컵 기준
내용물 전체	—	중량당 1.25%	중량당 1.5%	중량당 1%	염도 2%	중량당 2.5%

위 비율은 아래와 같이 바꿔서 적용할 수 있다.

가는 바닷소금	14.6	1 + 1/8 작은술	1 + 1/3 작은술	1 작은술 조금 못 되는 분량	1큰술 + 1 작은술 조금 못 되는 분량	3/4 작은술
말돈	8.4	2작은술	2 + 1/2 작은술	1 + 2/3 작은술	2큰술 + 3/4 작은술	1 1/3 작은술
셀 그리스	13	1 + 1/4 작은술	1 + 1/4 작은술	1작은술	1큰술 + 3/8 작은술	1 작은술 조금 못 되는 분량
식탁용 소금	18.6	2/3 작은술	1 + 1/8 작은술	3/4 작은술	1큰술	2/3 작은술
몰튼사의 코셔 소금	14.75	1 + 1/8 작은술	1 + 1/3 작은술	1 작은술 조금 못 되는 분량	1큰술 + 1 작은술 조금 못 되는 분량	3/4 작은술
다이아몬드 크리스털사의 코셔 소금	9.75	1 + 3/4 작은술	2 + 1/8 작은술	1 + 1/3 작은술	2큰술 조금 못 되는 분량	1 + 1/8 작은술

* 최종 판단 기준은 여러분의 미각임을 잊지 말자.
위 내용은 권장 사항이며 출발점으로만 삼으면 된다.

소금 넣는 법

음식에 적당히 간을 배게 하기 위해 소금을 얼마나 넣어야 하는지 알면, 지나치게 많은 양이라고 할 기준이 없다는 사실도 깨닫게 된다. 나 역시 그랬다. 레스토랑 아래층에 있는 고기 손질하는 공간에서 다음 날 저녁 메뉴에 쓸 구이용 돼지고기를 양념하던 어느 날, 내가 매우 존경하던 요리사와 있었던 일은 지금도 생생하다.

소금의 놀라운 기능을 깨달은 지 얼마 안 된 때라 나는 소금을 담은 커다란 볼에 고기를 넣어 굴리면서 겉면에 한 군데도 빠짐없이 소금을 묻혔다. 때마침 들어와서 그 광경을 본 선배 요리사의 눈썹이 확 올라갔다. 내가 사용한 소금은 고기를 3년간 재워 두어도 될 만한 양이었다! 그대로 두었다면 다음 날 쓰지도 못할 상태가 되었을 것이다. 그 말을 듣고 나는 20분 동안 고기에 묻힌 소금을 헹궈 냈다. 그날 선배는 내게 넓은 표면에 소금을 골고루 묻히려면 소금을 어떻게 집어야 하는지 가르쳐 주었다.

요리사들이 상황에 따라 소금을 넣는 방법이 다양하다는 사실을 눈여겨보고 깨닫기 전까지는 소금을 집어넣는 '방식'이 왜 그렇게 중요한지 알지 못했다. 채소를 데치거나 파스타를 삶는 물에는 소금을 한 움큼씩 넣고 다 녹을 때까지 거의 방치하다시피 두었다가 물이 끓으면 손가락 하나를 살짝 담갔다 빼서 신중하게 맛을 본다. 그리고 대부분 소금을 더 집어넣는다.

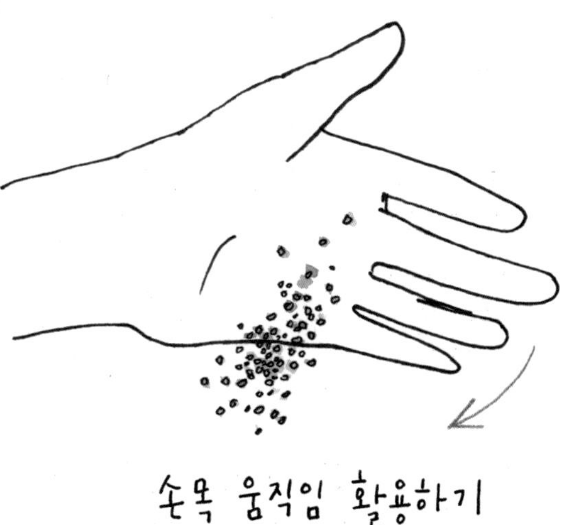

쟁반 하나에 가득 담긴 채소, 콩피(confit)를 만들기 위해 손질해서 줄줄이 담아 놓은 오리 다리, 오븐에 구울 준비가 끝난 포카치아에 소금을

넣는 방법은 그것과 다르다. 이 경우에는 손바닥이 아래로 가도록 한 상태에서 소금을 살짝 움켜쥐고 손목을 움직여 가면서 솔솔 뿌린다. 손가락으로 소금을 집어서 뿌리는 것이 아니라 이렇게 손바닥에 쥐고 곳곳에 뿌리는 방식은 소금뿐만 아니라 밀가루 등 가루로 된 재료를 넓은 표면에 균일하게, 효율적으로 첨가할 때도 활용할 수 있다.

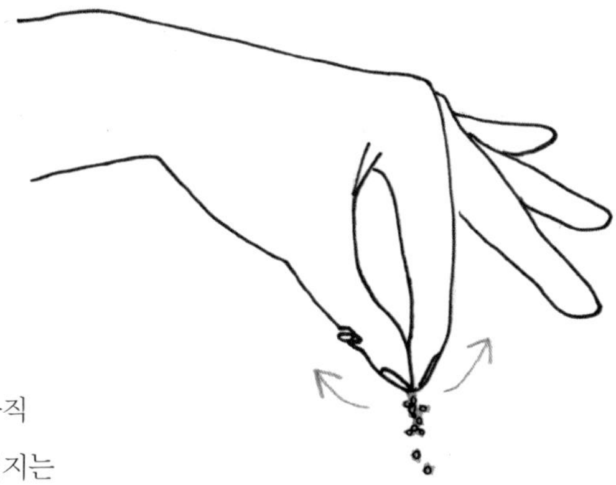

유산지나 쿠키용 시트를 한 장 깔아 놓고 그 위에 손목을 움직여 가며 소금 뿌리는 연습을 해 보자. 특히 손에서 소금이 떨어지는 느낌을 잘 익혀 두자. 절대 많이 넣으면 안 된다고 배워 온 재료를 펑펑 집어넣는 쾌감도 느낄 수 있다.

한 자밤씩
집어서 넣기

소금을 넣기 전에는 손에 물기부터 완전히 없애야 소금이 피부에 달라붙지 않는다. 손바닥으로 소금을 한 움큼 쥐고 힘을 뺀다. 손의 움직임이 뻣뻣하거나 부자연스러우면 소금을 균일하게 뿌릴 수 없다. 소금이 어떻게 떨어지는지 잘 살펴보자. 바닥을 일정하게 채우지 못했다면, 음식에 그렇게 뿌릴 경우 간이 균일하게 배지 않는다는 것이다. 유산지에 뿌려진 소금을 다시 통에 붓고 처음부터 다시 연습하자. 손목을 유연하게 움직일수록 소금도 골고루 뿌릴 수 있다.

그렇다고 손가락으로 소금을 집어서 넣으면 절대 안 된다는 뜻은 아니다. 이 방법으로는 접촉 사고가 난 차 표면에 부분 도장용 페인트를 바르는 것과 같은 효과를 얻을 수 있다. 즉 커다랗게 긁힌 자국을 해결하지는 못하지만, 정확하게 신경 써서 잘 활용하면 흠잡을 곳 없는 결과를 얻을 수 있다. 구운 빵 위에 올린 아보카도나 반으로 잘라서 담은 삶은 달걀, 크기는 아주 작지만 완벽한 캐러멜 위에 소금을 뿌릴 때처럼 한입 베어 물 때 느껴지는 소금의 양까지 미세하게 조절해야 할 때는 손가락으로 소금을 집어서 넣는다. 그러나 닭 한 마리나 얇게 잘라 쟁반 가득 담아 놓은 땅콩호박에 그렇게 소금을 뿌리면 요리가 끝나기도 전에 손목이 나갈지도 모른다.

소금과 후추

후추가 있는 곳에는 거의 항상 소금도 함께 놓여 있지만, 반대로 소금이 꼭 후추와 함께 있어야 하는 건 아니다. 소금은 무기질이고 필수영양소라는 사실을 기억하자. 음식에 소금을 첨가하면 수많은 화학 반응이 일어나고 육류는 속에서부터 질감과 맛이 변한다.

반면 후추는 향신료다. 향신료를 사용하는 적절한 방식은 주로 지리적 특성과 전통에 따라 좌우된다. 음식에 후추를 뿌리기 전에, 그 음식에 과연 후추가 잘 맞는지부터 생각해 보기 바란다. 프랑스와 이탈리아 요리에는 흑후추를 많이 사용하지만, 그 나라 사람들이 모든 음식에 후추를 뿌려서 먹지는 않는다. 모로코에서는 식탁에 소금 통과 함께 쿠민이 담긴 양념 통이 놓여 있다. 터키에서는 분쇄 고춧가루가 그 자리를 차지하고, 레바논과 시리아를 포함한 여러 중동 국가에서는 말린 타임과 오레가노, 참깨가 섞인 양념인 자타르(za'atar)가 제공된다. 태국에서는 설탕과 칠리 페이스트가 나란히 놓이는 반면 라오스에서는 손님들에게 생고추와 라임을 제공하는 경우가 많다. 음식마다 기계적으로 쿠민이나 자타르를 뿌려서 먹거나 아무 생각 없이 모든 음식에 후추를 뿌리는 것이나 별로 이해가 안 가는 일이긴 마찬가지다. (전 세계에서 사용되는 향신료에 관한 정보는 194쪽 **세계의 맛**에 있다.)

흑후추를 사용할 때는 텔리체리 페퍼콘(Tellicherry Peppercorn)을 찾아보기 바란다. 다른 품종보다 열매가 덩굴에 더 오래 머무르면서 익기 때문에 향이 더욱 풍부하다. 샐러드, 부드러운 부라타 치즈를 올리고 오일을 뿌린 토스트, 슬라이스한 잘 익은 토마토, **치즈 후추 파스타**, 완벽하게 잘 익힌 스테이크를 먹기 직전에 이 통후추를 갈아 뿌려 보자. 음식을 재울 소금물이나 가스레인지, 오븐을 이용해 찌개, 소스, 수프, 육수를 끓이거나 콩을 삶을 때는 통후추를 몇 알 넣어도 된다. 요리 초반에 액상 재료에 향신료를 통째로 넣으면 맛 변화가 시작된다. 액체는 향신료를 흡수하고 휘발성 방향 성분이 흘러나와 섞이면서 음식에 부드럽게 풍미를 더한다. 그 결과 요리가 완성된 다음 표면에 조금 뿌리는 것으로는 절대 얻지 못할 맛이 된다.

향신료도 커피와 마찬가지로 사용 직전에 분쇄해야 맛이 더 좋다. 맛을 내는 물질이 방향성 오일 형태로 속에 묶여 있으므로 분쇄하면 밖으로 흘러나오고, 열을 가하면 같은 물질이 한 번 더 빠져나

이 둘이 항상

온다. 미리 갈아 놓은 향신료는 성분이 서서히 빠져나와 풍미도 사라진다. 그러므로 향신료는 반드시 통으로 된 것을 사고, 사용할 때마다 작은 막자사발이나 절구, 향신료 분쇄 도구로 갈아서 사용하자. 이렇게 하면 방향성 오일이 흘러나오면서 풍기는 진한 향을 느낄 수 있고, 요리에 넣었을 때 맛이 깜짝 놀랄 만큼 크게 바뀐다는 사실도 알게 될 것이다.

소금과 설탕

디저트를 만들 때도 소금에 신경 써야 한다. 우리는 소금과 설탕이 서로 조화를 이룬다기보다는 대립 관계라고 여긴다. 음식은 달거나 짜거나 둘 중 하나라고 생각하는 것이다. 그러나 음식에 들어갔을 때 소금이 내는 주된 효과는 맛을 강화하는 것이고, 달콤한 디저트에도 이 강화 기능을 똑같이 활용할 수 있다. 캐러멜화가 진행될 때까지 볶은 양파나 발사믹 비네그레트 드레싱, 폭찹에 한 숟가락 올린 애플소스처럼 짭짤한 요리에 단맛을 약간 더하면 음식의 풍미가 확 살아나는 것과 마찬가지로 소금도 달달한 디저트의 맛을 끌어올린다. 소금이 디저트에 어떤 영향을 주는지 확인하고 싶다면 다음에 쿠키 반죽을 만들 때 절반은 소금을 넣지 말고 만들어 보기 바란다. 그리고 두 가지 반죽으로 만든 쿠키를 나란히 놓고 맛을 보자. 소금은 음식의 향과 맛을 모두 강화시키므로 소금이 들어간 쿠키에서만 견과류와 캐러멜, 버터의 향이 강하게 느껴질 것이다.

디저트에 사용되는 기본 재료는 주방의 식재료들 중에서도 가장 별다른 맛을 내지 않는 편이다. 밀가루, 버터, 달걀, 크림으로 짭짜름한 요리를 만들 때 간을 안 한다는 건 생각할 수도 없다. 그러므로 이 재료들로 디저트를 만들 때도 반드시 간을 해야 한다. 반죽이나 베이스 재료에 소금을 손가락으로 집어 한두 번만 넣어도 파이나 케이크, 타르트, 커스터드를 모두 더 맛있게 만들 수 있다.

디저트를 '어떻게' 즐길 것인지 미리 생각하면 사용할 소금의 종류를 정하는 데 도움이 된다. 예를 들어 초콜릿 쿠키의 경우, 반죽에는 골고루 잘 녹는 가는 소금을 넣고, 쿠키가 완성된 후에는 말돈처럼 얇은 소금 결정을 뿌리면 기분 좋게 씹히는 맛을 즐길 수 있다.

같이 있어야 할 이유는 없다.

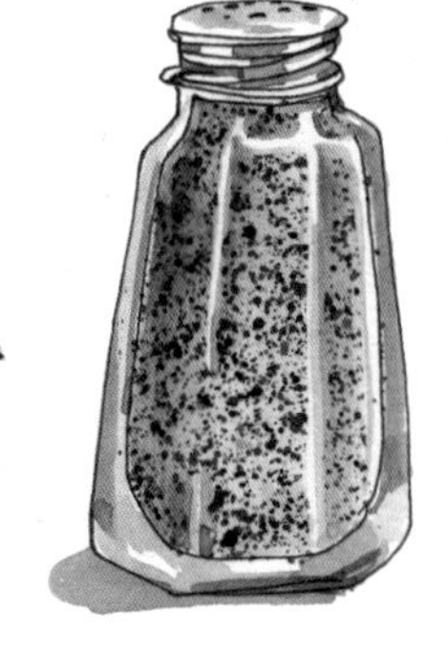

시저 샐러드 또는 짠맛 덧입히기 연습

1. 짠맛이 나는 재료부터 준비하자.

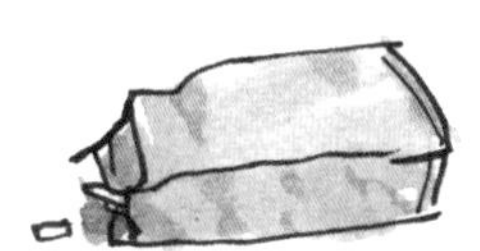

파르미지아노 치즈
(치즈를 갈 강판도 함께)

안초비
(으깨 둘 것)

마늘
(으깬 후 소금 약간 뿌리기)

소금
(바로 부을 수 있도록 준비)

우스터소스
(뚜껑을 열어 놓자)

2. 뻑뻑한 무염 마요네즈를 만들자.

(책 뒷부분에 나오는 마요네즈 만드는 법 참고)

3. 마요네즈에 짠맛이 나는 재료를 조금씩 넣는다.

이어, 레몬과 식초를 넣고

맛을 보자.

볼 아랫부분을 물에 적신 행주로 감싸서 고정시킨다.

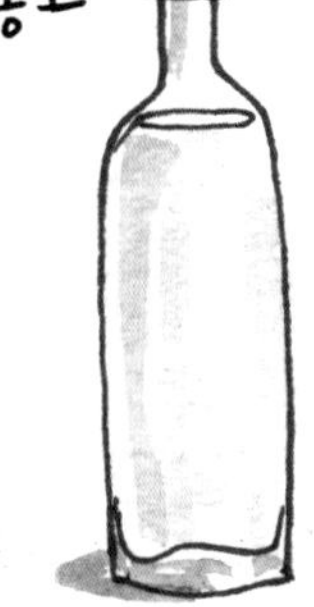

이제 생각해 보자.

소금을 더 넣어 볼까? 그 밖의 다른 건?

안초비를 더 넣어야 할까? 파르미지아노 치즈를 더?

필요한 재료를 넣는다.

이제 **다시 맛을 보자.**

우스터소스를 더 넣어야 할지도 모르겠네.

다시 맛을 보자.

맛이 제대로 날 때까지 이 과정을 반복한다.

필요하다면 소금을 넣어서 조절한다.

자, 소스가 다 됐다는 확신이 들면, 양상추로 소스를 살짝 찍어서 먹어 보자.

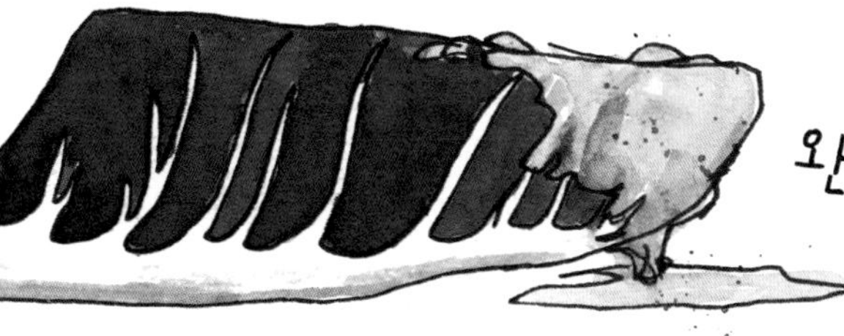

완벽해!

아삭한 양상추, 잘게 자른 크루통과 함께 버무리고 파르미지아노 치즈와 후추를 흩뿌려 맛을 더한다.

이제 먹을 차례.

짠맛 덧입히기

음식에 바로 넣는 결정 형태의 소금 말고도 케이퍼, 베이컨, 일본 된장, 치즈 등 짠맛을 첨가할 수 있는 재료는 여러 가지가 있다. 나는 한 가지 요리에 짠맛을 내는 재료를 한 종류 이상 사용하는 것을 **짠맛 덧입히기**라고 부른다. 음식의 맛을 내는 효과가 매우 뛰어난 방법이다.

짠맛을 덧입힐 때는 만들 요리를 전체적으로 떠올리고, 조리에 돌입하기 '전'에 먼저 짠맛이 나는 재료 중 어떤 것을 넣을지 생각해 보자. 짠맛이 나는 핵심 재료를 미리 생각하지 않고 나중에 첨가하면 과하게 짠 음식이 된다. **시저 드레싱**을 만들 때도 짠맛 덧입히기를 적용할 수 있다. 이 드레싱에는 안초비, 파르미지아노 치즈, 우스터소스, 소금 등 짠맛이 나는 여러 재료가 들어간다. 여기에 나는 마늘을 작은 절구에 넣어 부드러운 페이스트로 만들고 소금을 약간 넣어서 짠맛을 내는 다섯 번째 재료로 활용한다. 짠맛이 나는 재료와 짠맛이 안 나는 재료가 각각 적정량만큼 들어가야 균형이 잘 잡힌 맛있는 드레싱을 만들 수 있다. 그러므로 소금 자체는 모든 재료를 알맞은 양만큼 첨가하기 전까지 되도록 넣지 말자.

시저 드레싱의 첫 단계는 달걀노른자에 오일을 한 방울씩 넣어 가면서 휘저어 빽빽한 무염 마요네즈를 만드는 것이다. (마요네즈 만드는 방법은 86~87쪽에 자세히 나와 있다.) 여기에 으깬 안초비와 마늘, 치즈와 우스터소스를 처음 준비한 양만큼 넣는다. 그리고 식초와 레몬을 더한다. 이제 맛을 보자. 짠맛이 더 필요하다는 생각이 들 것이다. 안초비, 치즈, 마늘, 우스터소스도 더 넣어야 하지 않을까? 그렇다는 판단이 들면 이 재료 중에 무엇이든 더 첨가해서 짠맛을 더하자. 단, 재료를 추가할 때는 한 번에 조금씩 더하고, 필요하면 신맛이 나는 재료도 추가한다. 맛을 보고 다시 재료를 더하는 과정이 몇 번 반복되어야 알맞은 맛이 나올 것이다. 여러 가지 짠 재료가 포함된 모든 요리가 마찬가지겠지만, 시저 드레싱에도 소금 결정은 다른 재료의 맛이 균형을 이루고 충분히 들어갔다고 판단된 후에 추가해야 한다. 정말 이대로 완성하면 되는지 확인하는 방법은 양상추 잎을 1~2장 떼어다가 소스에 찍어서 맛을 보는 것이다. 맛이 잘 어우러졌는지, 머릿속에 '징!' 하는 울림이 느껴질 만큼 만족스러운지 확인해 보자.

어떤 요리든 정해진 레시피대로 만들다가 맛을 보고 소금을 더 넣어야겠다는 생각이 들면 잠깐 멈추고 '어떤 재료'로 짠맛을 추가할지 고민해 보기 바란다.

짠맛을 내는 재료

1. 작은 염장 생선(안초비, 청어 등) 2. 염장했거나 소금에 절인 케이퍼
3. 딜 피클, 식초에 절인 오이, 사우어크라우트, 김치 같이 식초에 절였거나 발효된 채소
4. 피시 소스 5. 간장, 일본 된장 6. 치즈 7. 머스터드, 케첩, 살사, 핫소스 등 대부분의 양념류
8. 프로슈토, 판체타, 베이컨 같은 염장육 9. 김, 다시마 등 해조류 10. 올리브 11. 가염 버터

짠맛 균형 맞추기

요리하면서 아무리 신경을 써도 막상 식탁에 앉아서 음식을 먹다가 간이 덜 됐다는 사실을 깨달을 때가 있다. 물론 소금 간이 부족해도 나중에 쉽게 조절할 수 있는 음식이 있다. 샐러드는 식탁에서 바로 소금을 약간 뿌리면 되고, 수프는 짭짤한 파르미지아노 치즈를 조금 넣고 잘 저으면 간을 맞출 수 있다. 그러나 조절하기 힘든 음식도 있다. 파스타가 맛이 맹맹하면 짠 소스나 치즈, 고기를 아무리 많이 넣어도 해결이 안 된다. 파스타 삶는 물의 염도가 바닷물과 비슷한 정도여야 했는데 그 비슷한 축에도 못 끼었다는 사실을 혀는 늘 알아챈다. 고기를 굽거나 푹 끓인 요리도 간이 부족한 사태가 벌어지면 수습이 불가능하다.

'셰 파니스'에서 음식이 싱거워서 난리가 난 상황을 여러 번 목격한 후, 나는 무슨 일이 있어도 저런 일은 벌어지지 않도록 해야겠다고 마음먹었다. 요리사 하나가 피자 반죽에 깜빡하고 소금을 아예 넣지 않았지만 나중에 시식용 피자를 맛볼 때까지 아무도 이 사태를 눈치채지 못했다가 뒤늦게 깨닫고 어쩔 수 없이 그날은 메뉴에서 피자를 뺀 일이 있었다. 포장지에 '염장'이라고 크게 적힌 닭 다리로 찜 요리를 했는데, 알고 보니 표시가 잘못됐다는 사실을 완성된 요리를 오븐에서 꺼내 맛을 본 후에야 깨달은 일도 있었다. 다 익은 고기 겉면에 소금을 아무리 뿌려 본들 속에서부터 간이 안 밴 고기를 되살리는 데에는 아무런 도움이 안 된다. 우리는 하는 수 없이 살을 모두 분리하고 잘게 찢어서 간을 맞춘 뒤에 라구 소스로 만들어 파스타에 곁들여 냈다. 하지만 뇌리에 가장 인상 깊게 남은 사건은 따로 있다. 요리사 경력이 아주 오래된 선배 한 사람이 라자냐에 소금을 넣지 않은 사건이었다. 그날 저녁에 내려고 이미 100인분이나 만든 후에 그 사실이 발견됐다. 소금을 위에다 뿌려도 속에 간이 안 된 요리를 바로잡을 수는 없으므로 당시 인턴이었던 내게 과제가 주어졌다. 100인분의 라자냐 모두, 각각 열두 겹으로 된 층을 하나하나 조심스럽게 들어 올리고 층마다 소금을 조금씩 뿌리는 일이었다. 그 일 이후 나는 라자냐를 만들면서 소금을 깜박한 적이 단 한 번도 없다.

소금을 어쩌다 너무 많이 넣을 때도 있다. 누구나 그렇다. 특히 소금의 기능을 제대로 깨닫고 소금에 관한 인식이 바뀐 직후에 이런 일이 종종 벌어진다. 초보 요리사 시절에 내가 로스트용 돼지고기를 소금이 수북한 볼에 굴린 것처럼, 소금 양에 무신경해져 갑자기 소금을 마구 넣기 시작하면서 도저히 먹을 수 없는 음식으로 만들어 버리는 것이다. 별 신경 안 쓰고 요리를 하다가도 얼마든지 소금을 왕창 넣을 수 있다. 하지만 그리 심각한 일은 아니다. 누구나 실수를 하는 법이고, 나 역시 여전히 실수를 한다.

소금이 너무 많이 들어간 요리를 살려내는 방법은 다음과 같이 몇 가지가 있다. 하지만 엄청나게 짠 음식을 엄청나게 싱거운 음식과 함께 내는 방식으로는 절대 해결되지 않는다. 아무리 싱거운 음식도 심하게 짠맛을 상쇄하지는 못한다.

희석하기

간이 안 된 재료를 더 넣어서 요리의 양을 늘린다. 소금으로 간이 된 음식의 균형을 맞출 때에는 소금이 들어가지 않은 재료를 더할 때 가장 큰 효과가 나타나는데, 그중에서도 특별한 맛이 없으면서 전분 함량이 높고 진한 재료가 특히 큰 도움이 된다. 그런 재료를 조금만 첨가하면 상대적으로 양이 많은 음식도 짠맛의 균형을 잡을 수 있다. 너무 짠 수프에는 맛이 단조로운 쌀밥이나 감자를, 소금이 과하게 들어간 마요네즈에는 올리브유를 첨가하자. 수프나 육수 혹은 소스를 계속 끓이면 수분은 증발하지만 소금은 남아 있으므로 과하게 짠 음식이 된다. 이런 문제는 간단히 해결할 수 있다. 물이나 육수를 더 넣는 것이다. 여러 가지 재료가 섞인 요리가 너무 짜게 만들어진 경우에는 중심이 되는 재료를 더 넣고 다른 재료의 양을 조절해서 간을 맞춘다.

반으로 나누기

이미 완성한 요리에 다른 재료를 더 넣어 짠맛을 중화시키려고 하는데 그러자니 음식의 전체 양이 바로 먹을 수 있는 양을 훌쩍 넘어 버리는 상황이라면, 요리를 반으로 나눠서 절반만 간을 맞추자. 음식에 따라 다르지만 나머지 절반은 냉장실이나 냉동실에 보관해 두었다가 나중에 간을 맞춰서 먹으면 된다. 어떤 식으로든 보관할 수 없는 음식인 경우, 안타깝지만 절반을 버려야 할 수도 있다. 하지만 차라리 버리는 편이 낫다. 마요네즈 간을 맞추느라 올리브유 3만 원어치를 쏟아부어서 과도하게 양을 늘려 놓고 결국 그중에 4분의 1도 다 쓰지 못하는 것보다는 말이다.

균형 찾기

짜다고 느껴지는 음식도 때로는 소금을 많이 넣어서 그런 것이 아닐 수도 있다. 그럴 때는 신맛이나 지방을 보강하면 맛의 균형이 잡힌다. 음식을 조금 덜어서 레몬즙이나 식초 몇 방울, 또는 올리브유 몇 방울을 넣거나 둘 다 조금씩 첨가해 보자. 맛이 좀 나아진 것 같으면 요리 전체를 같은 방식으로 조절하면 된다.

선택하기

삶은 콩이나 찌개, 찜 요리처럼 액체를 넣고 조리한 음식은 짠 국물을 제거해야 나머지를 살릴 수 있다. 콩이 너무 짜면 삶는 물을 바꾸자. 콩을 다시 튀기거나 혹은 짜게 삶아진 물은 버리고 간이 안 된 육수와 채소를 넣어서 수프를 끓여도 된다. 삶은 고기가 약간 짜다고 느껴지면 고기 삶은 물은 버리고 크렘 프레슈(crème fraîche)처럼 신맛이 나는 진한 양념을 더해서 맛의 균형을 맞춰 보자. 간을 약하게 한 전분 식품이나 전분질 채소를 곁들여도 짠맛을 중화할 수 있다.

다른 요리로 바꾸기

간이 짠 고기는 잘게 찢어서 스튜, 칠리, 수프, 해시(hash), 라비올리 속 재료 등 다른 여러 재료와 어우러지는 새로운 요리로 만들자. 익히지 않은 얇은 흰살 생선에 소금을 너무 많이 뿌렸다면 아예 '더 많이' 뿌려서 염장 대구로 만들어 바칼라(baccalà) 같은 요리를 해 보자.

실패 인정하기

가끔은 그냥 손실을 받아들이고 새로 시작해야 한다. 피자나 한 판 시키는 것도 괜찮은 방법이다. 실패라고 해 봐야 그냥 저녁 한 끼일 뿐이고, 내일 다시 하면 된다.

절대로 절망하지 말자. 실수로 싱겁거나 너무 짠 음식을 만들었더라도 거꾸로 배울 수 있는 기회로 여겨야 한다. 폴렌타를 만들면서 칼을 통해 소금의 진짜 기능을 깨닫고 얼마 지나지 않아, 나는 레스토랑을 찾아온 채식주의자 손님들에게 제공할 콘 커스터드 크림을 만들라는 지시를 받았다. 처음으로 요리 하나를 처음부터 끝까지 혼자 만들어 볼 기회를 얻은 것이다. 돈을 내고 식당에 식사하러 온 손님이 내 음식을 먹다니, 도저히 믿기지가 않았다! 좋아서 흥분되면서도 동시에 겁이 났다. 일단 배운 그대로 커스터드를 만들었다. 양파를 부드러워질 때까지 익히다가 알알이 분리해 둔 옥수수를 넣은 후 크림을 붓고 달콤한 옥수수 향이 배도록 그대로 두었다. 그리고 크림과 달걀로 간단한 커스터드 베이스를 만든 다음 둘을 합쳐서 통째로 중탕 냄비에 넣었다. 커스터드가 부드럽게 굳어가는 모습을 보니 너무 기뻐서 펄쩍 뛰고 싶은 기분이었다. 저녁 손님들이 올 시간이 다 되어 가자 주방장이 와서 한 숟가락 떠서 맛을 보았다. 내 두 눈에 가득 넘치는 기대감을 느꼈는지, 그는 고맙게도 잘했다고 칭찬부터 하고는 조심스럽게 다음부터는 간을 좀 더 세게 만들라고 덧붙였다. 세상에 어느 주방장이 그렇게 부드럽게 질책을 할 수 있을까 싶을 정도로 아주 친절하게 건넨 말이었지만, 그 말을 듣자마자 갑자기 머릿속이 멍해지면서 너무 창피했다. 커스터드 만드는 방법을 하나하나 전부 빠짐없이 따르는 데 집중한 나머지 주방에서 반드시 지켜야 하는 가장 중요한 규칙을 깜빡했기 때문이다. 충분히 안다고 혼자 착각했지만 사실은 꼭 해야 했던 일, 바로 모든 단계마다 맛을 봐야 한다는 사실을 잊어 버렸다. 그날 나는 양파도, 옥수수도, 커스터드도 맛을 전혀, 단 한 번도 보지 않았다.

그 일 이후로 맛보기는 내게 전혀 새로운 결과를 선사했다. 몇 개월 만에 내가 평생 만들어 본 음식 중에서 가장 맛있는 요리를 계속해서 만들 수 있게 되었다. 딱 한 가지 접근 방식을 바꾸고 얻은 성과였는데, 바로 소금 사용하는 법을 터득한 것이었다.

요리할 때는 초반부터 되도록 자주, 모든 것을 맛보면서 소금에 대한 감각을 키워야 한다. '**섞고, 맛보고, 조절하자**'를 주문처럼 되뇌어 보자. 맛을 볼 때는 소금 맛을 가장 먼저 인지하고, 요리를 완성하기 전에 마지막까지 조절하는 것도 짠맛이어야 한다. 본능적으로 계속 맛을 보는 수준에 이르면 요리 실력도 나아지기 시작한다.

소금을 잘 활용하면 즉흥적인 요리도 가능하다

요리는 재즈와 별로 다르지 않다. 최고의 재즈 뮤지션은 정해진 규칙을 더 다듬거나 아예 규칙에서 벗어나면서도 큰 어려움 없이 곡을 즉흥적으로 연주한다. 루이 암스트롱은 정교한 멜로디를 트럼펫 하나에서 흘러나오는 곡조에 녹여 냈고 엘라 피츠제럴드는 단순한 음을 특별한 음성으로 한없이 정교하게 표현했다. 이처럼 물 흐르듯이 즉흥적으로 연주하기 전에 이들도 음악의 기본 언어인 음표부터 배웠고, 규칙과 친밀해지는 단계를 거쳤다. 요리도 마찬가지다. 뛰어난 요리사는 어떤 요리든 즉흥적으로 뚝딱 만드는 것처럼 보이지만 그 실력의 바탕에는 탄탄한 기초가 있다.

소금, 지방, 산, 열은 그러한 기초를 이루는 구성 요소다. 여러분이 언제 어디서나 만들 수 있는 기본 요리에 이 요소를 활용해 보자. 여러분도 곧 루이나 엘라 같은 재즈 뮤지션처럼 눈 깜짝할 사이에 음식을 더 간소하게, 아니면 더욱 화려하게 만들 수 있을 것이다. 매일 만드는 프리타타부터 휴일에 먹는 구이 요리까지, 소금에 관한 지식을 모든 요리에 적용하자.

소금을 쓸 때는 기본적으로 다음 세 가지를 결정해야 한다. 언제? 얼마나? 어떤 종류를 넣을까? 요리를 준비할 때마다 이 질문을 떠올리면, 질문에 대한 대답들이 요리를 즉흥적으로 변형시킬 수 있는 로드맵이 된다. 머지않아 스스로 놀라게 되는 날이 올지도 모른다. 텅 비어 있는 냉장고를 보면서 도저히 먹을 만한 음식을 만들 수 없다고 확신한 순간, 파르미지아노 치즈 한 덩어리가 눈에 띈다. 그리고 20분 후, 일생 중 가장 맛있는 **치즈 후추 파스타**를 완성해서 열심히 코를 박고 먹고 있을지도 모른다. 친구들과 농산물 직판장에 들렀다가 계획에도 없던 식재료를 왕창 사 온 날에도 놀라운 일이 벌어질 수 있다. 온갖 농산물을 사 들고 집에 돌아와 조리대 위에 모두 펼쳐 놓은 후, 전날 밤에 밑간한 닭고기를 꺼내고 지체 없이 오븐을 예열한다. 함께 온 친구들에게는 와인을 따라 주고 오이와 무를 조금 얇게 썰어 소금을 뿌려 먹고 있으라고 한 뒤 곧장 냄비에 물을 끓여 소금을 한 움큼 넣는다. 소금 간이 적당한지 물을 조금 맛보고 간을 조절한 다음 순무를 뒤에 달린 녹색 잎까지 모두 넣어서 데친다. 데친 채소를 한입 먹은 친구들이 깜짝 놀라 비결을 물으면 기꺼이 알려 주자. 훌륭한 요리를 완성하는 가장 중요한 요소, 소금 쓰는 법을 터득했다고 말이다.

지방

'셰 파니스'에서 본격적으로 요리를 하기 시작한 후 얼마 지나지 않아 요리사들은 전 직원을 대상으로 최고의 토마토소스 레시피 콘테스트를 열었다. 규칙은 단 하나였다. 레스토랑 주방에서 쉽게 구할 수 있는 재료만 써야 한다는 것이었다. 상은 현금 500달러와 그 레시피가 사용되는 메뉴에 개발자의 이름을 명시하는 것으로 정해졌다. 그것도 영원히.

생판 초보였던 나는 참가하자니 더럭 겁부터 났다. 하지만 요리사뿐만 아니라 서빙 직원을 총괄하는 지배인부터 그 밖에 다른 종업원은 물론 식당 짐꾼까지 도전하겠다는 뜻을 밝혔다.

'공정한 심사위원'으로 선정된 판정단(앨리스와 요리사들) 앞에 수십 명의 참가자가 수제 소스를 제출했고, 이것으로 블라인드 테스트가 실시됐다. 말린 오레가노로 맛을 낸 소스, 생마저럼을 넣은 소스도 있었다. 통조림 토마토를 손으로 으깨서 넣은 참가자가 있는가 하면, 토마토 속을 일일이 제거하고 잘게 썰어서 사용한 참가자도 있었다. 칠리 가루를 넣은 사람, 이탈리아 출신 할머니의 조언을 살려 이탈리아식 토마토소스인 포마롤라(pomarola) 스타일로 퓌레처럼 만든 사람 등 다양했다. 온 사방에 토마토 냄새가 진동하는 가운데, 모두 잔뜩 들떠서 누가 우승자가 될지 고대하며 결과를 기다렸다.

그때 한 요리사가 물을 마시러 주방에 들어왔고 우리는 콘테스트가 어떻게 되어 가고 있는지 물었다. 나는 그때 그가 했던 말을 절대로 잊지 못할 것이다.

"괜찮은 후보가 많아. 사실은 너무 많아서 좁히기가 힘들 정도야. 그런데 앨리스의 미각이 정말 예민하긴 한 것 같아. 훌륭한 소스로 뽑힌 후보 중에 상한 올리브유를 사용한 게 있다는 걸 알아내고는 그냥 넘어갈 수가 없다고 했거든."

앨리스는 대체 누구든 레스토랑에서 사용하는 고급 올리브유를 왜 사용하지 않았는지 이해하지 못했다. 심지어 식당 직원이면 그런 고급 오일을 원가로 얼마든지 살 수 있기 때문이다.

나도 충격을 받았다. 그전까지 나는 올리브유가 요리의 풍미에 그렇게 큰 영향을 주리라고는 한 번도 생각한 적이 없었다. 더욱이 톡 쏘는 맛이 특징인 토마토소스에 그토록 막대한 영향을 줄 수 있다니. 이 일로 나는 기본 재료인 올리브유는 물론, 요리에 사용하는 모든 지방이 음식 전체의 맛을 크게 좌우한다는 사실을 처음 깨달았다. 버터에 볶은 양파와 올리브유에 볶은 양파가 맛이 다른 것처럼, 좋은 올리브유에 볶은 양파는 저질 올리브유에 볶은 양파와 맛이 다를 뿐만 아니라 (우리 콘테스트에서 확인된 것처럼) 더 훌륭하다.

내 친구이자 나와 함께 '셰 파니스'의 신입 요리사로 일하던 마이크가 우승을 차지했다. 레시피가 얼마나 복잡했던지, 세월이 한참 흐른 지금은 거의 기억이 나지 않을 정도다. 하지만 그날 배운 한 가지는 결코 잊지 않았다. 요리에 사용한 지방이 맛있어야만 음식도 맛있어진다는 사실.

● ● ●

다양한 올리브유가 제각기 어떤 풍미를 내는지는 '셰 파니스'에서 배웠지만, 올리브유가 단순히 요리에 매개체로만 사용되는 것이 아니라 '그 자체로' 매우 중요하고 다방면으로 활용할 수 있는 식재료라는 사실은 이탈리아에서 일하면서 깨달았다.

이탈리아어로 라콜타(raccolta)라고 하는 올리브 수확기에 나는 테누타 디 카페자나(Tenuta di Capezzana)사를 방문했다. 내가 맛본 올리브유 중에서 가장 훌륭하고 놀랍다고 느낀 제품을 생산하는 곳이었다. 프란토이오[1] 앞에서 그날 수확된 올리브가 노르스름한 녹색의 진한 액체로 바뀌는 광경을 나는 넋을 잃고 바라보았다. 그 빛깔이 어찌나 환한지, 토스카나의 컴컴한 밤하늘도 밝힐 것만 같았다. 그 맛도 색깔만큼이나 엄청났다. 기름에서 후추 향이 느껴지면서 신맛에 가까운 맛을 느끼리라곤 상상도 해본 적이 없었다.

이듬해 가을 수확기에는 해안 지역인 리구리아에 머물렀다. 지중해 해안에서 생산된 올리오 누오보(olio nuovo), 즉 갓 짜낸 올리브유는 앞서 맛본 올리브유와 완전히 달랐다. 버터 향이 나고 신맛은 거의 없으며 아주 진해서 한 숟가락 그대로 삼키고 싶을 정도였다. 올리브유가 생산되는 '지역'마다 맛이 크게 다르다는 사실을 배운 순간이었다. 기온이 높고 건조하며 언덕이 많은 지역에서 생산된 오일은 스파이시한 향이 나는 반면, 온화한 기후의 해안 지역에서 생산된 오일은 기후만큼 맛도 부드럽다. 이렇게 여러 오일을 맛본 후, 후추 향이 나는 오일은 생선 타르타르(tartare) 같은 요리에 사용하면 섬세한 맛을 다 덮어 버리기 쉽고, 마찬가지로 쓴맛이 강한 잎채소를 곁들이는 토스카나식 쇠고기 스테이크처럼 맛이 강렬한 요리에는 해안가의 연한 오일이 어울리지 않는다는 사실을 알 수 있었다.

1 frantoio. 한 쌍의 바퀴가 360도 회전하는 돌 맷돌로, 이탈리아에서 전통으로 이어 내려오는 올리브 착유 방식이다.

베네데타 비탈리의 피렌체 스타일 레스토랑 '지빕보'의 요리에는 다른 어떤 재료보다도 후추 향이 강한 토스카나산 엑스트라버진 올리브유가 다량 들어간다. 샐러드 드레싱에도 넣고 아침마다 굽는 포카치아 반죽에도 듬뿍 넣었다. 오래 익혀서 만드는 모든 요리에 베이스로 사용되는 소프리토(soffritto), 즉 갈색이 나도록 볶은 양파와 당근, 셀러리에도 이 올리브유를 사용하고, 오징어부터 호박꽃, 내가 토요일 아침마다 정신없이 먹어치우던 크림 도넛 봄볼로니(Bomboloni)에 이르기까지 튀김 요리에도 같은 오일을 사용했다. '지빕보'의 음식이 맛있는 이유는 맛있는 올리브유를 쓴 덕분이었다.

이탈리아 전역을 여행하는 동안, 나는 각 지역의 특색 있는 맛을 좌우하는 것은 지방이라는 사실도 배웠다. 목초지가 많고 낙농업이 발달한 북부 지역에서는 폴렌타나 탈리아텔레 볼로네제 같은 파스타, 리소토에 버터와 크림 그리고 진한 치즈를 쓴다. 올리브나무가 많이 자라는 남부와 해안 지역에서는 해산물 요리부터 파스타는 물론 디저트를 포함한 모든 음식에 올리브유가 들어간다. 심지어 올리브유 젤라토도 있다. 돼지는 어떤 기후에서도 키울 수 있으므로 돼지기름은 이처럼 지역마다 다른 이탈리아 요리에 유일한 공통분모가 되었다.

이탈리아의 문화와 요리에 푹 빠져들수록 한 가지가 분명해졌다. 이탈리아에서는 지방이 너무나 특별한 요소이고, 이것이 바로 이탈리아 음식이 그토록 맛이 좋은 핵심적인 이유라는 점이다. 이 모든 과정을 거치면서, 나는 지방이 훌륭한 요리의 두 번째 요소임을 깨달았다.

지방이란 무엇일까

주방에서 지방의 가치를 가장 제대로 확인하는 방법은 지방 '없이' 요리하면 어떻게 될지 상상해 보는 것이다. 비네그레트 드레싱에 올리브유가 빠진다면, 소시지에 돼지 지방이 들어가지 않는다면, 구운 감자에 사워크림을 얹지 않는다면, 크루아상에 버터를 넣지 않는다면 어떨까? 생각할 필요도 없다. 지방이 음식에 선사하는 풍미와 질감이 없다면 식사의 즐거움은 엄청나게 줄어들 것이다. 다시 말해 지방은 맛있는 음식이 가져야 할 풍미와 질감의 범위를 모두 충족하는 데 꼭 필요한 요소다.

지방은 훌륭한 요리의 4대 기본 요소 중 하나이자 물, 단백질, 탄수화물과 더불어 모든 음식의 가장 기본적인 요소다. 지방도 소금처럼 대체로 건강에 안 좋다는 인식이 널리 퍼져 있지만, 두 가지 모두 우리 생존에 꼭 필요한 물질이다. 지방은 에너지를 나중에 쓸 수 있도록 보관해 두는 중요한 예비 저장고 역할을 하고 영양소를 흡수한다. 그리고 뇌 성장과 같은 필수적인 대사 기능에 사용된다. 의사가 지방 섭취량을 엄격히 줄여야 한다고 지시한 경우가 아니라면 걱정할 필요가 없다. 지방을 적당량 사용해서 요리를 만들어 먹는다고 해서 몸에 해로울 건 전혀 없다. (특히 건강에 이로운 식물성 지방과 생선에 함유된 지방을 이용한다면 더욱 그렇다.) 앞서 소금을 설명할 때와 마찬가지로 이번 장에서도 여러분에게 지방을 더 많이 쓰라고 권하는 것이 아니라, 요리할 때 어떻게 하면 지방을 더욱 잘 활용할 수 있는지를 이야기하려고 한다.

지방은 소금과 달리 다양한 형태로 존재하며 수많은 원료에서 얻을 수 있다. (63쪽 **지방의 재료** 참조) 소금이 무기질이고 주로 맛을 강화하는 역할이라면 지방은 주방에서 **세 가지 역할**을 담당한다. 음식의 주재료, 요리의 매개체 그리고 소금과 같은 양념의 역할이다. 같은 지방이라도 어떻게 사용하느냐에 따라 요리마다 다른 역할을 할 수 있다. 그러므로 지방을 선택하려면 우선 요리에서 지방이 담당할 주된 역할이 무엇인지부터 생각해야 한다.

지방을 **주재료**로 사용하면 요리 전체에 큰 영향을 준다. 이와 같은 요리는 맛이 진하고 독특하게 끌리는 식감이 있다. 버거 패티에 분쇄되어 들어간 지방은 패티를 익힐 때 기능을 발휘해 속에서부터 고기 사이사이에 녹아들어 우리가 먹을 때 느끼는 육즙을 형성한다. 버터는 밀가루에 함유된 단백질이 두드러지지 않도록 저해함으로써 페이스트리의 부드럽고 얇은 질감을 만들어 낸다. 또 페스토에 들어가는 올리브유는 쨍한 풀 냄새와 함께 진하고 풍부한 질감을 만들어 낸다. 아이스크림에도 크림과 달걀노른자가 얼마나 들어가느냐에 따라 먹을 때 느껴지는 부드러움과 계속 먹고 싶어지는 특유의 매력적인 맛을 좌우한다. (크림과 달걀이 많이 들어갈수록 크리미하다.)

지방이 가장 인상적이고 독특한 기능을 발휘할 때는 아마도 **요리 매개체**로 사용되는 경우인 것 같다. 식용유는 아주 높은 온도까지 가열할 수 있고, 가열된 기름에서 음식을 조리하면 표면 온도가 엄청나게 높아진다. 이 과정에서 음식은 황금빛을 띠는 갈색이 되면서 우리가 너무나 좋아하는 바삭한 식감을 얻는다. 닭을 튀길 때 사용하는 땅콩유, 채소를 볶을 때 넣는 버터, 참치를 졸일 때 넣는 올리브유 등 열을 가해서 음식을 조리하는 데 쓰는 지방은 모두 매개체로 볼 수 있다.

지방 중에서 특정 종류는 음식을 내기 직전에 첨가해 맛을 조절하고 식감을 더 풍부하게 하는 **양념**으로 활용된다. 쌀밥에 참기름을 몇 방울 떨어뜨리면 맛이 더욱 깊어지고, 수프에 사워크림을 한 덩어리만 더해도 한층 더 부드럽고 진한 맛을 느낄 수 있다. 또 BLT 샌드위치에 마요네즈를 조금만 바르면 더 촉촉해지고, 바삭한 빵에 발효 버터를 바르면 이루 말할 수 없이 진한 맛을 즐길 수 있다.

요리에 쓸 지방이 어떤 역할을 하는지 확인하려면, 다음 사항을 고려하자.

- 여러 재료를 하나로 합치는 역할을 하는가? 그렇다면 지방이 주재료다.
- 지방이 음식의 질감을 좌우하는가? **얇고 크리미하며 가벼운** 질감을 만드는 역할을 한다면 주재료이고, **파삭한** 식감을 만든다면 요리 매개체다. **부드러운** 질감이 지방에서 나올 경우 두 가지 역할을 모두 수행한다고 보면 된다.
- 지방을 가열해서 음식을 익히는 데 사용한다면? 그 지방은 요리 매개체다.
- 지방이 맛에 영향을 주는가? 요리할 때 처음부터 첨가하는 지방은 주재료다. 요리가 완성된 후 맛이나 질감을 조절하기 위해 고명처럼 활용되는 경우 양념에 해당한다.

요리에 지방이 어떤 용도로 활용되는지 파악하고 나면 어떤 지방을 사용할지, 원하는 맛과 질감을 얻기 위해서는 음식을 어떻게 조리해야 하는지도 더 현명하게 판단할 수 있다.

지방의 재료

지방 :

1.버터, 정제 버터, 기 2.오일 : 올리브유, 각종 씨앗과 견과류에서 추출한 오일 3.동물성 지방 : 돼지, 오리, 닭

지방을 함유한 식재료 :

4. 베이컨, 프로슈토, 판체타 등 훈제육, 염장육 5. 견과류, 코코넛 6. 크림, 사워크림, 크렘 프레슈

7. 코코아 버터, 초콜릿 8.치즈 9.일반 요구르트 10.달걀

11. 정어리, 연어, 고등어, 청어 등 기름기 많은 생선 12.아보카도

지방과 맛

지방이 맛에 끼치는 영향

간단히 이야기하면 지방은 음식에 맛을 전달하는 기능을 한다. 종류에 따라 독특한 맛을 내는 지방도 있지만, 모든 지방은 우리가 미처 느끼지 못하는 음식의 향을 전달함으로써 풍미를 강화한다. 지방은 혀 표면을 덮어 미뢰에 음식의 향을 내는 성분이 좀 더 오래 머물게 하므로 우리는 다양한 맛을 더욱 강렬하고 오래 즐길 수 있다. 마늘을 2톨 준비해서 껍질을 벗기고 슬라이스 한 후, 하나는 물만 1~2큰술 넣고, 다른 하나는 같은 양의 올리브유에 구워 보자. 남은 액체를 조금 맛보면 올리브유에 마늘 향이 훨씬 더 강하게 배어 있음을 느낄 수 있다. 이 같은 기능을 감안하면 요리할 때 향을 내는 재료는 지방에 바로 첨가할 때 맛이 더 진해지고 풍미가 골고루 퍼진다는 사실을 알 수 있다. 제과제빵을 할 때도 바닐라 농축액을 비롯한 향신료를 버터나 달걀노른자에 바로 넣어야 같은 효과를 얻을 수 있다.

지방은 또 한 가지 놀라운 방식으로 음식의 맛을 강화한다. 요리용 지방은 물의 끓는점(해수면 기준 100℃)보다 더 높은 온도를 견디므로 물 대신 중요한 기능을 할 수 있다. 110℃ 이하에서는 얻을 수 없는, 음식 표면이 노릇하게 변하는 현상을 촉진하는 것이다. 음식에 따라 이처럼 갈색으로 익는 과정에서 견과류의 향과 달콤함, 풍성한 맛과 흙냄새, 짭짤한 맛(감칠맛) 등 완전히 새로운 맛이 형성된다. 닭 가슴살을 끓는 물에 익힐 때와 올리브유를 약간 두른 팬에 익힐 때 맛이 얼마나 다른지를 떠올리면 지방의 엄청난 효과를 확실하게 이해할 수 있을 것이다.

지방의 맛

지방마다 맛도 제각기 다르다. 올바른 지방을 선택하려면 지방마다 어떤 맛이 나는지, 지역마다 어떤 요리에 어떤 지방을 가장 흔히 사용하는지 잘 알아 둘 필요가 있다.

올리브유

올리브유는 지중해 지역의 주식 가운데 하나이므로 이탈리아, 스페인, 그리스, 터키, 북아프리카, 중동 요리의 기본 재료로 생각하면 된다. 수프부터 파스타, 끓인 요리, 구운 고기, 채소까지 모든 음식에 맛을 전달하는 매개체로 빛을 발한다. 마요네즈나 비네그레트 드레싱을 비롯해 **허브 살사**, 칠리 오일 같은 다양한 소스를 만드는 주재료로도 사용하고 쇠고기 카르파초나 구운 리코타 치즈에는 양념처럼 뿌려 먹는다.

맛 좋은 올리브유를 사용하면 음식 맛이 좋아진다는 사실을 알고 있더라도 괜찮은 제품을 고르기가 어렵다고 느끼는 사람들이 많다. 내가 사는 지역만 하더라도 장을 보러 가면 진열대에 스무 가지가 넘는 엑스트라버진 올리브유가 놓여 있다. 진열된 제품이 엑스트라버진 오일인지 퓨어 오일인지, 다른 맛이 첨가된 오일인지도 잘 봐야 한다. 초보 요리사 시절에는 나 역시 진열대 앞에만 서면 뭘 어떻게 선택할지 몰라 고민하는 경우가 많았다. 버진 오일일까, 엑스트라버진 오일일까? 이탈리아산인가, 프랑스산 제품인가? 유기농 제품인가, 일반 제품인가? 이 올리브유를 사도 정말 괜찮을까? 이건 750*ml*에 30달러인데 왜 저건 1*l*를 10달러면 살 수 있는 걸까?

와인처럼 올리브유도 가격이 아닌 맛을 기준으로 삼아야 최상의 제품을 선택할 수 있다. 처음에는 어느 정도 자신을 믿고 결단을 내릴 필요가 있으나, 어쨌든 올리브유를 제대로 이해하는 유일한 방법은 집중해서 맛을 보는 것밖에 없다. "과일 향, 톡 쏘는 느낌, 스파이시하고 산뜻한 맛"과 같은 표현이 혼란스럽게 다가올 수도 있지만 좋은 올리브유는 좋은 와인처럼 다면적인 특성이 있다. 굉장히 비싼 제품인데 먹어 보니 별로 마음에 들지 않으면 자신과 안 맞는 제품으로 보면 된다. 10달러짜리 제품이라도 맛있다고 느껴지면 그걸로 택하면 된다.

좋은 올리브유가 어떤 맛을 내는지 설명하기란 쉬운 일이 아니지만, 품질이 좋지 않은 올리브유의 특징은 쉽게 설명할 수 있다. 쓴맛이 나고 깜짝 놀랄 정도로 스파이시하며 군내와 고약한 냄새가 난다. 이런 제품은 선택하지 말아야 한다.

색은 올리브유의 품질과 거의 관련이 없으므로 색깔만 봐서는 산패한 오일인지 아닌지 구분할 수 없다. 그보다는 코로 냄새를 맡자. 크레파스 상자를 열었을 때 나는 냄새 또는 양초 냄새가 나는가? 아니면 오래된 땅콩버터 통을 열었을 때 둥둥 떠 있는 기름 같은 냄새가 나는가? 그런 올리브유는 산패한 것으로 보면 된다. 안타깝게도 미국인은 대부분 산패한 올리브유의 맛에 익숙해서 그런 냄새와 맛을 선호하기도 한다. 이로 인해 대형 올리브유 제조업체 대부분이 안목 있는 소비자라면 거부할 제품을 신나게 판매하고 있다.

올리브유는 생산되는 계절이 정해져 있다. 구입할 때는 용기에 적힌 생산일자를 찾아 최근에 압착한 오일인지 확인하자. 대부분은 11월일 것이다. 올리브유는 압착된 날로부터 12~14개월 정도가 지나면 산패하기 시작하므로 특별한 날에 쓰려고 아껴 두면 안 된다. 고급 와인처럼 시간이 지날수록 맛이 좋아지리라 생각한다면 큰 오산이다! (이런 점에서는 와인과 '완전히' 정반대다.)

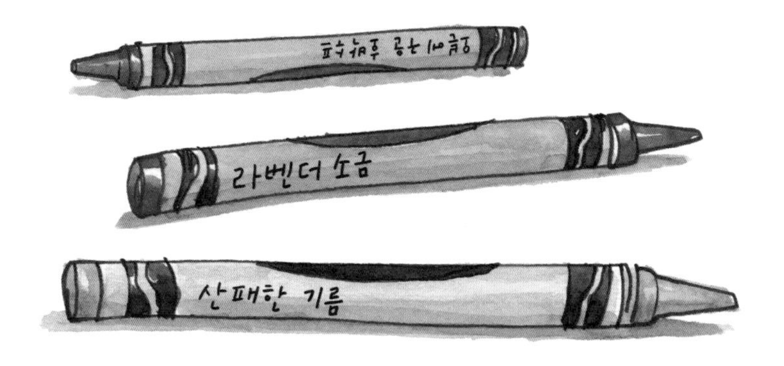

소금처럼 올리브유도 몇 가지 유형으로 나뉜다. 일상적인 요리에 사용하는 종류와 요리를 마무리할 때 사용하는 종류 그리고 맛을 내는 종류가 있다. **일반 올리브유**는 요리에 전반적으로 사용하고 **마무리용 올리브유**는 샐러드 드레싱이나 생선 타르타르, 허브 살사, 올리브오일 케이크 등 올리브유의 맛이 도드라지기를 원하는 음식에 사용한다. **향미유**는 주의해서 구입하고 사용해야 한다. 저품질 올리브유의 맛을 감추기 위해 향료 성분을 첨가한 제품이 많으므로 나는 대체로 향미유는 사용하지 말 것을 권한다. 하지만 예외도 있다. 아그루마토(agrumato)라고 적힌 올리브유는 올리브를 맨 처음 압착할 때 감귤류 과일을 통째로 함께 넣고 압착하는 전통적인 방식으로 생산된다. 샌프란시스코의 '바이라이트 크리머리(Bi-Rite Creamery)'에서 맛볼 수 있는 선데 아이스크림 중에는 초콜릿 아이스크림 위에 베르가모트 아그루마토를 살짝 뿌린 제품이 큰 인기다. 정말 맛있다!

식료품점에서 일상적인 요리에 사용할 저렴하면서도 괜찮은 올리브유를 찾기란 쉽지 않다. 내가 항상 갖춰 두는 제품은 세카 힐스(Seka Hills), 카츠(Katz), 캘리포니아 올리브 랜치(California Olive Ranch)사의 올리브유다. 코스트코에서 판매하는 커클랜드 시그니처 오가닉 엑스트라버진 올리브유도 외부 기관이 실시하는 품질 검사에서 점수가 높았던 제품으로, 평상시 요리에 사용하기 적합하다. 이런 제품을 구할 수 없다면 캘리포니아산 올리브나 이탈리아산 올리브를 100퍼센트 사용한 오일을 찾아보기 바란다. (라벨에 단순히 '이탈리아산', '이탈리아에서 포장된 제품', '이탈리아에서 병 포장된 제품'이라고 적힌 것만으로는 알 수 없다. 이탈리아에서 압착했지만 올리브 생산지가 다른 경우에도 이런 문구를 사용할 수 있기 때문이다.) 올리브유의 생산일자는 반드시 라벨에 또렷하게 명시되어 있어야 한다.

평소에 사용할 만한 저렴하고 괜찮은 올리브유를 구할 수 없다면, 품질이 다소 낮은 제품에 특별한 맛이 나지 않는 냉압착 포도씨유나 카놀라유를 혼합해서 사용하는 방법도 있다. 일부는 그대로 남겨 두었다가 샐러드나 양념을 마무리할 때 사용하자.

마음에 쏙 드는 올리브유를 찾았다면 신경 써서 잘 관리해야 한다. 온도가 계속 변하는 가스레인지 근처나 햇볕이 잘 드는 곳에 두면 부패가 촉진되므로, 서늘하고 어두운 곳에 두는 편이 좋다. 마땅한 장소가 없으면 짙은 색 유리병이나 금속 용기에 담아 빛을 차단하자.

버터

미국과 캐나다 전역을 비롯해 영국, 아일랜드, 스칸디나비아 지역과 이탈리아 북부를 포함한 서유럽, 러시아, 모로코, 인도처럼 소가 뜯어먹을 수 있는 목초가 잘 자라는 기후의 지역에서는 요리에 버터를 널리 사용한다.

용도가 다양한 버터는 여러 가지 방식으로 사용할 수 있으며 요리 매개체, 주재료, 양념까지 전부 가능하다. 일반적인 버터는 **가염 버터**와 **무가염 버터**, **발효 버터**로 나뉜다. 그중에서도 짭짤하면서 톡 쏘는 맛이 일품인 발효 버터는 따뜻하게 데운 토스트에 발라 먹거나 오르되브르(hors d'oeuvre, 전채 요리)로 무와 함께 내면 최상의 맛을 즐길 수 있다. 가염 버터는 제품마다 소금 양이 조금씩 다르므로 요리나 제과제빵에는 무가염 버터를 쓰고 필요하면 소금을 직접 넣어서 간을 맞추자.

무가염 버터는 낮은 온도에서나 실온에서 모두 반죽의 주재료로 사용되며 제과 제품에 진한 우유 향을 더하고 얇고 바삭하면서 부드럽고 가벼운, 여러 가지 고급스러운 질감을 만들어 낸다. 버터는 오일과 달리 순수 지방이 아니며 물과 유단백, 고형 유청을 포함하고 있다. 이러한 요소들은 버터 특유의 맛에 큰 영향을 준다. 가염 버터를 갈색의 액체가 될 때까지 가열해서 만드는 **브라운 버터**는 견과류 향과 함께 달콤한 맛이 난다. 프랑스와 이탈리아 북부 지역 요리에서는 브라운 버터가 전통적인 맛내기 재료로 사용된다. 특히 헤이즐넛이나 겨울호박, 세이지와 잘 어울려서 나는 주로 **가을 채소로 만든 판차넬라**에 **브라운 버터 비네그레트 드레싱**을 뿌린다.

무가염 버터를 팬에 올리고 약한 열을 계속 가해서 녹이면 투명한 액체 위에 유청 단백이 떠오르고 나머지 노란색 지방과 유단백은 아래로 가라앉는다. 이 상태에서 물이 다 증발하면 100퍼센트 지방만 남는다. 고체화된 유청을 거둬서 페투치네 파스타에 넣으면 달걀 맛이 강한 면발과 버터의 풍미가 잘 어우러진다. 파르미지아노 치즈를 갈아서 올리고 통후추를 바로 갈아 더하면 더욱 맛있다. 녹은 버터의 단백질은 아주 촘촘한 면포로도 잘 걸러지지 않으므로 다 끓인 뒤에는 바닥에 최대한 가라앉도록 그대로 두어야 한다. 다 가라앉고 난 뒤 윗부분만 잘 떠서 면포에 거르면 중불이나 센불에서 하는 요리에 매개체로 사용할 수 있는 **정제 버터**가 완성된다. 나는 감자전을 부칠 때 정제 버터를 즐겨 사용한다. 고형 성분이 제거되어 타지 않고 버터의 좋은 향을 감자에서 모두 그대로 느낄 수 있다. 인도 요리에서 자주 사용되는 기(ghee) 버터도 정제 버터의 하나로 유고형 성분이 갈색이 될 때까지 센불에 끓여서 만들며, 더 달콤한 맛이 난다. 고슬고슬한 식감이 특징인 모로코식 쿠스쿠스에 들어가는 스멘(smen)은 정제 버터를 땅속에 최대 7년까지 묻어서 발효시킨 버터로 치즈 향이 난다.

씨앗 오일과 견과류 오일

거의 모든 문화권에서 씨앗이나 견과류에서 짠 특별한 맛이 나지 않는 오일을 요리에 사용한다. 모든 요리에 지방의 특징이 두드러지기를 원하는 사람은 아무도 없으리라. 땅콩유, 착유기로 압착해서 생산한 카놀라유, 포도씨유는 '아무런' 맛도 나지 않으므로 요리용 지방으로 쓰기에 적절하다. 또한 이러한 식용유는 **발연점**이 높아서 음식을 바삭하고 노릇하게 만들 때도 사용할 수 있다.

요리에 넣기만 하면 열대 지방의 풍미를 느낄 수 있는 코코넛 오일은 특히 그래놀라와 잘 어울리는데, 뿌리채소를 구울 때도 적합하다. 뒤에서 다시 설명하겠지만 고형 지방은 얇은 페이스트리를 만들 때 매우 요긴하다. 젖산을 소화하지 못하는 사람에게 저녁 식사를 대접할 일이 생기면 코코넛 오일로 파이 껍질을 만들면 된다. (요리사의 팁: 피부와 머리카락에 코코넛 오일을 바르면 금방 흡수된다. 건조하다 싶을 때 코코넛 오일을 몸에 바르는 사치를 부려 보면 놀랄 만큼 환상적인 결과를 확인할 수 있다!)

씨앗이나 견과류로 만든 최상급 오일은 원료의 생생한 향을 느낄 수 있으므로 양념으로 사용하면 된다. 먹고 남은 찬밥에 참기름을 넣고 달걀, 김치와 함께 볶으면 한국식 한끼 식사가 간단하게 완성된다. 비네그레트 드레싱에 헤이즐넛 오일을 조금만 섞어서 루콜라, 헤이즐넛이 들어간 샐러드에 뿌리면 견과류의 향이 확 살아난다. 또 호박 수프에 **허브 살사**를 올리고 그 위에 구운 호박씨와 함께 호박씨 오일을 뿌리면 한 가지 재료를 다채로운 맛으로 즐길 수 있다.

동물성 지방

고기를 먹는 문화권에서는 모두 동물성 지방을 요리에 사용한다. 동물성 지방은 종류에 따라 주재료로 쓰이기도 하고, 요리 매개체와 양념으로도 활용된다. 향을 내는 분자는 대부분 물과 접촉하면 빠져나가므로, 우리가 고기를 먹을 때 느끼는 향은 거의 다 동물의 지방에 있는 분자에서 비롯된 것이다. 그러므로 살코기보다 지방에서 그 동물의 특징적인 맛을 더욱 진하게 느낄 수 있다. 쇠고기 지방에서 스테이크보다 더 진한 맛을 느낄 수 있고, 돼지 지방에서 살코기보다 더 진한 돼지고기 맛이 난다. 마찬가지로 닭고기보다는 닭 지방에서 닭 맛이 더 강하게 난다.

소

소의 기름은 고체일 때 우지(suet, 수에트), 액체일 때 소기름이라 부른다. 햄버거 패티와 핫도그에 반드시 들어가는 소의 지방은 쇠고기의 고소한 맛을 더하고 촉촉한 식감을 강화한다. 특히 햄버거 패티에 우지나 기타 지방을 첨가하지 않으면 건조하고 푸석푸석 갈라지며 맛이 없다. 소기름은 프렌치프라이나 요크셔푸딩 그리고 전통적으로 소갈비에 곁들여 먹는 커다란 빵인 팝오버(popover)를 만들 때 사용한다.

돼지

고체 상태에서는 돼지기름, 액체일 때 라드(lard)라고 부른다. 돼지기름은 소시지와 테린(terrine)의 중요한 재료이며, 풍미를 더하고 특유의 풍부한 맛을 낸다. 기름기가 없는 고기를 고형 지방으로 감싸서 마르지 않도록 방지하는 요리법을 영어에서는 **바딩**(barding) 또는 **라딩**(larding)이라고 하는데, 돼지의 고형 지방이 바로 이 과정에 사용된다. 바딩은 얇게 자른 돼지 삼겹살로 살코기를 감싸서 굽는 동안 열에 의해 수분이 빠지지 않도록 보호하는 것을 의미한다. 이때 사용하는 삼겹살로는 훈제 또는 일반 베이컨, 염장 또는 일반 판체타, 손질한 상태의 온전

한 고기 등이 있다. 반면 라딩은 살코기를 지방으로 감싼 다음 굵고 긴 바늘을 이용해 고정시키는 것을 의미한다. 두 가지 모두 고기에 풍부한 맛과 풍미를 더하는 방법이다.

라드는 발연점이 높아서 요리용 매개체로 매우 적합한 지방이며 멕시코, 미국 남부, 이탈리아 남부, 필리핀 북부 지역에서 많이 사용한다. 반죽 재료로도 사용할 수 있으나 신중하게 선택해야 한다. 엠파나다[1]의 얇은 껍질을 만드는 반죽에는 더없이 잘 어울리지만, 라드에서 나는 특유의 진한 돼지고기 냄새가 블루베리 파이에서 난다면 절대 좋을 리 없다!

닭, 오리, 거위

닭과 오리, 거위 지방은 액체 형태로만 요리 매개체로 사용된다. 이스라엘 요리에는 '슈몰츠(schmaltz)'로 불리는 정제된 닭 지방이 전통 음식의 재료로 사용된다. 나는 슈몰츠에 밥을 볶을 때 풍기는 닭고기 냄새를 아주 좋아한다. 오리나 거위를 구울 때 나오는 기름을 잘 걸러서 감자나 뿌리채소를 튀길 때 사용해 보자. 오리 기름에 튀긴 감자보다 맛있는 음식은 아마 찾기 힘들 것이다.

양

'수에트'로 불리는 양의 지방은 보통 잘 녹지 않는다. 돼지고기를 먹지 않는 나라에서는 '메르게즈(merguez)'라 하는 양고기 소시지를 만들 때 중요한 재료로 사용된다.

• • •

1 empanada. 빵 반죽 안에 다양한 속재료를 넣고 반으로 접어 굽거나 튀긴 스페인식 파이 요리.

지방은 전반적으로 육류를 맛있게 만드는 기능을 한다. 실제로 우리는 스테이크에 마블이 얼마나 형성되어 있는지, 또는 지방이 얼마나 섞여 있는지를 보고 질을 평가하며 심지어 육류의 등급도 그와 같은 기준으로 책정한다. 하지만 영 내키지 않는 지방도 있다. 닭 가슴살 윗부분에 달린 고무처럼 질긴 기름 덩어리나 접시 끄트머리에 꼭 따로 모으게 되는 양지머리의 기름이 그런 종류에 해당한다. 왜 우리는 같은 동물 지방인데도 어떤 것은 귀하게 여기고 어떤 건 먹지 않으려고 할까?

열량을 잔뜩 먹여서 살을 찌운 네 발 동물은 몸의 중심부에 해당하는 부위가 가장 맛이 좋다. 돼지 등심이나 소갈비 바깥쪽에 형성되는 지방처럼 근육 덩어리 사이 또는 피부 바로 밑에는 지방이 층층이 쌓인다. 반면 근육 사이사이에 지방이 섞이기도 하는데, 이러한 지방은 더 높은 평가를 받는다. 스테이크의 마블링으로 불리는 지방이 그렇다. 마블링이 잘 형성된 스테이크는 익히면 지방이 녹아 육즙이 되면서 고기 속부터 풍성해진다. 지방은 맛을 전달하는 역할을 하므로, 고기 고유의 맛(쇠고기는 쇠고기다운 맛, 돼지고기는 돼지고기다운 맛, 닭고기는 닭고기다운 맛)이 제대로 느껴지게 하는 화학물질 중 대부분이 근육으로 이루어진 살코기보다는 지방층에 더 집중되어 있다. 지방이 적은 가슴살보다 허벅지살을 먹을 때 닭고기 맛이 더 제대로 느껴지는 것도 이러한 이유 때문이다.

고기에 붙은 기름 덩어리를 접시 위에서 만나면 맛있다고 느끼기가 힘들지만, 고기에서 떼어 낸 후 녹이면 요리 재료로 활용할 수 있다. 실제로 진한 고기 맛을 내야 하는 요리에 동물 지방 특유의 풍미를 활용하는 경우가 있다. 수프의 일종인 맛초 볼(matzoh ball)을 만들 때 슈몰츠를 사용하면 닭고기 수프 특유의 풍미가 증폭되고, 베이컨에서 나온 기름에 해시 브라운을 구우면 고기 한 점 들어가지 않아도 스모키하고 진한 풍미가 살아 있는 아침 식사가 완성된다. 아주 단순한 요리도 동물 지방을 조금만 더하면 진하고 풍성한 맛을 낼 수 있다.

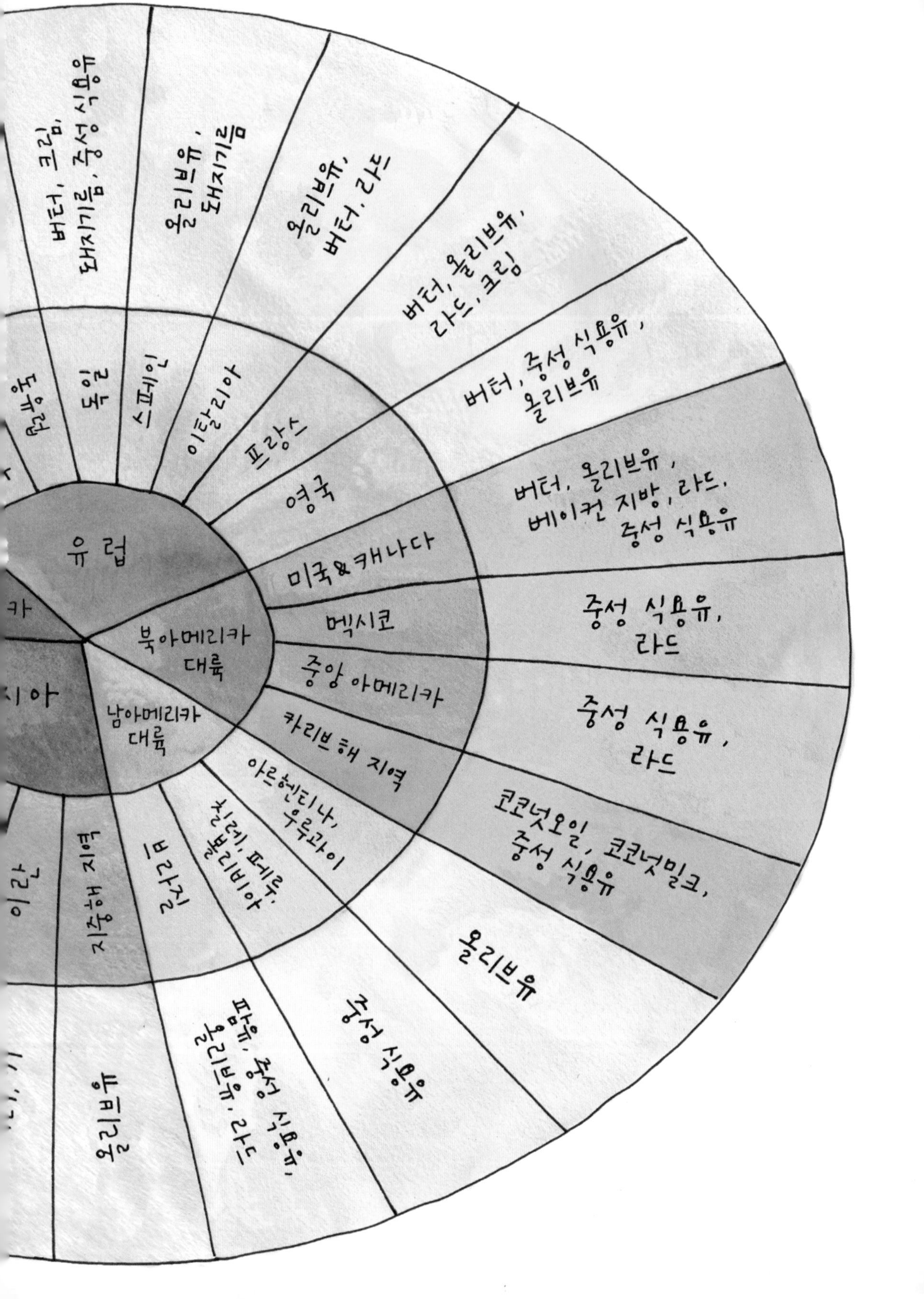

동유럽
독일
스페인
이탈리아
프랑스
영국
유럽
카
북아메리카 대륙
미국&캐나다
멕시코
중앙 아메리카
카리브해 지역
남아메리카 대륙
아르헨티나, 우루과이
칠레, 페루, 볼리비아
브라질
지아
이란
지중해 지역

버터, 크림, 돼지기름, 중성 식용유
올리브유, 돼지기름
올리브유, 버터, 라드
버터, 올리브유, 라드, 크림
버터, 중성 식용유, 올리브유
버터, 올리브유, 베이컨 지방, 라드, 중성 식용유
중성 식용유, 라드
중성 식용유, 라드
코코넛오일, 코코넛밀크, 중성 식용유
올리브유
중성 식용유
팜유, 중성 식용유, 올리브유, 라드
올리브유

세계의 지방

지방 = 맛

이 맛 지도를 토대로 전 세계 다양한 나라의 음식을 요리할 때 가장 잘 어울리는 지방을 선택할 수 있다.

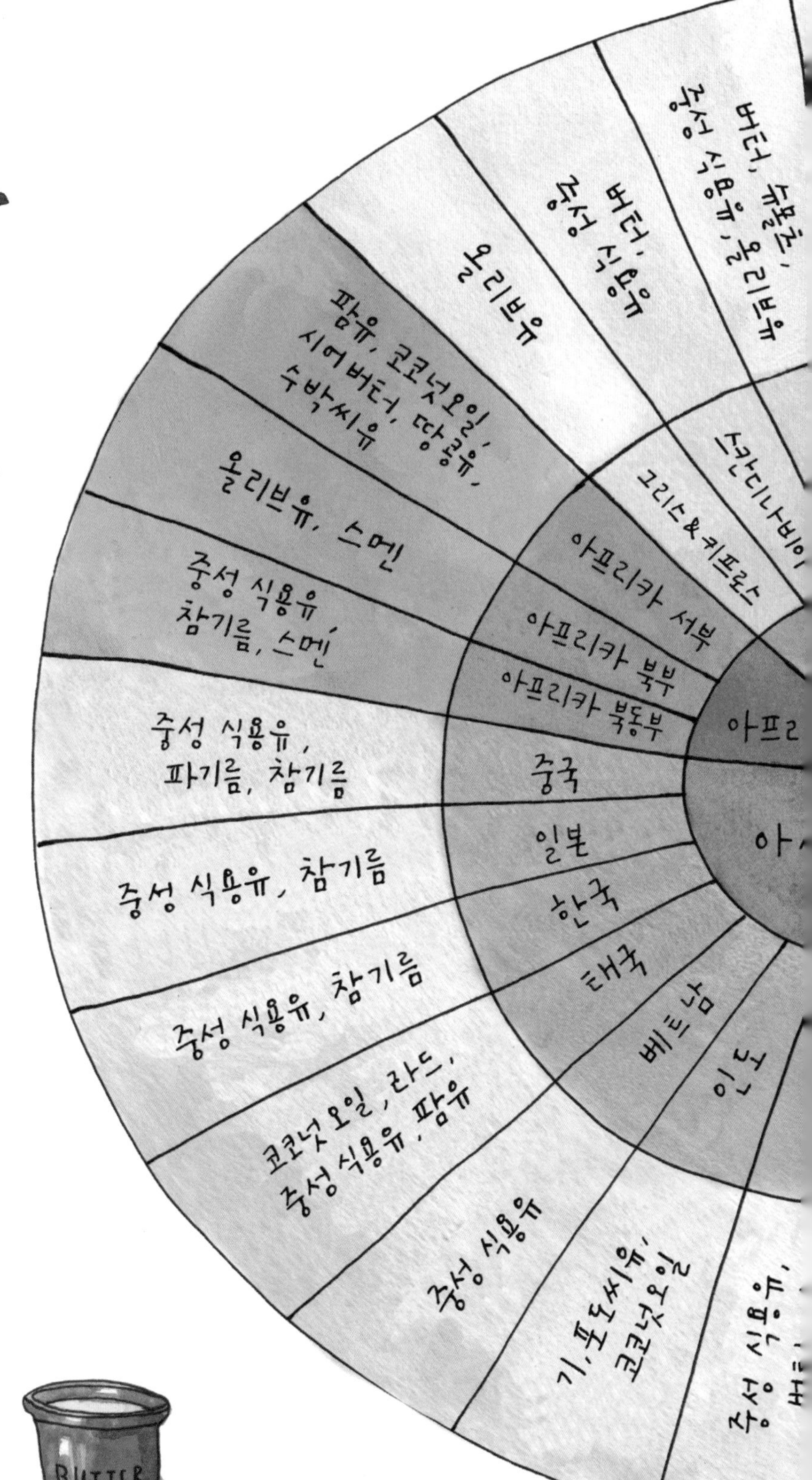

맛 지도 사용법

여기에 접혀 있는 페이지를 열면 이 책에 포함된 세 가지 맛 지도 중 하나가 나온다. 맛의 세계를 탐색할 때 이 지도를 활용하기 바란다. 맛 지도는 여러 겹으로 구성되어 있으며 층마다 각기 다른 정보가 담겨 있다. 가장 안쪽 층 2개를 토대로 어느 나라 풍의 요리를 만들 것인지 정한 다음 가장 바깥쪽 층에 적힌 정보를 참고하여 만들고자 하는 요리에 가장 잘 어울리는 지방을 선택하면 된다.

세계 각국의 지방

이탈리아에서 머물던 시절 내가 깨달은 바에 따르면, 요리마다 두드러지는 특징은 그 요리에 사용되는 지방에서 비롯된다. 지방은 너무나 많은 요리에 기본 재료로 사용되므로 각 문화권에 잘 맞는 지방을 선택해야 속에서부터 고유한 맛이 우러난다. 지방을 잘못 선택하면 다른 양념을 아무리 세심하게 조절해도 결코 제대로 된 맛이 나지 않는다.

베트남 음식을 만들 때는 올리브유를 쓰지 말아야 한다. 또 인도 음식에 스모키한 향이 나는 베이컨 지방은 어울리지 않는다. 전 세계 다양한 지역의 음식을 만들 때는 요리의 맛을 기준으로 어떤 지방이 잘 맞는지 고려하여 선택해야 한다. **마늘 향이 풍부한 깍지콩 요리**를 프랑스 요리에 곁들일 경우 재료를 버터에 볶아야 하지만, 인도식 밥 요리나 렌틸콩 요리와 함께 먹으려면 기 버터에 볶아야 한다. 마찬가지로 **오향분 글레이즈 치킨**에는 참기름을 넣는 것이 옳다.

지방은 어떻게 작용할까

지방은 '무엇을' 선택하느냐에 따라 맛이 크게 달라지지만 '어떻게' 사용하느냐에 따라 맛과 더불어 훌륭한 요리의 중요한 요소로 꼽히는 질감이 좌우된다. 우리는 음식의 다채로운 식감에서 짜릿한 즐거움을 느낀다. 부드럽고 촉촉한 식감이 아삭하고 바삭바삭한 식감으로 바뀌면 이 새로운 식감은 좀 더 재미있고 놀라우며 맛있는 경험을 선사한다. 지방의 사용 방식에 따라 음식의 다섯 가지 주요 식감, 즉 바삭함, 크리미함, 파삭함, 부드러운 느낌 그리고 가벼운 식감 중 한 가지를 얻을 수 있다.

팬의 표면

(과학적으로 정확한 배율은 아님)

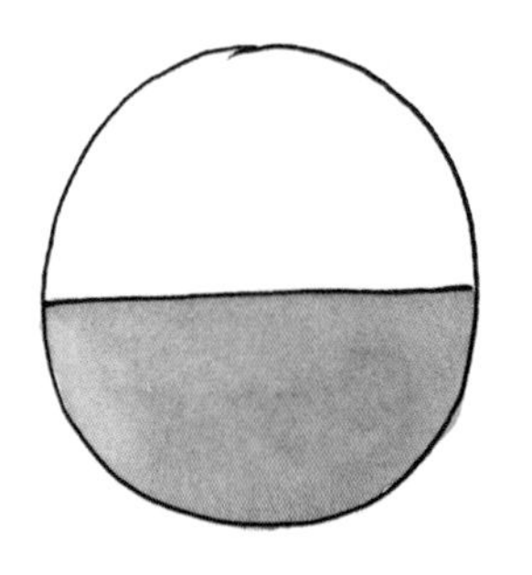

눌어붙음 방지 코팅팬 또는 세심하게 길들인 주물 팬

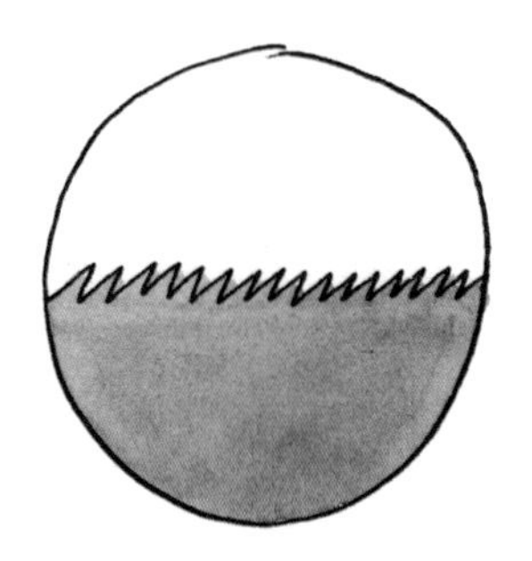

스테인리스 스틸 팬

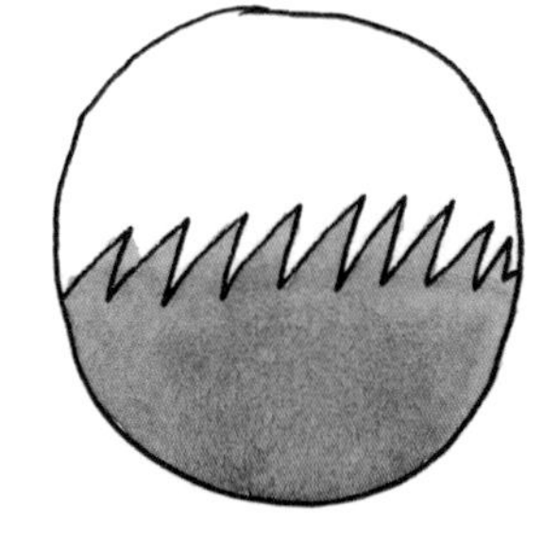

길들이지 않은 주물 팬

바삭한 식감

사람들은 바삭바삭하고 아삭한 음식을 좋아한다. 마리오 바탈리[1]에 따르면 식품에 '바삭한(crispy)'이라는 표현이 들어가면 다른 어떤 형용사가 붙은 것보다 더 잘 팔린다고 한다. 바삭한 음식은 예전에 맛있게 먹었던 음식의 향과 맛, 소리를 상기시켜 우리의 입맛을 돋운다. 전 세계 어디를 가나 쉽게 찾을 수 있는 닭튀김을 떠올려 보라. 전문가의 솜씨로 잘 튀겨진 닭을 처음 한입 물었을 때, 치아가 닭 껍질에 닿아 바사삭 소리가 나는 그 순간에 비견할 만한 즐거움은 다른 음식에서 거의 찾을 수 없다. 바삭하게 튀겨진 반죽에서 모락모락 김이 피어오를 때 솔솔 풍기는 향은 침이 한가득 고이게 하고, 주변 사람을 다 돌아보게 할 정도로 경쾌하게 퍼지는 바사삭 소리에 이어 입안을 가득 채우는 익숙한 맛까지, 이 각각의 감각이 동시에 찾아와 맛있는 경험을 선사한다.

음식이 바삭해지려면 재료의 세포 속에 갇혀 있는 물이 증발해야 한다. 물은 끓어야 증발하므로 재료의 표면 온도가 물의 끓는점인 100℃ 이상이 되어야 한다는 뜻이다.

음식의 표면을 전체적으로 바삭하게 만들려면 달궈진 팬처럼 물의 끓는점보다 훨씬 더 높은 온도로 가열된 열원과 재료 표면이 직접, 균일하게 접촉해야 한다. 그러나 표면이 완벽하게 매끄러운 음식은 없고, 우리가 사용하는 프라이팬도 현미경으로 들여다보면 대부분 매끄럽지 않다. 따라서 음식과 팬이 균일하게 접촉할 수 있도록 도와줄 **매개체**, 지방이 필요하다. 요리용 지방은 연기가 나지 않는 선에서 약 175℃ 이상까지 가열할 수 있으므로 우리에게 즐거움을 주는 그 바삭하고 노릇한 표면을 만들기에 가장 이상적인 매개체라 할 수 있다. 지방을 가열해서 바삭함을 얻는 조리법으로는 굽기, 볶기, 지지기(팬 프라이), 기름에 약간 잠기도록 튀기기 그리고 일반적인 튀기기 방식(딥 프라이)이 있다. (보너스 팁 하나: 기름을 충분히 사용해서 재료의 표면이 지방과 고루 닿도록 해야 팬에 음식이 달라붙지 않는다.)

'지방을 많이 써도 될까?' 하는 걱정은 소금을 사용할 때처럼 접어 두어도 좋다. 지방을 적절히 활용하는 법을 익힐수록 지방을 덜 쓰게 된다. 지방을 얼마나 사용할지 판단하는 가장 좋은 방법은 감각에 집중하는 것이다. 가지나 버섯 같은 재료는 스펀지와 비슷해서 지방을 빠르게 흡수하므로 뜨겁게 달궈진 금속 표면에서 건조한 상태로 익힐 수 있다. 그러므로 팬에 기름을 너무 적게 두르거나 재료가 기름을 다 머금었을 때 추가로 더 두르지 않으면, 음식 표면에 시커멓고 쓴맛이 나는 거품이 생긴다. 돼지갈비나 닭 허벅지살과 같은 재료는 익히면 지방이 흘러나오고, 베이컨을 팬에 구워 보면 속에서 지방이 배어 나와 몇 분 안 되어 기름에 푹 잠기는 것을 볼 수 있다.

눈과 귀, 미각을 동원해서 지방을 얼마나 사용할지 정해 보자. 정리된 레시피의 도움을 받는 것도 좋은 출발점이지만, 주방마다 환경과 도구가 다 다르다. 가령 레시피에서 양파 2개를 잘게 썰어 올

1 Mario Batali(1960~). 미국의 요리사. 미국 여러 도시와 싱가포르에서 음식점을 운영하며 〈아이언 셰프〉에도 출연했다.

리브유 2큰술에 볶으라고 하는데, 작은 프라이팬을 사용할 경우 양파에 기름이 골고루 묻을 수 있지만 표면적이 그보다 훨씬 넓은 큰 프라이팬을 사용하면 그렇지 않다. 그러므로 레시피를 무조건 따르기보다는 상식을 활용하자. 볶음 요리를 할 때는 프라이팬 바닥 전체에 지방이 깔릴 정도가 되도록 하고, 재료가 약간 잠긴 상태로 튀기는 방식을 활용할 때는 팬 높이의 절반까지 기름을 채운다.

기름을 너무 많이 써서 익힌 음식은 기름을 충분히 사용하지 않고 만든 음식만큼이나 맛이 없다. 기름이 줄줄 흘러나와 그릇에 웅덩이처럼 고인 것만큼 입맛이 뚝 떨어지게 하는 광경도 없을 것이다. 튀긴 음식은 팬에 지져서 익힌 것이든 재료 일부만 잠기도록 튀긴 것이든 식탁에 올리기 전에 깨끗한 천이나 종이 냅킨에 잠깐 올려서 기름을 제거해야 한다. 볶은 음식도 그대로 접시에 붓지 말고 구멍 뚫린 국자나 젓가락을 이용해 담아야 너무 많은 기름이 음식과 함께 담기지 않는다.

요리하던 도중에 의도한 것보다 더 많은 지방을 넣은 경우에는 프라이팬을 기울여서 기름을 따라 내자. 이때 기름이 팬 바깥쪽에 떨어지면 불길이 일어날 수 있으므로 주의해야 하며 화상을 입지 않도록 조심스럽게 닦아 내야 한다. 프라이팬이 너무 무겁거나 뜨거우면 좀 더 안전한 방법을 찾아보자. 조리하던 음식을 젓가락으로 집어 접시에 덜어 낸 다음에 팬에 남은 기름을 닦고 다시 음식을 옮겨 계속 익히는 것도 방법이다. 설거지할 접시는 늘어나겠지만, 화상을 입거나 기름이 팬 바깥에 넘쳐흐를 위험을 감수하는 것보다 낫다.

기름 올바르게 가열하는 법

지방은 뜨거운 금속과 접촉하면 품질이 떨어지므로 프라이팬을 미리 가열해 두면 지방을 넣었을 때 금속과 접촉하는 시간을 줄여 그러한 가능성을 최소화할 수 있다. 기름을 오래 가열하면 분해되어 맛이 나빠질 뿐만 아니라 독성 화학물질이 발생한다. 차가운 팬에 재료를 넣으면 대부분 들러붙는다는 점도 예열을 해야 하는 또 한 가지 이유다. 단, 이 예열 규칙에서 제외되는 재료가 있다. 바로 버터와 마늘이다. 둘 다 팬이 너무 뜨거우면 타 버리므로 천천히 열을 가해야 한다. 그 외에는 모두 프라이팬을 먼저 데운 후에 지방을 넣고 열을 계속 가해서 재료를 넣고 조리하면 된다.

프라이팬은 기름을 넣자마자 자글자글 일렁이는 것이 보일 정도로 충분히 가열하자. 금속마다 열이 전달되는 속도에는 차이가 있으므로 몇 분간 예열해야 하는지 권장 기준을 세울 수는 없다. 대신 물을 한 방울 떨어뜨려 보면 예열이 충분히 되었는지 확인할 수 있다. 팬에 떨어진 물에서 타닥타닥 소리가 나고 금방 증발하면 예열이 다 된 것으로 보면 된다. 이때 물에서 나는 소리가 그리 격렬할 필요는 없다. 프라이팬과 지방이 둘 다 적당히 가열되면 재료를 넣었을 때 지글지글 소리가 나는 것도 전체적으로 예열 수준을 확인할 수 있는 한 가지 기준이 된다. 재료를 너무 일찍 넣어서 지글지글 구워지지 않는다면 재료를 다른 곳으로 옮기고 팬을 좀 더 가열한 다음에 다시 넣자. 이때 재료가 들러붙지 않는지 확인하고, 갈색으로 변할 때까지 과도하게 익히지 않아야 한다.

렌더링

육류의 근육 사이사이에 덩어리처럼 약간 붙어 있는 지방이나 피부 바로 아래에 층을 이룬 피하지방을 작게 잘라서 팬에 올리고 물을 약간 더한 후 물이 모두 증발할 때까지 약불로 익히면 지방이 **녹아서 추출**되는데, 이를 렌더링이라고 한다. 이 과정에서 액체로 바뀐 고형 지방은 요리용 매개체로 사용할 수 있다. 오리 구이를 할 때 여분의 지방을 잘라 렌더링으로 기름을 만든 다음 걸러서 유리 용기에 담아 냉장고에 보관하면 최대 6개월까지 두고 쓸 수 있다. 이렇게 만든 오리기름은 **치킨 콩피**를 만들 때도 사용할 수 있다.

육류에 포함된 지방은 맛을 좋게 만드는 역할도 하지만, 고기가 바삭한 식감이 되지 않도록 막는 역할도 한다. 즉 렌더링은 요리용 매개체로 쓸 지방을 얻는 목적으로도 활용되지만 음식의 질감을 바꾸는 중요한 기술이기도 하다. 지방을 추출할 때 너무 높은 온도에서 익히면 겉은 타고 속은 그대로 남아 있다. 그러므로 베이컨을 구울 때 기름이 먼저 나오고 전체가 갈색으로 변하는 것과 같은 속도로 지방에서 기름이 추출되도록 열을 천천히 가하는 것이 렌더링의 핵심이다.

동물성 지방은 약 175℃에서 타기 시작하므로 베이컨을 구울 때는 오븐을 해당 온도로 맞춘 뒤 유산지 위에 올려서 굽는 것이 좋다. 오븐은 가스레인지보다 열이 더 천천히 올라가므로 그동안 베이컨의 지방이 추출된다. 베이컨이나 판체타를 가스레인지에서 익힐 경우에는 프라이팬에 물을 약간 넣고 익히면 온도가 조절되므로 고기가 갈색으로 변하기 전에 지방이 추출되는 시간을 벌 수 있다.

구운 닭이나 칠면조의 껍질은 지방이 추출될 정도로 충분히 가열한 경우에만 바삭바삭해진다. 오리는 비행에 필요한 에너지를 저장하고 겨울철 낮은 기온에도 몸을 따뜻하게 유지할 수 있도록 피하지방이 더 두껍게 형성된다. 따라서 오리의 껍질을 바삭하게 익히려면 추가적인 조치가 필요하다. 날카로운 바늘이나 금속으로 된 꼬챙이를 이용해 전체적으로 표면에 구멍을 내는데, 특히 가슴과 허벅지처럼 지방이 가장 두툼하게 형성된 곳을 집중 공략하자. 이렇게 구멍을 뚫어 익히면 추출된 지방이 녹으면서 이 구멍으로 흘러나와 피부 전체를 덮게 되므로 껍질이 매끈하고 바삭해진다. 또 익히기 전에 날카로운 칼로 양쪽 방향으로 사선을 그어 작은 다이아몬드 무늬가 생기도록 칼집을 내면 같은 원리로 렌더링이 진행되어 가슴 부위에 완벽하게 바삭한 껍질이 생긴다.

나는 돼지갈비나 소갈비에 붙어 있는 지방을 좀 더 세심하게 조리하는 편이다. 잘 익힌 스테이크에 거의 익지 않은 물렁한 기름이 길게 붙어 나오는 것을 정말 싫어하기 때문이다. 그래서 갈비나 스테이크를 프라이팬이나 그릴에서 굽기 시작할 때, 또는 굽는 과정을 마무리할 때는 고기를 세워서 그 기름 부분에 열을 가해 지방을 녹인다. 이를 위해서는 요리하는 사람이 어느 정도 요령이 있어야 한다. 집게로 고기를 세워서 잡거나 나무 스푼을 조심스럽게 받쳐 놓거나 프라이팬 가장자리에 기대어 두고 기름만 깔끔하게 익혀야 하기 때문이다. 어떤 방법을 쓰든 이 단계를 절대 빼먹지 말아야 한다! 기름 부분이 노릇하고 바삭한 별미로 변하면 그렇게 공들인 시간이 절대 후회스럽지 않을 것이다.

발연점

지방의 **발연점**이란 지방이 분해되어 눈으로도 확인할 수 있는 유독한 기체로 바뀌는 온도를 의미한다. 뜨겁게 달군 프라이팬에 채소를 볶다가 갑자기 전화를 받느라 그대로 둔 경험이 다들 있을 것이다. 다시 불 앞으로 돌아왔을 때 가스레인지 주변이 자욱한 연기와 함께 불쾌한 냄새로 가득하다면 기름이 발연점 이상 가열된 것이다. 한번은 내가 인턴 요리사에게 프라이팬 예열의 중요성을 이야기하면서 시범을 보이던 중 동료 요리사가 갑자기 급한 일이라며 나를 불렀다. 다시 돌아왔을 때는 팬이 너무 심하게 가열된 나머지 올리브유를 붓자마자 발연점을 넘어 팬은 온통 시커멓게 타고 연기가 심하게 나서 주변에 있던 모든 사람이 콜록콜록 기침을 해 댔다. 나는 체면을 지켜 보겠다고 이건 일부러 한 실수이며 팬이 발연점 이상 가열되었을 때 기름을 넣으면 어떻게 되는지 가르쳐 주려던 것이라고 애써 변명했지만, 다른 요리사들이 다 듣고 있었다는 사실에 너무 민망해서 얼굴이 시뻘게졌다. 결국 내 시도는 실패로 돌아갔고 다들 한바탕 크게 웃어 댔다.

발연점이 높은 지방일수록 재료를 넣고 가열하면서 익혀도 맛을 해치지 않을 가능성이 크다. 포도씨, 카놀라, 땅콩에서 얻은 순수 정제 오일은 발연점이 약 205℃이므로 딥 프라이나 볶음 요리 등 고온에서 조리하는 음식에 적합하다. 순수 지방이 아닌 경우 높은 온도를 견디지 못한다. 여과되지 않은 올리브유에 포함된 침전물이나 버터의 유고형분은 약 175℃부터 타기 시작하므로 저온에서 기름에 졸이는 요리(oil poaching, 오일 포칭)나 간단한 채소 볶음, 생선이나 육류를 프라이팬에 구울 때와 같이 아주 높은 온도까지 가열하지 않아도 맛있게 만들 수 있는 요리에 사용하자. 또는 마요네즈, 비네그레트 드레싱처럼 열을 전혀 가하지 않고 만드는 음식에 사용하면 된다.

바삭하게 만들기

고온의 지방과 접촉한 표면에 있던 수분이 증발했을 때, 재료는 바삭해진다. 그러므로 노릇노릇하고 바삭한 음식을 만들려면 조리하는 팬과 지방이 모두 고온으로 유지되도록 노력해야 한다. 프라이팬을 예열하고 지방을 넣어서 온도를 높이자. 재료를 넣을 때는 겹치지 않게 해야 한다. 재료가 서로 겹치면 온도가 갑자기 뚝 떨어져 수분이 응축되고 음식은 질척해진다.

연하고 부스러지기 쉬운 재료는 특히 바삭하게 만들기가 어렵다. 충분히 가열되지 않은 지방에 재료를 넣으면 기름을 몽땅 흡수해서, 예컨대 보기만 해도 입맛이 떨어지는, 익긴 했으나 허옇고 기름진 생선 필레가 된다. 스테이크와 돼지갈비도 덜 가열된 지방에 구우면 다 익기까지 너무 오랜 시간이 걸린다. 이제 다 됐다 싶은 때가 되면, 고기 속은 미디엄 레어가 아니라 웰던으로 익어 버린다.

그렇다고 불을 무조건 세게 해야 한다는 뜻으로 해석하면 안 된다. 지방이 너무 뜨겁게 가열되면 속까지 열이 전달되기도 전에 재료의 표면이 갈색으로 변하고 바삭해진다. 바삭하게 튀긴 어니언링을 베어 물었더니 속에서 양파가 아삭한 상태로 씹히거나 겉은 탔는데 속은 덜 익은 닭 가슴살 모두 너무 높은 온도에서 익힌 것이 원인이다.

재료의 겉과 속을 모두 원하는 상태로 만드는 것이 모든 요리의 목표다. 얇게 썬 가지나 닭 허벅지살처럼 전체적으로 다 익히는 데 시간이 걸리는 재료를 겉은 바삭하고 속은 부드럽게 익히고 싶다면, 먼저 뜨겁게 가열된 지방에 재료를 넣고 표면을 바삭하게 만든다. 그런 다음 재료가 타지 않도록 불을 줄이고 계속 익힌다. 조리할 때 불의 세기를 어떻게 조절해야 하는지에 대해서는 **열 활용하기**에서 다시 설명할 예정이다.

음식을 원하는 만큼 바삭하게 만들었다면, 그 상태가 유지되도록 최선을 다해야 한다. 겉이 바삭한 음식은 아직 뜨거울 때 뚜껑을 덮거나 서로 겹쳐서 쌓지 않아야 한다. 김이 계속 모락모락 나오는데 뚜껑을 덮으면 수증기가 모여서 응축되고 음식으로 물기가 뚝뚝 떨어져 눅눅해진다. 바삭하게 조리한 음식은 한 겹으로 펼쳐서 식혀야 그러한 사태를 막을 수 있다. 튀긴 닭 등 바삭하게 잘 익은 음식을 따듯하게 보관하고 싶다면 가스레인지 근처와 같이 주방에서 온도가 높은 곳에 두었다가 내면 된다. 치킨을 철망 위에 올려서 식힌 후 먹기 전에 오븐에 넣어 고온에서 다시 몇 분간 가열하는 것도 한 가지 방법이다.

크리미한 식감

주방에서 볼 수 있는 연금술 같은 신기한 현상 중 하나가 **유화**, 즉 원래는 서로 섞이거나 녹지 않는 두 액체가 하나로 합쳐지는 것이다. 요리에서 유화가 이루어지는 과정은 지방과 물 사이의 잠정적인 평화 조약 체결에 비유할 수 있다. 한 액체의 아주 작은 방울이 다른 액체의 작은 방울 사이사이로 분산되어 둘 중 어느 쪽도 아닌 크리미한 혼합물이 만들어진다. 버터, 아이스크림, 마요네즈, 심지어 초콜릿도 크리미하고 진한 맛이 느껴진다면 모두 유화가 이루어진 것이다.

오일과 식초로 만드는 비네그레트 드레싱을 떠올려 보자. 한곳에 이 두 가지를 부으면 밀도가 낮은 오일이 식초 위로 둥둥 떠오른다. 하지만 잘 섞이도록 '휘저으면' 수십억 개의 물과 오일 방울로 쪼개지고 식초가 오일 사이사이로 퍼져서 더 짙고 균질한 새로운 액체가 된다. 이것이 바로 유화다.

유 화

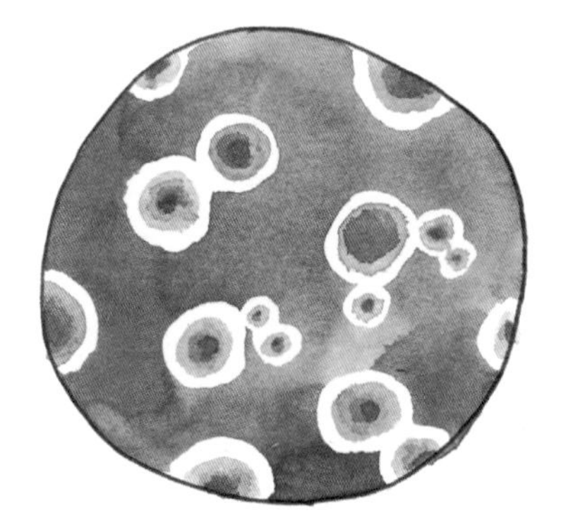

두 재료가 섞이지 않았거나
분리되고 있는 비네그레트 드레싱

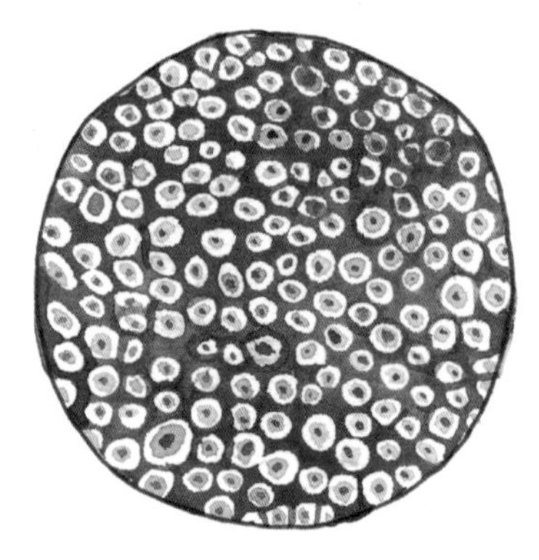

잘 휘저어서 완성된 마요네즈는
안정적인 형태를 띤다.

하지만 이렇게 간단히 완성되는 비네그레트 드레싱을 잠시 그대로 두면 당혹스러운 일이 벌어진다. 몇 분만 지나도 오일과 식초가 **분리**되기 시작하는 것이다. 이렇게 분리된 드레싱을 양상추 위에 뿌리면 오일과 식초가 잎에 골고루 묻지 않아 먹을 때마다 어떨 때는 너무 시고 어떨 때는 느끼한 기름 맛만 느껴진다. 반면 잘 섞여 유화 상태를 유지하고 있는 비네그레트 드레싱에서는 먹을 때마다 균형 잡힌 맛을 느낄 수 있다.

유화 상태가 분리되는 것은 지방 분자와 물 분자가 각자 자기 편으로 돌아가려는 것과 같다. 유화 상태가 더 안정적으로 유지되도록 하려면 오일 성분을 감싸 식초 방울 사이에 그대로 머무르게 하는 **유화제**를 사용한다. 유화제의 기능은 과거에 서로 적대 관계였던 양쪽을 한곳에 모아 결합시키는 중재자, 제3의 연결 고리라 할 수 있다. 비네그레트 드레싱을 만들 때는 유화제로 겨자를 많이 사용하며 달걀노른자는 그 자체가 유화제로 기능한다.

유화 활용법

유화를 활용하면 평범한 음식이 더욱 풍성해진다. 파스타를 완성하기 직전에 버터를 한 스푼 떠 넣고 휘휘 섞는 것, 혹은 건조하고 퍼석한 달걀 샐러드에 마요네즈를 한 숟가락 더하는 것, 별다른 매력을 느낄 수 없는 오이와 토마토에 크리미한 비네그레트 드레싱을 뿌려서 간단한 여름 샐러드를 만드는 것 모두 그러한 예에 해당한다.

요리에 따라 유화 상태로 만들어야 하는 경우도 있고, 유화가 완료된 후 그 상태가 깨지지 않도록 유지하면서 사용하면 되는 경우도 있다. 주방에서 흔히 활용하는 유화를 잘 알아 두면 섬세하게 혼합된 상태를 그대로 유지하는 데 도움이 된다.

유화가 많이 활용되는 재료나 음식은 다음과 같다.

- 마요네즈, 홀랜다이즈 소스
- 비네그레트 드레싱(종류에 따라 유화 상태가 일시적으로만 유지될 수도 있다.)
- 버터, 크림, 우유
- 땅콩버터, 타히니(오일과 섞는 경우)
- 초콜릿
- 금세 사라지는 것이 특징인 에스프레소 '크레마'

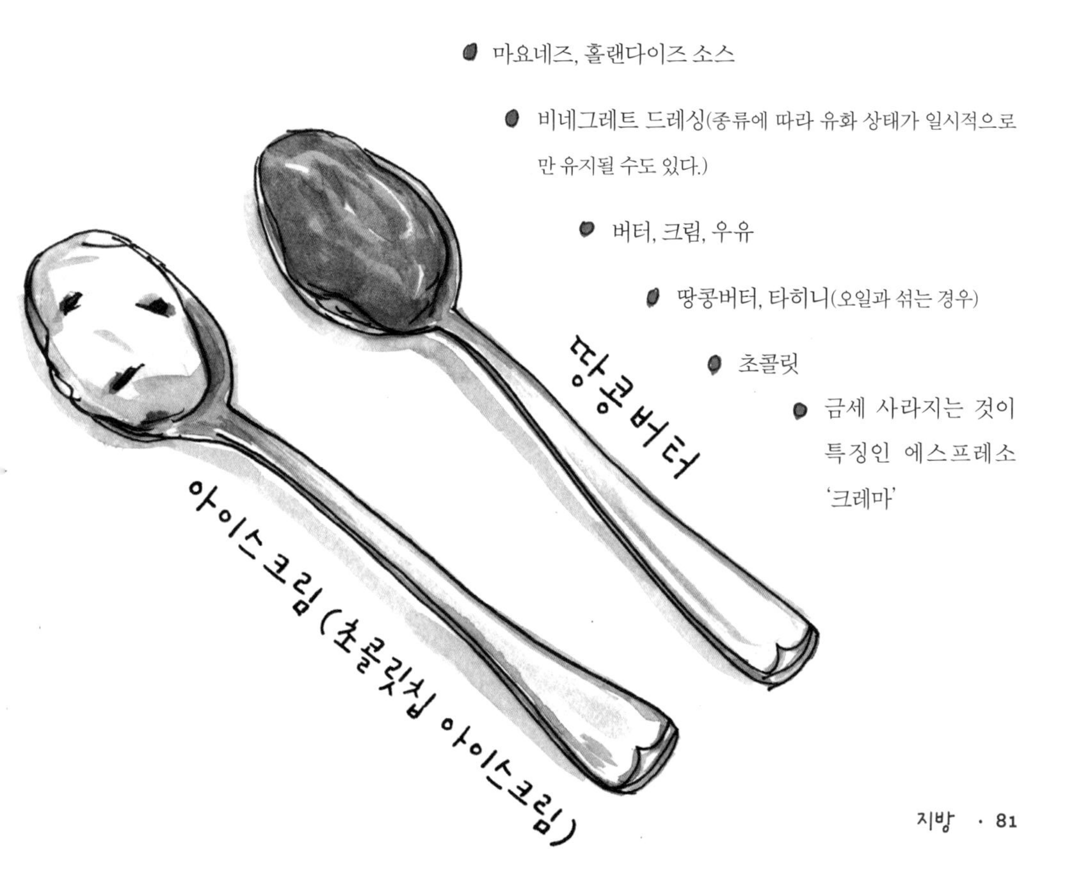

크리미한 식감 만들기: 마요네즈

마요네즈는 달걀노른자에 기름을 조금씩 떨어뜨리며 천천히 저어서 만드는 수중유적형, 즉 유화 반응을 거쳐 물속에 기름 입자가 포함된 형태가 된 식품이다. 달걀노른자 자체도 지방과 물이 섞인 유화 상태에 해당된다. 희소식은 노른자에 함유된 레시틴이라는 성분이 지방과 물을 하나로 결합시키는 유화제로 작용한다는 것이다. 힘차게 잘 저으면 레시틴이 노른자에 함유된 극소량의 수분을 오일 방울과 결합시켜 작은 공기 방울로 전체를 감싼다. 이를 통해 두 재료가 합쳐져 진한 맛을 내는 하나의 소스가 되는 것이다.

그러나 모든 유화가 다 그렇듯이 마요네즈도 호시탐탐 **분리**될 기회를 노린다. 서로 적대하는 물과 기름의 관계로 돌아가려고 한다는 의미다.

기본적으로 마요네즈를 만들 때는 오일의 양을 미리 계량해야 한다. 최소한 눈짐작으로라도 사용할 양을 덜어 두자. 마요네즈를 어떤 용도로 사용하느냐에 따라 재료로 들어갈 오일의 종류도 달라진다. BLT 샌드위치나 베트남식 반미 샌드위치에 바르는 용도라면 특별한 맛이 나지 않는 포도씨유나 카놀라유를 넣고, **참치 콩피**에 곁들일 니수아즈(niçoise) 샐러드에 뿌릴 아이올리(aïoli) 소스가 필요하다면 올리브유를 넣자. 달걀노른자 하나당 오일 ¾컵을 사용하면 유화 반응이 안정적으로 진행된다. 집에서 직접 만든 마요네즈는 신선할 때 가장 맛있으므로 한 번에 가능한 한 조금씩만 만들자. 남은 마요네즈는 냉장 보관하면 며칠 정도는 두고 사용할 수 있다.

수중유적형 유화는 재료가 너무 뜨겁거나 차갑지 않아야 원활하게 진행된다. 따라서 달걀은 냉장고에서 꺼내서 바로 넣지 말고 실온에 두었다가 사용해야 한다. 그럴 시간이 없다면 달걀을 온수에 몇 분 담가 두면 빠르게 적정 온도로 맞출 수 있다.

마요네즈를 만드는 순서는 다음과 같다. 먼저 종이 행주에 물을 살짝 적셔 작은 소스팬을 덮듯이 감싼 후 그 위에 볼을 올린다. 이렇게 하면 물기 있는 종이 행주가 마찰력을 제공해 볼을 고정시키므로 휘저어도 내용물을 쏟지 않는다. 그런 다음 볼에 달걀노른자(만드는 양에 따라 개수를 조절)를 넣고 휘저으면서 오일을 국자나 숟가락으로 한 번에 한 방울씩 넣는다. 준비한 오일의 절반이 들어가고 비교적 안정적인 유화가 이루어졌으면 나머지 오일은 조금 더 빠른 속도로 넣어도 된다. 마요네즈가 빽빽해져서 휘젓기 어려운 상태가 된 경우 물이나 레몬즙을 몇 방울 떨어뜨려서 희석해야 성분이 분리되지 않는다. 오일이 모두 들어가고 나면 이제 맛을 보면서 간을 맞추면 된다.

이 방법만 잘 따르면 마요네즈는 실패하기 어려운 (실패할 리가 없다는 건 아니다.) 음식임을 알 수 있을 것이다. 한번은 마이클 폴란 교수님이 내게 요리 수업을 받다가 유화 반응이 일어나는 과학적인 원리를 알려 달라고 했다. 그런 내용은 잘 모르던 때라, 나는 "재료를 하나로 합치는 마법이죠."라고 대답했다. 과학 원리까지 모두 알게 된 지금도 나는 여전히 마법이 조금은 영향을 준다고 생각한다.

크리미한 식감 만들기: 버터

내가 좋아하는 시인 셰이머스 히니[1]는 버터를 "응어리진 햇살"이라고 묘사했다. 버터가 만들어지는 신비한 과정을 이보다 더 우아하고 간결하게 표현할 수 있을까. 무엇보다 버터는 동물의 목숨을 빼앗지 않고 얻을 수 있는 유일한 동물성 지방이다. 소와 염소, 양은 햇살과 광합성이 함께 만들어 낸 풀을 먹고 우리에게 젖을 제공한다. 우리는 그 젖에 함유된 가장 진한 크림을 떠내서 버터로 변할 때까지 휘휘 젓는다. 아이들도 유리그릇에 담긴 차가운 크림을 젓기만 하면 될 정도로 버터 만드는 과정은 그리 복잡하지 않다.

버터는 오일과 달리 순수한 지방이 아니라는 점을 기억해야 한다. 지방과 수분, 유고형분이 합쳐져 유화 상태로 존재하는 것이 버터다. 유화 상태로 존재하는 식품은 안정된 상태를 유지하는 온도 범위가 좁은 편인데(겨우 몇 도 정도) 버터는 결빙 온도인 0℃부터 녹는점인 약 32℃까지 고체 상태가 유지된다. 마요네즈가 열을 가하거나 얼렸을 때 금세 분리된다는 사실과 비교하면, 버터의 마법 같은 특성을 더 명확히 이해할 수 있을 것이다.

날씨가 더운 날 버터를 조리대 위에 두면 녹아서 흘러내리는 것도 같은 이유 때문이다. 버터가 녹으면서 지방과 물이 분리되는 것이다. 불에 달군 프라이팬에 올리거나 전자레인지로 가열해도 버터와 지방과 물이 즉각 분리된다. 한차례 녹은 버터는 유화 상태가 깨진 후라 온도가 낮아지면 다시 고체가 되지만, 녹기 전과 같은 신비한 특성은 사라진다.

유화 상태의 식품과 버터의 특성을 잘 활용하면, 햄과 버터가 들어간 정통 파리식 바게트 샌드위치인 잠봉 뵈르(jambon-beurre)부터 초콜릿 트러플까지 다양한 음식에 크리미한 식감을 더할 수 있다. 레시피마다 제시하고 있는 버터의 사용 온도는 요리사가 마음대로 정한 것이 아니다. 버터는 실온에 두었다가 사용해야 말랑말랑해지고 공기가 침투해 케이크에 들어가도 전체적인 무게가 가벼워지며 밀가루, 설탕, 달걀과 쉽게 혼합하여 부드러운 케이크와 쿠키를 만들 수 있다. 또한 바게트에 골고루 펴 바른 다음 그 위에 햄만 올리면 샌드위치가 완성된다. 뒤에서 다시 설명하겠지만, 버터를 실온에 두었다가 사용하는 것만큼 중요한 조건이 있다. 평소에는 유화 상태가 유지되도록 저온에 보관하는 것이다. 또한 **올 버터 파이 반죽** 등 파삭한 맛이 특징인 페이스트리 반죽에는 차가운 버터를 넣어야 밀가루의 단백질과 반응하지 않는다.

"버터가 충분히 들어간 음식은 뭐든 맛이 좋다." 줄리아 차일드[2]는 이런 말을 한 적이 있다. 버터를 이용해 유화로 만드는 또 다른 음식인 버터 소스로 만들었다면 이 조언을 실행에 옮기는 것이나 다

1 Seamus Heaney(1939~2013). 1995년에 노벨 문학상을, 2006년에 T. S. 엘리엇 상을 받은 아일랜드의 시인.

2 Julia Child(1912~2004). 1960~1970년대 미국에 프랑스 요리를 소개하여 미국인의 입맛을 한 차원 높인 것으로 평가받는 요리 연구가이자 셰프.

름없다. 버터와 물에서 유화 반응이 일어나도록 하려면 온도 관리가 가장 중요하다. 버터 소스를 만들기 위해서는 먼저 따뜻하게 달군 팬과 차가운 버터를 준비한다. 프라이팬에서 바로 소스를 만드는 방법도 있다. 스테이크나 생선 필레, 돼지갈비를 프라이팬에 구운 다음 고기나 생선을 다른 그릇에 옮기고 남은 기름을 따라낸 뒤 다시 프라이팬을 가열한다. 여기에 물이나 육수, 와인 등의 액체를 바닥 전체에 깔릴 만큼 붓고 고기나 생선을 굽는 동안 팬에 남은 작고 바삭한 덩어리를 나무 숟가락으로 긁어모으면서 팔팔 끓인다. 액체가 끓으면 아주 차갑게 보관해 둔 버터를 1인분 기준으로 2큰술 넣고 불은 중불과 센불 사이로 맞춘다. 그대로 버터가 녹아서 액체가 될 때까지 가열한다. 이때 버터가 지글지글 끓을 정도로 뜨겁게 가열하지는 않아야 한다. 팬에 액체가 충분히 있으면 그렇게 심하게 끓지 않는다. 버터가 다 녹아서 소스가 질척해지기 시작하면, 불을 끄고 잔열로 남은 버터가 마저 녹도록 계속 젓는다. 필요하면 소금으로 간을 맞추고 레몬즙이나 와인을 조금 넣는다. 소스가 완성되면 먹기 직전에 숟가락으로 떠서 음식 위에 올려 바로 낸다.

같은 방법으로 버터와 물로 만든 소스를 면이나 채소를 감싸는 재료로 활용할 수도 있다. 파스타 만드는 팬을 이용해 동일한 방법으로 소스를 만들면 된다. 팬과 액체를 충분히 가열하고 버터는 차가운 상태로 넣는다. 팬에 물을 충분히 넣고 잘 저으면서 끓인 후 버터를 넣고 다시 저어서 소스를 만들고, 그 팬에 삶은 파스타를 넣어 표면에 입힌다. 여기에 페코리노 치즈와 흑후추를 뿌리면 마카로니 앤드 치즈보다 훨씬 맛있는 정통 이탈리아 요리 **치즈 후추 파스타**가 완성된다.

유화의 분리와 고정

유화가 이루어진 후 시간이 지나면서 자연히 분리되는 경우도 있고, 지방과 물을 너무 빠른 속도로 혼합해서 분리되는 경우도 있다. 하지만 분리를 유발하는 가장 흔한 원인은 적정 보관 온도를 지키지 않는 것이다. 종류에 따라 유화가 이루어진 후 차게 보관해야 하는 것이 있고, 따뜻한 곳에 두어야 하는 것이 있다. 실온에 두어야 하는 종류도 있다. 비네그레트 드레싱은 가열하면 분리되고, 버터 소스는 차가워지면 분리된다. 유화는 제각기 세심하게 다루어야 하고 저마다 안정이 유지되는 온도가 정해져 있다.

때로는 버터를 녹여서 정제할 때와 같이 유화 상태를 '일부러' 분리시켜야 하는 경우도 있다. 반대로 유화 상태가 깨지면 요리를 다 망치게 되는 때도 있다. 초콜릿 소스에 열을 단시간에 확 가하면 유화 상태가 깨지면서 기름지고 영 먹고 싶지 않은 상태로 변한다. 온종일 피곤하게 일한 날 아이스크림에 끼얹어서 먹고 싶다는 생각이 하나도 안 드는, 그런 소스가 되어 버린다. 하지만 유화를 잘못 다루어 요리를 망쳤더라도 세상이 끝난 건 아니라는 사실을 기억하는 것도 유화를 조심스럽게 다루는 일만큼 중요하다. 어쨌든 망쳐도 대부분은 해결법을 찾을 수 있다.

마요네즈에 걸렸던 마법이 풀리고 유화 상태가 깨졌다면? 걱정할 것 없다! 마요네즈를 원상 복구

하는 방법은 일부러 분리되게 만들고 다시 살려 내는 법을 고민해 봐야 가장 제대로 배울 수 있다.

게다가 해결책은 당황스러울 정도로 간단하다. 실패한 마요네즈가 담긴 볼 말고 새로운 볼을 준비하고 거품기는 그대로 사용한다. 볼이 하나밖에 없다면, 분리된 마요네즈를 잘 긁어모아서 계량컵이나 커피 컵으로 옮기고 볼을 깨끗이 씻자.

새 볼이 준비됐으면 수도꼭지를 돌려 가장 뜨거운 물을 받은 후 ½작은술 정도 떠서 볼에 담는다. 좀 전에 마요네즈를 만드느라 오일과 달걀이 잔뜩 묻은 거품기를 볼에 넣고 거품이 일 때까지 힘차게 젓는다. 거품이 생기면 마요네즈 만들 때 오일을 넣듯이 분리된 마요네즈를 아주 조금씩, 한 방울씩 첨가하면서 수영하다 상어와 마주쳐 정신없이 달아나는 사람의 심정으로 아주 다급하게, 필사적으로 계속 젓는다. 분리된 마요네즈가 절반쯤 들어갔을 때쯤이면 랍스터 롤 위에 듬뿍 발라 먹어도 될 정도로 제대로 된 마요네즈가 만들어져야 한다. 이 방법으로도 해결되지 않으면 마요네즈 만드는 전 과정을 처음부터 새로 시작하자. 달걀노른자를 넣는 것부터 출발해서 휘젓다가 분리된 마요네즈를 한 번에 극소량씩 첨가하면 된다.

앞으로 여러분이 유화 반응을 활용하여 어떤 음식을 만들건 뭔가 잘못되었다는 조짐이 느껴지면 꼭 기억해야 할 것이 있다. 어딘가 이상이 생겼다는 생각이 드는 순간, 지방 재료는 그만 넣어라. 점점 뻑뻑해지지 않고 거품기 지나간 자국이 선명하게 남지 않으면 오일을 그만 넣어야 한다! 때로는 이 한 가지만 충실히 지키면 다시 힘차게 젓는 것으로도 유화가 이루어진다.

이상하다 싶을 땐 얼음을 몇 개 넣는 것도 한 가지 방법이다. 바로 넣을 얼음이 없다면, 차가운 물을 조금 떠서 뿌리면 온도가 조절되어 제대로 된 결과물을 얻을 수 있다.

마요네즈 만들기

지방과 유화에 대한 지식 활용하기

1 가장 먼저 할 일!

사용할 오일과 달걀을 적정량 만큼 준비한다.

마요네즈 황금비율

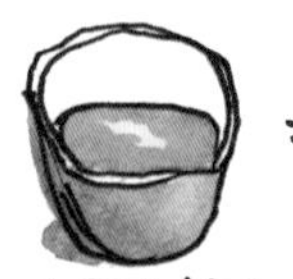

=

달걀과 오일의 온도는 같아야 한다.

이를 위해서는 달걀을 냉장고에서 미리 꺼내 두거나, 따뜻한 물을 조금 받아 담가 둔다.

2 노른자를 볼에 넣고 거품기로 **저으면서** 오일을 **한 방울씩** 넣는다.

종이 행주를 물에 살짝 적셔서 둥글게 말고 그 위에 볼을 올리자.
= 쏟아짐 방지 =

준비한 오일이 반쯤 들어 가고 마요네즈가 꽤 빽빽해지면 나머지 오일은 좀 더 빠른 속도로 넣어도 된다. 너무 빽빽해서 휘젓기가 힘들면 물이나 레몬 즙을 몇 방울 넣자. 오일이 모두 들어간 뒤에

맛을 보자.

소금이 필요한가? 그럼 조금 넣고

다시 간을 본다.

분리된 마요네즈 되살리기

1 일단 하던 일을 멈춰라. 그리고 심호흡을 하자. 누구나 겪는 일이다.

2 새로운 볼을 준비하자.

수도꼭지를 틀고 가장 뜨거운 온수를 받아서 1/2작은술 정도 볼에 넣는다.

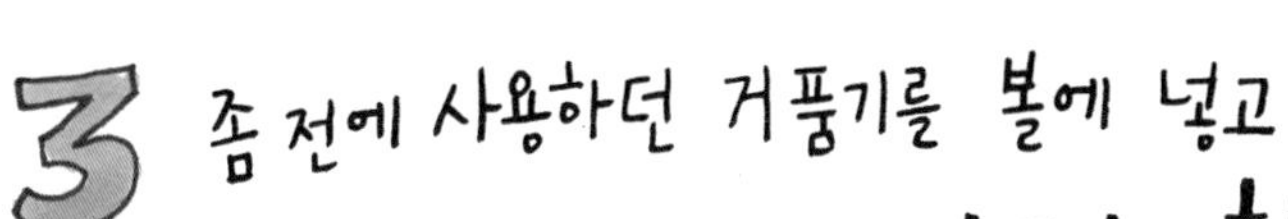

3 좀 전에 사용하던 거품기를 볼에 넣고

목숨이 달린 것처럼 다급히, 힘차게 물을 휘젓는다.

그리고, 분리되어 버린 안타까운 마요네즈를

86쪽에서 오일을 넣던 것처럼

한 방울씩

첨가하면서

계속 저어라.

빛의 속도로

분리된 마요네즈가 절반 정도 들어갔을때 잘 살펴보자.

"해결이 되었나?"

네

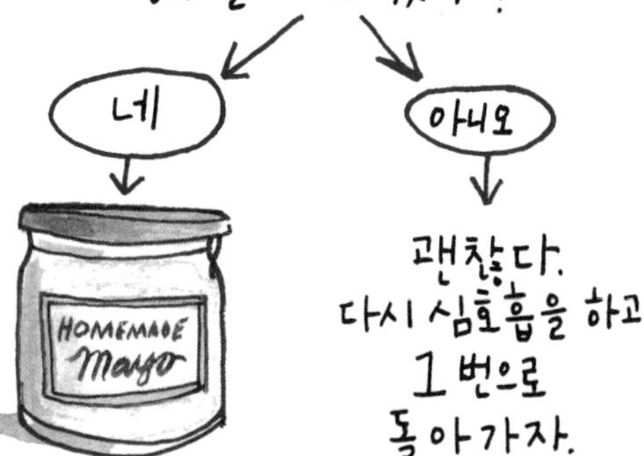

아니오

괜찮다.
다시 심호흡을 하고
1번으로
돌아가자.

앞으로 기억할 것:

마요네즈가 원하는 만큼 잘 엉기지 않는다 싶으면, 그 즉시 지방은 그만 넣고 열심히 저어야 한다. *

얼음을 약간 넣거나 찬물을 아주 조금 넣는 것도 해결책이 될 수 있다.

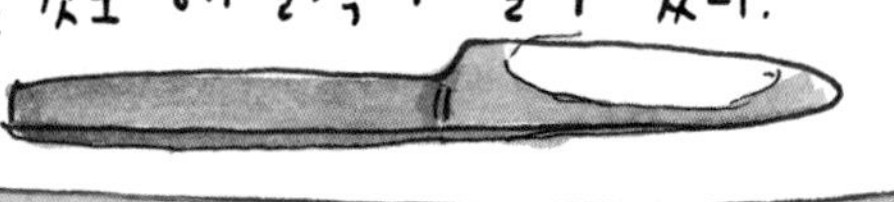

파삭한 식감과 부드러운 식감

밀에 함유된 **글루텐**은 글루테닌(glutenin)과 글리아딘(gliadin)이라는 두 가지 단백질로 구성되어 있다. 밀가루에 액체를 넣고 섞으면 이 단백질들이 서로 결합해 긴 사슬을 형성한다. 반죽을 계속 치대거나 섞을수록 이 사슬은 탄탄해지고 더 넓은 글루텐 그물이 만들어진다. 이렇게 거미줄 같은 망이 점차 확장되는 것을 **글루텐 형성**이라고 하며, 이를 통해 반죽은 쫀득해지고 탄력이 생긴다.

제빵사들이 단백질 함량이 비교적 높은 밀가루를 오랜 시간 공들여 치대면서 바삭하면서도 쫄깃한 시골 빵(country loaf) 반죽을 만들 때도 같은 원리가 적용된다. 소금은 글루텐 그물이 유지되도록 한다. ('셰 파니스'의 초보 요리사 시절, 내가 피자 반죽을 만들다가 소금을 뒤늦게 첨가하자 반죽기가 제대로 돌아가지 못할 만큼 빽빽해진 것도 이 때문이다.) 반면 페이스트리는 일반적으로 부드럽고 파삭하면서 촉촉한 식감이 되어야 하므로 제빵사들은 페이스트리를 만들 때 글루텐 형성을 어떻게든 '제한'하거나 '통제'하려고 한다. 이를 위해 단백질 함량이 낮은 밀가루를 사용하고 반죽도 많이 치대지 않는다. 버터밀크, 요구르트 같은 설탕과 산은 글루텐 형성을 저해하므로 이러한 재료를 초반에 첨가하면 부드러운 페이스트리를 만들 수 있다.

지방 함량이 높아도 글루텐 그물이 제대로 형성되지 않는다. 지방이 글루텐 사슬을 하나하나 감싸서 사슬이 서로 들러붙거나 결합해 길이가 늘어나지 못하게 하기 때문이다. **쇼트닝**이라는 이름도 글루텐 사슬을 짧게 유지되도록 한다는 기능에서 나왔다.

모든 빵과 과자(그리고 파스타 같은 몇 가지 요리)의 식감은 네 가지 요소가 좌우한다. 바로 지방과 물, 효모 그리고 반죽을 치댄 정도다. (오른쪽 일러스트 참조) 더불어 지방과 밀가루가 혼합된 방식과 혼합 정도, 밀가루 종류, 지방의 종류와 사용할 때의 온도도 식감에 영향을 준다.

쇼트 반죽은 입에 넣었을 때 부드러운 맛이 느껴지면서 잘 부스러지고 입에서 살살 녹는 빵과 과자를 만드는 대표적인 반죽이다. 밀가루와 지방이 한데 잘 어우러져 매끈하고 균일한 형태다. 쇼트브레드 쿠키를 만들 때처럼 이 반죽을 쓸 경우 대부분 아주 말랑한 버터나 녹은 버터를 사용해 거의 액체화된 지방이 밀가루 입자 사이사이에 빠른 속도로 들어가 감싸게 함으로써 글루텐 그물 형성을 막는다. 쇼트 반죽은 팬에 담으면 납작하게 펴질 정도로 말랑말랑하다.

플레이키 반죽은 한입 베어 물면 잘게 부스러진다기보다 겹겹이 분리되는 빵과 과자를 만드는 반죽이다. 정통 미국식 파이와 프랑스의 갈레트(galettes)처럼 사과나 즙이 가득한 여름철 과일을 수북이 올려도 충분히 지탱할 만큼 단단하다. 또한 파이 껍질처럼 잘라 보면 불규칙한 모양의 얇은 층이 섬세하게 구성되어 있다. 이 정도로 힘 있는 껍질이 나오려면 지방의 일부는 밀가루와 결합해 글루텐이 최소 수준으로 형성되어야 한다. 완벽한 파이 껍질이나 갈레트 특유의 특징적인 형태를 만들기 위해서는 지방을 반죽과 아예 따로 놀 정도로 아주 차가운 곳에 보관했다가 넣는다. 파이 반죽을 밀대로 밀

반죽의 종류

식감을 좌우하는 요소

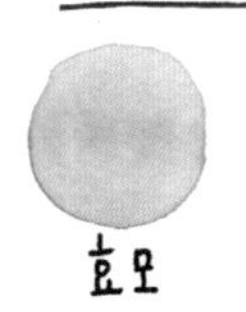

효모

지방

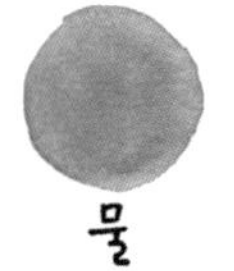

물

치댐 정도*

쫄깃하고 깊은 맛

브리오슈, 도넛, 데니시

쫄깃한 맛

사워도우 브레드,
바바리안 프레첼,
베이글, 피자 반죽,
프렌치 바게트

잘 부서지는 식감

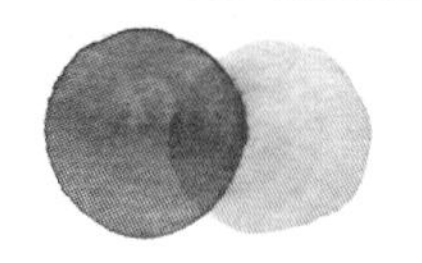

쇼트브레드,
멕시칸 웨딩 쿠키,
러시안 티 케이크

촉촉한 질감

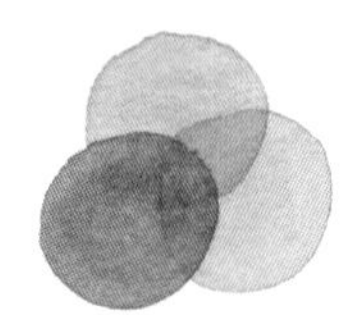

슈 반죽, 에클레어,
크림 퍼프, 슈트루델,
필로

부드러움

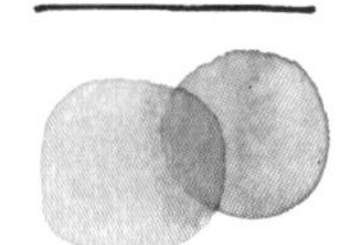

미드 나잇 케이크, 파이 껍질,
갈레트 반죽, 비스킷,
초콜릿 칩 쿠키, 브라우니

쫄깃함(빵 제외)

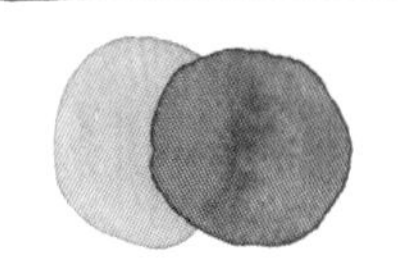

파스타

바삭한 느낌

퍼프 페이스트리(물은 최소한),
치즈 스트로, 팔미에

* 반죽 접기, 혼합하기, 휘젓기도 포함

면 군데군데 버터 덩어리가 보일 정도다. 이 상태로 파이를 만들어서 뜨거운 오븐에 넣으면 차가운 버터 덩어리에 붙들려 있던 공기, 버터에 함유된 수분에서 나온 증기가 한꺼번에 반죽을 밀어내면서 층이 나뉘고 특유의 구조가 만들어진다.

아주 여러 겹으로 층이 나뉘는 빵과 과자를 만드는 반죽은 **페이스트리**(laminated) 반죽이라고 한다. 치즈 스트로(cheese straw), 팔미에(palmier), 슈트루델(strudel) 같은 정통 퍼프 페이스트리를 먹고 나면 접시에(그리고 옷에) 깨진 유리 조각처럼 자잘한 부스러기가 얼마나 떨어지는지 떠올려 보라. 아주 난리가 난다! 이와 같은 질감을 얻으려면 커다란 덩어리로 뚝 자른 버터를 반죽으로 감싸야 한다. 반죽과 버터가 샌드위치처럼 겹쳐진 것을 밀대로 밀고 접는 방식을 **턴**(turn)이라고 하며, 정통 퍼프 페이스트리는 여섯 번 턴을 하면 정확히 730겹의 반죽 사이에 729겹의 버터 층이 생긴다! 이 반죽을 뜨거운 오븐에 넣으면 버터가 들어간 층이 증기로 바뀌면서 730겹이 형성되는 것이다. 페이스트리 반죽을 만들 때는 버터와 작업대를 모두 차갑게 유지해서 버터가 녹지 않되 납작하게 펼 수 있을 만큼만 말랑해지도록 해야 한다.

효모가 들어간 반죽을 치대서 글루텐이 형성되도록 한 뒤 같은 방식을 적용하면 크루아상, 데니시, 특별한 브레통의 일종인 쿠인 아망(kouign amann)처럼 쫄깃함과 파삭함이 아슬아슬하게 공존하는 여러 겹의 빵이 완성된다.

부드러운 식감 만들기: 쇼트브레드 쿠키와 크림 비스킷

쇼트브레드 쿠키는 맛이 부드럽고 자잘한 모래처럼 부스러지는 것이 특징이다. 반죽을 만드는 초기 단계에서 밀가루에 지방을 섞어야 이와 같은 식감이 나온다. 나는 버터가 '마요네즈처럼 잘 발릴' 정도로 말랑한 상태가 되었을 때 첨가해 지방이 밀가루 입자를 수월하게 감싸면서 글루텐 사슬 형성을 방지하는 레시피를 즐겨 활용한다.

반죽을 만들 때 크림이나 크렘 프레슈, 연성 크림치즈, 오일 등 부드러운 지방 또는 액상 지방을 사용하면 밀가루를 코팅해 부드러운 식감을 얻을 수 있다. 전통적인 크림 비스킷은 차가운 휘핑크림을 사용해 지방과 액체 재료가 잘 달라붙도록 하는 동시에 밀가루를 재빨리 감싼다. 이렇게 하면 글루텐이 형성되도록 물을 따로 추가할 필요가 없다.

파삭한 식감 만들기: 파이 반죽

겹겹이 나뉘는 페이스트리는 과학적인 원리 못지않게 전통적으로 전해 내려오는 비법도 많다. 나처럼 구전되는 이야기를 좋아하는 사람들은 늘 그런 여러 가지 비법에 끌리곤 한다. 특히 손이 차가워서 페이스트리 만드는 일을 하게 됐다는 요리사의 이야기는 페이스트리 반죽을 만들 때 지방을 차갑게 유지하는 것이 얼마나 중요한지 잘 보여 준다. 실제로 그렇게 직업을 구한 사례가 있었는지는 알 수 없지

파이 맛의 비결

반죽 속 버터와 밀가루의 확대 모습

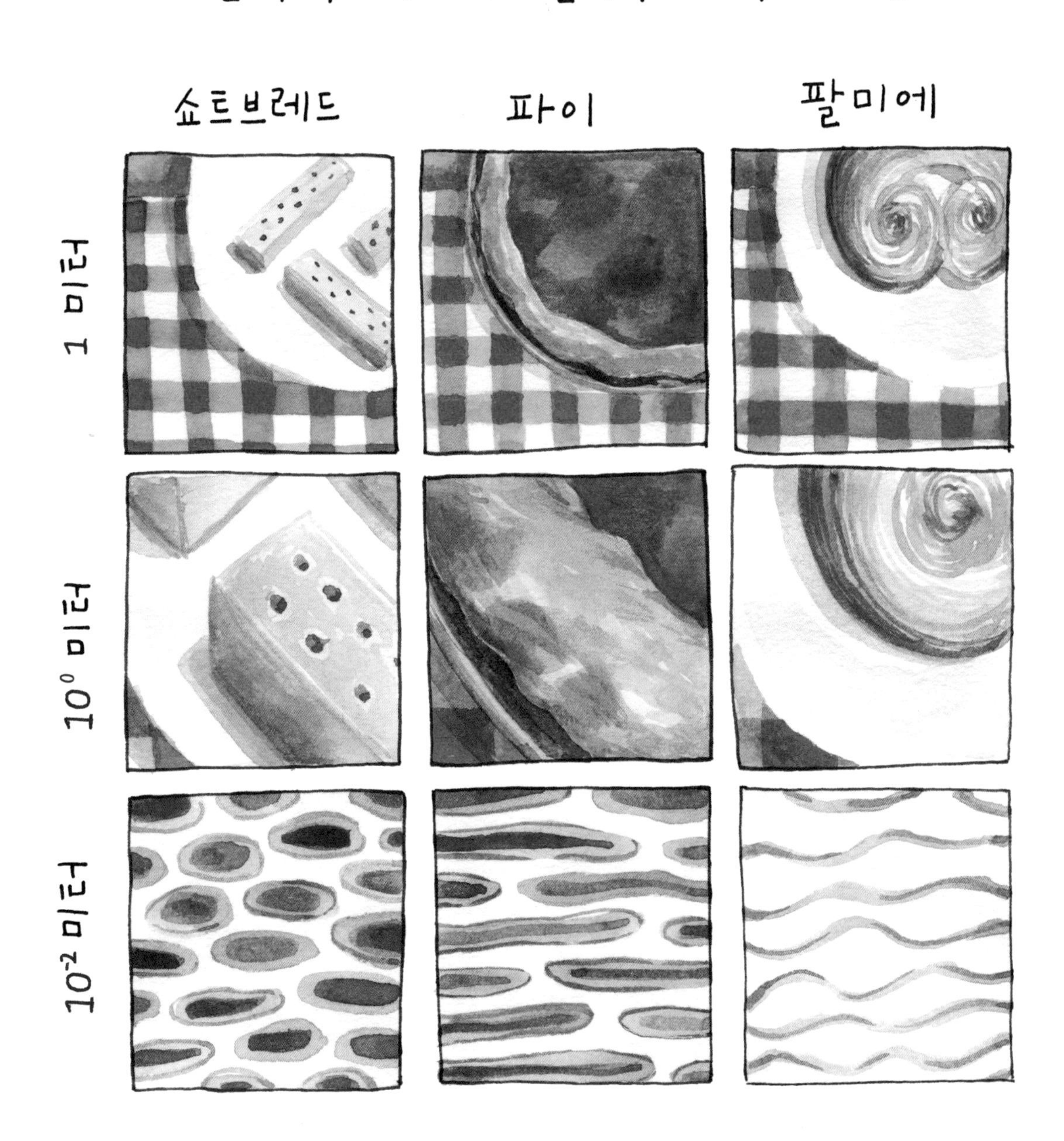

만, 현업에서 활동하는 페이스트리 제빵사는 모든 것을 차갑게 유지하려고 노력한다. 서늘한 대리석 작업대를 이용하고 믹서에 끼우는 볼과 금속 도구는 냉동실에 미리 넣어 둔다. 나와 여러 해 함께했던 한 페이스트리 제빵사는 심지어 반죽을 만들 때마다 주방 전체 온도를 몸이 덜덜 떨릴 정도로 낮췄다. 다른 직원이 출근하기 2시간 전에 도착해서 요리사 가운 위에 스웨터와 두툼한 조끼를 여러 겹 겹쳐 입고는 서둘러 반죽을 만들었다. 다른 요리사가 오븐이며 가스레인지, 그릴을 켜기 전에 반죽을 끝마치기 위해서였다. 페이스트리를 만들 때 필요한 모든 의사 결정에 무조건 온도를 고려하던 그녀의 노력은 그만한 성과로 돌아왔다. 그녀의 손에서 만들어진 페이스트리는 정말 너무나 가벼운 수많은 층으로 이루어져 있었다.

손이 차갑건 그렇지 않건 간에, 지방이 만들어 내는 공간 사이사이에 글루텐이 형성된 층이 겹겹이 쌓인 질감을 얻고자 한다면 온도에 유념해야 한다. 버터는 온도가 높아져서 물렁해질수록 밀가루와 더 쉽게 결합한다. 지방은 글루텐 형성을 방지하므로 버터와 밀가루가 더 찰싹 달라붙을수록 파삭함보다는 부드러운 맛이 더 강한 반죽이 된다.

글루텐이 형성되지 않도록 하려면 버터를 차갑게 유지해야 한다. 온도가 낮아야 다른 재료와 혼합하고 밀어서 반죽을 만드는 동안에도 유화를 이루는 미세한 결합이 끊어지지 않는다. 버터는 중량의 약 15~20퍼센트가 수분으로 이루어져 있다. 따라서 반죽과 합쳐져 물렁해지고 녹으면 물이 나오기 시작한다. 이 물방울이 밀가루와 결합하면 기다란 글루텐 사슬이 형성되어 반죽의 얇은 층이 서로 달라붙는다. 이런 상태에서는 버터에서 나오는 증기로 겹겹이 분리되면서 형성되는 파삭한 식감을 얻을 수 없고, 오븐에서 꺼내면 쫄깃하고 쭉 늘어나는 페이스트리를 발견하게 된다.

식물성 쇼트닝(예를 들면, 크리스코[Crisco])은 버터보다 온도가 쉽게 오르지 않아서 주방이 따뜻할 때도 고형 상태를 유지한다. 문제는 '맛이 없다'는 점이다. 버터는 체온과 비슷한 온도에서 녹으면 오직 혀만이 느낄 수 있는 진하고 만족스러운 맛이 남지만, 쇼트닝은 체온보다 따뜻한 곳에서도 안정성을 유지하게 하는 화학적 특성이 오히려 불쾌하고 플라스틱 같은 맛을 남긴다.

나는 쇼트닝의 편리함을 누리느라 맛을 포기하는 일은 없어야 한다고 생각한다. 그리고 해결책도 있다. 즉 몇 가지 방법을 동원하면 포크를 살짝 대기만 해도 부스러기가 떨어질 만큼 파삭하면서도 진한 버터 맛을 내는 파이 껍질을 만들 수 있다. 가정에서는 토막토막 자른 버터와 밀가루, 사용할 도구를 모두 미리 냉동실에 두었다가 사용하면 반죽에 버터를 넣은 후에도 고형 상태를 유지하는 데 도움이 된다. 반죽을 만들 때는 버터가 말랑해지지 않도록 재빨리 작업하자. 그리고 너무 많이 섞지 말아야 한다. 또한 다른 재료와 혼합하고, 밀대로 밀고, 모양을 만들고, 굽는 단계 사이사이에도 반죽을 냉장고에 넣어서 차가운 상태가 유지되도록 하자. 내가 찾은 가장 간단한 페이스트리 반죽 만드는 법은 미리 만들어서 꼼꼼히 포장한 뒤 냉동 보관하는 것이다. 이렇게 하면 최대 2개월까지 두고 사용할 수 있다. 시간이 가장 많이 드는 단계를 생략할 수 있으므로, 어느 날 갑자기 파이가 당길 때마다 금방 구워서 먹을 수 있다.

모양을 만든 차가운 파이는 예열해 둔 오븐에 바로 넣어야 한다. 뜨거운 오븐에 들어가야 버터에 함유된 수분이 빠른 속도로 증발한다. 이렇게 발생한 증기가 반죽 사이사이에 층을 이루고, 열을 가할수록 더욱 확장되어 우리가 그토록 바라는 파삭한 식감이 형성된다. 오븐이 충분히 뜨겁지 않으면 물이 증발하지 못하고 층을 형성하기 전에 반죽이 다 식어 버리므로 오븐에서 꺼냈을 때 축축한 파이를 발견하고는 실망하게 된다.

파삭함과 부드러운 식감을 동시에 만들기: 타르트 반죽

나는 농산물 직판장에만 가면 흥분 상태에 이르러 다 쓰지도 못할 만큼 식재료를 사 버리는 편이다. (잘 익은 산타로사 자두, 달콤 쌉싸름한 맛이 완벽한 조화를 이루는 천도복숭아, 즙을 가득 머금은 보이즌베리가 같은 시기에 나오는 탓에 제철에 장 보러 가는 날이면 전부 사 올 수밖에 없다!) 내 친구인 애런 하이먼은 지방의 과학적 특성을 토대로 제법 탄탄하면서도 섬세한 타르트 반죽 만드는 법을 찾았다. 과즙이 많은 여름철 핵과를 잔뜩 쌓아 올려도 무너지지 않으면서 한입 베어 물면 파삭하게 부스러지는 이상적인 반죽이다. 파삭하면서 동시에 부드러운 파이 껍질이 그의 목표였고, 나는 갑자기 과일이 너무 많이 생겼을 때마다 활용할 수 있는 파이가 필요했다.

하이먼의 맨 처음 고민은 파삭한 껍질을 만드는 방법이었다. 이를 위해 모든 재료와 도구를 차갑게 보관하고, 버터는 큼직한 덩어리로 잘라서 사용하며, 반죽은 글루텐이 조금 생겨 파삭한 층이 형성될 만큼만 섞어서 완성했다. 그런 다음 부드러운 맛을 위해 크림이나 크렘 프레슈 등 액상 지방을 이용해 반죽을 결합시키고 지방이 버터와 닿지 않으면서 남은 밀가루를 감싸 글루텐이 추가로 형성되지 않도록 했다.

애런이 개발한 이 방법으로는 누구나 성공할 수 있다. 나는 페이스트리 반죽 만들기에 항상 애를 먹었는데, 이대로만 하면 결과는 무조건 성공이었다. **애런의 타르트 반죽**이 냉동실에 있으면 언제든 근사한 저녁 식탁을 차릴 수 있다. 집에 친구를 초대하고 싶은데 식재료라곤 시들시들한 양파 한 바구니와 파르미지아노 치즈 덩어리, 안초비 캔이 전부일 때, 파티에 가져갈 특별한 디저트가 필요한데 도저히 짬이 없을 때, 또는 장 보러 갔다가 식재료를 좀 많이 사 왔을 때를 대비해서 타르트 반죽을 미리 몇 개 만들어 저장해 두자. 평범한 재료를 특별한 음식으로 만들어 줄 것이다.

부드러운 케이크

몇 년 동안 어떤 케이크를 먹어도 만족하지 못하던 때가 있었다. 내가 만들어서 먹든 레스토랑이나 제과점에서 사서 먹든 다 마찬가지였다. 나는 촉촉하면서도 풍미가 진한 케이크를 원했는데 대부분 두 가지 중 하나만 충족시켰다. 시판 케이크 믹스로 만들면 질감은 원하는 대로 나오지만 맛이 없고, 고급 제과점에서 산 케이크는 풍미가 가득한 대신 메말라 있거나 뻑뻑했다. 그래서 '원래 케이크는 그 두 가지 특성 중 하나만 나타나나 보다.'라고 체념하기에 이르렀다.

그러다 어느 생일 파티에서 초콜릿 케이크를 먹었는데 너무나 촉촉하면서도 진한 맛에 머리가 어질어질할 만큼 놀라고 기뻤다. 며칠이 지나도 그 맛이 도저히 잊히지 않아서 나는 케이크를 만든 친구에게 레시피를 알려 달라고 사정했다. 친구는 아주 깊고 진한 맛이 일품이라는 의미에서 **미드나잇 초콜릿 케이크**라 이름 붙인 그 레시피를 내게 알려 주었다. 그제야 나는 버터가 아닌 오일과 물을 사용했다는 사실을 알게 되었다. 그리고 몇 개월 뒤, '셰 파니스'에서 **생강 당밀 케이크**를 처음 맛본 후 촉촉하면서도 깊고 스파이시한 풍미가 완벽히 조화된 맛에 감탄했다. 조르고 졸라 이 레시피도 얻어 낸 나는 친구의 레시피와 소름 끼칠 만큼 비슷하다는 사실에 다시 한번 놀랐다.

오일이 들어가는 케이크에는 뭔가 특별한 차이가 있는 것이 분명했다. 내 기억 속 레시피들을 곰곰이 떠올려 보니, 정통 당근 케이크와 올리브오일 케이크를 비롯해 내가 좋아하는 케이크는 버터 대신 오일을 쓴 경우가 많다는 사실을 깨달았다. 심지어 시판 케이크 믹스 중에서도 내가 생각한 이상적인 식감의 케이크를 만들 수 있는 제품은 만드는 법에 오일을 넣으라고 나와 있었다. 촉촉한 케이크와 오일은 무슨 관계가 있을까?

그 답은 과학에 있었다. 오일은 밀가루의 단백질을 효율적으로 감싸서 쇼트브레드에 넣는 말랑한 버터와 거의 흡사하게 글루텐 그물 형성을 막는 기능을 한다. 글루텐이 형성되려면 수분이 필요한데, 단백질을 감싼 오일 막이 이 과정을 크게 저해해 쫄깃한 식감이 아닌 부드러운 맛이 나오는 것이다. 게다가 글루텐이 적을수록 반죽 속 수분의 양도 늘어나므로 케이크가 더욱 촉촉해지는 부가 효과도 얻을 수 있다.

오일 케이크의 비밀을 깨달은 뒤에는 '레시피대로 직접 만들어 보지 않아도' 케이크마다 어떤 맛이 나는지 예측할 수 있었다. 재료에 오일이 들어가면 내가 사랑하는 촉촉한 케이크를 만드는 레시피임을 짐작하게 된 것이다. 그러나 버터 맛이 가득한 케이크가 당길 때가 있다. 진한 풍미가 느껴지는 케이크를 오후에 차 한잔과 함께 먹거나 친구들과 함께하는 브런치에 내고 싶을 때도 있기 마련이다. 케이크의 질감 차이를 발견했다는 사실에 용기를 얻은 나는 버터를 사용하면서도 좀 더 촉촉한 케이크를 만들 방법은 없는지 고민하기 시작했다. 버터를 오일처럼 녹여 사용해서는 얻을 수 없는 그 비결은, 바로 가벼운 느낌을 만들어 내는 버터의 놀라운 기능을 적극 활용하는 것이다.

가벼운 식감

가벼움은 지방과 왠지 어울리지 않는다고 생각할 법한 특성이지만, 지방은 공기를 포집하는 놀라운 특성이 있어서 잘 휘저으면 케이크에 들어가는 **팽창제**와 같은 기능을 할 수 있다. 액상 크림도 휘저으면 뭉실뭉실 구름처럼 부풀어 오른다.

정통 케이크 중에는 베이킹소다나 베이킹파우더 같은 화학적 팽창제 없이 오로지 휘핑한 지방만으로 폭신한 형태를 완성하는 종류가 있다. 파운드케이크는 버터와 달걀을 잘 휘저어서 팽창 효과를 얻고, 스펀지케이크의 일종인 제누아즈(génoise)는 달걀을 휘저어서 지방 함량이 높은 노른자가 공기를 포집하고 단백질 비율이 높은 흰자가 포집된 공기 포켓을 감싸서 케이크를 부풀어 오르게 한다. 이것이 '유일한' 팽창제다. 베이킹파우더도, 베이킹소다도, 효모도, 심지어 크림처럼 녹인 버터도 사용하지 않고 케이크를 부풀리는 것이다! 정말 신기한 일이 아닐 수 없다.

가벼운 식감 만들기: 버터 케이크와 휘핑크림

맛이 진하면서도 미세하고 보드라운 부스러기가 떨어지는 케이크를 원한다면 버터 케이크(또는 초콜릿 칩 쿠키)를 만들자. 단, 지방에 공기를 주입하기 위해 설탕과 함께 버터를 **크림화**하는 과정, 즉 휘젓는 과정이 필요하다. 공기 방울이 포집되어 팽창제 역할을 할 수 있도록 하는 과정이다. 일반적으로 이 과정은 서늘한 실온에 둔 버터에 설탕을 넣고 4~7분간 거품기로 쳐서 가볍고 포슬포슬한 상태로 만드는 것을 의미한다. 이 과정을 제대로 진행하면 이렇게 섞는 동안 버터가 그물망처럼 극히 작은 공기 방울을 무수히 붙잡는 역할을 한다.

여기서 핵심은 공기가 천천히 포집되어 미세하고 균일한 공기 방울을 여러 개 형성하는 것이다. 이를 위해서는 마찰로 인해 과도하게 열이 발생하지 않도록 해야 한다. '전동 믹서를 쓰면 빨리 케이크를 만들어 오븐에 넣을 수 있겠지.'라고 생각할지 몰라도, 장담하건대 그렇게 해서는 절대 원하는 결과를 얻지 못한다. 경험에서 우러난 조언이다. 믹서는 뻑뻑하고 푹 꺼진 케이크를 만드는 지름길이다.

버터와 설탕을 휘저을 때는 버터의 온도를 잘 살펴야 한다. 버터는 유화된 상태이므로 온도가 너무 높으면 버터가 녹을 뿐만 아니라 유화 상태가 깨지거나 공기를 계속 포집할 수 없는 상태로 바뀐다.

이렇게 되면 공들여 모은 공기 방울도 전부 사라진다. 반대로 버터가 너무 차가우면 공기가 아예 포집되지 않거나, 어느 정도 모이더라도 공기 방울이 균일하게 형성되지 않아 케이크가 제대로 부풀지 못한다.

지방에 공기가 충분히 들어가지 않으면 화학적 팽창제로도 수습이 안 된다. 베이킹소다나 베이킹파우더가 반죽에 없던 공기 방울을 생기게 하지는 않기 때문이다. 화학적 팽창제는 공기 방울이 이미 존재하는 환경에서 이산화탄소 기체를 방출해 반죽이 부풀도록 도울 뿐이다.

이와 같은 이유로 재료는 조심스럽게 첨가해야 한다. 기껏 공들여서 지방에 공기를 불어 넣고도 물기 없는 재료와 물기 있는 재료를 아무 생각 없이 집어넣으면 열심히 모아 둔 공기 방울을 다 잃게 된다. 이럴 때는 **포개기** 방식으로 재료를 섞는다. 즉 공기가 포집된 재료와 그렇지 않은 재료를 조심스럽게 섞는 방법으로, 한 손으로는 고무 주걱을 쥐고 반죽을 접듯이 살살 섞으면서 다른 한 손으로는 볼을 둥글게 돌려 준다.

버터에 거품 내기는 처음 시작할 때부터 굉장히 차가운 상태에서 해야 하는 등 휘핑크림 만들기와 비교했을 때 약간의 화학적인 특성에서 차이가 있지만, 지방이 공기 방울을 둘러싸서 가둔다는 원리는 동일하다. 크림을 휘저으면 액상 지방에 포함되어 있던 고형 지방이 분리되어 함께 섞인다. (크림은 자연 유화 상태라는 점을 잊지 말자.) 따라서 과도하게 휘저으면 지방 입자의 온도가 높아지면서 서로 들러붙기 시작하고 결국 맛없는 크림 덩어리가 된다. 이 상태에서 계속 저으면 유화 상태가 깨지고 버터밀크와 고형 지방이 따로 노는, 물처럼 녹은 버터가 된다.

지방 활용하기

이란에서는 아주 특별한 날에만 식사 후 디저트를 준비하므로 집에서 빵을 만드는 경우가 거의 없다. 게다가 건강에 무척 관심이 많은 어머니는 나와 남동생이 설탕을 너무 많이 먹지 않도록 세심히 챙기셨다. (하지만 우리는 오히려 단것을 더 열렬히 사랑하게 되었다.) 쿠키나 케이크를 먹으려면 처음부터 끝까지 힘겨운 과정을 거쳐 직접 만들어야만 했다. 한 예로 우리 집 주방에는 스탠드 믹서도, 버터를 녹일 전자레인지도 없었고, 쓰고 남은 버터는 몽땅 냉동실에 들어가 있었다.

일단 쿠키나 케이크가 당기기 시작하면 늘 마음이 급해졌다. '레시피마다' 버터는 실온에 두었다가 쓰라는데 나는 꽁꽁 언 버터가 말랑해질 때까지 기다릴 수가 없었다. 어쩌다가 그 가르침을 따를 때에도 수월하게 크림화할 수 있는 전동 믹서가 없어서인지 내 손에서 나오는 쿠키 반죽은 늘 엉망진창이었다. 너무 많이 치댄 반죽 사이에는 전혀 섞이지 않고 덩어리째 남아 있는 버터가 뒤엉켜 있었다. 그러나 십 대 특유의 근거 없는 자신감에 충만했던 나는 어떠한 레시피보다 내가 더 똑똑하다고 생각했다. 그래서 버터를 그냥 '녹이면 되잖아.'라는 확신으로 말랑하게 한 다음 크림화하는 과정을 전부 건너뛰고 아예 가스레인지에 올려 다 녹여 버린 버터를 넣었다. 버터를 녹여서 넣으면 나무 숟가락으로 쿠키 반죽을 섞기가 훨씬 더 쉬워서 반죽 상태도 더 나아지고 틀에 붓기도 편했다.

하지만 버터를 녹인 바람에 공기가 포집될 가능성을 완전히 없애 버렸다는 사실은 전혀 알지 못했다. 결국 오븐에서 나온 내 쿠키나 케이크는 하나같이 푹 꺼진 모양에 뻑뻑했다. 하지만 당시에는 빵을 만드는 이유가 무조건 뭐든 달달한 것을 먹기 위해서였으므로 그런 건 큰 문제가 되지 않았다. 그래서 오븐에서 어떤 결과물이 나오든 나와 동생은 허겁지겁 먹어치웠다. 성인이 되어 입맛이 좀 더 섬세해진 후에는 다른 목표가 생겼다. 내가 만드는 디저트, 더 솔직하게는 내 손에서 나오는 모든 음식이 언제나 맛있으면서 질감과 풍미도 딱 알맞으면 좋겠다는 생각을 하게 된 것이다. 아마 여러분도 마찬가지리라 생각한다. 준비 단계에서 조금만 신경 쓰면, 충분히 그 목표를 이룰 수 있다.

지방 덧입히기

지방이 음식 맛에 강력한 영향을 주는 만큼 대부분의 요리는 지방을 한 가지 이상 사용해야 더 맛있어진다. 나는 이 방식을 **지방 덧입히기**라고 부른다. 어떤 문화권의 요리인가에 따라 어떤 지방이 잘 어울릴지 생각하고 다른 재료와 잘 어우러지는지도 고려해야 한다. 예를 들어 생선 요리에 버터 소스를 끼얹을 계획이라면 정제 버터를 사용해야 구울 때 사용하는 지방과 어우러져 서로를 보완할 수 있다. 블러드 오렌지가 들어가고 크리미한 아보카도를 올린 샐러드에는 모든 재료에 아그루마토 올리브유를 골고루 뿌려야 감귤류 과일의 풍미를 더 깊이 느낄 수 있다. 완벽하게 바삭한 와플을 만들려면 반죽에 들어갈 버터는 녹여서 써야 할 뿐만 아니라 아침에 베이컨을 구워서 생긴 기름을 뜨겁게 달군 와플 팬에 발라야 한다.

한 가지 요리에 여러 가지 식감을 내기 위해 다양한 지방을 한꺼번에 사용해야 하는 경우도 있다. 포도씨유에 바삭하게 튀긴 생선을 올리브유가 들어간 크리미한 **아이올리** 소스와 함께 내는 것도 같은 원리다. **미드나잇 초콜릿 케이크**에 오일을 사용해 최상의 촉촉함을 얻은 후 버터크림 프로스팅이나 부드러운 휘핑크림을 듬뿍 발라서 완성하는 것도 마찬가지다.

지방의 균형 맞추기

지방이 과도하게 첨가된 음식은 소금과 마찬가지로 지방의 균형을 다시 맞추어야 살릴 수 있다. 따라서 해결 방법도 소금이 과하게 들어갔을 때와 비슷하다. 즉 재료를 더 첨가해서 전체적인 양을 늘리거나, 산 성분을 첨가하거나, 물을 넣어서 희석한다. 또는 전분 함량이 높은 재료나 밀도가 높은 재료를 첨가하는 방법도 떠올릴 수 있다. 때에 따라 음식을 차게 식힌 후 지방 성분이 표면 위로 떠올라 굳으면 걷어 내는 방법을 활용하자. 또는 팬에서 기름에 절은 음식을 다른 그릇으로 옮기고 프라이팬을 깨끗한 종이 행주로 닦아 기름을 제거한다.

음식이 너무 말랐을 때, 또는 조금 더 풍부한 맛을 내고 싶을 때는 올리브유(또는 적절한 다른 오일)를 조금 첨가하거나 사워크림, 크렘 프레슈, 달걀노른자, 염소젖 치즈 등 크리미한 재료를 더하면 식감도 좋아지고 풍미도 되살릴 수 있다. 두툼하고 바삭한 빵 사이에 지방이 없는 재료들을 높게 쌓아 너무 건조하게 느껴지는 샌드위치에는 비네그레트 드레싱이나 마요네즈, 연성 치즈, 펴 발라서 먹는 치즈, 부드러운 아보카도를 더하면 균형을 맞출 수 있다.

소금과 지방을 즉흥적으로 활용하기

앞서 **지방은 어떻게 작용할까**라는 제목으로 원하는 음식의 질감을 얻으려면 어떻게 해야 할지 설명한 내용과 **세계의 지방**(72쪽)이라는 맛 지도에서 세계 각국의 맛을 제대로 살리기 위해 어떤 지방을 선택할지 제시한 내용을 꼭 기억하기 바란다. 예를 들어 **손가락까지 쪽쪽 빨아먹게 되는 프라이드치킨**에는 정제 버터를 사용해야 정통 프랑스 요리의 맛을 살릴 수 있다. 또 인도 음식이 먹고 싶을 때는 냉장고 어딘가에 있을 망고 처트니를 찾아야 하고, 지방도 기 버터를 써야 한다. 일본식 치킨 커틀릿을 만들려면 식용유와 볶은 참깨에서 뽑은 참기름 몇 방울이 필요하다. 여기서 예로 든 요리는 재료를 넣으면 금세 갈색을 띠고 겉면이 바삭해질 정도로 기름을 충분히 가열한 후 사용해야 한다.

연인의 생일에 케이크를 직접 만들기로 했다면 사전 조사가 필요하다. 생일을 맞이한 주인공이 촉촉하고 부드러운 오일 케이크와 밀도가 높고 벨벳처럼 보드라운 식감의 버터 케이크 중 어느 쪽을 선호하는가? 베이킹 할 때는 요리법을 즉흥적으로 바꾸는 것을 권장하지 않는다. 같은 맥락에서 이러한 정보를 미리 알면 어떤 지방을 쓰는 레시피를 선택해야 받는 사람이 기뻐할 케이크를 만들 수 있을지 정할 수 있다.

지방과 소금에 관한 지식이 쌓일수록 요리에서도 재즈로 치면 즉흥연주를 할 줄 아는 수준에 한 층 더 가까이 다가가게 된다. 지방은 음식의 질감에 상당한 영향을 주고, 소금과 지방 둘 다 음식의 풍미를 강화한다. 요리를 할 때마다 소금과 지방으로 풍미와 질감을 향상시키는 연습을 해 보자. 샐러드 위에 크리미한 리코타 살라타(ricotta salata)를 듬뿍 얹을 예정이라면 소금을 일단 적게 사용하고 고명으로 이 짭짤한 치즈를 모두 넣은 다음에 샐러드를 한입 먹어 보고 간을 맞춰야 한다. 마찬가지로 **아마트리치아나 파스타**에 판체타를 큼직하게 썰어 넣어 풍부한 맛을 더할 경우, 소스가 판체타의 짠맛을 모두 흡수한 다음 맛을 보고 간을 맞추어야 한다. 피자 반죽 레시피에서 반죽에 올리브유를 넣고 치댄 '다음' 소금을 넣으라고 설명한다면 그대로 따르는 것이 과연 옳은지 다시 생각해 봐야 한다. 내용이 형편없는 레시피일수록 근거 없는 이야기와 잘못된 정보가 말도 못하게 넘쳐나는데, 그중에서 여러분이 '알고 있는 것'을 지침으로 활용할 수 있어야 한다.

즉흥연주를 하려면 음표부터 배워야 하듯이 이제 여러분은 '소금-지방'이라는 멜로디를 연주할 2개의 음을 배웠다. 이제 세 번째 음을 터득하면 '소금-지방-산'이라는 더 아름다운 하모니를 연주할 수 있을 것이다.

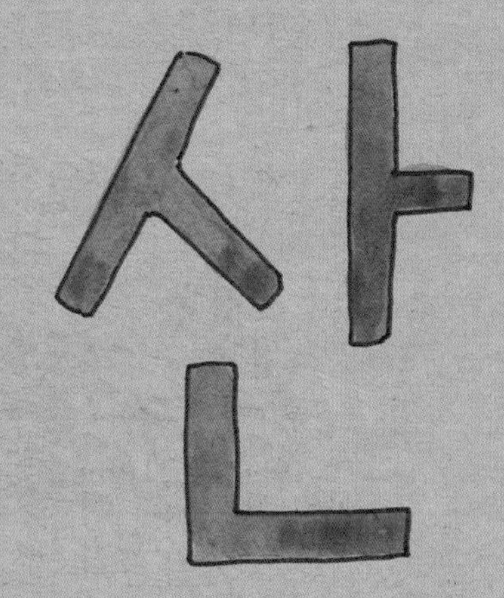
산

소금과 지방의 중요성을 경험을 통해 불현듯 깨달았다면, 산의 중요성은 서서히 깨우쳐 갔다. 엄마와 할머니, 이모가 매일 저녁 음식을 만들던 나의 어린 시절이 출발점이었다.

레몬과 라임을 오후 간식처럼 먹으면서 자란 엄마는 인상이 확 구겨질 만큼 신맛이 나지 않으면 절대 제대로 된 요리라고 보지 않았다. 그래서 엄마는 모든 요리에 단맛과 짠맛, 전분의 맛, 진한 맛과 균형을 맞출 수 있도록 반드시 신맛을 더했다. 케밥과 쌀밥 요리에 말린 옻나무 열매를 조금 뿌리거나 허브와 녹색 채소를 듬뿍 넣은 프리타타의 일종인 **쿠쿠 삽지**(Kuku Sabzi)에는 할머니표 혼합 피클, 토르시(torshi)를 곁들였다. 이란의 새해 명절인 노루즈에는 튀긴 생선과 허브를 넣고 지은 쌀밥 위에 아버지가 멕시코까지 내려가서 구해 온 시큼한 오렌지 즙을 뿌려 분위기를 냈다. 엄마가 만드는 다른 이란 전통 요리에도 신맛이 강한 청포도 구레(ghooreh)나 제레쉬크(zereshk)로 불리던 조그마한 매자가 들어갔다. 하지만 신맛을 내는 데 가장 많이 사용된 재료는 요구르트였다. 달걀 요리, 수프, 스튜, 쌀밥 등 거의 모든 요리에 요구르트를 한 숟가락 듬뿍 떠서 넣었다. 지금 생각하면 나도 놀랄 일이지만, 미트소스 스파게티에도 요구르트를 끼얹어서 먹었다.

학교 친구 중에 나 같은 아이는 없었다. 다들 땅콩버터 샌드위치를 꺼낼 때 엄마가 싸 준 내 도시락 통에는 쿠쿠 삽지와 오이 그리고 페타 치즈가 들어 있었으니 우리 집이 다른 친구들과 굉장히 다르다는 사실은 확연히 드러났다. 그렇게 나는 다른 나라, 다른 시대의 언어와 관습, 음식이 가득한 집에서 자랐다. 1년에 한 번씩 우리를 만나러 이란에서 할머니가 오시는 날을 얼마나 손꼽아 기다렸는지 모른다. 온 집 안이 이국적인 향으로 가득했고 할머니가 짐을 푸는 동안 옆에서 구경하는 것만큼 신나는 일은 없었다. 사프란과 카다몬의 향, 장미 향수와 카스피해의 습하고 축축한 공기가 뒤엉켜 할머니의 가방은 구석구석 오랜 세월이 쌓인 냄새를 머금고 있었다. 할머니는 그 가방에 챙겨 온 먹을거리들을 하나씩 꺼냈다. 사프란을 넣고 구운 피스타치오, 라임즙, 절인 사워체리 그리고 혓바닥이 얼얼할 정도로 새콤한 얇은 자두 젤리 라바샤크(lavashak)와 만나는 순간이었다. 자라면서 나는 가족들로부터 신맛 즐기는 법을 배웠고 내 입맛은 이란 전통의 맛에 익숙해졌다. 커서 집을 떠난 후에야 나는 인상을 온통 찌푸리게 만드는 신맛 외에도 너무나 다양한 신맛이 존재한다는 사실을 알게 되었다.

● ● ●

부모님은 우리가 미국 문화에 되도록 천천히 동화되게 하려고 계속 노력하셨다. 추수감사절을 챙기지 않은 것도 그런 노력의 하나였다. 내 첫 추수감사절은 대학에서 한 친구의 집에 초대받았을 때였다. 여러 사람이 모여 식사를 준비하는 왁자지껄한 분위기는 정말 좋았지만, 막상 추수감사절 음식과 마주하니 실망스러웠다. 식탁에 앉자 산더미처럼 쌓인 음식들이 눈에 들어왔다. 통째로 구운 거대한 칠면조가 정해진 절차에 따라 얇게 썰어져 나오고, 칠면조에서 나온 기름을 넣어 만든 갈색 그레이비 소스를 비롯해 버터와 크림을 넣고 뻑뻑하게 만든 으깬 감자 요리, 육두구를 곁들인 크림 시금치, 치아가 거의 없는 친구네 할머니도 드실 수 있을 정도로 푹 삶은 방울양배추와 함께 소시지와 베이컨을 채워 넣은 칠면조, 그리고 밤이 잔뜩 들어간 요리도 있었다. '정말로' 즐거운 식사였지만, 전부 물렁물렁하고 느끼한 데다 맛이 단조로워서 몇 번 먹고 나니 금세 싫증이 났다. 크랜베리 소스가 담긴 그릇이 내 앞으로 올 때마다 접시에 듬뿍 덜면서 먹다 보면 괜찮겠거니 생각했지만 끝내 입맛에 맞지 않았다. 이후에도 매년 11월 넷째 주 목요일은 다른 사람처럼 속이 불편하다고 느껴질 때까지 그냥 무작정 먹었다.

'셰 파니스'에서 일을 시작한 뒤에는 추수감사절도 그곳에서 사귄 친구들과 함께 보냈다. 다른 요리사들과 처음으로 추수감사절을 함께한 날에는 음식에 싫증을 느낄 틈이 없었다. 먹는 일이 고역으로 느껴지지도 않았고, 속이 불편한 느낌도 전혀 없었다. 그날 우리가 함께 만든 요리가 딱히 건강에 이롭거나 깨끗한 재료만 사용해서 그런 것도 아니었다. 그렇다면 무엇이 달랐을까?

요리사들과 함께한 추수감사절 만찬은 어린 시절 익숙했던 이란의 전통 식사를 떠올리게 했다. 모든 요리에 신맛이 더해져 생기가 돌았다. 으깬 감자 요리에는 사워크림의 톡 쏘는 맛이 있었고, 그레이비 소스에는 식탁에 내기 직전에 살짝 첨가한 화이트 와인의 향이 느껴졌다. 먹음직스럽게 쌓인 칠면조 속에는 사워도우로 만든 크루통과 녹색 채소를 곁들였으며, 큼직하게 썬 소시지 사이사이에서 화이트 와인에 절인 건자두의 신맛과 은밀하게 마주칠 때마다 너무나 반가웠다. 겨울호박과 방울양배추를 구운 요리에는 설탕과 고추, 식초로 만드는 이탈리아식 소스 아그로돌체(agrodolce)가 들어갔다. 튀긴 세이지를 넣은 살사 베르데(salsa verde)와 찰떡궁합을 자랑하던 크랜베리 마르멜로[1] 소스는 엄마가 가을마다 만들던 마르멜로 절임을 떠올리게 했다. 심지어 디저트도 다크 캐러멜 파이에 크렘 프레슈를 가미한 휘핑크림을 올려 시큼한 맛을 느낄 수 있었다. 그제야 나는 대학 시절 추수감사절 만찬 때 왜 다들 크랜베리 소스를 듬뿍 퍼 담곤 했는지 이해했다. 그건 바로 신맛을 더할 유일한 음식이었기 때문이다.

그때부터 나는 신맛의 진정한 가치는 얼굴이 찡그러질 정도로 시큼한 맛 자체가 아니라 음식의 '균형'임을 깨달았다. 신맛은 미각을 만족시키고 정반대의 맛과 동시에 느껴질 때 음식 맛을 더 돋우는 기능을 한다.

얼마 지나지 않아 나는 신맛의 또 다른 비밀도 배웠다. 어느 늦은 오전, '셰 파니스'의 점심 영업시간에 맞춰 당근 수프를 급하게 요리하던 날이었다. 다른 수프 메뉴처럼 상당히 간단한 음식이었다. 올리브유와 버터를 두른 냄비에 양파를 익히고 당근은 껍질을 벗긴 후 얇게 썰어서 양파가 부드러워졌을 때쯤 넣었다. 그리고 재료가 잠길 만큼 육수를 붓고 소금으로 간한 다음 물렁해지도록 푹 끓였다.

1 동유럽과 지중해 부근이 원산지인 장미목 장미과 과일나무의 열매로 서양배와 비슷한 모양이다. 과육이 매우 단단하고 신맛이 강해서 생으로 먹기보다는 껍질을 벗겨 구워 먹거나 잼, 젤리, 푸딩, 과실주의 재료로 쓴다.

마지막으로 다 끓인 수프를 블렌더로 갈아 부드러운 퓌레로 만들고 간을 조절했다. 먹어 보니 완벽했다. 늘 소년 같던 요리사 러스가 서빙 직원들과 메뉴 회의를 하러 서둘러 위층으로 올라가는 것을 보고는, 나는 그를 붙잡고 수프를 한 숟가락 가득 떠서 내밀며 맛을 봐 달라고 했다. 러스는 맛을 보자마자 이렇게 말했다. "그릇에 담기 전에 식초를 한 컵 넣어!"

식초라고? 수프에 식초가 들어간다는 이야기를 들어 본 적이 있는가? 혹시 그가 정신이 나간 건 아닐까? 내가 제대로 들은 것이 맞나? 한 솥 가득 끓인 수프를 망치고 싶지는 않은 마음에, 나는 내 멋진 수프를 한 숟가락 덜어 거기에 레드 와인 식초를 한 방울 떨어뜨렸다. 그리고 맛을 본 순간 어안이 벙벙해졌다. 단맛에 신맛이 섞여 끔찍한 맛이 날 줄 알았는데, 식초가 마치 프리즘처럼 수프의 섬세한 맛을 전부 드러내는 느낌이었다. 버터와 오일, 양파, 육수의 맛이 모두 느껴지고 심지어 당근의 단맛과 무기질의 맛까지도 느껴졌다. 눈을 가리고 이 수프를 맛본 다음에 재료를 맞춰 보라고 한다면 100만 년이 걸려도 식초가 들어갔으리라곤 절대로 깨닫지 못할 것 같았다. 내가 만든 음식이 어딘가 심심하다 싶을 때, 정확히 어떤 맛이 빠졌는지 집어낼 수 있게 된 것이다.

소금 간을 정확하게 맞추려면 계속 맛을 봐야 한다는 사실을 배웠듯이 나는 신맛의 정도도 계속 확인해야 함을 깨달았다. 신맛은 짠맛의 또 다른 자아와 같다는 사실이 분명하게 다가왔다. 짠맛이 풍미를 '강화'한다면 신맛은 풍미의 '균형'을 맞춘다. 소금과 지방, 설탕, 전분의 맛을 감싸는 신맛의 기능은 우리가 요리하는 모든 음식에 없어서는 안 될 부분이다.

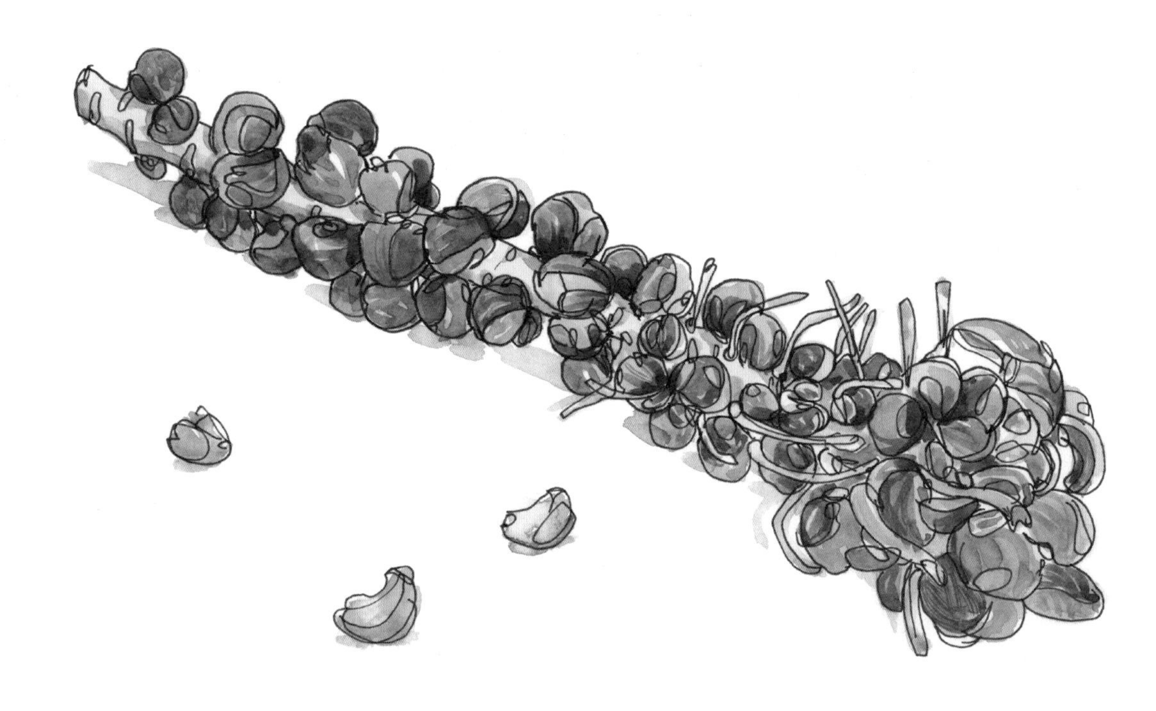

신맛을 내는 재료

산성 재료:

1. 식초와 베르주(익지 않은 포도의 즙) 2. 레몬즙과 라임즙 3. 와인, 주정 강화 와인

신맛을 함유한 식재료:

4. 양념: 머스터드, 케첩, 살사, 마요네즈, 처트니, 핫소스 등 5. 과일, 말린 과일 6. 초콜릿, 코코아 파우더
7. 염장육 8. 발효된 유제품: 치즈, 요구르트, 버터밀크, 크렘 프레쉬, 사워크림, 마스카포네 치즈
9. 초절임 채소, 발효된 채소와 절인 액체 10. 커피, 차 11. 통조림 토마토나 생토마토
12. 맥주 13. 사워도우 발효종, 사워도우로 만든 빵 14. 꿀, 당밀, 다크 캐러멜

산이란 무엇일까

엄격히 말하면 pH가 7보다 낮으면 모두 산성 물질이다. 108쪽에 내가 주방에서 사용하는 모든 재료의 pH 측정 결과가 나와 있지만, 평소 주방에서 pH를 측정하면서 요리하지는 않는다. 아마 여러분도 그러하리라 생각한다. 하지만 상관없다. 우리에게는 훨씬 편리한 산성 물질 감지기, 바로 혀가 있으니까. 먹어서 신맛이 나는 것은 모두 산성이다. 요리에서는 보통 레몬즙이나 식초, 와인을 산성 재료로 사용하지만 지방과 마찬가지로 신맛을 내는 재료 역시 무수히 많다. 치즈, 사워도우로 만든 빵 같은 발효 식품과 커피, 초콜릿도 음식에 기분 좋은 신맛을 더한다. 채소와 과일의 경계를 카멜레온처럼 넘나드는 토마토를 포함해 대부분의 과일도 마찬가지다.

산성 재료와 맛

산성 재료가 맛에 끼치는 영향

'군침이 돈다'라는 표현은 오래전부터 '맛있다'는 의미로 사용되었다. 정말 맛있다고 느끼는 음식은 입에 침이 고이게 한다. 몸에서 침이 만들어지는 것이다. 기본적인 다섯 가지 맛 중에서 신맛이 침을 가장 많이 만들어 낸다. 산성 물질은 치아에 해로워서 무엇이든 신맛이 나는 음식을 먹으면 그 영향을 줄이기 위해 입안에 침이 가득 고인다. 신맛이 강할수록 침도 더 많이 고인다. 이 과정에서 신맛은 우리가 음식을 먹으면서 가장 크게 느끼는 만족스러움에 중요한 부분을 차지하게 된다.

그러나 산성 물질 자체가 그런 만족스러움을 선사하는 것은 아니다. 신맛과 '다른' 맛이 대비될 때 음식에서 느끼는 만족감이 높아진다. 소금처럼 산성 물질도 다른 맛을 강화하는데, 작용 방식은 다소 차이가 있다. 소금의 역치가 절대적으로 정해진다면 산성 물질의 균형은 상대적으로 정해진다.

육수에 소금 간을 할 때를 떠올려 보자. 소금 농도가 특정 수준을 넘으면 육수는 먹을 수 없는 상태가 된다. 이 경우 육수를 되살리는 방법은 간이 안 된 액체를 더해서 농도를 낮추고 총 부피를 크게 늘리는 것이다.

신맛의 균형은 이와 다르게 맞춰진다. 레모네이드를 어떻게 만드는지 생각해 보자. 레몬즙과 물, 설탕을 준비하고 먼저 레몬즙과 물만 섞는다. 그 상태에서 조금 먹어 보면 맛은 없고 시기만 하다. 여기에 설탕을 첨가하고 다시 먹어 보면 맛있게 느껴진다. 그렇다고 레모네이드의 산도, 즉 pH가 '낮아진' 것은 아니다. 설탕을 넣은 후에도 pH는 같지만, 단맛이 들어가면서 신맛의 '균형이 잡힌' 것이다. 오직 설탕만 신맛과 대조되는 맛을 내는 것도 아니다. 소금, 지방, 쓴맛의 재료, 전분도 신맛과 함께 대비되면 맛이 더 향상된다.

산성 물질의 맛

순수한 산성 물질에서는 신맛이 난다. 그 이상도 그 이하도 아닌 딱 신맛이다. 무미(無味)는 아니지만, 그렇다고 좋은 맛도 아니다. 막힌 하수구를 뚫거나 가스레인지를 닦을 때처럼 집 안 청소에 흔히 사용하는 증류 백식초를 한 방울 먹어 보면 다른 아무런 맛 없이 그저 신맛만 느껴진다.

과일 향 가득한 와인의 톡 쏘는 신맛이나 치즈의 쿼쿼한 맛처럼 우리가 신맛이 나는 재료에서 느끼는 만족감은 대부분 재료가 '어떻게' 만들어졌는가에 따라 결정된다. 어떤 와인으로 식초를 만들었는지, 어떤 우유나 균종을 이용해 치즈를 만들었는지 등 산성 재료의 맛에 영향을 주는 요소는 매우 많다. 심지어 같은 치즈라도 숙성 기간에 따라 신맛이 강해지거나 맛이 더 복합적으로 변한다. 숙성 기간이 짧은 체더치즈에서는 부드러운 맛이, 오래 숙성된 치즈에서는 강렬한 맛이 느껴지는 것도 이런 이유에서다.

재료마다 신맛도 다르지만 산성 물질이 함유된 농도도 모두 다르다. 식초라고 해서 전부 산도가 동일하지는 않다. 감귤류 과일의 즙도 산도가 일정하지 않다. 논픽션을 문학적인 문장으로 썼던 저널리스트 존 맥피는 1966년 저서 『오렌지(*Oranges*)』에서 자연적인 요소가 맛에 어떤 영향을 주는지 설명했다. 그중에는 과수원이 적도에 가까이 있을수록 오렌지의 신맛이 약화된다는 내용도 포함되어 있었다. 브라질의 특정 품종은 아예 신맛이 전혀 느껴지지 않을 정도다! 맥피는 아래와 같이 나무의 위치뿐만 아니라 같은 나무라도 오렌지가 매달려 있는 위치에 따라 맛이 달라진다고 밝혔다.

> 땅과 가까운 과실, 땅에서 손이 닿아 따 먹을 수 있는 높이에 달린 오렌지는 더 높은 곳에서 자란 오렌지보다 단맛이 덜하다. 이런 오렌지는 안쪽보다 바깥쪽이 더 달다. 나무의 남쪽에서 자란 오렌지는 나무의 동쪽이나 서쪽 면에서 자란 오렌지보다 달고, 북쪽 면에 매달린 오렌지가 가장 덜 달다. (…) 이뿐만이 아니다. 오렌지 하나하나마다 내부의 품질도 제각기 다르다. 산성 물질과 당분의 함량이 모두 다르다. (…) [오렌지를 수확하는 사람들은] 맛을 볼 때 [단맛이 더 강한] 절반만 먹고 나머지는 버린다.

이러한 자연적 변수를 감안하면, 어느 모르는 지역의 주방에서 레시피를 쓴 사람이 맛본 오렌지와 지금 내가 사용하는 오렌지가 신맛과 익은 정도, 단맛이 똑같다고 가정할 수 없음을 알 수 있다. 한번은 얼리 걸(Early Girl)이라는 품종의 토마토를 키우는 친구네 농장에서 여름 내내 토마토소스를 만들고 통조림 캔에 포장하는 일을 도운 적이 있다. 소스를 대량으로 만들 때마다 지난번에 만든 것과 맛이 달랐다. 어떤 토마토는 싱겁고 또 어떤 토마토는 맛이 진했기 때문이다. 단맛이 더 강한 것도, 신맛이 강한 것도 있었다. 만약 그해 여름 농장에서 일을 했던 첫 주에 이 소스를 활용하는 레시피를 만들었다면, 마지막 주쯤 그 레시피는 완전히 엉터리가 되었을 것이다. 무려 같은 농장에서 재배한 같은 품종의 토마토인데도 이렇다! 이런 점만 봐도 요리할 때 레시피에만 의존하면 안 되는 이유를 이해할 수 있을 것이다. 그보다는 음식을 하면서 직접 맛을 보고, 신맛의 균형을 찾는 감각을 키우면서 본능을 믿는 것이 중요하다.

세계의 신맛

상징성이 있는 요리는 독특한 신맛을 가진 경우가 많다. 예를 들어 땅콩버터 샌드위치는 잼의 톡 쏘는 맛이 더해지지 않으면 맛이 없다. 영국인치고 피시 앤드 칩스를 먹으면서 맥아 식초를 뿌리지 않는 사람은 드물다. 또 살사가 들어가지 않은 카르니타스[1] 타코는 상상하기 힘들다. 상하이 지역의 전통 만두 샤오롱바오는 반드시 중국 흑초와 함께 나온다. 지방과 마찬가지로 산성 재료도 요리의 특성을 바꿀 수 있으므로 어떤 지역에서 어떤 전통에 의해 만들어진 요리인가에 따라 신맛을 내는 재료가 정해진다.

식초

특정 지역에서 생산된 식초는 대체로 그 지역의 농업적 특성을 그대로 반영한다. 주요 와인 생산지인 이탈리아, 프랑스, 독일, 스페인에서는 요리에 와인 식초를 흔히 쓴다. 카탈루냐 지방에서 많이 먹는,

1 carnitas. 주로 타코에 넣어 먹는 튀긴 돼지고기. 한국의 족발과 맛이 비슷하다.

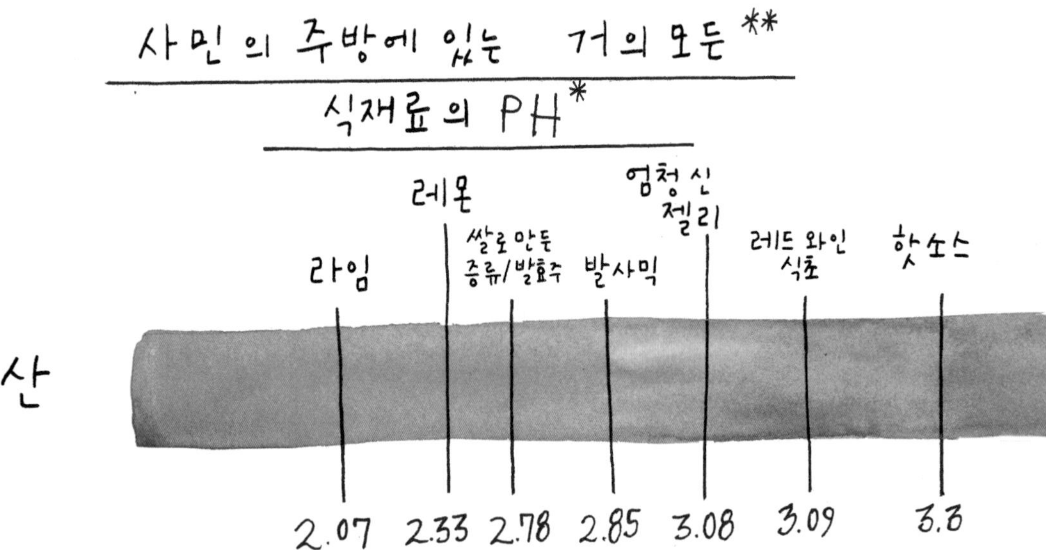

고추와 구운 견과류가 들어가는 **로메스코** 소스에는 셰리[2] 식초가 어울리고, 생굴에 곁들이는 미뇨네트(mignonette) 소스에는 샴페인 식초가 어울린다. 또 붉은 치커리에 끼얹을 드레싱이나 붉은 양배추를 절여서 만드는 독일의 정통 음식 블라우크라우트(blaukraut)에는 레드 와인 식초가 잘 맞다. 이와 달리 태국과 베트남, 일본, 중국 등 아시아 여러 나라에서는 쌀 식초를 흔히 사용하고, 영국과 독일 그리고 미국 남부에서는 샐러드에 사과 식초를 뿌린다. 필리핀의 주요 작물인 사탕수수로 만들어 많이 사용하는 사탕수수 식초 역시 미국 남부 사람들이 좋아하는 식초 중 하나다.

감귤류 과일

지중해 지역의 해안가 기후에서는 레몬 나무가 잘 자라므로 타불레(tabbouleh)와 후무스, 구운 문어, 니수아즈 샐러드, 회향과 오렌지가 들어간 시칠리아식 샐러드에 레몬즙을 짜서 넣는다. 반면에 라임은 열대 기후에서 잘 자란다. 멕시코, 쿠바, 인도, 베트남, 태국에서는 어디든 감귤류 과일이 필요한 곳에 라임을 많이 쓴다. 과카몰레, 닭고기 쌀국수 퍼가(pho ga), 그린 파파야 샐러드(솜땀), 멕시코의 피코 데 가요(pico de gallo)에 해당하는 인도 음식 카춤버(kachumber)에 라임이 잘 어울리는 이유도 그래서다. 단, 포장 판매하는 제품은 '절대로' 사용해선 안 된다. 농축액에 보존제와 시트러스 오일을 섞은 이런 제품은 쓴맛만 날 뿐 갓 짜낸 즙의 깨끗하고 선명한 풍미는 전혀 얻을 수 없다.

2 스페인 남부 지방에서 생산되는 백포도주.

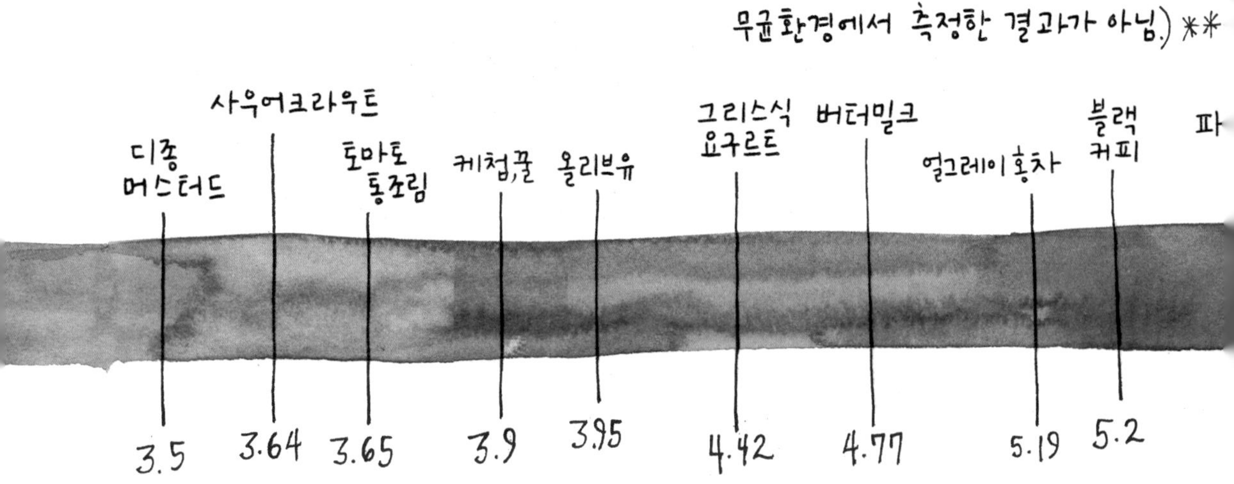

피클

인도의 아차르(achar)와 이란의 토르시, 한국의 김치와 일본의 츠케모노, 독일의 사우어크라우트와 미국 남부의 차우차우(chow-chow)에 이르기까지 모든 문화권에는 피클이 있다. 냉장고에 어떤 피클이 있느냐에 따라 같은 스테이크라도 몇 조각 잘게 썰어서 김치를 듬뿍 넣고 밥 위에 올리면 한국식 비빔밥이 될 수 있고, 김치 대신 절인 당근과 할라페뇨를 얹으면 타코와 함께 먹을 수도 있다.

유제품

신맛의 균형을 제대로 잡는 비밀 병기로 발효 유제품을 활용해 보자. 샐러드에 치즈를 토핑으로 얹을 때 기왕이면 그리스 페타 또는 이탈리아 고르곤졸라, 스페인 만체고 치즈를 사용하자. 또 유대 음식인 랏키스(latkes)에 사워크림을, 타코에 크레마(crema)를 얹어야 하듯이 프랑스식 베리 타르트에는 크렘 프레슈를 곁들이고, 서아시아 나라에서 **코프타**(kufte)라 부르는 작은 양고기 케밥에는 요구르트가 잘 어울린다.

같은 양고기 어깨살이라도 절인 레몬을 넣어 푹 삶으면 모로코 음식이, 화이트 와인과 피콜린 올리브(Picholine olives)를 넣고 익히면 프랑스 남부 요리가 되며, 레드 와인과 토마토를 함께 넣고 끓이면 그리스의 맛을 느낄 수 있다. 잘게 썬 양배추 샐러드도 마찬가지다. 머스터드와 사과 식초가 들어가면 미국 남부 요리가 되지만, 라임즙과 고수를 섞으면 멕시코식 샐러드가 된다. 그리고 청주 식초와 파, 구운 견과류가 들어가면 중국 요리가 된다. 신맛에서 나는 풍미가 요리의 방향을 결정한다는 사실을 유념하고 적극적으로 활용해 보자.

PH 측정기를 사용해 주방에서 측정한 것이다.(즉 지저분하지는 않지만 실험실처럼
원래는 주방에 있는 건 몽땅 다 측정하려고 했는데 PH 측정기가 망가져서 그러지 못했다.

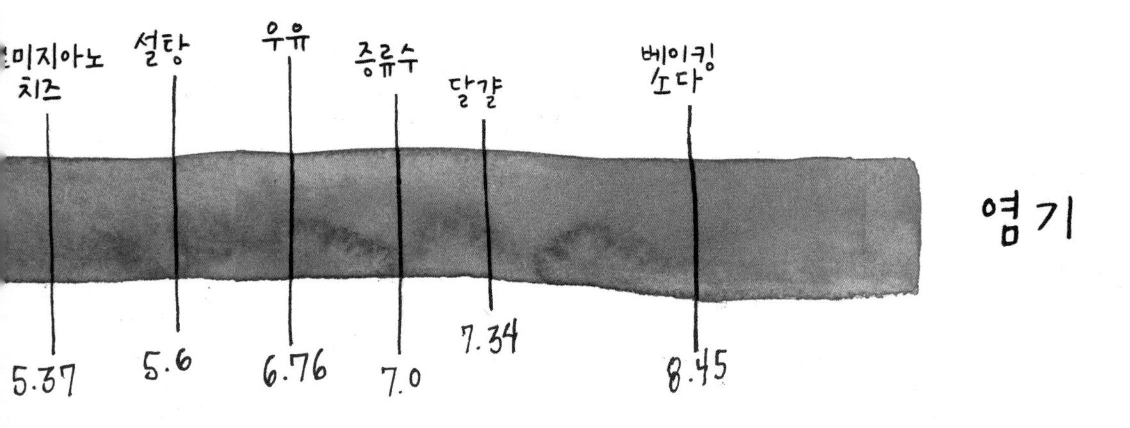

산성 물질은 어떻게 작용할까

산은 주로 맛에 영향을 주지만, 음식의 색과 질감을 바꾸는 화학 반응도 촉발한다. 이와 같은 영향을 예측한다면 산을 언제, 어떻게 넣어야 할지 더 수월하게 결정할 수 있다.

산과 색깔

산이 들어가면 생기 넘치던 녹색이 흐릿해지므로, 샐러드 드레싱은 최대한 마지막에 뿌리고 허브 살사를 만들 때도 식초는 되도록 마지막에 섞는 것이 좋다. 시금치와 같은 녹색 채소를 익힌 후 레몬즙을 짜 넣을 때도 마찬가지다.

녹색과 달리 빨강과 보라는 산과 만나면 색이 더 선명해진다. 적양배추와 적근대 줄기, 비트를 사과, 레몬, 식초 등 산성 물질을 함유한 재료와 조리하면 색깔을 가장 생생하게 유지할 수 있다.

생과일과 채소는 산소에 노출되면 갈색으로 변하는 효소 반응인 **산화**에 취약하다. 썰어 놓은 사과와 아티초크, 바나나, 아보카도에 산성 물질을 약간 발라 두면 갈변을 방지한다. 그리고 물에 레몬즙 또는 식초를 몇 방울 섞어서 조리하거나 먹기 전까지 담가 두면 원래 색을 유지할 수 있다.

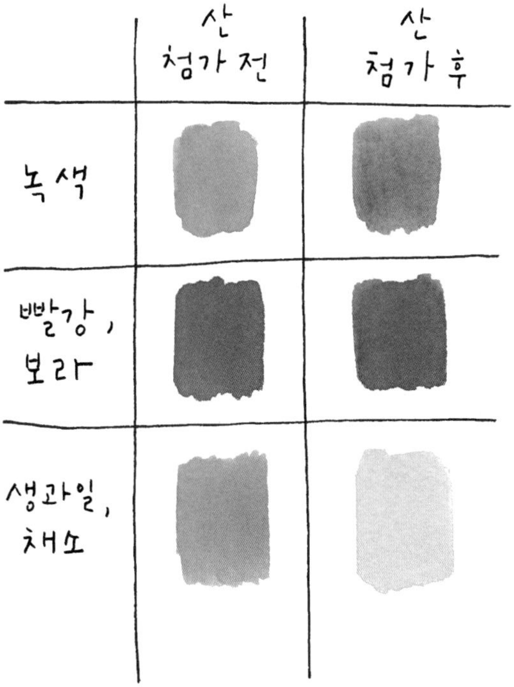

	산 첨가 전	산 첨가 후
녹색		
빨강, 보라		
생과일, 채소		

산과 질감

채소와 콩류에 산을 활용하면 생생한 상태가 더 오랫동안 유지된다. 콩류와 과일, 채소 등 셀룰로스나 펙틴이 함유된 모든 음식은 산과 함께 요리하면 더 천천히 익는다. 당근을 유아식에 넣으려고 물에 삶을 때는 10~15분이면 물렁해지지만, 레드 와인이 들어간 스튜로 만들면 1시간이 지나도 단단함을 유지한다. 토마토가 들어간 소스나 수프를 한 냄비 끓일 때 몇 시간을 끓여도 양파가 표면에 둥둥 떠다니기만 할 뿐 물러지지 않는 까닭도 토마토에 함유된 산을 생각하면 이해할 수 있다. 양파가 아삭하게 씹히는 사태를 막으려면 토마토나 와인, 식초를 넣기 전에 양파를 먼저 익혀야 한다.

후무스에 들어갈 병아리콩을 익힐 때처럼 콩류를 요리할 때는 콩 삶는 물에 베이킹소다를 약간 넣으면, 물의 **알칼리도**가 더 높아지므로 확실히 부드럽게 익는다. 콩도 양파와 마찬가지로 완전히 익힌 다음에 산성 재료를 넣어야 한다. 한 멕시코 요리사는 내게 익힌 콩에 식초나 비네그레트 드레싱을 넣으면 콩이 '날것'처럼 변해서 단단해지고 껍질도 약간 질겨진다고 설명했다. 그러므로 샐러드에 들어갈 콩을 삶을 때는 드레싱과 만나 단단해지는 것을 대비해 약간 더 물컹하게 익히는 편이 좋다.

채소를 어떻게 조리할 것인지 정할 때도 이와 같은 화학적 특성을 활용하자. 물에 넣고 끓이면 상대적으로 산도가 높은 채소의 세포 내부가 희석되므로 구울 때보다 대체로 물러진다. 그러므로 큼직하게 자른 콜리플라워나 로마네스코 브로콜리는 구워야 특유의 멋진 형태가 유지되고 감자나 파스닙은 물에 넣고 삶아야 푹 퍼져서 퓌레로 만들거나 으깨서 먹기에 좋다.

산성 물질은 과일에 함유된 겔화제 성분인 **펙틴** 간 결합을 강화해 수분을 붙들고 잼이나 젤리로 변하는 과정을 촉진한다. 사과, 블루베리처럼 펙틴을 결합시킬 산성 물질이 충분히 함유되지 않은 과일로 잼을 만들거나 파이, 코블러에 채워 넣을 재료를 만들 때는 갓 짜낸 레몬즙을 더하면 단단한 겔 형태로 만드는 데 도움이 된다.

베이킹소다나 베이킹파우더 같은 **화학적 팽창제**를 사용할 때도 산성 물질이 필요하다. 초등학교 과학 시간에 베이킹소다와 식초로 화산을 만들 때와 같은 원리다. 규모는 그보다 훨씬 더 작지만, 산이 베이킹소다와 만나면 이산화탄소를 방출해 빵이나 과자를 팽창시키는 기포를 만든다. 반죽에 베이킹소다를 팽창제로 사용한 경우, 천연 코코아 파우더나 갈색 설탕, 꿀, 버터밀크 등 산성 재료가 반드시 함께 들어가야 한다. 반면 베이킹파우더는 주석산이 이미 분말로 함유되어 있으므로 산성 물질을 더 넣어서 반응을 촉발할 필요가 없다.

산은 달걀흰자를 더 빠르게 **응고**시켜 덩어리지게 하는 효과도 있다. 그러나 산이 들어가면 그렇지 않을 때보다 흰자가 덜 빽빽하게 응고된다. 원래 달걀의 단백질은 열을 가하면 풀어졌다가 단단하게 뭉친다. 이때 단백질 사슬이 서로 꽉 뭉쳐지면서 수분이 바깥으로 빠져나가므로 달걀은 더욱 단단하고 건조해진다. 산은 단백질이 풀어지기 전에 결집하게 해 과도한 결합을 방지한다. 따라서 스크램블드에그를 만들 때 레몬즙을 비밀 재료로 몇 방울 떨어뜨리면 훨씬 크리미하고 부드러운 요리가 완성된다. 달걀을 삶을 때도 식초를 약간 넣으면 흰자의 응고 속도가 빨라져 외형은 단단하면서 노른자는 촉촉하게 보존된, 완벽한 삶은 달걀을 만들 수 있다.

달걀흰자로 거품을 낼 때도 산을 첨가하면 더 많은 공기를 촘촘하게 포집해 거품이 안정적으로 형성되고 전체적인 부피를 늘리는 데도 도움이 된다. 달걀흰자로 머랭이나 케이크, 수플레에 들어갈 거품을 만들 때는 전통적으로 와인을 양조할 때 부산물로 생기는 주석을 첨가해 왔지만, 그냥 달걀 하나당 식초나 레몬즙을 몇 방울 떨어뜨리는 것만으로도 비슷한 결과를 얻을 수 있다.

유제품에 함유된 **카제인** 단백질은 산과 만나면 응고된다. 따라서 단백질 함량이 매우 낮은 버터와 헤비 크림을 제외한 유제품을 산성 재료로 만든 요리에 첨가할 경우, 반드시 가장 마지막에 넣어야 한다. 생유제품이 의도치 않게 응고되면 대부분 먹기 힘든 음식이 되지만 요구르트, 크렘 프레슈, 치즈처럼 발효 유제품이 응고되면 요리와 잘 어우러지는 맛있고 완전히 새로운 산성 재료가 된다. 아주 간단히 여러분만의 **크렘 프레슈**를 만드는 방법이 있으니 직접 시도해 보기 바란다. 기존에 있던 크렘 프레슈 또는 발효 버터밀크 2큰술과 헤비 크림 2컵을 섞어 깨끗한 유리병에 넣고 뚜껑을 헐겁게 닫거나 열어 둔 상태로 따뜻한 곳에 둔다. 이틀 정도 또는 내용물이 단단하게 뭉칠 때까지 그대로 두면 끝이다. 이렇게 완성된 크렘 프레슈로 **블루치즈 드레싱, 닭 초절임, 새콤한 휘핑크림**을 만들어 보자. 남은 크렘 프레슈는 뚜껑을 닫아 냉장 보관하면 최대 2주까지 두고 쓸 수 있다. 마지막에 몇 숟가락 정도 남겨서 새로 크렘 프레슈를 만들 때 활용하면 된다.

반죽에 산이 들어가면 지방과 매우 흡사하게 반죽을 부드럽게 만드는 기능을 한다. 발효된 유제품이나 (알칼리화되지 않은) 천연 코코아 파우더, 식초 등 어떠한 형태로든 산성 재료를 반죽에 첨가하면 글루텐 그물의 형성이 저해되고 반죽은 더 부드러워진다. 따라서 쫄깃한 반죽을 만들 때는 산성 재료를 최대한 마지막에 첨가해야 한다.

산은 육류와 생선의 단백질을 연하게 만들었다가 다시 단단하게 만든다. 나선형으로 꼬인 단백질 사슬이 서로 겹쳐져 다발을 이루고 있다가 산과 접촉하면 겹쳐진 부분이 풀린다. 이를 **변성**이라고 한다. 변성된 단백질은 다시 서로 결합하고 **응고**되어 단단한 결합을 형성한다. 단백질에 열을 가한 경우에도 동일한 반응이 나타나므로, 때때로 육류나 생선이 산과 반응하는 것을 '익는다'라고 표현하기도 한다.

다시 응고되어 구축된 네트워크는 변성 이전에 근섬유에 결합해 있던 수분을 붙들어서 촉촉하고 부드러운 음식이 된다. 그러나 이렇게 변성된 상태가 계속 이어지면, 즉 산성 물질에 계속해서 노출되면 단백질 네트워크도 계속 단단해지므로 단백질이 서로 강하게 결합하는 과정에서 수분이 바깥으로 빠져나가 질기고 건조한 음식이 된다. 과조리한 스테이크처럼 말이다.

단백질의 상태 변화

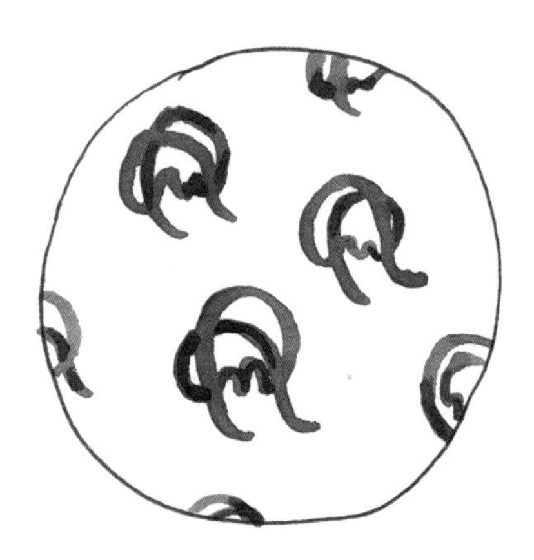

산이나 열이 없을 때
단백질 사슬의 형태

산과 만나면 단백질 사슬이
풀어지고 해체된다.

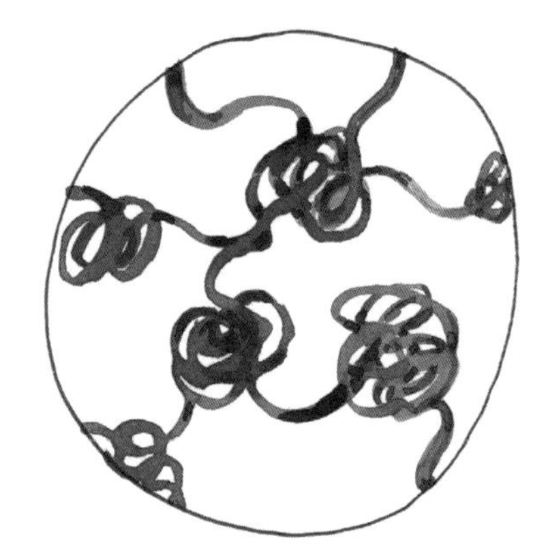

다시 연결되어 응고된
단백질 사슬의 형태

생선회에 산을 첨가해 타르타르를 만들면 생선 맛이 선명하게 느껴지지만, 시간이 지나면 쫄깃한 세비체[1]로 바뀐다는 사실을 떠올리면 이해하기 쉬울 것이다. 따라서 생선은 요리하기 전 산성 재료에 수 분 넘게 재워 두면 안 된다. 얇은 흰살 생선을 튀기기 직전에 버터밀크와 밀가루를 묻히고, 농어를 꼬치 요리로 만들거나 굽기 직전에 레몬즙이 들어간 카레 가루를 묻히면 촉촉한 식감과 함께 기분 좋게 톡 쏘는 신맛을 느낄 수 있다.

고기 중 질긴 부위를 형성하는 주요 구조 단백질인 **콜라겐**도 산과 만나면 분해된다. 찜 요리나 스튜를 만들 때는 콜라겐이 빨리 분해될수록 고기가 더 촉촉하고 육즙이 풍부해지므로 요리를 시작할 때 와인이나 토마토를 넣는 것이 좋다.

1 ceviche. 해산물을 회처럼 얇게 잘라 레몬즙이나 라임즙에 재운 후 차갑게 먹는 페루 요리.

산성 물질 만들기

소금이나 지방은 각각 특정한 재료를 사용함으로써 요리에 첨가할 수 있으나, 음식에 산성 물질을 포함시키기 위해서는 두 가지 간단한 방법을 활용할 수 있다. 하나는 단시간에 가능한 방법이고, 다른 하나는 시간이 좀 걸린다.

단시간에 가능한 방법은? 음식을 갈색으로 익히는 것이다. 앞서 소금과 지방을 설명하면서 음식의 표면 온도가 끓는점을 넘어서면 갈색으로 변한다고 이야기했다. 식빵이나 얇게 자른 빵을 토스터에 넣고 구울 때, 오븐에서 쿠키와 케이크를 구울 때, 그릴에 고기, 생선, 채소를 올려서 구울 때, 또는 냄비에서 캐러멜을 만들 때 모두 이와 같은 반응을 볼 수 있다. 당 성분이 갈색으로 변하는 화학 반응을 **캐러멜화**라고 한다. 육류와 해산물, 채소, 빵과 과자 등이 갈색으로 변하는 화학 반응은 이를 발견한 과학자 루이 카미유 마이야르의 이름을 따서 **마이야르**(Maillard) **반응**이라고 한다. 뒤에 '열'을 다룬 부분에서 맛을 증대시키는 이 미스터리한 화학 반응에 대해 더 자세히 알아보기로 하자.

캐러멜화와 마이야르 반응은 전혀 다른 과정으로 진행되지만, 몇 가지 비슷한 점이 있다. 신맛이 나는 물질과 함께 음식 맛을 좋게 하는 여러 가지 분자가 부산물로 만들어진다는 것이다. 캐러멜화의 경우 하나의 당 분자가 수백 가지 각기 다른 새로운 결합물이 되는데, 그중에 산도 포함되어 있다. 그러므로 설탕을 가열해 만든 캐러멜은 설탕과 무게가 같아도 단맛은 같지 않으며 산성도 캐러멜이 더 강하다! 탄수화물과 단백질에서도 마이야르 반응을 통해 비슷한 산성 화합물이 만들어진다.

음식이 갈색으로 변하면 시큼한 맛을 포함한 여러 가지 새로운 맛이 생겨나므로 산성 물질을 만들기 위한 목적으로만 음식을 갈색으로 만드는 경우는 드물지만, 이 방법은 분명 신맛을 더하는 용도로 유익하게 활용할 수 있다. 같은 양의 설탕을 넣어 만든 두 아이스크림을 맛본다고 생각해 보자. 하나는 유제품 재료에 설탕을 바로 첨가했고 다른 하나는 설탕 중 일부를 다크 캐러멜로 만든 다음 다른 재료와 섞었다. 이렇게 캐러멜화된 설탕이 들어간 아이스크림은 덜 달고 훨씬 더 복합적인 맛이 난다. 중심이 되는 맛인 단맛이 신맛과 대비를 이루기 때문이다.

이보다 시간은 훨씬 더 오래 걸리지만 주방에서 산성 물질을 직접 만들 수 있는 또 다른 방법은 **발효**다. 발효가 진행되면 맛을 향상시키는 각종 반응이 일어나면서 동시에 효모나 균, 혹은 이 두 가지 모두에 의해 탄수화물이 이산화탄소와 산성 물질, 알코올 성분으로 바뀌는 현상이 나타난다. 와인, 맥주, 사과주는 물론이거니와 자연적으로 팽창된 빵과 모든 피클, 염장육, 발효 유제품, 심지어 커피와 초콜릿까지 발효 식품에 속한다.

내가 지금까지 맛본 빵들 중에서 가장 맛있었던 건 자연적으로 팽창해 부풀도록 천천히 발효시킨 몇 가지 빵들이었다. 샌프란시스코 '타르틴 베이커리'의 채드 로버트슨은 반죽이 부풀도록 30시간 이상 두었다가 빵을 만든다. "발효가 천천히 진행되면 맛이 좋아지는데, 나중에 굽는 단계에서 캐러멜화될 당이 더 많이 생긴다는 점이 그 이유 중 하나예요. 이렇게 만든 빵은 더 빠른 속도로 노릇해지고 껍질 색도 더 진하죠." 채드의 설명이다. 살짝 신맛이 나는 채드의 빵에서는 복합적인 맛을 느낄 수 있다. 그래서 먹을 때마다 "세상에서 가장 맛있는 빵이야!"라고 외치게 된다. 여러분도 시간이 허락할 때 반죽을 자연 발효시켜서 한번 구워 보기 바란다. 환상적인 결과물을 보게 될 것이다. 특히 채드처럼 반죽에서 캐러멜화와 마이야르 반응이 모두 일어나도록 하면 겹겹이 새콤달콤한 맛을 느낄 수 있다.

산 활용하기

훌륭한 요리를 만드는 가장 좋은 방법은 산을 사용하는 요령에도 똑같이 적용된다. 바로 여러 번 반복해서 맛보기다. 산은 소금과 거의 비슷한 방식으로 첨가하면 된다. 신맛이 너무 도드라지면 산성 재료가 과도하게 들어간 것이고, 선명하고 깔끔한 신맛이 느껴지면 균형이 잘 잡힌 것으로 볼 수 있다.

신맛 덧입히기

음식에 산성 재료를 넣고자 한다면 어떤 종류를 어떻게 조합해서 사용할지 그리고 언제 첨가할지 생각해야 한다. 소금과 지방처럼 산성 재료 역시 한 가지 요리에 여러 종류를 함께 사용하면 맛이 더 좋아진다. 이를 **신맛 덧입히기**라 부르기로 하자.

요리용 산

산도 소금처럼 음식의 속에서부터 맛이 밸 수 있도록 사용해야 한다. 요리를 내기 직전에 레몬즙을 짜 넣거나 염소젖 치즈, 피클을 올릴 때처럼 음식 맛을 딱 맞게 조절하는 최후의 수단으로 산을 활용할 때도 있지만, 요리를 시작할 때부터 산이 들어가야 하는 경우도 있다.

나는 이런 산을 **요리용 산**이라고 부른다. 파스타 소스에 들어가는 토마토, **가금육으로 만드는 라구**에 들어가는 화이트 와인, 칠리에 넣는 맥주, **닭 초절임**에 넣는 식초, **오향분 글레이즈 치킨**에 넣는 미림[1]이 바로 그러한 산에 해당한다.

1 味醂. 찐 찹쌀에 소주와 누룩을 섞어 발효시킨 다음 그 재강을 짜낸, 맛이 단 일본 술. 보통 맛술이라고 부른다.

신맛을 내는 재료들

요리용 산은 맛이 부드럽고 천천히 시간을 들여 재료가 익는 동안 요리의 맛을 서서히 변화시키는 특징이 있다. 그 영향은 굉장히 미묘해서 정말로 첨가되었는지 알아채지 못할 수도 있지만 요리용 산이 들어가야 할 음식에 빠지면 그 차이가 명확히 느껴진다. 나도 이란에서 어느 먼 친척의 요청으로 부르고뉴 와인을 넣지 않고 비프 부르기뇽(beef bourguignon)을 만들어 보려다가 이러한 사실을 뼈아프게 깨달았다. 이란에서는 와인을 쉽게 구할 수가 없어서 어쩔 수 없이 제외했지만, 그 중요한 재료가 없으니 어떻게 해도 제대로 된 맛이 나지 않았다.

파와 양파를 산성 재료에 담가서 매운맛을 부드럽게 한 다음 사용할 때는 산이 조용히 제 기능을 발휘할 수 있도록 충분한 시간을 주어야 한다. '부드럽게 한다'라는 뜻의 라틴어에서 유래한 영어 단어 Macerate(침연)는 주로 식초나 감귤류 과일의 즙과 같은 산성 물질에 재료를 담가서 진하고 강한 특성을 약화시키는 것을 의미한다. 이때 파나 양파는 산성 용액에 푹 잠기지 않아도 되며 겉에 살짝 묻히는 정도로도 충분하다. 샐러드 드레싱에 식초를 두 숟가락 넣을 계획이라면 그만큼의 양을 파에다 먼저 묻혀서 15~20분간 두었다가 거기에 오일과 다른 재료를 넣고 완성하면 된다. 그 정도만으로도 식사 후 입에서 파 냄새가 진동하는 상황을 충분히 막을 수 있다.

찜이나 스튜를 만들 때 산성 물질을 처음부터 첨가하면 시간과 열이라는 요소와 결합해 자칫 맛이 너무 강해질 수 있는 요리의 특징을 적정선으로 잡아 주는 놀라운 결과를 얻을 수 있는데, 이 기능은 다른 무엇으로도 대체할 수 없다. **고추 넣은 돼지고기찜**에 토마토와 맥주를 깜박하면 양파와 마늘의 달짝지근한 향이 요리 전체를 지배한다. 노릇하게 익힌 음식에 더해지는 단맛도 산으로 중화할 필요가 있다. 따라서 리소토나 폭찹, 생선 필레 요리를 만들거나 여러 재료를 한참 졸여서 소스를 만들 때도 팬에 와인을 붓고 데글레이즈하면 단맛이 과해지는 일을 막을 수 있다.

요리를 마무리하는 산

산은 요리를 마무리하는 재료로도 쓸 수 있다. 소금은 식탁에서 아무리 많이 뿌려도 속부터 간이 배지 않은 음식을 되살리지 못하지만, 산은 완성 직전에 첨가하면 음식이 확 살아날 때가 많다. 요리를 마무리하는 산이 매우 중요한 이유도 이런 점 때문이다. 신선한 감귤류 과일의 즙은 방향성 분자가 시간이 가면서 휘발되며, 휘발된 후에는 맛이 달라질 뿐만 아니라 특유의 산뜻함이 다소 사라지므로 갓 짜낸 즙을 첨가하는 것이 가장 좋다. 또한 감귤류 과일의 즙과 식초에 열을 가하면 각각 풍미가 줄어들고 약해지므로 특유의 향과 맛을 그대로 느끼고 싶다면 음식을 내기 직전에 첨가해야 한다.

한 가지 요리에 여러 가지 산성 재료를 마무리 단계에 첨가해서 요리 전체의 풍미를 높이는 방법도 있다. 샐러드 드레싱으로 쓰기에 발사믹 식초만으로 신맛이 덜하다 싶을 때는 레드 와인 식초를 섞어 보자. 식초에 감귤류 과일의 즙을 섞어도 마찬가지로 맛이 한층 선명해진다. 같은 방식으로 화이트 와인 식초에 블러드 오렌지즙을 섞어서 만든 **시트러스 비네그레트 드레싱**은 **아보카도 샐러드**와 잘 어울린다. 식초의 강한 신맛이 아보카도의 깊은 맛과 균형을 이루고 생생한 오렌지즙의 향이 더 풍성한 맛을 이끌어 낸다.

가능하면 요리에 첨가하는 산과 요리를 마무리하는 산은 같은 종류로 사용하자. 예를 들어 토마토를 넣고 끓인 돼지고기 요리에는 마지막에 토마토 살사를 한 숟가락 올리고, 리소토에는 데글레이즈할 때 사용한 와인과 같은 와인을 마지막에 살짝 뿌려서 마무리한다. 이렇게 신맛을 덧입히면 같은 재료를 다양하게 즐길 수 있다.

신맛 재료를 한 가지만 사용하면 원하는 맛을 내지 못하는 경우도 있다. 그리스식 샐러드도 페타 치즈와 토마토, 올리브, 레드 와인 식초가 제각기 다른 신맛을 낸다. 앞에서 언급한 토마토를 넣고 끓인 돼지고기 요리에 선명하고 기분 좋은 신맛이 서로 조화를 이루도록 하려면 퀘소 프레스코(queso fresco) 치즈와 사워크림을 포함한 다양한 산성 재료를 함께 사용하고 **브라이트 양배추 샐러드**에는 식초와 라임즙을 모두 뿌리자.

시저 샐러드에도 같은 원리가 적용된다. 산성 재료인 파르미지아노 치즈와 우스터소스가 드레싱에 짠맛, 감칠맛과 함께 톡 쏘는 맛을 더한다. 드레싱이 크리미하고 짠맛이 강할 경우, 와인 식초와 레몬즙을 첨가하면 맛의 균형을 더할 수 있다. 계속 맛을 보면서 이 네 가지 산성 재료를 조금씩 더해 딱 알맞은 맛이 되도록 조절해 보자.

봉골레 파스타

(신 맛 덧입히는 법)

백합 & 바지락(작은 것)

양파 뿌리부분

1. 프라이팬에 올리브유 조금, 양파 뿌리부분, 파슬리를 넣고 가열한다. 여기에 새끼 대합조개를 한겹으로 깔고 ——

화이트 와인을 팬바닥 전체가 덮일 정도로 충분히 붓는다. 불을 높이고 팬뚜껑을 닫은 상태에서 「조개가 입을 벌릴 때까지」 "익힌다."

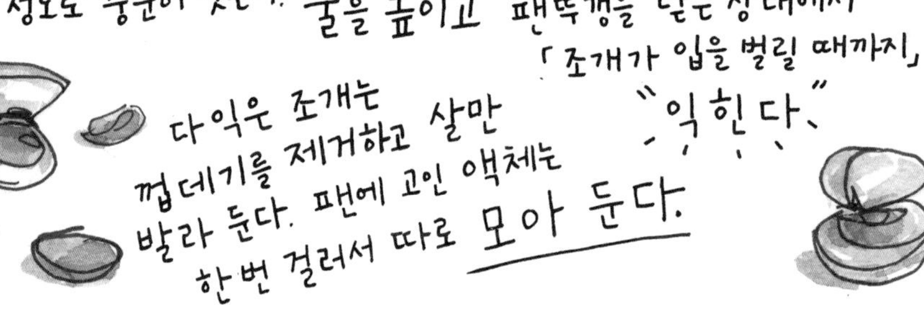

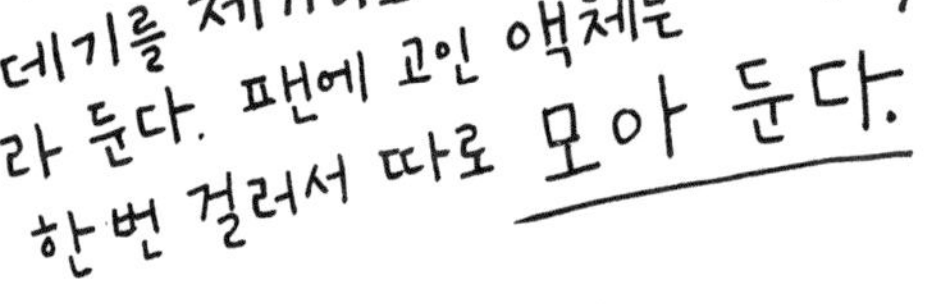

다 익은 조개는 껍데기를 제거하고 살만 발라 둔다. 팬에 고인 액체는 한번 걸러서 따로 모아 둔다.

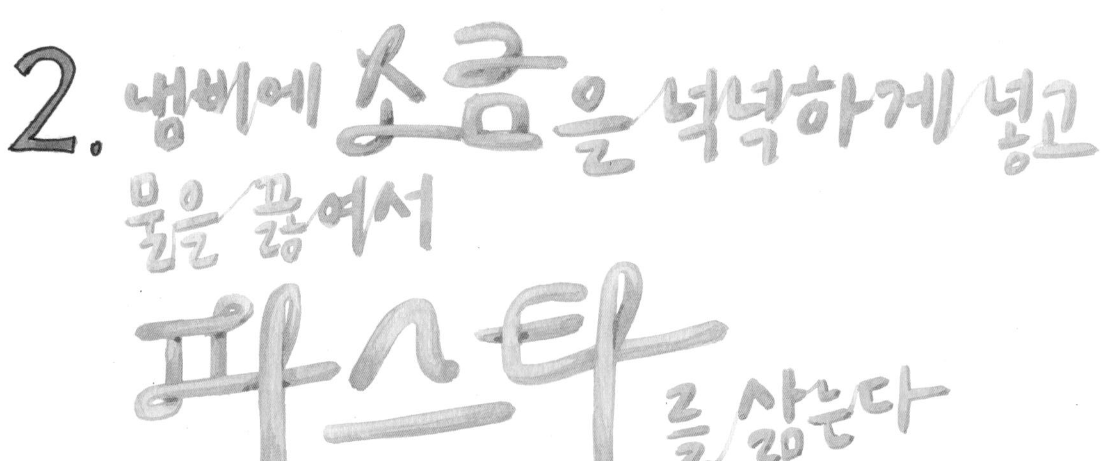

2. 냄비에 소금을 넉넉하게 넣고 물을 끓여서 파스타를 삶는다

3. 이제 화이트 와인 조개 소스를 만들 차례다.
프라이팬에 오일을 조금 넣고 잘게 썬 양파와 소금을 조금 넣은 뒤 양파가 부드러워질 때까지 익힌다. 여기에—
얇게 저민 마늘 1~2톨과 붉은 고춧가루를 더한다.
백합이나 바지락을 넣고 불을 높인 후, 앞서 새끼 대합조개를 익힐 때 나온 액체를 넣고 뚜껑을 덮는다.
조개가 입을 벌리면 곧바로 구멍 뚫린 국자를 이용해 앞서 모아 둔 새끼 대합조개살을 넣는다.
이대로 1분 더 가열한다.
4. 삶은 파스타를 넣고 간을 본다.
화이트 와인이나 레몬즙으로 신맛을 조절한다.
다시 간을 본다.
사워도우로 만든 빵 조각과 파르미-지아노 치즈로 신맛을 더하고 다시—
간을 본다. 이제 먹으면 된다.
CHEAP BOTTLE LEFT OVER from A PARTY

봉골레 파스타를 만들면 신맛 덧입히기를 연습할 수 있다. 나는 두 가지 대합을 넣어서 만드는 방식을 좋아한다. 즉 강렬한 짠맛을 더해 줄 새끼 대합조개, 그리고 면과 함께 접시에 담아 살을 바로 발라 먹기에 부담이 없는 자그마한 백합이나 바지락을 함께 사용한다. 먼저 냄비에 물을 담고 소금을 넣어 팔팔 끓이는 동안 조개를 씻고 양파를 잘게 썬다. 이때 양파 뿌리 부분을 버리지 말고 남겨 둔다. 큰 프라이팬을 꺼내고 올리브유를 약간 넣은 다음 중불에서 가열한다. 여기에 양파 뿌리와 파슬리 줄기 몇 개 그리고 새끼 대합조개를 팬에 한 겹으로 깔리도록 넣고 바닥이 모두 덮일 만큼 와인을 붓는다. 그리고 불을 높인 후 뚜껑을 덮는다. 조개가 입을 벌릴 때까지 2~3분 정도 그대로 익힌다. 다 익은 조개는 젓가락으로 건져서 볼에 담는다. 끝까지 입을 벌리지 않는 조개는 압박을 좀 가할 필요가 있다. 너무 오랫동안 입을 꼭 다물고 있으면 젓가락으로 톡톡 건드려 보자.

남은 대합조개도 같은 방식으로 익힌다. 필요하면 와인을 더 넣어서 팬 바닥이 다 덮일 정도가 되게 한다. 조개를 팬에서 모두 건진 다음에는 팬에 남은 액체를 구멍이 촘촘한 체나 면포 위에 부어서 한 번 걸러낸다. 이렇게 만든 조개 삶은 물은 귀중한 재료일 뿐만 아니라, 봉골레 파스타에 신맛을 더하는 주재료가 된다. 삶은 조개가 손으로 만질 수 있을 정도로 적당히 식으면 칼로 가운데를 갈라 살만 발라서 조개 삶은 물에 담가 둔다.

프라이팬을 헹구고 다시 중불에 올린다. 바닥이 덮일 정도로만 오일을 넣고 끓기 시작하면 잘게 썬 양파를 넣고 소금을 약간 더한다. 한번씩 저으면서 양파가 부드러워질 때까지 익힌다. 색이 약간 진해져도 상관없지만, 탈 때까지 익히면 안 된다. 필요하면 물을 조금 넣어도 된다. 이제 냄비에 끓인 물이 바닷물처럼 충분히 짠지 간을 본 다음 링귀니 파스타를 넣고 알 덴테 직전까지 6~7분 정도 삶는다.

양파를 볶던 팬에 마늘 1~2톨을 얇게 저며서 넣고 붉은 고춧가루도 넣는다. 재료의 색이 변하지 않을 정도로 지글지글 익히면서 마늘 향이 **피어오르게** 한다. 여기에 백합이나 바지락을 넣고 센불로 높인다. 그리고 따로 보관한 조개 삶은 물을 붓고 뚜껑을 덮는다. 조개가 입

을 벌리자마자 구멍 뚫린 국자에 모아 둔 새끼 대합조개 살도 넣는다. 1분 정도 더 끓인 뒤 간을 보고 화이트 와인이나 갓 짜낸 레몬즙으로 신맛을 조절한다.

파스타가 아직 알 덴테까지 익지 않았을 때 불을 끄고 면만 건져서 조개를 익히고 있던 팬에 바로 넣는다. 면 삶은 물은 1컵 정도 남겨 둔다. 팬을 돌려 가면서 파스타가 알 덴테가 될 때까지 계속 익힌다. 이렇게 하면 불을 끌 때쯤에는 조개가 익으면서 나온 물의 짭짤한 맛이 면에 모두 밴다. 다시 간을 보고 짠맛이나 신맛을 조절하고 매운맛도 조절한다. 면이 메말라 보이면 면 삶은 물을 조금 넣자.

이제 (지방을 이용한) 마법 같은 마무리만 남았다. 버터를 한 덩어리 넣어서 크리미한 맛과 풍미를 한층 더 끌어올린다. 곧이어 잘게 다진 파슬리를 넣고 파르미지아노 치즈는 바로 갈아서 더한다. 해산물 파스타에 대체 누가 치즈를 넣느냐고 기겁하는 사람도 있겠지만, 나는 토스카나의 어느 유명한 해산물 레스토랑에서 일하던 요리사로부터 이 방법을 배웠다. 사실 나는 평생 조개를 굉장히 싫어했는데, 이곳 파스타는 그런 입맛을 극복하게 할 만큼 끝내주게 맛있었다. 치즈에서 나오는 소금, 지방, 산의 맛과 감칠맛이 한번 먹으면 절대 잊지 못하는 그곳 파스타의 비결이었다. 마지막으로 사워도우로 만든 빵 조각을 구워서 곁들이는 것으로 요리에 신맛과 바삭함을 더한다. 구운 빵 조각은 첫입에는 바삭함을 느끼게 하고 시간이 갈수록 조개 향 가득한 국물을 흡수해 먹을 때마다 작은 폭탄처럼 맛이 팡팡 터지는 놀라움을 선사한다.

새끼 대합조개

양념과 감칠맛

세르반테스는 "허기가 최고의 소스"라고 생각했을지 몰라도, 나는 최고의 소스란 늘 소스 그 자체라고 생각한다. 소스 하나로 요리가 완벽해질 수 있기 때문이다. 소스와 대부분의 양념은 음식에 신맛과 짠맛을 더하는 원천이 되므로 음식 맛을 향상시키는 확실한 방법이라 할 수 있다. 게다가 소스와 양념은 **감칠맛**을 더하는 훌륭한 재료가 되는 경우가 많다. 일본어로 우마미(umami, 旨味)라고 하는 감칠맛은 단맛과 신맛, 짠맛, 쓴맛과 함께 우리가 느낄 수 있는 다섯 번째 맛으로 영어 단어에서 가장 의미가 비슷한 표현은 'deliciousness(좋은 맛)' 또는 'savoriness(풍미 있는 맛)'이다.

사실 감칠맛은 **글루타메이트**라는 맛 성분에서 비롯된다. 가장 잘 알려진 글루타메이트는 MSG로 알려진 글루탐산나트륨(monosodium glutamate)이며 흰색 분말 형태로 주로 중국 요리점에서 음식 맛을 더할 목적으로 많이 쓴다. MSG는 화학조미료지만 글루타메이트가 함유된 자연식품도 많다. 글루타메이트를 가장 많이 함유한 자연식품은 파르미지아노 치즈와 토마토케첩이다. 따라서 파르미지아노 치즈를 갈아 넣는 것만으로도 그냥 맛있는 파스타와 훌륭한 파스타로 나뉠 수 있다. (**봉골레 파스타도 포함된다.**) 햄버거와 감자튀김을 먹을 때 무조건 케첩을 찾는 사람들이 있는데, 단순히 케첩의 단맛과 짠맛, 시큼한 맛 때문에 그런 것은 아니다. 작은 케첩 봉지에 담긴 감칠맛이 뭐라 설명할 수 없지만 음식을 훨씬 더 맛있게 느끼도록 한다.

요리에 진한 감칠맛을 더하는 재료는 동시에 짠맛과 신맛을 더하는 경우도 많다. 그러므로 기왕이면 짠맛, 신맛과 함께 감칠맛을 조금 더할 수 있는 재료를 활용하면 추가적인 노력 없이도 음식 맛을 더 향상시킬 수 있다.

단, 아주 오래전 내 폴렌타에 소금을 한 움큼 집어넣어 나를 놀라게 했던 요리사 칼 피터넬의 조언을 기억하자. 그는 자칫하면 '투마미(toomami)'가 될 수도 있다고 이야기한 적이 있다. 감칠맛을 극대화하려고 베이컨과 토마토, 피시 소스, 치즈, 버섯을 요리 하나에 모두 때려 넣고 싶더라도 참아야 한다는 뜻이다. 감칠맛은 아주 조금만 느껴져도 충분한 효과를 얻을 수 있다.

감칠맛을 내는 재료

1. 토마토, 토마토 제품 (농축된 제품일수록 감칠맛도 더 진하다.)
2. 버섯 3. 육류, 고기육수, 특히 절인 고기와 베이컨 4. 치즈
5. 생선, 생선육수, 특히 안초비 같은 소형 어종 6. 해조류
7. 효모강화 성분, 마마이트와 같은 스프레드, 영양효모 8. 간장 9. 피시 소스

신맛과 단맛의 균형 맞추기

정말 맛있는 복숭아를 한입 베어 물었을 때를 떠올려 보자. 달콤하고 촉촉한 즙이 입안 가득 느껴지고, 적당히 단단하면서도 탱글탱글한 식감을 느낄 수 있다.

이게 전부일까? 신맛도 느껴진다. 이 새콤한 맛이 없었다면 그저 달기만 했으리라.

페이스트리를 만드는 제빵사는 바로 이 완벽한 조화를 최대한 모방해야 가장 맛있는 결과물이 나온다는 사실을 잘 알고 있다. 달콤함과 새콤함이 균형을 이룬 자연식품만큼 훌륭한 표본은 없다. 같은 이유로 애플 파이에 들어가는 사과는 부사나 허니크리스프(Honeycrisp), 시에라 뷰티(Sierra Beauty) 같은 시큼한 품종이 최상의 재료로 여겨진다. 초콜릿과 커피를 완벽한 디저트의 기본 구성이라 하는 이유는 쓴맛과 신맛, 풍부한 감칠맛을 느낄 수 있기 때문이다. 이 두 재료에 단맛이 가미되면 미각이 활성화되어 더 다양한 맛을 느끼게 된다. 캐러멜도 마찬가지다. 소금이 첨가되면 먹을 때마다 다섯 가지 기본적인 미각이 확 살아난다. **솔티드 캐러멜 소스**의 인기가 결코 시들해진 적이 없는 것도 이 때문이다. 아마 앞으로도 그 인기는 시들지 않을 것이다.

디저트뿐만 아니라 모든 음식은 단맛과 신맛이 균형을 이루어야 한다. 단맛이 가득한 구운 비트에 레드 와인 식초를 살짝 뿌리면 사람에 따라 꺼리기도 하는 비트 특유의 흙냄새와 대조를 이루면서 맛이 더욱 좋아진다. 구운 비트를 올리브유와 소금으로 양념하면 죽을 때까지 비트는 입에 대지 않겠다고 선언한 사람마저 마음을 바꿀 만큼 맛이 확 달라진다. 당근, 콜리플라워, 브로콜리 등 노릇하게 익히면 단맛이 생기는 재료는 전부 레몬즙이나 식초를 살짝 더하면 더 맛있어진다. 약간의 첨가가 길고 오래가는 효과를 발휘한다.

전체 식사에서 신맛 균형 찾기

가끔 특별한 저녁 만찬을 준비하기 위해 앨리스 워터스와 출장을 갈 때가 있다. 밖에 눈이 소복이 쌓인 어느 겨울날 워싱턴 D.C.의 추운 날씨에 어울리는 풍성한 식사를 준비했던 나는 신맛에 관한 큰 깨달음을 얻었다. 그날 우리는 입맛을 돋울 마지막 코스로 부드러운 비네그레트 드레싱을 끼얹은 상추 샐러드를 가정식처럼 큰 볼에 듬뿍 담아서 내기로 했다. 샐러드를 홀에 내보낸 뒤, 주방에서 일하던 모든 요리사는 녹초가 된 상태로 멍하니 서서 남은 샐러드를 손가락으로 집어먹었다. 건조하고 덥고 비좁은 주방에서 아주 긴 하루를 보낸 우리에게 그보다 맛있는 음식은 없는 것처럼 느껴졌다. 다들 신선한 채소와 완벽한 드레싱에 감탄하고 있는데, 앨리스가 들어와 드레싱에 신맛이 더 났으면 좋았을 것이라고 이야기했다.

우리는 일제히 당황했다! 조금 전까지 코를 박고 마구 퍼먹을 만큼 맛있었는데 간이 맞지 않다니? 모두 앨리스가 잘못 생각했음을 인정하게 하려고 했다.

하지만 앨리스는 꿈쩍도 하지 않았다. 그리고 우리가 테이블에 함께 앉아서 식사하지 않았기 때문에 그런 말을 하는 것이라고 지적했다. 구운 양고기에 껍질을 제거한 콩을 곁들이고 달달한 소스를 끼얹은 요리에 문제의 상추 샐러드가 함께 나왔고, 이어 크리미한 라자냐와 진한 조개 수프가 나온 식사였다. 앨리스의 말은 이런 구성에서 샐러드가 제 역할을 하지 못했다는 의미였다. 즉 진하고 빽빽한 음식을 먹은 뒤에 샐러드가 입맛을 편안하게 가라앉히고 정리하는 기능을 하지 못했고, 이 모든 강렬한 맛 속에서 존재감을 드러내려면 신맛이 더 두드러져야 했다는 것이다.

앨리스의 말이 옳았다. (사실 그런 경우가 아주 많다.) 가장 맛있는 샐러드를 만들려면 어떻게 해야 식사 전체와 잘 어울릴 수 있는지 생각해야 한다. 요리마다 소금, 지방, 산이 균형을 이루도록 하되 큰 그림도 고려해야 한다. 전체적인 균형이 맞아야 하는 것이다. 캐러멜화된 양파 타르트를 만들면 타르트 껍질이나 양파에 버터가 듬뿍 들어간다는 점을 감안해서 머스터드 비네그레트 드레싱처럼 맛이 선명한 드레싱을 뿌린 상추 샐러드를 함께 내는 것이 좋다. 또 미국 남부의 바비큐 스타일로 장시간 푹 익힌 돼지고기 목살 요리에는 생생하고 시큼하면서 맛이 도드라지는 양배추 샐러드가 어울린다. 코코넛밀크로 되직하게 끓인 진한 태국식 카레는 얇게 깎은 아삭한 오이 샐러드 다음에 나가는 것이 좋다. 식사 때마다 이런 균형을 어떻게 살릴 수 있을지 생각해 보기 바란다. 191쪽 **무엇을 만들까** 부분에 균형 잡힌 메뉴를 구성하는 팁이 나와 있다.

소금, 지방, 산을 이용해 즉흥적으로 요리하기

가장 좋아하는 음식을 아무거나 하나 떠올려 보자. 토르티야 수프나 시저 샐러드, 반미 샌드위치, 마르게리타 피자, 혹은 페타 치즈와 오이를 넣은 라바시 샌드위치까지, 무엇이건 아마도 소금과 지방, 산의 균형이 딱 맞는 음식일 것이다. 소금, 지방, 산 중에는 맛있는 요리에 꼭 필요하지만 인체에서 직접 만들어 내지 못하는 성분도 있다. 따라서 우리의 미각은 이를 채울 수 있도록 진화해 왔고 그 결과 어느 문화권이든 사람들은 소금과 지방, 산이 모두 균형을 이룬 음식에 공통적으로 끌린다.

소금, 지방, 산은 그 자체로 특정 요리나 한 끼 식사 전체의 틀을 잡을 수도 있다. 어떤 요리를 할까 고민할 때 우선 이 세 가지를 떠올리고 각각 어떤 재료를 선택해서 언제, 어떻게 사용할지부터 생각하자. 그러한 계획을 체계적으로 정리하면 레시피가 된다. 예를 들어 어제 저녁에 먹고 남은 로스트 치킨으로 치킨 샐러드 샌드위치를 만들고 싶으면 먼저 인도, 시칠리아, 정통 미국식 샌드위치 중 어느 쪽이 더 끌리는지 생각해 보자. 다음으로 **세계의 신맛**(110쪽)을 참고해 가장 잘 어울리는 소금, 지방, 산을 고른다. 인도 음식의 특징을 살리려면 진한 요구르트와 고수, 라임즙에 담가 매운맛을 뺀 양파와 소금, 카레 가루를 약간 준비한다. 시칠리아 팔레르모 해안에서 보낸 저녁을 다시 느끼고 싶다면 레몬즙과 레몬 제스트, 레드 와인 식초에 담가 매운맛을 뺀 양파, 아이올리 소스, 회향 씨앗, 천일염이 필요하다. 남은 치킨에 베이컨과 블루치즈를 듬뿍 넣고 얇게 썬 삶은 달걀과 아보카도를 더하면 콥 샐러드[1]와 비슷한 치킨 샐러드 샌드위치를 만들 수 있다. 이렇게 만든 속 재료에 레드 와인 비네그레트를 뿌린 후 빵에 끼우기만 하면 된다.

즉흥적으로 요리를 하기가 두렵다면 천천히 시작하면 된다. 이 책에 나온 레시피를 그대로 따라하면서 각 요리의 기본적인 구성과 조리법을 충분히 익힌 후 한 번에 한 가지 요소를 바꿔 보자. 가령 **브라이트 양배추 샐러드**를 재료와 조리법을 외울 정도로 충분히 만들어 본 다음에 지방과 산을 원하는 대로 바꿔 보자. 올리브유 대신 마요네즈를 넣으면 정통 미국 남부식이 되고 레드 와인 식초 대신 청주 식초를 사용하면 아시아 요리가 된다.

세 가지 요소가 각각 지닌 강점을 활용하자. 즉 맛을 강화하는 소금, 맛을 전달하는 지방, 그리고 맛의 균형을 바로잡는 산의 기능이 제대로 발휘되도록 하자. 이 세 가지가 요리마다 얼마나 큰 영향을 주는지 잘 기억하고 정확한 시점에 속에서부터 맛이 배어나올 수 있도록 첨가한다. 콩을 삶을 때 소금은 일찍, 산은 마지막에 넣어야 한다. 푹 끓여서 만드는 고기 요리는 미리 고기를 양념하되 산은 냄비를 불에 올려서 익힐 때 첨가한다. 그리고 진한 맛이 우러난 뒤에는 요리를 마무리하는 산을 첨가해서

1 1937년 미국 할리우드에 있는 '브라운 더비(Brown Derby)'라는 레스토랑의 오너 셰프 로버트 하워드 콥(Robert Howard Cobb)이 바쁜 저녁 시간 주방에서 사용하고 남은 재료를 작게 썰어 만들어 먹던 것에서 시작된 샐러드.

묵직함을 조금 덜어 낸다.

여러분이 직접 만든 요리든 다른 사람이 만든 요리든 소금, 지방, 산이 조화를 이루도록 하면 더 맛있게 즐길 수 있다. 타코 음식점에 갔다가 음식이 영 맛이 없으면 사워크림과 과카몰레, 피클, 살사를 좀 달라고 요청하자. 자주 가던 샐러드 바에 어떤 드레싱과 치즈, 피클이 있는지 유심히 살펴보면 새로운 맛을 만들어 낼 수 있다. 메마르고 아무 맛도 나지 않는 팔라펠 샌드위치[2]는 요구르트와 타히니[3], 후추 소스, 절인 양파로 맛을 살릴 수 있다.

소금, 지방, 산의 조화를 염두에 둔다면, 맛 좋은 음식을 앞에 놓고 절로 콧노래가 나오는 순간을 늘 만끽할 수 있을 것이다.

2 팔라펠(falafel)은 병아리콩을 다진 마늘이나 양파, 파슬리, 쿠민, 고수 씨, 고수 잎과 함께 갈아 반죽하고 둥글게 튀긴 중동 요리로, 피타 빵 사이에 각종 채소와 함께 넣으면 샌드위치가 된다.

3 tahini. 북아프리카, 그리스, 터키, 중동 지역에서 주로 쓰는 참깨 소스.

열

누군가 내게 요리사가 꿈이라며 한마디 조언을 부탁할 때마다 건네는 팁이 있다. 매일 요리하고, 무엇이든 세심하게 맛보고, 농산물 직판장에 가서 철마다 새로 나오는 식재료를 잘 익혀 두라는 것이다. 폴라 울퍼트, 제임스 비어드, 마르첼라 하잔, 제인 그릭슨이 쓴 책을 전부 읽어 보고, 즐겨 가는 레스토랑에서 수련할 기회를 찾아보라는 조언도 잊지 않는다. 그리고 요리를 학교에서 배우기보다는 수업료라고 생각하고 비용을 들여 전 세계를 여행하라고 이야기한다.

여행에서는 참 많은 것을 배울 수 있다. 특히 초보 요리사는 여행하면서 맛에 대한 기억을 수집하고 각 지역의 특색 있는 맛을 직접 느낄 수 있다. 더불어 음식과 얽힌 환경을 파악할 수 있다. 툴루즈에서 카술레를, 예루살렘에서는 후무스를 먹고, 교토에서는 라멘을, 리마에서 세비체를 먹어 보라. 정통 요리를 맛본 경험은 여행에서 돌아왔을 때 나에게 일종의 등대가 되어 준다. 그래서 레시피를 자유자재로 바꾸더라도 가장 기본이 되는 특성이 얼마나 달라지는지 정확히 아는 상태에서 변화를 시도할 수 있다.

그 외에도 여행에서 얻는 또 한 가지 귀중한 경험이 있다. 전 세계에서 활동하는 요리사들을 직접 보고, 배우고, 훌륭한 요리가 가진 보편적인 특징을 찾아낼 수 있다는 것이다.

나는 요리사로 일을 시작한 후 첫 4년은 '셰 파니스'에서만 요리를 배웠다. 그러다 더는 호기심을 참을 수 없는 시기가 찾아왔다. 내게 요리를 가르친 선배 요리사들이 그토록 감동을 받았다던 유럽의 주방에서 직접 일을 해 봐야겠다는 생각이 들었다. 토스카나에 도착해 베네데타, 다리오와 나란히 서서 요리를 처음 시작했을 때 너무 익숙한 기분이 들어서 오히려 놀란 기억이 있다. 훌륭한 요리사에게는 몇 가지 공통적인 습관이 있는 듯싶다. 베네데타는 양파를 볶을 때 무조건 노릇해질 때까지 익히고 로스트용 고기는 요리하기 전 실온에 꺼내 놓았는데, 미국에서 내게 요리를 가르친 요리사들도 다들 그렇게 했다. 튀김 요리에 쓸 기름을 가열할 때도 온도계로 적정 온도를 확인하는 대신 빵가루를 떨어뜨려 노르스름한 갈색으로 변하기까지 시간이 얼마나 걸리는지 확인했는데, 이것 역시 '셰 파니스'에서 비늘에 희미한 빛이 나는 생안초비로 튀김을 만들 때 배운 방식과 동일했다.

이런 사실들이 정말로 신기했던 나는 자주 가는 다른 음식점 요리사들도 습관이 같은지 확인해 보기로 했다. 피렌체에서 찾은 피자 전문 요리사 엔초의 가게에서는 마리나라, 마르게리타, 나폴리, 이렇게 딱 세 가지 피자만 판매했다. 엔초는 혼자 일하면서 단골이든 여행객이든 늘 똑같은 태도로 대했고, 저녁 내내 콧구멍만 한 주방에서 소박하게 피자를 만들었다. 그곳에는 장작을 태워서 열을 내는 오븐이 있었는데, 나는 엔초가 온도계를 사용해 내부 온도를 확인하는 모습을 단 한 번도 보지 못했다. 대신 엔초는 피자 상태를 보고 판단했다. 토핑이 다 익기 전에 빵이 타면 오븐 온도가 너무 높은 것이고, 다 구운 뒤에도 빵이 허연색을 띠면 얼른 장작을 몇 개 더 집어넣었다. 그리고 이런 방식은 분명히 효과가 있었다. 바삭하면서도 쫄깃한 빵과 살짝 녹은 치즈가 올라간 엔초의 피자보다 더 맛있는 피자는 없었다.

이탈리아를 떠난 후에도 나는 세계 여러 곳을 여행하면서 친구와 가족들을 만났다. 하루는 파키스탄에서 어느 늦은 밤 부산한 길거리를 돌아다니다 맛있는 차플리 케밥(chapli kebab)을 사 먹었다. 햄버거 패티와 비슷한, 군침 도는 파키스탄 요리다. 케밥 요리사는 고기에 고추와 생강, 고수를 넣어 맛을 내고 납작한 패티로 만든 다음 뜨겁게 가열된 기름에 집어넣었다. 그리고 지방이 지글지글 익는 상태를 보고 가로가 족히 1미터는 될 강철 팬 아래에서 활활 타는 불에 석탄을 더 집어넣을지 판단했다. 지글대던 지방의 거품이 가라앉고 고기 색이 한쪽에 놓여 있던 요리사의 컵에 담긴 찻잎처럼 짙게 변했을 때, 기름에서 건져 낸 고기를 따끈한 난 위에 올린 후 요구르트 소스를 뿌리고 내게 건넸다. 한 입 먹어 보니 천국이 따로 없었다.

그가 요리하는 모습을 보면서, 나는 '셰 파니스'에서 일을 시작한 첫날 저녁에 조곤조곤 부드러운 말투가 특징이던 요리사 에이미가 흡사 댄서처럼 우아하고 능숙하게 100인분의 스테이크를 굽던 광경이 떠올랐다. 에이미는 고기를 그릴에 올리자마자 지글지글 익지 않으면 금속 그릴 바로 아래쪽에 석탄을 더 끌어모아서 불길을 높였다. 반대로 고기가 너무 빨리 갈색으로 변하면 석탄을 넓게 펼쳐서 온도가 내려갈 때까지 기다렸다가 요리를 이어갔다. 에이미는 내게 스테이크를 속까지 골고루, 표면을 노릇하게 익히려면 불길을 어떻게 맞추어야 하는지 보여 주었다. 미디엄 레어가 될 정도로, 겉은 보기만 해도 침이 고일 만큼 충분하게, 스테이크 가장자리에 붙은 지방까지 완벽하게 익도록 불을 조절하는 방법은 가스레인지로 불의 세기를 조절하는 것과 전혀 다르지 않았다.

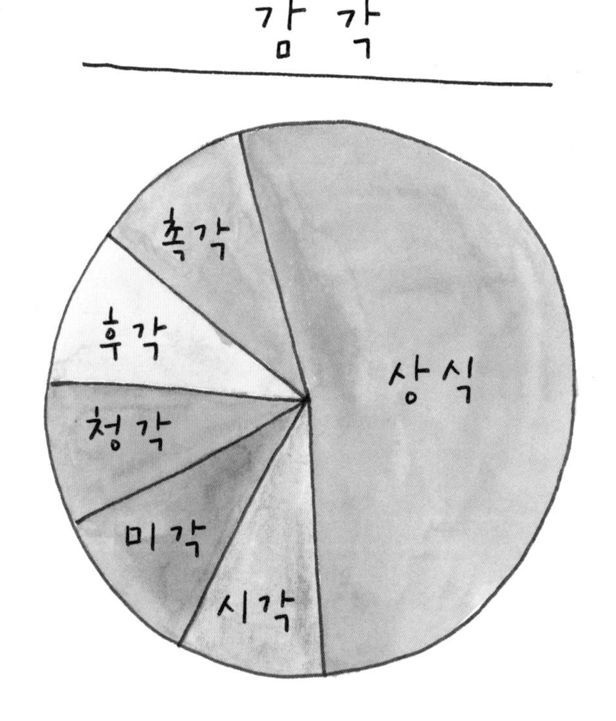

파키스탄을 떠나기 전에 나는 이란 카스피 해안에 있는 조부모님의 농장을 찾아갔다. 할머니는 온종일 주방을 지키는 분이셨다. 가족을 위해 요리하는 시간을 진심으로 사랑하면서도 중동 요리가 세계에서 가장 힘들고 고되다고 불만을 털어놓곤 하셨다. 할머니는 늘 허브를 일일이 잘게 썰어 산더미처럼 쌓아 두고, 상자째 사 둔 채소의 껍질을 깎고 손질하며, 불 앞에 몇 시간이고 서서 여러 가지 고기와 채소가 들어간 스튜의 일종인 코레쉬(khoresh)를 끓이셨다. 스튜 표면이 잔잔하지도 그렇다고 펄펄 끓지도 않으면서 일정하게 보글보글 거품이 올라오도록 계속 저으면서 지켜봐야 스튜가 완성됐다. 삼촌들은 필터 없는 담배를 피워 대며 이런저런 이야기를 하다가 저녁 식사 시간이 다가오면 불을 피우러 나갔다. 그리고 납작한 금속 꼬챙이에 닭고기와 양고기를 끼워 케밥을 만든 후 그릴에서 재빨리 구워 냈다. 불이 얼마나 뜨거운지 팔에 난 털이 그을릴 때도 많았다. 하루 종일 불 앞에 서 있어야 하는 요리가 있는 반면, 이렇게 몇 분이면 끝나는 요리도 있는 것이다. 그리고 둘 다 정말 맛있었다. 부드러운 코레쉬 스튜와 육즙이 가득하면서도 바싹 익은 케밥 중에 하나가 빠졌다면 그렇게 완벽한 식사가 되지 못했으리라.

여행을 다니면서 나는 어떤 나라든, 가정식을 하는 사람이든 전문 요리사든, 혹은 직접 피운 불을 이용하든 휴대용 버너를 이용하든 간에 뛰어난 요리사는 '열원이 아닌 음식에 시선을 고정한다'는 사실을 깨달았다.

그리고 훌륭한 요리사는 타이머나 온도계보다 자신의 감각기관으로 전해진 신호에 집중한다는 것도 배웠다. 소시지가 지글지글 익는 소리가 어떻게 달라지는지 귀로 듣고, 보글보글 끓던 액체가 펄펄 끓기 시작하는지 눈으로 확인하며, 단단하던 돼지고기 목살이 수시간에 걸쳐 부드럽게 퍼지는 변화를 느끼고, 끓는 물에서 익어 가는 면이 알 덴테가 되었는지 맛을 보고 판단한다. 나는 직감적인 요리를 위해서는 이러한 신호에 주목하는 법을 배워야 한다는 사실을 깨달았다. 그리고 훌륭한 요리의 네 번째 요소인 '열'에 음식이 어떻게 반응하는지 배워야 한다는 것도 깨달았다.

열이란 무엇일까

열은 변화를 만들어 낸다. 열의 원천이 무엇이건 간에 열이 가해지면 날음식은 익은 음식이 되고, 줄줄 흐르던 재료는 형태가 잡힌다. 푹 퍼져 있던 것은 단단해지고, 납작하던 것은 부풀어 오르며, 희미하던 색은 노릇한 갈색이 된다.

소금, 지방, 산과 달리 열은 무미, 무취의 무형 요소지만 그 영향력은 뚜렷하다. 지글지글 익는 정도, 액체가 튀는 수준, 치직 타오르는 소리와 뿜어져 나오는 증기, 거품, 냄새 그리고 노릇하게 변한 정도 등 열이 만들어 내는 감각 신호는 요리에서 온도계보다 더 중요한 역할을 할 때가 많다. 상식을 비롯한 인체 모든 감각으로 열이 음식에 발생시킨 영향을 가늠할 수 있다.

음식이 열에 노출되면 여러 변화가 나타나는데, 우리는 그 변화를 예측할 수 있다. 음식이 열에 제각기 어떻게 반응하는지 알면 장을 보거나 식사 메뉴를 선정할 때는 물론 어떤 요리를 하더라도 더 나은 선택을 할 수 있다. 오븐이나 가스레인지 스위치가 아닌 요리 중인 음식에 초점을 맞추고 감각 신호를 수집해 보자. 음식이 노릇하게 익고 있는지, 단단하게 형태가 잡혔는지 아니면 수축하고 있는지, 바삭하게 익었는지, 타 버렸는지, 다 쪼개졌는지, 부풀어 올랐는지, 전체가 골고루 익었는지 살펴보면 된다.

이런 신호는 가스레인지가 아닌 전기 조리 기구를 이용할 때, 커다란 대리석 벽난로가 아닌 임시로 마련한 캠핑용 그릴에서 요리를 할 때, 또는 오븐 온도가 175℃나 190℃에 맞춰져 있을 때 특히 아주 중요하다.

나는 전 세계를 여행하면서 여러 요리와 열원의 종류에 상관없이 목표는 항상 같다는 중요한 사실을 여러 요리사에게 배웠다. 바로 열은 음식의 겉과 속을 동시에 골고루 익힐 수 있도록 적절한 높이에서 적절한 강도로 가해져야 한다는 것이다.

그릴드 치즈 샌드위치를 생각해 보자. 빵은 노릇한 갈색을 띠면서 바삭하고 맛있는 상태로 구워져야 하고, 속에 든 치즈도 빵이 구워지는 속도에 맞게 녹아야 한다. 열이 너무 빨리 가해지면 겉은 타고 속은 제대로 익지 않아 탄 빵에 덜 녹은 치즈를 먹게 된다. 열이 너무 천천히 가해지면 표면이 적당히 노릇해지기도 전에 수분이 다 날아가 버린다.

모든 요리를 이처럼 그릴드 치즈 샌드위치를 만들 때와 같은 방식으로 생각하면 된다. 로스트 치킨의 껍질이 노르스름한 갈색을 띨 때 속도 충분히 익었을까? 아스파라거스를 그릴에서 구울 때 검게 탄 부분이 적당히 생길 때쯤 전체가 충분히 익었을까? 양갈비가 전체적으로 갈색을 띠면서 살코기가 미디엄 레어로 딱 맞게 익었을 때 지방 부위도 전부 완전히 익었을까?

소금, 지방, 산과 마찬가지로 열이라는 요소에서 우리가 원하는 결과를 얻기 위해서는 우선 '목표가 무엇인지' 알아야 한다. 즉 어떤 결과를 원하고, 그 결과를 얻기 위해서는 어떤 과정이 필요한지부터 파악해야 한다. 음식의 풍미와 질감을 기준으로 어떤 음식이 되기를 바라는지 생각하면 된다. 노릇하게 구워지길 바라는지 아니면 바삭하길 바라는지, 혹은 부드럽게 익었으면 좋겠는지 생각해 보자. 음식이 물렁했으면 좋겠는가, 아니면 쫄깃하게 만들고 싶은가? 캐러멜화가 진행되게 할 것인지, 전체적으로 얇고 파삭하길 바라는지, 촉촉했으면 하는지도 생각해 볼 부분이다.

다음 단계는 그 목표에서 거꾸로 거슬러 올라가 생각해 보는 것이다. 감각을 표지판 삼아 최종 목표에 어떤 길로 갈지 명확한 계획을 세운다. 예를 들어 눈처럼 하얗고 맛있는 으깬 감자 요리를 만들려면 요리 과정의 마지막 순서가 무엇일지 생각해 본다. 아마도 버터와 사워크림을 넣고 감자를 으깬 다음 맛을 보고 소금 간을 조절할 것이다. 그러면 그전 단계는 소금물에 감자를 넣고 삶는 것이고, 그 이전 단계는 감자 껍질 깎기임을 알 수 있다. 이것이 여러분의 레시피다. 이보다 더 복잡한 요리도 마찬가지다. 프라이팬에 바삭하게 구운 감자전을 생각해 보자. 겉은 노릇노릇하고 바삭하면서 속은 부드러운 요리가 되길 바란다면, 바로 전 단계는 뜨겁게 달군 기름에 바삭하게 익히는 것이다. 또 그전 단계는 반죽에 들어갈 부드러운 감자를 만드는 것, 즉 소금물에 감자를 삶는 것이고, 그 이전 단계는 감자 껍질을 벗겨서 써는 것이다. 이렇게 또 하나의 레시피가 나왔다.

이것이 훌륭한 요리를 만드는 방법이다. 여러분이 생각했던 것보다 쉬운 일이다.

그릴드 치즈 샌드위치의 완벽한 해부학적 분석

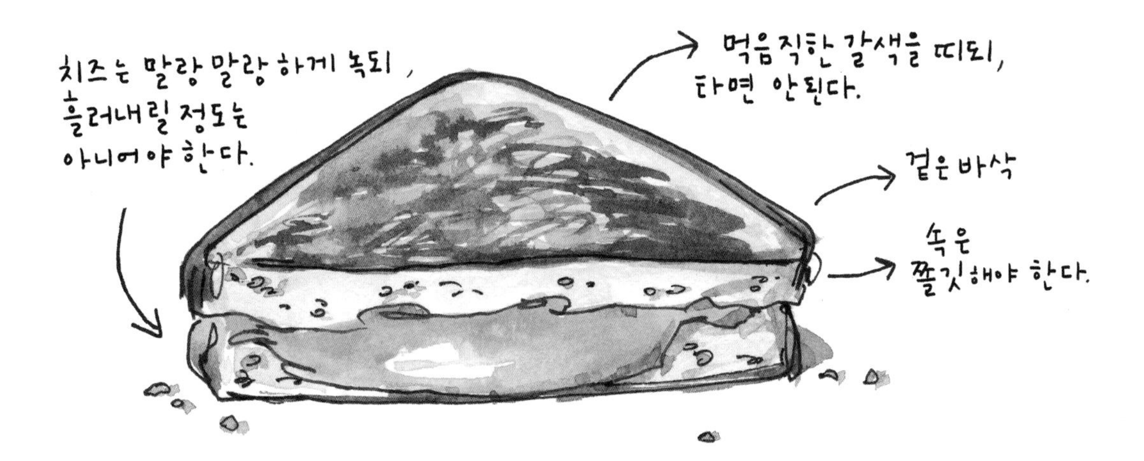
치즈는 말랑말랑하게 녹되,
흘러내릴 정도는
아니어야 한다.
먹음직한 갈색을 띠되,
타면 안된다.
겉은 바삭
속은
쫄깃해야 한다.

열은 어떻게 작용할까

열의 과학적 특징

간단히 이야기하면 열은 에너지다.

음식을 구성하는 네 가지 기본 분자는 물과 지방, 탄수화물, 단백질이다. 열이 가해지면 음식을 구성하는 분자들이 빠른 속도로 움직이기 시작하고, 그러다 다른 분자와 충돌한다.

분자를 빠른 속도로 움직이게 하는 힘은 원자들이 결합해 있던 전기적 힘을 망가뜨린다. 그 결과 떨어져 나온 원자가 다른 원자와 결합해 새로운 분자가 형성될 수 있다. 이러한 과정을 **화학 반응**이라고 한다.

열로 시작된 화학 반응은 음식의 맛과 질감에 영향을 준다.

물, 지방, 탄수화물, 단백질 분자는 열이 가해지면 제각기 다른 방식으로 반응하지만, 그 방향을 예측할 수 있다. 여기까지 읽고 너무 어렵다고 느껴진다면 전혀 그렇게 생각할 필요가 없다. 하나도 어렵지 않다. 열의 과학적인 특징은 다행히 우리의 상식을 벗어나지 않는다.

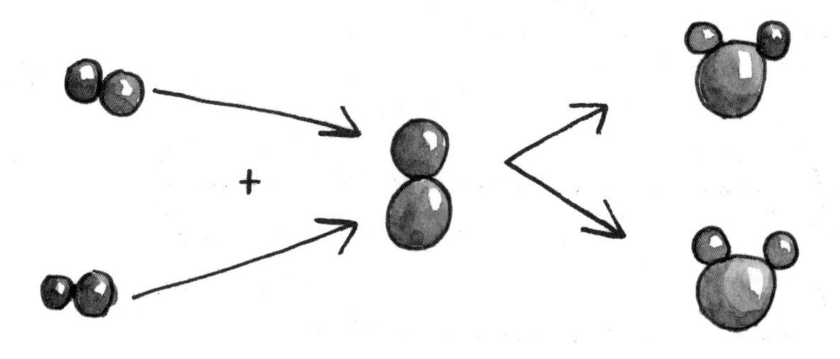

물과 열

물은 사실상 모든 음식을 구성하는 기본 요소다. 재료의 수분이 다 사라질 때까지 익히면 음식은 바삭하거나 메마른 상태가 된다. 또 물을 그대로 머금도록 익히거나 요리하면서 물을 더하면 음식이 촉촉하고 연해진다. 스크램블드에그를 수분이 다 날아갈 때까지 익히면 메마른 음식이 된다. 쌀, 옥수숫가루, 감자 같이 전분을 함유한 모든 재료는 물을 적정량 넣고 익혀야 부드러워진다. 채소는 수분을 잃으면 축 늘어진다. 유난히 비가 많이 내렸던 해에 수확한 과일은 맛이 싱겁고, 마찬가지로 토마토를 직접 기를 때도 물을 과도하게 많이 주면 싱거운 토마토가 열린다. 우리는 맛이 밍밍하면 '물 탄 것 같은 맛'이라고 표현한다. 수프나 육수, 소스는 물 함량을 줄여서 더 진한 맛을 만들어 낸다. 따라서 열을 이용해 음식에 함유된 수분의 양을 조절하면 원하는 질감과 풍미를 얻을 수 있다.

물은 얼면 부피가 팽창한다. 수프나 육수를 병에 담아서 냉동실에 넣을 때 반드시 내용물과 뚜껑 사이에 여유 공간이 있어야 하는 것도 이 때문이다. 병맥주나 와인을 빨리 차갑게 하려고 냉동실에 넣고서 깜빡하면 병이 터지는 것도 같은 이유다. 이때 음식의 내부에서도 아주 작은 세포 수준에서 비슷한 현상이 일어난다. 즉 음식이 얼어서 세포 속 수분이 팽창하면 음식을 담는 용기처럼 세포벽이 터지는 것이다. 냉동 화상이라 불리는 현상과 탈수는 음식을 구성하는 세포 속 수분이 사라지고 표면이 결정화되거나 증발할 때 발생한다. 냉동실에 얼려 둔 베리나 고기를 꺼냈다가 남극에서나 볼 법한 고드름이 잔뜩 생긴 것을 보고 놀란 경험이 다들 있을 것이다. 다 음식 내부에서 나온 수분이다.

이와 같은 탈수 현상은 깜박하고 냉동실에 3년간 보관해 둔 스테이크용 고기를 구웠을 때 서글프게도 왜 가죽처럼 씹히는지 그 이유를 설명해 준다. 또 음식을 얼려서 보관하기 전에 음식 맛이 크게 달라질지, 얼려도 괜찮을지 판단하는 데도 도움이 된다. 얼려도 탈수가 약간 일어나는 정도에 그치거나 녹이면 다시 수분을 잘 회복하는 음식은 얼려도 된다. 푹 끓여서 익힐 용도로 손질한 생고기와 스튜, 수프, 소스가 그런 음식이며 삶은 콩도 물에 담아 얼리면 같은 효과를 얻을 수 있다.

물은 음식을 익히는 매개물이기도 하다. 저온에서는 특히 음식을 부드럽게 익힐 수 있으므로 커스터드를 만들 때는 중탕을 활용하는 것이 가장 좋다. 또 보글보글 뭉근히 끓이거나 장시간 푹 익히기 또는 졸이는 방식은 단단한 음식에 약한 열을 계속 가해 부드럽게 만드는 기능을 한다.

해수면 높이에서 열을 가해 100℃로 끓인 물을 활용하면 음식을 가장 효율적이고 가장 빠른 속도로 익힐 수 있다. 끓는 물은 주방에서 가장 귀중한 조리 수단 중 하나다. 심지어 온도계가 없어도 될 정도로 간편하다. 냄비에서 부글부글 거품이 소용돌이치는 모습만 봐도 알 수 있다. 100℃의 물에서는 병원성 균이 살지 못한다. 그러므로 안전을 위해서는, 물기가 많은 음식이 남아서 보관했다가 다시 먹어야 할 때, 또는 냉동해 둔 닭 육수를 해동해서 사용할 때, 그 사이 혹시 증식했을지 모를 균을 없앨 수 있도록 충분히 끓인 다음 먹거나 사용해야 한다.

증기의 힘

물이 100℃ 이상 가열되면 증기로 변한다. 이 증기는 주방에서 꼭 필요한 또 한 가지 귀중한 조리 수단이다. 증기가 생기는 상태를 지켜보면 음식의 대략적인 온도를 알 수 있다. 즉 음식이 아직 촉촉하고 김을 뿜어내는 한, 표면 온도는 갈색화가 진행될 만큼 높지 않음을 뜻한다. 음식이 갈색으로 바뀌는 캐러멜화 반응이나 마이야르 반응은 그보다 훨씬 더 높은 온도에 도달해야 시작된다. 그러므로 표면에 물기가 있을 때는 갈색화가 진행되지 않는다.

증기는 활용법을 익혀 둘 필요가 있다. 음식의 온도를 계속 올려 갈색으로 바뀔 때까지 익히고 싶다면 증기가 다 날아가도록 두어야 한다. 반면 음식을 촉촉한 상태로 익히면서 갈색으로 변하지 않게 하거나 갈색화 반응을 늦추고 싶다면 뚜껑을 닫고 증기가 내부에서 재순환하게끔 해야 한다.

냄비에 음식을 겹겹이 쌓으면 위에 올라간 재료가 수분을 머금어 뚜껑처럼 기능하므로 음식 전체에 가해지는 증기의 양에 영향을 준다. 빠져나가지 못한 증기는 응축되고 물방울이 되어 음식에 되돌아가므로, 그 속에서 음식은 촉촉해지고 온도는 100℃ 내외로 유지된다. 포집된 증기에 노출되면 가장 먼저 음식이 약간 **시들시들**해지고 뒤이어 표면에 **물기가 맺힌다.** 이 과정을 활용하면 색 변화 없이 음식을 익힐 수 있다.

증기는 채소가 가진 공기 중 일부를 수분으로 바꾼다. 식물을 익히면 불투명하던 색이 투명해지고 부피가 줄어들기 시작하는 것도 이 때문이다. 동시에 맛이 더 강해진다. 산더미처럼 쌓인 시금치도 익히면 한 움큼 정도에 불과하며, 양파를 얇게 썰어서 팬에 한가득 쌓아도 뭉근하게 오래 익히면 **부드럽고 달콤한 옥수수 수프**를 만드는 맛있는 재료 중 하나가 된다.

근대를 냄비에 쌓일 정도로 넣고 증기로 찔 때는 뚜껑을 닫아도 되지만, 증기가 생각보다 잎 사이사이로 속속들이 침투하지는 못하므로 열을 골고루 전달하려면 젓가락으로 한번씩 뒤적거려야 한다. 열원과 가까운 바닥 쪽이 냄비 윗부분보다 항상 온도가 더 높다는 사실도 기억하자. 오븐에서 음식을 익히거나 구울 때도 같은 원리가 적용된다. 오븐 팬에 채소를 얼마나 촘촘하게 담느냐에 따라 같은 온도에서도 노릇하게 익는 정도가 크게 달라진다. 호박과 피망에서 기분

좋은 달콤함과 풍미가 흘러나오도록 구우려면 팬에 띄엄띄엄 담아야 김이 빠져나가서 노릇하게 구워지는 과정이 빨리 진행된다. 반대로 아티초크, 치폴리니 양파처럼 밀도가 높아서 익히려면 시간이 오래 걸리고 그대로 구웠다가는 갈색화가 과도하게 진행되는 채소는 팬에 촘촘하게 담아서 김이 빠져나가지 못하게 하자.

음식을 담아서 익히는 용기나 도구의 형태로도 안팎으로 이동하는 증기의 양을 조절할 수 있다. 그릇이나 도구의 가장자리가 비스듬하거나 곡선인 경우 일직선으로 된 팬보다 증기가 더 쉽게 이동한다. 또한 팬이나 냄비의 옆면이 높을수록 김이 빠져나가는 데 시간이 더 오래 걸린다. 그러므로 깊은 냄비와 팬은 양파를 촉촉하게 익히거나 수프를 뭉근하게 끓일 때는 좋지만, 가리비나 스테이크처럼 단시간에 노릇하게 구워야 하는 요리에는 별로 적절하지 않다.

앞서 설명한 소금의 삼투압 현상도 요리에 증기를 어떻게 쓸지 정할 때 활용할 수 있다. 김이 팬 안에 머물러 있는 동안 음식을 익히려면 소금이 제 기능, 즉 소금이 음식에 닿아 수분을 빠져나오게 하는 기능을 다 할 수 있도록 미리 첨가한다. 반대로 재료를 단시간에 노릇하게 굽고 싶다면 일단 재료를 바삭하게 구운 뒤에 간을 하거나, 열을 가하는 시점보다 훨씬 전에 소금을 넣고 삼투압 현상이 완료되면 재료를 수건 등에 얹어 톡톡 두드려 물기를 제거한 다음 달궈진 팬에 올려서 굽는다. 전자의 방법은 콜리플라워 수프에 넣을 양파를 촉촉하게 익혀서 반투명한 상태를 유지해야 할 때 활용하고, 후자의 방법은 가지와 호박을 그릴 등에 구울 때 활용할 수 있다.

지방과 열

앞서 지방 이야기를 하면서도 열과 지방이 어우러져 훌륭한 요리로 이끄는 주된 원리를 설명했다. 지방도 물처럼 음식을 구성하는 기본 요소인 동시에 요리 매개체다. 그러나 지방과 물은 서로의 적이다. 이 둘은 서로 섞이지 않고, 열을 가하면 매우 상반된 반응을 보인다.

지방은 유연하게 반응한다. 실제로 지방이 견딜 수 있는 온도 범위가 워낙 넓은 덕분에 우리는 음식을 바삭하게, 파삭하게, 부드럽게, 크리미하게 또는 가볍게 만들 수 있다. 단, 이런 다양한 질감은 지방과 열이 적절한 관계를 형성해야만 얻을 수 있다.

지방은 온도가 내려가면 굳는다. 즉 액체 상태에서 고체 상태로 바뀐다. 버터, 라드 같은 고형 지방은 페이스트리 전문 제빵사들에게는 아주 요긴한 재료다. 반죽에 넣어 특유의 파삭함을 만들어 내고, 고형 지방을 휘저어 공기를 더해서 가벼운 느낌을 만들어 내기도 한다. 반면 채소와 베이컨을 함께 익히면 어떻게 되는지 떠올려 보라. 접시에 반쯤 굳은 기름기가 남아 있는 것을 보고 나면, 실온에서 굳는 동물성 지방이 들어가는 요리를 만들 때 그와 같은 일이 벌어지지 않도록 해야겠다는 생각이 절로 들 것이다.

돼지 지방, 우지와 같은 동물성 고형 지방에 열을 약하게 오랫동안 가하면 순수한 액상 지방으로 바뀐다. 이를 **녹는다**고 표현하기도 한다. **세이지와 꿀을 넣은 훈제 치킨** 요리처럼 육류를 천천히 익히면 지방이 녹으면서 재료 내부에 골고루 퍼진다. **천천히 구운 연어** 요리가 촉촉한 식감을 유지하는 것도 이처럼 재료 자체의 육즙이 내부에서 퍼지는 단계를 거치기 때문이다. 버터에 약한 열을 오래 가하면 유화가 깨지고 투명해진다.

지방에 중간 정도의 열을 가하면 음식을 부드럽게 익히는 이상적인 매개체가 된다. 특히 물 대신 지방을 이용해 재료를 졸이는 **콩피** 요리에 적합하다. **토마토 콩피, 참치 콩피, 치킨 콩피** 레시피에 도전하기 전에 이 기법을 미리 연습해 두기 바란다.

물은 100℃에서 끓고 증발하지만, 지방은 그보다 훨씬 더 높은 온도에 이르러야 기화된다. 이러한 차이점과 물과 기름은 섞이지 않는 특성으로 인해 수분을 함유한 음식(사실상 모든 음식)은 지방에서 용해되지 않고, 굉장히 뜨거운 지방과 닿을 때 표면 온도가 급격히 올라가면서 물은 증발하고 바삭한 질감이 형성된다.

지방은 온도가 천천히 올라가고 천천히 내려간다. 다시 말해 지방을 가열하거나 식히려면 상당히 많은 에너지가 필요하고, 이는 원하는 온도를 단 몇 도 정도 올리거나 내리는 정도라도 마찬가지다. 튀김이 서툰 사람은 이러한 특성을 요긴하게 활용할 수 있다. **맥주 반죽 생선 튀김**을 만들 때 기름 온도에 빛의 속도로 재깍재깍 반응할 필요가 없다. 기름이 너무 달궈졌다면 그냥 불을 끄고 기다렸다가 시작하거나 실온에 두었던 기름을 조심스럽게 조금 더 넣으면 된다. 온도가 너무 낮으면 충분히 달궈진 다음에 재료를 넣는다. 소갈비, 돼지 등심처럼 지방이 다량 함유된 고기를 구울 때도 (또는 위에서 언급한 콩피처럼 지방으로 익히는 음식도) 마찬가지로 불을 꺼도 음식은 계속 천천히 익는다.

탄수화물과 열

식물성 식품에 주로 함유된 탄수화물은 음식의 형태와 풍미를 모두 좌우한다. 앞서 산에 관해 설명하면서 셀룰로스와 당류, 펙틴 등 세 가지 탄수화물을 언급했다. 이 중 셀룰로스와 또 다른 탄수화물인 전분은 식물성 식품의 부피와 식감에 큰 영향을 주고 당류는 맛을 결정한다. 탄수화물은 열이 가해지면 대체로 수분을 흡수하고 분해된다.

식물의 기본적인 해부학적 특징을 알아 두면 다양한 식물성 식품을 어떻게 요리할지 판단할 때 도움될 것이다. (144~145쪽 참조) 어떤 과일이나 채소를 떠올렸을 때 섬유질이나 질기고 가느다란 끈 같은 것이 많다는 생각이 들면 셀룰로스가 많은 것이다. 셀룰로스는 열에 분해되지 않는 탄수화물이다. 따라서 케일, 아스파라거스, 아티초크처럼 셀룰로스를 많이 함유한 채소는 물을 충분히 흡수해서 연해질 때까지 익혀야 한다. 식물의 잎은 줄기나 대보다 셀룰로스 함량이 낮다. 케일과 근대를 요리할 때 잎과 줄기의 익는 정도가 다른 것도 이 때문이므로, 줄기를 제거하고 잎만 익히거나 엇갈리게 담아서 익힌다.

전분

감자와 같은 덩이줄기나 말린 콩과 같은 씨앗처럼 식물에서 전분 함량이 가장 높은 부분은 물을 넉넉하게 붓고 충분한 시간을 들여 적당한 열로 익혀야 부드럽게 만들 수 있다. 전분은 액체를 흡수하면 부풀어 오르거나 분해되므로, 단단하던 감자가 크림처럼 부드러워지고 돌처럼 딱딱하던 병아리콩도 한입 먹을 때마다 버터 향이 느껴질 정도로 연해진다. 그냥 먹으면 소화하기 어려운 생쌀도 액체를 흡수하면 고슬고슬 부드러운 밥이 된다.

쌀, 콩, 보리, 병아리콩, 밀알 등 말린 씨앗과 곡류, 콩류는 일반적으로 물을 넣고 가열해야 먹을 수 있다. 씨앗은 그 안에 품은 새 생명을 보호하도록 단단한 껍질을 발달시켜서, 껍질을 없애지 않는 한 소화할 수 없다. 해바라기 씨앗이나 호박씨처럼 껍질이 간단히 제거되는 종류도 있지만, 대부분 물을 넣고 말랑해질 때까지 가열해야 먹을 수 있는 상태가 된다. 건조 완두콩이나 병아리콩 같이 전분을 다량 함유한 씨앗과 보리처럼 단단한 곡류는 물에 하룻밤 담가 두면 수분 흡수에 도움이 된다. 이것도 요리의 한 과정이라고 생각할 수 있다.

곡류는 가공 과정을 거쳐 바깥층 일부 또는 외피 전체를 제거해서 먹는다. 통밀과 정제 밀가루, 현미와 백미의 차이는 여기서 발생한다. 단단한 외피를 제거한 가공 곡류는 가공하지 않은 곡류보다 조리 시간이 훨씬 짧고 보관 기간도 길다. 또 분쇄하거나 **제분**한 곡류는 물과 섞어서 반죽을 만든 후 열을 가하면 일정한 형태가 잡힌다.

전분을 익힐 때 가장 중요한 것은 물과 열을 알맞게 사용해야 한다는 점이다. 물을 너무 적게 넣거나 열을 충분히 가하지 않으면 전분이 마르고 가운데가 익지 않아 딱딱한 채로 남는다. 물이 너무 적게 들어간 케이크와 빵은 메마르고 부스러진다. 파스타, 콩, 쌀을 덜 익히면 먹을 때 심이 딱딱해 불쾌하게 씹히는 사태가 벌어진다. 반대로 물을 너무 많이 넣거나 과도하게 가열하면 전분이 푹 퍼져 죽처럼 된다. (불은 국수와 질퍽한 케이크, 밥을 떠올려 보라.) 또한 전분은 갈색으로 쉽게 변하는 성분이라 너무 오래 익히거나 너무 센불로 익히면 금세 타 버린다. 나도 방심했다가 냄비를 태워 먹기도 하고 뜨거운 오븐 속을 딱 90초 들여다보지 않았다가 시커멓게 탄 빵 부스러기가 들러붙은 팬을 발견한 적도 있다. 그럴 때마다 정말 앞이 캄캄해졌다.

물에 불린 건조 콩의 시간별 변화

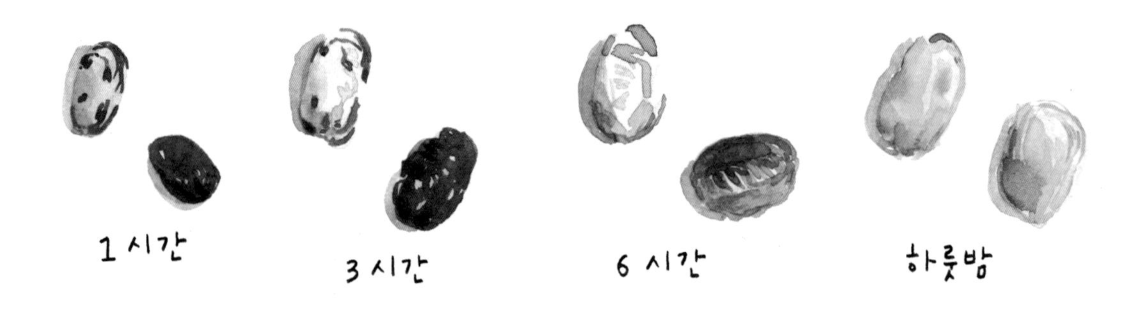

당류

자당(sucrose)이라고도 하는 설탕은 아무런 냄새도 색도 없는 물질로 순수한 단맛을 낸다. 설탕은 열과 닿으면 녹는다. 과립 형태의 설탕에 물을 넣고 가열하면 마시멜로부터 머랭, 퍼지, 누가, 버터스카치, 브리틀, 토피, 프랄린, 캐러멜 사탕 등 각양각색의 질감을 가진 사탕 과자들을 만들 수 있다.

주방에서 뜨겁게 가열된 설탕을 다루는 일은 온도를 잘 맞춰야 하는 몇 안 되는 경우 중 하나지만, 그렇다고 아주 어렵지는 않다. 똑같이 녹은 설탕이라도 약 143℃에서는 단단한 누가 상태이고, 148℃가 되면 토피가 된다. 처음 캐러멜 사탕을 만들려고 마음을 먹었을 때, 나는 20달러짜리 사탕 제

조용 온도계가 너무 아깝다는 생각이 들었다. 눈대중으로 온도를 맞출 수 있으리라 자신했던 나는 결국 과하게 찐득한 캐러멜을 만들었고 치과 진료에 수백 달러가 깨졌다. 내가 겪은 이 사태를 참고삼아, 여러분은 설탕으로 무언가를 만들 때 반드시 온도계를 구입해서 정확한 온도를 확인하기 바란다. (튀김에도 사용할 수 있다!) 장담하건대 장기적으로는 그것이 돈을 아끼는 일이다.

매우 높은 온도(약 170℃)에서는 설탕 분자의 색이 짙어지고 아직까지 완전히 밝혀지지 않은 어떤 과정을 거쳐 분해-재결합하면서 풍부하고 새로운 맛이 나는 수백 종의 새로운 물질이 생긴다. **캐러멜화**라 불리는 이 과정은 열이 맛에 가장 큰 영향을 주는 조리법 중 하나다. 당류가 캐러멜화되면 신맛 나는 물질과 더불어 쓴맛, 과일 향, 캐러멜 맛, 견과류 향, 셰리 향, 버터스카치의 맛까지 다양하고 색다른 풍미가 생긴다.

과일과 채소, 유제품, 일부 곡류에는 당류로 분해되는 전분과 함께 단순당이 자연적으로 함유되어 있다. 이 당에 열이 가해지면 일반 설탕을 가열할 때와 동일한 반응이 일어난다. 즉 가열되면 단맛이 더 강해지고 캐러멜화도 진행될 수 있다. 예를 들어 당근을 물에 넣고 끓이면 열이 침투해 전분이 단순당으로 분해된다. 당을 감싸고 있던 세포벽이 분해되면 속에 들어 있던 단맛이 방출되어 미뢰와 더 쉽게 접촉하므로 익힌 당근은 생당근보다 더 달게 느껴진다.

많은 채소가 당류를 소량 함유하고 있지만 수확하자마자 사라지기 시작한다. 갓 수확한 농산물이 집에서 가까운 상점에서 구입한 채소나 과일보다 훨씬 더 달콤하고 맛이 좋은 이유도 이 때문이다. 미국 중서부 할머니들은 일단 냄비에 물을 담아 끓인 다음에 아이들을 불러 뒤뜰에서 옥수수를 따오라고 한다는 이야기를 수도 없이 들었다. 옥수수의 단맛은 단 몇 분 사이에 크게 줄어드므로 얼른 다녀오라고 했다던 할머니들의 이 말은 모두 사실이다. 옥수수, 콩처럼 전분 함량이 높은 채소는 실온에 몇 시간만 두어도 당분이 절반은 사라진다. 감자도 마찬가지여서 갓 수확했을 때 가장 달콤한 맛이 난다. 이런 감자를 쪄서 버터만 올려도 도저히 형언할 수 없는 맛을 즐길 수 있다. 감자를 오랫동안 보관하면 당류가 전분으로 바뀐다. 갓 수확한 감자는 당분을 다량 함유해 튀기면 다 익기도 전에 탈 수 있으므로 감자 칩이나 감자튀김에는 수확한 지 오래되어 전분 함량이 높은 종류를 사용해야 한다. 단, 요리하기 전에 썰어서 물에 담근 후 뿌옇던 물이 투명해질 때까지 자주 헹궈 과도한 전분을 제거하는 편이 좋다. 그래야 뜨거운 기름에 감자를 넣었을 때 타지 않고 바삭하게 익는다.

식물의 위와 아래

탄수화물 함량에 따른 활용가이드

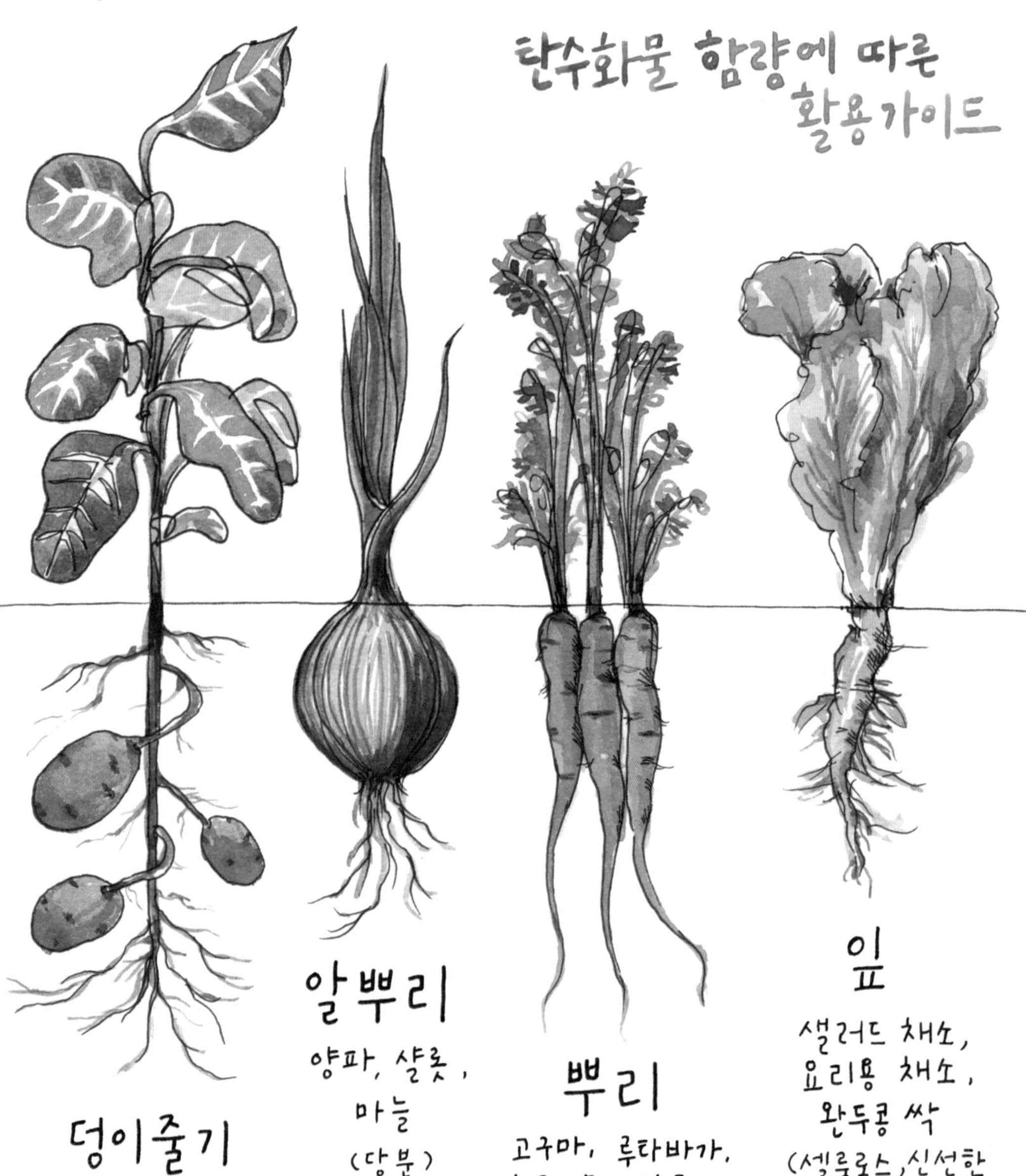

덩이줄기

감자, 참마, 뚱딴지 (전분)

알뿌리

양파, 샬롯, 마늘 (당분)

뿌리

고구마, 루타바가, 순무, 무, 당근, 샐러리 뿌리, 비트, 파스닙 (전분과 당분)

잎

샐러드 채소, 요리용 채소, 완두콩 싹 (셀룰로스, 신선한 상태에서는 당분)

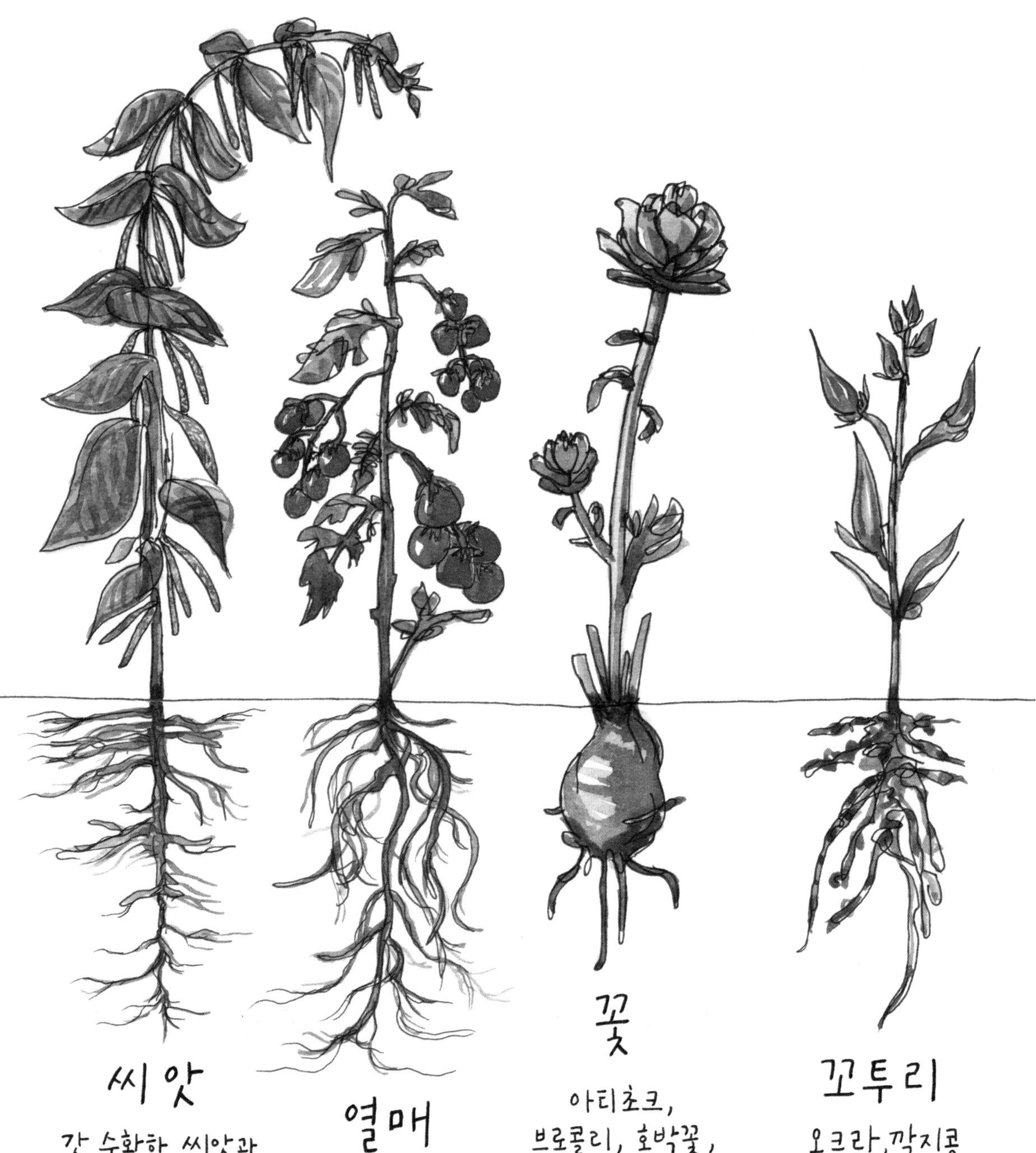
꽃
꼬투리
씨앗
열매
갓 수확한 씨앗과
말린 씨앗, 곡류
(통곡류, 제분한 곡류),
견과류, 콩, 옥수수,
옥수숫가루, 굵게 빻은 가루,
굵게 빻은 옥수수, 퀴노아
(전분과 셀룰로스)
호박,
토마토,
가지,
겨울호박
(당분)
아티초크,
브로콜리, 호박꽃,
콜리플라워
(셀룰로스, 신선한
상태에서는 당분)
오크라, 깍지콩
(셀룰로스, 신선한
상태에서는 당분)

펙틴

또 다른 탄수화물인 **펙틴**은 장에서 소화되지 않는 섬유질로, 나는 과일과 채소에서 만들어지는 젤라틴으로 떠올리곤 한다. 감귤류 과일, 핵과, 사과의 껍질과 씨앗에 주로 함유된 펙틴은 당과 산이 결합된 상태에서 열에 노출되면 겔화제처럼 기능한다. 이와 같은 특성은 과일 절임이나 스페인식 마르멜로 페이스트인 멤브리요(membrillo) 같은 과일 페이스트를 만들 때 활용된다. 나는 영국의 전통 보존식품 제조 전문가인 준 테일러로부터 감귤류에 함유된 펙틴을 추출해서 마멀레이드 만드는 법을 배웠다. 과일의 얇은 막과 씨앗을 조금 남겨서 망사 주머니에 과육과 함께 넣는 것이 테일러의 비법이었다. 재료가 어느 정도 익으면 재료가 담긴 주머니를 꺼내서 식힌 다음 펙틴이 나오도록 주물주물 누른다. 처음 이 방법대로 만들어 본 날, 나는 펙틴이 눈에 '보인다'는 사실을 깨닫고 깜짝 놀랐다. 뿌연 우윳빛 액체가 정말로 흘러나왔다. 몇 달 후 병을 열어 보니 펙틴의 효과가 뚜렷하게 나타났다. 마멀레이드는 줄줄 흐르지 않고 단단하게 굳은 상태였고, 갓 구워 따끈한 빵에 버터를 바른 후 마멀레이드를 발라 보니 부드럽게 발렸다.

설탕의 갈색화 단계를 나타내는 아주 과학적인 표현

단백질과 열

단백질의 형태는 꼬인 실이 물에 떠다니는 모습과 비슷하다. 특히 온도 변화가 단백질에 어떤 영향을 주는지 시각적으로 상상할 때, 그러한 이미지를 떠올리면 쉽게 이해할 수 있다. 단백질은 산(acid)과 마찬가지로 열에 노출되면 먼저 꼬인 부분이 풀어지는 **변성**이 일어난다. 그런 다음 다른 실과 꽉 붙어서 결합하는 **응고**가 일어나고, 물을 포집해서 음식의 형태를 이룬다.

닭 가슴살을 익힐 때 열이 어떤 변화를 일으키는지 생각해 보라. 축 늘어지고 물기가 많던 덩어리가 잘 익으면 단단하고 연하면서 촉촉한 덩어리로 바뀐다. 그러나 과하게 열을 가하면 단백질이 계속해서 꽉 붙어 결합하려고 하므로 포집되었던 물이 밖으로 방출된다. 이렇게 물이 빠져나오면 뻑뻑하고 질긴 고기가 된다.

스크램블드에그도 이와 같은 현상이 뚜렷하게 나타난다. 달걀을 너무 오래 익히거나 지나치게 센 불에 익히면 수분이 날아가 버린다. 그 상태에서 접시에 담으면 가엾은 단백질이 속에서 수분을 계속 밖으로 방출하므로 그릇에 물이 가득 고인다. 세상에서 가장 부드러운 스크램블드에그를 만들고 싶다면 앨리스 B. 토클라스가 조언한 대로 아주아주 약한 불에 익혀야 한다. 나는 토클라스가 마음의 고향이라고 했던 파리에서 20세기 아방가르드 예술가로 활동하던 시절, 분명 훌륭한 요리법도 몇 가지 배웠으리라 생각한다. 스크램블드에그를 만드는 방법은 이렇다. 먼저 볼에 달걀 4개를 풀고 소금 약간과 레몬즙 몇 방울을 추가한 뒤 거품기로 잘 젓는다. 소스팬을 불에 올리고 가능한 한 가장 약한 불로 버터를 조금 녹인 다음 풀어 놓은 달걀을 붓는다. 거품기나 포크로 계속 저으면서 버터 4작은술 또는 그 이상을 엄지손톱만 한 크기로 잘라서 하나가 다 녹으면 첨가하는 식으로 하나씩 넣는다. 그동안 멈추지 말고 달걀을 계속 저어야 한다. 달걀이 엉기기 시작하려면 몇 분 정도 걸리니 인내심을 갖고 기다리자. 마침내 달걀이 엉기기 시작하면 불을 끈다. 불을 꺼도 잔열로 달걀은 계속 익는다. 완성된 스크램블드에그는 찰떡궁합인 버터 바른 토스트와 함께 낸다.

딱 알맞은 색

사민 기준으로 딱 알맞은 색

화재경보기 작동주의

화학전 수준

소금을 약간 넣으면 단백질에서 수분이 계속 빠지는 것을 방지할 수 있다. 육류에 미리 소금을 뿌려 놓았을 때 여러 장점이 생긴다는 점을 생각해 보라. 소금이 충분한 시간 동안 작용할 때 얻을 수 있는 최상의 결과는 육류의 단백질 구조에 변화를 일으켜 수분이 덜 빠진 상태로 만드는 것이다. 그래서 미리 소금을 뿌려 둔 육류는 제대로 익히면 형언할 수 없을 만큼 촉촉한 맛이 나고, 다소 과하게 익히더라도 그 영향이 상쇄된다.

단백질 종류마다 꼬인 실타래 형태가 제각기 다른 특성을 가지므로 단백질이 응고되는 수준도 다양하다. 육류 중에서 연한 부위는 단시간에 조리해야 한다. 그릴에서 센불에 굽거나 예열해 둔 프라이팬 또는 오븐에 넣고 굽는다. 연한 붉은색 고기는 내부 온도가 60℃를 넘어서면 단백질이 완전히 응축되어 수분이 밖으로 빠져나온다. 과하게 익힌 스테이크나 양갈비 구이가 딱딱하고 질겨지는 것도 그런 이유 때문이다. 반면 닭 가슴살이나 칠면조 가슴살은 70℃가 넘어가도 수분이 잘 빠지지 않는다.

근육에 힘줄 같은 연결 조직이 다량 함유된 단단한 고기는 조금 더 세심하게 조리해야 부드러운 맛을 끌어낼 수 있다. 적당한 열과 시간, 물을 사용해 푹 끓이거나 스튜로 만드는 방식이 적절하다. 동물의 연결 조직을 구성하는 주요 구조 단백질인 **콜라겐**은 열을 가하면 젤라틴으로 바뀐다. 갈비를 덜 익히면 단백질이 질기고 딱딱한 상태로 남아 있어서 도저히 씹을 수가 없고 오히려 입맛을 잃게 만들지만, 물과 시간, 열을 가해 그 부분을 젤라틴으로 바꾸면 바비큐로 익힌 가슴살이나 꼬치구이, 잘 익은 갈비에서 맛볼 수 있는 깊고 부드러운 질감이 생겨난다. 산은 콜라겐이 젤라틴으로 바뀌는 과정을 촉진하므로 고기를 재워 둘 양념에 첨가하거나 고기 표면에 바로 문질러서 바르고, 또는 고기를 익힐 때 더하면 도움이 된다.

콜라겐이 젤라틴으로 바뀌는 과정을 좌우하는 가장 중요한 요소는 열이다. 연한 부위는 센불에서 조심스럽게 구워야 하지만, 딱딱하고 질긴 고기의 연결 조직이 진한 맛을 내는 젤라틴으로 바뀌고 근육 사이사이의 지방까지 녹아서 속에서부터 육즙이 형성되도록 하려면 약한 불에 오랜 시간 익혀야 한다.

갈색화 반응과 맛의 관계

단백질을 탄수화물과 함께 계속 가열하면 놀라운 일이 벌어진다. 열이 음식의 맛에 가장 큰 영향을 주는 과정인 **마이야르 반응**이 일어나는 것이다. 일반 빵과 토스트 빵, 생참치와 살짝 구운 참치, 삶은 고기와 불에 구운 고기 또는 채소가 어떻게 다른지 생각해 보라. 노릇하게 구워진 쪽이 훨씬 맛이 풍부하고, 여러 복합적인 맛이 있어서 더 큰 즐거움을 준다. 모두 마이야르 반응의 결과다.

마이야르 반응이 일어나면 방향성 분자가 완전히 새로운 맛을 내는 물질로 재구성된다. 다시 말해 색이 희끄무레할 때는 존재하지 않았던 맛이 노릇하게 익으면 새로 생기는 것이다! 앞서 산을 설명하면서 마이야르 반응이 음식에 신맛을 만들어 낼 수 있다고 언급했었다. 갈색으로 익은 고기, 채소, 빵 등 마이야르 반응을 거친 음식은 모두 캐러멜화로 생기는 풍미와 더불어 꽃, 양파, 고기, 채소의 냄새, 초콜릿 느낌, 전분 느낌, 흙냄새 같은 깊은 맛이 형성된다. 또한 음식의 표면이 갈색으로 변할 때 수분이 빠지면서 바삭해지는 변화가 함께 나타나는 경우가 많은데, 이는 재료의 맛뿐만 아니라 질감의 대조를 가져와 한층 더 기분 좋게 자극한다. 내가 가장 좋아하는 카눌레는 이처럼 정반대되는 특성을 함께 느낄 수 있는 최상의 음식이다. 속은 커스터드처럼 부드럽고, 진한 색을 띠는 겉은 캐러멜화와 마이야르 반응의 결과로 쫄깃하면서도 바삭하다.

갈색화는 약 110℃에서 시작된다. 물이 끓는 온도나 단백질이 응고되는 온도보다 훨씬 더 높은 온도다. 이 정도 온도가 되어야 음식이 맛있는 갈색으로 바뀌므로, 단백질이 메마르지 않도록 주의해야 한다. 스테이크나 갈비 같은 부위는 센불에 단시간 익혀서 표면을 갈색으로 굽는다. 양지머리처럼 단단한 부위를 노릇하게 익히려면 적당한 열을 가해서 내부의 수분이 빠져나가지 않도록 해야 한다. 또는 반대로 적당한 열로 전체를 익힌 다음 고기가 연해지면 온도를 높여서 표면을 노릇하게 굽는다.

갈색화 반응은 맛을 내는 중요한 방법이지만 신중하게 활용해야 한다. 스테이크에 열을 불균일하게 가하거나 너무 강한 열을 가하면 군침 돌게 하는 노릇한 상태를 넘어 새카맣게 타 버린다. 그렇다고 너무 소심하게 익히면 갈색화 반응이 일어나기도 전에 고기가 과잉조리되는 사태가 발생한다.

갈색화가 최고조에 이르렀을 때 가장 깊숙이 숨어 있던 최상의 맛이 나오므로, 그 지점에 이르는 법을 익혀야 한다. 한 가지 작은 실험을 해 보자. **솔티드 캐러멜 소스**를 두 방법으로 조금씩 만들어 맛을 보는 실험이다. 하나는 평소처럼 만들고 나머지 절반은 열을 계속 가해서 원래보다 더 짙은 색이 나도록 만든다. 그리고 바닐라 아이스크림 두 컵을 준비해 소스를 하나씩 뿌린 다음 맛을 보면, 불 위에 몇 분 더 가열한 것만으로 맛이 얼마나 달라지는지 알게 될 것이다. 갈비나 닭 다리를 절반은 오븐에, 절반은 가스레인지로 구워 보는 것도 음식에 가하는 열의 형태가 다를 때 얼마나 다른 결과가 나오는지 확인하는 좋은 방법이다. (뒤에 나오는 **굽기/로스트** 부분도 참고하기 바란다.)

소금을 과하게 써서 실수할 수 있듯이, 갈색화 반응도 자칫 과하게 가열해서 실수를 할 수 있다. 베이컨이나 견과류를 홀랑 태워 버리고도 '바삭한 것'이라고 고집을 피우고 싶을 때, 내가 일했던 '에콜로 레스토랑'의 한 요리사가 겪은 일을 떠올리기 바란다. 이 불운한 요리사는 우리 레스토랑 테이블에서 앨리스 워터스가 너무 짙은 색으로 변해 버린 헤이즐넛을 샐러드 그릇에서 손가락으로 하나하나 골라내는 모습을 보고 말았다. 요리계의 전설적 존재에게 형편없는 음식을 내놓았다는 사실을 깨달은 그는 냉장창고로 들어가 바닥에 주저앉아 펑펑 울고 말았다. 나는 안쓰러운 마음이 들었지만, 이번을 계기로 더 나아지면 된다고 격려하는 것 외에 달리 해 줄 수 있는 일이 없었다. 여러분은 실수하더라도 남에게 그 잘못을 인정해야만 하는 경우가 거의 없을 테니, 여러분 스스로 앨리스 워터스가 되어 보기 바란다.

온도가 맛에 끼치는 영향

요리는 가스레인지 불을 켜는 순간, 또는 오븐 다이얼을 돌리는 순간부터 시작된다고 생각하기 쉽다. 하지만 그렇지 않다. 요리는 그보다 훨씬 더 일찍, 각 재료의 온도를 맞추는 단계에서부터 시작된다.

재료의 온도, 즉 재료가 가진 열의 정도는 그 재료의 '조리 방법'에 영향을 준다. 실온에 보관한 재료는 냉장고에서 바로 꺼낸 재료와 다른 방법으로 조리한다. 익기 시작하는 시점에서는 재료의 온도에 따라 같은 재료라도 골고루 익거나 그렇지 않을 수 있고, 빨리 익거나 천천히 익을 수도 있다. 육류, 달걀, 유제품처럼 단백질과 지방을 함유해 전체적으로 주변 온도 변화에 민감한 식품이 특히 그렇다.

저녁에 구울 닭고기를 준비한다고 생각해 보자. 냉장고에 넣어 두었던 닭을 그대로 오븐에 넣고 가열하면 열이 닭 다리 속까지 침투하기 전에 먼저 가슴살이 다 익어 버린다. 결국 질기고 건조한 요리가 되고 만다. 반면 냉장고에서 꺼낸 닭을 실온에 두었다가 구우면 굽는 시간이 절약되고 과하게 익을 가능성도 줄어든다.

닭고기는 뜨거운 오븐 내부의 공기보다 밀도가 훨씬 더 높으므로 요리 시작 시점에 냉장고에서 막 꺼낸 닭고기와 실온에 두었던 닭고기의 온도 차이는 오븐 온도보다 음식에 더 큰 영향을 준다. 즉 실온에 두었던 닭은 205℃에서 구울 때나 220℃에서 구울 때 조리 시간과 완성된 요리의 상태가 크게 달라지지 않지만, 차가운 닭을 바로 익히면 조리 시간이 크게 늘어나고 요리를 한입만 맛봐도 살이 마르고 뻑뻑하다는 사실을 대번에 알 수 있다. 그러므로 아주 얇게 썬 고기가 아니라면 육류는 반드시 실온에 두었다가 익혀야 한다. 구이에 쓸 고기가 큼직할수록 더 일찍 냉장고에서 꺼내 두자. 갈비는 몇 시간, 닭은 2시간 정도 전에 내놓는 것이 적당한데, 중요한 건 아예 실온에 두지 않는 것보다는 얼마간이라도 온도를 맞추는 편이 낫다는 것이다. 집에 돌아오면 저녁 식탁에 올릴 고기부터 냉장고에서 꺼내는 습관을 들이자. (그전에 밑간이 안 되어 있다면 바로 소금부터 치는 것도 포함된다.) 멋진 요리는 오븐 온도보다 시간이 좌우한다는 사실을 알게 될 것이다.

가스 불을 켠다고 요리가 시작되지 않는 것처럼, 불을 끈다고 해서 요리가 끝나는 것도 아니다. 열로 시작된 화학 반응은 가속화하는 특징이 있어서 불이 꺼져도 뚝 하고 중단되지 않는다. 특히 단백질은 **잔열**에 쉽게 영향을 받는다. 내부에 갇혀 있던 열로 음식이 계속해서 익는 것이다. 이 점을 적극 활용하자. 구이 요리는 불에서 꺼낸 뒤에도 평균 3~5℃ 정도 잔열이 남아 있고, 이는 아스파라거스 같은 일부 채소와 생선, 조개, 커스터드도 마찬가지다.

음식의 온도는 조리법을 좌우하고 맛에도 영향을 준다. 어떤 음식은 따뜻해야 뇌에서 즐거움을 느끼게 하는 반응을 활성화한다.

음식의 방향성 분자 중 대부분은 **휘발성**이다. 공기 속으로 날아갈 수 있다는 뜻이다. 우리는 이 방향성 분자를 호흡을 통해 많이 들이킬수록 그 음식의 맛을 더 강렬하게 느낀다. 열이 가해지면 세포벽이 분해되면서 분자가 방출되어 우리가 느끼는 음식 맛에 영향을 준다. 따라서 열을 가하면 방향성 분자의 휘발성이 높아지고 공기 중에 자유롭게 떠다니는 분자의 양이 늘어나므로 주변 환경에도 다량 존재한다. 따끈한 초콜릿 칩 쿠키를 한 접시 가득 담아 두면 온 방 안에 냄새가 퍼지지만, 쿠키 재료인 반죽 자체는 방향성 분자가 속에 붙들린 상태이므로 그런 냄새나 맛을 전혀 느낄 수 없다.

단맛, 쓴맛, 감칠맛은 음식이 따뜻할 때 더 강력하고 진한 신호를 뇌로 보낸다. 대학생들을 붙잡고 물어보면 다들 맥주는 차가워야 맛있지 실온에 두면 못 견딜 정도로 씁쓸하다고 이야기할 것이다. 치즈도 냉장고에서 막 꺼낸 순간에는 맛이 그리 진하지 않지만, 실온에 두면 지방 분자가 풀어지면서 그 속에 묶였던 맛 성분이 방출되기 시작한다. 그때 다시 맛을 보면 바로 꺼내 먹었을 때는 몰랐던 새로운 차원의 맛을 즐길 수 있다. 과일과 채소도 온도가 맛을 좌우한다. 토마토처럼 휘발성 성분을 함유한 과일은 아무리 맛이 좋아도 냉장고에서 막 꺼내 차가운 상태에서는 맛이 덜 느껴진다. 따라서 실온에 두었다가 먹는 편이 좋다.

뜨거울 때 바로 먹기보다 따끈할 때 먹거나 실온에 맞춰서 내야 하는 음식도 있다. 음식이 너무 뜨거우면 그 맛을 제대로 즐길 수 없다는 연구 결과도 있다. 자칫 혀를 델 수도 있고 제대로 맛을 보기도 어렵다. 맛을 인지하는 능력은 음식의 온도가 35℃를 넘어서면 감소한다. 파스타나 생선 튀김처럼 만들자마자 바로 먹지 않으면 오히려 맛이 떨어지는 음식도 있지만, 대부분은 굳이 그렇게 할 필요가 없다.

나도 시간이 흐르면서 모임에 가면 따끈한 음식이나 실온에 둔 음식을 더 선호하게 되었다. 여러분이 저녁 식사를 준비하게 되면 뜨거울 때 내야 하는 음식이 포함되지 않도록 메뉴를 짜 보기 바란다. 양념에 절였다가 구운 채소, 얇게 저며서 구운 고기, 곡물이나 국수, 콩이 들어간 샐러드, 프리타타나 삶은 달걀 등이 그러한 요리에 포함된다. 이렇게 메뉴를 구성하면 손님들을 식탁에 얼른 모이게 하거나 수플레를 재빨리 내가느라 진땀 흘리지 않아도 되므로 준비하는 사람이 받는 스트레스도 확 줄어든다.

훈연의 맛

열을 가했을 때 피어오르는 연기는 음식에 강렬한 맛을 더한다. 연기에 담긴 맛은 대부분 향에서 비롯되고, 이 향을 맡으면 인류 최초의 요리법, 즉 음식을 불에 구워 먹었던 조상들로부터 전해 내려온 기억이 자극을 받는다.

연기는 나무를 태우면 부수적으로 발생하며 기체와 수증기, 연소 과정에서 생긴 작은 입자들로 구성된다. 시간과 노력이 더 들더라도 가스 불보다 내가 직접 불을 피우고 그 위에 그릴을 올려 요리하는 방식을 택하는 것도 이런 이유 때문이다. 사용할 수 있는 기구는 가스 그릴밖에 없지만 고기나 채소 구이에 스모키한 향을 더하고 싶다면 작은 나뭇조각을 활용하면 된다. 나는 참나무나 아몬드 나무, 과실수를 선호하는 편인데, 그런 나뭇조각을 한두 주먹 정도 준비하고 물에 적신 다음 일회용 알루미늄 용기에 담고 은박지로 덮는다. 그리고 연기가 흘러나올 수 있도록 은박지에 구멍을 몇 군데 뚫는다. 가스 그릴의 점화 스위치는 몇 개만 켠 후 불길이 닿지 않는 공간에 알루미늄 용기를 두고 그릴 뚜껑을 덮는다. 식욕을 자극하는 연기 냄새가 솔솔 흘러나오면 요리를 시작한다. 그릴 위에 고기와 채소를 올리고 뚜껑을 닫아 향이 가득 스며들도록 하면 표면이 노릇하게 변하는 반응을 포함해 몇 가지 화학 반응이 일어난다. 열이 가해지면서 나무 향이 매력적인 연기의 향으로 바뀌는데, 이 속에는 바닐라나 정향에 함유된 것과 비슷한 방향성 물질도 포함되어 있다. 그래서 연기에 노출된 음식에서는 달콤한 향과 과일, 캐러멜, 꽃향기를 비롯해 빵 냄새도 느낄 수 있다. 나무를 태워 연기의 풍미를 입힌 음식은 무엇과도 비교할 수 없다는 사실을 여러분도 알게 될 것이다.

열 활용하기

훌륭한 요리의 핵심은 훌륭한 판단이다. 그리고 열과 관련된 판단은 주로 음식을 '약불로 천천히' 익힐 것인지, 아니면 '센불에 재빨리' 익힐 것인지로 나뉜다. 열을 얼마나 가할지 판단하는 가장 쉬운 방법은 재료가 얼마나 단단한지를 생각하는 것이다. 음식에 따라 부드럽게 '만들어야' 하는 경우도 있고, 재료가 가진 부드러움을 '보존해야' 하는 경우도 있다. 일부 육질이 연한 고기와 달걀, 연한 채소처럼 부드러운 재료는 대체로 가능한 한 적게 익혀야 부드러움을 보존할 수 있다. 곡물이나 전분 식품, 단단한 고기, 밀도가 높은 채소처럼 딱딱하거나 건조된 상태여서 수화 단계가 필요하거나 부드럽게 만드는 과정을 거쳐야 하는 재료는 오랫동안 서서히 익히는 것이 좋다. 갈색화는 연한 재료든 단단한 재료든 대부분 센불을 가해야 진행되므로, 재료를 겉과 속이 서로 다른 상태로 완성해야 하는 음식은 여러 가지 조리법을 함께 적용해야 한다. 예를 들어 고기를 먼저 노릇하게 구운 다음 스튜로 끓이거나 반대로 감자를 물에 넣고 삶은 뒤 갈색화를 유도해 해시 브라운을 만들면 갈색화의 효과와 재료 특유의 부드러움을 모두 얻을 수 있다.

오븐에 관한 정보

주방에서 가장 정확하고 섬세한 노력이 필요한 제과제빵에는 역설적이게도 가장 불확실한 열원인 오븐이 사용된다. 인간은 지금까지도 오븐의 온도를 썩 정확하게 조절하지 못한다. 땅에 구덩이를 파고 나무를 때던 형태와 크게 다르지 않았던 최초의 오븐은 물론이고, 호화로운 최신식 가스 오븐도 온도 조절이 불확실한 것은 마찬가지다. 유일하게 달라진 점은 직접 불을 피우던 시절에는 다이얼을 돌려 온도를 조절할 수 있으리라곤 누구도 꿈꾸지 못했지만, 지금은 가능하다고 생각한다는 것뿐이다. 하지만 실제로는 누구도 그렇게 정확하게 온도를 조절할 수 없다.

일반적인 가정용 오븐을 켜고 175℃로 온도를 설정하면 내부 온도는 약 190℃까지 올라가고 그제야 전열선이 꺼진다. 또 온도 조절 장치의 민감도에 따라 165℃까지 떨어진 후 다시 전열선이 켜질 수도 있다. 쿠키를 굽다가 중간에 확인하려고 문이라도 열면, 서늘한 공기가 유입되고 뜨거운 공기는 밖으로 빠져나오므로 내부 온도가 더 떨어진다. 그러다 조절 장치가 작동해 전열선이 켜지면 다시

190℃까지 올라가고, 또다시 온도가 떨어지는 과정이 쿠키가 완성될 때까지 이어진다. 오븐 온도가 175℃가 되려면 시간이 얼마나 걸릴지도 정확히 알 수 없다. 대부분의 오븐은 온도가 제대로 보정되지 않아서 175℃로 설정했을 때 실제 온도는 약 150℃에서 205℃ 사이 어디쯤일 가능성이 높다. 그 상태에서 온도가 오르락내리락하는 주기가 반복되는 것이다. 오븐 온도는 믿기 어려울 만큼 불확실하다.

오븐의 온도가 이처럼 제멋대로 변한다고 겁먹을 필요는 없다. 오히려 대범하게 대처해야 한다. 다이얼에 의존하지 말고, 여러분이 감지한 감각 신호에 집중해서 음식이 '얼마나' 익었는지 판단하는 것이 디스플레이 창의 숫자보다 훨씬 더 정확하다. '에콜로'에서 처음으로 나무를 태워 통구이 요리를 해 본 다음 나는 이 사실을 확실하게 깨달았다. 이탈리아를 비롯해 여러 나라를 여행하고 캘리포니아로 돌아왔을 때, 나는 여전히 초보 요리사였다. 내가 나 자신을 믿지 못하니 주방의 요리사들도 나를 믿지 못하던 시절이었다. 다들 바비큐 기구를 능숙하게 다룰 줄 안다는 사실을 알게 되자 겁이 났다. 나는 제대로 파악하지 못한 무언가를 그들은 잘 알고 있었던 것이다.

'에콜로'에서는 거의 매일 저녁 오크 나무와 아몬드 나무에 불을 피우고 큰 꼬챙이에 끼운 닭을 통째로 구웠다. 나는 궁금한 것이 너무 많았다. 불은 어느 위치에 피워야 할까? 나무를 얼마나, 언제 더 넣어야 하는지는 어떻게 확인할까? 불이 너무 뜨거운지 아니면 덜 뜨거운지는 어떻게 판단하고, 닭이 다 익었는지는 또 어떻게 알 수 있을까? 조절 장치나 다이얼, 온도 조절기 하나 없는 이 괴상한 기구로 대체 어떤 음식이 나오기를 기대하는 걸까?

내가 정신이 나가 버릴 지경에 이르렀다는 것을 눈치챈 '에콜로'의 요리사 크리스토퍼 리는 나를 한쪽으로 데려가 "당신은 바비큐 기계를 한 번도 써 본 적은 없겠지만, 사용법은 이미 알고 있을 것."이라며 침착하게 설명해 주었다. 지난 몇 년간 닭을 수백 마리는 구워 봤고, 오븐에서 닭을 익히면 대략 70분 정도 걸린다는 것은 잘 알고 있었다. 허벅지 부위를 찔렀을 때 흘러나오는 육즙이 투명하면 닭이 다 익었다고 판단할 수 있다는 사실도 알았다. 그의 말처럼 나는 다 알고 있었다. 리는 그 회전식 구이 장치는 열이 벽면에 닿아서 반사된다는 사실과, 가스 오븐과 같은 원리로 오븐 뒤쪽이 앞쪽보다 온도가 더 높다고 설명해 주었다. 더불어 닭을 그냥 커다란 검은색 상자에 넣고 굽는다고 생각하면 되므로 아무 걱정하지 말라고 했다. 얼마 지나지 않아 나는 그 회전식 구이 장치가 그저 복잡하고 다루기 어려워 보였을 뿐임을 깨달았다. 이후 이 조리 방식은 내가 즐겨 활용하는 요리법이 되었다.

오븐 온도를 조절할 수 있다는 생각은 애초에 틀렸으니, 여러분도 그렇게 확신했다면 내가 바비큐 기계를 써 보고 깨달았던 것처럼 생각을 바꾸기 바란다. 대신 음식이 익어 가는 정도를 집중해서 살펴보자. 부풀어 올랐는가? 갈색화가 진행되는가? 형태가 단단하게 잡혔는가? 연기가 나는가? 거품이 나는가? 타고 있는가? 표면이 좌우로 미세하게 떨리고 있는가? 레시피에 적힌 온도와 조리 시간은 반드시 지켜야 하는 기준이 아니라 권고사항으로만 받아들여야 한다. 레시피에서 제시한 시간보다 몇 분 더 일찍 알람이 울리도록 타이머를 맞춰 두고, 타이머가 울리면 여러분이 가진 모든 감각을 동원해 얼마나 익었는지 확인해 보자. 어떤 특징이 두드러지는 음식을 만들고 싶은지 꼭 기억하고, 그 특징을 살리는 방향으로 계속 맞춰 나가면 된다. 훌륭한 음식은 그렇게 만들어진다.

약불 vs 센불

음식을 **약불**로 익히는 이유는 단 한 가지, 즉 부드럽게 익히기 위해서다. 달걀, 유제품, 생선, 조개처럼 섬세한 재료는 수분을 보존하면서 특유의 식감을 유지하려면 약불로 익혀야 한다. 약한 불에 조리하면 건조하고 딱딱한 재료를 촉촉하고 연한 질감으로 바꿀 수 있다. 음식을 노릇하게 익히고 싶을 때는 **센불**을 활용하자. (끓이기도 센불에 해당하지만, 별도로 구분해야 한다.) 부드러운 고기를 센불로 익히면 표면은 노릇하고 속은 촉촉하게 육즙을 보존할 수 있다. 단단한 고기와 전분 함량이 높은 재료는 센불과 약한 불을 모두 활용해 겉은 적당히 노릇하게 익히고 속은 열을 서서히 가해서 익혀야 한다.

약한 불을 이용한 조리법

- 오래 끓이기, 삶기, 졸이기
- 찌기
- 스튜, 찌개
- 콩피
- 살짝 볶기
- 중탕
- 저온 제과제빵, 수분 제거
- 천천히 굽기, 훈연

센불을 이용한 조리법

- 데치기, 팔팔 끓이기, 졸이기
- 볶기, 팬 프라이, 기름에 재료가 약간 잠기도록 튀기기, 일반적인 튀기기
- 단시간 굽기
- 그릴이나 석쇠에 굽기
- 고온 제과제빵
- 토스트
- 굽기(로스팅)

물을 이용한 조리법

약불로 오래 끓이기

물의 끓는점은 주방에서 중요한 기준이 되므로, 나는 끓이기가 가장 간단한 조리법이라고 생각했다. 그냥 냄비에 물을 담고 팔팔 끓이다가 재료를 넣고 다 익으면 꺼내면 된다고 말이다. 그러다 주방에서 일을 시작하고 1년 정도 지난 어느 날, 여느 때처럼 이미 수백 번 만들어 본 닭 육수를 팔팔 끓이다가 불을 낮춰 오래 끓이는 동안 번뜩 한 가지 생각이 스쳤다. 음식을 액체로 조리할 때 '펄펄 끓는 물에 넣고 익히는 방식은 정해진 규칙이 아니라 오히려 예외'임을 깨달은 것이다.

펄펄 끓는 물에 익히는 조리법은 채소나 곡물, 파스타를 익힐 때, 소스를 졸일 때, 또는 달걀을 삶을 때에만 활용되며 나머지는 '전부' 일단 끓기 시작하면 재빨리 불을 낮춰서 약불에 오래 끓인다는 사실을 새삼 깨달았다. 불을 직접 피우든, 가스레인지나 오븐을 이용하든 마찬가지였다. 약불로 끓이는 물은 팔팔 끓는 물처럼 부드러운 재료가 부서질 정도로 물살이 거세지 않고 단단한 재료가 속까지 익기도 전에 표면만 다 익어 버릴까 걱정하지 않아도 된다.

콩을 삶을 때, 찌개를 만들 때, 파에야를 만들거나 재스민 라이스로 밥을 지을 때, 퀴노아를 익힐 때, 치킨 빈달루 카레부터 포솔레(pozole), 스튜, 리소토, 칠리, 베샤멜 소스(béchamel sauce), 감자 그라탱, 토마토소스, 닭 육수, 폴렌타, 오트밀, 태국식 카레까지, 액체에 재료를 넣어 익히는 모든 요리가 이와 같은 방식으로 만들어진다. 내 요리 인생을 바꿔 놓은 깨달음이었다!

약불로 오래 끓일 때 온도를 어떻게 맞추는지 물어보면 아마 80℃부터 95℃까지 다양한 답이 나올 것이다. 그러니 대신 냄비를 들여다보자. 탄산수나 맥주, 샴페인을 컵에 막 부었을 때처럼 거품이 이따금씩 부글부글 피어오르는가? 바로 그런 상태로 계속 끓이면 된다.

소스

토마토소스, 카레, 밀크 그레이비, 몰레(mole) 소스는 모두 팔팔 끓으면 불을 낮춰서 약불에 오래 끓인다. 라구 볼로네제(Ragù Bolognese)처럼 온종일 끓여야 완성되는 소스도, 팬 소스나 인도 버터 치킨 소스처럼 짧은 시간에 완성되는 소스도 있지만 방법은 모두 같다.

일반적으로 신선한 우유가 들어가는 소스는 약불에 오래 끓이는 방식으로 조리한다. 우유에 함유된 단백질 중 일부가 80℃를 넘어가면 응고되어 여기저기 뭉친 덩어리가 생기기 때문이다. 단, 베샤멜 소스나 페이스트리 크림처럼 우유와 함께 밀가루를 넣는 소스는 밀가루가 응고를 방해하므로 이와 같은 특징이 나타나지 않는다. 또한 크림이 들어가는 소스는 단백질이 거의 또는 아예 없어서 응고 가능성을 염려하지 않아도 된다. 그러나 우유나 크림 속 천연 당류는 쉽게 눌어붙는 특성이 있으므로 일단 끓으면 불을 낮추고 약불에 끓이면서 자주 저어야 타지 않는다.

육류

나는 원래 물에 넣고 삶은 고기는 쳐다보지도 않았다. 물에 끓였다기보다 약불에 오래 익혔다는 표현이 더 정확하겠지만, 그와 같은 음식을 향한 나의 인식이 바뀐 것은 피렌체 중앙시장에서 '네르보네(Nerbone)'라는 샌드위치 가게를 발견한 뒤부터였다. 점심시간마다 시장에서 가장 길게 줄을 설 정도로 손님이 몰리는 곳이라, 대체 어떤 맛인지 먹어 보기로 했다. 줄을 서서 차례를 기다리는 동안, 나는 열심히 귀 기울이며 앞 사람들이 무슨 메뉴를 이야기하고 주문하는지 공부했다. 점심 메뉴에는 각종 파스타며 코스 요리가 있었지만 다들 약속이라도 한 듯 '파니니 볼리티(panini bolliti)'를 택했다. 삶은 쇠고기 그리고 고추기름과 허브를 넣고 파슬리 소스를 뿌린 샌드위치였다.

마침내 내 차례가 되자, 나는 이탈리아어로 조심스럽게 주문을 마쳤다. "Un panino bollito con tutte due le salse(삶은 쇠고기 샌드위치에 두 가지 소스를 다 뿌려 주세요)." 당시 나는 이탈리아에 머문 지 채 1주일도 되지 않았지만, 그전부터 이탈리아어를 집중적으로 공부했기에 과도한 자신감에 젖어 있었다. 주문을 받은 남자가 토스카나 방언으로 뭔가를 이야기할 땐 말 그대로 굳어 버렸지만, 한마디도 알아듣지 못한다는 사실을 인정하지 않고 무작정 계산을 했다. 조금 뒤 그가 건넨 샌드위치를 들고 나는 밖으로 나와 시장 한쪽 계단에 자리를 잡았다. 주인장이 연하고 맛있어 보이는 양지머리를 얇게 썰어서 샌드위치에 끼워 넣던 모습을 떠올리며, 기대감에 부풀어 한입 물었다. 하지만 내가 생각했던 맛이 아니었다. 첫 한입을 먹고 다 뱉어 낼 뻔했다. 왜 이런 맛이 나는지 이해할 수가 없었다. 이 샌드위치에 든 것이 정말로 양지머리라면, 평생 내가 먹은 쇠고기 중 가장 이상한 맛이었다. 이렇게 요상한 냄새와 식감의 음식을 먹으려고 어떻게 그 많은 사람이 줄을 설 수가 있지? 처음의 충격이 조금 가라앉자 나는 억지로 계속 씹어 겨우 삼켰다. 그리고 다시 샌드위치 가게로 가서 메뉴판과 안내문을 자세히 들여다본 후에야 아까 남자가 내게 양지머리는 다 소진됐다고 이야기했음을 깨달았다. 남은 재료는 람프레도토(lampredotto)라는, 피렌체 지방의 전통 식재료인 막창밖에 없다고 내게 알려 준 것이다. 내가 열심히 고개를 끄덕였으니 그는 양지머리 대신 막창도 괜찮다고 한 것으로 받아들였으리라. 다시 샌드위치를 쥐고, 나는 태어나 한 번도 먹어 본 적이 없는 막창을 억지로 먹어 보기로 했다. 그런데 지금까지도 그때처럼 막창을 맛있게 먹은 적은 없다. 내 입맛에 딱 맞지는 않을지 몰라도 내가 먹어 본 막창 중에서는 가장 부드러웠다. 나중에 다시 '네르보네'에 갔을 때는 점심 손님들이 몰리기 전에 일찍 줄을 서서 양지머리 샌드위치를 먹을 수 있었다. 역시 최고의 맛이었다. 이탈리아어를 좀 더 능숙하게 구사하게 되었을 때, 나는 주인장에게 고기를 어떻게 그토록 연하고 촉촉하게 익힐 수 있는지 물어보았다. 그는 당황스러운 눈으로 나를 쳐다보면서 이야기했다. "간단해요. 매일 아침 6시에 나와서 그때부터 고기를 삶거든요." 그리고 덧붙였다. "물을 절대로 팔팔 끓이면 안 돼요."

정확한 설명이었다. '소금물에 약불로 오래 끓이는 것'보다 더 단순하게 고기를 익히는 방법은 없다. 이토록 단순한 방법으로 고기를 익히고, 고기 위에 얹는 재료들로 이국적이면서 입맛을 당기는 풍미를 폭넓게 더한다. 이것이 그 샌드위치 가게의 비법이었다. 닭고기가 들어가는 베트남 쌀국수 **퍼가**도 맑은 국물에 파, 민트, 고수, 고추, 라임 등 다양한 고명을 넣어 가장 매력적인 맛을 낸다.

네르보네의 파니니 볼리티

닭 허벅지살, 소 양지머리, 돼지 목살처럼 연결 조직이 많이 섞인 육류는 적당한 열과 물 속에서 콜라겐이 젤라틴으로 바뀌고 표면도 건조해지지 않으므로 이렇게 약불로 오래 끓이는 방식이 적절하다. 가장 맛있는 고기로 만들기 위해서는 소금물을 팔팔 끓인 후 불을 낮춰서 계속 익혀야 한다. 고기와 함께 육수도 맛을 제대로 내려면 처음부터 물을 뭉근하게 끓이고 양파 반 개, 마늘 몇 톨, 월계수 잎, 말린 고추 등 향신료를 몇 가지 더해서 맛이 채워지도록 기다리면 된다. 여러분도 194쪽에 소개한 **세계의 맛**을 참고해서 1주일 동안 매일 저녁, 고기로 다양한 요리를 만들어 보기 바란다. 고기가 다 익었는지는 어떻게 판단할까? 뼈에서 살이 자연스럽게 분리될 때, 뼈가 없는 고기는 침이 고일 정도로 부드러워 보일 때 잘 익은 것이다.

전분

전분을 다량 함유한 탄수화물은 약불에 오래 끓이면 단단한 껍질이 약해지고 물이 속으로 스며들어 맛이 확 살아난다. 감자, 콩, 쌀을 비롯한 모든 곡류는 물을 충분히 흡수해서 부드러워질 때까지 이와 같은 방법으로 익힌다.

전분이 많은 재료는 고기와 마찬가지로 염도가 높은 액체에 끓이면 맛이 더 좋아진다. 태국 요리사는 카오만까이(khao man gai)를 만들 때 기름을 걷어내지 않은 닭 육수로 밥을 짓는데, 맛을 보면 쌀과 채소, 달걀 같은 소박한 재료에서 어떻게 이토록 고기의 풍미가 가득한 음식이 나오는지 의아할 것이다. 어린 시절, 할아버지 할머니가 살던 이란 북부의 마을에 놀러 가면 두 분은 아침마다 나를 데리고 산에 올랐다. 나는 얼른 도착해서 아침밥으로 늘 챙겨 주시던 할림(haleem)을 먹는 순간만을 기다렸다. 밀과 귀리, 칠면조 고기에 육수나 우유를 넣고 오랫동안 푹 끓인 이 영양 만점의 죽은 차가운 아

끓을락 말락 하는 물에 졸이기

보글보글 익히기

팔팔 끓이기

침 산 공기에 언 몸을 훈훈하게 녹였다.

폴렌타, 옥수수 죽, 오트밀 같은 죽은 모두 할림과 같은 방식으로 만든다. 전분을 함유한 재료에 물이나 우유, 유청(요구르트 표면에 형성되는 투명한 액체)을 넣고 부드러워질 때까지 약불에 오래 끓이는 것이다. 죽에 들어가는 재료는 전분 함량이 매우 높으므로 자주 저어야 눌어붙지 않는다.

리소토와 파에야, 피데우스(fideus)도 비슷하다. 리소토는 엄청나게 많은 물을 흡수해도 분리되지 않는 놀라운 특성을 가진 아르보리오(arborio) 쌀로 만든다. 먼저 양파를 볶고 지방과 쌀을 첨가한 후 노릇해질 때까지 함께 볶다가 와인, 육수, 토마토 등 풍미가 가득한 액체를 붓는다. 이대로 끓이면 쌀이 액체를 흡수하고 전분이 방출된다. 요리에 사용하는 액체가 맛있을수록 완성된 리소토도 맛있다. 리소토와 비슷한 스페인 요리 피데우스는 쌀 대신 국수를 볶아서 만들고, 파에야도 수분 없이 전분이 가득한 재료가 맛 좋은 육수를 흡수하는 동일한 과정을 거쳐 완성된다. 전통적인 방식으로는 파에야를 익힐 때 젓지 말고 그대로 두어야 한다. 이렇게 하면 소코라트(soccorat)라고 하는, 팬 바닥에 눌어붙은 바삭한 누룽지까지 즐길 수 있다.

파스타도 맛있는 액체로 익히면 그 액체를 흡수한다. 앞서 **봉골레 파스타** 만드는 법을 이야기하면서 설명했듯이, 내 비법은 면을 끓이다가 1~2분 정도 일찍 건져서 소스를 만들던 팬에 넣고 함께 끓여서 마무리하는 것이다. 이렇게 하면 파스타가 익으면서 나오는 전분이 소스에 흡수되고 면과 소스가 하나로 잘 결합된다. 소스 역시 면의 전분을 흡수해 더욱 걸쭉해지고, 파스타는 소스의 풍미를 고스란히 담게 되는 것이다. 이보다 더 좋을 수는 없다.

채소

섬유질이 많거나 단단한 채소, 특히 셀룰로스 함량이 높은 채소는 약불로 오래 끓이면 먹기 쉬운 질감이 된다. 회향과 아티초크(이 두 가지와 비슷하고 엉겅퀴와 유사한 카르둔[cardoons]도 마찬가지다.)는 팔팔 끓는 물에 넣으면 으스러진다. 그러므로 물과 와인을 동량으로 넣고 올리브유와 식초, 향을 내는 재료를 추가한 후 약한 불에 끓여서 '그리스식으로' 연해질 때까지 끓인다.

약한 불에 삶기, 졸이기

잔에 따른 샴페인에 비유하자면, 약불로 삶거나 졸일 때 물의 상태는 어젯밤에 따라 놓고 (무슨 이유로든!) 깜박 잊어버린 채 그냥 놔둔 샴페인과 비슷해야 한다. 아주 약한 불로 물을 가열해 **삶거나 졸이는** 방식은 달걀, 생선, 조개류, 육류의 연한 부위 등 약한 단백질을 조리하기에 가장 적합하다. 물과 와인, 올리브유, 또는 이 세 가지 재료를 모두 다양하게 조합해서 생선을 익히면 놀랍도록 부드러운 질감을 유지하면서도 깔끔한 맛을 즐길 수 있다. 같은 방식으로 만든 수란은 토스트나 샐러드, 수프와 함께 곁들이면 한 끼 식사로도 손색이 없다. 매콤한 토마토소스에 수란을 더하면 유명한 중동 요리 중 하나인 샥슈카(shakshuka)가 된다. 또한 먹고 남은 마리나라 소스에 파르미지아노 치즈나 페코리노 로마노 치즈를 듬뿍 얹으면 우오바 알 푸르가토리오[1]라는, 다소 특이한 이름의 이탈리아식 요리로도 만들 수 있다. 둘 다 하루 중 어느 때고 먹을 수 있는 훌륭한 요리다.

1 uova al purgatorio. 연옥에 갇힌 달걀이라는 뜻.

이가 없으면 잇몸으로

중탕

뱅마리(bain-marie)라고도 하는 중탕기는 커드(curd, 응유)와 커스터드, 빵으로 만든 푸딩, 수플레, 초콜릿 녹이기 같은 섬세하게 조절해야 하는 요리에 사용된다. 이 도구를 이용하면 적정 온도의 범위가 좁아서 자칫 망치기 쉬운 음식도 좀 더 쉽게 만들 수 있다. 잠깐만 한눈을 팔아도 부드러운 질감이 덩어리진 반죽처럼 변하거나 매끄러워야 할 표면이 오돌토돌해지는 요리는 중탕을 활용하면 큰 도움이 된다.

보통 중탕은 오븐 내부의 열을 조절하는 방법으로 활용된다. 오븐 온도가 180℃에 이르더라도 중탕기에 담긴 물의 온도는 끓는점인 100℃를 넘어가지 않기 때문이다. 그러나 이런 환경에서도 너무 오래 익히거나 음식에 전달되는 열의 양을 잘못 조절할 경우, 포 드 크렘(pot de crème)은 덩어리지고 크렘 캐러멜(crème caramel)은 뻑뻑해지며 치즈케이크는 쩍쩍 갈라질 수 있다. 커스터드를 오븐 속에서 중탕으로 익힐 때는 잔열에도 달걀 단백질이 계속해서 익는다는 사실을 감안해 적정 시점에 오븐에서 꺼내야 한다. 한번은 치즈 케이크를 만들면서 반죽이 완전히 굳지 않아 양옆으로 미세하게 흔들리는 상태일 때 오븐에서 꺼내 조리대 위에 두고 식힌 적이 있는데, 멀리서 봐도 교과서에 나올 만큼 완벽한 형태로 서서히 잡혀 가고 있었다. 나는 수시로 근처를 오가며 계속 지켜보았다. 하지만 4시간쯤 지난 뒤, 내가 그쪽을 거의 스무 번째 지나갈 때쯤 갑자기 케이크에 쩍 하고 커다란 금이 생겼다. 너무 익혔다는 증거였다. 잔열의 영향을 과소평가한 결과였다. 반죽이 채 굳지 않아 옆으로 마구 흔들릴 때 꺼냈지만 그것도 너무 늦은 것이다!

중탕을 활용하려면 먼저 주전자에 물을 담아 끓이면서 커스터드 베이스를 만든다. 작은 철제 망이 있으면 로스팅용 팬에 깔고 그 위에 소형 오븐용 용기나 케이크 팬을 올린 다음 커스터드를 채우면 된다. 그런 철망이 없어도 상관없다. 그냥 커스터드가 알맞게 익었는지 조금 더 정신 바짝 차리고 살펴보면 된다. 재료가 다 준비되면 팬을 조심스럽게 오븐에 넣는다. 오븐 문을 열고 선반에 팬을 반쯤 집어넣은 다음 커스터드가 담긴 용기의 3분의 1쯤 잠기는 높이까지 끓인 물을 채운다. 이 모든 과정을 신속히 진행하고, 오븐 문을 닫은 뒤 타이머를 맞춘다. 대체로 커스터드는 용기 가장자리가 살짝 흔들리면서 가운데 부분이 액체가 아닌 상태가 되면 다 익은 것으로 판단할 수 있다. 이때 팬을 오븐에서 꺼낸 다음 커스터드가 담긴 용기를 조심스럽게 물에서 건져 낸다.

가스레인지를 이용하면 이와는 약간 다른 방식으로, 뜨거운 물 대신 증기를 이용해 약불로 중탕을 할 수 있다. 이 경우 굳이 이중으로 겹쳐진 냄비가 없어도 된다. 간단히 냄비에 물을 끓이고 아주 살짝 끓는 상태에서 그 위에 볼을 얹으면 차가운 달걀이나 유제품을 제과제빵에 쓰기 알맞은 실온으로 만들거나 초콜릿을 녹일 수 있다. 베어네즈(béarnaise) 소스나 홀랜다이즈 소스, 사바용(sabayon)처럼 달걀이 들어간 소스를 만들 때도 같은 방식을 활용할 수 있고, 정통 커스터드를 만들 때도 유용하다. 오븐에서 중탕을 하면 오븐의 열에 재료가 과도하게 익는 것을 방지할 수 있듯이 이렇게 하면 가스 불에 재료가 심하게 익지 않도록 방지할 수 있다.

중탕은 약불로 뭉근히 익히는 방식이므로 으깬 감자 요리나 크리미한 수프, 핫 초콜릿, 따뜻할 때 끼얹어서 먹는 그레이비 소스 등 전분 함량이 높거나 온도 변화에 민감한 음식을 태울 걱정 없이 만들 수 있다.

스튜, 찜 요리

20세기에 활동하던 시인 마크 스트랜드는 「고기찜(*Pot Roast*)」이라는 시에서 시간이 흐르면서 계속해서 풍미가 깊어지는 고기찜 요리를 묘사했다. 그는 접시에 담긴, 소스가 듬뿍 밴 쇠고기 슬라이스를 살펴본 후에 느낀 감상을 듣기만 해도 입에 침이 고일만큼 생생하게 표현했다. "이번만은 아쉽지가 않구나/ 시간의 흐름이."

이 시를 읽으면서 나는 연하게 익은 고기가 오븐에서 얼른 나오기만을 몇 시간이고 초조하게 기다렸을 그가 어떤 심정이었을지 짐작이 갔다. 실제로 맛있는 스튜나 찜 요리의 핵심은 항상 시간이다. 때로는 요리를 하면서 투자한 시간만큼 결과가 나오지 않고 노력이 헛수고가 되는 경우도 물론 있지만, 찜 요리에 있어서만큼은 늘 들인 시간보다 훨씬 더 큰 결과를 얻을 수 있다.

할머니가 음식 솜씨를 발휘해서 만든 코레쉬로 시간의 중요성을 몸소 보여 주신 것처럼, 찜이나 스튜는 물과 약한 열, 그리고 '시간'이 필요하다. 그래야 고기의 단단한 연결 조직이 젤라틴으로 바뀌고 육질은 연하고 부드러우면서 촉촉해진다. 찜과 스튜는 거의 차이가 없다. 찜은 보통 고기를 좀 더 큼직하게 뼈째 넣는 경우가 많고 국물은 최대한 적게 만들지만, 스튜는 고기를 작게 썰어서 넣고 큼직하게 썬 채소를 함께 넣어 익힌다는 점 그리고 국물을 자작하게 부어서 낸다는 점 정도가 다르다. 녹색 채소, 밀도가 높은 채소, 핵과, 두부도 찜 요리에 잘 어울린다.

'셰 파니스' 시절에 나는 요리사들이 동물 한 마리를 통째로 사서 질기고 근육이 많은 부위까지 전부 활용하는 방법을 창의적으로 찾아내는 모습을 지켜보았다. 일부는 소금에 절이고, 일부는 갈아서 소시지로 만들고, 일부는 찜으로 만들거나 스튜를 끓였다. 요리사들이 주물 팬 여러 개를 중불에 올려서 데운 다음 특별한 맛이 나지 않는 올리브유를 붓고 쇠고기며 양고기, 돼지고기를 큼직한 덩어리째 올려 노릇하게 굽는 모습도 여러 달 동안 경탄하며 지켜본 기억이 난다. 전부 다른 고기를 올린 저 많은 팬들을 어떻게 한꺼번에 지켜보면서 관리할 수 있지? 팬 여섯 개에서 고기가 익고 있는데 어떻게 등을 돌리고 양파, 마늘, 당근, 셀러리 등 향을 내는 재료를 다듬고 썰 수가 있지? 가스레인지나 오븐 온도를 어느 정도로 맞출지, 고기를 얼마나 오래 익혀야 하는지는 어떻게 알지? 나는 언제쯤 저렇게 해 볼 수 있을까? 그런 생각이 머릿속에 가득했다.

오랜 기간을 뒤에서 관찰한 결과, 나는 찜 요리의 최대 장점 중 하나가 망치는 일이 거의 없다는 점임을 깨달았다. 만약 지금의 내가 그때의 열아홉 살 나와 이야기할 수 있다면, "괜찮으니까 안심해!"

라고 말해 주고 싶다. 그리고 찜이나 스튜 요리를 준비하고 완성하기까지 꼭 기억해야 할 몇 가지 핵심을 짚어 주었으리라.

전 세계 모든 문화권에서는 연골과 뼈, 근육이 섞인 고기를 찜과 스튜로 맛있게 만들어 먹는 나름의 방식이 존재한다. 이탈리아의 오소 부코(osso buco), 일본의 니쿠자가(nikujaga, 고기감자조림), 인도의 양고기 카레, 프랑스의 비프 부르기뇽, 멕시코의 돼지고기 아도보(adobo) 그리고 시인 마크 스트랜드가 맛본 고기찜도 모두 그와 같은 요리다. 세계 곳곳의 다양한 풍미를 떠올리고 채소와 허브를 정한 다음 **세계의 맛** 항목을 참고해 어떤 풍미의 요리로 만들지 결정하면 된다.

찜이나 스튜처럼 장시간 익히는 요리는 풍미를 여러 겹으로 덧입히는 기회로 생각하자. 단계마다 어떻게 해야 최상의 맛을 낼지 고민하고, 재료 하나하나에 담긴 풍미를 가장 진하게 끄집어낼 방법은 무엇일지도 생각해 보자. 단단한 육류는 찜과 스튜의 원리를 적용해 익히자. 고기의 맛을 보존하려면 최대한 큼직하게 썰고 가능하면 뼈째로 사용한다. 고기는 미리 간해야 소금이 속에서부터 맛을 끌어내는 놀라운 기능을 발휘할 수 있다는 점도 잊지 말자.

먼저 냄비를 중불에 올려 데우고 특별한 맛이 나지 않는 지방을 바닥에 깔릴 정도로 얇게 붓는 것으로 시작한다. 그리고 고기를 조심스럽게 넣는다. 이때 고깃덩어리가 서로 붙지 않도록 담아야 김이 빠지면서 골고루 노릇하게 익는다. 이제 내가 과거에 그토록 신기하게 생각했던 것, 한 발 물러나 있을 차례다. 핵심은 열을 꾸준히 가해 고기를 골고루 갈색으로 멋지게 익히는 것이므로 인내심을 가져야 한다. 고기를 너무 자주 뒤집거나 잘 익었는지 쿡 찔러 보는 것만으로도 굽는 시간이 크게 늘어날 수 있다. 그러고 싶어도 꾹 참고 요리에 향을 더할 재료를 준비하자.

이제 다른 팬을 하나 꺼낸다. 찜 요리용으로 마련해 둔 주물 냄비가 하나쯤 있을 것이다. 여기에 양파와 함께 채소를 소량 넣고 마늘도 2톨 정도 넣어 살짝 갈색이 돌 때까지 익힌다. 생강이나 고수가 없어도 이 정도만 넣어도 괜찮다. 채소가 익는 동안 고기를 확인하고 골고루 익도록 뒤집거나 방향을 바꾼다. 고기에서 기름이 너무 많이 흘러나와 굽기가 아닌 튀기는 수준이 되었다면, 일단 고기를 팬에서 꺼내고 바닥에 고인 뜨거운 기름을 금속 볼에 따로 담아 둔다. 그리고 다시 고기를 팬에 올리고 모든 면이 노릇해지도록 계속 굽는다. 쇠고기, 돼지고기의 경우 전체를 갈색으로 골고루 익히려면 최대 15분까지 걸릴 수 있다. 하지만 서두를 필요는 없다. 충분히 익혀야 마이야르 반응으로 고기 속 깊은 맛이 모두 우러난다.

고기를 다 구웠으면 팬에 남은 기름을 모두 제거하고 육수나 물 등 액체를 부어서 팬을 데글레이즈한다. 이 시점이 산성 재료를 더하기에 가장 적합하다는 사실도 잊지 말자. 따라서 와인이나 맥주를 이때 조금 더하는 것이 좋다. 이제 나무 숟가락을 들고 팬 바닥에 붙어 있는 맛있는 갈색 부스러기를 전부 잘 긁어낸다. 찜 냄비에는 먼저 바닥에 채소와 허브를 깔고 그 위에 고기를 얹는데, 갈색화 반응을 신경 쓰지 않아도 되므로 고기가 서로 붙어도 상관없지만 가능하면 한 겹으로 깔아야 한다.

그리고 위에 데글레이즈가 끝난 액체를 붓고, 고기의 3분의 1이나 절반 정도가 잠기도록 물 또는 육수를 추가한다. 액체가 너무 많으면 찜이 아닌 삶은 요리가 된다. 그런 다음 뚜껑을 닫거나 유산지 혹은 포일로 덮어서 팔팔 끓을 때까지 가열하고 끓으면 약불로 낮춰서 계속 익힌다. 가스레인지를 이용하면 이렇게 간단히 끝나지만 오븐은 먼저 온도를 뜨겁게 올린 다음(220℃ 이상) 중간 정도(135℃에서 175℃)로 낮춰야 한다는 것을 의미한다. 온도가 낮을수록 찜이 완성되기까지 더 많은 시간이 걸리지만 그만큼 고기가 마를 가능성도 줄어든다. 국물이 계속 끓으면 뚜껑을 조금 열어 두거나 덮어 놓은 포일의 가장자리를 조금 찢어서 냄비 안쪽의 온도가 내려가도록 한다.

오븐을 이용할 때도 인내심을 유지하는 것이 중요하다. 이처럼 조리 시간이 수동적이라는 점은 사실 찜 요리의 장점이기도 하다. 즉 국물이 살짝 끓는 정도로 유지되고 있는지만 가끔 확인하면, 그 외 시간은 자유롭게 다른 일을 할 수 있다. 다 완성된 후에 오븐이나 다른 열원에서 냄비를 꺼낼 때만 부지런히 움직이면 된다. 일단 가열 중일 때는 편하게 있어도 된다는 뜻이다.

그렇다면 요리가 다 됐는지는 어떻게 알 수 있을까? '셰 파니스' 시절 열아홉 살의 나도 그 점이 궁금했다. 얼마 지나지 않아, 다 완성되면 살짝만 건드려도 고기가 뼈와 분리된다는 사실을 배웠다. 뼈 없는 고기를 쓴 경우 포크로 찌르면 푹 들어갈 정도로 연해야 한다. 이런 상태가 되면 불을 끄고 식힌 다음 국물을 거른다. 체에 남은 덩어리는 분쇄해서 진한 소스로 만들어 맛을 본 다음, 더 졸여서 진하게 만들지 그대로 사용할지 결정하고 필요하면 소금을 첨가한다.

이와 같은 조리법은 음식을 미리 만들어야 할 일이 있을 때 매우 유용하다. 완성된 찜이나 스튜는 시간이 갈수록 맛이 더 좋아져서 하루나 이틀 뒤에 풍미가 더욱 살아난다. 또한 내기 직전까지 신경 쓸 일이 없으므로 저녁에 파티를 열 때도 가장 이상적인 메뉴라 할 수 있다. 남으면 냉동해 두었다가 나중에 먹기에도 좋다. 기본적인 기술만 잘 익히면 찜 요리는 깊은 풍미를 자랑하는 음식을 가장 간편하게 만드는 방법이 될 것이다.

찜요리

1. 소금

미리 간을 해 둘것 ← 전날 해 두는 것을 추천 *

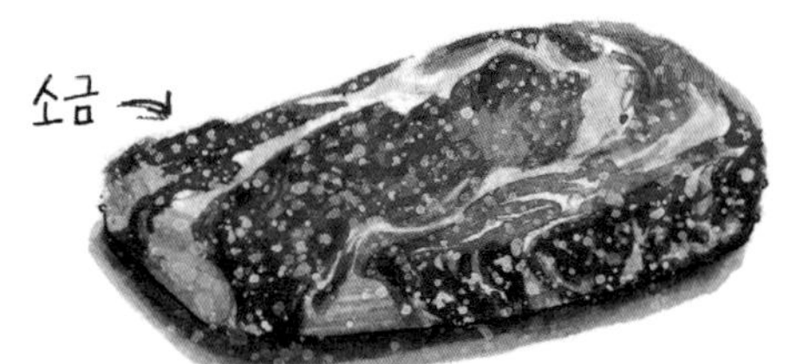

소금을 고기 전체 면에 충분히 뿌리고 그대로 하룻밤 둔다.

* 또는 최소 30분에서 3시간 전에 소금 간을 해야 한다. 미리 해 둘수록 좋다.

2. 노릇하게 굽기 ← 오늘

팬을 중불로 달군다.

2A. 고기

전체 면이 갈색이 되도록 굽는다. 고기 사이에 공간이 많을수록 더 노릇하게 구울 수 있다.

다 구운 고기는 따로 두어 기름을 뺀다.

팬이 뜨거울 때(신맛 나는) 액체로 데글레이즈한다.

("세계의 신맛" 참고)

이렇게 생긴 국물은 따로 모아 둔다.

2B. 향신료 또는 맛을 돋울 재료

양파 / 채소와 양념 / 토마토

양념 목록과 향신료 소개 표를 참고하기 바란다.

(모양이 예쁘지 않아도 상관없다. 처음에 어떤 모습인지는 요리하는 우리밖에 모르니까.)

노릇하게 구워서 익힌다.

3. 담기

팬에 재료를 층층이 담는다.

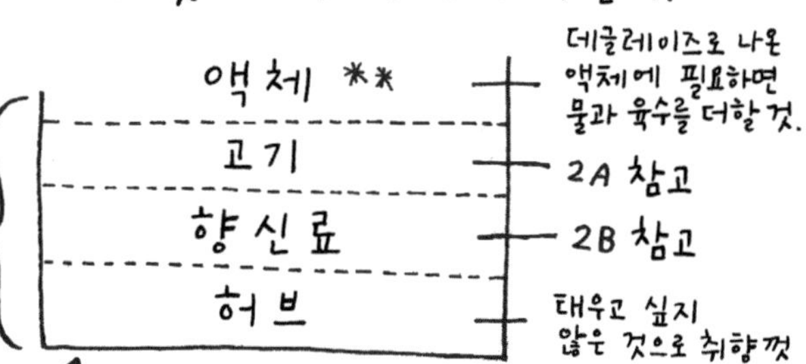

이 순서로 팬이나 오븐용 그릇에 담는다.

** 액체는 고기가 3분의1 정도 잠길 만큼 붓는다.

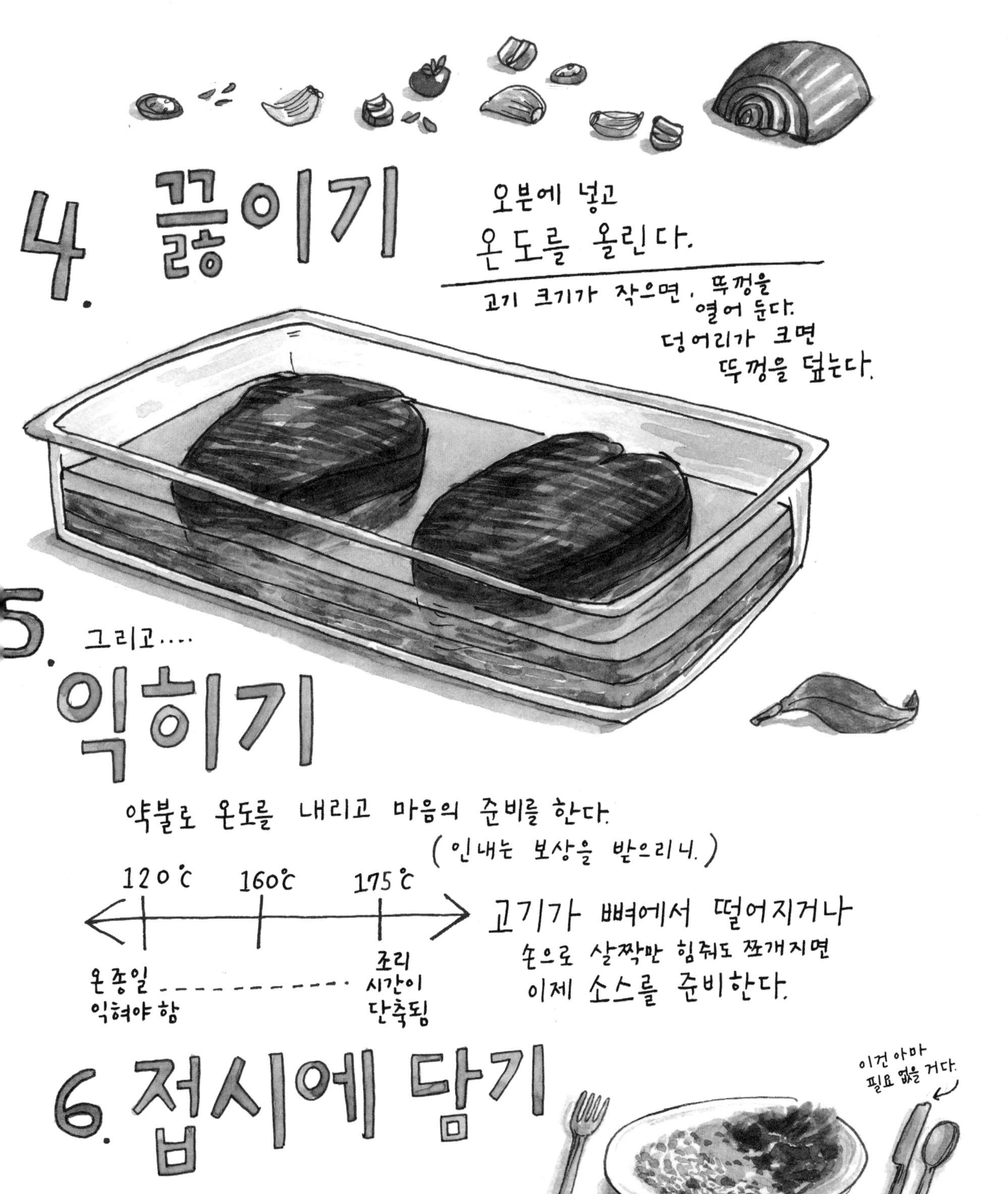
4. 끓이기
오븐에 넣고
온도를 올린다.
고기 크기가 작으면, 뚜껑을 열어 둔다.
덩어리가 크면 뚜껑을 덮는다.
5. 그리고....
익히기
약불로 온도를 내리고 마음의 준비를 한다.
(인내는 보상을 받으리니.)
120℃
160℃
175℃
온종일 익혀야 함
조리 시간이 단축됨
고기가 뼈에서 떨어지거나
손으로 살짝만 힘줘도 쪼개지면
이제 소스를 준비한다.
6. 접시에 담기
이건 아마 필요 없을 거다.

데치기, 끓이기

데치기는 또 다른 방식의 끓이기라 할 수 있다. 둘 다 '물이 팔팔 끓는 상태가 유지되어야 하는' 조리법이기 때문이다. 앞서 소금을 설명하면서, 소금을 넣고 끓인 물에서 재료가 골고루 익으려면 물 속에서 충분히 움직여야 한다고 언급했었다.

물의 양은 적은데 한꺼번에 너무 많은 재료를 넣으면 온도가 갑자기 뚝 떨어지고 위아래로 순환하며 끓던 물도 잠잠해진다. 파스타는 엉기고, **페르시아식 쌀밥**을 지으려고 준비한 바스마티 쌀은 눌어붙어 버린다. 또 연필처럼 가느다란 아스파라거스는 냄비 바닥에 쌓여 제대로 익지 않는다. 재료가 이렇게 되지 않도록 하려면 이 정도면 되겠지 싶은 양보다 두 배는 더 많은 물이 필요하다.

채소

끓이기는 효율성이 매우 높은 조리법 중 하나로, 특히 신선한 채소의 맛을 보존하는 훌륭한 방법이다. 채소를 충분히 오래 끓이면 세포벽이 분해되어 안에 있던 당분이 흘러나오고 전분이 당으로 전환되면서 단맛이 난다. 단, 채소의 생생한 색이 흐려지거나 세포벽이 전부 분해될 정도로 오래 익히면 죽처럼 흐물흐물해지므로 주의해야 한다. 요리할 시간이 부족할 때 또는 채소의 맛을 깔끔하게 즐기고 싶을 때, 이처럼 끓여서 익히는 방식을 택하면 된다. 순무, 감자, 당근, 브로콜리 등 일상적으로 자주 먹는 채소도 이렇게 끓는 물에 익힌 후 좋은 올리브유와 소금만 더해 간편하게 먹을 수 있다. 이토록 간단한 방법으로 자연 그대로의 맛을 느낄 수 있다는 사실에 아마 기분 좋은 놀라움을 느끼게 될 것이다.

데친 채소는 얼음물에 담가서 열을 식혀야 한다고 주장하는 요리사들도 있지만, 나는 그 의견에 반대한다. 채소가 물에 잠겨 있는 시간이 짧을수록 무기질과 영양소가 빠져나올 가능성도 줄어들기 때문이다. 얼음물까지 준비하는 수고로움을 더는 방법은 물에서 건진 후에도 잔열로 계속 익을 것을 생각해서 조금 일찍 조리를 끝내는 것이다.

요리를 시작하고 어느 정도 시간이 흐르면서 나는 아스파라거스나 아리코 베르(haricots verts)로 불리는 작은 깍지콩처럼 수분 함량이 높은 채소는 밀도가 높고 수분이 적은 채소보다 잔열에 더 큰 영향을 받는다는 사실을 깨달았다. 따라서 이런 채소들은 익었다 싶을 때 바로 건져야 한다. 당근, 비트와 같은 뿌리채소는 잔열에 과하게 익지 않으므로 완전히 물러질 때까지 두어도 괜찮다. 끓는 물에서 건진 채소는 쟁반에 담아 곧바로 냉장고에 넣거나 기온이 낮은 곳에 두면 빨리 식힐 수 있다.

끓는 물에서 채소를 언제 건져야 하는지 파악하는 유일한 방법은 얼른 맛을 보는 것이다. 그러므로 물을 끓여서 재료를 넣기 전에 미리 체나 건질 도구 그리고 건져 낸 채소를 담을 그릇을 준비해야 한다. 또한 끓는 물에서 꺼낸 뜨거운 채소는 볼에 마구 쌓지 말고, 오븐 팬에 유산지를 깐 다음 그 위에 펼쳐서 식혀야 과조리를 방지할 수 있다.

데치기와 다른 조리법을 함께 활용하면 요리 시간을 단축할 수 있다. 케일과 같은 질긴 채소는 물에 데친 후 꼭 짜서 물기를 제거하고 잘게 썰어서 볶는다. 이탈리아에서는 어느 음식점이건 주방에 항상 데친 채소가 마련되어 있고, 가정에서도 대부분의 엄마들이 채소를 데친 다음 마늘, 매운 고추를 넣고 볶는다. 콜리플라워, 당근, 회향 같은 단단한 채소는 일요일에 한꺼번에 데쳐 두고, 주중에는 그날그날 만들 요리에 따라 프라이팬이나 오븐에 그대로 넣고 더 익히거나 노릇하게 굽는다.

누에콩, 토마토, 고추, 복숭아처럼 껍질이 얇아서 분리하기 힘든 농산물은 데치고 나면 껍질을 쉽게 벗길 수 있다. 30초 또는 껍질이 분리될 정도로만 살짝 데친 후 꺼내서 얼음물에 넣고 잔열로 더 익지 않도록 하면 껍질이 쉽게 분리된다.

면과 곡류

밀가루 면을 골고루 익히려면 반드시 팔팔 끓는 물에 넣고 익혀야 한다. 파스타, 라면, 박미[1], 우동, 마카로니 모두 마찬가지다.

익히면서 나오는 전분에 면발이 서로 들러붙지 않게 하려면 끓는 물에서 계속 움직이도록 해야 한다. 보리, 쌀, 통보리(farro), 퀴노아도 파스타를 익힐 때와 동일한 방식으로 완전히 부드러워질 때까지 익힌 다음 물기를 제거하고 주요리에 곁들여서 낸다. 또는 펼쳐서 식힌 후 올리브유를 뿌려서 먹거나 수프, 곡물 샐러드에 넣는다. 익혀서 냉동 보관하면 최대 2개월까지 두고 요리에 사용할 수 있다.

재료마다 조리 시간이 모두 다양하다는 사실에 이제 익숙해진 사람이라면, 냄비 하나에 물을 끓여서 여러 재료를 다 익히면 시간도, 설거지할 그릇도 줄일 수 있다는 사실에 깜짝 놀랄지도 모르겠다. 먼저 끓는 물에 파스타를 넣고 다 익으려면 아직 몇 분 남았을 때 한입 크기로 썰어 둔 브로콜리나 콜리플라워, 케일, 순무 잎을 넣는다. 그보다 연한 완두콩이나 잘게 썬 아스파라거스, 깍지콩은 파스타가 다 익기까지 90초 정도 남았을 때 얼른 집어넣고 맛을 보면서 적당히 익힌다.

졸이기

소스, 육수, 수프를 만들 때 계속해서 끓이면 풍미가 진해지고 농도도 짙어진다. 단, 물은 증발해도 소금과 다른 양념은 증발하지 않는다는 점을 감안해 짠맛이 너무 강해질 때까지 졸이지 않도록 주의해야 한다. 소금 간은 소스의 농도가 만족스러운 상태에 도달하면 얼마든지 조절할 수 있으므로 처음 간을 맞출 때는 끓이면서 간이 세질 것을 넉넉하게 추정해야 한다.

재료의 지방이 제대로 제거되지 않은 상태로 소스나 수프를 오랫동안 팔팔 끓이면 유화가 촉진되어 색이 탁해질 수 있다. 그러므로 오래 끓이기 전에 반드시 기름을 꼼꼼히 제거해야 한다. 팬을 잠시 기울여서 끓이는 것도 한 가지 방법이다. 이렇게 하면 팬 한쪽에 세게 끓지 않는 부분이 생기고, 거

1 bakmi. 인도네시아어로 국수를 뜻한다.

품이 끓어오르는 쪽에서 나온 지방과 거품이 모두 한쪽으로 모이므로 숟가락이나 국자로 떠서 제거한 다음 다시 팬을 불 위에 바로 올려서 계속 끓이면 된다.

졸인 음식은 장시간 조리로 맛이 더 깊어지지만 동시에 맛이 달라진다는 점도 유념해야 한다. 바닥이 넓고 깊이는 얕은 팬을 사용하면 졸이는 시간을 줄일 수 있다. 액체의 양이 팬에 부었을 때 7.5cm보다 깊으면 얕은 팬에 여러 번 나누어서 졸여야 김이 빨리 증발되어 맛이 크게 바뀌지 않는다. 팬을 2개 사용하는 것도 시간을 크게 절약하는 방법이다. 최근에 나는 친구네 크리스마스이브 파티에 갔다가 저녁 식사 시간에 맞춰 요리하느라 정신이 없던 친구 어머니께도 이 비법을 알려 드렸다. 다른 음식은 이미 완성되어 접시 위에서 식어 가는데 쇠고기 육수를 졸여서 소스로 만들려니 시간이 너무 오래 걸리는 상황이었다. 마침 도와 드릴 일이 없나 하고 주방에 들렀을 때, 소스가 완성되려면 크림을 2컵 붓고 양이 절반으로 줄 때까지 끓여야 한다는 사실을 깨닫고 울상이 된 어머니의 얼굴이 보였다. 상황을 파악한 나는 걱정하지 말라고 어머니를 안심시킨 후, 얕은 팬을 2개 더 꺼내서 한쪽에는 쇠고기 소스를 끓이고 다른 팬에 크림을 끓였다. 이렇게 따로 팔팔 끓이자 소스는 10분 뒤에 완성됐고 모두 둘러앉아 식사할 수 있었다.

찌기

증기를 팬이나 냄비, 통에 가두면 재료의 맛을 생생하게 보존하면서 효율적으로 익힐 수 있다. 오븐을 이용해서 찜 요리를 하려면 오븐 온도가 최소 230℃에 이르러야 하지만, 수증기가 계속해서 발생하므로 찜기 내부 온도는 100℃를 넘어서지 않는다. 증기는 끓는 물보다 에너지가 강해서 음식의 표면을 더 빨리 익힌다. 그럼에도 나는 이 조리법을 재료를 조심스럽게 익히는 방법으로 분류하는데, 팔팔 끓는 물로 익히는 경우 재료가 물 속에서 심하게 움직이지만 증기로 익힐 때는 재료의 물리적인 형태가 보존되기 때문이다.

오븐용 로스팅 접시에 알이 작은 감자를 한 겹으로 깔고 소금으로 간을 한 뒤 로즈메리 1줄기, 마늘 몇 톨 등 향을 더해 줄 재료도 함께 넣어 오븐에서 찜 요리를 해 보자. 팬 바닥이 모두 덮일 만큼만 물을 붓고 은박지를 뚜껑 삼아 위를 꼭 감싼 뒤 칼로 감자를 찔러 보았을 때 쉽게 쑥 들어갈 때까지 익히면 된다. 완성되면 소금과 버터, 또는 마늘 향이 느껴지는 아이올리 소스를 곁들이고 삶은 달걀이나 구운 생선과 함께 낸다.

나는 생선이나 채소, 버섯, 과일을 유산지 봉투에 담아서 찌는 방식을 즐겨 활용한다. (이탈리아어로는 카르토초[cartoccio], 프랑스어로는 파피요트[papillote]라 하는) 이 봉투를 그대로 식탁에 가져와서 개봉하면 증기가 확 빠져나오면서 발산되는 향긋한 냄새를 모여 앉은 손님 모두가 느낄 수 있다.

한번은 유능한 요리사들과 함께 특별한 저녁 식사를 준비한 적이 있었다. 내가 맡은 부분은 디저트 코스였다. 그 팀에 굳이 나를 끼워 준 이유는 내가 유일한 여자 요리사였기 때문인 것 같았다. 페이스트리는 정해진 레시피를 세심하게 따라야 하는 메뉴라는 점에서도 내가 특별히 페이스트리를 잘 만들어서 뽑힌 것이 아님을 분명히 알 수 있었다. (이 책을 쭉 읽은 독자라면 내가 이런 분위기를 어떻게 느꼈을지 짐작이 될 것이다.) 다른 요리사들이 온갖 복잡한 기술을 선보이며 엎치락뒤치락 요리를 완성하느라 여념이 없을 때, 나는 주방 한쪽에 우뚝 서 있는 거대한 오븐을 흘낏 쳐다보고는 색다른 요리를 만들어 보리라 마음먹었다. 마침 주방에는 내가 좋아하는 농장에서 제철을 맞아 수확한 블렌하임 살구가 있었다. 발갛게 잘 익은 오렌지빛 껍질과 보드라운 과육이 특징인 블렌하임 살구는 조용히 깨어나는 봄과 여름의 생기를 동시에 일깨우는 향과 더불어 달콤함과 새콤함이 완벽한 조화를 이루는 맛이 그야말로 일품이다. 농산물 직판장에 들렀다가 혹시라도 블렌하임 살구가 눈에 띄면 들고 갈 수 있는 범위 내에서 무조건 가득 집어야 한다.

그날 저녁 나는 살구를 골라 반으로 가르고 씨를 제거했다. 그리고 아몬드 페이스트와 아몬드, 아마레티(amaretti)라 불리는 자그마한 이탈리아식 쿠키를 넣어 섞은 다음 반으로 자른 살구의 속을 채우고 하나씩 유산지 위에 올린 뒤 디저트 와인을 몇 방울씩 더했다. 마지막으로 설탕을 살짝 뿌려 유산지 봉투인 카르토초에 담았다. 열기가 후끈 느껴지는 뜨거운 오븐에 봉투째로 넣고 10분간 굽자 속에서 나온 김 때문에 봉투가 부풀어 올랐다. 그때 바로 꺼내서 휘핑해 둔 크렘 프레슈와 함께 얼른 테이블로 가져갔다. 세심하게 계획된 코스 요리를 맛본 손님들은 작은 봉투를 직접 열어 보는 소소한 즐거움과 함께 확 퍼져 나오는 살구의 향을 그대로 느꼈고, 달달함과 새콤함이 균형을 이룬 디저트를 마음껏 즐겼다. 벌써 몇 년이나 지난 일이지만, 가끔 그날 식사 자리에 참석했던 손님과 만나면 꿈꾸는 표정으로 살구 카르토초 이야기를 꺼내곤 한다. 이토록 간단한 준비로도 훌륭한 음식이 나올 수 있다는 사실을 깨달을 때마다 나 역시 늘 놀라움을 느낀다.

오븐이 아닌 가스레인지로 찜 요리를 할 경우에는 구멍 뚫린 찜기나 체 위에 채소, 달걀, 쌀, 타말레(tamales), 생선 등 무엇이든 한 겹으로 담고 통째로 물이 담긴 냄비에 올린 뒤 끓인다. 이때 냄비 뚜껑을 닫아야 증기가 빠져나가지 않고 음식이 부드러워질 때까지 익힐 수 있다. 정통 모로코식 쿠스쿠스도 이와 같은 방식으로 만든다. 즉 찜기에 음식의 향을 더하는 채소와 허브, 향신료를 넣고 맛이 우러나도록 찐다.

가스레인지를 이용한 찜 요리는 조개, 홍합 등 어패류를 조리하기에도 이상적인 방법이다. 앞서 **봉골레 파스타** 레시피를 소개하면서도 이 방법을 언급했다.

찌기와 굽기를 결합해 강한 열에 음식을 익히는 방법도 있다. 내가 **찜 볶기**라고 부르는 이 방식은 회향이나 당근처럼 단단한 채소를 익히기에 좋은 조리법이다. 먼저 냄비에 물을 1.5cm쯤 채우고 소금을 넣은 뒤 올리브유나 버터도 듬뿍 넣는다. 그리고 향을 낼 재료를 넣고 채소를 한 겹으로 가득 깐 다음 뚜껑을 약간 비스듬하게 덮는다. 이대로 채소가 부드러워질 때까지 약불로 끓인다. 채소가 익으면 남은 액체를 따라 낸 다음 다시 불을 켜고 마이야르 반응이 일어날 때까지 익힌다.

지방을 이용한 조리법

콩피

콩피는 재료를 지방에 넣고 갈색으로 변하지 않도록 약불로 천천히 익힌 음식을 가리키는 프랑스어다. 지방을 갈색화 반응과 '무관하게' 요리 매개체로만 사용하는 몇 안 되는 요리법 중 하나다.

가장 잘 알려져 있으면서 맛도 가장 좋은 콩피 요리는 오리로 만든다. 프랑스 남서부의 가스코뉴라는 언덕이 많은 지역에서 유래한 오리 콩피는 오리 다리를 오랫동안 보존하는 방법으로 처음 등장했다. 방법도 간단하고, 완성된 요리는 더할 나위 없이 훌륭하다. 먼저 오리 다리에 간을 하고 오리 지방에 담가 뼈와 살이 자연히 분리될 때까지 익힌다. 조리 온도는 오리 기름에서 몇 초에 한 번씩 거품이 1~2개 올라오는 정도가 적당하다. 지방에 잠긴 상태로 냉장 보관하면 몇 개월은 두고 먹을 수 있다. 필요할 때 꺼내서 오리고기를 잘게 찢어 파테(pâté)의 일종인 리예트(rilletes)나 오리, 콩, 소시지를 넣고 만드는 정통 프랑스식 오리 스튜 카술레(cassoulet)를 만들어도 되고, 그냥 간단히 데워서 삶은 감자나 향긋한 녹색 채소에 와인 한잔을 곁들여서 먹어도 좋다.

오리가 없으면 돼지, 칠면조, 닭 등 다른 육류를 이용해 같은 방법으로 맛있는 요리를 만들 수 있다. 추수감사절 칠면조, 크리스마스 거위 요리에서 다리를 떼어 내어 콩피를 만드는 방법도 있다. 가슴살은 구워서 내고 다리는 이렇게 콩피로 만들면 손님들에게 두 가지 요리를 대접할 수 있다. 여름철에는 신선한 참치에 마늘 1~2톨을 넣은 올리브유를 뿌린 콩피와 니수아즈 샐러드를 준비한다. 채소도 콩피에 잘 어울리는 재료다. 파스타에 **아티초크 콩피**를 올리고 바질을 조금 으깨서 더하면 간편한 저녁 식사가 완성되고 **방울토마토 콩피**에는 신선한 콩이나 수란을 곁들인다. 먹고 남은 올리브유는 건더기를 제거한 후 냉장 보관하면 다른 요리에 풍미를 더하는 재료로 활용할 수 있고, 비네그레트 드레싱으로 만들거나 나중에 콩피를 다시 만들 때 사용해도 된다.

스웨팅

스웨팅은 채소를 최소한의 지방을 사용해 색이 변하지 않는 선에서 연하고 투명하게 익히는 것을 의미한다. 채소가 익으면서 물이 흘러나오는 특징이 꼭 땀을 흘리는 것 같다고 해서 스웨팅으로 불린다. 양파, 당근, 셀러리가 향긋하게 섞인 미르푸아(mirepoix)는 모든 프랑스 요리의 토대가 되는데, 미르푸아 역시 볶거나 굽는 대신 색이 변하지 않도록 스웨팅 방식으로 재료를 익힌다. 리소토 비앙코(risotto bianco)와 콜리플라워 퓌레처럼 전체적으로 음식이 아이보리 색이라 갈색으로 익힌 양파가 들어가면 얼룩덜룩해 보일 수 있는 요리에는 스웨팅으로 익힌 양파를 사용한다.

잉글리시 완두콩(English pea) 수프, 당근 수프, **부드럽고 달콤한 옥수수 수프** 등 한 가지 채소로 만드는 수프의 섬세한 맛을 살리는 비법도 스웨팅 방식으로 익힌 양파를 사용하는 것이다. 레시피는 모두 동일하다. 양파를 스웨팅으로 익히고 주재료가 되는 채소를 넣은 뒤 재료가 잠길 정도로 물을 붓는다. 그리고 소금으로 간을 한 뒤 팔팔 끓으면 불을 낮춰 뭉근하게 끓이고 채소가 다 익으면 불을 끈다. 또는 잔열에 재료가 익을 것을 대비해 조금 더 일찍 불에서 내린다. 그리고 냄비째로 얼음물에 담가서 곧바로 식힌 후 전부 갈아서 퓌레로 만든다. 젓고, 맛을 보고, 간을 맞추고, 그릇에 담고, 맛을 더해 줄 고명을 올리고, 부족한 맛은 허브 살사나 크렘 프레슈 등 산성 재료나 지방으로 채운다.

스웨팅으로 익힐 때는 온도가 일정하게 유지되는지 유심히 살펴봐야 한다. 소금을 뿌려서 채소에서 수분이 배어 나오도록 하고, 김이 너무 빨리 빠져나가지 않도록 가장자리가 높은 팬이나 냄비를 사용한다. 유산지나 뚜껑을 덮으면 증기를 가둬서 속에서 재순환되도록 하는 데 도움이 된다. 자칫 채소가 갈색으로 변할 기미가 보이면 주저 없이 물을 조금 뿌려야 한다는 것도 잊지 말자.

익힐 때 재료를 휘젓는 방법에 관해 이야기하자면, 저을수록 열이 흩어진다는 것을 기억하자. 따라서 갈색으로 변하지 않게 하려면 자주 저어야 하고 반대로 노릇하게 익히려면 덜 저어야 한다. 양파를 캐러멜화하거나 베샤멜 소스, 폴렌타를 만들 때 냄비 바닥에 당이나 전분이 쌓이지 않도록 단단한 나무 숟가락과 잘 휘어지는 나무 숟가락을 모두 사용해 젓는 것이 좋다. 하지만 어떻게, 얼마나 저어야 하는지는 과도하게 신경 쓸 필요가 없다. 그냥 갈색화 반응을 촉진하거나 늦출 수 있는 여러 가지 방법 중 하나로 생각하자.

튀기기

앞서 지방에 관한 이야기를 하면서, 튀기는 방법은 사용되는 지방의 양에 따라 다양한 명칭으로 불린다고 언급했다. 그러나 일반적인 튀기기(딥 프라이), 기름에 재료가 약간 잠기도록 튀기기, 지지기, 볶기, 살짝 볶기 등 어떤 방식이든 개념은 동일하다. 먼저 팬에 지방을 넣고 재료를 넣으면 바로 갈색으로 바뀔 정도로 충분히 가열한다. 재료를 기름에 넣었을 때 표면이 갈색으로 변하는 것과 같은 속도로 속까지 다 익어야 한다. 한번에 재료를 최대한 가득 집어넣은 다음 수시로 뒤적거리고 싶은 생각이 들더라도 꾹 참아야 한다. 특정 단백질은 익기 시작하면 팬에 들러붙지만 생선, 닭고기, 육류를 몇 분간 그대로 두면 노릇하게 익기 시작할 때 팬에서 떨어져 나온다.

살짝 볶는다는 뜻의 단어 소테(sauté)는 '점프하다'라는 뜻의 프랑스어에서 유래한다. 손목 스냅을 활용해서 팬에 담긴 음식을 전체적으로 휙휙 뒤적인다는 의미다. 살짝 볶을 때는 기름을 최소한으로 사용해야 뜨거운 기름이 몸에 튀지 않는다. 팬 바닥에 겨우 덮일 정도(약 0.15cm)면 충분하다. 새우, 익힌 곡물, 잘게 썬 채소나 고기, 녹색 채소 등 크기가 작은 재료를 살짝 볶으면 표면을 노릇하게 만들면서 동시에 속까지 익힐 수 있다.

살짝 볶기는 시간과 조리 도구를 모두 절약할 수 있는 요리법이자 음식을 골고루 노릇하게 익힐 수 있는 방법이므로 잘 연마해 둘 필요가 있다. 팬을 흔들어 재료를 능숙하게 뒤집는 기술이 없다고 걱정할 필요는 없다. 나도 몇 년이 지나서야 그 정도 수준에 이르렀으니까. 거실에 낡은 요를 깔아 놓고 연습하는 방법도 있다. 테두리가 있는 둥근 프라이팬에 쌀이나 말린 콩을 한 주먹 담고 일단 팬을 아래로 기울인 다음 팔꿈치는 내리지 않은 상태에서 팬의 내용물이 잘 뒤집히도록 용감하게 흔들어 보자. 그렇게 섞는 기술이 익숙해지기 전까지는 그냥 집게나 나무 숟가락으로 골고루 저어 가면서 볶는다.

지지기(팬 프라이)는 팬 바닥이 모두 잠길 만큼 기름을 충분히 두르고(약 0.5cm쯤) 재료를 익히는 것을 의미한다. 생선 필레, 스테이크, 돼지갈비나 **손가락까지 쪽쪽 빨아먹게 되는 프라이드치킨**처럼 큼직한 재료는 완전히 익히려면 시간이 오래 걸리므로 이 방식을 활용한다. 먼저 팬에 기름을 두르고 어떤 재료를 넣든 곧바로 지글지글 익을 만한 온도가 되도록 가열한다. 단, 재료를 넣으면 노릇하게 익는 동시에 속까지 골고루 익어야 하므로 너무 뜨겁게 달구면 안 된다. 닭 가슴살이나 생선 필레는 한입 크기로 손질한 고기나 새우보다 더 오래 익혀야 하므로 살짝 볶을 때보다 약간 더 낮은 온도에서 익힌다.

기름에 재료가 약간 잠기도록 튀기기와 **일반적인 튀기기**(딥 프라이)는 쌍둥이와 같다. 둘 다 전분 함량이 높은 채소나 반죽, 빵가루를 묻힌 재료를 익히기에 알맞은 요리법이다. 겉으로 보이는 모양 외에는 거의 동일하다고 볼 수 있다. 차이점이 있다면 한쪽은 재료가 기름에 반쯤 잠기도록 하는 것이고 다른 한쪽은 완전히 잠긴 상태에서 튀긴다는 것이다. 어느 쪽을 택하든 기름의 온도는 185℃(365°F) 안팎을 유지해야 한다. (튀김을 할 때 "나는 365일 튀김만 먹고 싶어!"라는 말을 떠올리면 적정 온도를 기억하기 좋을 것이다. 또는 튀김용 온도계의 365°F 눈금에 지워지지 않는 펜으로 표시를 해 두는 것도 좋은 방법이다.) 기름 온도가 이보다 낮으면 단시간에 바삭하게 익지 않아서 눅눅한 튀김이 되고, 온도가 이보다 높으

면 속까지 다 익기 전에 튀김옷이 타 버린다. 닭 허벅지살처럼 밀도가 높고 단단한 재료는 다 익으려면 최대 15분은 소요된다. 따라서 어느 정도 오래 익혀야 하는 재료는 이와 같은 규칙이 적용되지 않는다. 즉 닭 허벅지살의 경우 185℃에서 튀기다가 165℃까지 떨어지도록 내버려 두어야 바삭한 식감을 얻으면서 속까지 익힐 수 있다.

파키스탄의 어느 길가에서 차플리 케밥을 팔던 요리사처럼 음식을 튀길 때는 재료에서 흘러나오는 신호에 집중해야 한다. 이 신호에 익숙해지면 튀김 요리를 할 때마다 온도계를 찾아야 하는 수고를 덜 수 있다. 재료에서 김이 나다가 지글지글 거품이 일고 기름 위로 둥둥 떠오른 뒤 노릇한 갈색으로 바뀌는 변화는 모두 잘 살펴봐야 할 단서들이다. 기름 온도가 너무 높으면 재료를 넣자마자 지글지글 익는 소리와 함께 갈색으로 변하는데, 그 기세가 너무 과하거나 반대로 금방 변화가 나타나지 않을 수도 있다. 보글보글 일어나던 거품이 사라지고 재료에서 뿜어져 나오던 김이 가라앉고 나면 반죽이 다 익은 것이다. 겉이 바삭하고 노릇해졌을 때는 얼른 기름에서 건져야 한다.

기름 온도는 재료를 얼마나 넣느냐에 따라 달라진다. 크기가 크고, 차갑고, 밀도가 높은 재료일수록 가열된 기름에 넣었을 때 기름 온도가 더 크게 떨어진다. 이로 인해 기름 온도가 다시 185℃에 이르기까지 시간이 너무 오래 걸리면, 그동안 재료가 적당히 노릇해지기도 전에 과하게 익고 만다. 그러므로 기름은 딱 알맞은 온도를 약간 넘어선 정도로만 가열하거나, 기름 온도가 크게 떨어질 것에 대비해 재료를 한꺼번에 너무 많이 넣지 않아야 한다. 또한 재료를 한 차례 더 집어넣기 전에는 기름 온도가 적정 수준으로 올라오도록 기다려야 한다.

적당한 튀김 온도는 100℃를 훌쩍 넘어서므로 반죽이나 재료 표면에 있던 수분은 기름에 닿자마자 증발한다. 튀길 때 부글부글 끓어오르는 거품이 바로 증발하는 수분이다. 바삭하고 노릇하게 잘 익은 튀김을 만들기 위해서는 무엇보다 이 증발하는 수분이 최대한 빨리 빠져나가도록 하는 것이 중요하다. 즉 튀김 냄비에 재료를 가득 넣으면 안 된다는 소리다. 반죽을 입힌 재료끼리 절대 서로 닿아서는 안 되며 기름 아래로 한 겹 이상 쌓여서도 안 된다. 그렇지 않으면 거대하게 뭉쳐진 눅눅한 덩어리가 되고 만다. 감자, 케일, 비트 칩을 만들 때처럼 반죽 없이 재료만 튀길 때도 익는 과정에서 서로 닿을

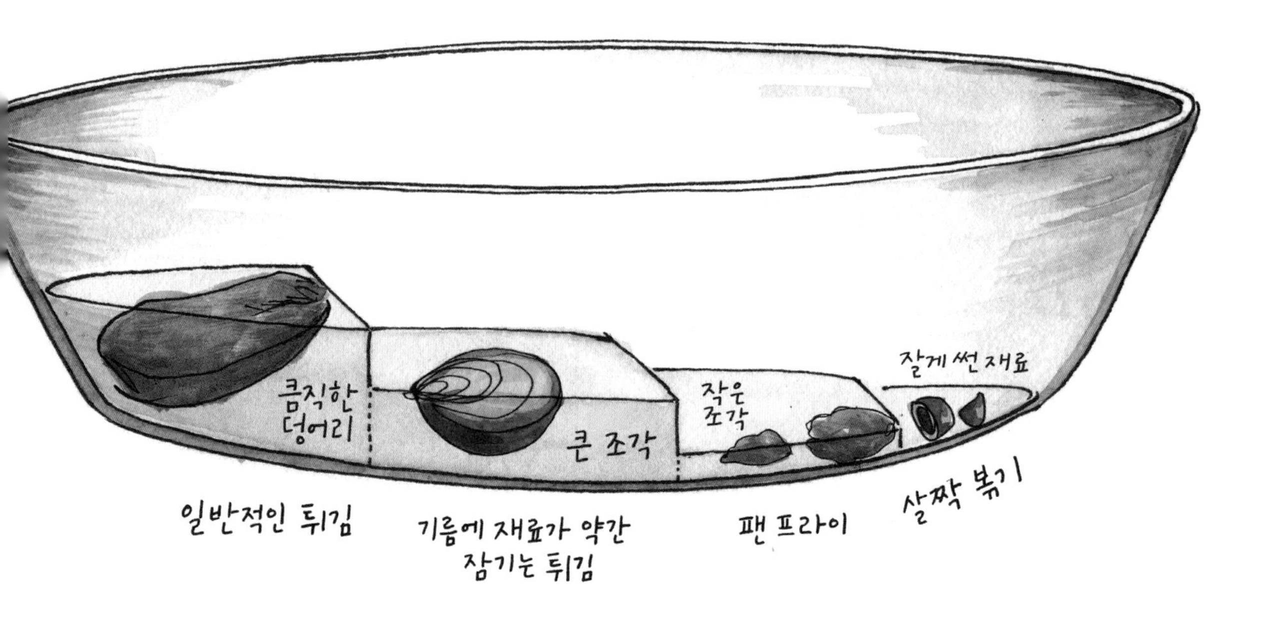

수 있고 가만히 두면 붙을 수 있으므로 자주 휘저어서 떨어뜨려야 골고루 노릇하게 익힐 수 있다.

게살이나 어묵, 근대, 빵가루를 입힌 그린 토마토 등 그냥 튀기면 거품이 끓어오르면서 재료가 분리될 수 있는 연한 재료는 재료가 살짝 잠기도록 기름을 넣고 튀긴다. 재료가 기름에 모두 잠기는 일반적인 튀기기 방식은 각종 칩과 반죽을 입힌 재료, 껍질이 얇은 게처럼 속까지 꽉 찬 재료를 전체적으로 골고루 익히면서 튀길 때 적합한 요리법이다.

단시간 굽기

그릴, 주물 팬, 오븐에 미리 예열해 둔 베이킹 시트 등 어떤 도구를 이용하든 음식을 **재빨리 구워서** 익히려면 재료의 표면이 굉장히 높은 온도까지 올라가야 한다. 먼저 재료와 닿는 조리 기구에 높은 열을 가해서 달구고 지방을 넣어 기화점까지 가열한 다음 고기를 넣어서 굽는다. '에콜로 레스토랑'이 문을 닫은 뒤에 나는 집에서 요리할 일이 많아졌다. 하지만 화력이 어마어마했던 음식점 주방의 가스 불 대신 우리 집 부엌의 약한 가스 불에 적응하기란 쉽지 않았다. 주물 팬을 아무리 오랫동안 예열해도 충분히 뜨거워지지 않아 스테이크를 구우면 늘 과하게 익힐 수밖에 없었다. 그렇게 질긴 스테이크를 몇 번 씹어 삼킨 뒤, 나는 프라이팬을 뜨겁게 달군 오븐에 넣고 최소 20분간 예열한 다음 가스 불 위에 올려서 센불로 재료를 익혀 보았다. 효과는 만점이었다.

재료를 노릇하게 굽거나 튀길 때 또는 구울 때, 모두 열과 제일 먼저 닿는 면이 가장 먹음직스럽고 보기 좋게 익는다. 따라서 접시에 담았을 때 보여 주고 싶은 면이 항상 맨 처음 그릴이나 팬에 닿도록 해야 한다. 가금육의 경우 껍질이 먼저 닿도록 올리고, 생선은 껍질과 반대되는 쪽부터 구워야 한다는 뜻이다. 육류는 각자의 판단에 따라 가장 보기 좋은 쪽이 열에 먼저 닿도록 한다.

단시간 굽기의 목적은 육류나 해산물을 요리할 때 마이야르 반응으로 발생하는 맛의 증대 효과를 얻기 위해 갈색이 될 정도로 많이 익히지 않는 것이다. 고기의 연한 부위나 생선은 재빨리 구울 때 재료에 침투하는 열로도 충분히 익는다. 따라서 단시간 굽기는 참치, 가리비, 쇠고기 안심처럼 거의 익히지 않거나 살짝만 익혀서 먹어야 가장 맛있는 재료에 적합한 조리법이다. 그럼에도 굽기는 재료를 '익히는' 것보다 '갈색화 반응을 유도하는' 용도로 가장 많이 활용된다. 큼직한 고기는 먼저 구워서 마이야르 반응으로 생기는 맛을 끌어낸 다음 약불로 끓이는 찜 요리에 넣는다. 마찬가지로 양갈비나 돼지고기 등심, 두꺼운 돼지갈비도 먼저 직화로 구운 다음 가스레인지나 그릴, 혹은 오븐에서 약불로 계속 익힌다.

공기를 이용한 조리법

그릴에 굽기, 브로일링

그릴에 음식을 구울 때 가장 먼저 지켜야 할 규칙은 재료가 불꽃과 바로 만나게 하면 안 된다는 것이다. 타오르는 불이 음식에 닿으면 시커먼 그을음이 생기고 불쾌한 냄새가 날 뿐만 아니라 발암 성분도 생긴다. 그러므로 불꽃이 가라앉은 뒤에 숯에서 연기가 피어나고 벌건 불이 남아 있을 때 그 열로 익혀야 한다. 캠핑할 때 스모어(s'more)에 들어갈 마시멜로를 어떻게 구워야 하는지 생각해 보라. 철제 옷걸이를 변형하여 만든 긴 꼬챙이에 마시멜로를 끼우고 모닥불 앞에 앉아 인내심을 갖고 기다려야 골고루 구울 수 있다. 포동포동한 마시멜로를 불에 너무 가까이 대고 구우면, 나중에 입에 넣었을 때 가스 냄새가 나고 겉은 탔지만 속은 다 안 익은 맛이 난다. 불꽃 바로 위에 그릴을 올려서 요리할 때도 어떤 재료를 익히든 그와 같은 현상이 벌어질 수 있다.

그릴의 온도는 과실수, 단단한 나무, 숯, 가스 등 불을 피우는 연료에 따라 달라진다. 오크 나무나 아몬드 나무와 같은 단단한 나무는 불이 빨리 붙고 천천히 타므로 열을 오래 가해야 하는 요리를 할 때 적절하다. 포도나무, 무화과나무, 사과나무, 체리 나무 등 과실수는 불이 붙으면 금방 높은 온도로 타오른다. 따라서 단시간에 재료를 노릇하게 익혀야 할 때 유용하다. 소나무, 가문비나무, 전나무와 같은 연한 목재는 불이 붙으면 매운 연기가 나고 음식에 썩 반갑지 않은 향을 더하므로 그릴용 장작으로는 사용하지 말아야 한다.

숯은 나무보다 천천히 타면서 더 뜨거운 열을 얻을 수 있다는 장점이 있다. 특히 목재 형태를 그대로 유지하고 있는 숯을 이용하면 음식에 스모키한 향을 더할 수 있다. 불에 바로 익힌 음식이 맛이 더 좋은 건 사실이지만, 가스 그릴의 편리함도 무시하지 못할 장점이다. 다만 가스 그릴을 사용할 때는 나무를 태우지 않으므로 음식에 스모키한 향을 더할 수 없다는 한계가 있다. (다만 153쪽에서 설명했듯이 훈제용 나뭇조각을 이용해서 이 효과를 얻는 방법도 있다.) 또한 가스는 장작이나 숯처럼 뜨거운 열을 내지 못하므로 직화로 요리할 때처럼 음식을 굉장히 높은 온도까지 가열할 수는 없고, 따라서 그만큼 빠르게 혹은 효율적으로 노릇하게 익히지 못한다.

그릴에 고기를 구울 때 잘 지켜보지 않으면 지방이 녹아 숯 위로 떨어지고 불이 붙어서 음식이 모두 불길에 휩싸이는 사태가 벌어진다. 이렇게 되면 반갑지 않은 냄새가 고기에 잔뜩 밴다. 그러므로 그릴 위에 올린 재료를 이리저리 옮겨서 불길이 일지 않도록 하고 기름이 많은 부분은 가장 뜨겁게 달궈진 숯과 멀리 떨어진 곳에 두어야 한다. 나도 요리를 배우기 전에는 고기에 그릴 자국이 격자로 선명하게 남도록 굽는 건 요리 솜씨가 아주 뛰어난 사람이나 할 수 있는 일인 줄 알았다. 그러다 '셰 파니스'에서 일을 시작하고 몇 년이 지난 어느 날, 앨리스의 집에 놀러 갔다가 뒷마당에서 앨리스가 메추라기 고기며 소시지를 가득 구워 내는 모습을 보았다. 문득 동료 요리사들이 음식에 굳이 그릴 자국을 만들려고 애쓰는 것을 한 번도 본 적이 없다는 사실을 깨달았다. 앨리스는 작은 벌새처럼 잠시도 쉴 틈 없이 그릴 앞을 분주히 오가며 고기와 소시지를 올리고 색이 변하자마자 또는 지방이 녹아서 불길이 확 일어날 것처럼 보일 때 곧바로 뒤집었다. 앨리스가 구운 고기는 뒤집힌 면이 황금빛과 갈색이 조화를 이루며 윤기가 좔좔 흘렀다. 그토록 집중해서 구운 덕분에 얻은 성과였다. 먹어 보니 그릴 무늬가 전혀 없는 부분도 어쩌다 무늬가 남은 부위 못지않게 마이야르 반응에서 생겨난 진한 풍미가 입안 가득 느껴졌다.

가스 그릴을 사용하든 불을 직접 피워서 사용하든, 그릴로 요리할 때는 가스레인지에 점화 장치가 여러 군데 있는 것처럼 그릴 전체에 다양한 온도가 형성되도록 해야 한다. 가장 뜨겁게 달궈진 숯에서 **직접 전해지는 열**은 얇은 스테이크나 메추라기 같은 작은 가금육, 얇게 썬 채소, 얇은 토스트, 닭 가슴살, 버거 패티 등 연하고 크기가 작은 재료를 살짝 익히는 용도로 사용한다. 그리고 그 숯과 가깝고 온도가 더 낮은 쪽에는 뼈가 달린 고기 등 익히는 데 시간이 어느 정도 걸리는 큼직한 고기를 올린다. 소시지 등 불에 닿으면 불길이 일어날 수 있는 지방이 많은 부위도 이 부분에 올리면 익히면서 식지 않게 해 준다.

간접적으로 전해지는 열은 미국 남부의 바비큐 방식인 약한 불에 재료를 천천히 익히는 조리법에서 활용되며, **세이지와 꿀을 넣은 훈제 치킨**처럼 고기를 훈연할 때도 활용한다. 두 경우 모두 그릴은 오븐과 같은 기능을 하며 재료의 온도를 90~150℃ 사이로 유지한다. 이와 같은 조리법은 일정한 열을 가해서 재료를 천천히 익히는 것이 핵심이므로 불을 직접 피우면 온도 조절이 힘들 수 있다. 육류용 디지털 온도계를 사용하면 그릴 온도가 크게 떨어지거나 높아졌을 때 바로 확인할 수 있으므로 도움이 된다.

나는 '에콜로 레스토랑'이 문을 닫은 뒤 어느 여름에 디지털 온도계가 유용하다는 사실을 깨달았다. 저널리즘 교수님이자 내 요리 수업의 수강생이기도 했던 마이클 폴란이 실수로 돼지고기 목살을 필요한 양보다 세 배나 더 많이 주문한 바람에 배달된 양을 보고 깜짝 놀라 내게 연락을 해 온 날이었다. 돼지고기 목살로 만드는 바비큐 요리를 가르쳐 줄 테니 함께 만들자는 마이클 교수님의 제안에 우리는 그의 집 뒷마당에서 천천히 익히는 요리를 주제로 한 긴급 요리 교실을 열었다. 완성되기까지 지루하게 기다려야 했지만 정말 맛있는 음식을 맛볼 수 있었다. 그가 소금과 설탕을 문질러 미리 절여 둔 고기를 꺼내 오자, 우리는 향을 내기 위해 나뭇조각을 추가로 준비한 가스 그릴에서 간접 열로 6시간 동안 고기를 구웠다. 훈제 향이 강하게 배인 데다 내가 먹어 본 돼지고기 목살 중에 가장 부드러운 고기를 맛보고 나니, 혹시 마이클 교수님이 전생에 남부에서 전문 바비큐 요리사였던 건 아닐까 하는 생각까지 들었다. 불 앞에 계속 서 있지 않아도 되는 조리법이었으므로 우리는 기다리는 동안 **찐 콩 요리**와 **브라이트 양배추 샐러드**, **달콤 쌉싸름한 초콜릿 푸딩**을 만들어서 그날 밤 대대적인 '긴급 돼지고기 파티'를 즐겼다.

그릴이 없다면? 아파트에 살고 있다면? 그럴 때는 실내에서도 할 수 있는 **브로일링**을 활용하면 된다. 그릴 요리를 반대로 뒤집은 조리법이라 생각하면 된다. 그릴 요리가 대부분 야외에서 불을 피우고 그 위에 음식을 올려서 익히는 방식이라면, 브로일링은 오븐 안에 재료를 넣고 위에서 내리쬐는 열에 음식을 익히는 것을 의미한다. 이 경우 재료가 열원에 훨씬 더 가까이 위치하므로 일반적인 그릴 요리와는 비교도 안 될 만큼 아주 뜨거운 열로 재료를 익힐 수 있다. 얇은 스테이크나 갈비를 익힐 때, 또는 음식을 노릇하게 구울 때 브로일링을 활용하되 집중해서 살펴봐야 한다. 단 20초 사이에 맛있게 잘 익은 상태에서 홀랑 타 버릴 수도 있기 때문이다. 토스트에 치즈를 듬뿍 올려 말랑하게 녹일 때, 마카로니 치즈 위에 빵가루를 뿌리고 바삭하게 익힐 때, 먹고 남은 **오향분 글레이즈 치킨**의 껍질을 바삭하게 데울 때 이 방법을 활용하면 된다.

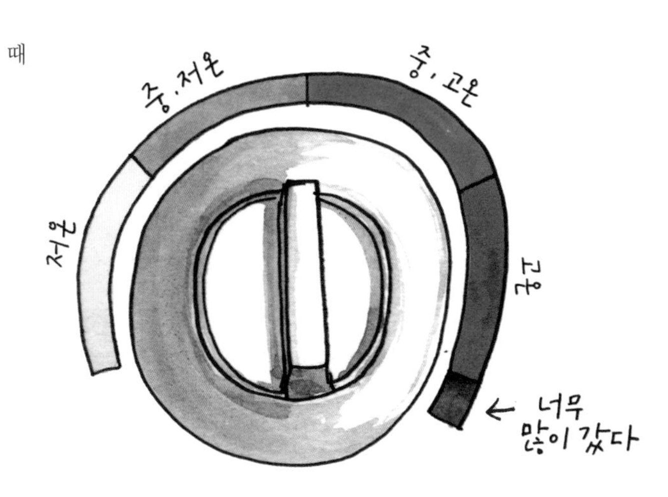

그릴에 굽든 브로일링으로 굽든 다 익은 고기는 잠시 두었다가 뼈를 발라내거나 썰어야 한다. 잔열로 고기가 더 익을 수 있는 시간을 버는 동시에 단백질이 풀어지는 시간도 필요하다. 이렇게 휴지기를 거치고 나면 수분이 보존되어 더 촉촉한 맛을 즐길 수 있다. 큰 덩어리로 익힌 고기는 휴지기가 최대 1시간까지 필요하지만 스테이크는 5~10분 정도면 충분하다. 고기의 가장 부드러운 식감을 즐기기 위해서는 반드시 **결 반대 방향**, 또는 근섬유가 지나는 반대 방향으로 썰어야 한다. 조금 힘들더라도 칼로 근섬유가 드러난 쪽을 직각으로 잘라 끊듯이 썰면 훨씬 더 연하고 부담 없이 씹을 수 있는 스테이크가 완성된다.

제과제빵

오븐 온도는 크게 네 가지 단위로 나뉜다. **저온**(80~135℃), **중·저온**(135~175℃), **중·고온**(175~220℃), 그리고 **고온**(220℃ 이상)이다. 각각의 온도 범위 내에서는 음식이 거의 비슷한 정도로 익는다. 어떤 온도에서 익혀야 할지 모를 때는 음악으로 치면 '가온 다' 음에 해당하는 175℃에서 시작한다. 레시피에 나온 온도가 영 이상하다 싶을 때도 이 온도에서 익히면 된다. 175℃는 갈색화 반응을 유도할 만큼 뜨거운 동시에 대부분의 음식이 속까지 골고루 익을 만큼 그리 높지 않은 온도이기 때문이다.

저온(80~135℃)은 효모를 이용한 발효나 **마시멜로 머랭**에 적합한 온도로 음식의 갈색화 반응을 유발하지 않는 약한 열에 해당한다. 내가 아는 요리사 중에는 미신 같은 묘한 믿음을 토대로 페이스트리를 만드는 사람이 있다. 그는 머랭을 구울 때 반드시 낡은 가스 오븐을 이용하고 하룻밤 내내 굽는다. 즉 잠들기 전에 오븐을 95℃로 맞춰 놓고 머랭 반죽이 담긴 팬을 넣어서 오븐에서 천천히 전해지는 최소한의 열로 익히는 것이다. 아침이 되면 눈처럼 하얗고 바삭하면서도 과도하게 마르지 않은, 한마디로 완벽한 머랭이 완성되어 있다.

대부분의 제과제빵은 크게 세지 않은 **중·저온**(135~175℃)에서 충분히 성공적인 결과를 얻을 수 있다. 단백질이 굳으면서 형태가 잡히고, 반죽에서 수분이 적당히 날아가 재료를 살짝 노릇하게 구울 수 있는 온도다. 케이크, 쿠키, 브라우니 모두 중·저온에서 충분히 익는다. 파이와 쇼트브레드, 비스킷 등 부드러운 반죽도 마찬가지다. 온도를 160℃ 정도로 맞추면 175℃로 익힐 때보다 결과물이 더 연하고 부드럽게 완성된다. 즉 쿠키는 바삭한 맛보다 쫄깃한 맛이 더 강해지고, 케이크는 노르스름한 갈색이 아닌 황금색이 더 두드러진다.

온도가 중·저온보다 높아지면 갈색화 현상이 가속화된다. 요리를 **중·저온**에서 먼저 익힌 다음 온도를 높여서 **중·고온**(175~220℃)에서 익히면 그라탱, 라자냐, 팟 파이, 캐서롤 등의 윗면을 먹음직스러운 황금빛 갈색으로 만들 수 있다.

고온(220℃ 이상)에서는 갈색화 반응이 단시간에 일어나지만 불균일한 결과를 얻을 수 있다. 크림퍼프, 파삭한 껍질처럼 형태가 빨리 잡혀야 하는 음식은 고온에서 익혀야 한다. 뜨거운 오븐에서는 수분이 증발해 김이 형성되면서 반죽의 부피가 늘어나는 **오븐 스프링 현상**이 나타난다. 이렇게 김이 방출되는 과정에서 베이킹 반죽의 층이 분리되고 **애런의 타르트 반죽**처럼 바삭한 껍질이 형성된다. 수플레, 팝오버처럼 반드시 오븐 스프링으로 부풀려야 하는 음식도 있지만 **로리의 미드나잇 초콜릿 케이크**처럼 화학적인 팽창이 필요한 경우도 있다. 어느 쪽이든 오븐에서 초반에 부풀어 오르는 단계는 제과제빵의 전체 과정에서 매우 중요한 기능을 한다. 오븐 스프링이 가장 강력하게 일어날 수 있도록 하려면 고온에서 베이킹을 시작하고 첫 15~20분간은 오븐을 열지 않아야 한다. 그리고 반죽의 단백질이 형태를 잡고 기본적인 모양이 완성된 후 온도를 낮춰야 태우지 않고 골고루 익힐 수 있다.

수분 제거(90℃ 이하)

수분 제거는 오븐에서 가장 낮은 온도로 굽는 방식이다. 이름에서도 알 수 있듯이, 갈색화 반응이 일어나지 않는 온도에서 재료에 함유된 수분을 제거하는 것이 목적이다. 음식을 보존할 때 많이 활용하는 조리법으로, 육포나 어포, 말린 고추, 프루트 레더(fruit leather), 토마토 페이스트, 말린 과일과 토마토를 모두 이 방식으로 만든다. 음식에 약한 열을 가할 수 있도록 만들어진 식품 건조기를 구입해도 되지만, 오븐 온도를 최저로 설정하거나 점화 온도로 설정한 뒤 밤새 익혀도 같은 결과를 얻을 수 있다. '에콜로 레스토랑'에서는 여름에 가장 무덥고 건조한 날이면 고추와 껍질 벗긴 콩을 들고 지붕에 올라가서 철망에 한 겹으로 쭉 펼쳐 놓고 말리곤 했다. 해가 지면 밤에 돌아다니는 동물들과 아침 이슬이 식재료를 망치지 않도록 얼른 실내로 들여야 한다는 사실도 그때 배웠다. 한번 말릴 때마다 완성되기까지 며칠씩 걸리고 계속 신경을 써야 했지만, 그래도 해마다 여름이 되면 부지런히 재료를 말리면서 다가올 겨울을 준비하는 그 시간이 나는 정말 즐거웠다. 오븐을 이용해 즙이 듬뿍 남아 있는 말린 토마토를 만들려면 먼저 크기가 작고 향이 진한 얼리 걸 품종의 토마토를 준비한 다음 반으로 잘라 유산지를 깐 오븐 팬에 자른 면이 위로 향하도록 촘촘히 놓는다. 소금으로 간을 하고 설탕을 살짝 뿌린 다음 팬을 오븐에 넣고 95℃(가능하면 그보다 낮은 온도)에서 12시간 정도 익힌다. 잘되고 있는지 중간에 한두 번 정도만 확인하면 된다. 과즙이 넘치거나 축축한 상태가 아니면 완성이다. 이렇게 만든 말린 토마토는 유리병에 담고 올리브유를 잠길 정도로 부은 다음 냉장 보관하거나 여닫을 수 있는 비닐 팩에 담아 냉동 보관하면 최대 6개월까지 두고 사용할 수 있다.

굽기/토스트(175~230℃)

나는 표면이 바삭하고 색은 노르스름한 갈색을 띠면서 먹어 보면 마이야르 반응에서 나온 풍부한 맛이 느껴지는 토스트를 가장 좋아한다. 베이글을 굽든 빵가루나 잘게 썬 코코넛을 굽든 이 세 가지 특성이 모두 나타나도록 **구워 보자**. 견과류도 같은 방법으로 구우면 더욱 맛있게 즐길 수 있다. 내가 일했던 '에콜로 레스토랑'에서 초보 요리사가 실수했던 것처럼 과하게 굽지 않으려면 타이머를 맞춰 두고 수시로 상태를 확인하는 것이 좋다. 견과류를 오븐에서 구울 때는 반드시 한 겹으로만 담고 자주 뒤섞어야 하며 완성된 것은 먼저 꺼내야 한다.

닭의 간 페이스트나 누에콩 퓌레를 발라 먹기에 좋은 얇게 썬 빵은 중·저온(약 175℃)에서 구워야 타지 않고 자칫 입안이 다칠 만큼 바싹 마르지 않은 상태로 구울 수 있다. 그보다 두툼하게 썰어서 수란과 잎채소, 토마토, 리코타 치즈를 얹어 먹기에 좋은 빵은 고온(최대 230℃)에서 굽거나 뜨겁게 달군 그릴에 올려서 단시간에 표면이 갈색이 되도록 구워야 가운데 부분의 쫄깃한 맛을 즐길 수 있다.

코코넛 가루나 잣, 빵가루는 굽는 온도가 230℃를 넘어가면 완벽하게 잘 구워진 상태가 순식간에 홀랑 타 버린다. 온도를 10~25℃만 낮춰도 여유롭게 구울 수 있고 잠시 더 익혀도 안전하다. 온도 변화에 크게 영향을 받는 음식을 적당히 구운 상태로 먹고 싶다면 완성된 후 뜨거운 팬 위에 그대로 두지 말고 다른 곳으로 옮겨야 한다. (그렇지 않으면 잔열로 계속 익는 바람에 완벽한 토스트가 새카맣게 탄 숯덩이처럼 변하고 만다.)

천천히 굽기, 그릴로 굽기, 훈연하기(90~150℃)

지방 함량이 높은 육류나 생선은 오븐 또는 그릴에서 낮은 온도로 천천히 익히면 지방이 녹으면서 속에서부터 촉촉하게 익는다. 이렇게 **천천히 구운** 연어는 내가 정말 좋아하는 요리 중 하나로, 요리를 1

인분만 만들 때, 생선 한 면을 통째로 익힐 때도 동일한 조리법을 적용할 수 있다. 먼저 생선 양쪽에 소금을 뿌려서 간을 하고 오븐 팬에 허브를 깐 다음 생선 껍질이 아래로 오도록 올려놓는다. 그 위에 질 좋은 올리브유를 약간 뿌리고 손으로 문질러서 골고루 묻힌 다음 약 105℃로 예열해 둔 오븐에 넣는다. 생선의 크기에 따라 그대로 10~50분간 익히면 된다. 가장 두툼한 부분을 칼이나 손가락으로 찔러 보았을 때 살이 분리되면 완성된 것이다. 이 정도 온도에서 익히면 단백질이 받는 영향이 크지 않아서 다 구운 뒤에도 생선이 반투명한 상태로 유지된다. **천천히 구운 연어 요리**는 부드럽고 촉촉해서 따뜻할 때 먹어도 좋고 실온에 두거나 또는 차갑게 식혀서 샐러드와 함께 먹어도 좋다. (자세한 레시피와 상차림 아이디어는 310쪽을 참고하기 바란다.)

굽기/로스트(175~230℃)

토스트와 **로스트**의 차이는 단순하다. 토스트는 음식의 표면을 노릇하게 만드는 것이고, 로스트는 속까지 전부 익히는 것이다. 원래 로스트는 꼬챙이에 끼운 고기를 불 위나 옆에서 굽는 방식을 가리키는 말로 사용됐다. 오늘날에는 로스팅이라고 하면 건조하고 뜨거운 오븐에서 고기를 굽는 것이 떠오르는데, 약 200년 전까지만 해도 이 같은 조리 방식은 베이킹이라 불렀다.

나는 '에콜로 레스토랑'에서 일하는 동안 로스팅 요리를 정말 사랑하게 됐다. 그곳에서는 닭이건 다른 어떤 재료건 계속 빙빙 돌리면서 구운 덕분에 전체적으로 골고루 잘 익힐 수 있었지만, 집에서 오븐에 넣고 구우면 열원이 제각각이라서 노릇하게 익는 부위가 달라진다. 열이 발생하는 기구에서 나오는 **복사열**은 재료가 익는 동안 밖으로 노출된 부분의 수분을 증발시키므로 닭 껍질은 바삭하게 마르고 작은 감자는 껍질이 쪼글쪼글해지면서 질겨진다. 열이 **대류**하는 컨벡션 오븐의 경우 하나 또는 2개의 팬이 뜨거운 공기를 일정하게 순환시켜 음식이 노릇하게 익는 동시에 수분은 날아가고 일반 오븐보다 재료가 더 빨리 익는다. 그러므로 이 같은 오븐을 사용할 때는 조리 온도를 5℃ 정도 낮추거나 얼마나 익었는지 각별히 주의해서 지켜봐야 한다.

반면 뜨거운 금속에 음식이 닿았을 때 표면이 갈색으로 변하는 것은 열이 **전도**된 결과이다. 가스레인지에서 음식을 익힐 때 바로 이러한 현상이 나타난다. 즉 불꽃이 프라이팬 온도를 높이고 이 열이 팬에 담긴 기름에 전해지며 이렇게 달궈진 기름이 음식을 뜨겁게 만든다. 고구마를 얇게 썰어서 오일을 바르고 오븐 팬에 담아 뜨거운 오븐에 넣고 구워 보자. 위아래가 모두 굽히긴 하지만 열이 전달되는 방식으로 인해 윗면과 아랫면이 다르게 익는다. 즉 윗면은 약간 마르고 질기지만 아랫면은 노르스름하면서도 촉촉하게, 마치 팬에 튀긴 것처럼 완성된다. 이처럼 로스팅 방식으로 음식을 구울 경우 쇠막대에 꽂아서 굽거나 오븐에서 공기가 음식의 아래쪽까지 순환하지 않는 한 재료가 무엇이건 골고루 노릇하게 익지 않는 문제가 발생한다. 그러므로 오븐에서 음식을 구울 때는 뒤집고 섞어서 위치를 바꿔 주어야 한다. 오븐에서는 갈색화 반응이 한번 시작되면 가속도가 붙고 고온에서는 금세 갈색으로 바뀐다. 따라서 표면이 노릇해지기 시작하면 온도를 낮춰야 과도하게 익는 것을 방지할 수 있다.

두께가 얇은 재료나 자칫하면 노릇한 상태를 넘어 과하게 익을 위험이 높은 재료도 미리 대비하면 그런 결과를 막을 수 있다. 오븐 팬을 오븐에 넣고 먼저 예열한 다음 그 위에 얇게 잘라 소금과 기름을 두른 호박을 올려서 굽는다. 주물 팬도 먼저 가스레인지에 올려서 달군 다음에 **하리사 소스**를 뿌린 새우를 담고 그대로 뜨거운 오븐에 넣는다. 오븐에서 장시간 익혀야 하는 음식은 온도를 약간 더 낮게 설정하자. 요리하면서 맛을 보고, 만져 보고, 냄새를 맡아 보고, 소리에도 신경을 써야 한다.

갈색화 반응이 너무 빨리 시작되는 느낌이 들면 온도를 낮추고, 유산지나 포일로 덮어 놓았다면 입구를 살짝 연다. 그리고 열이 나오는 곳에서 먼 쪽으로 위치를 바꿔 주자. 반대로 갈색화 반응이 너무 천천히 일어난다 싶으면 온도를 올리고 음식을 열이 가장 많이 나오는 쪽으로 밀어 넣는다. 보통 오븐 뒤쪽 구석이 가장 뜨거우므로 그 방향이나 열선이 있는 쪽에 더 가까이 둔다.

김이 빨리 빠져나오고 갈색화 반응도 단시간에 일어나게 하려면 얕은 팬에 재료를 담아 굽는 것이 좋다. 가장자리가 살짝 올라온 오븐 팬이나 주물 팬은 대부분의 로스팅 요리에 적합하다. 익으면 기름이 녹아서 줄줄 흘러내리는 고기(거위, 오리, 로스트용 갈비, 돼지 등심 등)는 꼬챙이에 끼워서 굽는 편이 좋다. 그렇지 않으면 팬 바닥에 기름이 흥건하게 고여서 구이 대신 튀김이 될 가능성이 있다.

채소

적당한 시점에 소금 간을 하고 마이야르 반응을 잘 끌어내면, 채소도 겉은 노릇하고 달콤하면서 속은 부드럽고 맛있게 구울 수 있다. (소금을 언제 첨가해야 하는지는 40쪽 **소금 달력**을 참고하기 바란다.) 채소를 구울 때는 기본 온도를 205℃로 맞추는데, 채소의 크기와 밀도, 분자 구성, 로스팅용 팬의 깊이와 재질, 팬 하나에 올릴 재료의 양과 오븐에서 한 번에 구울 재료의 양에 따라 적정 온도가 달라질 수 있다는 점을 기억하자.

'셰 파니스'에서 일할 때 한 번에 구워야 하는 호박의 양을 잘못 계산해서 끔찍한 실수를 저지른 적이 있다. 오븐에 팬이 들어갈 자리는 두 곳밖에 없는데 시간에 쫓기던 상황이었다. 그래서 팬 2개에 어떻게든 호박을 전부 밀어 넣으면 다 해결될 거라고 생각했다. 퍼즐을 맞추듯이 오븐 팬 위에 호박을 어찌나 촘촘하게 배열했는지 전부 하나로 연결된 것처럼 보일 정도였다. 그 상태로 팬을 오븐에 넣고 나머지 호박도 마찬가지로 다른 팬 하나에 빽빽하게 담으려고 했다. 다른 요리사들이 팬 하나에 채소를 그렇게 한꺼번에 많이 담는 모습을 한 번도 본 적이 없다는 사실은 떠올리지도 못했다. 얼른 일을 끝내야 한다는 생각뿐이었으니까!

그런데 두 번째 팬에 나머지 호박을 담다가 내가 실수했다는 사실을 깨달았다. 남은 양이 얼마 되지 않아서 이번에는 호박 사이사이에 공간이 충분히 남았던 것이다. 하지만 먼저 오븐에 넣은 팬 위에서 이미 호박은 익어 가고, 해야 할 일들이 줄줄이 기다리는 상황이라 다른 조치를 취하지 않은 채 호박이 담긴 두 번째 팬을 그대로 뜨거운 오븐 안에 집어넣었다.

결국 시간을 줄이려다 후회할 일을 만들고 말았다. 잠시 후 팬의 방향을 돌리려고 오븐을 열자 빼곡하게 놓은 호박은 물 위에 둥둥 떠 있고, 넉넉하게 간격을 두고 올린 호박은 노릇하게 잘 구워지고 있었다. 첫 번째 팬 위에 올린 호박은 삼투압 현상으로 수분이 빠져나왔으나 김이 날아갈 공간이 없어서 축축하고 누눅한 덩어리가 된 것이다. 그렇게 의도치 않게 찐 호박 수프를 만들고 말았다. 이 일이 남긴 딱 한 가지 긍정적인 결과는 그 후로 채소를 구울 때 오븐 팬 하나에 재료를 과도하게 담는 일이 한 번도 없었다는 것이다.

재료를 골고루 노릇하게 익히려면 오븐 팬에 절대로 채소를 빼곡하게 담지 말아야 한다. 사이사이에 김이 빠져나갈 수 있는 공간을 두어야 갈색화 현상이 충분히 일어날 수 있는 수준까지 온도를 높일 수 있다. 또한 굽는 동안 채소를 자주 들여다봐야 한다. 뒤섞고, 방향을 바꾸고, 팬의 방향도 돌리고, 위아래 위치도 옮겨 주자.

당과 전분, 수분 함량이 제각기 다른 채소를 같은 팬에 모두 한꺼번에 담아서 구워도 되지 않을까 하는 생각이 들 수 있다. 그런데 그렇게 하면 골고루 익지 않는다. 어떤 건 김이 펄펄 나는데 어떤 건 타고 있고, 어느 것도 만족스러운 상태로 익지 않는다. 144쪽 **식물의 위와 아래**를 참고해 함께 익혀도 되는 채소가 무엇인지 확인하자. 오븐 팬이 하나밖에 없어도 고민할 필요 없다. 중고 상점에 가면 얼마든지 구할 수 있다! 팬을 하나 더 구하기 전에는 감자를 팬 한쪽에 몰아서 담고 브로콜리는 다른 쪽에 담아서 구우면 된다. 그리고 다 구워진 것부터 팬에서 덜어 낸다.

육류

소갈비, 돼지고기 등심 등 마블링이 잘 형성된 연한 부위는 오븐처럼 건조한 열로 익혀도 육즙이 충분히 촉촉하게 유지되므로 로스트에 적합하다. 앞에서도 설명했듯이 이 같은 종류의 고기는 익는 과정에서 지방이 녹고 속에서부터 촉촉해진다. 내부에 다량의 지방이 갇혀 있는 돼지 목살이나 쇠고기 목심 같은 단단한 고기도 로스트로 익히기에 적절하다.

칠면조 가슴살처럼 거의 살코기로 된 부위를 구울 때는 사전 작업이 필요하다. 즉 **소금물에 절이기** 또는 고기를 지방으로 감싸서 수분을 보존하는 **바딩**이라는 방법을 활용한다.

간이 골고루 배게 하려면 고기가 익는 동안 단백질이 가지고 있던 수분이 전부 빠져나오지 않도록 해야 하므로, 소금이 제 기능을 할 수 있도록 미리 소금 간을 해 두어야 한다. 그리고 고기는 실온에 두었다가 굽고(크기가 매우 큰 고기는 실온으로 맞추려면 몇 시간이 걸릴 수도 있다.) 뜨거운 오븐(205~220℃)에 넣어 표면이 노릇하게 익기 시작하면 5℃ 정도씩 온도를 계속 낮추면서 완전히 익힌다.

베이컨이나 육류를 처음부터 205℃보다 높은 온도에서 구워야 빨리 익고 갈색화 반응도 금방 일어난다고 생각하는 사람들에게 꼭 들려주고픈 이야기가 있다. 몇 년 전 어느 날 나는 한 저녁 파티에 필요한 음식을 만들기 위해 내 조그마한 아파트 주방에서 열심히 요리하고 있었다. 오븐은 통닭구이에 알맞은 온도로 예열하고, 팬에 갈비를 담아 오븐에 넣고 굽기 시작했다. 다른 문제는 없었지만 그날 준비한 갈비가 유독 기름기가 많아서 조금 신경이 쓰였다. 몇 분 후, 오븐에서 엄청난 연기가 뿜어져 나오기 시작했다. 그 양이 얼마나 엄청난지 무슨 무대 장치처럼 보일 정도였다! 갈비에서 녹아 나온 지방이 곧장 연기로 바뀐 것이다. 내가 다른 조치를 취하기도 전에 팬에서 흘러나온 기름이 오븐 열선에 뚝뚝 떨어져 불이 붙었다. 얼른 선반을 열고, 불을 끌 수 있는 것이 없나 미친 듯이 찾던 나는 가장 먼저 눈에 들어온 것을 재빨리 뿌렸다. 2.2kg짜리 밀가루였다. 그날 저녁 메뉴에 갈비 요리는 내놓지 못했다는 사실만 알아 두기 바란다. (시간을 아끼려다가 일어난 참사였다. 때로는 시간이 걸리더라도 그것이 곧 최선이자 유일한 방법일 수 있다.)

내가 겪은 일에서 여러분이 꼭 교훈을 얻었으면 좋겠다. 일단 고기에서 지방이 녹아 흘러나오면, 대부분의 동물성 지방이 기화되는 온도인 190℃에서 고기를 익혀야 화재경보기가 울리는 등 최악의 사태를 막을 수 있다.

고기를 구울 때는 온도를 바로바로 확인할 수 있는 온도계를 활용하자. (하나 마련해 두면 훈연할 때도 활용할 수 있다.) 크기가 큰 고기는 한쪽이 다 된 것처럼 보이더라도 덜 익은 부위가 남아 있을 수 있으므로 여러 곳의 온도를 확인해야 한다. 고기 내부 온도가 몇 도만 달라도 촉촉한 고기에서 메마른 고기로 바뀔 수 있다. 내가 그동안 경험한 것을 정리해 보면, 덩어리가 큰 고기는 내부 온도가 일단 38℃에 도달하면 1분에 약 0.5℃씩, 혹은 그보다 빠른 속도로 온도가 올라간다. 그러므로 내부 온도가 47~49℃에 이르는 미디엄 레어로 요리를 완성하고 싶다면 38℃가 된 후 약 15분쯤 지났을 때 꺼내야 한다. 큰 고기는 속에 잔열이 8℃ 정도 남아 있고 스테이크나 토막으로 썬 고기는 잔열이 3℃ 정도 남아 있다는 점도 고려해서 고기를 언제 열원에서 꺼내야 하는지 계산한다.

단시간 굽기로 완성하는 특유의 바삭함을 선호한다면 먼저 가스레인지에서 구운 다음 오븐에 넣어 추가로 익히면 된다. 이렇게 하면 바쁜 주중에 시간을 절약하면서 금방 로스트 요리를 만들 수 있다. **세상에서 가장 바삭한 즉석 닭구이**를 만들 때 나는 항상 이 방법을 활용한다. 즉 주물 팬에 닭 가슴 부위가 아래로 오도록 올리고 노릇해질 때까지 구운 다음 뒤집어서 오븐에 넣어 구우면 원래 로스트에 걸리는 시간을 절반으로 줄여서 요리를 완성할 수 있다. 돼지고기, 양고기, 쇠고기 안심, 채끝, 두툼한 등심 모두 이와 같은 방법으로 익히면 맛있게 즐길 수 있다.

열 덧입히기

소금이나 지방, 산성 재료와 마찬가지로 열도 원하는 결과를 얻기 위해서는 한 가지보다 많이 활용해야 하는 경우가 있다. 나는 이런 방법을 **열 덧입히기**라고 부른다.

토스트한 빵은 아주 훌륭한 예다. 전분이 들어간 다른 재료와 마찬가지로 밀도 수분과 열이 있어야 익는다. 빵은 밀을 빻아서 물을 넣어 반죽을 만들고, 그 반죽을 오븐에서 완전히 익힌 결과물이다. 그러므로 토스트는 이미 한 번 구운 빵을 다시 굽는 것이라 할 수 있다.

까다로운 요리를 제시간에 완성하고 다 된 요리를 데우려다가 의도치 않게 과조리하는 결과가 발생하지 않으려면 요리 과정을 세분하는 방법이 유용하다. 레스토랑에서 일하는 요리사들도 주문이 들어오면 완성하기까지 걸리는 시간을 기준으로 요리의 특성에 영향을 주지 않는 선에서 조리 단계를 나눈다. 단단한 고기, 밀도가 높은 채소, 다량의 곡물처럼 약한 열에 오랫동안 익혀야 하는 재료는 사전에 완전히 조리를 끝내거나 부분적으로 익혀 두고 주문이 들어오면 다시 가열한다. 그리고 튀긴 음식, 연한 고기나 생선, 조개류, 꼬마 채소 등 금방 익힐 수 있거나 재가열하면 망가지는 재료는 주문이 들어오면 익힌다.

돼지고기 목살로 찜 요리를 만들 경우 파티 전날 만들어 두어도 되지만 구워서 타코에 넣을 계획이라면 파티 당일에 구워야 한다. 브로콜리, 콜리플라워, 순무, 겨울호박 등 단단한 채소는 살짝 굽거나 데친 다음에 볶으면 좀 더 깊은 맛을 느낄 수 있다. 닭 허벅지 부위는 먼저 뼈에서 살이 떨어질 때까지 약불로 익힌 다음 살을 잘게 찢어서 팟 파이로 만든다.

이처럼 두 가지 조리법을 조합하는 요령을 익히면 겉은 바삭하고 노릇하게, 속은 부드럽고 연하게 요리가 완성되므로 상반되는 맛과 질감을 모두 얻을 수 있다.

열 측정하기: 감각 신호

미국의 시인 메리 올리버는 자신의 시에서 "집중하는 것, 이것은 우리가 끝없이 노력해야 할 일이자 마땅히 해야 할 일"이라는 구절을 썼다. 나는 이 시인이 요리도 굉장히 잘했으리라 확신한다. 지금까지 만난 훌륭한 요리사들은 집에서 요리하는 사람이든 전문 요리사든 모두 세심하게 관찰할 줄 아는 사람들이었다.

소금, 지방, 산은 혀로 요리의 상황을 파악할 수 있다. 그러나 열의 영향은 대부분 맛으로 알 수 없으므로 미각이 아닌 다른 감각이 더 중요한 역할을 한다. 다양한 음식을 요리할 때는 아래와 같이 감각 신호를 활용해 다 익었는지, 혹은 거의 다 익었는지 판단한다.

시각

- 케이크와 발효하지 않고 굽는 빵은 노릇한 갈색이 나타나면 팬 가장자리에서 떼어 낸다. 케이크의 종류에 따라 다르지만 이쑤시개로 가운데를 찔러 보고 부스러기가 한두 점 묻거나 아무것도 묻어 나오지 않으면 완성된 것으로 볼 수 있다.

- 생선은 익으면 반투명한 상태에서 불투명한 상태로 바뀐다. 뼈가 있는 생선은 뼈에서 살이 분리되기 시작한다. 연어, 송어처럼 살이 겹겹이 떨어지는 생선은 그 겹이 벌어지기 시작한다.

- 대합, 홍합 등 조개류는 익으면 입을 벌린다. 랍스터와 게는 살과 껍질이 분리된다. 가리비는 다 익어도 안쪽이 반투명한 상태로 남아 있고, 새우는 색이 변하면서 꼬부라지기 시작한다.

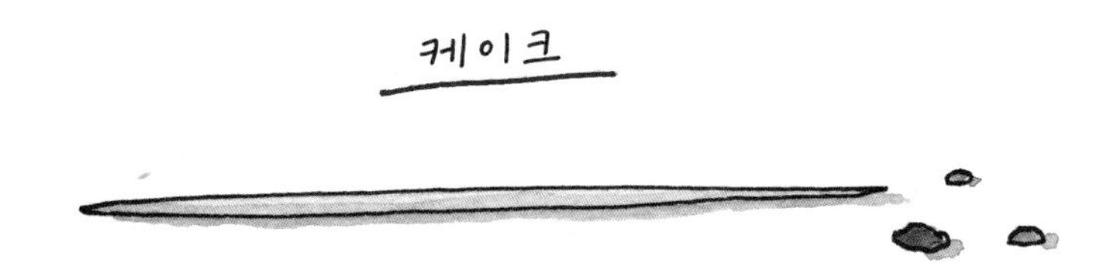

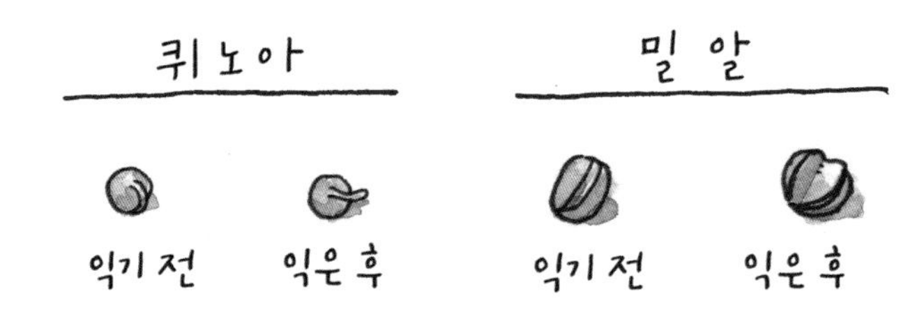

- 퀴노아는 다 익으면 싹이 작은 꼬리처럼 밖으로 튀어나온다. 보리, 밀알과 같은 통곡류는 완전히 익으면 반으로 쪼개진다. 파스타는 익으면 축 처지고 색이 옅어진다. 익히지 않은 건조 파스타도 옅은 색이지만, 다 익은 파스타는 잘라 보거나 씹어 보았을 때 가운데가 흰색으로 남아 있으면 적당히 익은 것, 즉 알 덴테로 볼 수 있다.

- 튀김은 겉면의 색깔과 함께 거품이 얼마나 발생하는지를 보고 익은 정도를 판단한다. 튀김은 익을수록 밖으로 빠져나가는 수분이 줄면서 거품도 점점 줄어든다.

- 닭고기는 적절히 익으면 색이 분홍빛에서 불투명하게 바뀌고 촉촉해진다. 가금육, 고기, 생선은 칼로 잘라 보거나 찔러 보고 익은 정도를 확인할 수 있다. 가장 두툼한 부분을 잘라서 다 익었는지 살펴보자. 로스트 치킨은 허벅지를 찔러 보았을 때 투명한 육즙이 흘러나오면 완성된 것이다.
- 커스터드는 다 익으면 가운데가 흔들리더라도 가장자리는 단단해진다. 달걀흰자의 미끈거리는 부분이 없어야 한다.

후각

- 음식에서 풍기는 냄새는 아마도 맛 다음으로 우리의 감각을 즐겁게 하는 요소일 것이다. 양파가 갈색으로 변하기 전까지 단계마다 냄새가 어떻게 달라지는지 익혀 두기 바란다. 설탕을 캐러멜화할 때도 마찬가지다. 이런 냄새에 익숙해지면 오븐에 채소를 굽다가 잠깐 다른 방에 있더라도 냄새로 먼저 변화를 알아챌 수 있다.

- 뜨거운 팬에 향신 재료를 볶으면 색이 변하기 전에 먼저 향이 방출된다. 향이 흘러나오면 팬을 꺼내 잔열로 마저 익히면 된다.
- 탄 냄새가 나면 반드시 어디서 시작된 것인지 찾아야 한다.

청각

- 음식을 팬에 올렸을 때 지글지글 소리가 나면 팬과 팬에 두른 기름 모두 충분히 예열된 것을 알 수 있다.
- 하지만 다른 의미로 지글지글 소리가 날 때가 있다. 지글대는 소리가 잦아들면서 더 뚜렷하고 공격적인 소리로 바뀌면, 곧 탁탁 튀는 소리가 나기 시작한다. 이는 기름이 너무 뜨겁고 양이 많다는 신호이므로 팬에 고인 기름을 닦아 내야 한다. 닭 가슴살을 굽던 중이었다면 반대쪽으로 뒤집고, 오븐에서 갈비를 굽다가 이런 소리를 들었다면 얼른 꺼내야 한다.
- 끓는 소리에 귀를 기울여 보자. 특히 팔팔 끓이다가 불을 줄여 뭉근하게 끓여야 할 때 더 집중해서 들어야 한다. 팬에 포일을 덮어서 오븐에 넣고 가열할 때도 집중하면 그 안에서 액체 끓는 소리를 들을 수 있다. 이것이 가능해지면 오븐 문을 열고 덮어 놓은 포일을 젖혀서 내용물을 확인하는 번거로운 과정을 생략할 수 있다.

촉각

- 연한 고기는 다 익으면 단단해진다.
- 단단한 고기도 다 익으면 마찬가지로 단단하지만 수축된다. 건드렸을 때 쪼개지거나 뼈에서 분리되면 다 익은 것이다.
- 다 익은 케이크는 살짝 눌러 보면 제자리로 돌아온다.
- 전분이 냄비 바닥에 눌어붙어서 저어도 움직이지 않거나 바닥 전체에 침투 불가능한 층이 형성되어 가장자리가 곧 탈 것 같은 상태가 되면 얼른 눌어붙은 것을 뜯어내거나 냄비를 교체해야 바닥이 타는 것을 방지할 수 있다.
- 콩, 곡류, 전분이 함유된 재료는 모두 익으면 연해진다.
- 파스타는 익으면 가운데 아주 살짝 딱딱한 부분이 남고 전체적으로 쫄깃해진다.
- 채소는 가장 두툼한 부분까지 부드러워지면 다 익은 것이다.

소금, 지방, 산, 열을 즉흥적으로 활용하기

이제 재미있는 일을 해 볼 차례가 왔다. 소금, 지방, 산, 열을 이용해 멋진 요리와 메뉴를 만들어 보자. 이 네 가지 요소에 관한 기본적인 질문에 답을 찾아보면 진행 방향이 분명해진다. 소금, 지방, 산을 얼마나, 언제, 어떤 형태로 사용할 것인가? 재료는 대체로 약불로 익혀야 할까, 아니면 센불로 익혀야 맛이 더 좋아질까? 이와 같은 질문에 차례로 답을 구하다 보면 어떤 주제로 요리를 할 것인지 떠오르고, 그 생각을 기준으로 삼아 자유자재로 아이디어를 더하면 된다.

예를 들어 다음에 맞이할 추수감사절에는 소금과 지방, 열에 관해 배운 내용을 토대로 지금까지 만들었던 칠면조 구이 중에서 가장 촉촉하고 가장 맛있는 요리를 완성한다는 목표를 세워 보자. 소금이나 소금물로 미리 간을 하면 고기가 부드럽고 풍미도 더 좋아진다. 살코기가 대부분인 가슴 부위에는 껍질 아래에 허브가 들어간 버터를 작게 잘라 슬쩍 끼워 두면 살이 촉촉하게 익는다. 오븐에 넣기 전에는 껍질을 두드려 닦아서 잘 말려야 오븐 안에서 찜이 아닌 노릇하고 바삭하게 잘 구워진 칠면조가 된다. 실온에 두었다가 굽고, 등뼈를 제거해 납작하게 펼쳐서 익히면(이를 **즉석 구이**라고 한다. 316쪽 참조) 오븐의 강한 열을 골고루, 빠른 속도로 흡수한다. 다 구운 칠면조는 단백질이 형태를 잡도록 최소 25분은 두었다가 썰자. 이제 달콤하고 맛이 선명한 크랜베리 소스를 곁들여서 맛있게 즐기면 된다.

가족끼리 저녁에 갈비나 구워 먹자는 이야기가 나오면, 다들 실망하더라도 여러분은 싫다고 딱 잘라 거절하자. 대신 **천천히 구운 연어 요리**나 **손가락까지 쪽쪽 빨아먹게 되는 프라이드치킨**을 준비해서 양념부터 조리까지 얼마나 간편하게 끝낼 수 있는지 보여 주자. 꾹 참고 기다리면 후회하지 않을 요리를 만나게 해 주겠다는 약속도 잊지 말 것. 갈비 요리를 만들겠다고 마음먹은 날에는 먼저 고기에 소금을 넉넉히 뿌려서 하룻밤 재워 둔다. 다음 날, 향긋한 채소는 부드러워지고 고기는 노릇해지도록 푹 익힌다. 기본양념에 와인과 토마토를 잊지 말고 첨가하자. 재료를 전부 팬에 담아 오븐에 넣고 약불로 계속 익히면 맛이 더 깊어지고, 살은 더 연해지며, 풍미는 한층 강해진다. 찜 요리를 돋보이게 해 줄 허브 살사를 꺼내서 식탁으로 가져가면 다들 이게 무슨 일인가 하는 표정으로 눈을 동그랗게 뜨고 쳐다보리라. 그리고 한입 떠서 맛을 보고는 언제 이런 요리 솜씨가 생겼냐고 물어볼 것이다. 그럼 이렇게 대답하자. "간단해요. 소금, 지방, 산 그리고 열로 만들었죠."

무엇을 만들까

이제 '어떻게' 요리하는지 배웠으니 '무엇을' 요리할 것인지만 정하면 된다. 메뉴 정하기는 요리 과정 중에서도 내가 정말 좋아하는 단계다. 나는 간단한 퍼즐을 풀듯이 접근하는 편이다. 즉 먼저 하나를 정하고, 나머지는 그 부분에 맞추어 나가는 식으로 메뉴를 완성한다.

기준 정하기

요리의 구성 요소 중 한 가지를 정한 다음 그것을 기준으로 한 끼 식사를 구성해 보자. 나는 이와 같은 방식을 **기준 정하기**라고 부른다. 맛과 주제가 하나로 통일된 메뉴를 만드는 가장 효과적인 방법이다.

이틀 전에 소금에 절인 닭처럼 특정한 재료가 기준이 될 수도 있고, 특정한 요리법이 기준이 될 수도 있다. 이제 여름이 막 시작되어 얼른 그릴을 켜 보고 싶다는 생각이 들면 그릴이 기준이 되기도 한다. 따라해 보고 싶은 레시피를 발견했다면 그 레시피가 기준이 될 수도 있다. 때때로 장을 보러 나가자니 너무 귀찮은 날에는 그냥 냉장고, 냉동실, 부엌 선반을 다 뒤져서 나온 재료로 음식을 만들어야겠다는 생각을 기준으로 삼으면 된다.

시간, 공간, 자원, 또는 사용할 수 있는 기구가 가스레인지인지 오븐인지 등 제한 요소가 기준이 될 수도 있다. 오븐이 쉴 틈 없는 추수감사절에는 오븐을 기준으로 삼고 준비할 메뉴 중에 오븐에서 익혀야 하는 음식은 무엇인지, 가스레인지나 그릴에서 만들어도 되는 음식은 없는지, 실온에서 바로 먹어도 되는 요리는 무엇인지 구분한다. 주중에는 저녁에 요리할 시간이 없다는 사실을 기준으로 삼고 고기를 하나 선택해서 그것을 위주로 간단한 음식을 만들면 된다. 시간이 여유로운 일요일에는 이와 반대로 메뉴도 찬찬히 정하고 하루 내내 천천히 익혀야 완성되는 요리도 시도할 수 있다.

멕시코 요리, 인도 요리, 한국 음식, 태국 음식이 유독 당기는 날은 각각의 특별한 맛을 기준으로 정하자. 특정 문화권 요리의 대표적인 특성을 느낄 수 있는 재료가 무엇인지 생각하고, 그 재료 위주로 요리를 만든다. 요리책을 뒤져 보거나 어린 시절에 먹은 음식, 여행 가서 먹었던 요리를 떠올려도 좋고, 할머니나 이모에게 물어보는 것도 좋은 방법이다. 할머니의 방법을 그대로 지켜서 전통식으로 요리할 수도 있고, **세계의 맛**(194쪽)을 참고해 익숙한 음식에 특정 문화권 요리의 특색을 불어넣는 방법도 있다.

내가 늘 그러는 것처럼 농산물 직판장에 갔다가 너무 흥분한 나머지 감당할 수 없을 정도로 많은 농산물을 짊어지고 왔다면 그 식재료를 기준으로 삼으면 된다. 커피를 한잔 준비해서 식탁에 앉아 평소 즐겨 보는 요리책을 펼치고 이 책 뒤에 소개된 레시피도 참고하면서 어떤 요리를 만들까 생각해 보자.

'셰 파니스'에서 내게 맨 처음 주어진 업무 중 하나는 '가르드 망제(garde-manger)' 역할이었다. 프랑스어로 '음식 보초'를 의미하는 이 일은 매일 아침 6시부터 시작된다. 이 시각에 출근하면 가장 먼저 총 네 곳으로 나뉜 대형 냉장창고와 식료품 창고에 가서 보관된 재료를 전부 목록으로 기록하는 일이었다. 냉장창고에 들어가 있으면 뼛속까지 덜덜 떨릴 만큼 춥다는 사실을 깨닫고 난 뒤에는 늘 요리사 옷 안에 스웨트 셔츠를 껴입고 그 일을 시작했다. 그리고 내가 작성하는 재고 목록이 매일 아침 요리사들이 정하는 그날의 메뉴를 좌우한다는 사실도 알게 되었다. 그날 사용할 수 있는 재료는 무엇이고 농부, 축산업자, 어부 등 레스토랑에 식재료를 공급하는 사람들이 어떤 재료를 보내올 예정인지 전부 다 파악한 뒤에야 어떤 요리를 할지 정할 수 있었다. 내 몫의 역할을 제대로 하지 않으면 요리사들도 해야 할 일을 못하게 되는 셈이었다.

다른 요리사들이 하나둘 출근해서 주방에 북적북적 생기가 돌기 시작하고 시끄럽게 돌아가는 식기세척기 소리가 온 레스토랑을 채우기 전, 나는 고요한 아침 냉장창고에서 보내는 그 시간이 점점 좋아졌다. 그리고 얼마 지나지 않아, 당장 사용할 수 있는 재료를 써 보는 것이 식당이든 집에서든 무엇을 요리할 것인지 정할 때 가장 첫 단계가 된다는 사실을 깨달았다. 더불어 이렇게 메뉴를 정하고 요리하는 것은 재료의 품질을 우선시하는 방식이라는 것도 알게 되었다. 맛이 없는 재료로 요리를 시작하면 소금, 지방, 산, 열을 아무리 잘 첨가하고 활용해도 맛이 바뀌지 않는다. 그러므로 가능하면 항상 가장 맛있는 재료로 요리를 해야 한다.

일반적으로 농산물, 육류, 유제품, 생선은 신선할수록 맛이 좋다. 그리고 가까운 지역에서 제철에 수확한 식재료가 가장 신선하고, 따라서 맛도 가장 우수하다. 어떤 요리를 할지 정하기 전에 장부터 보러 간 날에는 가장 맛있는 재료를 중심으로 메뉴를 정하면 된다는 것을 알게 될 것이다. 제발 뭐라도 맛있는 요리를 하게 되기를 하염없이 기다린다고 되는 일이 아니라, 농산물 직판장에서 완벽하게 잘 익은 무화과나 연한 꼬마 채소를 우연히 발견했을 때 메뉴를 바로 결정할 수 있는 것이다.

농산물 직판장에 갈 여건이 안 되면 마트에 가서 가장 신선해 보이는 재료를 찾아내자. 주방에서와 마찬가지로 마트에서도 모든 감각을 총동원해야 한다. 채소가 시들하거나 토마토에서 진한 향이 나지 않으면 냉장 코너로 가서 미처 못 보고 지나친 채소가 없나 살펴보자. 냉동과일이나 채소는 볼 생각도 안 하고 지나치는 경우가 많지만 대부분 가장 신선할 때 수확해서 그대로 얼린 제품들이다. 기나긴 겨울철이나 딱히 신선한 재료를 찾을 수 없는 날에는 냉동 완두콩과 옥수수로 봄과 여름의 맛을 즐길 수 있다.

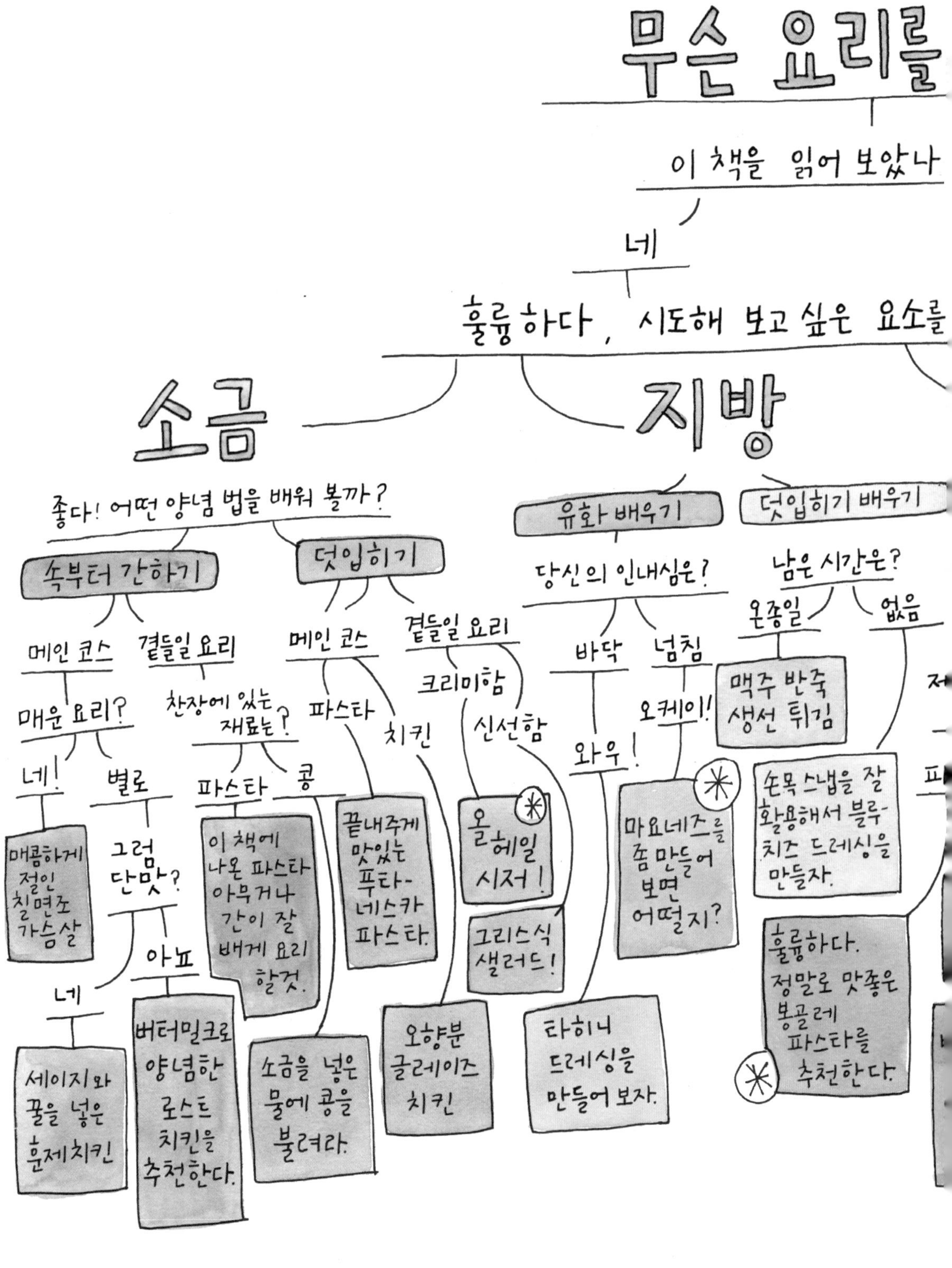

무슨 요리를

이 책을 읽어 보았나

네

훌륭하다, 시도해 보고 싶은 요소를

소금

좋다! 어떤 양념 법을 배워 볼까?

속부터 간하기

메인 코스

매운 요리?

네!

매콤하게 절인 칠면조 가슴살

별로

그럼 단맛?

네

세이지와 꿀을 넣은 훈제치킨

아뇨

버터밀크로 양념한 로스트 치킨을 추천한다.

곁들일 요리

찬장에 있는 재료는?

파스타

이 책에 나온 파스타 아무거나 간이 잘 배게 요리할 것.

콩

소금을 넣은 물에 콩을 불려라.

덧입히기

메인 코스

파스타

끝내주게 맛있는 푸타-네스카 파스타.

치킨

오향분 글레이즈 치킨

곁들일 요리

크리미함

올 헤일 시저!

신선함

그리스식 샐러드!

지방

유화 배우기

당신의 인내심은?

바닥

와우!

타히니 드레싱을 만들어 보자.

넘침

오케이!

마요네즈를 좀 만들어 보면 어떨지?

덧입히기 배우기

남은 시간은?

온종일

맥주 반죽 생선 튀김

없음

손목 스냅을 잘 활용해서 블루치즈 드레싱을 만들자.

훌륭하다. 정말로 맛좋은 봉골레 파스타를 추천한다.

유럽

- **동유럽**: ……, 계피, 캐러웨이 씨, ……
- **독일**: 올스파이스, 아니스, 월계수 잎, 캐러웨이, 골파, 계피, 딜 씨앗과 잎, 생강, 노간주나무 열매, 홀스래디시, 파프리카, 파슬리, 백후추, 셀러리 씨
- **스페인**: 사프란, 타임, 파슬리, 스위트 파프리카, 훈제 파프리카, 월계수 잎, 칠리, 고수, 라벤더, 사철쑥, 바질
- **이탈리아**: 바질, 회향 씨앗과 잎, 흑후추, 로즈메리, 세이지, 칠리, 오레가노, 사프란
- **프랑스**: 파슬리, 사철쑥, 타임, 바질, 회향씨앗, 라벤더, 로즈메리, 세이지, 월계수 잎, 처빌, 프로방스 허브, 카트르 에피스(프랑스식 배합 양념)
- **영국**: 파슬리, 셀러리, 민트, 딜, 카레가루, 카다몬, 생강, 계피, 육두구

북아메리카 대륙

- **미국, 캐나다**: 머스터드, 파프리카, 흑후추, 카이엔 고추, 칠리, 파슬리, 셀러리, 딜, 민트, 계피, 육두구
- **멕시코**: 생칠리, 말린 칠리, 고수, 쿠민, 계피, 에파조테, 오레가노, 정향, 올스파이스, 타임
- **중앙아메리카**: 고추, 에파조테, 고수, 머스터드, 강황
- **카리브해 지역**: 올스파이스, 매운고추, 칼라루, 생강, 히비스커스, 오레가노, 쿠민, 바질, 월계수 잎, 파프리카, 사프란, 카레 가루, 저크스파이스

남아메리카 대륙

- **아르헨티나, 우루과이**: 파슬리, 오레가노, 칠리, 파프리카
- **칠레, 페루, 볼리비아**: 페루고추, 민트, 메리골드, 아히고추, 바질, 파슬리, 고수, 칠리
- **브라질**: 카다몬, 칠리, 고수, 정향, 생강, 육두구, 파슬리, 흑후추, 사프란, 타임

…시아

- **지중해 지역**: 수막, 오레가노, 타임, 쿠민, 마저럼, 말린 민트, 흑후추, 회향, 자타르, 바하라트, 파슬리
- **이란**: 아르비에, …, 강황, …

…리카

세계의 맛

전 세계 다양한 음식에
어떤 향신료가 가장
어울리는지 찾아보자.
허브에 향신료를
더해 향긋한
기본양념을 만들고
고명을 더하면
요리마다 같은 맛도
다채롭게 즐길 수 있다.

- 정향, 딜, 생강, 고[illegible], 열매, 파프리카, 흑후추, 향신식물 [illegible]
- 북유럽: 카다몬, 계피, 딜, 생강, 노간주 나무 열매, 육두구, 월계수 잎, 올스파이스, 머스터드, 사프란
- 그리스, 키프로스: 민트, 딜, 파슬리, 오레가노, 바질
- 서아프리카: 육두구, 생강, 카레, 아도보, 망콘
- 북아프리카: 사프란, 하리사, 계피, 고수, 쿠민, 수막, 민트, 파슬리, 라카마, 두카, 라스엘 하누트 (모로코식 배합 양념)
- 아프리카 북동부: 베르베르, 미트미타
- 중국: 고추, 마늘, 생강, 사천고추, 팔각, 흑후추, 참깨, 오향분
- 일본: 고추, 생강, 와사비, 들깨, 표고버섯, 유자, 다시마, 겨자분말, 김, 시치미토가라시 (일본식 배합 양념)
- 한국: 고추, 마늘, 참깨, 생강, 들깨
- 태국: 타이 바질, 칠리, 고수, 쿠민, 카레 페이스트, 생강, 레몬그라스, 민트, 캐퍼라임, 갈랑갈, 강황
- 베트남: 타이 바질, 칠리, 고수, 생강, 레몬그라스, 민트, 파, 팔각, 들깨, 라우람
- 인도: 칠리, 고수, 강황, 쿠민, 생강, 카레, 가람 마살라, 판치포란, 아니스, 카다몬, 계피, 정향, 커리, 민트, 흑후추, 사프란, 머스터드
- 사프란, 쿠민, 카다몬, 장미, 딜, 민트, 바질, 파슬리, 고[illegible], 사철쑥, 마리[illegible]

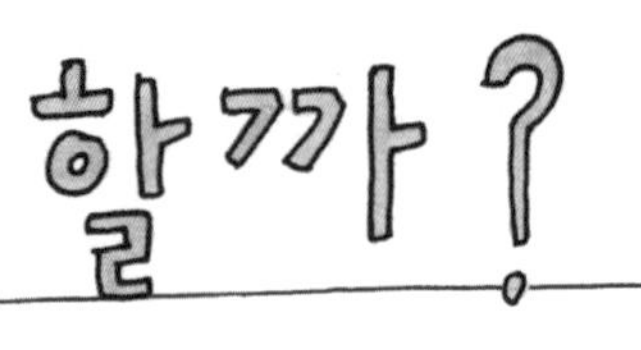

요?

아니오

좋다. 이 책은 목적지가 아니라 여정을 알려 주는 책이다. 그러니 앞으로도 평생 요리를 하게 된다는 사실을 잊지 말고, 휙휙 넘기지 말고 얼른 처음부터 읽어 보기 바란다. ^^

골라 보자.

산

신맛 덧입히기

묵직한 음식? 가벼운 요리?

- 제대로 된 한 끼
  - 스타
  - 치킨 → 닭 초절임
- 가벼운 요리
  - 크리미함 → 버터밀크 판나코타, 와인에 절인 과일
  - 신선함 → 브라이트 양배추 샐러드 하나면 가볍고 신선한 맛을 즐길 수 있다!

열

좋다. 어떤 걸 배워 볼까?

- 열 덧입히기
  - 간단하게 → 페르시아식 쌀밥
  - 정교하게 → 구운 땅콩호박, 로크포르 타르트 얼마나 맛있을까!
- 갈색화
  - 그릴 → 두꺼운, 또는 얇은 립아이 스테이크
  - 가스레인지 → 컨베이어 벨트 치킨!!!
  - 오븐 → 구운 땅콩호박, 아그로돌체 방울양배추
- 약간 부드럽게 익히는 방법
  - 연한 재료를 부드럽게
    - 빠르게 → 손가락까지 빨아먹게 되는 프라이드 치킨
    - 느리게 → 처어어어-언천히 구운 연어
  - 단단한 재료를 부드럽게
    - 메인요리 → 고추와 함께 절인 돼지고기 찜 ✳
    - 곁들임 → 매콤한 브로콜리 라브, 리코타 샐러드

✳ 이 책 앞 부분에 일러스트와 함께 설명한 요리

균형, 덧입히기 그리고 제한

기준을 정했다면 이제 식사의 균형을 생각하자. 가볍고 신선한 맛을 느낄 수 있는 요리는 오랜 시간 조리해서 풍미가 깊은 요리보다 식탁에 먼저 올려야 한다. **겨울 판차넬라, 토마토 리코타 샐러드 토스트** 등 빵이 포함된 요리를 전채로 낸다면 뒤이어 나가는 요리로 파스타나 케이크, 브레드푸딩 등 전분이 가득한 음식은 제외해야 한다. **초콜릿 푸딩 파이**처럼 커스터드 느낌의 디저트로 식사를 마무리할 생각이라면 **알프레도 파스타**나 크리미한 베어네즈 소스가 듬뿍 올라간 스테이크를 같은 식사에 포함시키지 않는 것이 좋다.

토마토 하나로 수프, 샐러드, 그라니타까지 전부 만들어서 특정 계절의 느낌을 일부러 한껏 살리는 경우가 아니라면 상반되는 식감과 맛, 재료를 골고루 사용하고 겹치지 않도록 해야 한다. 기분을 편안하게 만드는 부드러운 음식에 바삭한 빵가루나 구운 견과류, 바짝 구운 베이컨을 뿌려서 마무리하면 더욱 흥미로운 맛을 느낄 수 있다. 풍미가 진한 육류 요리는 가볍고 새콤한 소스를 얹고 깔끔한 맛을 느낄 수 있는 데친 채소나 생채소를 곁들이자. 뻑뻑한 전분 재료는 촉촉하게 만들어 주는 소스와 함께 낸다. 드레싱이 듬뿍 올라간 촉촉한 샐러드는 곁들임 요리로 내거나 아예 소스로 활용한다. 반대로 그릴에 구운 스테이크나 삶은 닭, 굽거나 살짝 볶은 채소, 튀긴 채소는 마이야르 반응으로 완성된 진한 소스를 곁들여야 어울린다.

특정 계절도 좋은 아이디어를 선사한다. 여러 가지 제철 재료로 자연스레 서로를 보완할 수 있는 요리를 구성할 수 있다. 예를 들어 옥수수와 콩, 호박은 밭에서 같은 시기에 자라므로 형제 같은 이 세 가지 재료를 모두 활용해 서코태시(succotash)를 만들 수 있다. 토마토와 가지, 호박, 바질은 지중해 어느 지역의 느낌을 살리느냐에 따라 라타투이(ratatouille)를 만들 수 있고 티앙(tian) 또는 카포나타(caponata)를 만들 수도 있다. 강인한 겨울 허브인 세이지는 추운 겨울을 이겨 낸 잎이 가진 특유의 풍미가 겨울호박과 잘 어울린다.

다른 맛에 묻히기 쉬운 섬세한 재료는 깔끔하고 담백한 맛이 나는 연한 육수나 부드러운 허브와 함께 내고 마지막에 감귤류 즙을 뿌린다. 그리고 노릇해질 만큼 익히지 않는 것이 좋다. 봄 완두와 아스파라거스, 연한 연어나 큰 넙치, 여름철 과일들로 만든 샐러드가 서로 잘 어울리는 것도 그런 이유 때문이다. 때로는 날씨와 계절, 상황에 따라 더 깊은 맛을 내야 하는 경우도 있다. 진하게 우린 육수에 치즈, 버섯, 안초비, 그 밖에 감칠맛을 내는 재료를 넣고 각종 향신 재료와 육류를 푹 삶아서 진한 갈색이 나도록 완전히 익히는 요리가 그와 같은 경우에 해당한다. 전체적으로는 깔끔함과 깊이에 균형을 맞출 수 있는 방향을 택하면 된다.

한 가지 요리나 식사에 향신료가 듬뿍 들어간다면 다른 요리와 식사는 적당히 평범한 맛을 유지하는 것이 좋다. 같은 향신료가 여기저기서 계속 느껴지면 미각이 피로해질 수 있기 때문이다. 당근 퓌레로 만든 간단한 수프에는 기 버터에 구운 향신 재료가 듬뿍 들어간 라이타 요구르트를 올린다. 쿠민 씨앗은 콩과 쌀 요리의 경우 몇 개만 사용해도 충분하지만, 타코에 들어갈 치맛살 스테이크에는 칠리, 마늘과 함께 넉넉히 준비해서 고기 전체에 문지른다.

음식 맛이 만족스럽지 않다면 소금과 지방, 산성 재료에 관한 내용부터 상기하자. 이 세 가지의 균형이 잘 맞는지부터 따져 보는 것이다. 대부분의 경우 이 세 가지가 충분히 들어갔다는 판단이 들 것이고, 그럼에도 뭔가 부족하다면 감칠맛을 생각할 차례다. 맛이 약간 밋밋한가? 간장 약간, 으깬 안초비나 파르미지아노 치즈를 조금 넣으면 해결될 수도 있다. 그것도 아니면 식감을 생각해 보자. 밋밋하다고 느껴지는 이유가 혹시 단조로운 식감 때문은 아닌지? 바삭한 빵가루나 구운 견과류, 피클을 이용해 상반되는 식감을 더해야 할지도 모른다.

가벼운 맛과 진한 맛, 단맛과 짠맛, 바삭한 맛과 부드러운 맛, 뜨거운 음식과 찬 음식 그리고 단맛과 신맛처럼 누구나 서로 반대되는 감각을 느낄 수 있는 음식을 좋아한다는 것은 과학적으로도 확인된 사실이다.

허브와 향신료는 가장 평범한 음식을 살아나게 한다. 허브 살사, 고추소스, 잘게 썬 파슬리 약간, 레바논식 자타르, 일본식 시치미(shichimi, 七味) 같은 양념으로 어떤 요리든 생기를 불어넣을 수 있다.

맛과 향이 촘촘하게 짜인 조직처럼 하나의 음식을 구성하게끔 덧입히는 방식으로 맛을 하나씩 더하는 방법도 활용하자. 한 가지 재료를 다양한 방식으로 사용하면 요리가 여러 차원으로 풍성해진다. 레몬은 제스트와 즙을 사용하고 고수는 씨앗과 잎을, 회향은 씨앗과 잎 그리고 구근을 사용할 수 있으며, 고추는 생채소로 사용하거나 말려서 사용할 수 있고, 헤이즐넛은 구워서 넣어도 되지만 오일로 만들어서 사용할 수도 있다.

메뉴 아이디어가 도저히 떠오르지 않을 때는 꼭 기억할 것이 있다. 우리는 이미 균형이 잘 잡힌 메뉴를 짜는 법을 평생 연습해 왔다는 점이다. 레스토랑에서 여러 가지 음식을 시킬 때 우리는 항상 이런 고민을 해 왔다. 먼저 어떤 샐러드를 주문할지 선택한 다음 파스타와 주요리를 고르고, 함께 식사하는 사람과 나눠 먹을 디저트를 고르는 과정에서 직관적으로 식사의 균형을 늘 생각해 온 것이다. 시저 샐러드와 미트볼, 파스타, 닭튀김, 아이스크림을 전부 한꺼번에 시키고 싶은 충동이 들 때도 있지만 실제로 그렇게 주문하는 경우는 드물다. 이렇게 요리를 잔뜩 시키면 돈이 얼마나 드는지도 본능적으로 생각한다.

주방에서 내리는 결정에는 반드시 명확한 이유가 있어야 한다. 냉장고와 찬장을 털어서 만든 요리에서 그런 티가 나지 않는 경우는 드물다. 그렇다고 평소에 찬장이나 냉장고를 정리하려고 애쓰지 말라는 의미는 아니다! 오히려 반대로, 있는 재료를 총동원해서 요리를 만들 때도 어떤 재료가 서로 잘 어울리는지 신중하게 선택하고 어떻게 해야 최상의 맛을 낼 수 있는지 생각해야 한다.

레시피 활용하기

"음식을 맛있게 만드는 건 레시피가 아니라 사람이다." 요리사 주디 로저스가 한 말이다. 나도 전적으로 동감한다. 맛있는 음식을 만드는 방법은 대부분 간단하다. 소금과 지방, 산성 재료를 올바르게 사용하고 적절한 종류의 열원을 선택해서 적정 시간만큼 열을 가하면 된다. 하지만 때로는 레시피를 참고해야 하는 경우도 있다. 요리 아이디어가 필요할 때, 단계별로 차근차근 정확히 따라 할 방법을 찾을 때는 훌륭한 레시피가 큰 도움이 될 수 있다.

그러나 레시피는 요리가 일직선으로 이루어지는 과정이라는 잘못된 인식을 심어 줄 수 있다. 실제로 훌륭한 음식은 대부분 일직선이 아닌 원형으로 완성된다. 거미줄처럼 한쪽을 건드리면 전체가 영향을 받는다. 이 책 앞부분에서 설명한 완벽한 시저 샐러드 드레싱 만드는 법을 떠올려 보자. 안초비가 얼마나 들어가느냐에 따라 드레싱에 들어가는 소금의 양이 달라지고, 이는 치즈의 양은 물론 식초와 레몬즙의 양에도 영향을 준다. 요리에서 모든 선택은 더 큰 맥락에서 최대한 깊은 맛을 내는 것을 최종 목표로 하는 전체 계획의 한 부분이 된다.

레시피는 요리의 한 장면이 담긴 스냅 사진으로 여길 필요가 있다. 실제로 훌륭한 레시피는 내용이 상세하고 중심이 되는 주제가 있으며 멋진 사진도 포함되어 있다. 그러나 제아무리 멋진 사진도 실제로 요리를 하면서 냄새를 맡고 맛을 보고 소리를 듣는 경험을 대신할 수는 없다. 사진으로 우리의 모든 감각을 충족시키지 못하는 것처럼 레시피도 마찬가지다.

훌륭한 사진이 그렇듯 훌륭한 레시피는 우리에게 하나의 이야기를 들려주고, 그 이야기가 잘 전달된다. 그렇지 않은 레시피는 단편적인 정보만 나열되어 어떠한 결론도 끌어낼 수 없다. 이런 레시피가 나오는 이유는 여러 가지다. 요리 기술에만 집중하거나 레시피의 정확성에만 신경을 써서 그럴 수도 있다. 하지만 솔직히 말해 레시피가 꼼꼼하게 검증 과정을 거쳐서 나오는 경우가 과연 얼마나 되는지도 알 수 없지만, 그렇다 한들 정확성은 중요한 부분이 아니다. 즉 오류 없는 레시피는 존재하지 않는다. 요리하는 사람이자 지금 이 자리에서 요리에 참여하는 사람, 모든 감각 가운데 특히 상식을 동원해서 원하는 결과를 만들어 내는 사람은 바로 여러분 자신이다. 지난 수년간 나는 뛰어난 요리사들이 비판적인 생각이나 독자적인 판단 없이 레시피를 그대로 따라 하는 것을 보고 여러 번 놀란 적이 있다.

참고할 레시피가 있더라도 사용할 재료, 요리가 이루어질 주방에 관한 익숙한 지식을 포기하면 안 된다. 무엇보다 레시피에 적힌 내용보다 여러분이 직접 맛본 결과가 우선시되어야 한다. 요리하는 그 순간에 집중하자. 저어 보고, 맛보고, 조절하자.

레시피에 따라, 특히 디저트 레시피일 경우 정확하게 따라야 할 수도 있다. 그럼에도 나는 아무리 맛있는 요리를 만들 수 있는 레시피라도 지침일 뿐이라고 생각한다. 어떤 지침은 다른 것보다 유익할 수 있다. 그러므로 레시피에 암호처럼 담긴 정보를 해독해서 그 정보가 이끄는 방향을 잘 찾는 법을 익혀야 한다.

찜 요리나 스튜 만드는 법, 라구나 쇠고기 칠리 만드는 법이 전체적으로 동일하다는 사실을 깨닫고 나면 좀 더 자유롭게 시도해 볼 차례다. 레시피에 뭐라고 적혀 있든 어떤 팬을 사용하고 열은 어떤 강도로 가할 것인지, 갈색화 과정에서 지방은 무엇을 사용할 것인지, 음식이 다 익었는지는 어떻게 확인할 것인지 여러분이 직접 판단해 보기 바란다.

시중에 나와 있는 식품 포장 뒤에 적힌 레시피만 참고하면 절대 실패할 일이 없는 경우도 있다. 내가 평생 맛본 호박 파이 중에 가장 맛있다고 기억하는 것은 리비스(Libby's) 호박 통조림 제품에 적힌 레시피를 변형해서 통조림 연유 대신 헤비 크림을 넣고 만들었을 때였다. (이 책 2부에 포함된 호박 파이 레시피도 여기서 영감을 얻었다.) '셰 파니스'에서 사용하던 콘브레드 레시피도 앨버스(Alber's) 옥수숫가루 제품 상자 뒤에 적힌 레시피를 살짝 변형한 것으로, 나는 갓 분쇄한 앤터벨룸(Antebellum) 옥수숫가루 대신 캘리포니아 남부의 앤슨 밀스(Anson Mills)에서 생산한 옥수숫가루를 사용한다. 내가 정말 좋아하는 초콜릿 칩 쿠키도 톨 하우스(Toll House) 오리지널 쿠키 레시피를 살짝 바꿔서 갈색 설탕을 ¼컵 더 넣고 백설탕은 그만큼 줄여서 만든다.

처음 시도하는 요리는 여러 레시피를 읽고 어떤 차이가 있는지 비교해 보자. 레시피마다 겹치는 재료와 기술, 맛 내는 방법은 무엇이고, 반대로 다른 부분은 무엇인지 찾아보자. 이렇게 하면 마음대로 바꾸지 말아야 할 부분과 나름대로 약간 조절해도 되는 부분을 알 수 있다. 시간이 지나 레시피를 제안한 요리사나 작가가 전통적인 방식을 고수하는 편인지 아니면 비교적 자유로운 변형을 택하는 편인지 알게 되면, 어떤 레시피와 요리 방식을 택할지 좀 더 명확히 판단할 수 있다.

머나먼 낯선 나라의 음식을 만들 때는 재료보다 호기심이 더 중요하다. 한 번도 가 보지 못한 곳의 음식을 만들고 맛보는 경험은 (그 무엇보다도!) 시야를 넓히는 훌륭한 방법이다. 이를 통해 우리는 이 넓은 세상에 마법처럼 신비하고 아름다운 곳과 놀라움을 안겨 주는 곳들이 얼마나 많은지 새삼 깨닫게 된다. 새로운 책과 잡지, 웹 사이트, 레스토랑, 요리 교실은 물론 다양한 도시와 국가, 대륙 등 호기심이 이끄는 대로 관심을 쏟아 보자.

요리의 특성은 끊임없이 변한다. 똑같은 완두콩을 삶아도 오늘 삶은 것과 어제 삶은 것은 콩에 함유된 당이 전분으로 바뀌는 과정이 다르므로 맛도 다르게 느껴질 수 있다. 최상의 맛을 끌어내기 위해서는 매번 다른 접근 방식이 필요하다는 뜻이다. 오늘, 바로 이 자리에서, 지금 사용할 재료를 이용해 최상의 결과를 얻기 위해서는 어떻게 해야 하는지 집중하고 스스로 그 길을 찾아야 한다.

이러한 유의점과 1부에서 설명한 모든 내용을 종합해서 2부에는 내가 가장 중요하다고 생각하는 활용 만점 레시피와 권장 사항을 정리했다. 전통적인 요리책에서 레시피를 소개하는 방식과는 조금 다르게, 앞서 소금, 지방, 산, 열을 설명하면서 밝힌 패턴과 교훈을 반영한 순서로 레시피를 구성했다. 함께 제시한 표와 인포그래픽을 활용해 여러분만의 한 끼 식사를 계획해 보기 바란다. 이 자료들은 굳이 참고하지 않고도 편안하게 요리할 수 있을 때까지 곁에서 도와 주는 보조 바퀴로 여기면 된다. 그 수준에 이르면 이제 보조 바퀴를 떼고 훌륭한 요리를 만드는 네 가지 기본 요소만 생각하면서 요리를 하면 된다. 그 네 가지면 충분하다.

● ● ●

어느 날 저녁에 몇 번째인지 셀 수 없을 만큼 여러 번 본 영화 〈사운드 오브 뮤직〉을 보면서 노래를 따라 부르다가 〈도레미 송〉의 가사 중 한 구절이 새삼스레 다가왔다. "음을 알면 어떤 노래든 부를 수 있단다."라는 부분이었다. 내가 음도 안 맞는 노래를 따라 하면서 깨달은 이 아이디어를 여러분도 기억했으면 좋겠다. 소금, 지방, 산, 열의 기본을 알고 나면 어떤 음식이든 만들 수 있고, 더 나아가 아주 잘 만들 수도 있다.

요리는 네 가지 음으로 구성되며 이 네 가지를 잘 익혀야 한다. 클래식 음악처럼 먼저 정통 방식을 따르고 익숙해진 뒤에 재즈 뮤지션처럼 음을 자유자재로 변형해서 기본 위에 여러분만의 개성을 심어 보자.

요리할 때마다 소금, 지방, 산, 열을 떠올리자. 지금 만드는 음식에 어떤 열원이 가장 잘 어울리는지 생각하고, 요리를 해 나가면서 맛을 보고 소금과 지방, 산을 조절하자. 신중하게 판단하고 감각을 활용하자. 수백 번 만들어 본 음식을 만들 때도 이 네 가지를 떠올리고, 생전 처음 만드는 이국적인 음식도 이 네 가지를 토대로 방향을 잡으면 된다. 그러면 절대 실망스러운 결과는 나오지 않는다.

이제 요리하는
방법을 익혔으니
다음 순서는…

2부

레시피와 조언

주방의 기초지식

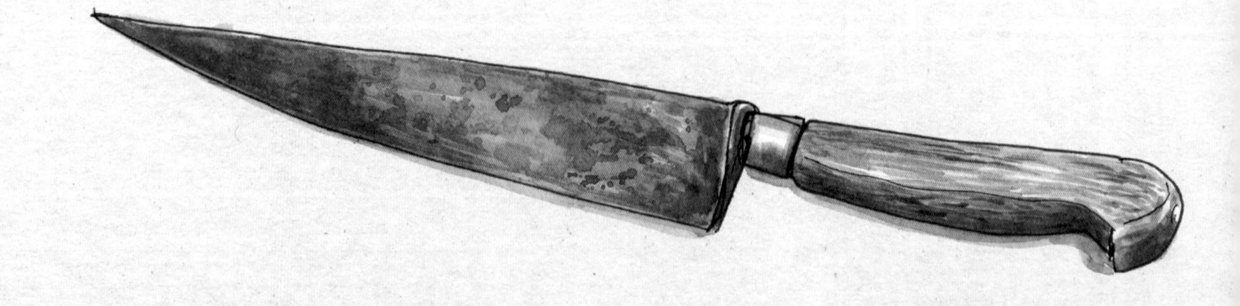

도구 선택하기

아래 목록을 참고해 요리마다 꼭 맞는 도구를 선택하자.

톱날 칼 vs 식칼 vs 과도

톱날 칼은 빵이나 토마토를 썰 때, 레이어 케이크를 자를 때 등 용도가 몇 가지로 한정된다. 식칼은 모든 경우에 사용할 수 있고 날카로울수록 좋다. 과도는 재료를 정교하게 잘라야 할 때 사용한다.

나무 숟가락 vs 금속 숟가락 vs 고무 주걱

요리를 하면서 재료를 휘저을 때는 팬을 손상시키지 않으면서 바닥에 눌어붙은 부분을 잘 떼어 낼 수 있을 만큼 단단한 나무 숟가락을 사용한다. 칠리나 라구에 들어갈 분쇄육을 노릇하게 익힐 때는 금속 숟가락을 이용하면 숟가락 끄트머리로 고기를 잘게 쪼갤 수 있다. 볼이나 팬에 담긴 음식을 한 방울도 빠짐없이 싹싹 긁어서 다른 곳으로 옮길 때는 고무 주걱을 사용한다.

프라이팬 vs 주물 냄비

단시간 굽기, 살짝 볶기 등 재료를 재빨리 노릇하게 구워야 할 때는 프라이팬을 사용한다. 테두리가 높은 무쇠솥이나 주물 냄비는 증기를 내부에 가둬 단단한 재료를 부드럽게 익힐 수 있다. 또한 속이 깊어서 기름이 밖으로 튀지 않으므로 튀김에도 적합하다.

오븐 팬 vs 볼

오븐 팬에 유산지를 깔아서 사용하면 데친 채소나 노릇하게 구운 고기, 익힌 곡류, 그 밖에 과도하게 익지 않도록 재빨리 식혀야 하는 모든 재료를 펼쳐 놓기에 좋다. 채소나 크루통 등을 구울 때는 먼저 볼에 모두 담고 기름과 소금을 골고루 묻힌 다음 오븐 팬에 펼친다.

주방에서 사용할 수 있는 전체 도구는 책의 면지 부분을 참고하기 바란다.

재료 선택하기

소금에 관해

지금까지 소금 이야기는 충분히 했다. 사실 1부를 통틀어 소금에 대해서만 이야기했으니 아주 많이 한 셈이다. 여기서 소개하는 레시피를 들고 주방으로 달려가기 전에 먼저 소금을 설명한 부분을 읽어 보는 것이 좋다. 하지만 도저히 그러지 못하는 심정도 다 이해한다.

레시피에 소금의 종류나 사용량이 구체적으로 나와 있지 않은 경우, 당장 사용할 수 있는 소금을 사용하면 된다. (단, 아이오딘이 첨가된 소금밖에 없다면 당장 쓰레기통에 버리고 얼른 상점에 가서 코셔 소금이나 천일염을 하나 사 오자.) 먼저 음식에 소금을 손가락으로 한두 번 집어서 넣고 맛을 본다. 그리고 요리를 하면서 수시로 간을 보고 원하는 맛이 되도록 맞추어 나간다.

43쪽 **소금 첨가량 기본 지침**을 참고하면 같은 소금 1큰술이라도 어떤 소금이냐에 따라 무게가(그리고 짠맛도!) 얼마나 달라지는지 알 수 있다. 엄청나게 차이가 난다. 그러므로 다양한 요리마다 적당히 간을 하려면 소금을 얼마나 넣어야 하는지 감을 잡기 전에는 일단 내가 제시한 가이드라인을 토대로 시작하기를 권한다. 이 책에 제시한 레시피는 다이아몬드 크리스털사의 코셔 소금(붉은색 상자에 포장된 제품)과 슈퍼마켓에서 벌크로 포장해서 판매하는 고운 천일염을 모두 사용해서 만들어 보고 작성한 것이다. 몰튼사의 코셔 소금(파란색 상자에 포장된 제품)은 같은 부피를 사용할 때 짠맛이 거의 두 배 더 강하므로 이 소금을 사용할 경우 레시피에 적힌 소금의 양을 '반으로 줄여서' 넣어야 한다.

이것만은 아끼지 말자

이 책에 실린 레시피는 대부분 어느 슈퍼마켓에서든 쉽게 구할 수 있는 재료를 사용한다. 그중에서 몇 가지 재료는 물 쓰듯이 펑펑 쓰는데, 여러분도 꼭 그렇게 할 것을 권장한다. 훌륭한 요리는 훌륭한 재료에서 시작된다. 난생처음 가장 맛있는 저녁 식사를 성공적으로 만들고 나면 이런 조언이 고맙다는 생각이 들 것이다.

형편이 닿는 한 최상의 제품으로 살 것

- 엑스트라버진 올리브유, 전년도 압착한 제품
- 이탈리아산 파르미지아노 레지아노 치즈 큰 덩어리
- 초콜릿, 코코아 파우더

통째로 구입해서 직접 다듬어 사용해야 하는 재료

- **생허브**를 구입해 잘게 썰어서 사용할 것 (파슬리는 항상 이탈리아산이나 잎이 납작한 종류로 선택하자.)
- **레몬**과 **라임**은 즙을 내서 사용할 것
- **마늘**은 껍질을 벗기고 잘게 다지거나 으깨서 사용할 것
- **향신료**는 분쇄해서 사용할 것
- **염장 안초비**는 물에 담갔다가 헹구고 뼈를 발라낸 뒤 잘게 썰어서 사용할 것
- 시간이 날 때 **닭 육수**를 만들어 둘 것. (레시피는 271쪽 참조) 아니면 상자나 통조림에 포장된 제품 말고(절대 제대로 된 맛이 나지 않는다.) 가까운 정육점에서 바로 만들어 파는 육수나 냉동 육수를 구입하자. 이것도 저것도 마련하지 못했다면 물을 사용한다.

주방에 갖춰 두어야 할 기본적인 식료품에 관한 자세한 정보는 표지 안쪽의 면지를 참고하기 바란다. 재료 선택 방법에 관한 상세한 설명은 **무엇을 만들까**에 나와 있다.

몇 가지 기본 요령

양파 밑준비하는 법
얇게 썰기와 다지기

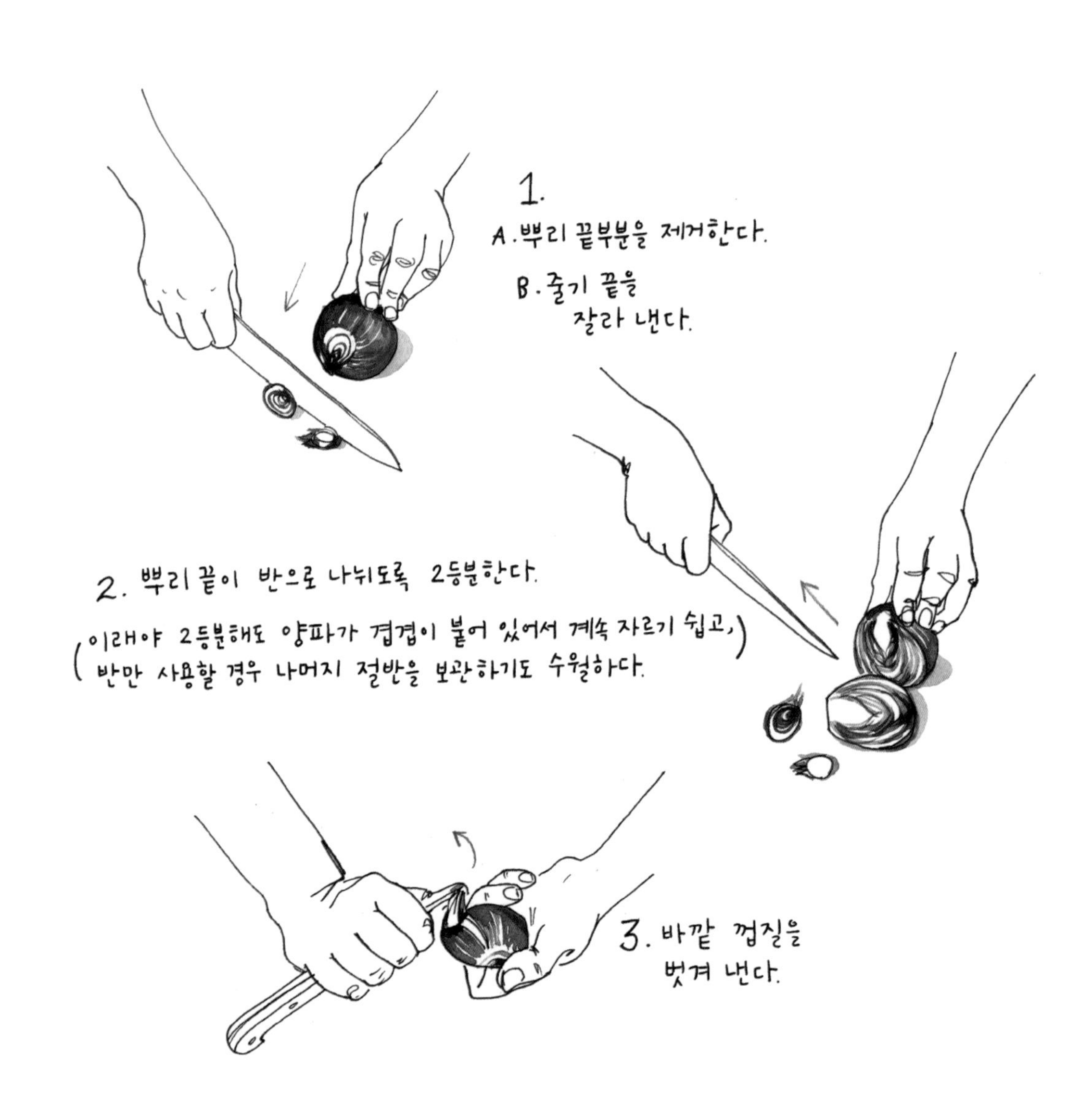

1.
A. 뿌리 끝부분을 제거한다.
B. 줄기 끝을 잘라 낸다.
2. 뿌리 끝이 반으로 나뉘도록 2등분한다.
(이래야 2등분해도 양파가 겹겹이 붙어 있어서 계속 자르기 쉽고, 반만 사용할 경우 나머지 절반을 보관하기도 수월하다.)
3. 바깥 껍질을 벗겨 낸다.

양파 얇게 썰기

208쪽 1-3번 과정에 이어서:

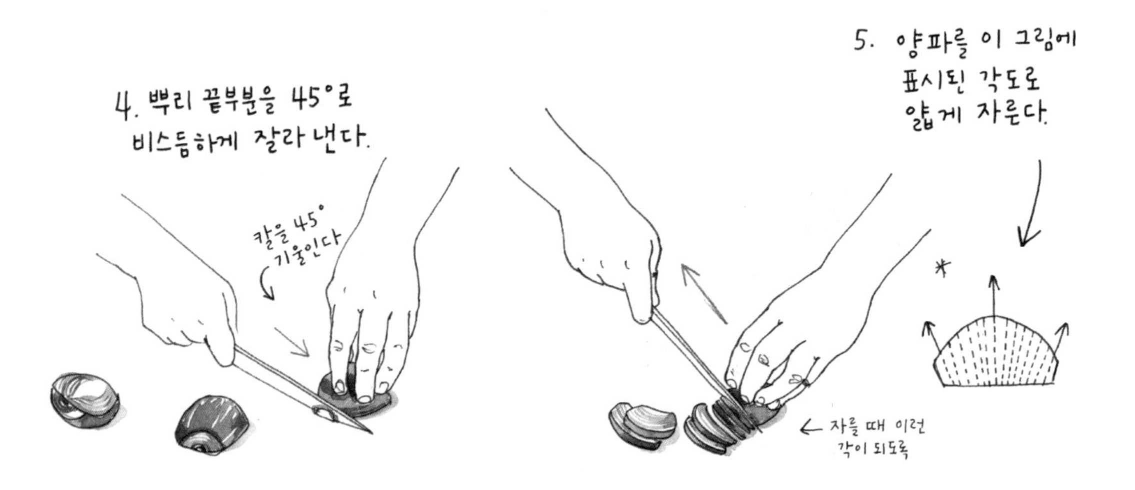

4. 뿌리 끝부분을 45°로
비스듬하게 잘라 낸다.
칼을 45°
기울인다
5. 양파를 이 그림에
표시된 각도로
얇게 자른다.
자를 때 이런
각이 되도록
*

양파 다지기

208쪽 1-3번 과정에 이어서

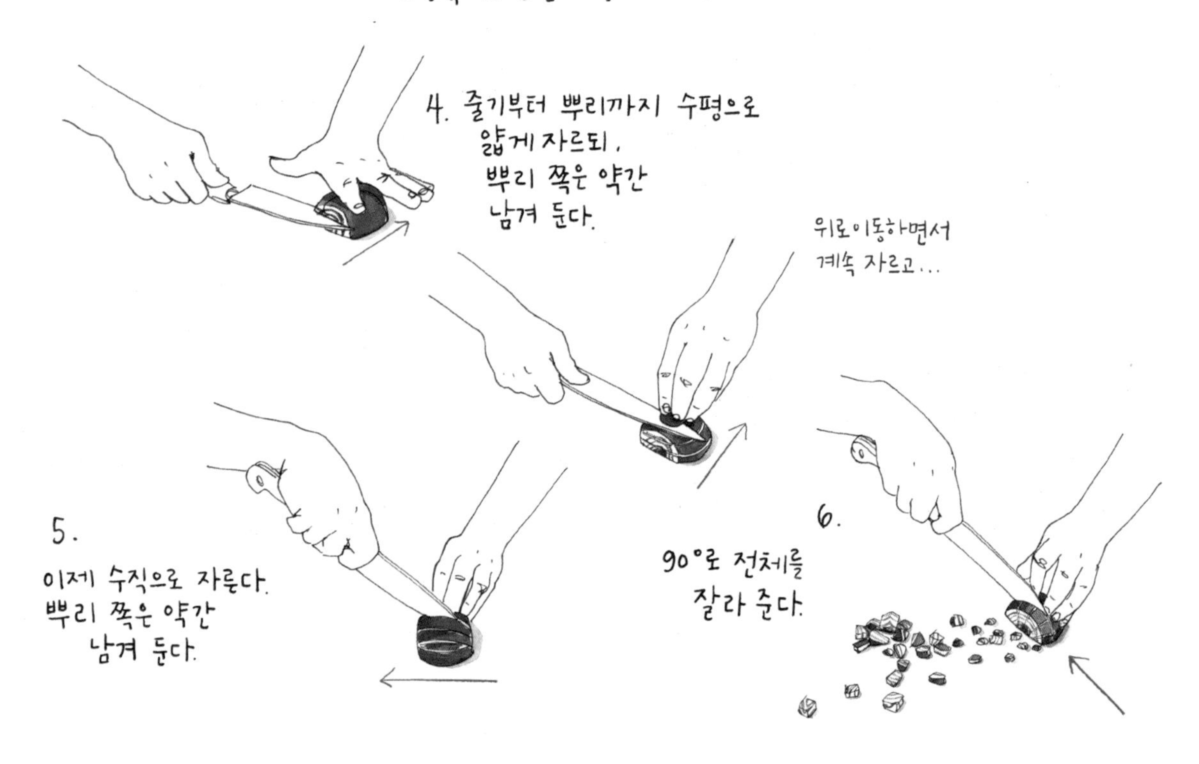

4. 줄기부터 뿌리까지 수평으로
얇게 자르되,
뿌리 쪽은 약간
남겨 둔다.
위로 이동하면서
계속 자르고...
5.
이제 수직으로 자른다.
뿌리 쪽은 약간
남겨 둔다.
6.
90°로 전체를
잘라 준다.

부드러운 다진 마늘 만들기

1. 마늘 1~2톨을 준비하고
   껍질을 벗긴다.
   녹색 줄기도 제거한다.

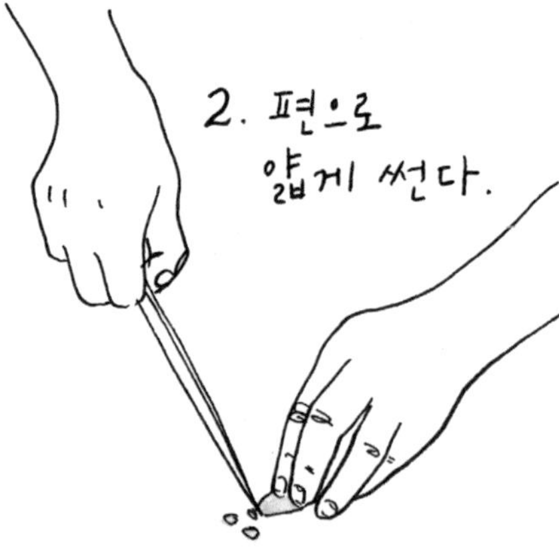

2. 편으로
   얇게 썬다.

3. 잘게
   다진다.

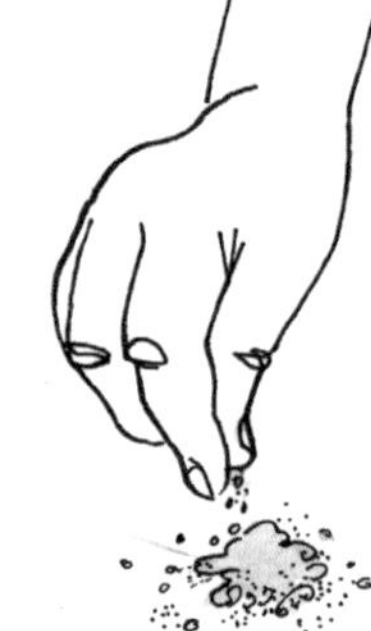

4. 마찰력이 생기도록
   소금을 약간 뿌린다.

5. 도마 위에 올린
   마늘을 칼날을 눕혀서
   꾹꾹 눌러 부드러운
   페이스트를 만든다.

6. 바로 사용하지 않을 때는,
   작은 그릇에 담고
   올리브유를 부어
   보관하면
   산화를
   방지할 수
   있다.

파슬리 다지는 법

1. 세상에! 이리저리 흩어진 이파리가 너무 많다!
2. 잎을 하나로 모아 공처럼 뭉쳐 준다.
3. 잎이 똘똘 뭉쳐진 상태에서 칼로 자른다.
4. 칼을 앞뒤로 움직이면서 잘게 썰어 준다.
느슨하게 잡는다.

일정한 크기로 썰기

실제 크기로 그린 그림

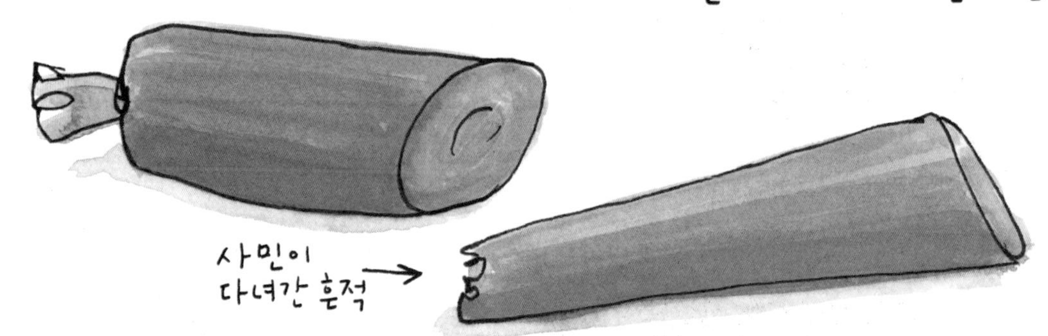

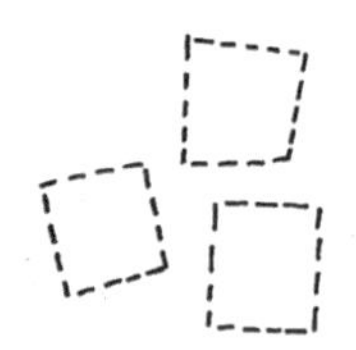

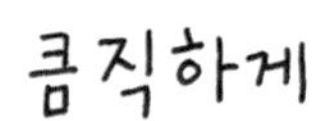

작게 　 없어짐

잎 또는
잔가지
파슬리
다지기
큼직하게 다지기
잘게 다지기
페타
치즈
셀러리 (토막)
작게 부수기
얇게 썰기
두툼하게
썰기
가늘게
썰기

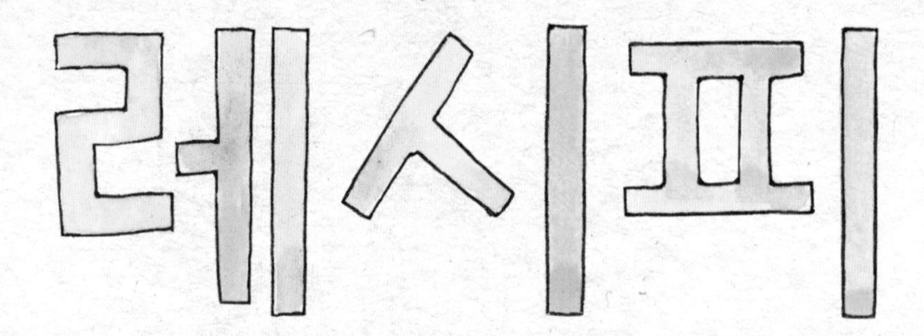
레시피

샐러드

나의 어머니는 뛰어난 요리사였다. 우리 집 부엌은 연한 양 정강이 고기부터 장미수 향이 느껴지는 푸딩까지, 온갖 다양한 음식과 풍미로 꽉 차 있었다. 그러나 엄마가 저녁 식탁에 올리는 샐러드는 딱 한두 가지였다. 페르시아 오이와 토마토, 양파를 넣은 **시라지 샐러드**(230쪽)와 로메인 상추, 페코리노 치즈, 햇볕에 말린 토마토가 들어간 샐러드다. 그래서 어릴 때는 샐러드가 금세 지겨워졌다. 대학에 입학해 집을 떠난 무렵에는 샐러드라면 아예 입에 대지도 않으려고 했다.

그러다 '앨리스의 샐러드 하우스'로도 불리는 '셰 파니스'에서 일을 하게 됐다. '셰 파니스'에서는 샐러드를 그만큼 최우선으로 여긴다는 의미였다. 요리사 자크 페팽은 달걀 요리를 얼마나 잘하는가를 보면 요리사의 실력을 평가할 수 있다고 했다는데, 앨리스는 물론 앨리스와 함께 일해 본 모든 사람들은 샐러드 만드는 것만 보아도 어떤 요리사인지 다 파악할 수 있다고 생각한다.

나는 '셰 파니스'에서 아주 평범한 재료로 샐러드 만드는 방법을 배웠다. 그것도 아주 훌륭한 샐러드를 만드는 방법이었다. 종류와 상관없이 아무 채소나 과일, 허브, 콩, 곡물, 생선, 고기, 달걀, 견과류는 재료가 될 수 있다. 모든 훌륭한 요리와 마찬가지로 샐러드도 소금과 지방, 산이 알맞게 들어가면 맛이 좋아진다. 여기에다 바삭한 재료를 더하면 식감이 다양해지고, 감칠맛이 진한 재료를 넣으면 맛이 한층 더 향상되는 보너스 효과를 얻을 수 있다. 웨지 샐러드, 시저 샐러드, 콥 샐러드와 같은 샐러드를 잘 살펴보면 이러한 효과를 잘 이해할 수 있다. 이들 샐러드가 지금까지도 전형적인 방식 그대로 전해지는 이유는 맛과 질감이 이상적으로 균형을 이루기 때문이다.

먼저 기본적인 샐러드 레시피를 익숙해질 때까지 연습한 다음 자유자재로 변형해 여러분 각자가 떠올린 이상적인 샐러드로 만들어 보기 바란다. 먼저 맛의 방향을 정하고 원하는 맛을 만들어 줄 지방, 산, 허브의 조합을 생각하면 된다.

생명력 넘치는 제철 농산물부터 신선한 향이 가득한 허브와 비네그레트 드레싱까지, 샐러드에 들어가는 모든 재료를 멋있게 그리고 맛있게 만드는 방법이 있다. 드레싱을 뿌리는 올바른 방법과 재료를 볼에 담아 손으로 버무리는 방법을 익혀 두면 집게나 나무 숟가락을 사용할 때와는 비교도 안 될 만큼 나은 결과물을 얻을 수 있다. 손가락을 모두 동원해서 이파리 하나하나에 드레싱이 전부 골고루 묻었는지 느끼고, 맛을 본 다음 필요하면 간을 조절한다. **에어룸 토마토와 오이를 곁들인 아보카도 샐러드**(217쪽)처럼 여러 가지 재료가 들어가는 샐러드는 덜 연약한 오이 슬라이스부터 볼에 담고 소금과 비네그레트 드레싱을 묻힌다. 접시에 토마토 슬라이스를 색깔별로 번갈아 담고 그 위에 아보카도를 듬뿍 올린 다음 소금과 비네그레트 드레싱을 뿌려 간을 하고, 숟가락으로 오이를 떠서 빙 둘러 가며 담는다. 이 샐러드를 포함해 모든 샐러드는 가장 연한 재료로 마무리한다. 허브나 가느다란 루콜라 잎을 나무 위 새 둥지처럼 듬뿍 올리는 것이다. 그 위에 드레싱을 살짝 끼얹고 소금도 조금 더 뿌려 준다.

이상적인 샐러드

세분해 보자.	웨지 샐러드	시저 샐러드	콥 샐러드	그리스식 샐러드
소금	베이컨, 블루치즈	안초비, 파르미지아노 치즈, 우스터소스	베이컨, 블루치즈	페타 치즈, 올리브
지방	베이컨, 블루치즈, 올리브	달걀, 올리브유, 파르미지아노 치즈	아보카도, 달걀, 블루치즈, 올리브유	올리브유, 페타 치즈
산	블루치즈, 식초	레몬, 식초, 우스터 소스, 파르미지아노 치즈	식초, 머스터드, 블루치즈	식초나 레몬, 물에 담가 둔 양파, 페타 치즈, 토마토
바삭한 식감	양상추, 베이컨	로메인 상추, 크루통	로메인 상추, 물냉이, 베이컨	오이
감칠맛	베이컨, 블루치즈	파르미지아노 치즈, 안초비, 우스터소스	블루치즈 베이컨, 토마토, 닭고기	토마토, 페타 치즈, 올리브

아보카도 샐러드의 기본 구성

풍부하고 부드러운 맛이 일품인 아보카도는 부담 없이 호화로운 기분을 만끽할 수 있어서 내가 좋아하는 식재료 중 하나다. 잘 익은 아보카도 하나만 있으면 우아한 샐러드를 뚝딱 만들 수 있다. 아보카도는 아삭하거나 새콤한 모든 과일과 채소에 잘 어울리므로 아보카도 샐러드는 한 가지 레시피를 제안하는 대신 기본적인 틀을 바탕으로 여러 가능한 조합들을 제시하고자 한다.

어떤 식사든 아보카도 샐러드가 있으면 특별해진다. 어느 날 요가 워크숍을 가면서 아보카도와 블러드 오렌지, 소금, 좋은 올리브유를 챙겨간 적이 있는데 나는 그날도 그 특별함을 확인할 수 있었다. 점심시간에 우리는 생일을 맞이한 같은 반 수강생에게 깜짝 생일 파티를 열어 주기로 했다. 나는 일단 오렌지를 얇게 잘라 접시에 담고 그 위에 아보카도를 숟가락으로 퍼서 올린 다음 올리브유와 소금으로 간을 한 간단한 샐러드를 만들었다. 운동하던 공간 뒤편에서 바로 만들어 신선함이 그대로 살아 있었다. 다들 예상치 못한 맛에 무척이나 놀란 모양이었다. 무려 10년이 흐른 지금까지도 그날 함께한 모두가 평생 그렇게 맛있는 샐러드는 처음이었다고 이야기한다!

4명이 충분히 먹을 수 있는 샐러드를 만들기 위해서는 잘 익은 아보카도 1개가 필요하다. (물론 입맛에 따라 얼마든지 추가해도 된다!) 그리고 220쪽에 나오는 표를 참고해서 다른 재료와 드레싱을 더한다. 나머지 식사 메뉴는 모로코, 멕시코, 태국 음식 등 샐러드와 잘 어울리는 메뉴로 구성한다. 어떤 요리를 추가하든 허브를 듬뿍 쌓아 올리고 얇게 자른 회향 구근이나 루콜라를 약간 더하면 상반되는 풍미가 샐러드의 맛을 더욱 살려 줄 것이다.

아보카도

가장 흔히 구할 수 있는 품종은 하스(Hass) 아보카도다. 부드러운 식감과 진한 견과류의 향이 특징이라 내가 좋아하는 품종이기도 하다. 푸에르테(Fuerte), 핑커턴(Pinkerton), 베이컨(Bacon) 품종은 하스보다 맛이 훨씬 부드럽고 더 크리미한 특징이 있으며 마찬가지로 맛이 좋다. 잘 익은 것이기만 하면 어떤 품종이든 상관없다. 만져 보았을 때 말랑말랑하면 바로 사용할 수 있다.

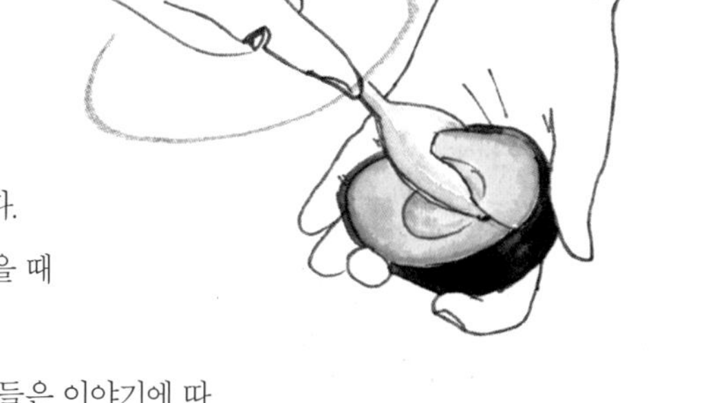

손 전문 외과 의사로 40년 가까이 일한 내 친구에게서 들은 이야기에 따르면, 사람들이 손을 가장 많이 다치는 원인이 아보카도와 베이글이라고 한다. 그러니

제발, 아보카도 씨를 칼로 후벼서 빼낼 때는 반드시 도마 위에 올려놓고 작업해야 한다. 꼭 기억하기 바란다.

샐러드에 아보카도를 넣을 때는 맨 마지막에 손질해야 한다. 공기와 닿으면 금방 산화되어 풍미도 색도 변하기 때문이다. 일단 아보카도를 반으로 자르고 씨를 제거한 뒤 숟가락으로 푹 떠서 바로 접시 위에 올린다. 한입 분량마다 위에 얇은 플레이크 소금을 뿌리고 비네그레트 드레싱을 더한다. 마라시(Marash)나 알레포(Aleppo) 고추 등으로 만든 순한 고춧가루가 있으면 맨 위에 살짝 뿌리기만 해도 색이 대비되는 멋진 요리가 완성된다.

비트

작은 비트 2~3개를 준비하고 꼭대기와 아랫부분을 제거한 뒤 깨끗이 씻는다. 내 경험상 붉은색 비트는 언제나 예외 없이 맛이 좋고, 노란색 비트와 크리스마스 시즌의 막대사탕처럼 알록달록한 키오자(Chioggia) 비트는 접시에 담았을 때 눈에 확 띄는 멋진 요리로 만들어 준다. 나처럼 무엇보다 맛에 집착하는 사람도 가끔은 예외적으로 이런 재료를 사용할 일이 생긴다.

오븐은 220℃로 예열한다. 그리고 오븐용 그릇에 비트를 한 겹으로 담아 물을 0.5cm 정도 채운 팬 위에 올린다. 팬에 담긴 물의 양은 비트를 끓이지 않고 증기가 적당히 만들어질 정도면 충분하다. 비트 위에는 유산지 1장을 덮고 그 위로 그릇 전체를 포일로 덮어서 단단히 감싼다. 그대로 1시간 동안 오븐에 굽는다. 과도로 쿡 찔러 보았을 때 칼이 부드럽게 들어가면 다 된 것이다. 덜 익은 비트만큼 맛없는 음식은 없으리라. 그러니 오븐에서 흘러나오는 냄새를 잘 맡아 보자. 당이 캐러멜로 변할 때 나는 냄새가 솔솔 풍기면 물이 모두 증발됐다는 신호이므로 팬에 물을 더 추가해야 비트가 타지 않는다.

다 구운 비트는 손으로 만질 수 있을 정도가 될 때까지 식힌다. 그리고 종이 행주에 비벼 가며 껍질을 벗긴다. 큰 힘을 들이지 않고도 금방 벗겨 낼 수 있다. 그리고 한입 크기의 웨지 모양으로 큼직하게 썰어서 볼에 담고 와인 식초 1½작은술, 엑스트라 버진 올리브유 1큰술, 소금을 첨가한다. 잘 섞어서 10분간 두었다가 맛을 보고 필요하면 간을 더 맞춘다. 산과 소금이 적정량 들어가면 비트의 자연적인 단맛이 한층 배가된다는 사실을 기억하자.

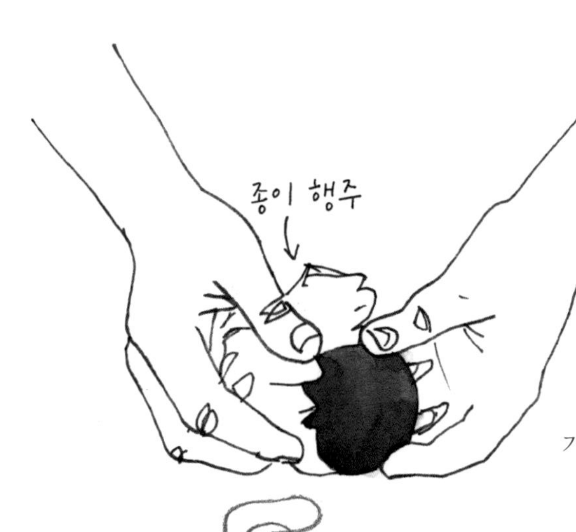

접시에 먼저 조각을 하나씩 담아야 하는데 이때 한 가지 규칙이 있다. 한번 놓은 자리는 절대 바꾸지 말아야 한다. 비트가 한번 앉았다 일어난 자리에는 반드시 진한 흔적이 남기 때문이다.

감귤류 과일

종류와 상관없이 감귤류 과일 2~3개를 준비한다. 자몽, 포멜로, 블러드 오렌지나 카라카라 오렌지 등 오렌지도 좋고 귤도 상관없다. 한두 가지 종류를 섞어서 넣으면 맛도 더 좋아지고 시각적으로도 더 멋진 요리가 된다.

과일의 꼭지와 아랫부분은 칼로 잘라 낸다. 그리고 도마 위에 놓고 날카로운 칼로 껍질을 제거한 후 안쪽의 하얀 껍질도 세로로 벗겨 낸다. 남은 알맹이는 약 0.5cm 두께가 되도록 가로로 썬다. 자르면서 씨가 보이면 제거하자. '최상의' 맛을 내는 방법은 알맹이를 하나하나 분리하는 것이다. 자몽이나 포멜로의 바깥 껍질을 제거하고 볼 위에 가져간 다음 다른 한 손에 날카롭고 날이 얇은 칼을 들고 중심을 기준으로 각각의 얇은 막을 따라 칼집을 낸다. 알맹이의 양쪽 막을 분리하면 볼에 알맹이만 떨어뜨린다. 알맹이를 모두 분리한 다음에 남은 껍질은 꼭 짜서 즙을 내고 **시트러스 비네그레트 드레싱**(244쪽), **그라니타**(404쪽)에 넣거나 그냥 바로 마셔 버리자! 얇게 썬 과일이나 껍질을 모두 제거한 알맹이는 접시에 담고 소금을 살짝 뿌린다.

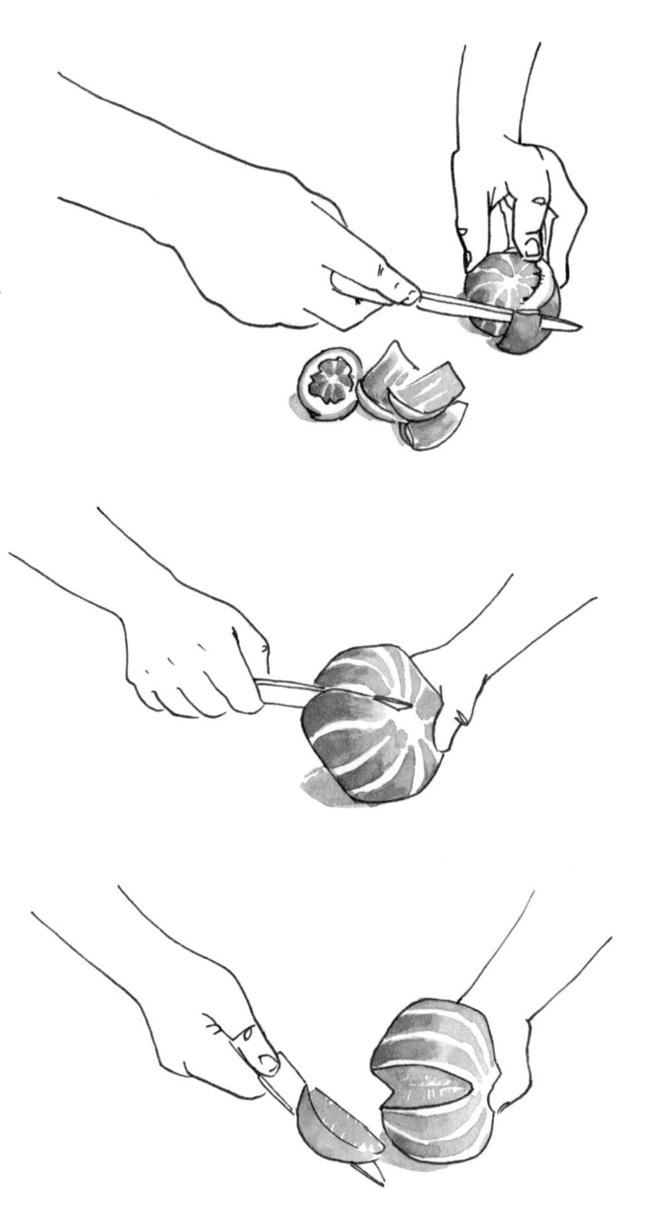

토마토

토마토의 제철인 여름에는 잘 익은 것으로 2~3개를 넣는다. 그린 지브라, 그레이트 화이트와 노란색 품종인 마블 스트라이프, 하와이안 파인애플, 붉은색 브랜디와인이나 더 진한 색이 특징인 체로키 퍼플 같은 여러 가지 색깔의 에어룸 토마토를 함께 사용하면 샐러드의 색과 맛이 모두 향상된다.

토마토는 과도로 심을 제거하고 두께가 0.5cm 정도 되도록 가로로 썬다. 하나하나 접시에 담고 소금을 살짝 뿌린다. 비트나 감귤류 과일과 마찬가지로 토마토의 색이 다른 재료와 잘 어우러져서 눈이 먼저 즐거움을 느낄 수 있도록 예쁘게 담아 보자.

오이

아보카도 샐러드에 들어가는 기본 재료는 거의 다 식감이 부드럽고 맛이 진한 특징이 있지만 오이는 아삭하고 가벼운 맛이 특징이다. 오이는 껍질이 얇은 품종으로 아무거나 200g 정도를 준비한다. 페르시아 오이, 일본 오이, 레몬 오이 기준으로는 2개 정도의 분량이고, 다른 품종에 비해 크고 긴 아르메니아 오이인 경우 작은 것으로 하나면 충분하다. 껍질은 한 줄은 벗기고 한 줄은 남기는 식으로 벗겨 낸다. 나는 이렇게 깎는 방식을 **줄무늬 남기기**라고 부른다. 껍질을 전부 벗기지 않고 조금 남겨 두고 싶을 때는 어떤 농산물이든 이 방법으로 껍질을 제거한다. (껍질을 좀 남겨 두면 보기 좋은 모양으로 만들기 쉬울 뿐만 아니라 요리의 기술적 측면에도 도움이 된다. 가지, 아스파라거스처럼 연약한 채소는 익어도 형태가 완전히 무너지지 않도록 남아 있는 껍질이 지탱해 준다.) 껍질을 깎은 오이는 세로로 길게 2등분한다. 씨앗이 후추 한 알보다 큰 경우에는 작은 숟가락으로 긁어서 제거한다. 그리고 길쭉하고 우아한 반달 모양이 되도록 비스듬히 썬다. 소금과 비네그레트 드레싱을 뿌려서 잘 섞은 다음 샐러드 위에 골고루 올린다.

매운맛을 뺀 양파

붉은 양파 ½개를 준비하고 자른 면이 아래로 가도록 도마 위에 놓는다. 그리고 뿌리 부분이 반으로 잘리도록 2등분한다. 잘린 두 쪽을 한 손으로 잡고 4분의 1 크기의 슬라이스가 나오도록 얇게 썰어 준다. 다 자른 양파는 그릇에 담고 식초나 감귤류 과일의 즙을 2큰술 뿌린 다음 표면에 골고루 입힌다. 이렇게 최소 15분간 그대로 두었다가 사용하는 방식을 침연(118쪽 참조)이라고 한다. 양파의 매운맛을 약화시키는 방법이다. 또한 양파가 산을 흡수하므로 샐러드에 새콤한 맛과 양파의 기분 좋은 아삭함을 모두 더할 수 있다. 양파를 담가 두었던 식초나 즙은 비네그레트 드레싱 재료로 사용해도 된다.

입맛에 따라 추가하면 좋은 재료

- **천천히 구운 연어**(310쪽)나 **참치 콩피**(314쪽)를 두 입 정도 크기로 잘라 샐러드 맨 위에 올린다. 비네그레트 드레싱을 끼얹고 얇은 소금을 살짝 뿌린다.

- **8분간 삶은 달걀**(304쪽) 2개를 준비한다. 반으로 잘라 얇은 소금을 뿌리고 흑후추를 바로 갈아서 그 위에 뿌린다. 엑스트라버진 올리브유도 뿌려 주고, 입맛에 따라 달걀 반쪽에 안초비를 한 조각씩 올린다. 그대로 샐러드 맨 위에 올린다.

아보카도 샐러드의 기본 구성

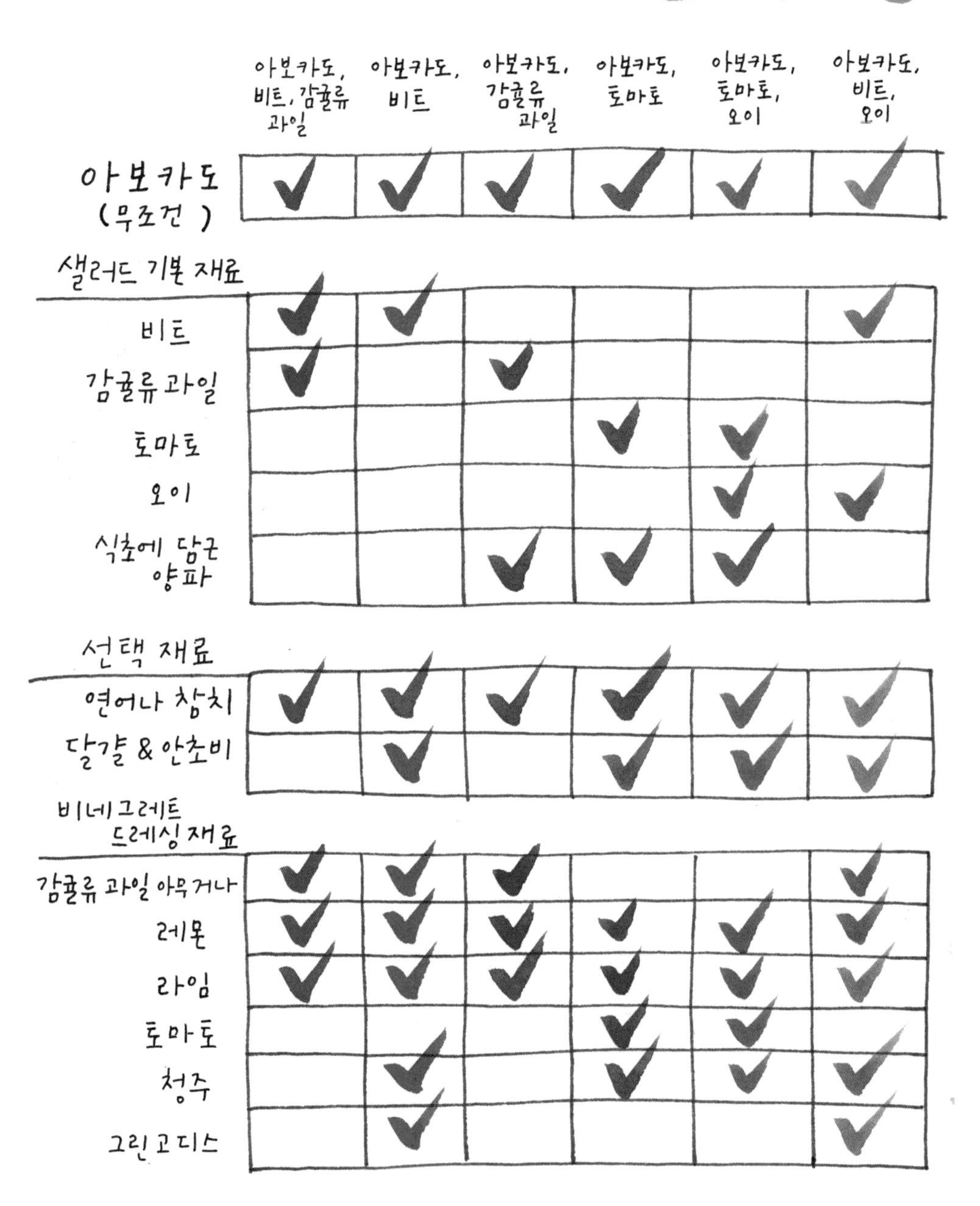

	아보카도, 비트, 감귤류 과일	아보카도, 비트	아보카도, 감귤류 과일	아보카도, 토마토	아보카도, 토마토, 오이	아보카도, 비트, 오이
아보카도 (무조건)	✓	✓	✓	✓	✓	✓
샐러드 기본 재료						
비트	✓	✓				✓
감귤류과일	✓		✓			
토마토				✓	✓	
오이					✓	✓
식초에 담근 양파			✓	✓	✓	
선택 재료						
연어나 참치	✓	✓	✓	✓	✓	✓
달걀 & 안초비		✓		✓	✓	✓
비네그레트 드레싱 재료						
감귤류 과일 아무거나	✓	✓	✓			✓
레몬	✓	✓	✓	✓	✓	✓
라임	✓	✓	✓	✓	✓	✓
토마토				✓	✓	
청주		✓		✓	✓	✓
그린고디스		✓				✓

아보카도, 비트, 감귤류 과일 샐러드

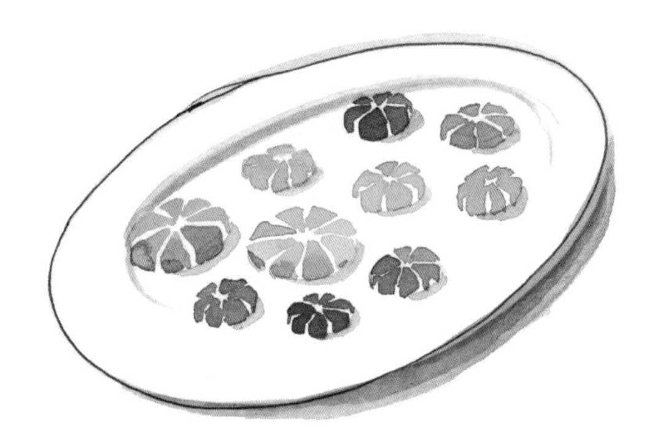

1. 과일을 담는다.

2. 위에 비트를 올린다.

3. 그 위에 양파를 올린다.

4. 그 위에 아보카도를 올린다.

5. 녹색 잎 채소를 올린다.

6. 이제 먹자.

브라이트 양배추 샐러드

넉넉한 4인분

코울슬로를 싫어하는 사람이 있다는 걸 나도 잘 안다. 하지만 그렇게 거부감이 심한 사람도 여기 소개한 방식으로 양배추 샐러드를 만들어 주었더니 마음을 바꿨다. 많은 사람이 어린 시절부터 양배추 샐러드라면 질린다고 느꼈던 특징들을 전혀 찾을 수 없는 버전이다. 가볍고 깔끔해서 어떤 요리와 곁들여도 아삭함과 신선함을 선사한다. 멕시코 느낌이 물씬 나는 **맥주 반죽 생선 튀김**(312쪽)이나 맛있는 토르티야를 이용한 생선 타코와도 잘 어울린다. **매콤한 프라이드치킨**(320쪽)은 **미국 남부식 정통 양배추 샐러드**와 함께 내는 것이 좋다. 맛이 깊고 진한 음식일수록 더 새콤한 양배추 샐러드를 곁들여야 한다는 사실도 기억하자.

적색 또는 녹색 양배추 중간 크기로 ½개(약 680g)

붉은 양파 작은 것 ½개, 얇게 썰어서 준비

레몬즙 ¼컵

소금

큼직하게 썬 파슬리 잎 ½컵

레드 와인 식초 3큰술

엑스트라버진 올리브유 6큰술

양배추 ½개는 가운데 심이 반으로 나뉘도록 2등분한다. 그리고 잘 드는 칼로 심을 비스듬하게 잘라낸다. 가로 방향으로 얇게 썰어서 큼직한 샐러드 볼에 체를 끼우고 그 안에 담는다. 수분이 빠지도록 소금을 넉넉하게 두 번 집어서 양배추 위에 뿌리고 골고루 뒤적거린 후 한쪽에 둔다.

작은 볼에 얇게 썬 양파를 담고 레몬즙을 넣어 그대로 20분간 절인다. (118쪽 참조) 한쪽에 둔다.

20분 후 양배추에서 나온 물을 버린다. (물이 전혀 나오지 않았더라도 상관없다. 양배추에 수분이 적을 때도 있으니까.) 볼에 양배추를 담고 파슬리와 식초에 절인 양파를 (담가 두었던 레몬즙은 빼고) 함께 담는다. 그리고 식초와 올리브유를 추가한다. 골고루 섞는다.

맛을 보면서 필요하면 양파를 담갔던 레몬즙이나 소금을 더해서 간을 맞춘다. '됐다' 싶은 느낌이 들면 완성이다. 차갑게 내거나 실온 상태 그대로 낸다.

먹고 남은 양배추 샐러드는 잘 덮어서 냉장 보관하면 2일 동안 두고 먹을 수 있다.

변형 아이디어

- 당장 준비해 둔 양배추가 없는데 새로운 샐러드를 시도해 보고 싶다면 **대체용 양배추** 샐러드를 만들자. 케일을 큼직한 것으로 1묶음 사용하거나 생방울양배추 680g, 생콜라비 680g을 양배추 대신 넣으면 된다.

- **멕시코식 양배추 샐러드**를 만드는 방법은 올리브유 대신 특별한 맛이 나지 않는 오일을 사용하고 레몬즙 대신 라임즙을, 파슬리 대신 고수를 넣으면 된다. 그리고 라임즙에 절여 둔 양파와 함께 할라페뇨 고추 1개를 얇게 썰어서 추가한다. 맛을 보면서 양파를 담갔던 라임즙과 소금으로 간을 맞춘다.

- **아시아식 양배추 샐러드**는 양배추에 소금을 넉넉하게 1자밤 뿌리고 간장을 2작은술 넣는다. 그리고 레몬즙 대신 라임즙을 넣고 파슬리는 생략하는 대신 마늘을 작은 것으로 1톨 준비해서 곱게 다지거나 으깨서 첨가한다. 여기에 파 2줄기를 얇게 썰어서 넣고, 다진 생강 1작은술, 잘게 썬 볶은 땅콩 ¼컵을 라임즙에 절여 둔 양파와 함께 넣는다. 레드 와인 식초와 올리브유는 제외하고 **청주 식초 비네그레트 드레싱**(246쪽)을 넣는다. 맛을 보고 양파를 담갔던 라임즙과 소금으로 간을 맞춘다.

- **미국 남부식 정통 양배추 샐러드**에는 올리브유와 식초 대신 빽빽하게 만든 **클래식 샌드위치 마요**(375쪽) ½컵이 들어간다. 여기에 설탕 1작은술, 채썰거나 강판에 간 당근 1컵을 넣고 허니크리스프나 후지(부사) 등 새콤한 사과 하나를 준비해 마찬가지로 채썰거나 강판에 갈아서 레몬즙에 절여 둔 양파와 함께 넣는다.

얇게 썬 재료들로 만드는 클래식 샐러드 3종

'셰 파니스'에서 초보 요리사로 일하던 시절, 폴렌타를 끓일 때 소금을 얼마나 넣어야 하는지(힌트: 아주 많이) 내게 가르쳐 주었던 요리사 칼 피터넬 덕분에 나도 얇게 썬 재료들로 만드는 샐러드를 좋아하게 되었다. 칼의 집에 놀러 가면 식탁에 올라오는 샐러드의 셋 중 하나는 이런 샐러드였다. 칼이 어쩌다 이 샐러드를 사랑하게 됐는지는 알 수 없지만 내가 푹 빠진 이유는 명확하다. 만들기 쉽고, 어떤 요리와 함께 내도 아삭함과 신선함을 느낄 수 있기 때문이다.

베트남식 오이 샐러드

4~6인분

오이나 페르시아 오이 900g(8개 정도), **줄무늬 남기기 방식**으로 껍질을 깎아서 준비 (220쪽 참조)

큼직한 할라페뇨 1개, 취향에 따라 씨앗과 줄기를 제거하고 얇게 썰어 둔다.

파 3줄기, 얇게 썰어서 준비

마늘 1톨, 다지거나 으깬 후 소금을 약간 넣어서 준비

큼직하게 썬 고수 잎 ½컵

큰 민트 잎 16장, 큼직하게 썰어서 준비

볶은 땅콩 ½컵, 굵게 썰어서 준비

특별한 맛이 나지 않는 식용유 ¼컵

라임즙 4~5큰술

청주 식초 4작은술

피시 소스 1큰술

설탕 1작은술

소금 약간

채칼이나 잘 드는 칼로 오이를 동전 모양으로 얇게 썬다. 위아래 꼭지는 버린다. 큰 볼에 오이, 할라페뇨, 파, 마늘, 고수, 민트, 땅콩을 모두 담는다. 작은 볼에 식용유와 라임즙 4큰술, 식초, 피시 소스, 설탕을 넣고 소금을 약간 첨가해 잘 섞는다. 완성된 드레싱은 샐러드 위에 뿌리고 골고루 뒤적이며 섞는다. 맛을 보고 필요하면 소금과 라임즙을 더 넣는다. 만들어서 바로 먹는다.

생강과 라임을 곁들인 얇게 썬 당근 샐러드

6인분

옅은 갈색 또는 검은색 건포도 1¼컵

쿠민 씨앗 1큰술

당근 900g

다진 생강 4작은술

마늘 1톨, 다지거나 으깬 후 소금을 약간 넣어서 준비

큼직한 할라페뇨 1~2개, 취향에 따라 씨앗과 줄기를 제거하고 얇게 썰어 둔다.

큼직하게 썬 고수 잎과 연한 줄기, 잔가지 몇 개를 포함해서 2컵

소금

라임 비네그레트 드레싱(243쪽)

작은 볼에 건포도를 담고 끓인 물을 붓는다. 통통하게 불어나도록 15분간 두었다가 물을 버리고 한쪽에 둔다.

작은 냄비에 쿠민 씨앗을 담고 냄비를 중불에 올린다. 계속 저으면서 골고루 익힌다. 씨앗 몇 개가 터져서 진한 향이 퍼지기 시작할 때까지 3분 정도 볶는다. 완성되면 불을 끄고 작은 절구나 양념용 분쇄기에 바로 넣어 곱게 분쇄하고 소금을 살짝 더한다. 한쪽에 둔다.

당근을 손질해서 껍질을 벗긴다. 채칼이나 잘 드는 칼로 길이를 따라 얇게 썬다. 다 썬 당근은 다시 성냥개비 크기로 자른다. 너무 번거롭고 귀찮으면 감자 껍질 벗기는 기구를 이용해 얇게 깎거나 동전 모양으로 얇게 썰어도 된다.

당근, 생강, 마늘, 할라페뇨, 고수, 쿠민, 건포도를 모두 큰 볼에 담고 섞는다. 소금을 세 번 넉넉하게 집어서 넣고 라임 비네그레트 드레싱을 첨가한다. 맛을 보고 필요하면 소금과 라임즙을 더 넣어서 간을 맞춘다. 완성된 샐러드는 냉장고에 넣어 30분간 두면 맛이 잘 어우러진다. 큼직한 접시에 재료가 고루 흩어지도록 담고 고수 줄기 몇 개를 얹어서 낸다.

얇게 썬 회향과 순무 샐러드

4~6인분

회향 구근 중간 크기로 3개(약 680g)

순무 1묶음, 손질하고 깨끗이 씻어서 준비(순무 약 8개)

파슬리 잎, 성기게 담아서 1컵

선택 재료: 파르미지아노 치즈 덩어리 28g

소금

바로 갈아서 쓸 수 있는 흑후추

레몬 비네그레트 드레싱(242쪽) 약 ⅓컵

회향은 줄기와 아래쪽 끄트머리를 모두 잘라 내고 손질해서 둥근 뿌리만 남긴다. 손질한 뿌리는 반으로 자르고 겉면의 질긴 섬유질 층은 벗겨 낸다. 채칼이나 잘 드는 칼로 뿌리를 가로로 잘라 종이처럼 얇게 썰고 가운데 심은 버린다. 버리는 부분은 다른 요리에 사용해도 되고 **콩과 케일이 들어간 토스카나식 수프**(274쪽)에 슬쩍 넣어도 된다. 순무도 머리카락처럼 얇게 0.3cm 정도 두께로 썰고 꼭지는 잘라 낸다.

큰 볼에 회향, 순무, 파슬리 잎을 담는다. 파르미지아노 치즈를 준비한 경우 감자 깎는 칼로 가늘게 깎아서 바로 볼에 담는다. 먹기 직전에 소금을 두 번 넉넉하게 집어서 넣고 후추도 약간 더한다. 비네그레트 드레싱을 뿌린다. 맛을 보고 필요하면 소금과 비네그레트 드레싱을 더 넣어서 간을 맞춘 뒤 접시에 담아서 낸다. 만들어서 바로 먹는다.

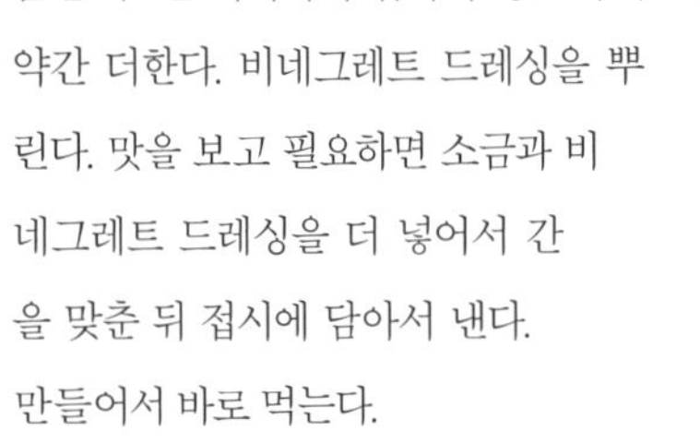

토마토와 허브를 넣은 여름 샐러드

4~6인분

허브가 듬뿍 들어간 완벽한 토마토 샐러드보다 더 상큼한 음식이 있을까? 있을 수도 있겠지만 나로서는 도저히 다른 건 생각할 수 없다. 여름철에는 토마토와 허브 종류를 매주 바꿔 가며 식탁에 올려 보자. 초록색 바질이 싫증나면 감초 민트로도 알려진 아니스 히숍(anise hyssop)이나 오팔(opal) 바질 또는 피콜로 피노(piccolo fino) 바질처럼 이색적인 허브를 넣어 보자. 인도, 멕시코, 아시아식 재료를 파는 상점에 들러 보면 온갖 종류의 민트와 차조기 잎, 타이 바질, 베트남 고수 등 특별한 허브를 찾을 수 있다. 이 샐러드에는 그중 아무거나 넣어도 잘 어울린다.

마블 스트라이프, 체로키 퍼플, 브랜디와인 등 에어룸 토마토, 다양한 종류로 2~3개, 가운데 심을 제거하고 0.5cm 두께로 얇게 썰어서 준비

얇은 소금

토마토 비네그레트 드레싱(245쪽) 1컵, 힌트: 샐러드에 들어갈 토마토를 손질하면서 나온 가운데 심과 끄트머리 부분을 사용한다.

방울토마토 약 475g, 깨끗이 씻고 꼭지를 제거한 뒤 반으로 잘라서 준비

신선한 바질과 파슬리, 아니스 히숍, 처빌, 사철쑥 등을 아무거나 섞어서 2컵, 또는 2.5cm 길이로 자른 파 2컵

먹기 직전에 접시에 얇게 자른 에어룸 토마토를 한 겹으로 깔고 소금과 후추로 간을 한다. 비네그레트 드레싱을 약간 뿌린다. 다른 볼에 방울토마토를 담고 소금과 후추를 입맛에 맞게 넣고 골고루 섞는다. 비네그레트 드레싱을 넣고 맛을 본 뒤 필요하면 소금을 더 넣어서 간을 맞춘다. 완성되면 접시에 담아 둔 토마토 슬라이스 위에 조심스럽게 쌓는다.

샐러드 볼에 허브를 담고 비네그레트 드레싱을 살짝 뿌린 뒤 소금, 후추로 간을 한다. 허브 샐러드도 토마토 위에 올린다. 만들어서 바로 먹는다.

변형 아이디어

- 얇게 썬 에어룸 토마토와 1.5cm 두께로 썬 생모차렐라 치즈나 부라타 치즈를 번갈아 담고 전체적으로 간을 한 뒤 드레싱을 뿌리면 **카프레제 샐러드**가 된다. 허브 샐러드는 생략하고, 다른 볼에 방울토마토를 담아 간을 한 다음 바질 잎 12장을 큼직하게 찢어서 더한다. 토마토 슬라이스 위에 방울토마토를 쌓아 올린다. 바삭하게 구운 따뜻한 빵과 함께 낸다.

- **토마토 리코타 샐러드 토스트**는 신선한 리코타 치즈 1½컵을 준비하고 엑스트라버진 올리브유와

얇은 소금, 바로 분쇄한 흑후추를 넣어 휘저어서 만든다. 2.5cm 두께로 자른 바삭한 빵 4장에 엑스트라버진 올리브유를 바르고 205℃로 예열한 오븐이나 토스터에 넣어 10분 정도 노릇하게 굽는다. 토스트마다 한쪽 면에 생마늘을 대고 문지른 다음 마늘을 바른 쪽에 리코타 치즈를 5큰술씩 올린다. 치즈 위에 얇게 썬 에어룸 토마토를 여러 장 쌓는다. 허브 샐러드를 1컵 준비해서 4등분해 그 위에 각각 올리고 바로 먹는다.

- **페르시아식 시라지 샐러드**는 먼저 작은 볼에 붉은 양파 ½개를 얇게 썰어서 담고 레드 와인 식초 3큰술을 더해 15분간 두는 것으로 시작한다. 페르시아 오이 4개를 준비하고 줄무늬 남기기 방식으로 껍질을 제거한 뒤 1.5cm 두께로 썰어 큰 볼에 담는다. 여기에 방울토마토를 넣고 마늘 1톨을 으깨거나 다져서 추가한다. 양파도 넣는다. (식초는 아직 붓지 않는다.) 소금, 후추로 간을 맞추고 **라임 비네그레트 드레싱**(243쪽)을 뿌린다. 골고루 섞어서 맛을 보고 필요하면 양파를 절였던 식초를 더한다. 완성됐으면 얇게 썬 토마토 위에 올리고 딜, 고수, 파슬리, 민트로 만든 허브 샐러드를 얹은 뒤 라임 비네그레트 드레싱을 뿌린다.

- **그리스식 샐러드**를 만들기 위해서는 우선 작은 볼에 붉은 양파 ½개를 얇게 썰어서 담고 레드 와인 식초 3큰술을 더해 15분간 둔다. 페르시아 오이 4개를 준비하고 줄무늬 남기기 방식으로 껍질을 제거한 뒤 1.5cm 두께로 썰어 큰 볼에 담는다. 여기에 방울토마토를 넣고 마늘 1톨을 으깨거나 다져서 추가한다. 물에 헹궈서 씨를 뺀 블랙 올리브 1컵과 헹군 뒤 잘게 부순 페타 치즈 약 110g을 더한다. 양파도 넣는다. (식초는 아직 붓지 않는다.) 소금, 후추로 간을 맞추고 **레드 와인 비네그레트 드레싱**(240쪽)을 뿌린다. 골고루 섞어서 맛을 보고 필요하면 양파를 절였던 식초를 더한다. 허브 샐러드는 생략하고 얇게 썬 토마토 위에 올려 완성한다.

모든 계절에 잘 어울리는 판차넬라

판차넬라는 토스카나 지역의 요리사들이 아주 흔한 재료로 얼마나 훌륭한 음식을 만들어 내는지를 제대로 느낄 수 있는 대표적인 음식이다. 전통적인 판차넬라는 오래된 빵과 토마토, 양파, 바질로 만들고 풍미만큼이나 식감도 매력적이다. 크루통을 비네그레트 드레싱에 푹 담그지 않고 넣으면 입천장이 긁힐 수도 있다. 그렇다고 너무 축축해질 때까지 두면 지루한 샐러드가 된다. 크루통을 한꺼번에 넣지 말고 띄엄띄엄 넣어서 다채로운 바삭함을 느낄 수 있도록 만들어 보자. 그러면 입안을 다칠 일도 없다.

오래 기억에 남을 만한, 여름철에 잘 어울리는 판차넬라는 양질의 빵과 토마토로 만든다. 계절마다 다양한 재료를 바꿔 가며 만들면 1년 내내 맛있는 빵 샐러드를 즐길 수 있다.

여름: 토마토, 바질, 오이

넉넉한 4인분

중간 크기 붉은 양파 ½개, 얇게 썰어서 준비

레드 와인 식초 1큰술

찢어서 만든 크루통(236쪽) 4컵

토마토 비네그레트 드레싱(245쪽) 1컵, 두 번 나누어서 사용

방울토마토 약 475g, 꼭지 제거하고 반으로 잘라서 준비

얼리 걸 등 풍미가 진한 작은 토마토 680g(대략 8개), 심을 제거하고 한입 크기 웨지 모양으로 잘라서 준비

페르시아 오이 4개, **줄무늬 남기기 방식**(220쪽)으로 껍질을 제거하고 1.5cm 두께로 얇게 잘라서 준비

바질 잎 16장

가는 천일염

작은 볼에 얇게 썬 양파를 담고 식초를 더한 뒤 20분간 그대로 절인다.(118쪽 참조) 한쪽에 둔다.

준비한 크루통 중 절반을 큼직한 샐러드 볼에 담고 비네그레트 드레싱 ½컵을 넣어 버무린다. 방울토마토와 웨지 모양으로 자른 토마토를 크루통 위에 담고 즙이 나오도록 소금을 넣는다. 10분간 그대로 둔다.

10분 뒤 계속해서 샐러드를 만든다. 남은 크루통과 오이, 식초에 절여 둔 양파를 추가한다.(식초는 아직 넣지 않는다.) 바질 잎도 큼직하게 찢어서 넣고 비네그레트 드레싱 ½컵을 마저 넣은 뒤 맛을 본다. 필요하면 소금이나 비네그레트 드레싱, 양파를 절였던 식초를 넣어 간을 맞춘다. 골고루 잘 섞고 다시 맛을 본 뒤에 낸다.

먹고 남은 샐러드는 뚜껑을 덮어 냉장 보관하면 하루 정도 두고 먹을 수 있다.

변형 아이디어

- 중동 지역에서 나는 토마토와 빵으로 만드는 **파투시**(Fattoush) 샐러드에는 크루통 대신 피타 빵 5장을 구워서 잘게 찢은 것이 들어간다. 그리고 바질 대신 파슬리 잎 ¼컵, 토마토 비네그레트 드레싱 대신 **레드 와인 비네그레트 드레싱**(240쪽)을 넣는다.

- **곡물 또는 콩 샐러드**는 크루통 대신 통보리(farro)와 보리, 밀 낟알, 콩 중에서 제철에 나는 종류로 아무거나 3컵을 준비하고 익혀서 넣으면 된다.

가을: 구운 호박, 세이지, 헤이즐넛

넉넉한 4인분

케일 1묶음, 라키나토 또는 카볼로 네로 품종이나 토스카나산 품종을 사용하면 좋다.

큼직한 땅콩호박 1개, 껍질 벗겨서 준비

엑스트라버진 올리브유

중간 크기 붉은 양파 ½개, 얇게 썰어서 준비

레드 와인 식초 1스푼

브라운 버터 비네그레트 드레싱(241쪽) 1컵, 두 번 나누어서 사용

찢어서 만든 크루통(236쪽) 4컵

특별한 맛이 나지 않는 식용유 2컵 정도

세이지 잎 16장

헤이즐넛 ¾컵, 볶아서 굵게 썰어서 준비

오븐을 220℃로 예열한다. 오븐 팬에 종이 행주를 깐다.

케일을 다듬는다. 한 손으로 줄기 아랫부분을 잡고 다른 손으로 줄기 아래부터 위로 잎을 쭉 밀어 올려 잎만 분리한다. 줄기는 버리거나 **콩과 케일이 들어간 토스카나식 수프**(274쪽) 등 다른 요리에 넣는다. 잎은 1.5cm 크기로 잘라서 한쪽에 둔다.

땅콩호박은 263쪽에 소개한 방법대로 반으로 자른 뒤 씨를 제거하고 얇게 썰어서 굽는다. 완성되면 한쪽에 둔다.

작은 볼에 얇게 썬 양파를 담고 식초를 더한 뒤 20분간 그대로 절인다. 한쪽에 둔다.

큰 샐러드 볼에 준비한 크루통의 절반을 담고 케일도 넣은 뒤 비네그레트 드레싱 ⅓컵을 붓고 골고루 섞는다. 그대로 10분간 둔다.

기다리는 동안 세이지를 튀긴다. 바닥이 두꺼운 작은 냄비에 특별한 맛이 나지 않는 식용유를 붓

고 중불로 180℃가 될 때까지 가열한다. 온도계가 없다면 몇 분 뒤에 세이지 잎 하나를 넣어서 온도를 확인할 수 있다. 넣자마자 지글지글 익으면 준비가 된 것이다.

준비한 세이지 잎을 모두 튀긴다. 처음에는 기름에서 거품이 많이 발생하므로 가라앉고 난 뒤에 세이지를 뒤집어야 한다. 잎을 넣고 약 30초 뒤에 거품이 가라앉자마자 바로 구멍 뚫린 순가락으로 건져 앞서 준비해 둔 오븐 팬 위에 올려놓는다. 튀긴 잎은 겹치지 않도록 한 겹으로 올려서 말린 후 소금을 뿌린다. 식으면서 바삭해진다.

샐러드 볼에 남은 크루통과 호박, 헤이즐넛, 식초에 절인 양파를 넣는다. (식초는 같이 넣지 말 것.) 그리고 튀긴 세이지를 부스러뜨려서 넣는다. 남은 비네그레트 드레싱을 뿌리고 골고루 잘 섞은 뒤 맛을 본다. 필요하면 소금, 세이지를 튀기고 남은 기름, 양파를 절였던 식초를 더 넣고 간을 맞춘다. 잘 섞어서 다시 맛을 보고 낸다.

먹고 남은 샐러드는 뚜껑을 덮어 냉장 보관하면 하루 정도 두고 먹을 수 있다.

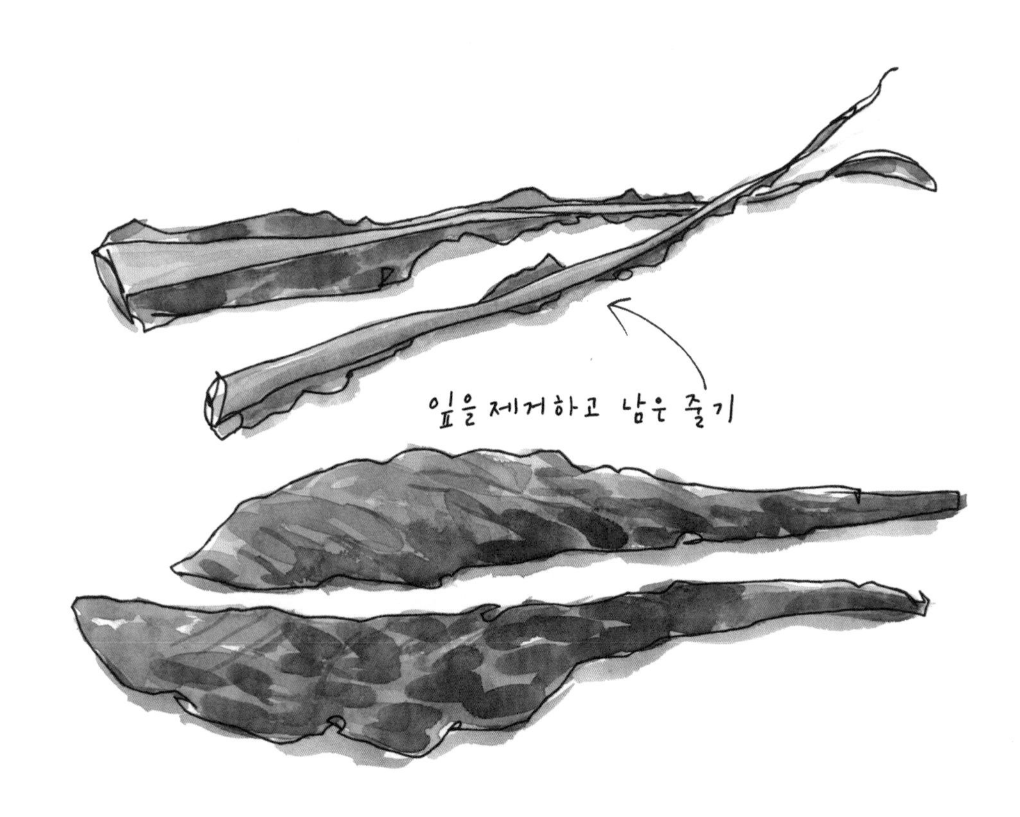

겨울: 구운 적색 치커리와 로크포르 치즈

넉넉한 4인분

적색 치커리 2통

엑스트라버진 올리브유

소금

중간 크기 양파 2개, 껍질 벗겨서 준비

찢어서 만든 크루통(236쪽) 4컵

브라운 버터 비네그레트 드레싱(241쪽) 1컵, 두 번 나누어서 사용

파슬리 잎, 성기게 담아서 ¼컵

구운 호두 1컵

흑후추, 굵게 간 것

로크포르 치즈 약 110g

레드 와인 식초, 신맛을 조절할 때 사용

오븐을 220℃로 예열한다.

적색 치커리는 각각 뿌리가 반으로 나뉘도록 2등분한다. 그리고 다시 반으로 잘라서 4분의 1 크기로 만든다. 표면에 올리브유를 넉넉하게 뿌린다. 잎을 조심스럽게 한 장식 떼서 오븐 팬에 한 겹으로 담는다. 잎마다 여유 공간을 남겨야 한다. 올리브유를 더 뿌리고 소금을 뿌린다.

양파도 뿌리가 반으로 나뉘도록 2등분한다. 반쪽을 각각 웨지 모양으로 4등분해 양파 하나를 8등분한다. 올리브유를 넉넉하게 뿌리고 겹겹이 떼서 오븐 팬에 한 겹으로 올린다. 사이사이에 여유 공간을 두어야 한다. 올리브유를 추가로 더 뿌리고 소금으로 간을 한다.

이렇게 준비한 두 가지 채소는 예열해 둔 오븐에 넣어 말랑해지고 캐러멜화가 진행되도록 익힌다. 적색 치커리는 약 22분, 양파는 28분 정도 소요된다. 12분쯤 지나면 상태를 확인하고 팬 방향을 바꾸고 팬에 올린 위치도 바꿔서 모든 채소를 골고루 익힌다.

큰 샐러드 볼에 크루통 절반을 담고 비네그레트 드레싱 ⅓컵을 부어 그대로 10분간 둔다.

남은 크루통과 적색 치커리, 양파, 파슬리, 호두, 흑후추를 넣는다. 치즈는 큼직한 덩어리가 되도록 부순다. 남은 비네그레트 드레싱을 붓고 맛을 본다. 필요하면 소금을 더 넣어서 간을 보고 레드 와인 식초를 조금 더한다. 골고루 섞어서 맛을 보고 실온 그대로 먹는다.

먹고 남은 샐러드는 뚜껑을 덮어 냉장 보관하면 하루 정도 두고 먹을 수 있다.

소금

중간 크기 붉은 양파 ½개, 얇게 썰어서 준비

레드 와인 식초 1큰술

아스파라거스 약 680g(대략 2묶음), 딱딱한 끝부분 제거

찢어서 만든 크루통(236쪽) 4컵

큼직한 민트 잎 24장

페타 치즈 약 85g

레드 와인 비네그레트 드레싱(240쪽), 두 번 나누어서 사용

큰 냄비에 물을 담고 센불로 팔팔 끓인다. 먹어 보면 바닷물이 바로 떠오를 만큼 소금을 넣는다. 오븐 팬 2개를 준비하고 유산지를 깔아서 한쪽에 둔다.

작은 볼에 얇게 썬 양파를 담고 식초를 더한 뒤 20분간 그대로 절인다. (118쪽 참조) 한쪽에 둔다.

아스파라거스가 연필보다 굵으면 감자 깎는 칼로 살짝 눌러 가면서 꽃송이 아래 2.5cm부터 맨 아래까지 줄무늬 남기기 방식으로 가장 바깥쪽 면의 껍질을 벗긴다. 4cm 길이로 어슷썰기를 한다. 물이 끓으면 썰어 둔 아스파라거스를 넣고 3분 30초 정도, 살짝 부드러워질 때까지만 익힌다. (줄기가 얇은 경우 더 짧게 익힐 것.) 한 조각을 건져서 맛을 보고 가운데 아직 아삭한 느낌이 남아 있을 때 꺼내야 한다. 물에서 건진 아스파라거스는 준비해 둔 오븐 팬에 한 겹으로 담아서 식힌다.

큰 샐러드 볼에 준비한 크루통의 절반을 담고 비네그레트 드레싱 ⅓컵을 부은 뒤 골고루 섞어서 10분간 그대로 둔다.

남은 크루통과 아스파라거스, 식초에 절여 둔 양파를 넣는다. (식초는 아직 넣지 않는다.) 민트 잎은 잘게 찢어서 넣고 페타 치즈는 큼직한 덩어리로 부숴서 넣는다. 비네그레트 드레싱 ⅓컵을 붓고 소금으로 간을 한 뒤 맛을 본다. 필요하면 소금, 비네그레트 드레싱, 양파를 절였던 식초를 넣고 간을 맞춘다. 골고루 섞어서 다시 맛을 보고 실온에서 그대로 먹는다.

먹고 남은 샐러드는 뚜껑을 덮어 냉장 보관하면 하루 정도 두고 먹을 수 있다.

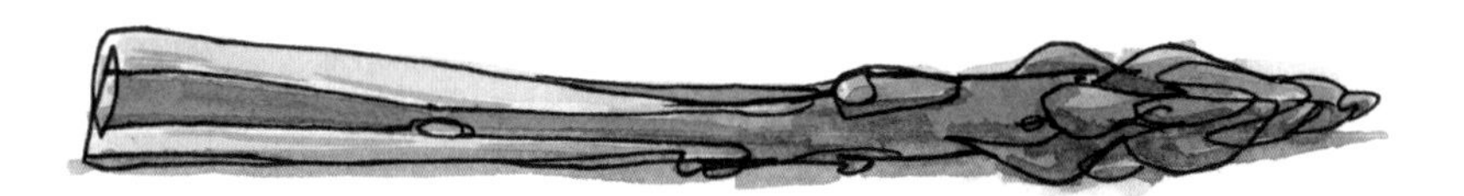

찢어서 만든 크루통

8컵

시중에 판매되는 크루통 제품은 집에서 직접 만든 크루통과는 비교도 할 수 없다. 무엇보다 직접 만들면 원재료의 품질이 우수하므로 어떤 제품보다 맛이 좋다. 게다가 손으로 북북 찢어서 불규칙하고 투박한 형태로 크루통을 만들면 샐러드에 다양한 식감을 부여한다. 드레싱도 더 잘 묻고, 보기에도 훨씬 좋다. 그리고 먹을 때 입천장이 긁힐 가능성도 적다. 이렇게까지 설명해도 만들어 먹고 싶은 생각이 들지 않는다면, 우리 집에 와서 시저 샐러드를 한번 먹어 보라. 내가 절로 그런 생각이 들게끔 만들어 줄 테니까.

구운 지 하루 정도 지난 시골빵 또는 사워도우로 만든 빵, 약 450g짜리 1덩어리

엑스트라버진 올리브유 ⅓컵

오븐은 205℃로 예열한다. 치아에 부담이 적은 크루통을 만들고 싶다면 껍질을 잘라 낸 뒤 2.5cm 두께로 자른다. 각 슬라이스는 다시 2.5cm 너비로 길쭉하게 자른다. 큼직한 볼에 길게 자른 빵을 2.5cm 길이로 찢어서 담는다. 또는 빵을 덩어리째 적당히 비슷한 조각으로 조금씩 뜯어내는 방법도 있다. 내 경험상 전자의 방식으로 만들면 전 과정에 소요되는 시간이 줄고 일정하면서도 투박한 크루통이 완성된다. 그래서 나는 전자의 방식을 선호한다.

잘게 떼어 낸 빵조각 위에 올리브유를 골고루 뿌리고 잘 섞은 뒤 오븐 팬에 한 겹으로 담는다. 팬 하나에 모두 담기지 않으면 두 번째 팬에 나눠 담아야 김이 빠져나가서 노릇한 크루통이 된다.

팬을 오븐에 넣고 18~22분 정도 굽는다. 8분이 지나면 상태를 확인하고 팬의 방향을 바꾸거나 팬 위에서 자리를 옮겨 준다. 금속 주걱으로 크루통을 뒤집어서 골고루 노릇하게 익힌다. 이미 완성된 크루통도 있고, 아직 몇 분 더 구워야 하는 크루통도 나올 수 있다. 이 경우 완성된 크루통은 팬에서 덜어 내고 나머지만 더 굽는다. 노릇한 갈색으로 변하고 바깥은 바삭하면서 안쪽에는 아주 미세한 쫄깃함이 남아 있을 때까지만 익히면 된다.

완성된 크루통은 맛을 보고 필요하면 소금을 살짝 뿌려서 간을 맞춘다.

다 됐으면 오븐 팬에 한 겹으로 담아 식힌다. 바로 사용하거나 밀폐 용기에 담아서 보관하면 2일 동안 두고 사용할 수 있다. 눅눅해진 크루통은 205℃에서 3~4분간 구워서 사용한다.

남은 크루통을 냉동 보관하면 2개월까지 두고 사용할 수 있다. **리볼리타**(Ribollita, 275쪽)에도 넣을 수 있다.

변형 아이디어

- **찢어서 만든 정통 크루통**은 올리브유에 마늘 2톨을 다지거나 으깨서 넣고 잘 섞은 다음 빵에 발라서 만든다. 말린 오레가노 1큰술, 붉은 고춧가루 ½작은술을 뿌리고 골고루 섞은 다음 굽는다.

- **찢어서 만든 치즈 크루통**은 빵을 찢은 뒤 올리브유를 넣어 골고루 섞고 아주 가늘게 간 파르미지아노 치즈 85g(1컵 정도)과 거칠게 간 흑후추를 넣고 잘 섞어 준다. 굽는 방법은 위와 동일하다.

- **뿌려 먹는 빵가루** 6컵을 만드는 방법은 일단 빵을 찢지 않고 5cm 두께로 잘라 푸드 프로세서에 넣고 분쇄한다. 올리브유는 ½컵으로 양을 늘려서 붓고 잘 섞은 뒤 오븐 팬에 한 겹으로 깔고 노릇해질 때까지 16~18분간 굽는다.

드레싱

어떤 드레싱을 만들든 가장 중요한 것은 소금, 지방 그리고 산이 적절한 균형을 이루어야 한다는 점이다. 이것만 충족되면 어떤 샐러드를 만들어도 맛이 좋아진다.

파(그리고 양파)의 매운맛을 빼려면 산에 충분한 시간 동안 **담가 두어야** 한다. 양파에 식초나 감귤류 과일의 즙을 더하고 골고루 섞은 뒤 그대로 두었다가 오일과 다른 재료를 추가하면 되는 아주 간단한 방법이다.

샐러드마다 잘 어울리는 드레싱을 뿌리는 것은 식사 메뉴에 따라 잘 맞는 와인을 정하는 것 못지않게 중요하다. 음식에 따라 진한 풍미가 필요할 때가 있고 가벼운 맛이 적절할 때가 있다. 오른쪽의 도표를 참고해서 아이디어를 얻고 윤곽을 잡아 보자.

드레싱에 버무린 샐러드를 만들기 위해서는 먼저 큰 볼에 녹색 채소를 담고 소금으로 살짝 간을 한다. 여기에 드레싱을 부족하다 싶을 만큼만 뿌리고 손으로 잎에 드레싱이 모두 묻도록 뒤적인다. 잎을 하나 집어서 맛을 보고 필요하면 소금이나 드레싱을 추가한다.

재료를 섞어서 담지 않는 샐러드는 재료와 드레싱 모두 제철 재료로 만든다. 비트는 미리 절여 두었다가 접시에 담고, 그 위에 **그린 고디스 드레싱**을 뿌린다. 얇게 썬 토마토와 생모차렐라 치즈는 먼저 골고루 간을 한 다음 **발사믹 비네그레트 드레싱**을 숟가락으로 끼얹는다. **천천히 구운 연어**(310쪽)와 얇게 깎은 회향 샐러드에는 블러드 오렌지로 만드는 **시트러스 비네그레트 드레싱**을 뿌린다. 때로는 샐러드를 한입 먹을 때마다 맛있다고 감탄하게끔 만들어 보자. 스스로도 놀랄 만큼 샐러드에 푹 빠지게 될 것이다.

잘 어울리는 드레싱 찾기

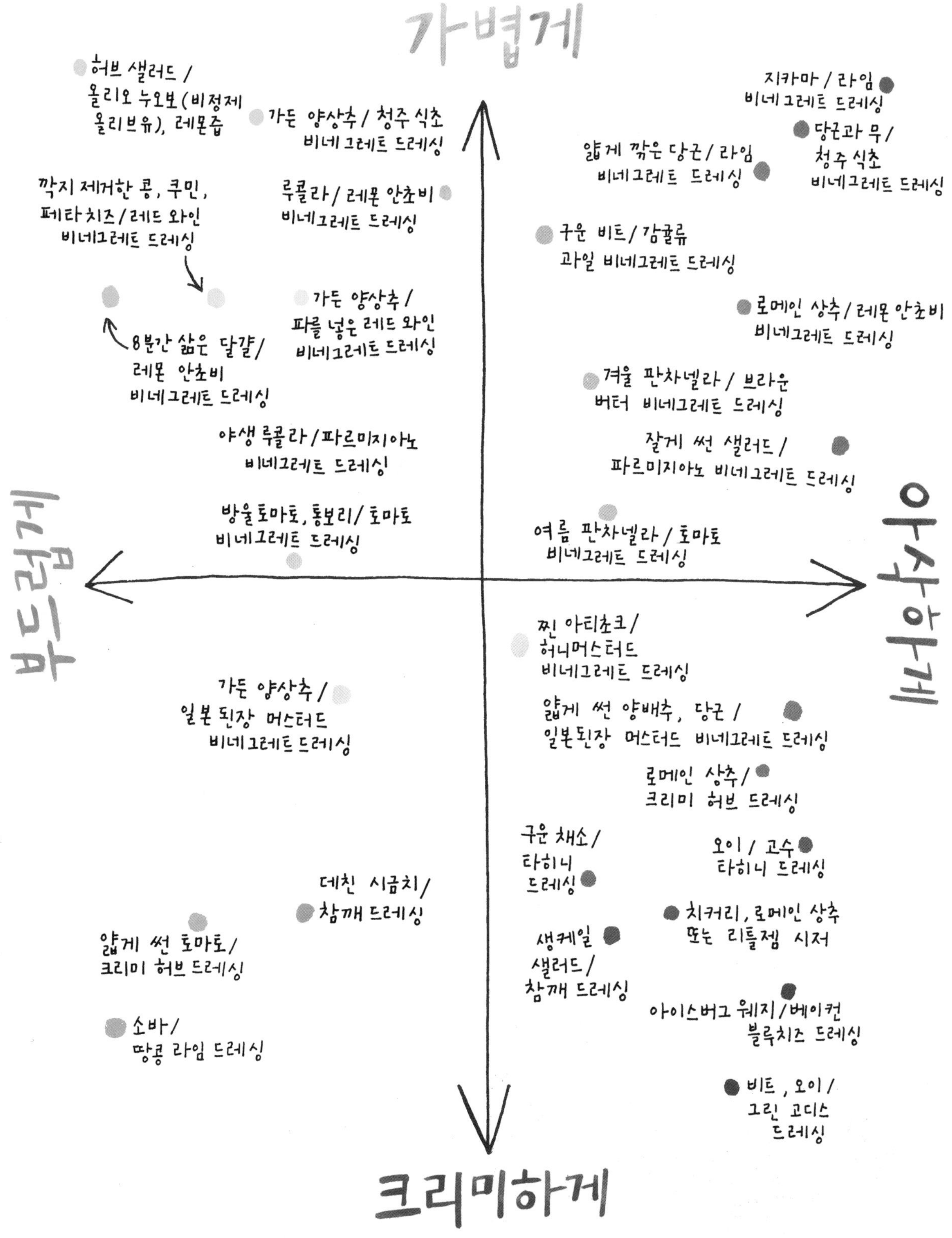

가볍게

허브 샐러드 / 올리오 누오보(비정제 올리브유), 레몬즙

가든 양상추 / 청주 식초 비네그레트 드레싱

깍지 제거한 콩, 쿠민, 페타 치즈 / 레드 와인 비네그레트 드레싱

루콜라 / 레몬 안초비 비네그레트 드레싱

가든 양상추 / 파를 넣은 레드 와인 비네그레트 드레싱

8분간 삶은 달걀 / 레몬 안초비 비네그레트 드레싱

야생 루콜라 / 파르미지아노 비네그레트 드레싱

방울토마토, 통보리 / 토마토 비네그레트 드레싱

지카마 / 라임 비네그레트 드레싱

당근과 무 / 청주 식초 비네그레트 드레싱

얇게 깎은 당근 / 라임 비네그레트 드레싱

구운 비트 / 감귤류 과일 비네그레트 드레싱

로메인 상추 / 레몬 안초비 비네그레트 드레싱

겨울 판차넬라 / 브라운 버터 비네그레트 드레싱

잘게 썬 샐러드 / 파르미지아노 비네그레트 드레싱

여름 판차넬라 / 토마토 비네그레트 드레싱

부드럽게

아삭하게

가든 양상추 / 일본 된장 머스터드 비네그레트 드레싱

데친 시금치 / 참깨 드레싱

얇게 썬 토마토 / 크리미 허브 드레싱

소바 / 땅콩 라임 드레싱

찐 아티초크 / 허니머스터드 비네그레트 드레싱

얇게 썬 양배추, 당근 / 일본된장 머스터드 비네그레트 드레싱

로메인 상추 / 크리미 허브 드레싱

구운 채소 / 타히니 드레싱

오이 / 고수 타히니 드레싱

치커리, 로메인 상추 또는 리틀젬 시저

생케일 샐러드 / 참깨 드레싱

아이스버그 웨지 / 베이컨 블루치즈 드레싱

비트, 오이 / 그린 고디스 드레싱

크리미하게

가볍게

레드 와인 비네그레트 드레싱

약 ½컵

잘게 다진 양파 1큰술

레드 와인 식초 2큰술

엑스트라버진 올리브유 6큰술

소금

흑후추, 바로 갈아서 넣을 것

작은 볼이나 병에 양파를 담고 식초를 부어 15분간 절인다. (118쪽 참조) 여기에 올리브유를 넣고 소금도 넉넉하게 집어서 넣는다. 후추도 조금 넣는다. 젓거나 흔들어서 잘 섞은 다음 양상추 잎에 묻혀서 맛을 보고 필요하면 소금이나 산을 추가한다. 뚜껑을 덮어 냉장 보관하면 최대 3일까지 두고 먹을 수 있다.

가든 양상추와 루콜라, 치커리, 벨지언 엔다이브, 리틀젬 상추, 로메인 상추, 비트, 토마토에 잘 어울린다. 그 밖에 종류와 상관없이 데친 채소나 직화로 또는 오븐에 구운 채소와 **브라이트 양배추 샐러드**, **파투시**, **곡물 샐러드나 콩 샐러드**, **그리스식 샐러드**, **봄철에 어울리는 판차넬라**에도 적합하다.

변형 아이디어

- 디종 머스터드 1큰술과 꿀 1½작은술을 추가하면 **허니머스터드 비네그레트 드레싱**이 된다.

발사믹 비네그레트 드레싱

약 ⅓컵

잘게 다진 양파 1큰술
숙성된 발사믹 식초 1큰술
레드 와인 식초 1큰술
엑스트라버진 올리브유 4큰술
소금
흑후추, 바로 갈아서 넣을 것

작은 볼이나 병에 양파를 담고 식초를 부어 15분간 절인다. (118쪽 참조) 여기에 올리브유를 넣고 소금도 넉넉하게 집어서 넣는다. 후추도 넣는다. 젓거나 흔들어서 잘 섞은 다음 양상추 잎에 묻혀서 맛을 보고 필요하면 소금이나 산을 추가한다. 뚜껑을 덮어서 냉장 보관하면 최대 3일까지 두고 먹을 수 있다.

루콜라, 가든 양상추, 벨지언 엔다이브, 치커리, 로메인 상추나 리틀젬 상추, 그 밖에 종류와 상관없이 데친 채소나 직화로 또는 오븐에 구운 채소, **곡물 샐러드** 또는 **콩 샐러드**, **겨울철에 어울리는 판차넬라**에 곁들여도 좋다.

변형 아이디어

- 풍성한 치커리 샐러드나 곡물 샐러드에 잘 어울리는 **파르미지아노 비네그레트 드레싱**은 위와 동일한 방법으로 만들면서 가늘게 빻은 파르미지아노 치즈 약 42g(½컵 정도)을 추가하면 완성된다.

- 빵이 들어가는 샐러드나 구운 채소에 뿌리기 좋은 **브라운 버터 비네그레트 드레싱**은 올리브유 대신 브라운 버터 4큰술을 넣고 위와 동일한 방법으로 만든다. 먹고 남은 드레싱을 냉장 보관해 둔 경우 먹기 전에 실온에 두었다가 사용한다.

레몬 비네그레트 드레싱

약 ½컵

가늘게 분쇄한 레몬 제스트 ½작은술(레몬 ½개 분량)

갓 짜낸 레몬즙 2큰술

화이트 와인 식초 1½작은술

엑스트라버진 올리브유 5큰술

마늘 1톨

소금

흑후추, 바로 갈아서 넣을 것

작은 볼이나 병에 레몬 제스트와 레몬즙, 올리브유를 붓는다. 마늘은 도마에 대고 손바닥으로 힘껏 눌러 으깨서 넣는다. 소금을 넉넉하게 넣어 간을 하고 후추도 넣는다. 젓거나 흔들어서 잘 섞은 다음 양상추 잎에 묻혀서 맛을 보고 필요하면 소금이나 산을 추가한다. 그대로 최소 10분간 두었다가 마늘은 빼내고 사용한다.

뚜껑을 덮어서 냉장 보관하면 최대 2일까지 두고 먹을 수 있다.

허브 샐러드, 루콜라, 가든 양상추, 로메인 상추나 리틀젬 상추, 오이, 삶은 채소, 그 밖에 **아보카도 샐러드**, **얇게 썬 회향과 순무 샐러드**, **천천히 구운 연어**와 잘 어울린다.

변형 아이디어

- 뼈를 제거한 염장 안초비 2마리(살코기로 4마리 분량)를 큼직하게 썬 다음 작은 절구에 넣고 부드러운 페이스트가 되도록 으깨서 추가하면 **레몬 안초비 비네그레트 드레싱**을 만들 수 있다. 안초비를 부드럽게 으깰수록 드레싱이 맛있어진다. 안초비를 넣고 마늘 ½톨을 다지거나 으깨서 추가하고 나머지는 위와 동일한 방법으로 만들면 된다. 루콜라, 벨지언 엔다이브, 종류와 상관없이 삶은 채소, 치커리, 당근, 순무, 셀러리 뿌리 등 얇게 깎은 겨울 채소와 잘 어울린다.

라임 비네그레트 드레싱

약 ½컵

갓 짜낸 라임즙 2큰술(작은 라임 약 2개 분량)
엑스트라버진 올리브유 5큰술
마늘 1톨
소금

작은 볼이나 병에 라임즙, 올리브유를 붓는다. 마늘은 으깨서 넣고 소금도 넉넉하게 넣는다. 젓거나 흔들어서 잘 섞은 다음 양상추 잎에 묻혀서 맛을 보고 필요하면 소금이나 산을 추가한다. 그대로 최소 10분간 두었다가 마늘은 빼내고 사용한다.

뚜껑을 덮어서 냉장 보관하면 최대 3일까지 두고 먹을 수 있다.

가든 양상추, 리틀젬이나 로메인 상추, 얇게 썬 오이, 그 밖에 **아보카도 샐러드**, **얇게 깎은 당근 샐러드**, **시라지 샐러드**, **천천히 구운 연어**와 잘 어울린다.

변형 아이디어

- 잘게 다진 할라페뇨 1작은술을 더하면 살짝 매콤한 맛을 즐길 수 있다.

시트러스 비네그레트 드레싱

약 ⅔컵

잘게 다진 양파 1큰술

화이트 와인 식초 4작은술

감귤류 과일의 즙 ¼컵

엑스트라버진 올리브유 ¼컵

가늘게 깎은 제스트 ½작은술

소금

작은 볼이나 병에 양파를 담고 식초를 부어 15분간 절인다. (118쪽 참조) 여기에 감귤류 과일의 즙과 올리브유, 제스트를 넣고 소금도 넉넉하게 집어서 넣는다. 젓거나 흔들어서 잘 섞은 다음 양상추 잎에 묻혀서 맛을 보고 필요하면 소금이나 산을 추가한다.

뚜껑을 덮어서 냉장 보관하면 최대 3일까지 두고 먹을 수 있다.

가든 양상추, 로메인 상추나 리틀젬 상추, 데친 아스파라거스, 그 밖에 **아보카도 샐러드**, **천천히 구운 연어**, **구운 아티초크**와 잘 어울린다.

변형 아이디어

- 파와 함께 잘게 다진 금귤 3큰술을 추가하고 나머지는 위와 동일한 방법으로 만들면 달콤하고 새콤한 **금귤 비네그레트 드레싱**이 된다.

토마토 비네그레트 드레싱

약 1컵

이 드레싱은 잘 익은 토마토로 만들어도 되지만 샐러드에 들어갈 토마토를 손질하고 남은 가운데 심과 끝부분으로 만들어도 된다. 토마토 줄기에서 나무 냄새와 함께 달콤한 향이 느껴지고 눌렀을 때 단단하면서 탄력이 살짝 느껴지면 다 익은 것이다.

다진 양파 2큰술
레드 와인 식초 2큰술
숙성된 발사믹 식초 1큰술
완숙 토마토 큰 것 1개 또는 작은 것 2개(약 225g)
바질 잎 4장, 큼직하게 찢어서 준비
엑스트라버진 올리브유 ¼컵
마늘 1톨
소금

작은 볼이나 병에 양파를 담고 식초를 부어 15분간 절인다. (118쪽 참조)

토마토를 가로로 2등분한다. 절반씩 강판에 올리고 구멍이 가장 큰 쪽에 대고 문질러서 껍질을 제거한다. 간 토마토가 ½컵 정도 나와야 한다. 여기에 양파를 넣고 바질 잎과 올리브유를 더한다. 소금도 넉넉히 집어서 넣는다. 마늘을 도마에 대고 손바닥으로 눌러서 으깬 다음 드레싱에 넣는다. 젓거나 흔들어서 잘 섞은 후 크루통이나 얇게 썰어 놓은 토마토에 찍어서 맛을 보고 필요하면 소금이나 산을 추가한다. 그대로 최소 10분간 두었다가 마늘을 빼내고 사용한다.

뚜껑을 덮어서 냉장 보관하면 최대 2일까지 두고 먹을 수 있다.

얇게 썬 토마토나 **아보카도 샐러드, 카프레제 샐러드, 여름 판차넬라, 토마토 리코타 샐러드 토스트, 토마토와 허브를 넣은 여름 샐러드**에 잘 어울린다.

청주 식초 비네그레트 드레싱

약 ⅓컵

양념이 첨가된 청주 식초 2큰술

특별한 맛이 나지 않는 식용유 4큰술

마늘 1톨

소금

작은 볼이나 병에 식초와 식용유를 담는다. 마늘을 도마에 대고 손바닥으로 눌러서 으깬 다음 드레싱에 넣는다. 젓거나 흔들어서 잘 섞은 다음 양상추 잎에 묻혀서 맛을 보고 필요하면 소금이나 산을 추가한다. 그대로 최소 10분간 두었다가 마늘을 빼내고 사용한다.

뚜껑을 덮어서 냉장 보관하면 최대 3일까지 두고 먹을 수 있다.

가든 양상추, 로메인이나 리틀젬 상추, 얇게 깎은 무, 당근, 오이, 그 밖에 모든 종류의 **아보카도 샐러드**와 잘 어울린다.

변형 아이디어

- 살짝 매콤한 맛을 원하면 잘게 다진 할라페뇨를 1작은술 정도 넣는다.
- 한국이나 일본 음식의 풍미를 살리려면 참기름을 몇 방울 더한다.

크리미하게

시저 드레싱

약 1½컵

염장 안초비 4마리(또는 필레 8장), 뼈 제거하고 액체에 담가 보관한 것

뻑뻑한 **기본 마요네즈**(375쪽) ¾컵

마늘 1톨, 다지거나 으깬 후 소금을 약간 뿌려서 준비

레몬즙 3~4큰술

화이트 와인 식초 1작은술

파르미지아노 치즈 덩어리 약 85g, 잘게 갈아서(약 1컵) 준비, 음식과 함께 낼 분량도 따로 준비할 것

우스터소스 ¾작은술

흑후추, 바로 갈아서 넣을 것

소금

안초비는 듬성듬성 썰어서 작은 절구에 담아 부드러운 페이스트가 되도록 으깬다. 페이스트가 부드러울수록 드레싱도 맛있어진다.

중간 크기의 볼에 안초비와 마요네즈, 마늘, 레몬즙, 식초, 파르미지아노 치즈, 우스터소스와 후추를 넣고 잘 섞는다. 양상추 잎에 묻혀서 맛을 보고 필요하면 소금과 산을 추가한다. 또는 **짠맛 덧입히기**에서 배운 대로 마요네즈에 짠맛이 나는 재료를 아주 조금씩 추가한다. 산을 조절하면서 신맛의 균형을 찾고 맛을 본 다음 짠맛이 나는 재료의 양을 조절하면서 소금, 지방 그리고 산이 이상적인 균형을 이루도록 하자. 책에서 배운 것을 실행에 옮겨서 이만큼 맛 좋은 결과물을 얻을 수 있는 요리가 또 있을까? 아마 없을 것이다.

녹색 채소와 찢어서 만든 크루통을 큰 볼에 담고 드레싱을 넉넉하게 부은 다음 손으로 골고루 묻히면 샐러드가 완성된다. 여기에 파르미지아노 치즈를 얹고 흑후추를 갈아서 뿌린 뒤 바로 낸다.

드레싱은 뚜껑을 덮어서 냉장 보관하면 최대 3일까지 두고 먹을 수 있다.

가든 양상추, 로메인이나 리틀젬 상추, 치커리, 생케일이나 데친 케일, 얇게 깎은 방울양배추, 벨지언 엔다이브와 잘 어울린다.

크리미 허브 드레싱

약 1¼컵

잘게 다진 양파 1큰술

레드 와인 식초 2큰술

크렘 프레슈(113쪽)나 헤비 크림, 사워크림 또는 플레인 요구르트 ½컵

엑스트라버진 올리브유 3큰술

마늘 작은 것으로 1톨, 다지거나 으깬 후 소금을 약간 뿌려서 준비

파 1줄기, 흰 부분과 녹색 부분을 모두 잘게 다져서 준비

잘게 다진 연한 허브 ¼컵, 파슬리, 고수, 딜, 차이브, 처빌, 바질, 사철쑥 중에 아무거나 섞어서 사용해도 된다.

설탕 ½작은술

소금

흑후추, 바로 갈아서 넣을 것

작은 볼에 양파를 담고 식초를 부어 15분간 절인다. (118쪽 참조) 절여 둔 양파를 식초까지 모두 큰 볼에 붓고 크렘 프레슈와 올리브유, 마늘, 파, 허브, 설탕을 넣는다. 소금도 넉넉히 집어서 넣고 흑후추도 조금 넣은 뒤 잘 저어서 섞는다. 양상추 잎에 묻혀서 맛을 보고 필요하면 소금과 산을 추가한다.

뚜껑을 덮어서 냉장 보관하면 최대 3일까지 두고 먹을 수 있다.

로메인 상추나 아이스버그 웨지, 리틀젬 상추, 비트, 오이, 벨지언 엔다이브와 잘 어울린다. 구운 생선이나 구운 닭 요리, 전채로 먹는 생채소, 튀긴 음식에 곁들여도 된다.

블루치즈 드레싱

약 1¼컵

크리미한 블루치즈 약 140g, 잘게 부숴서 준비, 로크포르, 블뢰 도베르뉴, 메이태그 같은 종류를 사용하면 된다.

크렘 프레슈(113쪽)나 사워크림, 헤비 크림 ½컵

엑스트라버진 올리브유 ¼컵

레드 와인 식초 1큰술

마늘 작은 것으로 1톨, 다지거나 으깬 후 소금을 약간 뿌려서 준비

소금

중간 크기의 볼에 블루치즈와 크렘 프레슈, 올리브유, 식초, 마늘을 넣고 휘저어서 꼼꼼하게 잘 섞는다. 또는 병에 모두 담고 뚜껑을 닫은 뒤 힘차게 흔드는 방법도 있다. 양상추 잎에 묻혀서 맛을 보고 필요하면 소금과 산을 추가한다.

뚜껑을 덮어서 냉장 보관하면 최대 3일까지 두고 먹을 수 있다.

벨지언 엔다이브, 치커리, 아이스버그 웨지, 리틀젬이나 로메인 상추에 잘 어울린다. 스테이크 소스로도 안성맞춤이며 당근, 오이를 찍어 먹는 소스로 사용해도 된다.

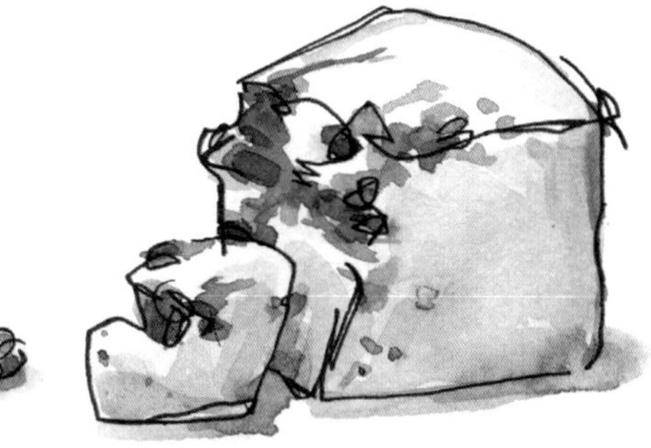

그린 고디스 드레싱

약 2컵

염장 안초비 3마리(또는 필레 6장), 뼈 제거하고 액체에 담가 보관한 것

잘 익은 중간 크기 아보카도 1개, 반으로 잘라 씨 제거

마늘 1톨, 얇게 썰어서 준비

레드 와인 식초 4작은술

레몬즙 2큰술과 2작은술

잘게 다진 파슬리 2큰술

잘게 다진 고수 2큰술

잘게 다진 차이브 1큰술

잘게 다진 처빌 1큰술

잘게 다진 사철쑥 1작은술

빽빽한 **기본 마요네즈**(375쪽) ½컵

소금

안초비는 듬성듬성 썰어서 작은 절구에 담아 부드러운 페이스트가 되도록 으깬다. 부드럽게 으깰수록 드레싱이 맛있어진다.

블렌더나 푸드 프로세서에 안초비와 아보카도, 마늘, 식초, 레몬즙, 허브, 마요네즈를 모두 담고 소금도 넉넉하게 집어서 넣는다. 그리고 크림처럼 빽빽하면서 부드러운 상태가 되도록 갈아 준다. 맛을 보고 필요하면 소금과 산을 추가한다. 되직하게 만들어서 찍어 먹는 소스로 사용하고, 물을 넣어 희석한 후 샐러드 드레싱으로 사용해도 된다.

뚜껑을 덮어서 냉장 보관하면 최대 3일까지 두고 먹을 수 있다.

로메인 상추, 아이스버그 웨지, 리틀젬 상추, 비트, 오이, 벨지언 엔다이브와 잘 어울린다. 구운 생선이나 구운 닭 요리, 전채로 먹는 생채소, **아보카도 샐러드**에 곁들여도 좋다.

타히니 드레싱

약 1컵

쿠민 씨 ½작은술 또는 쿠민 가루 ½작은술

소금

타히니 ½컵

갓 짜낸 레몬즙 ¼컵

엑스트라버진 올리브유 2큰술

마늘 1톨, 다지거나 으깬 후 소금을 약간 뿌려서 준비

카이엔 고춧가루 ¼작은술

얼음물 2~4큰술

물기 없는 작은 냄비에 쿠민 씨를 담고 중불에 올린다. 계속 저으면서 골고루 볶는다. 씨앗 몇 개가 터져서 진한 향이 퍼지기 시작할 때까지 3분 정도 굽는다. 완성되면 불을 끄고 작은 절구나 양념용 분쇄기에 바로 넣어서 가늘게 분쇄하고 소금을 살짝 더한다. 한쪽에 둔다.

중간 크기의 볼에 쿠민 씨와 타히니, 레몬즙, 올리브유, 마늘, 고춧가루, 얼음물 2큰술을 넣은 다음 소금도 넉넉하게 집어서 넣고 휘저어 잘 섞는다. 푸드 프로세서에 넣고 한꺼번에 갈아도 된다. 처음에는 잘 섞이지 않는 것처럼 보이지만 계속 섞으면 크림처럼 부드러운 유화 상태가 된다. 필요하면 물을 넣어서 적당한 농도로 만든다. 찍어 먹는 소스로 쓰려면 빽빽한 상태로 두고, 샐러드나 채소, 고기에 드레싱으로 뿌리려면 묽게 희석한다. 양상추 잎에 묻혀서 맛을 보고 필요하면 소금과 산을 추가한다.

뚜껑을 덮어서 냉장 보관하면 최대 3일까지 두고 먹을 수 있다.

변형 아이디어

- 레몬즙 대신 양념이 된 청주 식초 ¼컵을 넣고 **고마아에**(일본식 참깨 드레싱)를 만들어도 된다. 이 경우 쿠민과 소금, 올리브유, 고춧가루 대신 간장 2작은술, 참기름 몇 방울, 미림(청주) 1작은술을 넣는다. 마늘을 넣고 위의 방법대로 잘 섞는다. 맛을 보고 필요하면 소금과 산을 추가한다.

채소나 생선 구이, 구운 닭과 가장 잘 어울린다. 데친 브로콜리나 케일, 완두콩, 시금치와도 잘 어울리고 오이와 당근을 찍어 먹는 소스로 사용해도 된다.

일본 된장 머스터드 드레싱

약 ¾컵

흰색 또는 노란색 일본 된장 4큰술

꿀 2큰술

디종 머스터드 2큰술

청주 식초 4큰술

다진 생강 1작은술

중간 크기의 볼에 재료를 모두 담고 부드러운 질감이 될 때까지 꼼꼼하게 저어 준다. 또는 병에 모두 담고 뚜껑을 닫은 뒤 힘차게 흔들어도 된다. 양상추 잎에 묻혀서 맛을 보고 필요하면 소금과 산을 추가한다.

작게 자른 생양배추나 케일, 가든 양상추, 로메인 상추와 리틀젬 상추, 벨지언 엔다이브에 잘 어울린다. 생선 구이, 먹고 남은 로스트 치킨, 구운 채소에 뿌려 먹어도 좋다.

땅콩 라임 드레싱

약 1¾컵

갓 짜낸 라임즙 ¼컵

피시 소스 1큰술

청주 식초 1큰술

간장 1작은술

다진 생강 1큰술

땅콩버터 ¼컵

할라페뇨 고추 ½개, 줄기 제거하고 얇게 썰어서 준비

특별한 맛이 나지 않는 식용유 3큰술

마늘 1톨, 얇게 썰어서 준비

선택 재료: 큼직하게 썬 고수 잎 ¼컵

블렌더나 푸드 프로세서에 재료를 모두 담고 부드러운 질감이 될 때까지 갈아 준다. 필요하면 물을 섞어서 적당한 농도로 만든다. 찍어 먹는 소스로 쓰려면 뻑뻑한 상태로 두고, 샐러드나 채소, 고기에 드레싱으로 뿌리려면 묽게 희석한다. 양상추 잎에 묻혀서 맛을 보고 필요하면 소금과 산을 추가한다.

뚜껑을 덮어서 냉장 보관하면 최대 3일까지 두고 먹을 수 있다.

오이, 쌀밥이나 소바, 로메인 상추에 잘 어울린다. 그릴에 굽거나 오븐에 구운 치킨, 스테이크, 돼지고기에 곁들여도 좋다.

채소

양파 익히기

양파는 오래 익힐수록 풍미가 깊어진다. 그렇다고 양파를 매번 캐러멜화가 진행될 때까지 익힐 필요는 없다. 일반적으로 양파는 어떤 용도로 사용하든 아삭함이 사라질 때까지만 익히면 된다. 이 지점을 지나야 요리에 양파의 단맛이 배어든다.

살짝 볶은 양파는 투명하고 부드러워질 때까지 익힌 것을 의미한다. 중불에 익히면서 색이 변하는지 지켜본다. 팬에 들러붙기 시작하면 물을 조금 뿌려서 갈색으로 변하지 않도록 한다. 이렇게 볶은 양파는 **부드럽고 달콤한 옥수수 수프**(276쪽)를 비롯해 음식의 색을 연하게 유지하는 것이 관건인 모든 요리에 사용한다.

갈색이 나도록 볶은 양파는 색이 바뀔 때까지 가열한 것으로 풍미가 더 깊다. 파스타 소스, **렌틸콩 넣은 밥을 곁들인 닭 요리**(334쪽)에 가장 잘 어울리고 셀 수 없이 많은 찜 요리와 수프에 기본 재료로 활용된다.

캐러멜화된 양파는 최대한 갈색이 나도록 익힌 것으로, 가장 깊은 풍미를 느낄 수 있다. **캐러멜화된 양파 타르트**(399~400쪽)에 사용하고 데친 브로콜리나 완두콩에 곁들여도 잘 어울린다. 버거나 스테이크 샌드위치 위에 올려도 좋고 잘게 썰어서 크렘 프레슈에 넣어 잘 섞어 주면 믿기 힘들 정도로 맛있는 양파 소스가 탄생한다.

캐러멜화된 양파라는 명칭이 어색하게 느껴질 수도 있으나(마이야르 양파는 더 이상하다!) 이름 자체는 전혀 잘못된 것이 없다. 한번 만들려면 시간이 오래 걸리지만 일단 완성되면 맛이 기가 막힐 정도니 한 끼 식사에 필요한 양보다 넉넉하게 만드는 것이 좋다. 4~5일간은 보관해 놓고 어떤 요리에든 기본 재료로 사용하면 양파의 깊은 풍미가 요리의 맛을 끌어올려 줄 것이다.

먼저 양파를 최소 8개 준비해서 아주 얇게 썬다. 가지고 있는 가장 큰 냄비나 커다란 주물 냄비를 중불에 올린다. 여기에 버터와 올리브유를 둘 다 넣는데, 그 양은 팬 바닥이 충분히 덮일 정도면 충분하다. 기름이 자글자글 끓기 시작하면 양파를 넣고 소금을 조금 넣어서 간을 한다. 소금을 넣으면 수분이 빠져나오면서 처음에는 갈색화 반응이 더뎌지지만 양파가 더 연해지고 장기적으로 보면 더 골고루 갈색으로 익힐 수 있다. 중불로 줄이고 지켜보면서 양파가 타거나 팬 한쪽에서만 너무 빨리 갈색으

양파 익히기

살짝 볶은 양파
(약 15분)

갈색이 나도록 볶은 양파
(약 25분)

캐러멜화된 양파
(약 45분)

로 변하지 않도록 그때그때 뒤적거려 준다. 완전히 익으려면 최소 45분에서 최대 1시간까지 꽤 오랜 시간이 걸린다.

완성되면 맛을 보고 소금과 레드 와인 식초로 양파의 단맛과 균형을 이루도록 간을 맞춘다.

방울토마토 콩피

약 4컵

한여름 더위가 한창일 때 1주일에 한 번 정도 방울토마토 콩피를 만들어 두면 간편한 파스타 소스로 활용할 수 있고 생선이나 닭을 구워서 위에 끼얹는 소스로도 활용할 수 있다. 또는 생리코타 치즈나 겉면에 마늘을 문질러서 구운 크루통과 곁들여도 잘 어울린다. 가장 달콤하고 풍미가 진한 토마토로 만들어 보면 깜짝 놀랄 만한 맛을 느낄 수 있을 것이다.

콩피의 기름은 걸러서 따로 보관해 두었다가 다른 요리에 사용할 수 있다. **토마토 비네그레트 드레싱**(245쪽)의 재료로도 활용 가능하다.

방울토마토 4컵, 꼭지 제거해서 준비(건조 중량으로 약 600g)

바질 잎 또는 줄기 1줌(줄기에도 향이 가득 담겨 있다!)

마늘 4톨, 껍질 벗겨서 준비

소금

엑스트라버진 올리브유 2컵

오븐은 150℃로 예열한다.

얕은 로스팅용 접시에 방울토마토를 한 겹으로 깔고 그 위에 바질 잎이나 줄기, 또는 둘 다 넣고 마늘을 얹는다. 그리고 올리브유 2컵을 붓는다. 토마토가 기름에 완전히 잠기지 않아도 되지만 오일이 구석구석 묻어야 한다. 소금으로 자유롭게 간을 하고 잘 섞어 준 뒤 오븐에 넣고 35~40분간 익힌다. 펄펄 끓으면 안 되지만 살짝 끓는 것은 괜찮다.

꼬치용 막대로 토마토를 찔렀을 때 쉽게 들어가거나 가장 바깥쪽 껍질이 벗겨지기 시작하면 완성된 것이다. 접시를 오븐에서 꺼내고 그대로 얼마간 식힌다. 바질은 제거한다.

따뜻할 때 먹어도 좋고 실온 상태에서 먹어도 된다. 오일에 담긴 채로 냉장 보관하면 최대 5일까지 두고 먹을 수 있다.

변형 아이디어

- **큰 토마토 콩피**를 만들기 위해서는, 먼저 껍질을 벗긴다. 얼리 걸 품종이나 비슷한 크기의 토마토를 12개 준비하고 날카로운 칼로 꼭지 부분을 제거한 후 뒤집어서 아랫부분에 X자 모양으로 칼집을 낸다. 끓는 물에 30초간, 또는 껍질이 벗겨지기 시작할 때까지 데친다. 껍질이 벗겨지기 시작하면 계속 익지 않도록 얼음물로 옮기고 껍질을 모두 벗겨 낸다. 그리고 위의 레시피 대로 요리한다. 접시에 한 겹으로 깔고 토마토가 3분의 2 정도 잠기도록 올리브유를 충분히 붓는다. 오븐에 익히는 시간은 약 45분 정도 소요된다. 또는 토마토가 전체적으로 부드러워질 때까지 익힌다.

- **아티초크 콩피**를 만들려면, 먼저 큼직한 아티초크 6개 또는 작은 아티초크 12개를 준비하고 질긴 바깥 껍질을 제거한다. 감자 깎는 칼이나 날이 잘 드는 과도로 아래쪽의 섬유질이 많은 진녹색 껍질을 살짝 벗겨서 그대로 줄기까지 죽 제거한다. 아티초크는 반으로 가르고 숟가락으로 초크 부분을 떠서 제거한다. (267쪽에 아티초크 손질법이 그림으로 나와 있다.) 위의 레시피와 같은 방법으로 먼저 접시에 한 겹으로 깔고 아티초크 측면이 3분의 2 정도 잠기도록 올리브유를 충분히 붓는다. 오븐에 넣고 포크나 과도로 찔러 봤을 때 완전히 부드러워질 정도로 40분간 익힌다. 파스타, 레몬 제스트, 페코리노 치즈와 골고루 섞어서 먹어도 좋고, 민트 잎 몇 장을 잘게 다져서 넣은 뒤 마늘 1톨 다진 것, 레몬즙을 섞어서 크로스티니 위에 올려도 된다. 또는 절인 고기, 치즈와 함께 전채요리인 안티파스토로 활용해도 된다.

채소를 익히는 여섯 가지 방법 *

이번 장에 소개할 레시피를 고르려고 자리에 앉을 때마다 나는 심장이 점점 더 깊이 쪼개지는 기분을 느꼈다. 나는 내가 먹는 음식으로든 요리 재료로든 채소를 정말 좋아한다. 브로콜리도 좋아하지만 브로콜리 라브와 로마네스코 브로콜리(놀라운 프랙탈 구조를 확인할 수 있다.)도 똑같이 좋아한다. 하지만 지면의 한계로 각 장에서 소개할 수 있는 레시피를 몇 가지로 좁혀야 했다. 종류별로 전부 다 하나씩 집어넣을 수는 없다 보니, 앞으로 '평생 동안' 들어도 좋은 음반을 딱 하나만 고르는 것 같은, 불가능한 작업처럼 느껴졌다.

고민은 좀처럼 사라지지 않았다. 채소를 향한 내 뜨거운 사랑 그리고 채소로 만들어 낼 수 있는 무궁무진한 요리를 이 한정된 페이지 안에서 어떻게 다 전할 수 있을까? 그렇게 내가 아끼는 채소 요리 레시피를 정리하고 다시 정리하던 중, 나는 채소 요리가 대부분 여섯 가지 조리법으로 나뉜다는 사실을 깨달았다. 누구나 배울 수 있고 아주 간단하면서도 굉장히 유용한 이 방법을 활용하면, 장을 보러 가서 눈에 띄는 채소를 아무거나 집어 와도 맛있는 요리를 만들 수 있으리라 확신할 수 있을 것이다. 그리고 실제로 그런 요리를 만들 수 있다.

채소: 언제, 어떻게 먹을까라는 제목으로 제시한 자료(268쪽)에는 계절별로 어떤 채소를 선택하면 좋은지, 어떻게 요리해야 가장 맛있게 먹을 수 있는지에 관한 방법이 나와 있다. 채소의 풍미를 끌어내고 고명으로 활용하는 다양한 방법은 **세계의 지방, 산, 맛**(72쪽, 110쪽, 194쪽)을 참고하기 바란다. 어떤 분위기의 음식을 만들든, 채소를 적절히 요리하기만 하면 누구나 즐길 수 있는 맛있는 음식이 완성된다.

데치기: 잎채소

잎채소가 있는데 뭘 만들어야 할지 모르겠다면 일단 큰 냄비에 물을 받아서 센불에 올려놓자. 물이 끓을 때까지 채소를 가지고 **쿠쿠 삽지**(306쪽)를 만들 것인지, **봉골레 파스타**(300쪽)나 **리볼리타**(275쪽)를 만들 것인지, 아니면 전혀 새로운 음식을 만들 것인지 정하면 된다. 먼저 오븐 팬을 1~2개 준비하고 유산지를 깔아서 한쪽에 둔다. (잎채소에 질긴 줄기 부분이 있으면 232쪽의 설명을 참고해 잎만 떼어 내고 사용한다. 케일, 콜라드, 근대의 경우 줄기를 분리해서 보관해 두었다가 잎을 익힌 다음 따로 데쳐서 사용한다.)

물이 끓기 시작하면 여름에 바다 수영을 할 때 느꼈을 바닷물의 맛을 떠올리며 소금을 넣어 간을 하고 잎채소를 넣는다. 종류는 무엇이든 상관없다. 그리고 이탈리아 방식으로 익혀 보자. 즉 잎이 연해질 때까지 익히는데, 근대는 3분 정도 걸리고 콜라드는 최대 15분까지 소요된다. 익히다가 잎을 하나 건져서 맛을 보고 부드럽게 씹히면 다 된 것이다. 집게나 체로 잎을 모두 건져서 유산지를 깔아 둔 팬 위에 한 겹으로 놓는다. 식힌 후에 한 주먹씩 집어서 물기를 꼭 짜내고 큼직하게 썰어서 사용한다.

* 그리고 버섯

데친 근대 잎과 줄기에 **갈색이 나도록 볶은 양파**와 사프란, 잣, 건포도를 넣고 살짝 볶으면 시칠리아 해안 지역의 느낌이 물씬 나는 곁들임 요리가 완성된다. 또 데친 시금치와 근대, 케일(또는 깍지콩이나 아스파라거스)에 **고마아에**(251쪽)를 뿌리고 잘 버무리면 일식 요리 느낌이 가득한 여러분만의 요리를 맛볼 수 있으며, **오향분 글레이즈 치킨**(338쪽)과도 잘 어울린다. 데친 청경채는 고춧가루, 다진 마늘을 넣어 살짝 볶으면 정말 이게 끝인지 의아할 정도로 간단하게 요리가 완성되지만 맛은 절대로 실망스럽지 않다. 데친 콜라드는 베이컨, **갈색이 나도록 볶은 양파**와 함께 볶아서 **매콤한 프라이드치킨**(320쪽)에 곁들여 보자. 데친 비트와 순무 잎은 **인도식 마늘 향이 풍부한 깍지콩**(261쪽) 요리와 함께 먹어도 좋고 **인도식 연어 요리**(311쪽)와도 잘 어울린다.

데쳐서 남은 잎채소는 공처럼 꽁꽁 뭉쳐서 랩을 씌워 냉장 보관하면 2~3일간 두었다가 만들고 싶은 요리가 떠오를 때마다 사용할 수 있다. 이렇게 뭉친 채소를 한 겹으로 담아서 일단 하룻밤 얼린 다음에 지퍼백에 옮겨 담고 냉동 보관해도 된다. 이렇게 준비해 두면 최대 2개월간 두고 사용할 수 있으니 갑자기 쿠쿠 삽지가 당기거나 그 밖의 다른 채소 요리가 먹고 싶을 때 활용할 수 있다. 얼린 채소는 해동해서 위와 같은 방식으로 똑같이 요리하면 된다.

공처럼 뭉친 근대

살짝 볶기: 고추와 민트를 곁들인 깍지콩 요리

넉넉한 4인분

앞서 살짝 볶는 조리법에 대해 설명하면서 팬에 담긴 재료가 모두 뒤집히게 하려면 손목 스냅을 잘 활용해야 한다고 언급했던 내용을 기억할 것이다. 아직 익숙하지 않다면 열심히 연습을 해 보자. (173쪽에 살짝 볶는 법에 관한 팁이 나와 있다.) 뒤집는 기술이 익숙해지기 전에는 그냥 집게를 사용하자! 채소를 살짝 볶을 때는 단 몇 분 안에 요리가 완료되어야 한다. 과하게 익히면 채소의 식감과 색, 맛이 모두 나빠진다.

엑스트라버진 올리브유 약 2큰술

깍지 완두콩, 손질한 것 약 680g

소금

민트 잎 12장, 잘게 썰어서 준비

레몬 작은 것 1개, 잘게 갈아서 제스트로 준비(약 1작은술)

붉은 고춧가루 ½작은술

큰 프라이팬을 센불에 올린다. 충분히 뜨겁게 달궈지면 올리브유를 바닥 전체가 거의 다 덮이도록 붓는다. 기름이 살짝 끓기 시작하면 깍지 완두콩을 넣고 소금으로 간을 한다. 콩이 단맛을 잃지 않고 바삭한 상태에서 갈색으로 막 변하기 시작할 때까지 센불에서 5~6분 간 볶는다. 완성되면 불을 끄고 민트 잎, 레몬 제스트, 고춧가루를 넣고 섞는다. 맛을 보고 필요하면 소금을 더 넣어서 간을 맞춘다. 바로 먹는다.

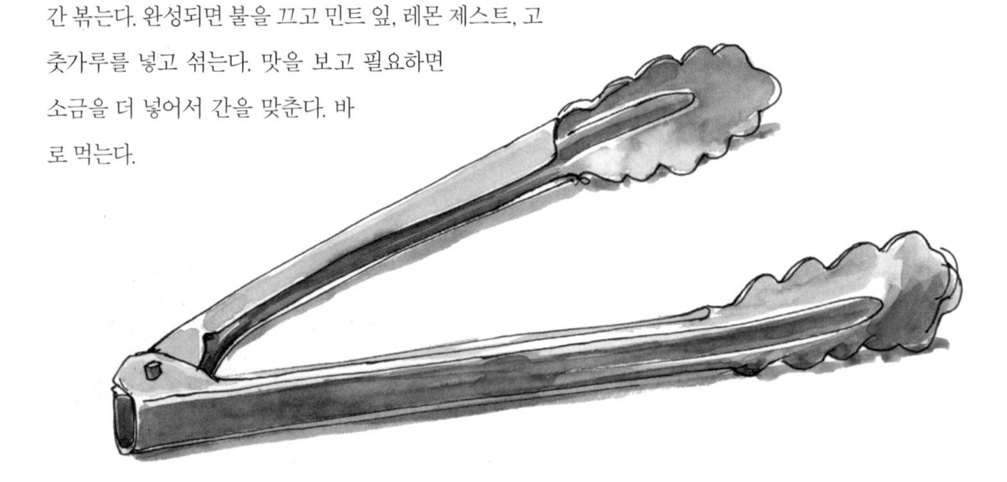

삶아서 볶기: 마늘 향이 풍부한 깍지콩

넉넉한 6인분

바로 볶기 약간 단단한 채소는 삶은 뒤에 볶는 방식으로 익힌다. 먼저 물에 삶듯이 몇 분간 익히다가 불을 높여서 갈색이 나도록 볶으면 완전히 익힐 수 있다.

깍지 강낭콩이나 노란 왁스 콩, 로마노 콩, 아리코 베르 약 900g, 손질한 것

소금

엑스트라버진 올리브유 2큰술

마늘 3톨, 다져서 준비

가지고 있는 가장 큰 프라이팬을 중불과 센불 중간 정도에 올리고 물을 ½컵 부어서 끓인다. 물이 끓으면 깍지콩을 넣고 소금을 넉넉하게 집어서 두 번 넣은 뒤 뚜껑을 덮고 익힌다. 1분에 한 번씩 뚜껑을 열고 잘 저어 준다. 아리코 베르는 4분 정도, 그보다 단단한 콩은 7~10분 정도 익히면 거의 완전히 부드러워진다. 이 상태가 되면 뚜껑을 살짝 걸쳐서 남은 물을 모두 따라 낸다. 프라이팬을 다시 센불에 올리고 가운데를 비운 다음 올리브유를 넣고 마늘도 넣는다. 30초쯤 가열해서 마늘이 지글지글 익으면서 향을 풍기기 시작하면 얼른 깍지콩과 잘 섞어 준다. 콩 색깔이 변하기 전에 불을 끈다. 맛을 보고 필요하면 간을 맞춘 다음 바로 낸다.

변형 아이디어

- **프랑스 정통 요리**의 느낌을 살리고 싶다면 올리브유 대신 무염 버터를 넣고 마늘은 생략한다. 그리고 접시에 담기 전에 잘게 썬 사철쑥 1작은술을 넣어 버무린다.

- **인도 요리**의 느낌을 내려면 올리브유 대신 기 버터나 무염 버터를 사용하고 마늘 1톨당 다진 생강 1큰술을 더한다.

굽기: 아그로돌체 소스로 버무린 땅콩호박과 방울양배추

4~6인분

채소를 구우면 캐러멜화 현상과 마이야르 반응이 일어나고 채소에 함유된 당분이 빠져나오면서 겉과 속 모두 무엇과 비교할 수 없을 만큼 달콤해진다.

이런 특징과 함께 단맛과 새콤한 맛이 어떻게 하면 조화를 이룰까 항상 고민하다가 **허브 살사**(359쪽)나 **요구르트 소스**(370쪽), 식초가 들어간 아그로돌체 소스가 탄생했다. 여기 소개하는 요리는 해마다 추수감사절에 내가 차리는 식탁에도 빠짐없이 포함되는 메뉴로, 맛이 진하고 전분 함량이 높은 음식들 사이에서 새콤한 맛이 너무나 반갑게 느껴질 만한 요리다.

큰 땅콩호박 1개(900g), 껍질을 벗기고 세로로 반을 갈라 씨 제거할 것

엑스트라버진 올리브유

소금

방울양배추 900g, 손질하고 바깥 잎은 벗겨 낼 것

붉은 양파 ½개, 얇게 썰어서 준비

레드 와인 식초 6큰술

설탕 1큰술

붉은 고춧가루 ¾작은술

마늘 1톨, 다지거나 으깬 후 소금을 약간 뿌려서 준비

생민트 잎 16장

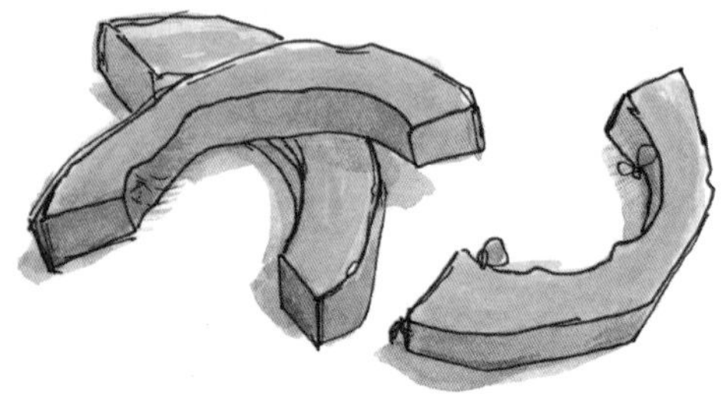

오븐을 220℃로 예열한다.

반으로 잘라 둔 호박을 1.5cm 두께의 반달 모양으로 모두 잘라서 큰 볼에 담는다. 올리브유를 3큰술 정도 넉넉하게 뿌린 뒤 골고루 섞는다. 소금으로 간을 하고 오븐 팬에 한 겹으로 놓는다.

방울양배추는 줄기를 따라 반으로 자르고 호박을 버무렸던 볼에 넣은 뒤 올리브유를 더 넣고 골고루 섞는다. 소금으로 간을 하고 다른 오븐 팬에 한 겹으로 놓는다.

예열한 오븐에 호박과 양배추가 담긴 팬을 넣고 채소가 모두 부드러워지고 캐러멜화가 진행되도록 26~30분 정도 익힌다. 12분쯤 지나면 상태를 확인하고 팬의 방향을 돌리거나 위에 올린 채소의 위치를 바꿔서 골고루 노릇하게 익힌다.

기다리는 동안 작은 볼에 얇게 썬 양파와 식초를 담고 20분간 절인다. (118쪽 참조) 다른 작은 볼에 엑스트라버진 올리브유 6큰술과 설탕, 고춧가루, 마늘을 넣고 소금도 한 번 집어서 넣은 다음 섞는다.

채소가 겉은 노릇하고 칼로 찔러 봤을 때 속까지 완전히 익은 상태가 되면 팬을 오븐에서 꺼낸다. 양배추가 호박보다 약간 더 빨리 익을 수도 있다. 큰 볼에 두 가지 채소를 모두 담고 올리브유 양념이 담긴 볼에 절인 양파와 양파를 절인 식초 중 일부를 넣어 섞는다. 그리고 남은 식초는 채소 위에 뿌린다. 양념을 모두 채소에 붓고 골고루 잘 섞은 뒤 맛을 보고 필요하면 소금과 식초를 추가해서 간을 맞춘다. 민트 잎을 잘게 찢어서 고명으로 올리고 따뜻할 때 내거나 실온 상태로 먹는다.

레드와인
식초에 절인
붉은 양파

천천히 오래 익히기: 매콤한 브로콜리 라브와 리코타 살라타

6인분

과하게 익히는 것과 천천히 오래 익히는 것은 다르다. 채소를 과도하게 익히는 것은 너무 오래 데치거나 볶는 바람에 시들시들해지고, 색이 갈색으로 변하고, 축 처지는 것을 의미한다. 반면 오래 익히는 것은 더 부드럽고 달콤한 맛이 배어 나오도록 세심하게 익히는 방법이다. 냉장고에 너무 오랫동안 방치해 둔 채소를 다 털어서 요리로 만들 때 내가 즐겨 쓰는 방법이기도 하다.

브로콜리 라브 2송이(약 900g), 씻어서 준비

엑스트라버진 올리브유

양파 중간 크기로 1개, 얇게 썰어서 준비

소금

붉은 고춧가루 듬뿍 집어서 1자밤

마늘 3톨, 얇게 썰어서 준비

레몬 1개

리코타 살라타 치즈 약 55g, 큼직하게 갈아서 준비

브로콜리 라브는 줄기 끝에 딱딱한 부분을 잘라 낸다. 줄기는 1.5cm 길이로 자르고 이파리 부분은 2.5cm 길이로 자른다.

큼직한 주물 냄비나 이와 비슷한 냄비를 중불에 올린다. 충분히 가열되면 올리브유를 2큰술 넣고 바닥에 골고루 깔리도록 한다. 오일이 살짝 끓기 시작하면 양파를 넣고 소금을 1자밤 넣는다. 간간이 저어 주면서 양파가 연해지고 갈색으로 변하기 시작할 때까지 15분 정도 볶는다.

중불과 센불 중간 정도로 높이고 오일을 1큰술 정도 더 넣은 다음 브로콜리 라브를 넣고 골고루 섞는다. 소금과 고춧가루로 양념을 한다. 브로콜리 라브가 냄비에 꽉 차도록 다 넣고 볶아도 되지만 일부를 넣고 익힌 후 숨이 죽으면 나머지를 추가해서 익혀도 된다. 뚜껑을 덮고 가끔씩 저어 주면서 브로콜리가 푹 익을 때까지 20분 정도 익힌다.

뚜껑을 열고 센불로 높인다. 브로콜리가 갈색으로 변하기 시작하면 나무 숟가락으로 뒤적이며 골고루 잘 섞는다. 브로콜리가 전체적으로 노릇해질 때까지 10분가량 익힌 후 냄비 가장자리로 둥글게 밀어낸다. 그리고 중앙에 올리브유를 1큰술 넣고 그 위에 마늘을 올려 20초 정도 두었다가 지글지글 익으면서 향이 올라오면 마늘이 갈색으로 변하기 전에 얼른 브로콜리와 골고루 섞는다. 맛을 보고 필요하면 소금, 고춧가루를 추가해서 간을 맞춘다. 불을 끄고 레몬 절반을 꼭 짜서 브로콜리 위에 즙을 뿌린다.

다시 골고루 젓고 맛을 본 뒤 필요하면 레몬즙을 추가한다. 접시에 담고 위에 굵직하게 갈아 둔 리코타 살라타 치즈를 듬뿍 올린다. 바로 낸다.

변형 아이디어

- 리코타 살라타 치즈가 없으면 파르미지아노 치즈나 페코리노 로마노, 만체고, 아시아고 치즈로 대체하거나 생리코타 치즈 덩어리로 대체한다.

- 고기의 풍미를 조금 더하고 싶다면 올리브유를 1큰술만 넣고 베이컨이나 판체타 110g 정도를 성냥개비 크기로 얇게 썰어서 양파와 함께 볶는다.

- 안초비 필레 4장을 잘게 다져서 양파와 함께 볶으면 감칠맛이 강화된다. 이 방식으로 만든 요리를 맛본 사람들은 독특하게 맛이 좋다고 느끼면서도 대부분은 정확히 무엇 때문에 맛이 좋은지 집어내지 못할 것이다.

그릴에 굽기: 아티초크

6인분

나무를 피워 훈연할 때 열기가 음식에 더하는 놀라운 풍미를 떠올리면, 어떤 채소든 그릴에 익힐 때 맛이 더 좋아진다는 것을 직감적으로 알 수 있다. 그러나 생채소 중에 그대로 그릴에 올려서 제대로 구울 수 있는 종류는 몇 가지에 불과하다. 아티초크, 웨지 모양으로 자른 회향 구근, 알감자 등 전분 함량이 많고 밀도가 높은 채소는 대부분 요리를 마무리하는 단계에 그릴을 활용한다. 가스레인지나 오븐에서 전체가 부드러워질 때까지 먼저 익힌 후 꼬치에 끼우거나 그대로 그릴에 얹어서 스모키한 향을 더한다.

아티초크 6개(작은 아티초크는 18개)

엑스트라버진 올리브유

레드 와인 식초 1큰술

소금

큰 냄비에 물을 채워 센불에 올린다. 숯불을 준비하거나 가스 그릴을 예열해 둔다. 오븐 팬에 유산지를 깔아 둔다.

아티초크는 바깥쪽의 딱딱하고 색이 짙은 잎을 떼어 내고 반쯤 노랗고 옅은 녹색인 잎만 남도록 손질한다. 줄기의 단단한 끝부분은 잘라 내고 맨 윗부분도 4cm 정도 잘라 낸다. 잎 속에 보라색이 보이면 모두 제거한다. 생각보다 많이 잘라 내야 질긴 부분을 모두 없앨 수 있다. 버리는 부분이 너무 많은 건 아닌가 싶은 생각이 들겠지만 더 과감하게 잘라 내야 식탁에 앉아 아주 질긴 아티초크를 씹거나 쓴맛을 확 느끼는 상황을 피할 수 있다. 날이 잘 드는 과도나 감자 깎는 칼을 이용해 줄기 겉면의 단단한 부분과 꽃심 아랫부분을 제거하고 연한 노란색을 띠는 층만 남긴다. 아티초크는 산화되면 갈색으로 변하므로 물이 담긴 볼에 식초를 넣은 뒤 아티초크를 담가 두면 산화를 방지할 수 있다.

손질한 아티초크는 절반으로 자른다. 작은 티스푼으로 조심스럽게 초크 부분, 즉 털이 보송보송 난 것처럼 보이는 부분을 제거하고 다시 식초 물에 담가 둔다.

냄비에 물이 끓으면 바닷물이 절로 생각날 정도로 소금을 넉넉히 넣어서 간을 하고 아티초크를 넣는다. 물이 보글보글 끓는 상태를 유지하도록 불을 줄인다. 칼로 찔러 봤을 때 쑥 들어갈 때까지 익힌다. 작은 아티초크는 약 5분, 큰 아티초크는 14분 정도 소요된다. 다 익으면 건지기 도구나 체로 조심스럽게 건져서 유산지를 깔아 둔 오븐 팬에 겹치지 않도록 놓는다.

아티초크 위에 올리브유를 가볍게 뿌리고 소금을 뿌려서 간을 한다. 반으로 자른 면이 아래로 가도록 그릴 위에 얹고 중불과 센불 사이에서 굽는다. 뒤집지 말고 그대로 익히다가 갈색으로 변하기 시작하면 꼬치를 돌려서 한 면당 3~4분 정도 골고루 노릇하게 익힌다. 양쪽이 똑같이 노릇한 상태가 되도록 굽는다.

다 구운 아티초크는 **민트 살사 베르데**(361쪽) 혹은 **아이올리**(376쪽), **허니머스터드 비네그레트 드레싱**(240쪽)을 뿌린다. 뜨거울 때 바로 먹거나 실온으로 식혀서 먹는다.

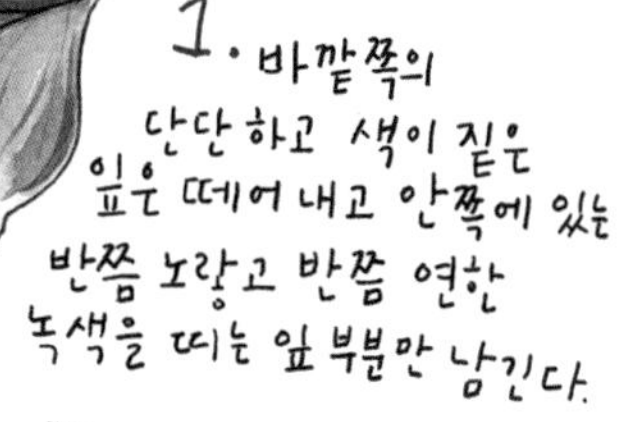

아티초크 꽃심 얻기

겉은 단단하다.
1. 바깥쪽의 단단하고 색이 짙은 잎은 떼어 내고 안쪽에 있는 반쯤 노랗고 반쯤 연한 녹색을 띠는 잎 부분만 남긴다.

가시 주의
줄기
2. 줄기 끝에 나무처럼 단단한 부분을 잘라내고 맨 윗부분도 4cm 정도 잘라낸다.

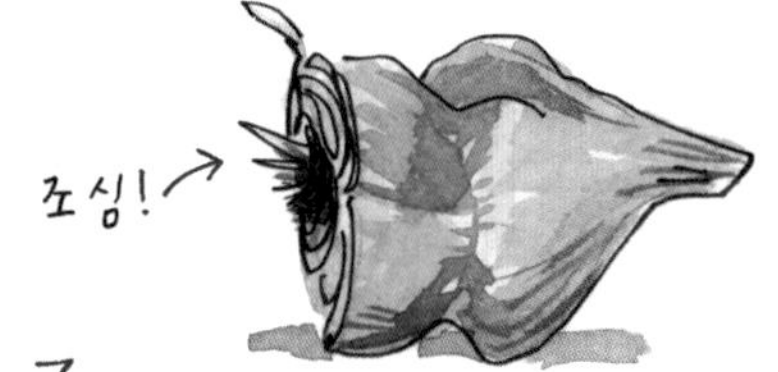

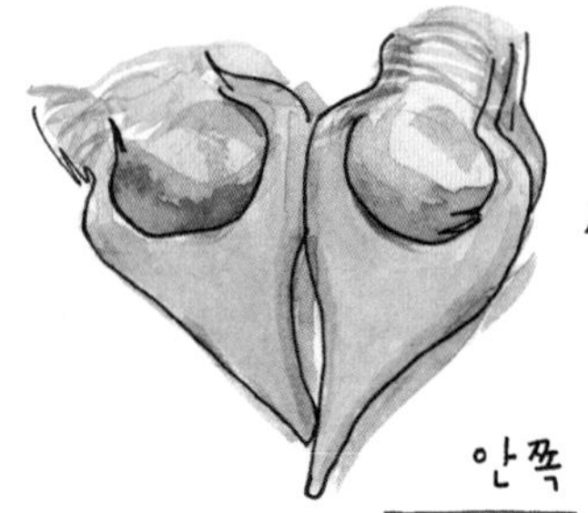

4. 반으로 자르고 숟가락으로 솜털(털이 보송보송 난 부분, 초크)을 조심스럽게 떠낸다.
안쪽 : 완벽한 형태의 섬세한 꽃심

채소: 언제, 어떻게 먹을까

	데치기	살짝 볶기	삶아서 볶기	굽기	오래 익히기	직화로 굽기
아티초크*						
아스파라거스						
비트						
브로콜리*						
브로콜리 라브*						
방울양배추*						
양배추						
당근						
콜리플라워*						
셀러리 뿌리						
근대						
콜라드						
옥수수						
가지						
누에콩						
회향*						
깍지 완두콩						

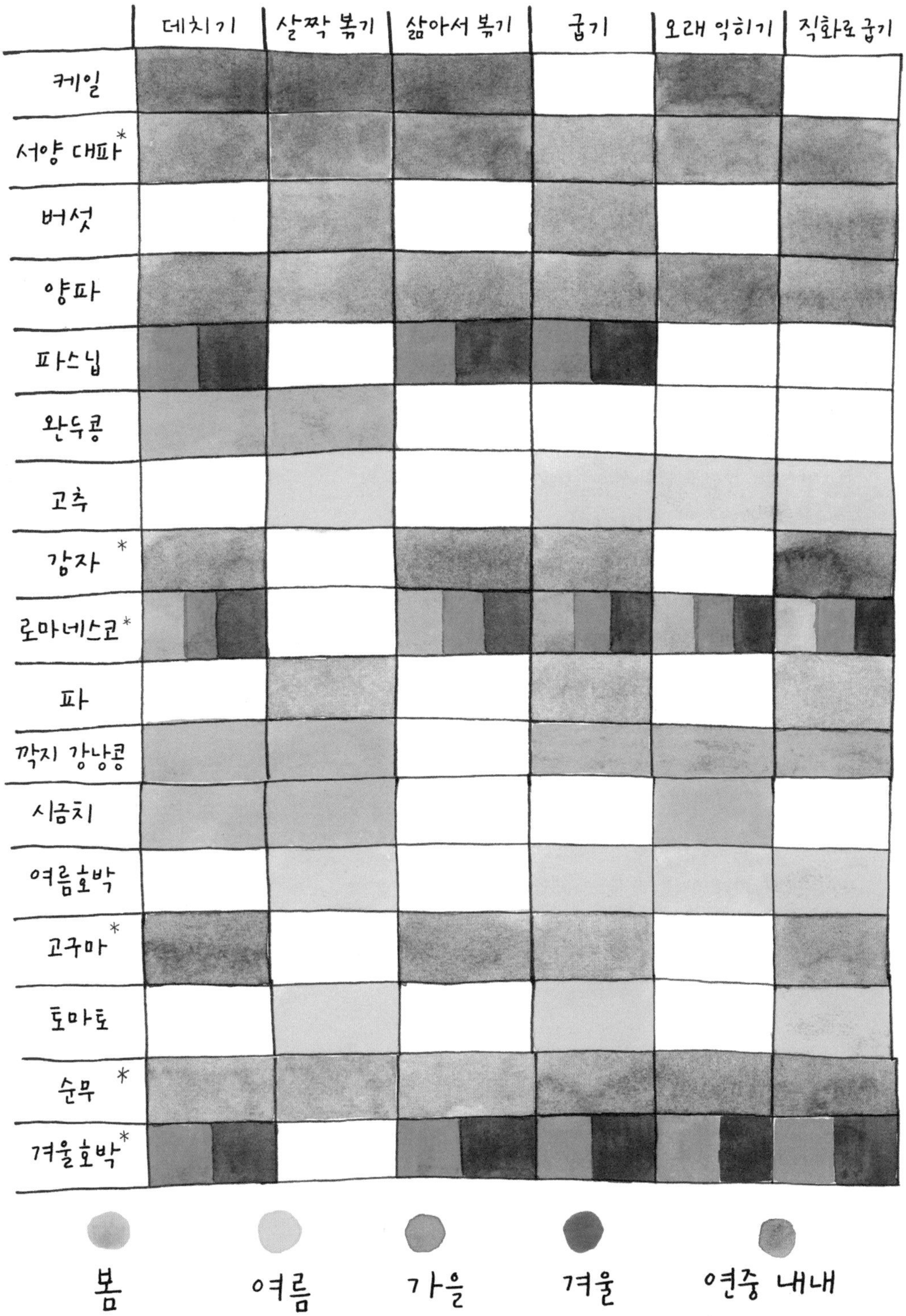

	데치기	살짝 볶기	삶아서 볶기	굽기	오래 익히기	직화로 굽기
케일						
서양 대파*						
버섯						
양파						
파스닙						
완두콩						
고추						
감자*						
로마네스코*						
파						
깍지 강낭콩						
시금치						
여름호박						
고구마*						
토마토						
순무*						
겨울호박*						

봄 여름 가을 겨울 연중 내내

* 끓는 물에 넣고 부드러워질 때까지 익힌 후에 구울 것

육수와 수프

육수

육수만 준비되어 있으면 저녁 한 끼는 금방 만들 수 있다. 육수를 이용해 간편하게 뚝딱 만들 수 있으면서도 맛있는 저녁 메뉴는 무수히 많다. 일반적인 수프는 말할 것도 없고, 다른 요리의 속에 채워 넣는 재료, 파나드(panade, 빵 수프), 빵과 육수를 넉넉하게 넣은 그라탱도 만들 수 있다. 곡류도 육수를 붓고 익히면 맛이 좋아지고 굳이 고기를 추가하지 않아도 단백질을 얻을 수 있다. 수란도 육수에 만들어 보고 시금치를 데칠 때도 육수를 사용해 보자. 찜 요리, 수프, 스튜 등 육수로 진한 맛을 낼 수 있는 요리는 셀 수 없이 많다.

닭을 굽는 요리를 할 때마다 닭 목이나 머리, 발, 날개 끝부분을 (그리고 **즉석 구이**를 할 때는 등뼈도) 제거한 다음에 소금을 뿌려 둔다. 이때 제거한 부분은 모두 비닐봉지에 모아서 냉동실에 보관한다. 닭 요리를 다 먹은 뒤에 남은 뼈도 같은 봉지에 담아서 얼려 두자. 닭 한 마리에서 나온 뼈로는 육수 한 솥 분량이 되기에 충분치 않으므로 서너 마리 정도 분량이 되도록 모은 다음 한두 달에 한 번씩 육수를 끓이면 된다. 양파 끝부분과 고무처럼 질긴 셀러리 끝부분, 파슬리 줄기, 당근 끝부분도 모두 함께 봉지에 담아서 얼려 두자. 냉동실이 꽉 차서 더 이상 아무것도 들어갈 자리가 없을 때 이런 재료를 모두 꺼내서 큰 냄비에 담아 육수를 끓이면 된다.

닭 요리를 먹고 남은 뼈밖에 없을 때는 근처 정육점에 가서 닭 머리와 발, 날개 끝부분을 구입하자. 생고기의 뼈에는 젤라틴이 포함되어 있어서 육수를 끓일 때 넣으면 훨씬 진하고 깊은 맛을 낼 수 있다.

닭 육수

약 7.5L

닭 뼈 약 3.2kg(최소 절반은 생고기의 뼈로 준비)

물 6.5*l*

양파 2개, 껍질 벗기지 말고 4등분

당근 2개, 껍질 벗기고 가로로 2등분

셀러리 줄기 2개, 가로로 2등분

흑후추, 통으로 1작은술

월계수 잎 2장

타임 줄기 4개

파슬리 잔가지 5개, 또는 줄기 10개

화이트 와인 식초 1작은술

식초를 제외한 모든 재료를 큰 육수 냄비에 담는다. 냄비를 센불에 올리고 끓기 시작하면 불을 줄여서 뭉근하게 끓인다. 표면에 떠오르는 거품은 거둬 낸 후에 식초를 넣는다. 식초는 뼈에 함유된 영양소와 무기질이 육수로 빠져나오도록 한다.

뚜껑을 덮지 말고 6~8시간 정도 끓인다. 계속 끓고 있는지 가끔씩 확인하자. 육수가 끓으면서 표면의 지방이 아래로 가라앉았다가 다시 떠오르기를 반복한다. 열이 계속 가해지면서 위아래가 섞이면 유화가 진행된다. 유화가 반갑지 않은 몇 가지 요리 중 하나가 바로 닭 육수다. 유화가 진행되면 육수가 뿌옇게 될 뿐만 아니라 맛도 텁텁하고 혀에 불쾌한 맛이 남는다. 육수는 진하면서도 깔끔한 맛이 날 때 가장 잘 만들었다고 할 수 있다.

구멍이 촘촘한 체에 육수를 거르고 식힌다. 표면에 남은 기름기는 제거하고 냉장고나 냉동실에 보관해 두었다가 **치킨 콩피**(326쪽)를 만들 때 사용한다.

닭 육수는 냉장 보관 시 최대 5일, 냉동 보관 시 최대 3개월까지 두고 사용할 수 있다. 나는 사용할 때마다 남은 양이 얼마나 되는지 고민하지 않으려고 요구르트 통에 소분해서 냉동 보관한다.

변형 아이디어

- 닭 대신 살코기가 많은 소뼈(도가니 등) 약 2.7kg과 골수가 포함된 뼈 약 500g을 넣고 같은 방법으로 만들면 **쇠고기 육수**가 된다. 이때 소뼈는 오븐 팬에 담아 오븐에 넣고 205℃에서 45분간 구운 다음에 사용한다. 구운 뼈에 올리브유 3큰술과 토마토 페이스트 3큰술, 물을 추가로 부어서 한 번 더 익히면 풍미를 한층 높일 수 있다. 오븐 팬에 이 모든 재료를 넣고 그대로 가스레인지에 올린 후

약불로 가열하고 드라이한 레드 와인도 1컵 붓는다. 나무 숟가락이나 고무 주걱으로 캐러멜화가 진행된 고기 부분을 전부 긁어모으고 와인과 함께 육수 냄비에 한꺼번에 부어서 육수를 끓인다. 육수가 끓기 시작하면 불을 줄이고 최소 5시간 정도 뭉근하게 끓인 뒤 걸러서 사용한다. 물 대신 닭 육수를 넣고 쇠고기 육수를 끓이면 **진하고 진한 쇠고기 육수**가 완성된다.

수프

베토벤은 이런 말을 한 적이 있다. "마음이 순수한 사람만이 맛있는 수프를 끓일 수 있다."

얼마나 로맨틱한 사람인가! 하지만 솔직히 그가 요리를 그리 잘 알지는 못했던 것이 분명하다. 순수한 마음이 요리사의 이상적인 자질이 될 수 있다는 점에는 동의하지만, 수프 끓일 때 반드시 필요한 요소라고는 생각하지 않는다. (그보다는 정신이 맑은 편이 더 도움이 되리라.)

수프는 굉장히 만들기 쉽고 경제적이다. 하지만 냉장고에 쌓인 식재료를 없애는 손쉬운 방법으로만 활용되는 경우가 너무 많다. 맛있는 수프를 만들기 위해서는 들어가는 모든 재료가 저마다 목적이 있어야 한다. 구하기 힘든 재료들 그리고 가장 맛있는 재료들을 골라서 수프를 끓여 보면 마음이 순수해질 만큼 놀라운 맛을 느낄 수 있을 것이다.

수프는 크게 세 종류로 나뉜다. **묽은 수프, 덩어리가 씹히는 수프, 부드러운 수프**는 각각 다른 방식으로 우리의 허기를 달래 준다. 이와 같은 종류에 따라 필요한 재료도 달라지지만 일단 모든 수프는 풍미가 뛰어난 액체를 준비하는 것으로 시작된다. 육수나 코코넛밀크가 될 수도 있고 콩 삶은 물이 될 수도 있다. 세 가지 종류의 수프를 하나씩 익힌 다음 여러분이 생각하는 맛과 기발한 아이디어를 합해서 맑은 정신과 순수한 마음으로 더 맛있는 수프를 끓여 보자.

묽은 수프는 국물이 맑고 섬세한 맛이 특징이며, 가벼운 식사나 전채로 내기에 알맞다. 또는 몸이 아픈 친구의 식욕을 돋우는 음식으로도 적합하다. 재료가 서너 가지만 들어가므로 육수에 풍미가 없으면 먹자마자 맛이 없게 느껴지므로, 우선 집에서 직접 끓인 맛있는 육수부터 준비한 다음에 수프를 만들어야 한다.

덩어리가 씹히는 수프는 반대로 진하고 풍성한 맛이 특징이다. 칠리나 콩을 넣은 토스카나식 수프를 한 솥 끓여 두면 1주일 내내 뜨끈하게 즐길 수 있다. 들어가는 재료도 다양하고 조리 시간도 길어서 다양한 방식으로 맛을 낼 수 있으므로, 이 수프는 당장 사용할 수 있는 육수가 없으면 물을 넣고 끓여도 된다.

부드러운 수프는 **묽은 수프**와 **덩어리가 씹히는 수프**의 중간 정도에 해당한다. 주재료가 무엇이냐에 따라 가벼우면서도 깊은 맛을 느낄 수 있다. 어떤 채소나 뿌리를 넣고 끓이든 부드럽고 우아한 수프가 완성된다. 퓌레로 만든 부드러운 수프는 멋진 저녁 파티의 첫 번째 코스로도 제격이고 더운 여름 오후에 가벼운 점심으로도 잘 어울린다.

퓌레 형태의 수프는 종류와 상관없이 간단하게 만들 수 있다. 먼저 신선하고 향이 좋은 재료를 고르고 양파를 좀 볶다가 골라 둔 재료를 넣고 함께 익힌 다음 몇 분간 스튜로 끓인다. 재료가 충분히 잠길 정도로 액체를 넉넉히 붓고 팔팔 끓으면 불을 낮춰 모든 재료가 부드러워질 때까지 뭉근하게 끓인다. (녹색 채소는 조금만 과하게 익혀도 색이 흐려지고 갈색으로 변한다는 사실을 기억하자. 그러므로 완두콩이나 아스파라거스, 시금치로 수프를 끓일 경우 잔열을 생각해서 1분 정도 일찍 불을 꺼야 한다. 그리고 얼음을 활용해서 빨리 식히자.) 다 익으면 불을 끄고 퓌레로 만든 다음 소금과 산으로 간을 맞춘다. 이제 고명을 선택할 차례다. 퓌레 형태의 수프는 단순하고 깔끔한 특징이 있으므로 바삭한 맛, 크리미한 맛, 새콤한 맛, 진한 맛을 내는 고명이 모두 잘 어울린다. 278쪽에 소개한 아이디어도 참고하기 바란다.

묽은 수프: 스트라차텔라

이탈리아식 달걀 수프

10컵(4~6인분)

닭 육수 9컵(271쪽)

소금

큰 달걀 6개

흑후추, 바로 갈아서 넣을 것

파르미지아노 치즈 약 200g, 잘게 갈아 두고(약 ¾컵) 먹을 때 뿌릴 것도 따로 준비

잘게 다진 파슬리 1큰술

중간 크기의 냄비에 육수를 담아 끓이고 소금으로 간을 한다. 뾰족한 입구가 달린 계량컵(또는 중간 크기 볼)에 달걀을 깨서 넣고 소금을 넉넉하게 추가한 다음 후추, 파르미지아노 치즈, 파슬리를 넣고 휘저어서 골고루 섞는다.

육수가 끓으면 달걀 혼합물을 붓고 포크로 살살 저어 준다. 과도하게 섞으면 달걀이 스트라치(stracci), 즉 누더기 같은 형태가 되는 대신 자잘하게 조각이 나고 수프의 맛도 떨어지므로 조심스럽게 젓는다. 30초간 익힌 후 국자를 이용해 수프를 그릇에 옮겨 담는다. 파르미지아노 치즈를 추가로 뿌리고 바로 낸다.

먹고 남은 수프는 뚜껑을 덮어 냉장 보관하면 최대 3일까지 두고 먹을 수 있다. 데울 때는 다시 냄비에 부어서 끓인다.

변형 아이디어

- **클래식 달걀 수프**는 육수 9컵에 간장 2큰술, 잘게 썬 마늘 3톨, 엄지손톱 크기로 손질한 생강, 고수 줄기 몇 개, 통후추 1작은술을 넣고 20분간 끓인다. 다 끓인 수프는 체에 걸러 다른 냄비에 옮기고 맛을 본 다음 필요하면 소금 간을 맞춘다. 그리고 다시 끓인다. 중간 크기 볼에 옥수수 전분 1큰술과 육수 2큰술을 넣어 잘 섞은 다음 달걀 6개를 깨뜨려서 넣고 소금도 1자밤 넣는다. 이렇게 만든 달걀 혼합물을 육수가 끓으면 앞에 나온 방식으로 붓는다. 잘게 썬 파를 얹어서 바로 낸다.

덩어리가 씹히는 수프: 콩과 케일이 들어간 토스카나식 수프

약 10컵(6~8인분)

엑스트라버진 올리브유

선택 재료: 판체타 혹은 베이컨 약 60g, 네모로 썰어서 준비

양파 중간 크기로 1개, 잘게 썰어서 준비(약 1½컵)

셀러리 줄기 2개, 잘게 썰어서 준비(약 ⅔컵)

당근 중간 크기로 3개, 껍질 벗기고 잘게 썰어서 준비(1컵)

월계수 잎 2장

소금

흑후추, 바로 갈아서 넣을 것

마늘 2톨, 얇게 썰어서 준비

통조림 토마토나 생토마토 으깬 것, 즙 포함해서 2컵

삶은 콩 3컵, 흰 강낭콩의 일종인 카넬리니 콩이나 코로나 콩, 크랜베리 콩으로 준비, 콩 삶은 물도 버리지 말고 남겨 둔다. (1컵 정도는 생콩으로 준비, 상황이 여의치 않으면 그냥 통조림 콩을 사용해도 된다!)

파르미지아노 치즈 약 28g, 바로 갈아서 준비(약 ⅓컵), 바깥 껍질도 남겨 둔다.

닭 육수 3~4컵(271쪽)

케일 2묶음, 가늘게 썰어서 준비(약 6컵)

작은 녹색 양배추나 사보이 양배추 작은 것으로 ½개, 심 제거하고 얇게 썰어서 준비(약 3컵)

큰 주물 냄비나 육수 냄비를 중불에 올리고 올리브유 1큰술을 넣는다. 판체타를 사용할 경우 오일이 자글자글 끓을 때 넣고 갈색이 되도록 약 1분간 뒤적이면서 익힌다.

여기에 양파와 셀러리, 당근, 월계수 잎을 넣는다. 소금과 후추를 넉넉히 넣고 간을 한다. 불을 중불로 낮추고 가끔씩 저어 주면서 채소가 연해지고 갈색으로 변하기 직전까지 15분 정도 계속 익힌다. 냄비 가운데를 비우고 올리브유를 1큰술 추가한 후 마늘을 얹는다. 그대로 30초 정도 마늘 향이 풍기

도록 굽다가 마늘이 갈색으로 변하기 시작할 때 토마토를 넣는다. 모든 재료를 잘 섞고 필요하면 소금을 추가한다.

토마토가 숨이 죽고 잼처럼 부드러워지도록 8분 정도 푹 끓인다. 그리고 콩과 콩 삶은 물, 갈아 놓은 파르미지아노 치즈 중 절반과 치즈 껍질을 넣는다. 육수나 물을 재료가 모두 잠길 정도로 충분히 붓고 끓인다. 올리브유를 ¼컵 정도 두 번에 걸쳐 휙 뿌린다. 가끔 저어 주면서 수프를 계속 끓인다. 케일과 양배추를 추가하고 계속 끓인다. 필요하면 육수나 물을 재료가 모두 잠길 정도로 더 넣는다.

채소가 모두 부드러워지고 맛이 잘 어우러지도록 20분가량 더 끓인다. 맛을 보고 소금으로 간을 맞춘다. 나는 아주 걸쭉한 수프를 좋아하는 편이지만 여러분 입맛에 따라 육수나 물을 더 넣고 묽은 수프로 만들어도 된다. 파르미지아노 치즈 껍질과 월계수 잎은 건져 낸다.

가지고 있는 올리브유 중에 가장 좋은 것을 한 바퀴 휙 둘러 주고 갈아 둔 나머지 파르미지아노 치즈를 넣는다.

뚜껑을 덮어 냉장 보관하면 최대 5일까지 두고 먹을 수 있다. 얼려 두고 먹기에도 좋은 수프이며, 냉동하면 최대 2개월까지 사용할 수 있다. 보관해 둔 수프는 다시 끓여서 먹는다.

변형 아이디어

- 디탈리니(ditalini)나 투베티(tubetti) 등 익히지 않은 작은 파스타와 콩을 ¾컵 정도 넣으면 **파스타 에 파지올리**(Pasta e Fagioli, 파스타와 콩을 넣은 토스카나식 수프)를 만들 수 있다. 파스타에서 전분이 빠져나와 냄비 바닥에 눌어붙어 탈 수 있으므로 수시로 저어야 한다. 파스타가 충분히 익도록 20분 정도 끓인다. 육수나 물을 더 넣어서 입맛에 따라 묽게 끓여도 된다. 위와 같은 방법으로 마무리해서 낸다.

- 케일과 양배추를 넣고 수프가 다시 끓기 시작할 때 **찢어서 만든 크루통**(236쪽)을 4컵 추가하면 **리볼리타**(빵과 콩, 케일이 들어간 토스카나식 수프)가 된다. 빵에서 전분이 빠져나와 냄비 바닥에 눌어붙어 탈 수 있으므로 수시로 저어 주자. 빵이 육수를 완전히 흡수해서 풀어지도록 25분 정도 끓인다. 빵이 형태를 알아보기 힘들고 연하게 풀어진 모양만 남도록 충분히 끓인다. 리볼리타는 아주 진하고 뻑뻑해야 한다. 토스카나 언덕에 위치한 내가 좋아하는 레스토랑 '다 델피나(Da Delfina)'에서는 심지어 리볼리타를 접시에 담아서 준다!

부드러운 수프: 부드럽고 달콤한 옥수수 수프

10컵(6~8인분)

나는 화려한 기술이나 값비싼 재료가 없어도 최고의 음식을 만들 수 있다고 확신한다. 때로는 아주 작은 것 하나 그리고 가장 저렴한 재료 하나가 요리 전체를 확 바꿔 놓기도 한다. 그리고 지금 소개할 수프만큼 그런 내 생각을 증명해 주는 요리도 없을 것이다. 이 수프의 비밀 재료는 오로지 옥수숫대와 물로만 뚝딱 만드는 육수다. 가장 신선하고 달콤한 여름철 옥수수만 준비하면 다섯 가지 간단한 재료만 추가해도 너무나 맛 좋은 수프를 만들 수 있다.

옥수수 8~10개, 겉껍질과 줄기, 수염은 모두 제거

버터 8큰술(약 115g)

양파 중간 크기로 2개, 얇게 썰어서 준비

소금

큼직하고 입구가 넓은 금속 볼을 준비하고 종이 행주를 4분의 1로 접어서 바닥에 깐다. 한 손으로 옥수수 하나를 잡고 종이 행주 위에 세우고, 다른 손으로 과도나 날이 잘 드는 식칼을 쥔다. 그리고 한 번에 옥수수 2~3줄씩, 위에서 아래로 칼을 미끄러뜨리듯 내리면서 알맹이를 떼어 낸다. 칼날을 대에 최대한 바짝 붙여서 자르되 한 번에 여러 줄을 자르고 싶더라도 참아야 한다. 그렇게 했다가는 맛있는 부분이 대에 그대로 남고 만다. 알맹이를 제거하고 남은 대는 한쪽에 둔다.

이제 수프 냄비에 옥수숫대를 넣고 수프를 끓인다. 남은 대를 모두 넣고 물을 9컵 부은 다음 가열한다. 물이 팔팔 끓으면 불을 줄여 10분간 더 끓인 후 옥수숫대를 건져 낸다. 완성된 육수는 다른 그릇에 부어 둔다.

육수를 끓인 냄비를 다시 불 위에 올리고 중불로 가열한다. 버터를 넣고 다 녹으면 양파를 넣은 다음 불을 중불과 약불 사이로 줄인다. 가끔 저어 주면서 계속 볶다가 양파가 완전히 익어서 투명해지도록, 즉 **옅은 흰색**이 되도록 20분 정도 익힌다. 양파가 갈색으로 변하려고 하면 물을 조금 넣는다. 계속 지켜보면서 갈색이 되지 않도록 자주 저어 주자.

양파가 연하게 익으면 바로 옥수수를 넣는다. 센불로 높이고 옥수수의 노란색이 옅어지도록 3~4분간 살짝 볶는다. 여기에 재료가 모두 잠길 만큼 육수를 충분히 붓고 불을 더 높인다. 나중에 수프를 묽게 희석해야 할 수도 있으므로 육수를 조금 남겨 둔다. 소금 간을 하고 맛을 본 뒤 필요하면 더 넣어서 조절한다. 수프가 팔팔 끓으면 불을 낮추고 15분간 더 끓인다.

도깨비 방망이가 있으면 냄비에 담긴 수프를 조심스럽게 갈아서 퓌레로 만든다. 혹은 블렌더나 푸드 프로세서에 조심스럽게 붓고 짧게 갈아 준다. 촘촘한 체에 한 번 더 거르면 더욱 부드러운 수프로 완성된다.

맛을 보고 짠맛, 단맛, 신맛의 균형이 잘 맞는지 확인한다. 너무 밋밋하게 단맛만 난다 싶으면 화이트 와인 식초나 라임즙을 아주 조금 넣어 주면 균형을 잡는 데 도움이 된다.

식힌 수프는 국자로 그릇에 담아 고명으로 살사를 올려서 먹어도 되고, 한 번 더 끓여서 뜨거울 때 **멕시코식 허브 살사**(363쪽)나 **인도식 코코넛 고수 처트니**(368쪽) 등 새콤한 고명을 올려서 먹는다.

변형 아이디어

위의 요리법을 기본 토대로 활용하여 옥수수 대신 채소나 삶은 콩 약 1.2kg, 양파 2개를 넣고 육수나 물을 모든 재료가 잠길 만큼 부어서 끓이면 어떤 채소로든 벨벳처럼 부드러운 수프를 만들 수 있다. 단, 옥수수 육수를 만드는 방식은 옥수수 수프에만 어울리므로 다른 재료로 수프를 끓일 때 똑같이 활용하면 안 된다. 당근 껍질을 벗겨서 육수를 끓인다고 해서 당근 수프가 그렇게 맛있어지지 않는 것처럼 말이다!

차갑게 먹는 오이 요구르트 수프는 딱히 요리랄 것도 없이 완성할 수 있다! 오이를 준비하고 씨와 껍질을 제거한 뒤 요구르트를 넣어 퓌레로 만든 뒤 물을 넣어 원하는 농도가 되도록 희석하면 끝이다.

다음 페이지에 몇 가지 수프와 잘 어울리는 고명의 조합을 제시했으니 참고하기 바란다.

부드러운 수프 아이디어

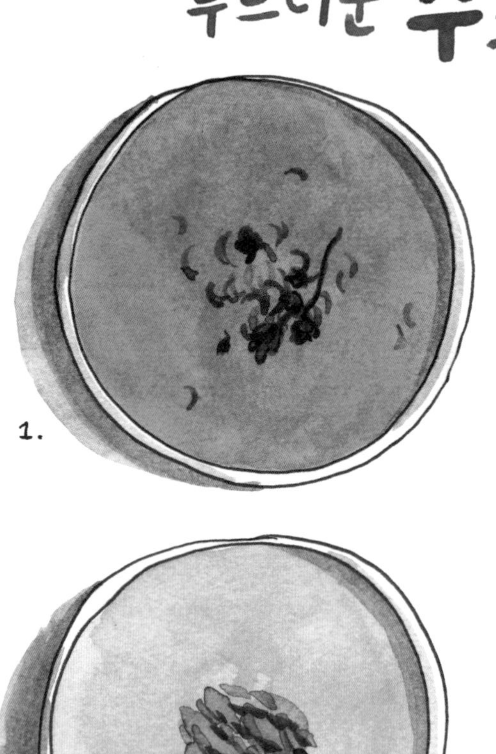
1.

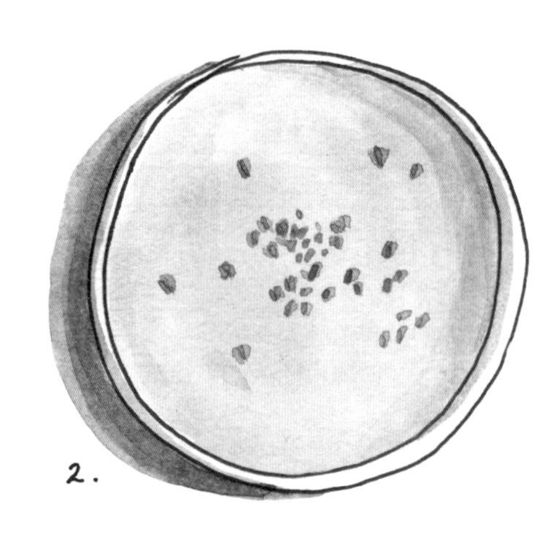
2.

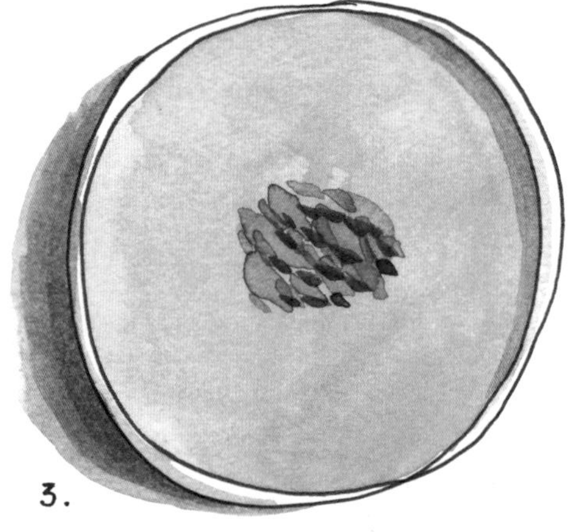
3.

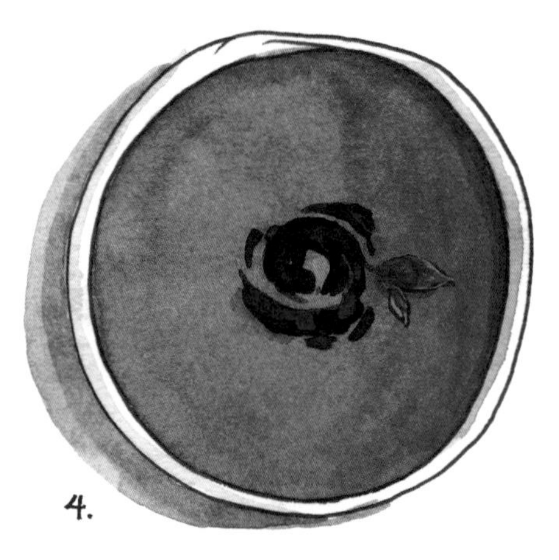
4.

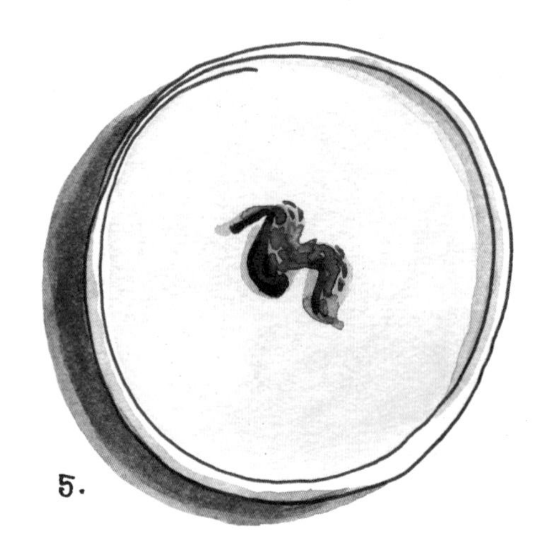
5.

1. 땅콩호박과 그린 카레 수프 / 볶은 양파와 고수
2. 차갑게 먹는 오이 요구르트 수프 / 볶은 참깨
3. 완두콩 수프 / 민트 살사 베르데
4. 토마토 수프 / 바질 페스토
5. 순무 수프 / 순무 그린 페스토

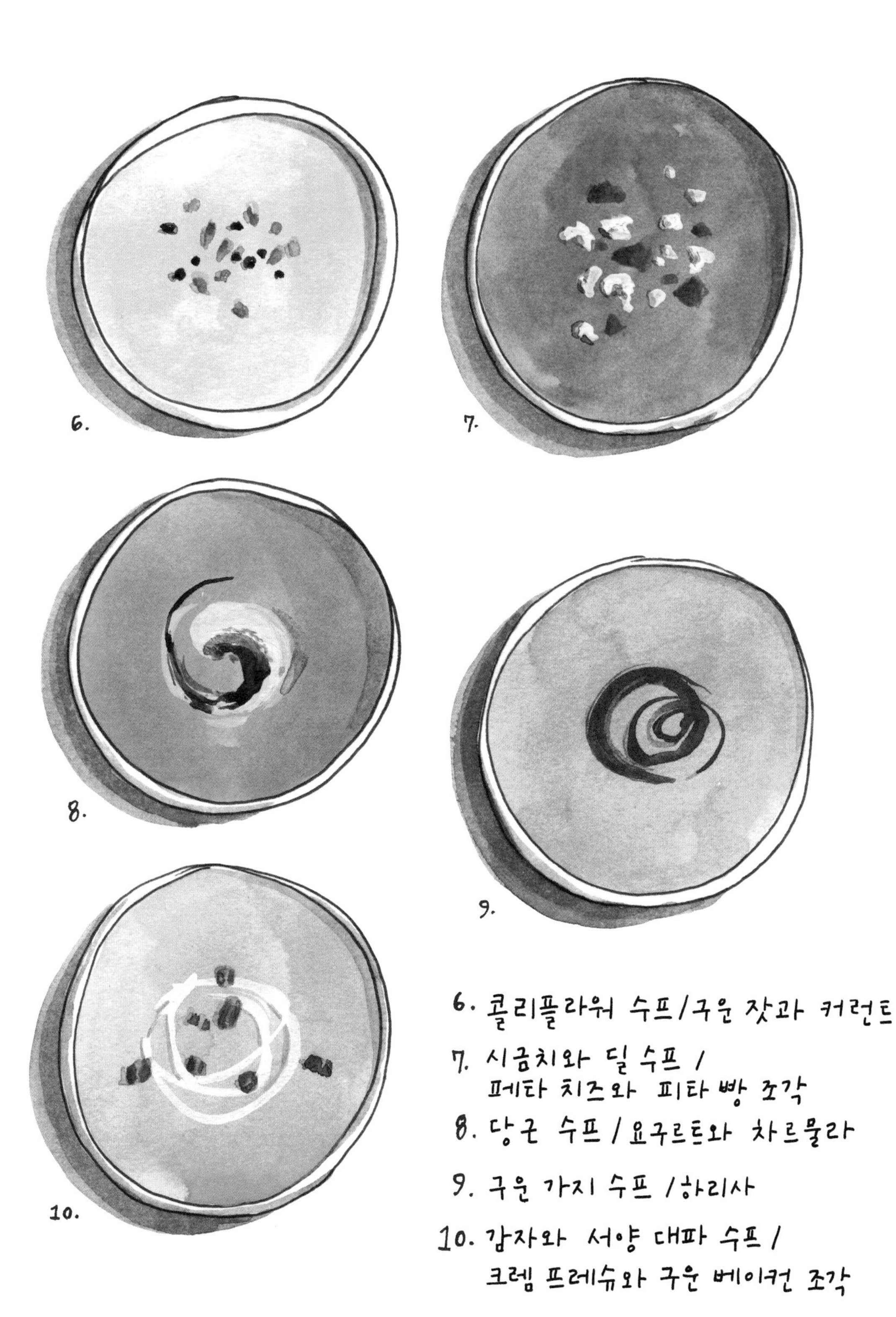
6.
7.
8.
9.
10.
6. 콜리플라워 수프 / 구운 잣과 커런트
7. 시금치와 딜 수프 /
페타 치즈와 피타 빵 조각
8. 당근 수프 / 요구르트와 차르물라
9. 구운 가지 수프 / 하리사
10. 감자와 서양 대파 수프 /
크렘 프레슈와 구운 베이컨 조각

콩, 곡물, 파스타 요리

말린 콩이나 깍지에서 막 분리한 콩 모두 간단하게 요리할 수 있다. **콩 삶는 방법**은 딱 한 줄로도 설명할 수 있을 정도다. "끓는 물에 넣고 뚜껑을 덮어서 다 익을 때까지 끓인다."

까지에서 바로 꺼낸 콩은 30분 정도만 익히면 되지만 건조된 콩을 연하게 익히려면 몇 시간이 소요될 수도 있다. 요리 시간을 줄이려면 전날 밤부터 물에 담가 두면 된다.

나는 무슨 일이 있어도 콩을 미리 불려 놓는 것만큼은 꼬박꼬박 잘 챙긴다. 콩의 종류가 무엇이건 전분 함량이 높은 재료가 잘 익었는지 판단하는 한 가지 방법은 콩이 물을 충분히 흡수해서 부드러운 상태가 되었는지 확인하는 것이므로, 콩을 미리 불리면 순조롭게 출발할 수 있다. 여러분이 할 수 있는 가장 쉽고 간단한 요리법이다.

콩을 불릴 때는 건조된 콩 1컵을 익히면 세 배로 늘어나 6인분 정도가 된다는 사실을 기억하자. 삶을 때 소금을 한 움큼 넣고 베이킹소다도 넉넉하게 한 번 집어서 넣으면 삶는 물의 알칼리도가 높아지므로 콩이 더욱 부드럽게 익는다. 처음부터 콩을 삶을 냄비에다 바로 불리면 설거지할 그릇을 줄일 수 있다. 냄비째로 냉장고에 넣어서 불리거나 조리대의 서늘한 곳에 두고 하룻밤 동안 불린다. (병아리콩이나 기간테스[gigantes]처럼 크고 크리미한 질감이 특징인 콩은 이틀 동안 불린다.)

익힌 콩은 아무런 색도 무늬도 없는 빈 서판(blank slate)처럼 무엇이든 만들 수 있는 재료가 된다. 건조된 콩을 잘 삶아서 간을 맞추고 엑스트라버진 올리브유만 조금 뿌리면 스스로 콩을 안 좋아한다고 생각했던 사람들마저도 깜짝 놀랄 만큼 특별한 맛을 느낄 수 있다. 또는 다른 수많은 음식들과 마찬가지로 잘게 썬 신선한 허브를 듬뿍 올리거나 **허브 살사**(359쪽)를 가득 끼얹으면 절대 실패할 일 없는 요리가 된다.

콩과 달걀은 오래전부터 좋은 짝이었다. 얕은 팬에 삶은 콩을 물과 함께 담고 그 위에 달걀을 깨서 얹은 뒤 팬을 뜨거운 오븐에 넣는다. 흰자가 굳을 때까지 익힌 다음 페타 치즈와 **하리사**(380쪽) 소스를 더해서 따뜻하게 구운 바삭한 빵과 함께 먹으

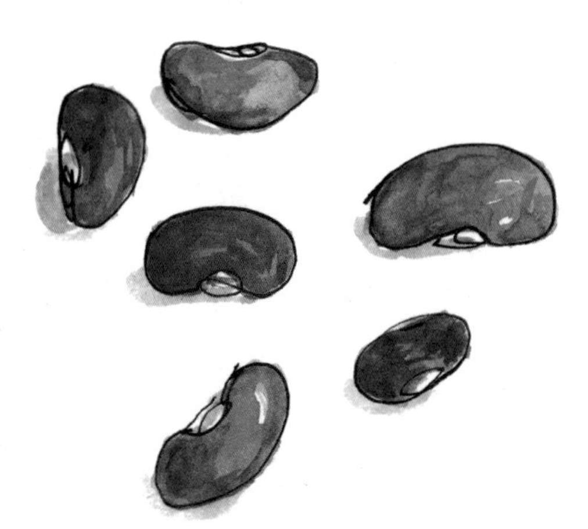

면 하루 중 언제든 잘 어울리는 한 끼 식사가 된다.

전분 함량이 높은 대부분의 다른 재료들과 마찬가지로 콩도 다른 전분 식품과 잘 어울린다. 전 세계 거의 모든 문화권에서 볼 수 있는 쌀과 콩의 조합 중에서도 두 재료를 섞어 바삭한 전처럼 만든 엘살바도르 요리 카사미엔토(casamiento)는 특히 맛이 뛰어나다. 쿠바에는 모로스 이 크리스티아노스(Moros y cristianos), 페르시아에는 **아다스 폴로**(Adas Polo, 334쪽)라는 비슷한 요리가 있다. 물론 쌀밥과 콩을 넣어 만든 전통적인 부리토도 빼 놓을 수 없다. 이탈리아에서는 콩과 빵을 함께 넣고 **리볼리타**(275쪽)라는 수프를 만들어 먹기도 하고 **파스타 에 파지올리**(275쪽)로 만들기도 한다. 그리고 부드럽게 삶은 콩에 바삭하고 노릇하게 구운 **뿌려 먹는 빵가루**(237쪽)를 얹으면 어느 나라 어떤 주방에서나 사랑 받을 만한 음식이 완성된다.

한번은 혁신적인 채식주의 요리사로 널리 알려진 데보라 매디슨과 점심을 함께할 귀중한 기회가 생겨서 말린 크랜베리 콩을 식초에 절인 양파와 구운 쿠민 씨앗, 페타 치즈, 고수 줄기와 함께 섞은 간단한 샐러드를 챙겨 갔다. 우리가 식사한 테이블 위에는 그 자리에 함께한 다른 훌륭한 요리사들이 만든 인상적인 요리들이 가득했지만, 그날 이후 거의 1년간 '그 맛있는 콩 샐러드' 레시피 좀 알려 달라는 요청을 꾸준히 받았다.

굳이 병아리콩을 사용하지 않더라도 어떤 콩이든 퓌레로 만들어서 올리브유와 마늘, 허브, 고춧가루, 레몬즙 그리고 입맛에 따라 타히니를 충분히 넣고 잘 섞으면 후무스 느낌이 나는 맛있는 스프레드가 된다. 소금과 산으로 간을 맞추고 크래커나 빵과 함께 먹어도 되고 그냥 스프레드만 듬뿍 떠서 먹어도 된다.

삶은 콩을 으깨고 절인 양파, 허브, 달걀, 잘게 간 파르미지아노 치즈를 넣고 섞은 다음 익힌 쌀이나 퀴노아를 추가해서 재료가 모두 한 덩어리가 되도록 만든 뒤 작은 패티 모양으로 만들어서 기름에 구워 보자. 여기에 **요구르트 소스**(370쪽)나 **하리사**(380쪽), **차르물라**(367쪽) 또는 **허브 살사**(359쪽)를 끼얹고 달걀프라이를 맨 위에 올리면 완벽한 아침 메뉴가 완성된다.

삶은 뒤 남은 콩은 충분한 물에 담근 채로 얼려서 보관했다가 해동해서 수프 재료로 사용한다.

통조림 콩은 직접 삶은 콩과 맛을 비교할 수 없지만 굉장히 편리한 재료다. 나도 갑자기 못 견딜 만큼 배가 고플 때를 대비해서 병아리콩과 검은콩 통조림은 항상 몇 개씩 갖춰 둔다.

곡물(그리고 퀴노아*)을 익히는 세 가지 방법

* 사실 퀴노아는 가짜 곡물 **

찌기

아시아 식품점 선반에 줄지어 놓인 최신형 밥솥을 볼 때마다 내 머릿속에는 '저건 사야 해.'라는 생각이 떠오른다. 나는 쌀밥을 자주 해 먹는 편이고, 밥솥 자체도 너무 앙증맞고 귀여우니까! 하지만 곧 정신을 차리곤 한다. 주방에 기계를 더 들일 만한 공간도 없거니와, 더 중요한 이유가 있기 때문이다. 밥솥이 없어도 쌀 익히는 법을 이미 잘 안다는 것이다!

나는 최첨단 기술이 들어간 밥솥이 집에서 요리하는 전 세계 모든 사람들에게 밥 짓는 건 힘든 일이라는 잘못된 생각을 심어 주었다고 생각한다. 한번 생각해 보라. 쌀은 지구에서 가장 오랜 세월 동안 경작되어 온 작물이다. 쌀 익히는 법을 몰랐다면 과연 인류가 지금까지 생존할 수 있었을까 하는 의문이 든다.

실제로 쌀 익히는 일은 그리 어렵지 않다. 주중에 저녁 식사를 준비하면서 내가 즐겨 활용하는 방법은 쌀을 찌는 것이다. 빠르고 간편한 데다 익힐 때 사용하는 액체의 풍미를 쌀이 모두 흡수할 수 있는 방법이다.

각자 어떤 종류의 쌀이 입에 맞는지 찾아보고 여러 번 하다 보면, 아무 걱정 없이 밥을 지을 수 있게 된다. 나는 바스마티와 재스민 그리고 조리 시간이 짧으면서도 영양소가 풍부한, 쌀눈이 그대로 남아 있는 일본산 배아미를 항상 갖춰 둔다. 모든 요리가 그렇지만 밥도 자주 지어 볼수록 점점 맛있게 만들 수 있다. 쌀을 익힐 때 가장 중요한 변수는 물과 쌀의 알맞은 비율이다.

바스마티와 재스민 쌀은 맑은 물이 나올 때까지 씻어서 익히는 것이 전통적인 방식이다. 하지만 나는 평소 주중에 저녁을 준비할 때는 이런 부분을 크게 신경 쓰지 않고, 저녁 파티를 할 때만 쌀을 꼼꼼히 씻는다.

물과 곡물의 비율은 오른쪽 페이지의 자료를 참고하고, **생쌀 1컵은 2~3인분**이라는 경험 법칙을 꼭 기억하자. 물, 육수, 코코넛밀크 등 어떤 액체로 밥을 지을 것인지 정하고, 소금을 충분히 넣어서 간을 한 뒤 쌀을 넣고 끓인다. (퀴노아도 같은 방법으로 익힌다.)

물이 끓으면 뚜껑을 덮고 아주 약하게 끓을 정도로 불을 줄여서 물이 전부 흡수되어 곡물이 부드러워질 때까지 익힌다. 다 익으면 불을 끄고 뚜껑을 닫은 채로 10분간 뜸을 들인다. 리소토는 만드는 방법이 아예 다르므로 제외하고, 그 외에는 밥을 짓는 동안 절대로, 무슨 일이 있어도 중간에 휘저으면 안 된다. 다 지은 밥은 포크로 뒤적인 후 그릇에 담아서 낸다.

** 거짓말 같겠지만, 진짜다!

곡물 : 물

완벽한 비율

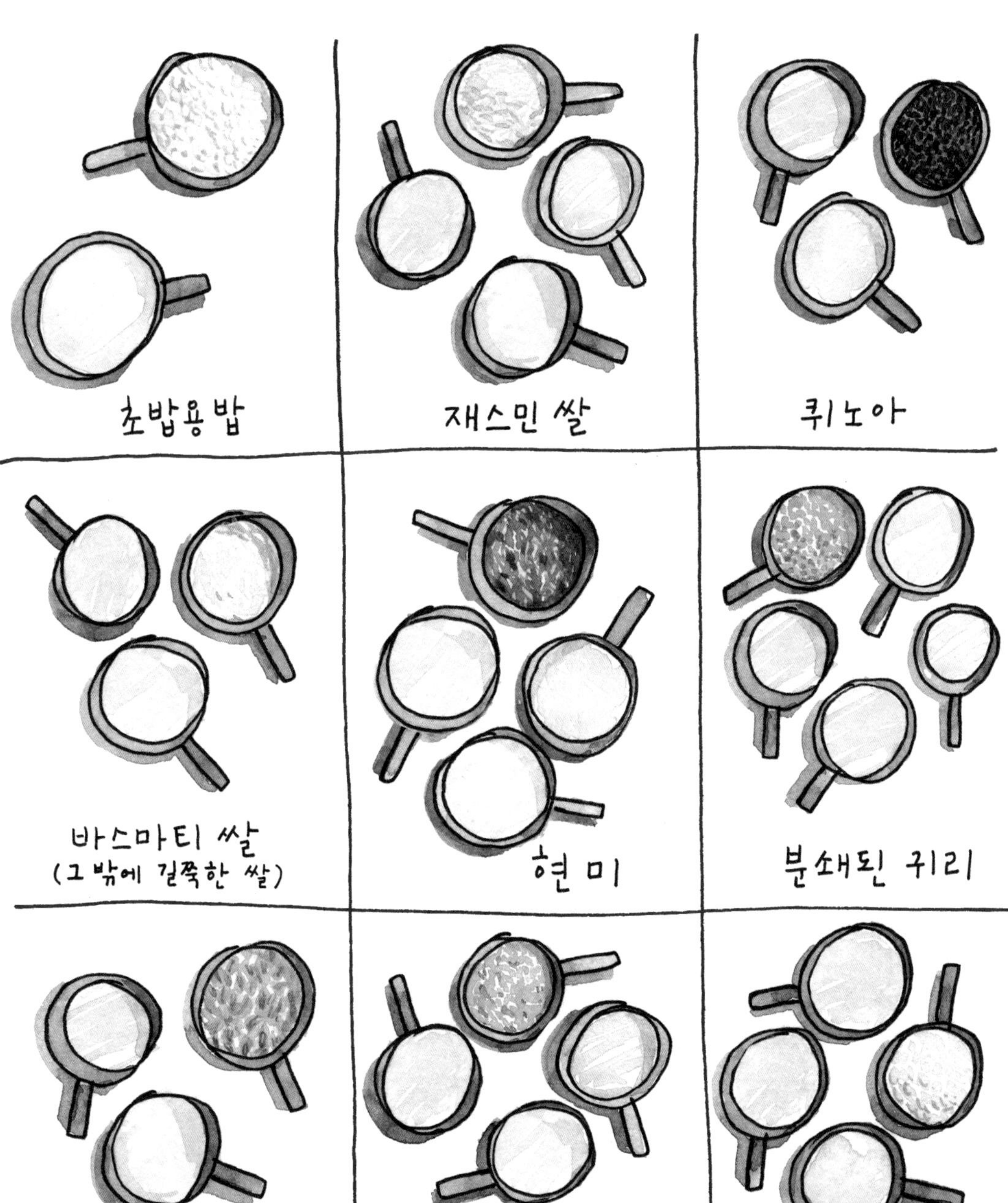

초밥용밥
재스민 쌀
퀴노아
바스마티 쌀
(그 밖에 길쭉한 쌀)
현미
분쇄된 귀리
압착 귀리
폴렌타 가루,
굵게 빻은 옥수수
아르보리오 쌀

끓이고 잘 저어서 부드럽게 익히기

분쇄된 귀리와 압착 귀리: 살짝 간이 된 액체를 부어서 끓인 후 귀리를 넣고 불을 줄여서 뭉근히 끓인다. 계속 저어 주면서 부드러워질 때까지 익힌다.

폴렌타 가루와 굵게 빻은 옥수수: 물에 간을 맞추고 끓인 후 폴렌타 가루나 굵게 빻은 옥수수를 조금씩 넣으면서 계속 젓는다. 부드럽게 익을 때까지 1시간 정도 계속 저어 주면서 익히고 필요하면 물을 더 넣는다. 간을 맞추고 버터, 잘게 간 치즈를 넣어 마무리한 뒤에 낸다.

아르보리오 쌀로 리소토 만들기: 먼저 쌀 1컵당 양파 ½개를 준비하고 잘게 썰어서 버터와 함께 볶는다. 양파가 연해지고 색이 투명해지면 쌀을 넣어 익히다가 황금빛이 도는 갈색으로 변하면 화이트와인 ½컵을 붓고 데글레이즈한다. 계속 저으면서 육수를 붓는데, 한 번에 ½컵씩 붓고 다 흡수되고 나면 더 붓는 식으로 넣는다. 쌀이 부드러우면서도 맛을 보면 속에 심지가 조금 남아 있는 상태가 되도록 익힌다. 농도는 묽은 오트밀과 비슷하게 맞춘다. 너무 뻑뻑하면 육수나 와인을 조금 더 넣는다. 간을 맞추고 잘게 간 파르미지아노 치즈를 넣어 마무리한 후 바로 낸다.

끓이기

파스타, 통보리, 스펠트 밀 또는 **일반 밀, 호밀, 보리, 아마란스** 또는 **야생 쌀**은 물에 소금을 넉넉히 넣고 부드러워질 때까지 끓인다. **퀴노아, 현미, 바스마티 쌀**도 같은 방식으로 익힌다.

페르시아식 쌀밥

4~6인분

페르시아 사람들은 누구나 쌀을 특별하게 생각한다. 특히 바삭바삭한 누룽지 타딕은 이란 엄마들의 요리 솜씨를 가늠하는 기준이 된다. 골고루 노릇하게 익었는지, 완벽하게 바삭한지, 솥 바닥에서 동그란 모양으로 잘 분리됐는지 여부는 맛과 더불어 훌륭한 타딕을 좌우하는 요소이며, 그런 타딕을 만들 줄 알면 자랑할 만한 일로 여긴다. 전통적인 페르시아식 쌀 요리는 제대로 배우려면 몇 년씩 걸리고 한 번 만드는 데도 몇 시간이 소요되므로 여기서는 페르시아식 쌀 요리 느낌이 물씬 나는 방법을 소개한다. 어쩌다 바스마티 쌀이 몇 컵 남았던 어느 날 저녁에 내가 우연히 개발한 요리법이다.

바스마티 쌀 2컵

소금

플레인 요구르트 3큰술

버터 3큰술

특별한 맛이 나지 않는 식용유 3큰술

큰 육수 냄비에 물을 약 4*l* 정도 채우고 센불에 올려서 끓인다.

물이 끓는 동안 볼에 쌀을 담고 찬물로 씻는다. 손가락에 힘을 주고 세게 저어서 씻고, 물을 최소 다섯 번 교체해서 쌀의 전분이 빠져나오도록 한다. 물이 투명해질 때까지 다 씻고 나면 물을 버리고 쌀만 남겨 둔다.

물이 끓으면 소금을 듬뿍 넣는다. 정확한 양은 어떤 소금을 쓰느냐에 따라 달라진다. 가는 천일염일 경우 약 6큰술, 코셔 소금은 ½컵 정도 넉넉하게 넣는다. 물을 먹어 봤을 때 평생 맛본 가장 짠 바닷물보다도 더 짜다고 느껴질 정도여야 한다. 이렇게 해야 쌀알 속까지 간이 배어든다. 소금물에 쌀을 익히는 시간은 불과 몇 분에 지나지 않으므로 소금을 너무 많이 먹는 것 아닌가 하는 염려는 하지 않아도 된다. 간을 맞춘 후 쌀을 넣고 저어 준다.

싱크대에 촘촘한 체나 소쿠리를 걸쳐 둔다. 쌀은 가끔씩 저어 주면서 생쌀이 조금 씹히는 정도가 되도록 6~8분간 익힌다. 다 되면 체 위에 쏟아붓고 곧바로 찬물로 헹궈서 잔열에 더 익지 않도록 한다. 물기를 모두 털어 낸다.

익힌 쌀 중에 1컵을 덜어서 요구르트를 넣고 섞는다.

사전에 꼼꼼하게 길들여 둔 25cm 크기의 주물 프라이팬이나 논스틱 코팅이 된 프라이팬을 중불에 올리고 식용유와 버터를 넣는다. 버터가 다 녹으면 요구르트와 섞어 둔 밥을 넣고 평평하게 편다. 그 위에 남은 쌀을 붓고 가운데가 약간 볼록 솟은 형태로 쌓는다. 그런 다음 나무 숟가락을 거꾸로 쥐고 손잡이 부분으로 프라이팬 바닥까지 닿도록 구멍을 5~6개 뚫는다. 가열하면 구멍에서 작게 지글지글 익는 소리가 들리는데, 이렇게 하면 가장 아래쪽에 있는 쌀에서 생긴 증기도 빠져나갈 수 있으므로 바삭한 누룽지가 생긴다. 식용유는 팬에 올린 쌀 가장자리에 거품이 이는 모습이 보일 정도로 넉넉하게 둘러야 한다. 필요하면 식용유를 추가로 넣는다.

중불에서 계속 익히면서 3~4분마다 팬을 4분의 1바퀴씩 돌려 바닥이 고루 익도록 한다. 옆면에 황금빛이 도는 바삭한 껍질이 생기기 시작할 때까지 15~20분간 익힌다. 바닥의 껍질 부분이 희미한 호박색에서 황금빛으로 바뀌면 불을 약하게 줄이고 다시 15~20분 더 익힌다. 바닥 가장자리가 모두 황금빛으로 구워지고 쌀이 전체적으로 다 익어야 완성된다. 타딕은 마지막에 뒤집어 보기 전까지는 상태를 확인할 수 없으므로, 나는 좀 과하다 싶을 정도로 갈색이 돌 때까지 가열하는 편이다. 여러분은 각자의 취향에 따라 총 35분쯤 익힌 후에 불을 꺼도 된다.

모양이 흐트러지지 않도록 고무 주걱을 가장자리로 조심스럽게 밀어 넣어서 바닥에 눌어붙은 부분이 없도록 골고루 떼어 낸다. 팬 바닥에 기름이 고인 경우 다른 그릇에 따라 낸다. 이제 용기를 끌어모아, 접시나 도마를 프라이팬 위에 대고 단번에 거꾸로 뒤집어서 밥을 분리한다. 노릇하게 익은 껍질과 함께 포슬포슬 잘 익은 쌀밥이 되어야 한다.

어떤 이유에서건 밥이 한 덩어리로 떨어지지 않으면, 태초부터 이란 엄마들이 다들 쓰는 방법을 활용하기 바란다. 즉 쌀밥은 떠내고 타딕은 숟가락이나 쇠 주걱을 사용해 쪼개서 조각으로 만든 다음 원래 '그러려고 했던 것처럼' 따로 담는다. 아무도 눈치채지 못할 것이다.

천천히 구운 연어(310쪽), **코프타 케밥**(356쪽), **페르시아식 로스트 치킨**(341쪽), **쿠쿠 삽지**(306쪽)와 함께 곁들여서 바로 낸다.

변형 아이디어

- 지름 25cm 크기로 둥글게 자른 라바시 빵이나 밀 토르티야로 만드는 **빵 타딕**도 있다. 앞의 레시피에서 1차로 익힌 쌀을 전부 요구르트와 섞고 같은 방식으로 팬을 예열한 후 버터와 오일을 넣고 둥근 빵 또는 토르티야를 깐다. 그리고 숟가락으로 쌀을 떠서 그 위에 동일한 방법으로 쌓는다. 빵 타딕은 쌀보다 더 빨리 노릇하게 익으므로 정신 바짝 차리고 팬을 주시하다가 15~20분이 아닌 12분 정도 지나면 불을 약하게 낮춰야 한다.

- **사프란 밥**을 지으려면 먼저 사프란을 손가락으로 넉넉히 집어서 작은 절구에 넣고 소금도 조금 넣은 다음 가루로 만들어서 **사프란 차**를 만든다. 가루에 끓는 물 2큰술을 넣고 5분간 우려내면 된다. 1차로 익힌 쌀밥에 사프란 차를 골고루 뿌리고 앞의 레시피와 동일한 방식으로 팬에 쌀밥을 쌓아서 익힌다. 완성되면 **코프타 케밥**(356쪽)과 함께 낸다.

- **허브 밥**은 파슬리와 고수, 딜을 취향대로 골고루 섞어서 잘게 썰어 6큰술 분량을 준비하고 한 번 익혀 물기를 뺀 밥에 넣고 섞어서 만든다. 이후 앞의 방식으로 추가로 익힌다. **천천히 구운 연어**(310쪽), **허브 요구르트**(370쪽)와 함께 낸다.

- **누에콩과 딜을 넣은 밥**은 잘게 썬 딜 ⅓컵과 신선한 콩 또는 껍질 벗겨서 냉동한 누에콩, 리마 콩 ¾컵을 한 번 익혀서 물기를 뺀 밥에 섞어서 만든다. 그리고 같은 방식으로 계속 조리한다. **페르시아식 로스트 치킨**(341쪽)과 함께 낸다.

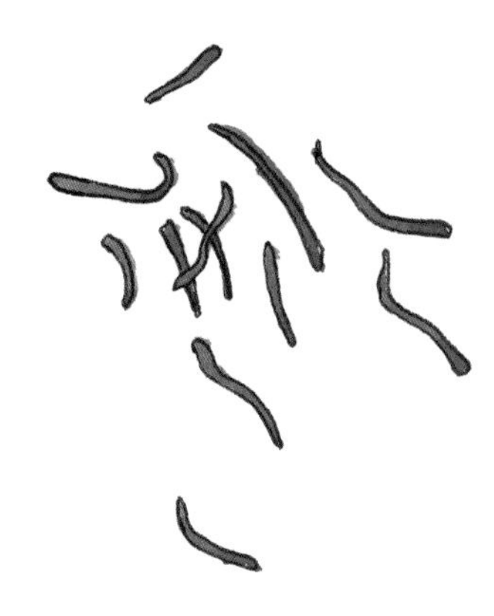

다섯 가지 클래식 파스타

내게 파스타를 평가하는 일은 남다른 의미가 있다. 나는 10년 넘게 거의 하루도 빼놓지 않고 파스타를 만들기도 하고 직접 먹기도 했을 뿐만 아니라 이 기간 중 2년은 이탈리아에서 살았다. 그래서 이 책에 실을 파스타 요리를 몇 가지만 골라야 하는 순간이 왔을 때, 나는 머리가 어지러울 정도였다. 어떻게 기본 레시피 몇 개로 파스타와 관련된 꼭 짚고 넘어가야 할 정보를 다 압축할 수 있단 말인가?

내용을 축소하려면 먼저 가능한 모든 요리를 다 알아야 한다는 사실을 깨닫고, 나는 내가 좋아하는 파스타와 소스의 조합을 목록으로 작성하기 시작했다. 목록이 어마어마하게 길어지자 패턴이 나타났다. 내가 목록에 집어넣은 모든 소스는 다섯 가지 재료를 기준으로 구분할 수 있었다. 치즈, 토마토, 채소, 고기 그리고 생선(조개류)이었다.

소스 하나를 습득하면 셀 수 없이 다양한 변형이 가능해진다. 각자 원하는 방식대로 즉흥적으로 바꿀 수 있다는 의미다. 요리에 들어가는 모든 재료는 저마다 목적이 분명해야 한다는 사실을 기억하자. 주방 여기저기서 닥치는 대로 모은 재료로 만든 파스타는 대체로 엉망이 되고 만다. 지금 당장 사용할 수 있는 재료를 활용해야만 하는 경우에도 들어가는 재료는 파스타와 올리브유, 소금을 제외하고 여섯 가지 이내로 제한해야 한다는 것이 전체적인 규칙이다. 요리를 완성하기 전에는 소금, 지방 그리고 산의 균형이 잘 맞는지 확인해야 한다는 사실도 잊지 말자.

마지막으로 명심해야 할 것이 두 가지 있다. 갓 삶은 뜨거운 파스타는 반드시 뜨거운 소스와 섞어야 한다는 것이 첫 번째다. 단, 전통적으로 으깬 마늘과 잣, 파르미지아노 치즈, 바질, 소금, 올리브유로 만드는 **페스토**(383쪽)의 경우, 갓 삶은 파스타와 섞으면 갈색으로 변할 수 있으니 예외다. 두 번째는 파스타 요리에서 파스타는 소스만큼 중요하다는 점이다. 따라서 파스타 삶는 물에 소금을 적정량 넣어 제대로 익혀야 한다. 파스타 삶는 물은 여름철 바다만큼 짠맛이 나야 한다. 그러기 위해서는 물 1*l*당 코셔 소금은 2큰술 조금 안 되게, 가는 천일염은 4작은술 정도 넣어야 한다.

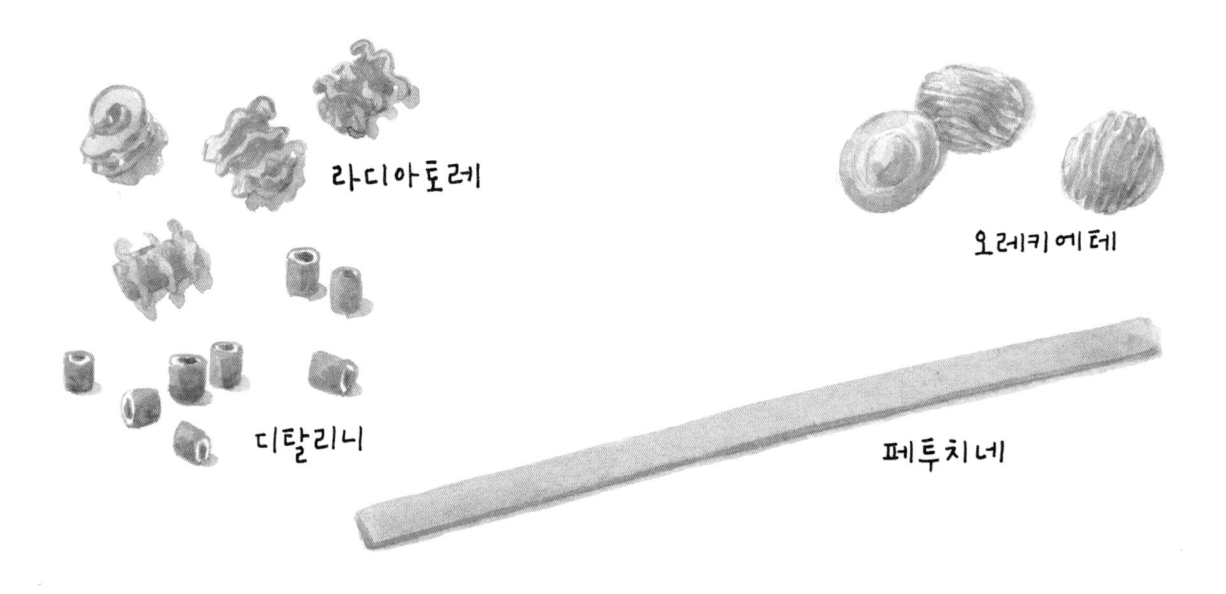

파스타 조직체

위대한 다섯 조직과 그 조직원들 간의 관계도

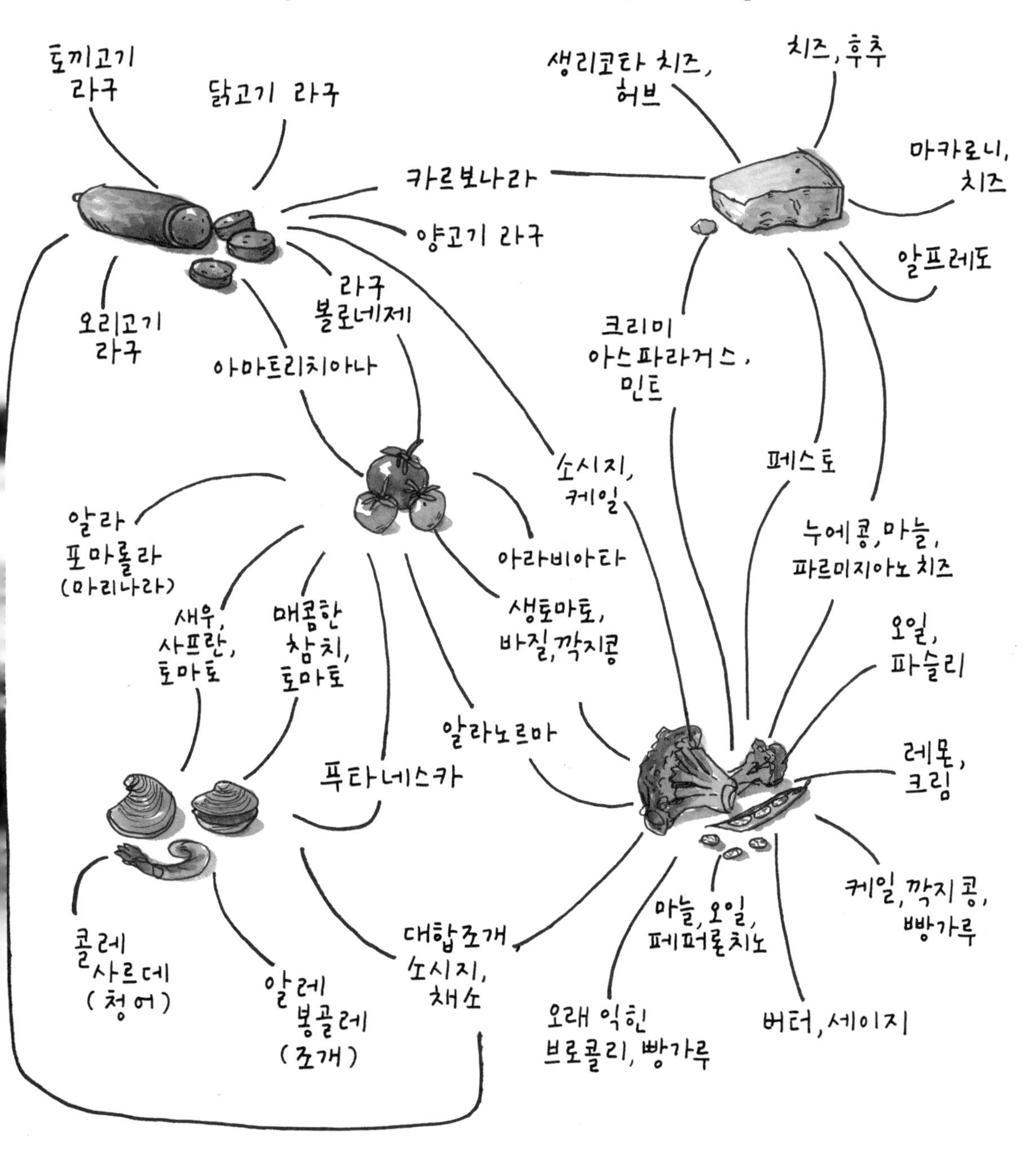

치즈: 치즈 후추 파스타

4~6인분

치즈 후추 파스트는 로마식 마카로니 앤드 치즈다. (그리고 감히 말하건대 더 맛있다.) 전통적으로 페코리노 로마노(Pecorino Romano)라고 부르는, 양젖으로 만든 짭짤한 치즈에 흑후추를 듬뿍 넣어서 만드는 요리다. 소스가 뭉치지 않게 완성하려면 몇 가지 지켜야 할 규칙이 있다. 첫 번째는 치즈를 최대한 가늘게 갈아서 넣자마자 바로 녹아야 한다는 것이다. 두 번째는 고추와 오일, 전분이 함유된 파스타 삶은 물을 팬에 한꺼번에 담고 유화가 이루어지도록 잘 저어 주어야 한다는 점이다. 그리고 마지막으로 팬이 파스타를 넣고 골고루 섞을 수 있을 만큼 충분히 크지 않다면, 큼직한 볼에 모든 재료를 옮겨 담아 파스타 삶은 물을 조금씩 넣어 가면서 집게로 섞어 소스가 고루 배도록 해야 한다는 점도 기억해야 할 사항이다.

소금

스파게티나 부카티니, 또는 탈리에리니 파스타 약 450g

엑스트라버진 올리브유

아주 굵게 분쇄한 흑후추 1큰술

페코리노 로마노 치즈 약 110g, 아주 잘게 갈아서 준비(약 2컵)

큰 냄비에 물을 담아 센불에 올려 끓인다. 바닷물과 비슷하게 느껴질 정도로 소금을 충분히 넣어 간을 한다. 물이 끓으면 파스타를 넣고 가끔씩 저어 주면서 알 덴테가 되도록 삶는다. 다 익은 파스타는 물기를 제거하고, 파스타 삶은 물 2컵을 따로 담아 둔다.

면을 삶는 동안 큰 팬을 중불에 올리고 바닥 면을 다 덮을 정도로 올리브유를 넉넉히 붓는다. 기름이 끓기 시작하면 고추를 넣고 향이 퍼지도록 20초간 가열한 후 파스타 삶은 물 ¾컵을 붓고 끓인다. 이렇게 하면 유화 반응이 진행된다.

물기를 제거한 파스타를 팬에 넣고 오일을 골고루 묻힌 뒤 치즈를 조금씩 뿌리듯 넣어 준다. 집게로 파스타를 골고루 뒤적이고 필요하면 남은 면수도 넣으면서 크리미한 소스가 뭉치지 않고 파스타에 전체적으로 버무려지도록 한다. 맛을 보고 필요하면 소금으로 간을 한다. 남은 치즈를 뿌리고 굵게 간 후추를 뿌려서 바로 낸다.

변형 아이디어

- **알프레도 파스타**를 만들려면, 먼저 헤비 크림 4컵을 30분 정도 끓여서 2컵 분량으로 졸인다. 큰 냄비를 중불에 올리고 버터 3큰술을 넣은 다음 버터가 녹으면 마늘 3톨을 다져서 넣는다. 살살 저어 주면서 마늘에서 향이 퍼지도록 20초 정도 익힌다. 마늘 색깔이 변하기 전에 졸인 크림을 붓는다. 페투치네 약 450g을 알 덴테로 삶고 면수는 1컵을 따로 담아 둔다. 크림이 끓으면 갓 삶은 파스타를 넣고 잘게 간 파르미지아노 치즈 약 110g과 바로 분쇄한 흑후추를 넉넉히 넣은 다음 골고루 섞는다. 필요하면 남겨 둔 면수를 넣어서 크리미한 농도를 조절한다. 맛을 보고 소금 간을 맞춘다. 바로 낸다.

- **아스파라거스와 민트를 넣은 크림 파스타** 만드는 방법은, 먼저 큰 냄비를 중불에 올리고 올리브유를 냄비 바닥 전체가 덮이도록 충분히 붓는다. 오일이 끓기 시작하면 잘게 썰어 놓은 양파 1개(또는 스프링어니언 2개)를 넣고 소금도 넉넉하게 한 번 집어서 넣는다. 불을 중불로 줄이고 가끔씩 저어 주면서 양파가 연해지도록 12분 정도 익힌다. 마늘 3톨 다진 것을 추가하고 마늘에서 향이 흘러나오도록 20초 정도 익힌 뒤 마늘 색깔이 변하기 전에 헤비 크림 2컵을 붓는다. 크림이 절반으로 줄 때까지 25분 정도 끓인다.

  아스파라거스 약 680g을 준비한다. 크림을 끓이는 동안 아스파라거스의 딱딱한 끝부분을 제거하고 손질한다. 손질한 아스파라거스는 약 0.5cm 두께로 어슷썰기한 후 한쪽에 둔다. 크림이 거의 다 졸았을 때 페투치네 또는 펜네 파스타 약 450g을 알 덴테 직전까지 삶는다. 알 덴테 상태가 되기 전 1분 정도 남았을 때 잘라 둔 아스파라거스를 넣고 면과 함께 익힌다. 파스타가 알 덴테가 되고 아스파라거스가 살짝 익으면 불을 끄고 물기를 털어 낸 뒤 면수는 1컵 따로 담아 둔다. 파스타와 아스파라거스를 팬에 담고 그 위에 크림을 부은 뒤 잘게 갈아 둔 파르미지아노 치즈 약 85g(1컵 정도), 잘게 썬 민트 잎 ¼컵을 넣고 흑후추를 바로 갈아서 넣는다. 필요하면 남겨 둔 면수를 조금 넣어서 소스 농도를 크리미한 상태가 되도록 조절한다. 맛을 보고 소금 간을 맞춘다. 바로 낸다.

토마토: 파스타 알라 포마롤라

소스 약 8컵, 파스타 4인분

'셰 파니스'에서 누가 가장 맛있는 파스타 소스를 만드는지 시합을 벌인 후, 나는 기본적인 토마토소스 만드는 법을 수십 가지 배웠다. 하지만 동시에 그 수많은 변형 방식이 양파가 들어가든 들어가지 않든, 바질이나 오레가노를 넣든 그렇지 않든, 혹은 소스를 퓌레로 만들든 잘게 갈든, 전부 개인적인 취향 그 이상도 이하도 아니라는 사실을 깨달았다. 누구나 토마토소스를 자신만의 방식으로 만들 수 있다는 의미다. 가장 중요한 것은 가장 맛있는 토마토와 최상의 올리브유를 사용하고, 올바른 소금을 적정량 넣는 것이다. 이것만 잘 지키면 마음껏 활용할 수 있는 훌륭한 백지가 마련되고, 이를 변형시켜 파스타나 피자는 물론이고 삭슈카니 모로코식 양고기찜, 멕시코식 쌀 요리, 프로방스식 생선 스튜 같은 요리도 만들 수 있다.

엑스트라버진 올리브유

붉은 양파나 흰 양파 중간 크기로 2개, 얇게 썰어서 준비

소금

마늘 4톨

완숙 토마토 약 1.8kg, 꼭지 제거해서 준비, 또는 산 마르차노 토마토나 로마 토마토로 만든 토마토 통조림 (800g, 즙 포함) 2개

생바질 잎 16장 또는 말린 오레가노 1큰술

스파게티, 부카티니, 펜네 또는 리가토니 파스타 약 340g

파르미지아노, 페코리노 로마노 또는 리코타 살라타 치즈 적당량

바닥이 두껍고 재료와 반응하지 않는 재질의 큰 냄비를 중불에 올리고 뜨거워지면 올리브유를 바닥 전체를 덮을 만큼 충분히 붓는다. 오일이 끓기 시작하면 양파를 넣는다.

소금을 넣고 중불로 줄인 후 양파가 타지 않도록 가끔씩 저으면서 익힌다. 양파가 투명하고 부드러워지도록 15분 정도 볶는다. 약간 갈색이 도는 정도는 괜찮지만 타지 않아야 한다. 양파가 너무 단시간에 갈색으로 변하면 불을 끄고 물을 조금 넣는다.

양파를 볶는 동안 마늘을 얇게 썰고 생토마토를 준비한 경우 4등분으로 손질한다. 통조림 토마토를 사용한다면 속이 깊은 큰 볼에 내용물을 모두 붓고 손으로 잘게 으깬다. 빈 캔에 물 ¼컵을 붓고 흔든 다음 그 물을 두 번째 빈 캔에 다시 붓고 잘 흔들어서 볼에 담는다. 볼은 한쪽에 둔다.

양파가 다 익으면 냄비 가장자리로 밀어 놓고 가운데에 올리브유를 1큰술 추가한 다음, 여기에 마늘을 넣는다. 마늘이 지글지글 익으면서 향이 올라오도록 20초 정도 가열한 뒤 갈색으로 변하기 전

에 토마토를 넣는다. 생토마토를 사용하는 경우 나무 숟가락으로 잘게 쪼개서 즙이 흘러나오도록 한다. 소스가 끓기 시작하면 불을 줄여서 뭉근히 끓인다. 소금 간을 하고 바질 잎을 찢어서 넣거나 오레가노를 넣는다.

약불에 익히면서 나무 숟가락으로 소스를 수시로 저어 준다. 눌어붙지 않도록 바닥을 긁으면서 꼼꼼하게 젓는다. 그러나 소스가 바닥에 계속 눌어붙어서 타기 시작했다면 젓지 말아야 한다! 멀쩡한 소스에 탄 맛이 섞이는 참사가 일어날 수 있기 때문이다. 눌어붙은 부분이 이미 타 버렸다면 얼른 소스를 새 냄비로 옮긴다. 바닥에 붙은 소스는 긁어내지 말고 냄비째로 물에 담가서 불리자. 새 냄비에 옮긴 소스는 또다시 타지 않도록 더욱 신경을 써야 한다.

이제 큰 냄비에 물을 담아 센불에 올려 끓인다. 물이 과도하게 증발되지 않도록 뚜껑을 덮는다.

소스는 약 25분 끓여서 생재료의 냄새가 푹 익은 재료에서 풍기는 냄새로 바뀌면 다 된 것이다. 숟가락으로 저었을 때 밭에서 갓 캐 온 채소나 농산물 시장의 광경보다 보기만 해도 푸근해지는 파스타 한 접시가 떠오른다면 완성된 것으로 볼 수 있다. 통조림 토마토를 사용하면 변화가 좀 더 미묘하게 나타나며, 통조림 음식 특유의 쇠 맛이 사라지기까지 40분 정도 소요될 수 있다. 토마토가 다 익으면 소스가 전체적으로 빠르게 끓도록 불을 조절하고 올리브유를 ¾컵 섞는다. 그리고 1~2분 정도 더 끓이면 유화가 진행되면서 진한 포마롤라 소스로 변한다. 이렇게 되면 불을 끈다.

도깨비 방망이나 블렌더, 푸드 밀로 소스를 갈아서 퓌레로 만든다. 맛을 보고 간을 맞춘다. 완성된 소스는 뚜껑을 덮어 냉장 보관하면 최대 1주일까지, 냉동 보관 시 최대 3개월까지 두고 먹을 수 있다. 소스를 유리병에 담아 수조에 20분간 담가서 밀폐하면 1년간 실온에 보관할 수 있다.

4인분 기준으로, 냄비에 물이 끓으면 바닷물과 비슷하게 느껴질 정도로 소금 간을 하고 파스타를 넣은 뒤 알 덴테가 되도록 익힌다. 파스타를 삶는 동안 포마롤라 소스 2컵을 큰 소스팬에 옮겨서 끓인다. 다 삶은 파스타는 물기를 털어 내고, 면수는 1컵 따로 담아 둔다. 소스팬에 파스타를 넣고 골고루 섞으면서 필요하면 면수와 올리브유로 농도를 조절한다. 맛을 보고 소금 간을 맞춘다. 파르미지아노 치즈나 페코리노 로마노, 리코타 살라타 치즈를 뿌려서 바로 낸다.

변형 아이디어

- 삶은 파스타와 섞기 전에 포마롤라 소스에 **크렘 프레슈**(113쪽)를 ½컵에서 2컵 정도 넣고 끓이면 크리미한 맛을 더할 수 있다. 또는 파스타를 소스와 버무린 직후에 생리코타 치즈 ½컵을 큼직한 덩어리로 넣어도 된다.

- **푸타네스카 파스타**(Pasta alla Puttanesca) 만드는 방법은 먼저 중불에 큰 냄비를 올리고 올리브유를 냄비 바닥 전체에 깔릴 정도로 붓는다. 오일이 끓으면 마늘 2톨을 다지고 안초비 필레 10마리를 으깨서 넣은 후 마늘에서 향이 피어오를 때까지 20초 정도 익힌다. 마늘 색깔이 변하기 전에 포마롤라 소스 2컵을 붓고 씨를 제거한 블랙 올리브(오일에 절여 둔 것이 가장 좋다.) ½컵을 잘 씻어서 넣는다. 그리고 물에 헹군 염장 케이퍼도 1큰술 넣는다. 붉은 고춧가루와 소금을 넣어 간을 맞추고 간간이 저어 주면서 10분간 끓인다. 소스를 만드는 동안 스파게티 약 340g을 알 덴테로 삶고 면수를 1컵 따로 담아 둔다. 소스가 끓을 때 삶은 파스타를 넣고 필요하면 면수로 농도를 조절한다. 맛을 보고 소금 간을 맞춘다. 잘게 썬 파슬리를 고명으로 얹어 바로 낸다.

- **아마트리치아나 파스타**(Pasta all'Amatriciana)도 큰 냄비를 중불에 올리고 올리브유를 냄비 바닥 전체에 깔릴 만큼 충분히 붓는 것으로 시작한다. 오일이 끓으면 잘게 다진 양파 하나를 넣고 소금도 넉넉히 한 번 집어서 넣는다. 가끔 저어 주면서 양파가 연해지고 갈색으로 변하도록 15분 정도 볶는다. 구안찰레(Guanciale, 소금에 절인 돼지 볼살)나 판체타, 베이컨 약 170g을 성냥개비만 한 크기로 가늘게 썰어서 볶고 있던 양파에 추가한다. 고기가 거의 바삭하게 익도록 중불에서 계속 볶다가 마늘 2톨을 다져서 더하고 마늘에서 향이 나도록 20초 더 볶는다. 마늘 색이 변하기 전에 포마롤라 소스 2컵을 붓고 소금과 붉은 고춧가루로 간을 맞춘다. 그대로 10분 정도 끓인다. 기다리는 동안 스파게티 약 350g을 알 덴테로 삶고 면수를 1컵 따로 담아 둔다. 소스가 끓을 때 삶은 파스타를 넣고 필요하면 면수로 농도를 조절한다. 맛을 보고 소금 간을 맞춘다. 잘게 간 페코리노 로마노 치즈나 파르미지아노 치즈를 얹어 바로 낸다.

채소: 브로콜리 빵가루 파스타

4~6인분

이 요리는 하루가 끝나고 기운이 쫙 빠진 날이면 만들어 먹는 음식이다. 브로콜리 소스를 끼얹은 면 요리 정도면 아주 그럴듯한 음식이기도 하지만, 사실 나는 맛 때문에 이 요리를 택한다. 갈색으로 볶은 양파의 깊은 맛과 듬뿍 들어간 파르미지아노 치즈에서 전해지는 감칠맛, 연하게 익힌 브로콜리의 단맛이 더해지면서 예상치 못한 풍성함을 느낄 수 있다. 토스카나 지역에서는 오래전 상인들이 경제적인 이유로 치즈 대신 빵가루를 파스타에 뿌려서 먹었지만 나는 두 가지 모두 넣어서 바삭함과 맛을 전부 살린다. 브로콜리 줄기도 버리면 안 된다! 대부분 브로콜리에서 가장 달달한 맛을 느낄 수 있는 부분이기 때문이다. 감자 깎는 칼로 겉면의 딱딱한 껍질을 벗겨 내고 얇게 썰어서 꽃송이 부분과 함께 사용하면 된다.

소금

브로콜리 꽃송이와 껍질 벗긴 줄기 부분까지 약 900g

엑스트라버진 올리브유

양파 큰 것 1개, 잘게 다져서 준비

붉은 고춧가루 1~2작은술

마늘 3톨, 다져서 준비

오레키에테, 펜네, 링귀네, 부카티니, 스파게티 등 450g

뿌려 먹는 빵가루(237쪽) ½컵

파르미지아노 치즈, 바로 갈아서 뿌릴 것

큰 냄비에 물을 담아 센불에 올린다. 물이 끓으면 바닷물처럼 느껴질 정도로 소금을 충분히 넣어 간을 한다.

브로콜리 꽃송이를 1.5cm 크기로, 줄기는 0.5cm 두께로 자른다.

큰 주물 냄비 또는 이와 비슷한 냄비를 중불에 올린다. 냄비가 뜨거워지면 바닥 전체에 깔릴 만큼 올리브유를 충분히 붓고 오일이 끓으면 양파를 넣는다. 소금도 한 번 넉넉히 집어서 넣고 고춧가루 1작은술을 추가한다. 양파가 갈색으로 변하면 곧바로 저어 주고 불을 중불로 낮춘다. 가끔씩 저어 주면서 양파가 연해지고 노릇한 갈색이 되도록 15분 정도 익힌다. 양파를 냄비 가장자리로 밀어 놓고 가운데를 비워서 올리브유를 1큰술 넣은 다음 그 위에 마늘을 올린다. 마늘에서 향이 올라오도록 20초 정도 익힌다. 마늘 색이 변하기 전에 먼저 볶은 양파와 골고루 섞고 불을 약하게 줄인 다음 양파가 갈색이 되지 않도록 주의하면서 익힌다.

끓는 물에 브로콜리를 넣고 연해지도록 4~5분 정도 익힌 다음 건지기 도구나 구멍 뚫린 국자로 건져서 곧바로 양파 볶던 냄비로 옮긴다. 브로콜리 데친 냄비는 물이 증발되지 않도록 뚜껑을 덮어서 팔팔 끓인 다음 파스타를 삶는다. 양파 냄비는 불을 중불로 올리고 가끔 저어 주면서 브로콜리가 으스러져 양파, 올리브유와 섞인 소스 형태가 되도록 20분간 익힌다. 소스가 촉촉하지 않고 메말라 보이면 면수를 1~2스푼 넣어서 농도를 조절한다.

물이 끓으면 파스타를 넣고 잘 저어 준다. 면을 삶는 동안 브로콜리 소스를 계속 익히면서 수시로 저어 준다. 브로콜리와 오일, 물이 한데 어우러져 유화가 진행될 수 있을 정도로 수분이 충분하고 부드러우면서 달콤한 소스로 만드는 것이 핵심이다. 계속 가열하면서 젓고 필요하면 물을 추가한다.

파스타가 알 덴테로 익으면 건져서 물기를 털고 면수는 2컵 따로 담아 둔다. 파스타가 뜨거울 때 소스 냄비에 옮겨서 골고루 섞는다. 올리브유를 마지막으로 한 번 더 뿌리고 짭짤한 면수도 더해 파스타에 소스가 골고루 촉촉하게 잘 묻도록 한다. 맛을 보고 필요하면 소금과 고춧가루를 더 넣어서 간을 한다.

빵가루를 뿌리고 파르미지아노 치즈를 잘게 갈아서 듬뿍 끼얹어 바로 낸다.

변형 아이디어

- 강렬한 감칠맛을 더하고 싶다면 양파를 볶다가 마늘을 넣을 때 안초비 필레 6장을 으깨서 함께 넣는다.
- 파스타를 삶는 동안 브로콜리와 양파를 익히는 냄비에 삶은 콩(종류는 상관없다!)을 1컵 더하면 **콩과 브로콜리 파스타**가 된다.
- 순한 맛 또는 매콤한 맛 이탈리아식 소시지 220g 정도를 호두만 한 크기로 잘라 양파와 함께 익히면 **소시지 브로콜리 파스타**가 된다. 소시지가 부드러워지면 센불로 갈색이 되도록 익힌다.
- 새콤한 맛과 단맛을 살짝 더하고 싶다면 양파를 볶다가 브로콜리를 추가하기 전에 **포마롤라 소스**(292쪽)를 1컵 넣고 섞는다.
- 짭짤한 맛을 약간 더 강조하고 싶을 때는 씨를 제거한 블랙 올리브나 그린 올리브 ½컵을 듬성듬성 썰어서 브로콜리, 양파와 함께 익힌다.
- 브로콜리 대신 케일이나 콜리플라워, 브로콜리 라브, 로마네스코 브로콜리를 넣고 같은 방법으로 소스를 만들어도 된다. 또는 브로콜리 데치는 단계를 생략하고 오래 익힌 아티초크나 회향, 여름 호박을 넣어도 좋다. (264쪽)

육류: 라구 파스타

소스 약 7컵, 파스타 4인분

나는 피렌체 요리사 베네데타 비탈리로부터 미트 소스인 라구 만드는 법을 배웠다. 그녀는 스물두 살짜리 초보였던 나를 주방 식구로, 가족의 한 사람으로 받아 주었다. 우리는 며칠에 한 번씩 베네데타의 레스토랑 '지범보'에서 라구를 만들었다. 그곳에서 만드는 대부분의 요리가 그랬듯이 라구도 채소를 잘게 썰어 깊은 향이 나도록 노릇하게 익힌 소프리토가 기본 재료로 들어갔다. 당시 나로서는 평생 본 칼 중에 가장 큼직한 칼을 쥐고서 채소를 가늘게 썰고, 그렇게 썬 채소를 엄청난 양의 올리브유를 사용해 노릇하게 볶는 법을 배우다 보니 나도 베네데타처럼 소프리토에 홀딱 반했다. 재료를 노릇하게 잘 익히는 것만큼 라구의 맛을 좌우하는 중요한 요소는 없으므로 충분히 시간을 들여서 소프리토와 고기를 잘 익혀야 한다. 이 단계만 잘되면 나머지는 다 알아서 완성되니 토스카나 언덕에 쨍하게 내리쬐는 오후의 태양빛처럼 놀라운 파스타의 맛을 즐기기만 하면 된다.

재료로 들어가는 채소를 일일이 썰기가 어렵다면 푸드 프로세서를 사용해도 된다. 종류별로 각각 기계에 넣고 잘게 썰어서 적당한 크기가 되면 작동을 멈추고 고무 주걱으로 남김없이 싹싹 긁어낸다. 푸드 프로세서로 재료를 썰면 칼날에 채소의 세포가 닿아 터질 가능성이 커서 칼로 직접 썰었을 때보다 물기가 훨씬 더 많이 생긴다. 셀러리와 양파는 이렇게 썬 다음 구멍이 촘촘한 체에 올리고 힘껏 눌러 물기를 최대한 제거한 후 당근과 섞어야 한다. 칼로 썰었는지 기계로 잘랐는지 아무도 모를 것이다.

엑스트라버진 올리브유

굵게 간 쇠고기 목살 약 450g

굵게 간 돼지 목살 약 450g

양파 중간 크기로 2개, 잘게 다져서 준비

당근 큰 것으로 1개, 잘게 다져서 준비

셀러리 줄기 큰 것으로 2개, 잘게 다져서 준비

드라이한 레드 와인 1½컵

닭 육수 또는 쇠고기 육수(271쪽) 또는 물 2컵

우유 2컵

월계수 잎 2장

2.5×7.5cm 크기 레몬 제스트 1개

2.5×7.5cm 크기 오렌지 제스트 1개

계피 스틱, 1.5cm 조각 1개

토마토 페이스트 5큰술

선택 재료: 파르미지아노 치즈 껍질

통 육두구

소금

흑후추, 바로 갈아서 넣을 것

탈리아텔레, 펜네, 리가토니 파스타 약 450g

버터 4큰술

파르미지아노 치즈, 바로 갈아서 넣을 것

큰 주물 냄비나 비슷한 재질의 냄비를 센불에 올리고 올리브유를 바닥 전체에 깔릴 정도로 넉넉히 붓는다. 굵게 간 쇠고기를 넣고 호두 크기로 잘게 쪼갠다. 구멍 뚫린 스푼으로 고기를 잘라 가면서 노릇한 갈색이 되도록 6~7분간 익힌다. 소금을 넣으면 고기에서 수분이 빠져나와 갈색화가 더디게 진행되므로 고기에 간은 하지 않는다. 다 익힌 고기는 구멍 뚫린 스푼으로 떠서 큰 볼에 옮긴다. 냄비에 기름이 그대로 남아 있는 상태에서 같은 방식으로 돼지고기를 익힌다.

고기를 익힌 냄비에 소프리토 재료인 양파와 당근, 셀러리를 넣고 중불에서 센불 사이로 열을 가해 익힌다. 채소에 기름이 충분히 묻어야 하므로 필요하면 올리브유를 최소 ¾컵 정도 더 넣는다. 수시로 저어 가면서 채소가 연해지고 전체적으로 진한 갈색이 되도록 25~30분간 익힌다. (시간이 많이 소요되는 단계이므로 하루 이틀 전에 소프리토를 미리 만들어도 된다. 완성된 소프리토는 냉동 보관하면 최대 2개월까지 두고 사용할 수 있다!)

볼에 덜어 두었던 고기를 다시 채소 볶던 냄비에 넣고 센불로 높인 후 와인을 넣는다. 나무 숟가락으로 바닥을 긁어서 갈색으로 눌어붙은 조각을 모두 떼어 내어 소스와 섞이도록 한다. 육수나 물, 우유를 붓고 월계수 잎, 제스트, 계피, 토마토 페이스트를 넣는다. 파르미지아노 치즈 껍질을 준비했다면 이때 함께 넣는다. 생육두구를 전용 그라인더나 기타 분쇄기에 바로 갈아서 넣는다. 소금 간을 하고 후추도 바로 갈아서 첨가한다. 팔팔 끓으면 불을 낮춰서 뭉근하게 끓인다.

소스가 끓으면 가끔씩 저어 주면서 익힌다. 30~40분쯤 흘러 우유가 분해되고 보기에도 맛있는 형태로 변하면 맛을 보면서 소금, 산, 단맛, 진한 정도, 깊은 맛을 조절한다. 신맛이 필요하면 와인을 조금 넣는다. 맛이 밋밋하다 싶을 때는 토마토 페이스트를 더하면 맛이 살아나면서 단맛도 더할 수 있다. 더욱 깊은 맛이 필요하면 우유를 조금 더 넣는다. 소스가 너무 묽을 때는 육수를 넉넉하게 더 붓는다. 끓일수록 육수가 졸면서 젤라틴이 남아 묽은 소스가 진해진다.

불을 최대한 약하게 줄여서 소스를 계속 끓인다. 표면에 떠오른 기름기를 걷어 내고 자주 저으면서 고기가 연해지고 모든 맛이 하나로 어우러지도록 1시간 반에서 2시간 정도 끓인다. 만족스러운 상태로 완성되면 숟가락이나 국자로 표면에 생긴 기름기를 모두 제거하고 파르미지아노 치즈 껍질, 월계수 잎, 레몬과 오렌지 제스트, 계피를 건져 낸다. 맛을 보고 소금, 후추로 다시 간을 맞춘다.

파스타 약 450g을 알 덴테로 삶고 뜨거운 라구 소스 2컵, 버터 4큰술을 넣으면 파스타 4인분이 완성된다. 파르미지아노 치즈를 바로 갈아서 듬뿍 얹는다.

남은 라구 소스는 뚜껑을 덮어 냉장 보관하면 최대 1주일, 냉동 보관하면 3개월까지 두고 먹을 수 있다. 저장해 둔 소스는 다시 끓여서 먹는다.

변형 아이디어

- **가금육 라구 소스**를 만들기 위해서는 가금육의 다리 부위를 통째로 약 1.8kg 준비한다. 소스가 완성되면 고기와 껍질을 잘게 찢어서 소스와 섞고 뼈와 연골은 건져 낸다. 오리, 칠면조, 닭 모두 동일한 방식으로 만든다. 고기는 팬에 너무 꽉 차지 않도록 올려서 노릇하게 굽고 그동안 앞에 나온 방법으로 소프리토를 만든다. 소프리토가 갈색으로 완성되면 마늘 4톨을 다져서 넣고 향이 피어나도록 20초 정도 익히되 갈색으로 변하지 않도록 주의한다. 레드 와인 대신 화이트 와인을 넣고, 생로즈메리 가지 하나와 노간주나무 열매 1큰술을 육수 재료용 작은 주머니에 담아 소스에 넣어서 함께 끓인다. 말린 포르치니 버섯도 7g 정도 넣어 준다. 육수의 양은 3컵으로 늘린다. 우유와 육두구, 오렌지 제스트, 계피는 빼고 월계수 잎, 레몬 제스트, 토마토 페이스트, 소금, 후추, 파르미지아노 치즈 껍질은 그대로 사용한다. 소스는 재료가 모두 푹 익도록 1시간 반 정도 끓인다. 표면에 기름을 제거하고 향을 내기 위해 넣은 재료들은 앞서 레시피와 마찬가지로 건져 낸다. 맛을 보고 소금, 후추로 간을 맞춘 후 앞의 레시피와 같은 방법으로 낸다.

- **소시지 라구 소스**는 쇠고기, 돼지고기 대신 순한 맛 또는 매콤한 맛 이탈리아식 소시지를 900g 정도 넣어서 만든다. 소시지는 갈색이 되도록 익히고 앞에 나온 방법으로 소프리토를 만든다. 소프리토가 갈색으로 완성되면 마늘 4톨을 다져서 넣고 향이 피어나도록 20초 정도 익히되 갈색으로 변하지 않도록 주의한다. 레드 와인 대신 화이트 와인을 넣고, 토마토 페이스트 대신 다진 토마토 통조림을 국물과 함께 2컵 넣는다. 우유, 육두구, 오렌지 제스트, 계피는 빼고 육수, 월계수 잎, 레몬 제스트, 소금, 후추, 파르미지아노 치즈 껍질은 그대로 사용한다. 말린 오레가노 1큰술, 고춧가루 1작은술을 넣고 재료가 모두 푹 익도록 1시간 정도 끓인다. 표면에 기름을 제거하고 향을 내기 위해 넣은 재료들은 앞서 레시피와 마찬가지로 건져 낸다. 맛을 보고 소금, 후추로 간을 맞춘 후 앞의 레시피와 같은 방법으로 낸다.

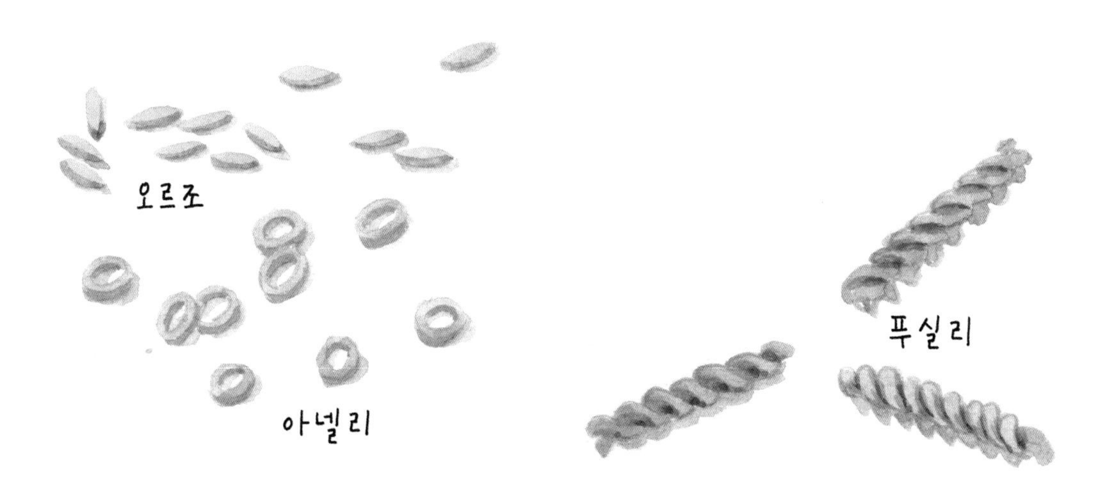

조개와 생선: 봉골레 파스타

조개 넣은 파스타

4~6인분

나는 스무 살이 될 때까지 대합조개와 홍합을 한 번도 맛보지 못했다. 사실 지금도 다른 메뉴가 있는데 조개 요리를 택하는 경우는 극히 드물다. 그러면서 왜 조개 파스타를? 이런 생각이 들겠지만, 그건 완전히 다른 이야기다. 봉골레 파스타는 여러 재료가 어우러져 깊은 풍미와 너무나 맛있는 조화가 생겨나는 신비한 요리 중 하나다. 대합조개를 넣고 만든 파스타는 짭짤하면서도 진하고, 신선하면서도 경쾌하고 더할 나위 없이 만족스러워 마치 바다에서 서핑을 하며 완벽한 하루를 보낸 것 같은 기분을 선사한다. 여기 소개하는 레시피는 120쪽에 일러스트로도 나와 있으니 참고하기 바란다.

나는 두 종류의 조개로 봉골레 파스타를 만든다. 조개의 깊은 맛을 내는 큼직한 새끼 대합조개와 식탁에서 하나씩 까먹는 재미가 쏠쏠한 바지락 또는 무명조개가 적당하다. 이러한 조개를 도저히 구할 수 없다면 괜히 진땀 흘리지 말고 어떤 조개든 쉽게 구할 수 있는 것으로 1.8kg 준비해서 새끼 대합조개로 요리하는 것과 동일한 방식으로 사용하면 된다.

소금

엑스트라버진 올리브유

양파 중간 크기로 1개, 잘게 다져서 준비, 뿌리 부분은 버리지 말고 보관할 것

파슬리 잔가지 2~3개, 잘게 썬 파슬리 잎 ¼컵

새끼 대합조개 약 900g, 잘 문질러서 씻어 둘 것

드라이한 화이트 와인 1컵

마늘 2톨, 다져서 준비

고춧가루 1작은술 정도

링귀네 또는 스파게티 약 450g

바지락이나 무명조개 약 900g, 잘 문질러서 씻어 둘 것

레몬즙 1개 분량

버터 4큰술

파르미지아노 치즈 약 30g, 잘게 갈아서 준비(¼컵 정도)

큰 냄비에 물을 담고 소금을 넉넉히 넣어 끓인다.

큰 프라이팬을 중불에 올리고 올리브유를 1큰술 넣는다. 양파 뿌리 부분과 파슬리 잔가지를 넣고 새끼 대합조개를 팬 바닥에 한 겹으로 촘촘하게 깐 다음 와인을 ¾컵 붓는다.

불을 세게 올리고 뚜껑을 닫는다. 조개가 모두 입을 벌릴 때까지 3~4분 정도 익힌다. 뚜껑을 열고 집게로 입이 열린 조개를 볼에 옮긴다. 끝까지 입을 벌리지 않는 고집스러운 조개가 있으면 집게로 톡톡 두드려 본다. 6분 이상 익혀도 열리지 않는 조개는 버린다. 나머지 새끼 대합조개도 팬에 담아 남은 와인을 붓고 같은 방식으로 익힌다.

팬에 남은 액체는 촘촘한 체에 걸러서 따로 보관한다. 조개가 손으로 만질 수 있을 정도로 식으면 살을 발라내서 큼직하게 썰어 작은 볼에 담고 조개를 익힐 때 나온 국물을 부어 둔다. 껍데기는 모두 버린다.

팬을 헹구고 중불에 올린다. 바닥 전체가 덮일 정도로 올리브유를 넉넉하게 붓고 잘게 다진 양파와 소금 1자밤을 넣는다. 양파가 부드럽게 익을 때까지 가끔씩 저어 주면서 12분 정도 볶는다. 양파 색이 변해도 되지만 타지 않아야 한다. 필요하면 물을 조금 추가한다.

양파를 익히는 동안 파스타를 알 덴테가 되기 전까지 삶는다.

마늘과 고춧가루 ½작은술을 양파 볶던 팬에 넣고 함께 가열한다. 마늘이 갈색으로 변하기 전에 바지락이나 무명조개를 넣고 센불로 높인다. 새끼 대합조개를 익힐 때 나온 국물이나 와인을 붓고 뚜껑을 덮는다. 조개가 입을 벌리기 시작하면 곧바로 썰어 둔 새끼 대합조개 살을 넣는다. 1~2분간 골고루 섞으면서 익히고 맛을 본 후 레몬즙이나 화이트 와인으로 신맛 균형을 맞춘다.

삶은 파스타는 물기를 털고 면수는 따로 1컵을 받아 둔다. 건진 파스타를 바로 조개가 있는 팬으로 옮기고, 조개에서 나온 국물 속에서 면이 알 덴테가 되고 짭짤한 국물을 흡수하도록 익힌다.

맛을 보고 짠맛과 매콤한 정도, 신맛을 조절한다. 파스타는 아주 촉촉해야 하며, 필요하면 조개 익힌 국물이나 와인 혹은 면수를 추가해 농도를 조절한다. 버터와 치즈를 넣어 모두 녹으면 파스타와 골고루 섞는다. 잘게 썬 파슬리 잎을 뿌리고 그릇에 옮긴다.

바로 낸다. 바삭한 빵을 소스에 찍어 함께 먹으면 좋다.

변형 아이디어

- **홍합 파스타**는 대합조개 대신 꼼꼼히 문질러 씻은 홍합을 수염째로 약 1.8kg 넣어서 만든다. 위에서 새끼 대합조개를 익히는 것과 같은 방법으로 익혀서 살을 분리한다. 다진 양파를 볶을 때 소금과 함께 사프란을 넣는다. 파르미지아노 치즈는 제외하고, 나머지는 위 레시피를 그대로 따른다.

- **대합조개 소시지 파스타**는 순한 맛 또는 매콤한 맛의 이탈리아식 소시지 약 220g을 호두만 한 크기로 잘라 양파를 볶을 때 함께 넣어서 만든다. 이때 센불로 올려서 소시지를 갈색이 되도록 굽는다. 그리고 바지락을 위와 같은 방법으로 추가한 후 이후 단계도 그대로 따른다. 내는 방법도 위와 동일하다.

- **대합조개 화이트 소스**를 만드는 방법은 먼저 마늘을 20초간 익힌 후 양파를 볶다가 크림 1컵을 붓는다. 그대로 10분간 끓인 후 대합조개를 넣는다. 나머지는 앞의 레시피와 같다.

- **대합조개 레드 소스**는 마늘을 20초간 익힌 후 양파를 볶다가 생토마토나 통조림 토마토를 2컵 넣어서 만든다. 그대로 10분간 끓인 후 대합조개를 넣는다. 나머지는 앞의 레시피와 같다.

- 채소를 더 넣고 싶으면 양파를 볶다가 마늘을 추가하기 전에 공처럼 똘똘 뭉쳐 잘게 썬 **데친 채소**(258쪽) 1컵을 넣는다. 케일, 브로콜리 라브 모두 잘 어울린다.

- 종류와 상관없이 파스타가 완성된 후에 **뿌려 먹는 빵가루**(237쪽)를 올리면 상반된 식감을 즐길 수 있다.

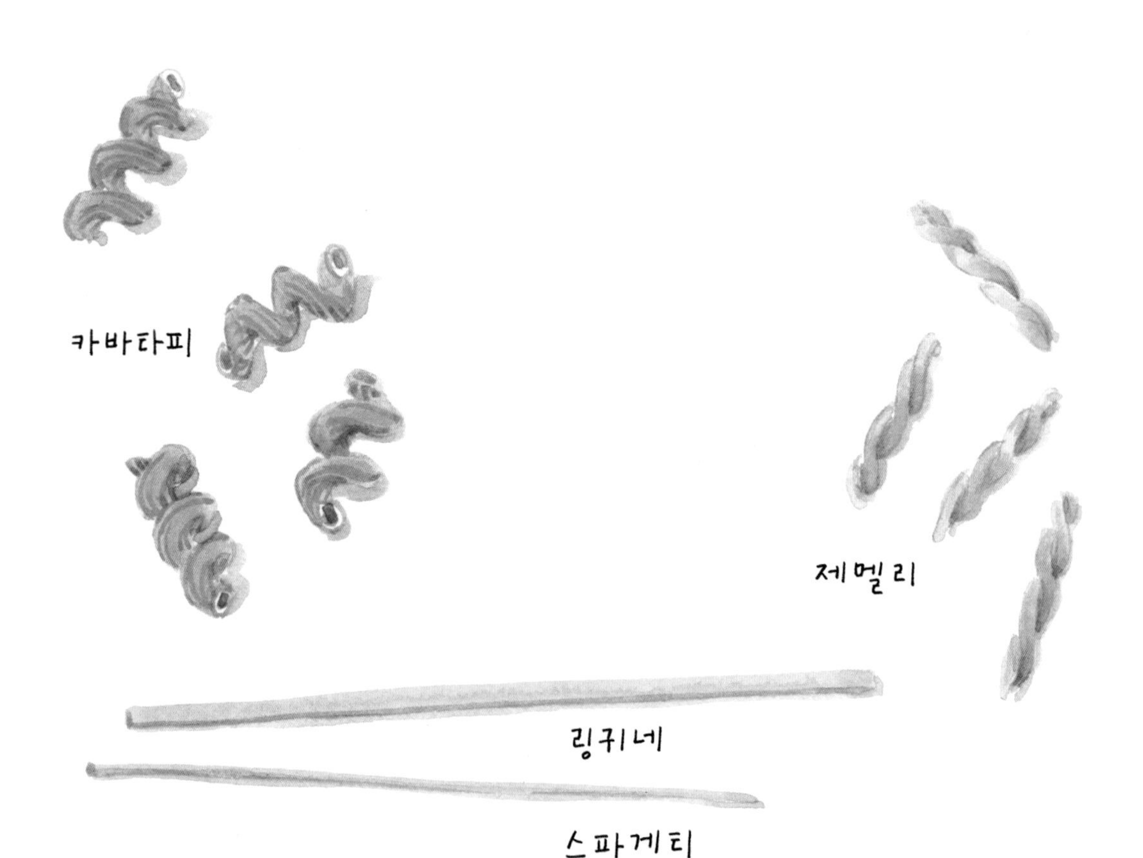

달걀

달걀 하나와 약간의 용기만 있으면, 족히 100가지는 되는 기적 같은 요리를 만들 수 있다. 달걀노른자에 오일을 한 방울씩 과감하게 똑똑 떨어뜨리면서 섞으면 **기본 마요네즈**(375쪽)를 만들 수 있고, **아이올리**부터 **타르타르**까지 각종 소스와 찍어 먹는 소스를 만들 수도 있다. 전통 방식으로 달걀 하나에 노른자 하나, 크림 1컵을 기본 재료로 삼아 달콤하면서도 풍미가 진한 **포 드 크렘**(pots de crème)을 만들어도 된다. 이렇게 만든 크림에 바로 갈아 넣은 흑후추와 허브, 파르미지아노 치즈를 더하면 정통 커스터드가 탄생한다. 따뜻하게 데운 크림에 라벤더를 담가 우려낸 후 꿀로 단맛을 더하고 한 번 거른 다음 달걀과 섞으면 간단하면서도 향긋한 디저트를 만들 수 있다. 그대로 램킨, 즉 수플레 그릇에 담아 160℃에서 형태가 잡힐 때까지 중탕하면 된다. (161쪽 참조)

크림을 만들고 남은 달걀흰자는 설탕을 넣어 거품을 내고 크림과 과일을 얹어 마시멜로 느낌이 물씬 나는 **파블로바**(pavlova, 421쪽)를 만들거나, 유난히 요리가 술술 잘되는 자신만만한 날에는 엔젤푸드 케이크에 도전해 보자.

또 한 가지 기억해 둘 만한 대표적 요리는 **달걀로 직접 만드는 파스타 생면**이다. 달걀 하나에 노른자 하나, 밀가루 1컵의 비율로 재료를 천천히 섞어서 한 덩어리가 되도록 치댄 다음 휴지기를 거쳐 밀대로 밀고 국수 형태로 자른다. 이렇게 만든 면을 삶아 **라구**(297쪽) 소스를 얹어서 먹어 보자.

완벽한 달걀프라이를 만드는 방법은 먼저 작은 프라이팬을 센불에 얹는 것으로 시작한다. 불은 평소 이 정도면 적당하다고 생각하는 것보다 더 세게 키워야 한다. 팬 바닥에 깔릴 정도로 식용유를 충분히 두르고 달걀을 깨뜨려 넣는다. 버터를 약간 추가하고 녹으면 팬을 한쪽으로 기울여 숟가락을 이용해 달걀흰자 위에 끼얹는다. 이렇게 하면 달걀 윗부분과 아랫부분이 동시에 익으면서 노른자는 살짝 형태만 잡힌다.

금 간 곳이 없는 달걀을 끓는 물에 넣고 9분 뒤에 꺼내 곧바로 얼음물에 담가 식혀서 껍데기를 벗기면 노른자가 부드럽고 촉촉한, **완벽한**

설탕과 함께 올린
달걀흰자

삶은 달걀이 된다. 신선한 달걀은 삶은 후에 껍데기가 잘 벗겨지지 않는다. 그럴 때는 조리대에 굴린 다음 얼음물에 담가 두면 수분이 겉껍데기와 달걀흰자 사이에 있는 얇은 껍질로 침투해서 수월하게 벗겨진다. 달걀 샐러드에 썰어 넣을 달걀은 10분간 삶는다. 노른자를 더욱 촉촉하게 즐기고 싶다면 삶는 시간을 8분으로 줄인다.

밥이나 국수 요리, 채소가 들어간 국에 **수란** 하나만 더해도 근사한 저녁 식사가 된다. 수란을 만들려면 먼저 큰 소스팬에 물을 최소 5cm 높이로 담는다. 그리고 흰자의 응고를 촉진하는 화이트 와인 식초를 약간 넣는다. 팬을 중불에 올리고 살짝 끓기 시작하면 달걀을 맨손 위에 깨뜨리거나 구멍 뚫린 스푼 위에 깨뜨린 달걀을 담고 점성이 거의 없는 흰자를 손가락 사이, 또는 숟가락 구멍을 지나도록 끓는 물에 흘려 넣는다. 또는 깨뜨린 달걀을 커피 잔이나 수플레 그릇에 모두 담고 물이 끓어오르는 부분에 그릇을 가져가서 조심스럽게 흘려 넣는다. 그 사이 온도가 떨어져 거품이 일지 않으면 불을 높이되, 너무 심하게 팔팔 끓으면 흰자가 조각조각 분리되거나 노른자가 터질 수 있으니 주의해야 한다. 달걀 형태가 잡히고 수란이 완성되기까지 약 3분이 소요된다. 다 익은 달걀은 구멍 뚫린 스푼으로 건져서 종이 행주에 숟가락째로 올려 톡톡 두드리면서 물기를 제거한 후 달걀만 그릇에 담는다.

수란 말고 다른 기적 같은 달걀 요리를 원한다면 하나를 깨뜨려서 볼에 담고 잘 저어 준 뒤 파르미지아노 치즈를 약간 추가하고 끓는 육수에 부어 주면 위로가 되는 수프, **스트라차텔라**(Stracciatella)가 완성된다. (273쪽)

커스터드처럼 부드러운 스크램블드에그를 만드는 비법은 147쪽에 밝힌 앨리스 B. 토클라스의 조언을 참고하기 바란다. 어떤 방법을 택하든 최대한 약한 불에 달걀을 익히고 다 됐다는 생각이 들기 30초 전에 불을 꺼야 한다. 결단을 잘 내려야 성공적인 요리를 만들 수 있다.

이런 용기는 페르시아식 프리타타 **쿠쿠 삽지**(306쪽)를 만들 때도 필요하다.

달걀 삶기

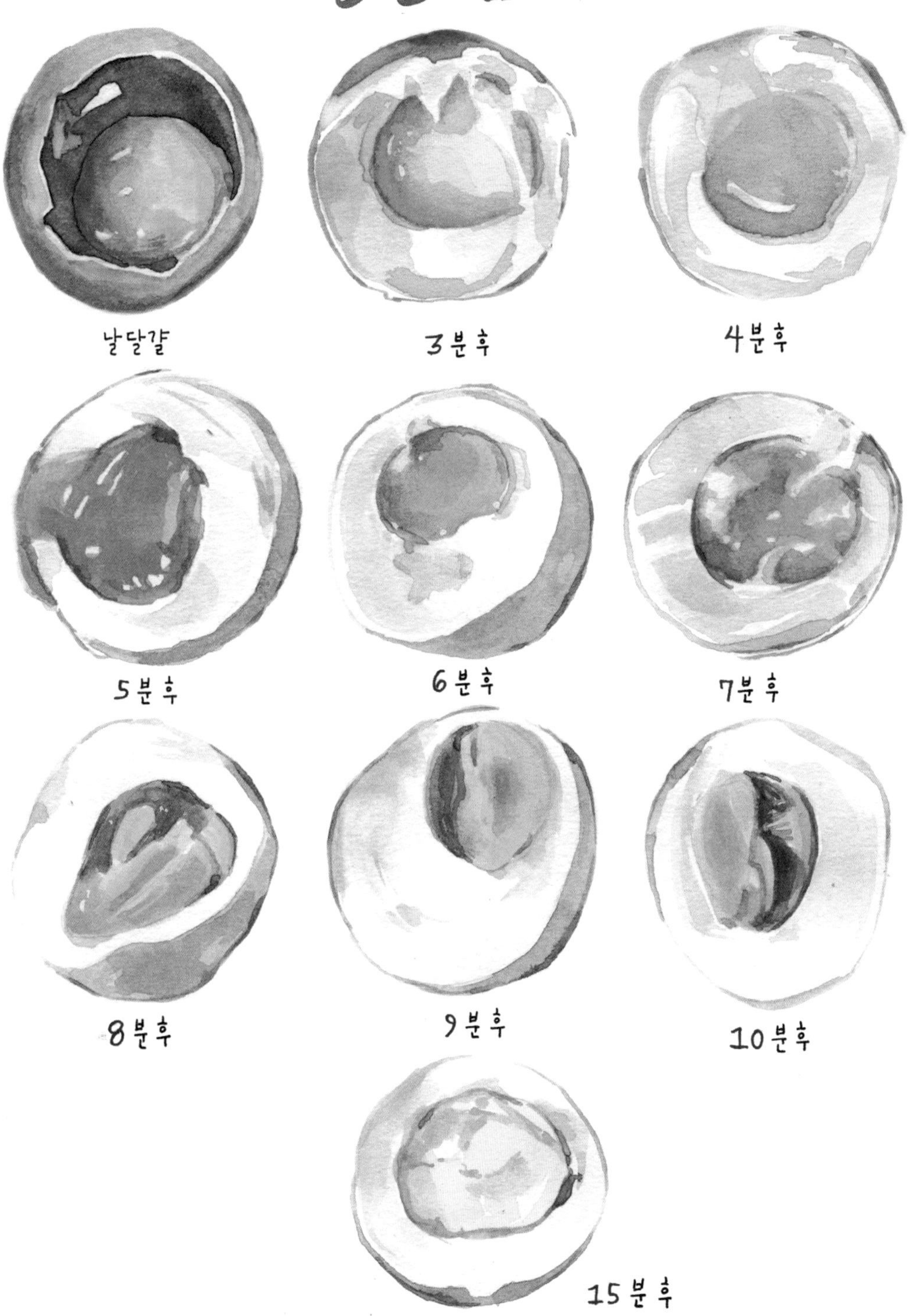
날달걀
3분 후
4분 후
5분 후
6분 후
7분 후
8분 후
9분 후
10분 후
15분 후

쿠쿠 삽지
페르시아식 허브 채소 프리타타

6~8인분

가벼운 점심 식사나 전채로 잘 어울리는 쿠쿠 삽지는 일반적인 프리타타와 두 가지 중요한 차이가 있다. 첫 번째는 채소와 달걀의 비율이 채소 쪽에 크게 치우친다는 점이다. 나는 달걀을 채소가 서로 붙을 수 있을 정도로만 넣는 편이다. 두 번째 특징은 겉을 진한 갈색이 날 정도로 바삭하게 익히는 것이다. 밝은 색을 띠는 부드러운 속과 식감이나 맛에서 극명한 대비를 이루도록 만들어야 진정한 쿠쿠 삽지가 된다. 쿠쿠 삽지는 따뜻할 때 먹어도 되고, 실온에 두거나 또는 차갑게 보관했다가 바로 꺼내서 먹어도 좋다. 페티 치즈, 요구르트, 피클을 곁들이면 새콤한 맛이 전체적인 맛의 균형을 맞춰 준다.

산더미처럼 쌓인 채소를 하나하나 손질하는 일에 익숙하지 않은 사람은 쿠쿠 삽지에 들어가는 그 많은 재료를 한꺼번에 씻고, 썰고, 익히는 과정이 부담스러울 수 있다. 그럴 때는 하루 전에 미리 채소를 손질해 두면 편하다.

초록색 근대 잎 2묶음, 씻어서 준비
서양 대파 큰 것 1개
엑스트라버진 올리브유
소금
무염 버터 6큰술
고수 잎과 연한 줄기, 잘게 썰어서 4컵
딜 잎과 연한 줄기, 잘게 썰어서 2컵
큼직한 달걀 8~9개

오븐은 175℃로 예열한다. 오븐을 예열하지 않으면 쿠쿠 삽지를 뒤집다가 뚝 잘릴 수 있다. (307쪽과 308쪽에 뒤집기에 관한 더 자세한 설명이 나와 있다.)

근대 잎을 손질한다. 줄기 아래쪽을 한 손으로 잡고 다른 손으로 줄기를 위로 훑듯이 밀어 올려 잎만 분리시킨다. 나머지 근대도 모두 같은 방식으로 손질하고 줄기는 남겨 둔다.

서양 대파의 뿌리와 맨 끝부분 2.5cm 정도를 잘라 내고 4등분한다. 4분의 1로 잘린 토막을 다시 0.5cm 길이로 얇게 썰어 큰 볼에 담고 꼼꼼하게 씻어서 흙을 모두 제거한다. 물기를 최대한 털어 낸다. 근대 줄기를 얇게 썰고 줄기 아래의 질긴 부분은 버린다. 물기를 털어 낸 서양 대파와 합쳐서 한쪽에 둔다.

지름 25cm 또는 30cm 크기의 주물 팬이나 논스틱 프라이팬을 중불에 올려 가열한 후 바닥 전체에 깔릴 정도로 올리브유를 충분히 붓는다. 근대 잎을 넣고 소금을 1자밤 넉넉하게 넣어 간을 맞춘 후 가끔 저어 주면서 잎이 연해질 때까지 4~5분간 익힌다. 다 볶은 근대 잎은 다른 그릇에 담아 식힌다.

프라이팬을 다시 중불에 올리고 버터 3큰술을 넣는다. 버터가 녹아서 거품이 올라오기 시작하면 잘게 썬 서양 대파와 근대 줄기, 소금 1자밤을 넣는다. 채소가 연해지고 투명해지도록 15~20분간 볶는다. 간간이 저어 주고 필요하면 물을 조금 넣는다. 불을 줄이고 뚜껑을 덮거나 유산지를 얹어서 김이 빠져나가지 않도록 하고 채소 색이 변하지 않도록 익힌다.

그동안 먼저 볶아 놓은 근대 잎을 짜서 물기를 모두 털어 낸 뒤 큼직하게 썬다. 큰 볼에 담고 고수와 딜을 넣는다. 서양 대파와 근대 줄기가 다 익으면 여기에 함께 넣고 섞는다. 약간 식힌 후에 손으로 모든 재료를 골고루 버무린다. 맛을 보고 나중에 달걀이 다량 들어갈 것을 감안해 소금을 충분히 넣어 간을 맞춘다.

이제 달걀을 하나씩 깨서 넣는다. 볼 안의 재료가 달걀로 대강 한 덩어리가 될 정도면 충분하다. 달걀 9개를 무조건 다 넣지 말고 채소에 남은 물기, 사용하는 달걀의 크기에 따라 넣는 양을 조절한다. 채소가 너무 비정상적으로 많다는 느낌이 들 정도의 비율이면 적당하다! 나는 이 단계에서 맛을 보고 소금 양을 조절하지만, 날달걀을 먹고 싶지 않다면 반죽을 조금 떼어서 익힌 다음 먹어 보고 소금 간을 맞춰도 된다.

프라이팬을 닦아 내고 중불과 센불 사이에 올린다. 쿠쿠 삽지가 바닥에 들러붙지 않게 하려면 꼭 닦아 낸 뒤에 불에 올려야 한다. 버터 3큰술, 올리브유 2큰술을 넣고 잘 섞어 준다. 버터가 녹아서 거품이 올라오기 시작하면 반죽을 조심스럽게 팬에 올린다.

쿠쿠 삽지를 골고루 익히려면 처음 몇 분 동안 고무 주걱으로 가장자리를 중앙으로 살짝 모아 가며 형태를 잡는다. 이렇게 2분 정도 익히다가 불을 중불로 낮춘 후 건드리지 말고 그대로 굽는다. 반죽 가장자리에서 기름이 가열되어 살짝 거품이 올라오면 프라이팬 온도가 충분히 뜨거운 것으로 판단할 수 있다.

쿠쿠 삽지는 두툼한 편이므로 가운데까지 다 익으려면 어느 정도 시간이 걸린다. 여기서 핵심은 가운데가 다 익기 전에 가장자리가 타지 않도록 하는 것이다. 고무 주걱으로 가장자리를 살짝 들어 올리면서 익히고, 너무 단시간에 색이 짙게 변하면 불을 더 낮춘다. 그리고 프라이팬을 3~4분마다 4분의 1바퀴씩 돌려서 골고루 익힌다.

10분 정도 익혀서 흘러내리는 부분 없이 반죽의 형태가 잡히고 바닥은 노릇한 갈색이 되면, 이제 용기를 끌어모아 뒤집을 차례다. 그전에 먼저 기름이 몸에 튀어 다치지 않도록 프라이팬에 과도하게 고인 기름을 제거한다. 그런 다음 피자 굽는 팬이나 쿠키 시트, 다른 큼직한 팬을 위에 올려서 전체를 뒤집는다. 그리고 원래 쿠쿠 삽지를 굽던 프라이팬에 올리브유를 2큰술 두르고 다른 팬에 옮겨 둔 쿠쿠 삽지를 다시 옮긴다. 그대로 3~4분마다 4분의 1바퀴씩 프라이팬을 돌려 가면서 10분 더 익힌다.

뒤집으려다 뭔가 잘못되더라도 너무 당황할 필요 없다! 그냥 점심 한 끼일 뿐이다. 뒤집다가 망쳤다면 최대한 형태를 다시 잡고 식용유를 조금 더 넣은 다음 다시 원래 모양이 되도록 붙여 준다.

뒤집지 않고 완성하는 방법도 있다. 프라이팬째로 오븐에 넣어 가운데까지 모두 익도록 10~12분간 구우면 된다. 나는 형태가 잡힐 정도로만 익히는 방식을 선호한다. 이쑤시개로 찔러서 다 익었는지 확인하거나, 팬을 앞뒤로 흔들어서 표면이 살짝 흔들리면 다 된 것으로 볼 수 있다. 완성된 쿠쿠 삽지는 조심스럽게 접시로 옮긴다. 과도하게 남은 기름을 닦아 낸 뒤, 따뜻할 때 먹거나 실온으로 또는 차갑게 보관해 두었다가 먹는다. 먹고 남은 재료로 만들기 좋은 음식이다!

변형 아이디어

- 냉장고에 있는 재료를 털어서 만들고 싶은 날에는 근대 대신 연한 채소라면 어떤 것이든 680g 정도 넣으면 된다. 야생 쐐기풀, 시금치도 맛있고 에스카롤(escarole), 상추, 루콜라, 비트 잎 등 어떤 녹색 채소든 다 좋다.

- 마늘 향을 조금 더하고 싶다면 마늘 줄기를 2개 얇게 썰어서 서양 대파와 함께 넣는다.

- 정통 페르시아식 쿠쿠 삽지를 만들어 보고 싶다면 반죽을 굽기 전에 큼직하게 썰어서 살짝 볶은 호두 1컵이나 매자나무 열매 ¼컵을 추가한다.

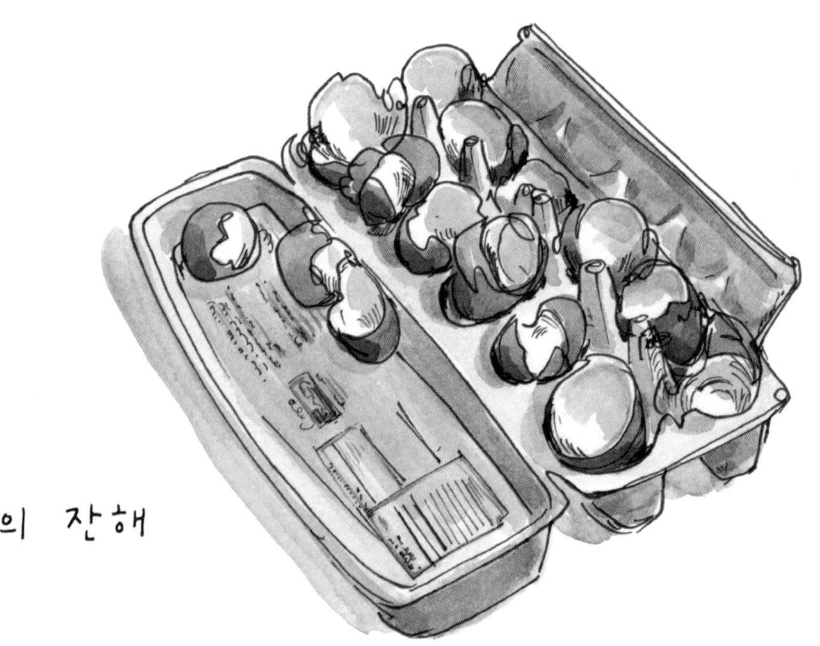

프리타타는 쿠쿠 삽지와 달리 달걀의 비중이 더 높아야 한다. 쿠쿠 삽지에는 채소가 최대한 많이 들어간다면 프리타타는 풍부한 달걀의 맛을 느낄 수 있는 음식이다. 달걀 12~14개에 우유나 크림, 사워크림 혹은 **크렘 프레슈**(113쪽) ½컵을 넣어 커스터드 같은 식감으로 만든다. 재료는 달걀과 단맛을 낼 재료, 크리미하거나 진한 맛을 낼 재료, 채소, 소금, 식용유까지 딱 여섯 가지로 제한한다. 버섯과 소시지, 햄과 치즈, 시금치와 리코타 치즈 등 키시(quiche)나 피자 토핑에 올라가는 재료의 조합을 그대로 활용하는 것도 좋은 방법이다. 또는 다른 모든 요리와 마찬가지로 제철에 난 가장 맛있는 농산물을 활용해 보자.

봄

아스파라거스, 스프링 어니언, 민트

아티초크 콩피(172쪽)와 차이브

여름

방울토마토와 굵게 부순 페타 치즈와 바질

고추와 브로콜리 라브 구운 것과 큼직하게 썰어서 구운 소시지

가을

데친 근대와 생리코타 치즈 덩어리

방울양배추와 잘게 잘라서 구운 베이컨

겨울

구운 감자와 캐러멜화된 양파, 파르미지아노 치즈

구운 적색 치커리와 폰티나 치즈, 파슬리

생선

천천히 구운 연어

6인분

내가 가장 즐겨 활용하는 연어 요리법이다. 가장 큰 이유는 열을 천천히 가하는 방식이라 과하게 익힐 위험이 거의 없다는 것이다. 연어는 지방 함량이 높아서 특히 이 같은 방식으로 익히기에 알맞고 무지개송어, 알래스카 넙치 등 다른 생선에도 얼마든지 활용할 수 있다. 여름철에는 오븐 대신 그릴을 활용해 생선을 천천히 익힐 수 있다. 생선이 **간접적인 열**에 익도록 그릴 위에 오븐 팬을 올리고 뚜껑을 닫아서 굽는다. 한번 해 보면 아마 여러분도 앞으로는 연어를 이 방식으로 굽게 될 것이다.

파슬리, 고수, 딜, 회향 잎 등 부드러운 허브 넉넉하게 1줌, 또는 무화과 잎 3장

연어 필레 5.5kg, 껍질 제거해서 준비

소금

엑스트라버진 올리브유

오븐은 110℃로 예열한다. 오븐 팬 중앙에 허브나 무화과 잎을 깔아서 한쪽에 둔다.

연어 필레에는 양쪽에 전체 길이의 3분의 2 정도 되는 부분에 얇은 가시가 박혀 있다. 족집게나 끝이 뾰족한 펜치로 필레를 집어서 껍질 부분이 아래로 가도록 도마 위에 놓는다. 머리 부분부터 꼬리까지 손가락으로 살살 훑어 가면서 뼈를 찾아 밖으로 튀어나오도록 밀어낸다. 생선 머리 부분부터 시작해서 족집게를 가시가 박혀 있는 각도로 놓고 하나씩 뽑는다. 컵에 찬물을 받아 놓고 족집게를 담가서 뽑은 가시를 털어 낸다. 가시를 모두 제거한 뒤에는 다시 손가락으로 전체를 훑어서 남은 가시가 없는지 확인한다. 이제 다 됐다!

생선 양쪽에 소금으로 간을 하고 허브 위에 올린다. 올리브유 1큰술을 뿌리고 손으로 골고루 묻힌 후 오븐 팬을 오븐에 넣는다.

가장 두툼한 부분을 칼이나 손가락으로 찔렀을 때 살이 분리될 때까지 40~50분간 익힌다. 아주 약한 열을 가했기 때문에 단백질이 받는 영향도 크지 않으므로 다 익어도 겉이 반투명하다.

다 익은 연어는 큼직하게 잘라서 종류와 상관없이 **허브 살사**를 숟가락으로 떠서 올린다. 특히 **금**

귤 살사(363쪽)나 **메이어 레몬 살사**(366쪽)가 잘 어울린다. 흰 콩이나 감자, **얇게 썬 회향과 순무 샐러드**(228쪽)와 함께 낸다.

변형 아이디어

- 간장 1컵에 볶은 참깨 2큰술, 갈색 설탕 ½컵, 카이엔 고춧가루 1자밤을 소스팬에 넣고 센불에서 끓여 메이플 시럽처럼 걸쭉하게 졸이면 **간장 글레이즈 연어**를 만들 수 있다. 마늘 1톨을 으깨거나 다져서 소스에 넣고 다진 생강 1큰술도 넣는다. 오븐 팬에 허브는 생략하고 유산지를 깐 다음 900g 정도 되는 연어 필레를 얹고 굽기 직전에 붓으로 소스를 바른다. 그리고 구울 때 15분마다 꺼내서 다시 덧발라 준다.

- 상큼한 **시트러스 연어**를 만들기 위해서는 먼저 생선에 소금 간을 한 다음 올리브유 2큰술에 잘게 썬 감귤류 제스트 1큰술을 섞어 생선 표면에 문지른다. 오븐 팬에 허브는 생략하고 유산지를 깐 다음 블러드 오렌지나 메이어 레몬을 얇게 썰어 펼치고 그 위에 생선을 올린 후 앞의 레시피와 같은 방법으로 굽는다. 위에 **아보카도와 감귤류 과일 샐러드**(217쪽)를 큼직하게 올려서 낸다.

- **인도식 연어 요리**는 쿠민 씨앗 2작은술에 고수 씨앗 2작은술, 회향 씨앗 2작은술, 정향 3톨을 기름기 없는 냄비에 담고 중불과 센불 사이에 올려서 볶는 것으로 시작한다. 볶은 씨앗은 작은 절구나 향신료 그라인더에 넣고 잘게 갈아 작은 볼에 담는다. 여기에 카이엔 고춧가루 ½작은술, 강황 1큰술을 넣고 소금을 넉넉하게 1자밤 추가한 뒤 녹인 기 버터나 특별한 맛이 나지 않는 식용유 2큰술을 넣어 골고루 섞는다. 생선은 소금 간을 하고 혼합 향신료를 양쪽에 바른 후 뚜껑을 덮어 냉장고에 1~2시간 둔다. 실온에 두었다가 허브는 생략하고 오븐 팬에 올려 앞의 레시피와 같은 방법으로 굽는다.

맥주 반죽 생선 튀김

4~6인분

생선에 튀김 반죽을 입혀서 처음 튀겨 보았던 날을 나는 지금도 또렷하게 기억한다. 뜨거운 오일에 닿자마자 반죽이 확 부풀어 오르는 모습을 보고 있자니, 무슨 기적이라도 본 듯한 기분이 들었다. 튀김 요리는 늘 겁이 나는 영역이었다. 그러니 생선이 바삭하면서도 맛이 좋아지는 그 과정은 내게 그저 신기한 일이었다. 그날 이후 10년간 줄기차게 튀김 요리를 하면서 완전히 익숙해진 어느 날, 나는 영국 요리사 헤스턴 블루멘털의 생선 튀김 레시피를 우연히 보았다. 튀김 반죽에 들어가는 물의 일부를 물이 60퍼센트밖에 섞이지 않은 보드카로 대체하는 방식이었다. 이렇게 하면 글루텐 형성에 필요한 수분이 줄어들고, 그 결과 믿기 힘들 정도로 연한 튀김이 된다. 게다가 헤스턴은 반죽에 탄산이 가득한 맥주와 베이킹파우더를 더하고 얼음처럼 차가운 온도를 유지함으로써 가볍고 바삭한 맛을 최고의 경지까지 끌어올렸다. 믿기 힘들 만큼 연한 튀김을 만드는 비결이 된 것이다. 맛을 보면 분명 기적 같다는 소리가 나올 법한 요리다.

다목적 밀가루 2½컵

베이킹파우더 1작은술

카이엔 고춧가루 ½작은술

소금

넙치, 가자미, 우럭 등 얇은 흰살 생선 약 680g, 뼈 있는 상태로 손질해서 준비

튀기는 데 사용할 포도씨유나 땅콩유, 카놀라유 6컵

보드카 1¼컵, 아주 차갑게 준비

라거 맥주 1½컵, 아주 차갑게 준비

선택 재료: 더욱 바삭한 튀김을 만들기 위해서는 다목적 밀가루의 절반을 쌀가루로 대체한다.

중간 크기의 볼에 밀가루와 베이킹파우더, 카이엔 고춧가루를 담고 소금도 넉넉히 1자밤 넣는다. 볼째로 냉동실에 넣어 둔다.

생선을 사선으로 잘라 가로 2.5 세로 7.5cm 크기로 8등분한다. 소금을 충분히 뿌려서 간을 하고 요리 직전까지 얼음 위에 올려 두거나 냉동실에 넣어 둔다.

넓고 깊은 팬을 중불에 올린다. 식용유를 팬에 4cm 정도 깊이가 되도록 붓고 185℃가 되도록 가열한다.

식용유를 가열하는 동안 반죽을 만든다. 밀가루 등이 담긴 볼을 꺼내서 보드카를 넣고 손가락 끝으로 천천히 섞는다. 그런 다음 맥주를 조금씩 넣어서 팬케이크 반죽과 비슷한 농도로 만든다. 손가

락 사이로 뚝뚝 흘러내릴 정도가 되어야 한다. 이때 과도하게 많이 섞지 말아야 한다. 반죽에 멍울이 지더라도 튀기면 바삭하게 바뀐다.

잘라 놓은 생선 중 절반을 반죽이 담긴 볼에 넣는다. 한 덩어리씩 전체적으로 반죽을 입힌 후 뜨거운 기름에 조심스럽게 넣는다. 한꺼번에 너무 많이 넣지 말아야 한다. 생선이 한 겹 이상 쌓이지 않도록 하자. 튀기는 동안 집게를 이용해 생선끼리 서로 붙지 않도록 한다. 2분쯤 지나 아래로 향한 부분이 노릇한 갈색으로 변하면 뒤집어서 다른 면을 익힌다. 양면 모두 노릇하게 익으면 집게나 구멍 뚫린 스푼으로 건져 낸다. 소금을 뿌려 간을 하고 종이 행주를 깐 오븐 팬 위에 올려서 기름을 제거한다.

남은 생선도 같은 방법으로 튀기고, 튀길 때마다 기름 온도가 185℃를 유지하는지 확인한다.

웨지 형태로 썬 레몬과 **타르타르 소스**(378쪽)를 곁들여 바로 낸다.

변형 아이디어

- **프리토 미스토**(Fritto Misto)는 위와 같이 만든 반죽을 길게 반으로 자른 새우와 얇게 썬 오징어, 껍질째 먹는 게 등 여러 가지 생선과 갑각류에 입혀서 튀긴 요리다. 아스파라거스 줄기, 깍지 완두콩, 한입 크기로 자른 브로콜리나 콜리플라워, 웨지 모양으로 자른 스프링 어니언, 호박꽃, 생케일 잎 등 다채로운 색깔의 채소도 함께 튀긴다. 웨지 형태로 썬 레몬, **아이올리 소스**(376쪽)와 함께 낸다.

- 바삭하면서도 **글루텐이 없는 반죽**을 만드는 방법도 있다. 쌀가루 1½컵에 감자 전분 3큰술, 옥수수 전분 3큰술, 베이킹파우더 1작은술, 카이엔 고춧가루 ¼작은술을 섞고 소금 1자밤, 보드카 1컵, 차가운 탄산수 1컵을 부어서 앞의 레시피와 같은 방식으로 반죽을 만들면 된다.

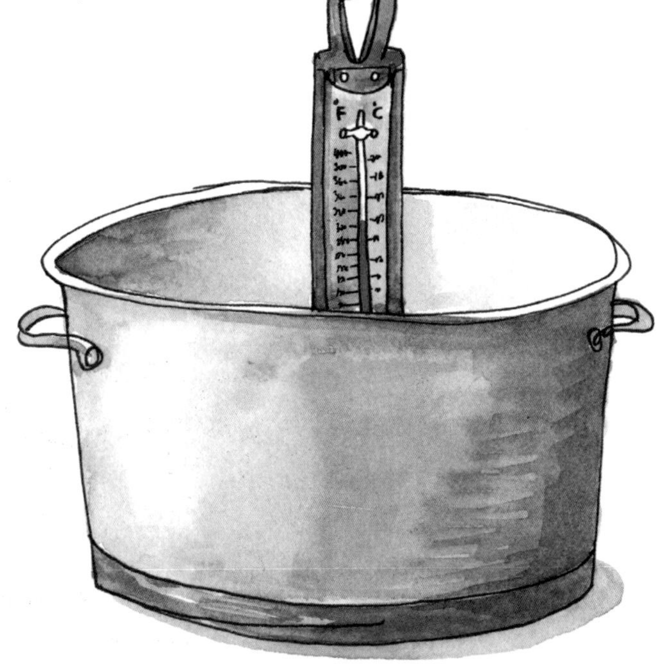

참치 콩피

4~6인분

평생 참치라곤 통조림만 먹어 본 사람이라면 내가 이 요리를 처음 맛보았을 때처럼 아마 참치의 새로운 맛을 발견하게 될 것이다. 참치를 올리브유에 살짝 익혀서 며칠 동안 촉촉함을 느낄 수 있는 요리다. 이탈리아 전통 요리인 톤노 에 파지올리(tonno e fagioli)처럼 흰 콩과 파슬리, 레몬으로 만든 샐러드와 함께 실온에 두었다가 먹어도 좋고, 여름 더위가 한창일 때 프로방스식 최상급 참치 샌드위치이자 촉촉한 맛이 일품인 팽 바냐(pan bagnat)로 만들어 먹어도 좋다. 가장 바삭한 빵을 준비하고, 한쪽에 **아이올리**(376쪽) 소스를 바른 다음 그 위에 참치 콩피와 **10분간 삶은 달걀**(304쪽)을 얇게 썰어 올린 후 완숙 토마토와 오이, 바질 잎, 케이퍼, 올리브도 차곡차곡 쌓는다. 그리고 위에 덮을 빵에는 참치 오일을 푹 적셔서 올리고 샌드위치를 꾹 눌러 주면 끝이다. 만들기 힘들겠다는 생각이 든다면, 내가 일했던 '에콜로 레스토랑'에서는 매년 여름 파티마다 이걸 700인분씩 만들어 낸다는 사실을 꼭 이야기해 주고 싶다!

날개다랑어 또는 황다랑어 약 550g, 3.8cm 두께로 잘라서 준비

소금

올리브유 2½컵

마늘 4톨, 껍질 벗겨서 준비

붉은 고추 말린 것 1개

월계수 잎 2장

레몬 제스트, 2.5cm 너비로 길게 자른 것 2개

흑후추알 1작은술

참치는 익히기 30분 전에 소금을 뿌려 둔다.

주물 냄비나 깊고 두꺼운 팬에 올리브유와 마늘, 붉은 고추, 월계수 잎, 레몬 제스트, 통후추를 담아 콩피를 만든다. 오일은 만졌을 때 따뜻하고 뜨겁지는 않은 80℃ 정도가 되도록 가열한다. 올리브유의 향이 흘러나오고 모든 재료가 저온 살균되어 장기간 저장 가능한 상태가 되도록 15분간 가열한다.

따뜻해진 오일에 참치를 넣는다. 참치 조각 전체가 오일에 덮여야 하므로 필요하면 올리브유를 더 붓는다. 여러 번 나누어서 익혀도 된다. 참치를 넣은 후에는 기름 온도를 65℃ 정도, 또는 생선에서 몇 초에 한 번씩 기포가 1~2개 올라올 정도로 유지한다. 기름 온도는 정확하게 맞추지 않아도 되며, 불을 높였다가 낮추면서 바뀔 수 있고 참치를 추가하거나 건져 낸 후에도 바뀔 수 있다. 핵심은 생선을 천천히 익히는 것이므로 되도록 온도를 낮추는 쪽에 주력할 필요가 있다. 9분 정도 익힌 후 오일에서 생선을 건져서 얼마나 익었는지 확인한다. 가운데 부분에 붉은 색이 많이 남아 있는 미디엄 레어 정도여야 하며, 이 상태에서도 잔열이 계속 전달된다. 너무 안 익은 상태라면 다시 오일에 집어넣어 몇 분 더 익힌다.

다 익은 참치는 오일에서 건져 접시에 한 겹으로 담아 식힌 후 유리 용기에 담는다. 그리고 참치를 익힌 오일은 체에 걸러서 참치 위에 붓는다. 실온에 보관하거나 차갑게 보관한다. 오일을 부어서 냉장고에 넣으면 2주 정도 보관할 수 있다.

닭을 맛있게 먹는 열세 가지 방법

"어느 쪽이 더 좋은지 나도 모르겠다…"
~윌리스 스티븐슨

세상에서 가장 바삭한 즉석 닭구이

4인분

두 가지 요령만 지키면 지금 소개할 간단한 레시피를 활용해 닭 한 마리를 아주 특별한 요리로 만들 수 있다. 첫 번째는 **즉석 구이**다. 가금육의 등뼈를 제거하고 전체를 납작하게 펼쳐서 굽는 조리법으로, 갈색화가 진행되는 표면적을 넓혀서 조리 시간을 줄이는 것이 이 조리법의 핵심이다. (나는 추수감사절 식탁에 올릴 칠면조도 이 방법으로 익힌다. 요리 시간을 거의 절반으로 줄일 수 있으니까!)

두 번째 요령은 '에콜로 레스토랑'에서 일하던 시절에 누군가의 실수를 계기로 우연히 알게 된 방법이다. 같이 일하던 요리사 하나가 닭 몇 마리에 소금 간을 하고 뚜껑을 덮지도 않은 채 주방 냉장창고에 넣어 놓고 퇴근한 적이 있었다. 하룻밤 지나 다음 날 그 사태를 알게 된 나는 너무 부주의하다는 생각에 화가 났다. 모든 냉장고가 그렇듯 주방의 대형 냉장창고 역시 공기가 끊임없이 순환하므로 닭 표면이 바싹 말라서 흡사 화석처럼 변해 버렸다. 하지만 달리 대안이 없어서 어쩔 수 없이 말라 버린 닭을 조리하기 시작했다. 그런데 메말랐던 표면을 가열하자 노르스름해지면서 윤기가 돌았다. 재워 두었다가 구운 닭인데, 평생 그렇게 바삭한 닭 껍질은 처음이었다.

닭을 사 놨다가 미리 소금을 뿌리지도 못하고 하루가 지나 표면이 말라 버렸다면, 알아차렸을 때 최대한 빨리 소금을 뿌린다. 그리고 익히기 전에 종이 행주로 두드려 가며 물기를 제거한 뒤 익히면 그날 내가 경험한 것과 비슷한 결과를 얻을 수 있을 것이다.

약 1.8kg짜리 생닭

소금

엑스트라버진 올리브유

하루 전날 닭 등뼈를 제거해서 납작하게 펼친다. (또는 가까운 정육점에서 구입할 때 이렇게 해 달라고 부탁하면 된다!) 날이 잘 드는 주방용 가위로 등뼈 양쪽을 길게 잘라(닭 속살까지) 분리해서 제거한다. 꼬리나 목 중 아무데서나 시작해도 된다. 잘라 낸 등뼈는 따로 보관한다. 날개 끝부분도 잘라 내고 등뼈와 함께 보관한다.

도마 위에 닭 가슴 부분이 위를 향하도록 펼친다. 연골이 뚝 끊어지는 소리가 들릴 만큼 가슴뼈가 납작해지도록 힘주어 누른다. 이제 양면에 소금을 넉넉하게 뿌린다. 로스팅용 접시에 가슴 부위가 위로 가도록 담고 뚜껑을 덮지 않은 채 냉장고에 하룻밤 넣어 둔다.

요리하기 1시간 전에 냉장고에 넣어 둔 닭을 꺼낸다. 오븐은 220℃로 예열하고 팬을 얹을 철제 선반을 오븐 맨 위 칸에 걸쳐 둔다.

지름 25cm 또는 30cm 크기의 주물 프라이팬이나 냄비를 중불에서 센불 사이에 올려 가열한다. 올리브유를 바닥 전체에 깔릴 만큼 붓고 기름이 끓기 시작하면 가슴살이 아래로 가도록 닭을 얹는다. 그대로 노릇해질 때까지 6~8분간 굽는다. 가슴살이 팬 바닥에 닿기만 하면 다른 부분이 완전히 납작하게 닿지 않아도 괜찮다. 닭을 뒤집어서 (마찬가지로 완전히 납작하지 않아도 된다.) 팬 그대로 오븐 맨 위 칸에 넣는다. 오븐의 가장 뒤쪽까지 팬을 밀어 넣고 손잡이는 왼쪽으로 돌린다.

20분 후 오븐장갑을 끼고 손잡이가 오른쪽을 향하도록 조심스럽게 팬을 180도 돌려서 오븐 맨 위 칸에서도 가장 안쪽으로 쑥 들어가도록 밀어 넣는다.

닭이 전체적으로 노릇하게 익고 다리와 허벅지 사이를 잘랐을 때 육즙이 흘러나오도록 45분 정도 굽는다.

다 구운 닭은 10분간 두었다가 자른다. 따뜻할 때 먹거나 실온 상태로 먹는다.

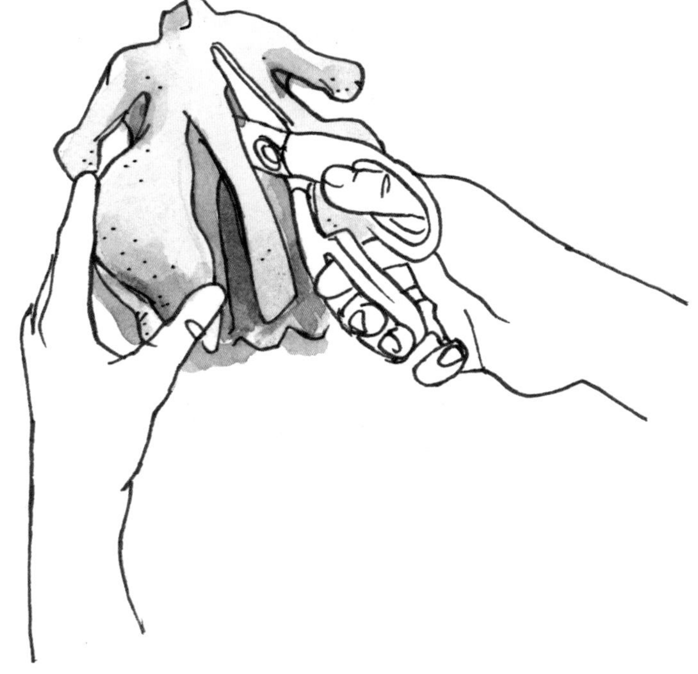

골치 아픈 닭 손질을 몇 단계 만에 간단히 끝내는 법

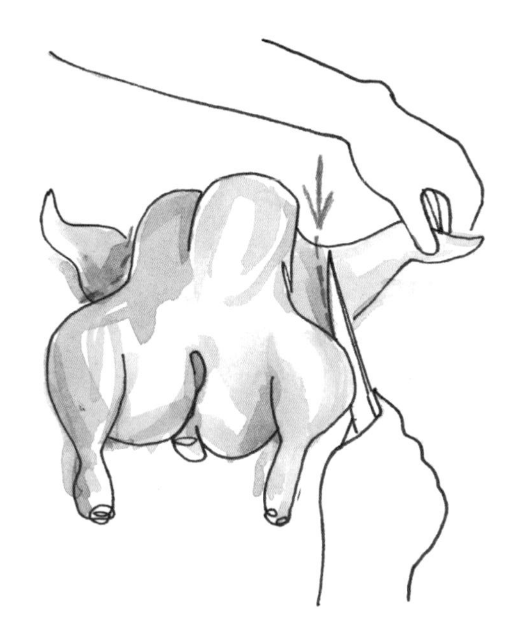

1. 먼저 양쪽 날개를 잘라서
닭 육수용 재료로
따로 보관한다.

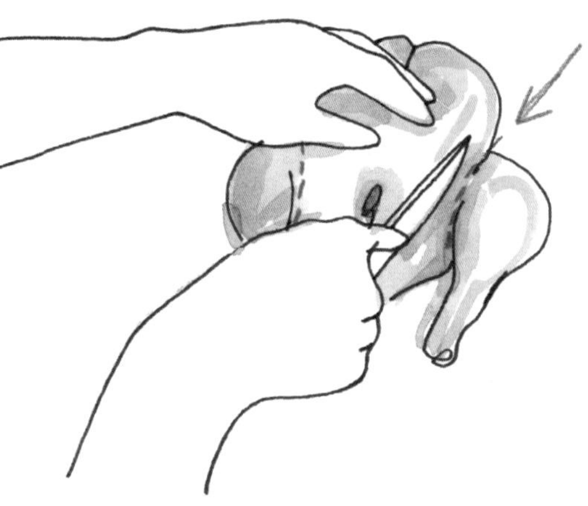

2. 양쪽 다리와 가슴 사이
껍질을 잘라 낸다.

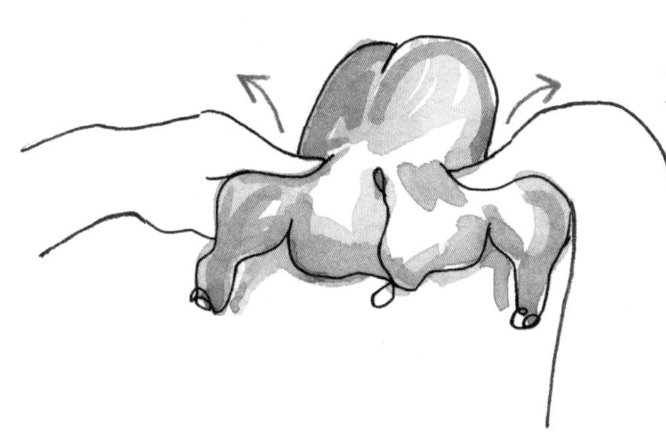

3. 양손 엄지를 잘라 낸 틈에
끼우고 양손으로 다리 뒷면을
꽉 잡는다. 그리고
바깥쪽으로 당겨 다리를
몸통과 분리한다.

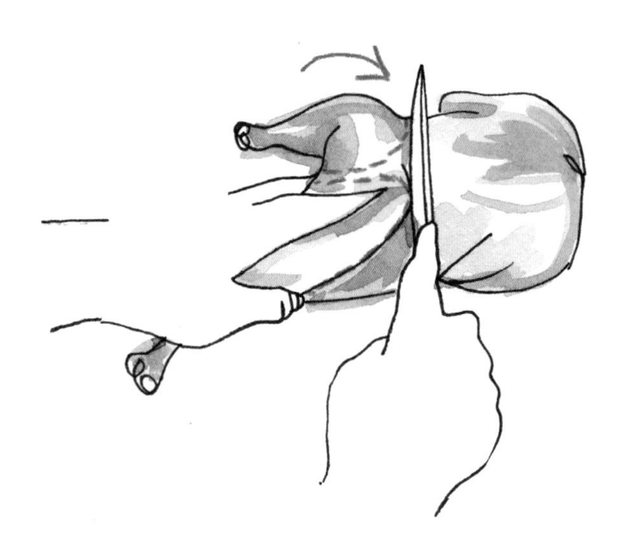

4. 닭을 뒤집어서 오른쪽
다리와 몸통이 이어지는
부분을 잘라 낸다.
왼쪽 다리도 똑같이
자른다.

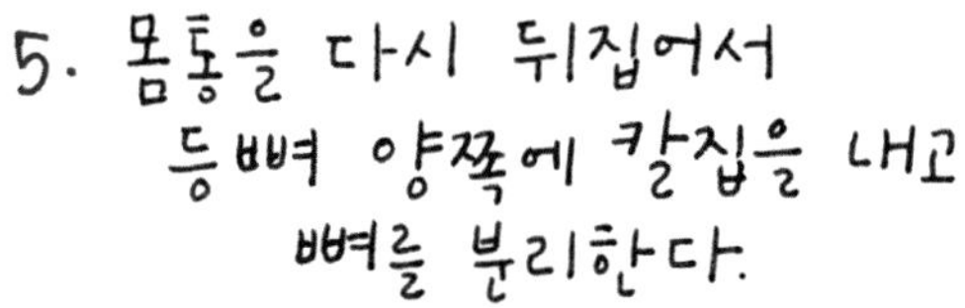

5. 몸통을 다시 뒤집어서
등뼈 양쪽에 칼집을 내고
뼈를 분리한다.

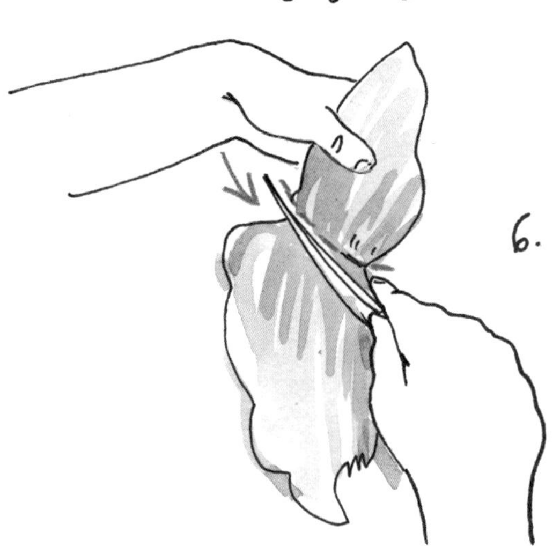

6. 칼을 아래로 밀어 넣어
가슴뼈를 따라 몸통과 날개가
만나는 부분까지 잘라서
양쪽 가슴살을 분리한다.

7. 이렇게 손질하면
가슴살 2쪽과 다리 2쪽이
나온다. 그림의 점선을 따라
다시 절반으로 자른다.

닭 1마리 = 8조각

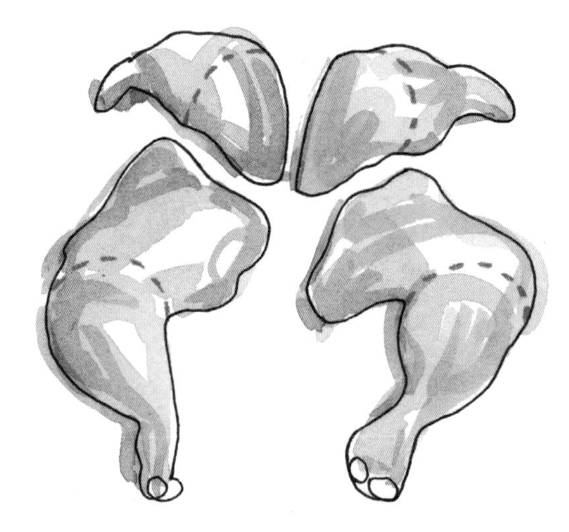

매콤한 프라이드치킨

4~6인분

멤피스에 위치한 '거스(Gus's)'는 내 평생 가장 맛있는 프라이드치킨을 맛본 곳이다. 한번은 멤피스 시내를 지나가다가 교회 예배를 마치고 온 손님들로 꽉 찬 '거스'에서 점심 식사를 했다. 매콤하면서 바삭하고 양념이 완벽하게 밴 '거스'의 프라이드치킨은 정말 최고였다. 요리사를 붙잡고 어떻게 이처럼 겉은 바삭하고 속은 촉촉하게 튀길 수 있는지 힌트라도 달라고 애원했지만, 아무런 정보도 얻을 수 없었다. 그래서 나는 집에 돌아와 실험을 시작했다. 무수히 많은 닭을 튀기고 또 튀긴 끝에, 나는 버터밀크에 달걀 2개를 풀고 튀김옷을 이중으로 입혀 튀기면 바삭해진다는 사실을 알아냈다. '거스'에서 사용하는 재료에 훈제 파프리카 가루는 들어가지 않는다고 거의 확신하지만, 나는 이 재료로 만든 달콤하고 스모키한 향미유를 항상 닭을 내기 전에 전체적으로 골고루 발라 준다. 언젠가 '거스'에서 레시피를 공개하기 전까지는 다른 방식으로도 이와 같은 효과를 얻을 수 있는지 확인할 길이 없다.

약 1.8kg짜리 닭을 10조각으로 잘라서 준비, 또는 뼈가 붙어 있는 닭 허벅지살 약 1.4kg

소금

큰 달걀 2개

버터밀크 2컵

핫소스 1큰술(나는 발렌티나[Valentina] 제품을 즐겨 쓴다!)

다목적 밀가루 3컵

포도씨유나 땅콩유, 카놀라유 등 튀김용 식용유 6~8컵, 향미유 ¼컵

카이엔 고춧가루 2큰술

흑설탕 1큰술

훈제 파프리카 가루 ½작은술

볶은 쿠민 ½작은술, 잘게 갈아서 준비

마늘 1톨, 잘게 다지거나 으깬 후 소금을 뿌려서 준비

닭은 미리 손질해 둔다. 생닭을 구입했다면 앞쪽에 설명한 방법을 참고해 10조각으로 자른다. 8조각에 날개까지 더하면 총 10조각이 된다. 손질하고 남은 뼈는 **닭 육수**(271쪽) 재료로 따로 보관해 둔다. 닭 허벅지살만 사용하는 경우 뼈를 발라내고(318쪽에 설명한 방법 참조) 반으로 자른다. 손질한 닭은 양쪽에 소금을 넉넉하게 뿌린다. 나는 하루 전에 소금을 뿌려 두는 편이지만, 그럴 만한 시간이 없더라도 조리하기 최소 1시간 전에는 소금을 뿌려야 전체적으로 확산된다. 1시간 이상 재워 둘 경우 닭을 냉장고에 넣어 보관하고, 그렇지 않으면 실온에 그대로 둔다.

큰 볼에 달걀과 버터밀크, 핫소스를 담아 휘젓고 한쪽에 둔다. 다른 볼에 밀가루를 담고 소금을 넉넉히 2자밤 집어넣은 뒤 잘 섞어 둔다.

바닥이 넓고 깊은 프라이팬을 중불에 올린다. 오일을 4cm 높이가 되도록 붓고 180℃로 가열한다. 이제 닭을 한 조각씩 들고 튀김옷을 입힌다. 먼저 밀가루가 든 볼에 넣어 전체적으로 입히고 가루를 털어 낸 다음 버터밀크에 담갔다가 들어 올려서 액체가 좀 빠지면 다시 밀가루가 담긴 볼에 넣는다. 여분의 가루를 털어 내고 오븐 팬에 올린다.

두세 번에 나누어서 닭을 튀긴다. 닭이 익는 동안 기름 온도가 떨어지더라도 160℃ 안팎을 유지하도록 한다. 쇠 집게로 가끔 닭을 뒤집어 주고, 껍질이 진한 황금빛으로 노릇하게 익을 때까지 12분 정도(큼직한 조각은 거의 16분, 작은 조각은 9분) 튀긴다. 속까지 다 익었는지 확신이 들지 않으면 과도로 찔러 보자. 뼈까지 모두 익은 상태여야 하며 흘러나오는 육즙이 맑아야 한다. 날고기가 남아 있거나 육즙에서 살짝 붉은빛이 돌면 닭을 다시 기름에 넣고 계속 익혀야 한다.

다 튀긴 닭은 오븐 팬 위에 올린 철망 위로 옮겨서 식힌다.

작은 볼에 카이엔 고춧가루와 흑설탕, 파프리카, 쿠민, 마늘을 넣고 섞은 후 향미유 ¼컵을 추가한다. 닭 전체에 붓으로 바른 다음 바로 낸다.

변형 아이디어

- 육질을 더 부드럽게 만들고 싶다면 **버터밀크로 양념한 로스트 치킨**(340쪽)과 같은 방식으로 양념한 닭을 버터밀크에 담가 하룻밤 두었다가 굽는다.

- 핫소스와 향미유를 빼고 밀가루에 카이엔 고춧가루 ½작은술과 훈제 파프리카 가루 1작은술을 넣어서 앞의 레시피와 같은 방법으로 만들면 **클래식 프라이드치킨**이 된다.

- **인도식으로 맛을 낸 프라이드치킨**에도 핫소스와 향미유가 들어가지 않는다. 소금과 함께 카레 가루 4작은술과 쿠민 가루 2작은술, 카이엔 고춧가루 ½작은술을 섞어서 닭을 미리 양념하고, 밀가루에 카레 가루 1큰술, 파프리카 가루 1작은술을 섞어서 앞의 레시피와 동일한 방법으로 튀긴다. 튀김에 바를 글레이즈는 망고 처트니 1컵에 물 3큰술을 넣고 카이엔 고춧가루 ¼작은술, 소금 1자밤을 섞어서 만든다. 튀긴 닭에 글레이즈를 붓으로 바르고 바로 낸다.

치킨 팟 파이

6~8인분

나는 마음을 포근하게 위로하는 전통 미국 음식을 먹으면서 자란 사람이 아니라서 그런지, 뒤늦게 알게 된 그 음식들에 더 푹 빠져들었다. 특히 치킨 팟 파이가 그렇다. 크리미한 소스와 연한 닭고기, 바삭한 페이스트리가 더해진 팟 파이는 너무나 편안함을 느끼게 하는 음식인 동시에 섬세함도 느껴진다. 요리사로 첫발을 디딘 초반부터 나는 치킨 팟 파이만큼은 아주 세세한 부분까지 전부 제대로 배우리라 마음먹었다. 아래에 소개하는 레시피는 그 다짐의 결과다.

파이 속 재료

약 1.8kg짜리 닭을 10조각으로 잘라서 준비, 또는 뼈가 붙어 있는 닭 허벅지살 약 1.4kg

소금

엑스트라버진 올리브유

버터 3큰술

양파 중간 크기로 2개, 껍질 벗기고 1.5cm 크기로 잘게 다져서 준비

당근 큰 것으로 2개, 껍질 벗기고 1.5cm 크기로 잘게 다져서 준비

셀러리 줄기 큰 것 2개, 1.5cm 크기로 잘게 다져서 준비

크레미니 버섯이나 양송이, 살구버섯 약 220g, 손질 후 4등분해서 준비

월계수 잎 2장

생타임 잔가지 4개

흑후추, 바로 갈아서 넣을 것

드라이한 화이트 와인 또는 셰리 ¾컵

크림 ½컵

닭 육수(271쪽) 3컵 또는 물

밀가루 ½컵

생완두콩이나 냉동 완두콩 1컵

잘게 다진 파슬리 잎 ¼컵

파이 껍질 재료

올 버터 파이 반죽(386쪽) 레시피 전체 분량, 한 조각씩 분리해서 차갑게 식혀 둘 것. 또는 **가볍고 바삭한 버터밀크 비스킷**(392쪽) 레시피 절반 분량, 시중에 판매되는 퍼프 페이스트리 포장제품 1개로 대체할 수 있다.

큰 달걀 1개, 풀어서 가볍게 휘저어 둘 것

닭은 미리 손질해 둔다. 생닭을 구입한 경우 앞쪽에 설명한 방법을 참고해 10조각으로 자른다. 8조각에 날개까지 더하면 총 10조각이 된다. 손질하고 남은 뼈는 **닭 육수**(271쪽) 재료로 따로 보관해 둔다. 손질한 닭은 양쪽에 소금을 넉넉하게 뿌린다. 나는 하루 전에 소금을 뿌려 두는 편이지만, 그럴 만한 시간이 없더라도 조리하기 최소 1시간 전에는 소금을 뿌려야 전체적으로 확산된다. 1시간 이상 재워 둘 경우 닭을 냉장고에 보관한다. 그렇지 않으면 실온에 그대로 둔다.

주물 냄비나 이와 비슷한 냄비를 중불과 센불 사이에 올려 가열한다. 올리브유를 바닥 전체에 깔릴 만큼 붓고 기름이 끓기 시작하면 손질한 닭의 절반을 껍질이 아래로 가도록 올린다. 양쪽 모두 골고루 노릇하게 익도록 한 면당 4분 정도 굽는다. 다 구운 닭은 접시에 담아 두고 나머지 닭도 굽는다.

냄비에 고인 기름을 조심스럽게 제거하고 다시 냄비를 중불에 올린다. 버터를 녹이고 양파, 당근, 셀러리, 버섯, 월계수 잎, 타임을 넣는다. 소금과 후추를 살짝 뿌리고 가끔씩 저어 주면서 채소가 색이 변하고 연해지도록 12분 정도 익힌다. 와인이나 셰리를 부어 나무 숟가락으로 데글레이즈한다.

노릇하게 구운 닭을 채소를 익히던 냄비에 다시 넣는다. 여기에 크림과 닭 육수 또는 물을 붓고 불을 센불로 높인다. 뚜껑을 덮고 끓기 시작하면 불을 줄여서 뭉근히 끓인다. 닭 가슴살도 포함된 경우 10분 후 건져 내고 나머지는 총 30분간 끓인다. 불을 끄고 닭은 모두 접시에 옮긴 후 남은 소스를 식힌다. 월계수 잎과 타임은 건져 낸다. 몇 분 뒤 소스가 식으면서 기름기가 표면에 떠오르면 국자나 큰 숟가락으로 걷어 내어 계량컵이나 작은 볼에 따로 담아 둔다.

다른 작은 볼에 걷어 낸 기름 ½컵과 밀가루를 섞어 되직한 페이스트를 만든다. 날리는 가루가 보이지 않을 때 소스를 한 국자 부어서 섞어 준다. 덩어리가 모두 녹으면 소스 냄비에 붓고 소스 전체를 다시 끓인다. 팔팔 끓으면 불을 줄여 약하게 끓이면서 생밀가루 맛이 사라지도록 5분 정도 가열한다. 맛을 보고 소금으로 간을 하고 흑후추를 바로 갈아 넣은 뒤 불을 끈다.

오븐을 205℃로 예열한다. 팬을 얹을 철제 선반은 오븐 중간이나 그보다 위 칸에 걸쳐 둔다.

구워 놓은 닭이 손으로 만질 수 있을 정도로 식으면 잘게 찢고 껍질도 작게 썬다. 뼈는 따로 두었다가 육수 재료로 사용한다. 잘게 찢은 살코기와 껍질, 완두콩, 파슬리를 모두 냄비에 담는다. 가열하면서 잘 저어 주고 골고루 섞고 맛을 본다. 필요하면 간을 하고 불을 끈다.

파이 반죽을 평평하게 밀어서 38×28cm 크기의 직사각형에 두께는 0.5cm 정도가 되도록 만든다. 반죽마다 최소 10cm 길이로 김이 빠져나갈 구멍을 뚫는다. 비스킷 반죽을 활용할 경우 8조각으로 자른다. 또 퍼프 페이스트리 반죽을 활용할 경우 해동 후 납작하게 밀어서 반죽마다 최소 10cm 길이로 김이 빠져나갈 구멍을 만든다.

속 재료를 23×33cm 크기의 유리 또는 세라믹 재질의 그릇이나 비슷한 크기의 얕은 베이킹 접시에 담고 그 위에 파이 반죽이나 퍼프 페스트리 반죽을 덮는다. 반죽 가장자리가 그릇 가장자리로부터 1.5cm 정도 남게 하고 나머지는 잘라 낸다. 그리고 반죽을 꼭꼭 눌러 가며 뚜껑처럼 밀봉한다. 반죽이 그릇에 잘 붙지 않으면 달걀물을 조금 묻혀서 붙인다. 비스킷 반죽을 활용하는 경우 속 재료가 담긴 그릇 위에 살짝 얹어서 전체 표면의 4분의 3 정도가 덮이도록 한다. 파이 반죽이나 퍼프 페이스트리, 비스킷 반죽 위에 달걀물을 충분히 꼼꼼하게 발라 준다.

그릇을 오븐 팬에 얹어 오븐에 넣고 반죽이 노릇하게 익으면서 속 재료에서 거품이 일어날 때까지 30~35분간 굽는다. 뜨거울 때 낸다.

변형 아이디어

- 먹고 남은 로스트 치킨이나 삶은 닭고기가 있을 때, 또는 퇴근 후 집으로 가는 길에 꼬챙이에 끼워서 구운 통닭을 산 경우, 채소만 따로 볶아서 파이를 만들면 된다. 닭고기나 칠면조 고기를 잘게 썰어서 5컵 분량으로 만들고 앞 레시피에서 밀가루에 버터를 넣어 페이스트를 만든다.

- 앞의 레시피를 그대로 따르되 오븐에 넣을 수 있는 450g 분량의 볼이나 수플레 그릇에 각각 따로 만들면 **1인용 팟 파이**가 된다. 굽는 방법은 앞의 레시피와 동일하다.

컨베이어 벨트 치킨

1인분: 닭 허벅지살 2개

이 요리는 내가 15년 전부터 쭉 만들어 왔지만 최근에 티파니라는 친구와 서핑을 하러 갔다가 '컨베이어 벨트 치킨'이라는 이름을 새로 얻었다. 바다로 함께 놀러 간 우리 두 사람은 물에서 신나게 놀고 나면 몰려오는, 특유의 강렬한 허기를 느꼈다. 티파니는 집에 가면 냉동실에 닭 다리가 있다고 이야기했지만 너무 배가 고파서 그걸 굽거나 삶을 여유가 없었다. 그전에 서로 팔이라도 뜯어먹어 버릴 판이었으니까. 우리에게는 단시간에 완성할 수 있는 저녁 메뉴가 필요했다.

티파니와 함께 차를 타고 집으로 가면서 나는 그 닭 다리를 꺼내서 뼈를 제거하고 소금을 뿌리자고 제안했다. 주물 프라이팬을 중불과 약불 사이에 올려서 데운 뒤 올리브유를 조금 넣고 손질한 닭을 껍질이 아래로 가도록 올려서 구운 다음 다른 주물 프라이팬을 하나 더 꺼내 (또는 토마토 캔에 포일을 입혀서) 위에서 누르면 되겠다는 생각이 들었다. 아래에서 열을 적당히 가하고 위에서 눌러 주면 지방이 흘러나오는 과정이 촉진되고, 껍질은 바삭하면서 살은 부드러운 요리가 된다. 닭 다리를 연한 살코기처럼 빠르게 익힐 수 있는 방법이다. 10분 정도 그렇게 두었다가 위에 눌러 놓았던 팬을 치우고 닭을 뒤집어서 2분 정도만 더 구우면 된다. 12분 만에 저녁상을 차릴 수 있다는 계산이 나왔다.

집에 도착해 보니 티파니가 냉동실에 있다고 생각했던 것이 닭 다리가 아니라 닭 가슴살로 밝혀졌다. 우리는 가슴살을 바로 구워서 샐러드를 만들어 저녁을 해결했다. 일단 식사를 마치고 혈당이 정상으로 돌아오자 나는 차에서 이야기했던 닭 다리 조리법을 완전히 잊어 버렸다.

하지만 티파니는 기억하고 있었다. 다음 날 저녁, 내 휴대전화에 사진 하나가 도착했다. 티파니가 장을 보러 가서 닭 다리를 사 온 다음 내가 배가 고파서 제정신이 아닌 상태로 읊은 방법대로 요리를 한 것이다. 노릇하고 바삭하게 익은 껍질과 연한 속살이 보기에는 완벽했는데, 맛도 좋았던 모양이다. 티파니의 남편 토머스는 한입 먹어 보더니 이 요리가 컨베이어 벨트처럼 자기 입에 계속 쭉쭉 들어왔으면 좋겠다고 표현한 것을 보면 말이다.

토머스는 나와 절친한 사이기도 해서, 나는 그 꿈을 이뤄 주고 싶었다. 그래서 함께 식사를 할 때마다 나는 쿠민과 매운 고추를 넣은 치킨 타코나 사프란과 요구르트를 넣은 **페르시아식 쌀밥**(285쪽), 또는 구워 먹기에 좋은 채소를 간단히 소금과 후추로만 간을 해서 익힌 다음 **허브 살사**(359쪽)를 곁들여서 '컨베이어 벨트 치킨'과 함께 내놓았다. 나는 손재주가 썩 좋은 편은 아니니 '컨베이어 벨트 치킨' 공장을 만든다면 공사는 토머스에게 맡길 생각이다.

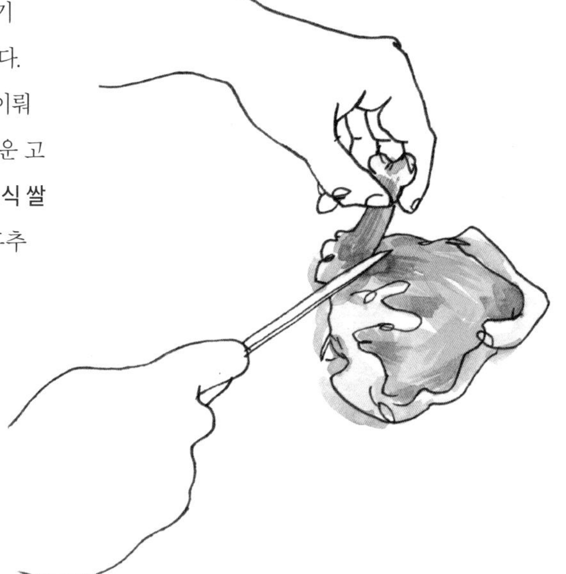

치킨 콩피

4인분

프랑스 농가에서 흔히 활용하는 콩피 요리법을 익혀서 미리 만들어 두면 저녁 식사를 갑자기 차려야 할 때 유용하게 쓸 수 있다. 영화를 한 편 틀어 놓고 보면서, 또는 일요일에 크로스워드 퍼즐을 풀면서도 만들 수 있는 아주 쉬운 요리인 만큼 꼭 시도해 봐야 할 레시피이기도 하다. 나도 겨울마다 한두 차례 대량으로 만들어서 냉동실에 넣어 둔다. 보통 냉동실 아래 칸에서도 저 뒤쪽, 평소 꼼꼼하게 뒤져 보지 않는 곳에 두지만 저녁에 예고 없이 친구가 찾아오거나 도저히 음식을 만들 힘이 없는 날처럼 가장 절실한 순간이 되면 그곳부터 찾는다. 그럴 때마다 나는 부지런히 준비해 둔 과거의 나를 조용히 칭찬하곤 한다. 아마 여러분도 그렇게 될 것이다.

오리 기름을 구할 수 없거나 당장 만들 수 없는 경우 순수한 올리브유로 대체해도 상관없다. 하지만 오리 기름을 구하거나 직접 기름을 내서 사용해 보면, 그 보상을 톡톡히 얻게 될 것이다. (주방에서 오리 기름을 쓸 일이 그리 많지는 않다. 하지만 콩피를 만들고 남은 오리 기름으로 감자를 굽거나 튀겨 보면 그 맛을 절대 잊지 못할 것이다.) 완성된 닭과 감자는 그릇에 수북하게 쌓은 루콜라나 치커리에 **허니머스터드 비네그레트 드레싱**(240쪽)을 끼얹고 **허브 살사**(359쪽)도 1스푼 가득 더해서 함께 곁들이면 요리와 상반되는 새콤한 맛을 느낄 수 있다.

닭 다리 4개, 허벅지 부위가 붙어 있는 것으로 준비
소금
흑후추, 바로 갈아서 넣을 것
생타임 잔가지 4개
정향 4톨
월계수 잎 2장
마늘 3톨, 2등분해서 준비
오리 기름이나 닭기름, 또는 올리브유 4컵 정도

닭은 미리 손질해 둔다. 날이 잘 드는 칼로 닭 다리 아래쪽, 무릎 뼈 바로 위쪽 피부에 길게 칼집을 낸다. 둥글게 전체적으로 칼집을 넣고, 힘줄까지 잘리도록 손질한다. 소금과 후추를 뿌린다. 접시에 타임, 정향, 월계수 잎, 마늘을 담고 그 위에 닭고기를 올려 뚜껑을 덮고 하룻밤 동안 냉장고에 둔다.

냉장고에서 꺼낸 닭은 향신 재료를 모두 제거하고 큰 주물 냄비나 일반 냄비에 한 겹으로 깐다. 오리 기름이나 닭기름을 사용할 경우 중간 크기의 소스팬에 담아서 액체가 될 정도로만 데운 뒤 닭고기 위에 뿌린다. 고기가 모두 잠길 정도로 기름을 붓고 중불로 가열한다. 닭에서 거품이 처음 일어나기 시작하면 불을 줄여야 한다. 기름이 조금이라도 끓지 않는 정도로 불을 낮추고 고기가 뼈와 자연히 분리될 만큼 2시간 정도 푹 익힌다.

(또는 오븐 온도를 95℃로 맞춰서 오븐에 넣고 익혀도 된다. 방법은 가스레인지로 익힐 때와 동일하다.)

고기가 다 익으면 불을 끄고 기름에 담근 그대로 잠깐 식힌 후에 쇠 집게를 이용해 닭고기를 조심스럽게 건져 낸다. 껍질이 벗겨지지 않도록 무릎 쪽을 집어서 옮긴다.

건져 낸 고기와 남은 기름을 모두 식힌 후 닭은 유리 접시나 세라믹 그릇에 담고 그 위에 체에 거른 기름을 붓는다. 이때 고기가 기름에 완전히 잠겨야 한다. 뚜껑을 덮어 냉장 보관하면 6개월까지 두고 먹을 수 있다.

보관해 둔 콩피를 먹으려면 먼저 기름에서 건져 겉면에 묻은 기름을 긁어서 제거한다. 주물 프라이팬을 중불에 올리고 껍질이 아래로 가도록 닭을 얹는다. 그리고 **컨베이어 벨트 치킨**을 만들 때와 같이 포일로 감싼 다른 주물 프라이팬을 고기 위에 얹는다. 이렇게 하면 지방이 흘러나와 껍질이 더 바삭해진다. 기름에 재워 둔 고기가 적당한 열에 다시 데워지는 속도와 위에서 누른 팬에 의해 껍질이 바삭하게 익는 속도가 비슷해야 한다. 지글지글 익는 소리가 타닥타닥 부서지는 소리로 바뀌기 시작하면 고기가 타는 건 아닌지 더 유심히 살펴봐야 한다. 껍질이 노릇하게 익으면 닭을 뒤집어서 반대쪽도 익히는데, 이때는 무거운 팬을 얹지 않는다. 이렇게 다시 익히는 데 15분 정도 걸린다.

완성되면 바로 낸다.

변형 아이디어

- **오리 콩피**는 고기가 연하게 익어서 뼈와 자연히 분리되도록 하려면 2시간 반에서 3시간은 익혀야 한다.

- **칠면조 콩피**를 만들 때는 이 레시피에서 오리 기름의 양을 9컵으로 늘린다. 고기가 뼈와 분리될 만큼 푹 익으려면 조리 시간도 3시간에서 3시간 반 정도로 더 오래 걸린다.

- **돼지고기 콩피**는 돼지 목살 약 220g을 이 레시피와 같은 방식으로 양념하고 오리 기름 대신 라드나 올리브유를 사용해서 만든다.

손가락까지 쪽쪽 빨아먹게 되는 프라이드치킨

닭 가슴살 6개, 안심 6개

나는 1주일에 최소 한 번은 프라이팬에 기름을 자작하게 부어서 튀긴 닭고기 슈니첼(schnitzel)을 먹고 자랐지만 '셰 파니스'에서 일하던 어느 날 저녁, 노릇노릇하게 튀겨 손가락까지 쪽쪽 빨아먹게 만들 정도로 맛있는 닭 가슴살 튀김을 100인분 만들었던 일을 계기로 이 요리에 완전히 꽂혔다. 한자리에서 한꺼번에 똑같은 음식을 100회 반복해서 만들다 보면 그만큼 집중력이 높아져 그 음식에 대한 이해도가 1,000배는 깊어진다. 그날 저녁에 내가 배운 가장 중요한 사실은 닭을 튀길 때 정제 버터를 사용해야 한다는 것이다. 그래야 올리브유로는 절대 얻을 수 없는 균형 잡힌 깊은 맛을 느낄 수 있다. 정제 버터는 쉽게 만들 수 있다. 무염 버터에 열을 오랫동안 약하게 가해서 녹이기만 하면 된다. 이렇게 하면 투명한 노란색 지방층 위에 고형 유청이 떠오르고 유단백질은 바닥에 가라앉는데, 이때 촘촘한 체를 사용해 가라앉은 유단백질이 섞이지 않도록 맨 위에 떠오른 고형 유청을 걷어 낸다. 아래에 남은 버터는 면포나 차 거름망으로 조심스럽게 걸러서 사용한다.

이 요리에서 기억해야 할 또 한 가지 팁은 빵가루를 직접 만들 시간이 없으면 일본식 빵가루 제품인 팬코(panko)를 사용해도 된다는 것이다. 이 경우 푸드 프로세서에 팬코를 담아 몇 번 갈아서 입자를 더 가늘게 만들어서 사용한다.

닭 가슴살 6개, 뼈와 껍질을 제거해서 준비

잘게 분쇄한 흰 빵가루 1½컵, 직접 만들거나 팬코 제품 사용

파르미지아노 치즈 약 20g, 잘게 갈아서 준비(약 ¼컵)

밀가루 1컵, 소금을 1자밤 듬뿍 넣고 카이엔 고춧가루도 1자밤 넣어서 준비

큰 달걀 3개, 모두 깨뜨려서 소금 1자밤 넣어서 준비

정제 버터 1¾컵, 버터 약 450g으로 만든 분량(정제 버터 만드는 방법은 68쪽 참조)

오븐 팬을 2개 준비해서 하나는 유산지를 깔고 다른 하나는 종이 행주를 깐다.

안심과 가슴살이 서로 붙어 있는 경우 두 부위를 떼어 낸다. 날이 잘 드는 칼을 이용해 가슴살 바로 아래의 연결 조직을 잘라 내면 된다.

가슴살의 아랫부분이 위를 향하도록 도마에 올린다. 비닐봉지에 올리브유를 살짝 묻혀서 기름이 묻은 쪽이 가슴살과 닿도록 위에 올린다. 비닐봉지 위를 주방용 망치로 (없으면 빈 유리병으로) 두드려서 1.5cm 정도 두께로 만든다. 나머지 가슴살도 같은 방식으로 손질한다.

닭 가슴살과 안심에 소금을 조금 뿌려서 간을 하고 이제 튀김옷을 만든다. 큼직하고 얕은 그릇 또는 로스팅용 그릇을 3개 준비해서 양념해 둔 밀가루와 풀어 놓은 달걀, 빵가루를 하나씩 담는다. 빵

가루에 파르미지아노 치즈를 넣어서 잘 섞는다.

닭 가슴살과 안심을 먼저 밀가루 그릇에 넣고 골고루 묻힌 다음 여분의 가루를 털어 낸다. 그리고 두 번째로 달걀이 담긴 그릇으로 옮겨서 골고루 묻히고 마찬가지로 한 번 털어 낸 뒤, 마지막으로 빵가루 그릇으로 옮겨 표면에 묻히고 유산지를 깔아 둔 오븐 팬에 올려놓는다.

지름 25cm 또는 30cm 크기의 주물 프라이팬(또는 일반 프라이팬)을 중불에서 센불 사이로 가열하고 정제 버터를 팬의 0.5cm 정도 높이가 되도록 붓는다. 기름이 끓기 시작하면 빵가루를 조금 넣어서 온도가 적당한지 확인한다. 빵가루를 넣자마자 바로 지글지글 튀겨지는 온도가 되면, 닭 가슴살을 최대한 많이 집어넣되 서로 겹치지 않도록 한다. 가슴살 사이사이에 어느 정도 공간이 있어야 하며, 가슴살 측면의 절반 정도는 기름에 잠겨야 튀김옷이 골고루 잘 익는다.

닭 가슴살은 중불과 센불 사이에서 노릇노릇한 갈색이 되도록 3~4분간 튀긴 후 뒤집는다. 양쪽 면이 모두 균일하게 익으면 종이 행주를 깔아 둔 오븐 팬에 올려 기름을 뺀다. (속까지 다 익었는지 확인하고 싶다면 과도로 찔러 본다. 붉은빛이 도는 살이 조금이라도 보이면 다시 팬에 넣어서 더 익혀야 한다.) 필요하면 정제 버터를 추가하고 남은 가슴살과 안심도 같은 방법으로 튀긴다. 완성되면 소금을 살짝 뿌려서 바로 낸다.

변형 아이디어

- **돼지고기 슈니첼**은 등심을 두드려 얇게 튀긴 커틀릿으로, 빵가루를 묻혀 이 레시피와 같은 방법으로 만든다. 튀기는 시간은 2~3분으로 줄여야 과하게 익는 것을 방지할 수 있다.

- **빵가루 입힌 생선 튀김** 또는 **새우 튀김**을 만들 때는 재료에 소금을 미리 뿌리지 말아야 한다. 대신 빵가루를 입히기 직전에 간을 하고, 빵가루에 치즈를 넣지 않는다. 새우나 넙치, 대구, 가자미 등 흰살 생선에 이 레시피와 같은 방법으로 튀김옷을 입혀서 만든다. 새우의 경우 불 온도를 높여 한 면당 1~2분, 생선은 한 면당 2~3분 정도 튀기되 과하게 익지 않도록 주의한다. 174쪽에 소개한 방법대로 일반적인 튀기기 방식으로 익혀도 된다. 새콤한 양배추 샐러드나 보통 샐러드, **타르타르 소스**(378쪽)와 함께 낸다.

- **프리토 미스토**는 빵가루에 치즈를 넣지 않고 위와 같은 방식으로 올리브나 얇게 썬 메이어 레몬, 데친 회향, 데친 아티초크, 버섯, 가지, 호박을 튀겨서 만든 음식이다. 이 레시피처럼 프라이팬에 기름을 자작하게 부어서 튀겨도 되고 174쪽에 소개한 것처럼 일반적인 튀기기 방식으로 익혀도 된다.

세이지와 꿀을 넣은 훈제 치킨

4인분

레스토랑에서 일하는 요리사였던 나는 고기를 훈제하는 방법은 굳이 배우지 않으려고 했다. 그런 이유로 '셰 파니스'에서 생선이나 오리를 훈제하는 날이면 주방에 가지 않았다. '에콜로 레스토랑'에서 일할 때는 근처에 있는 훈제 전문점에다 소시지와 고기 훈제를 맡겼다. 한 번도 배운 적이 없으니 훈제는 늘 수수께끼로 남아 있었다. 그러다 마이클 폴란과 함께 요리를 하기 시작하면서 훈제에 푹 빠진 그의 열정을 보고 내 마음도 바뀌었다. 길지 않았지만 갖가지 맛있는 요리를 만들었던 그 기간에 마이클의 식구들과 함께 저녁 식사를 하는 날이면 늘 식탁 위에는 훈제한 요리가 빠짐없이 놓여 있었다. 마이클도 모르는 사실을 한 가지 털어놓자면, 나는 그가 훈제 요리를 할 때 곁에서 지켜보면서 방법을 익혔다. 마이클의 경우 돼지고기를 즐겨 훈제하는 편인데 나는 같은 방법으로 익힌 닭고기에 반했다. 여기 소개하는 레시피는 세이지와 마늘의 향이 사과나무 땔감을 피울 때 흘러나오는 스모키한 향과 어우러지고 꿀로 만든 글레이즈가 달콤함을 더하는 요리다.

꿀 1⅓컵

세이지 1묶음

마늘 1통, 가로로 2등분해서 준비

코셔 소금 ¾컵(약 120g) 또는 가는 천일염 ½컵

흑후추알 1큰술

약 1.8kg짜리 생닭

사과나무 땔감 2컵

요리 전날 닭을 재워 둘 소금물을 만든다. 큰 냄비에 물 약 1l를 채우고 꿀 1컵, 세이지, 마늘, 소금, 통후추를 넣어 끓인다. 팔팔 끓으면 찬물을 2l 더 넣는다. 실온으로 식힌 뒤 닭을 가슴 부위가 아래로 가도록 담은 뒤 소금물을 푹 잠길 정도로 붓는다. 냉장고에 하룻밤 둔다.

요리하는 날 닭을 건져서 두드려 가며 물기를 닦아 낸다. 닭을 절였던 물은 체에 거르고 마늘과 세이지를 건져서 닭 뱃속에 넣는다. 닭의 양쪽 날개 끝을 위로 들어 올려 등 쪽으로 넘긴다. 그리고 양쪽 다리를 묶는다. 그대로 실온이 되도록 둔다.

나무 칩(나뭇조각 땔감)을 1시간 정도 물에 담가 두었다가 건져 낸다. **간접 열**로 그릴에 구울 준비를 한다. (간접 열로 재료를 익히는 방법은 178쪽에 자세히 나와 있다.)

숯불 그릴로 훈제하는 경우, 침니 스타터(chimney starter)로 숯에 불을 붙인다. 숯이 붉게 타오르면서 회색 재가 표면에 덮이면 그릴 양쪽 두 군데에 무더기로 쌓는다. 일회용 알루미늄 용기를 그릴 중앙에 놓고, 나무 칩 ½컵을 양쪽 숯 위에 각각 올려 연기를 피운다. 그릴 위에 불판을 얹고 닭 기름을 받을 알루미늄 용기 위에 닭을 올린다. 이때 가슴 부위가 위로 가도록 놓는다.

공기가 빠져나가는 구멍이 고기 위로 오도록 하고 그릴 뚜껑을 덮는다. 환기구는 반쯤 열어 둔다. 디지털 온도계를 이용하면 온도를 90℃에서 110℃로 유지하기가 수월하다. 필요하면 숯이나 나무 칩을 더 넣는다. 식품용 디지털 온도계를 닭 다리 중앙에 넣었을 때 55℃로 확인되면 남은 꿀 ⅓컵을 닭 표면에 전체적으로 바른다. 다시 뚜껑을 덮고 닭 다리 중간 부분의 온도가 70℃가 될 때까지 35분 정도 더 익힌다. 다 익힌 닭은 그릴에서 내려 10분간 두었다가 썬다.

껍질을 바삭하게 만들기 위해서는 숯불을 키워서 아주 뜨겁게 만들거나 그릴 한쪽에 버너를 켜서 센불로 올린다. 그리고 닭을 간접 열로 익힐 수 있는 부분에 다시 올리고 뚜껑을 덮는다. 5~10분 정도 겉이 바삭해지도록 익힌다.

가스 그릴로 훈제할 때는 훈연 통에 나무 칩을 채우고 버너에서 최대한 가까운 곳에 놓는다. 그리고 연기가 눈에 보일 정도로 발생하도록 불을 세게 피운다. 그릴에 훈연 통이 딸려 있지 않은 경우 두꺼운 알루미늄 용기에 나무 칩을 담고 뚜껑을 덮은 후 포크로 뚜껑에 구멍을 몇 개 뚫어 불판 아래, 버너 가까이에 놓는다. 이 경우에도 마찬가지로 연기가 눈에 보일 정도로 불을 세게 피운다. 나무 칩에서 연기가 나기 시작하면 불을 줄이고 뚜껑을 덮어 그릴을 120℃로 예열한다. 음식을 익힐 때도 같은 온도를 유지한다.

불을 피우지 않은 버너 쪽, 즉 **간접 가열 지점**에 가슴 부위가 위로 향하도록 닭을 올리고 2시간에서 2시간 반 정도 익힌다. 닭 다리 중앙에 식품용 디지털 온도계를 찔러 넣고 확인했을 때 55℃로 확인되면 남은 꿀 ⅓컵을 닭 표면에 전체적으로 바른다. 다시 뚜껑을 덮고 닭 다리 중간 온도가 70℃가 될 때까지 35분 정도 더 익힌다. 다 익힌 닭은 그릴에서 내려 10분간 두었다가 썬다.

껍질을 바삭하게 만들기 위해서는 숯불을 키워서 내부를 아주 뜨겁게 만들거나 그릴 한쪽에 버너를 추가로 켜서 센불로 높인 다음 닭을 간접 열로 익힐 수 있는 지점에 다시 올리고 뚜껑을 덮는다. 5~10분 정도 겉이 바삭해지도록 익힌다.

다 익힌 닭은 4등분해서 낸다. **튀긴 세이지를 넣은 살사 베르데**(361쪽)와 아주 잘 어울리며, 살코기를 잘게 찢어서 샌드위치를 만들어 먹어도 된다.

치킨 마늘 수프

약 3L(6~8인분)

치킨 마늘 수프는 수프 레시피가 아닌 닭 요리 레시피로 꼭 넣어야겠다고 결심한 요리다. 닭 한 마리를 통째로 넣고 만든 이 수프 하나면 네 사람이 배부르게 저녁을 해결할 수 있다. (물론 두 사람이 먹고 남겨서 또 먹어도 된다!) 직접 만든 닭 육수를 사용하면 훨씬 더 깊은 맛을 느낄 수 있다. 당장 사용할 육수가 없으면 통조림이나 상자에 담겨 판매되는 육수 말고 가까운 정육점에 가서 육수를 구해 오자. 완전히 다른 맛이 날 것이다!

약 1.8kg짜리 생닭을 4등분해서 준비, 또는 허벅지 부위가 붙어 있는 큼직한 닭 다리 4개

소금

후추, 바로 갈아서 사용할 것

엑스트라버진 올리브유

양파 중간 크기로 2개, 잘게 다져서 준비(약 3컵)

당근 큰 것으로 3개, 껍질 벗기고 잘게 다져서 준비(약 1¼컵)

셀러리 줄기 큰 것으로 3개, 잘게 다져서 준비(약 1컵)

월계수 잎 2장

닭 육수 10컵(271쪽)

마늘 20톨, 얇게 썰어서 준비

선택 재료: 파르미지아노 치즈 껍질

닭은 미리 손질해 둔다. 닭 한 마리를 통째로 준비한 경우 318쪽에 설명한 방법대로 4등분하고, 남은 부분은 따로 보관해 두었다가 **닭 육수**(271쪽)를 만든다. 손질한 닭에는 소금을 넉넉하게 뿌리고 흑후추도 바로 갈아서 뿌린다. 나는 하루 전날 닭에 양념을 해 두는 편이지만, 그럴 만한 시간이 없으면 요리를 시작하기 최소 1시간 전에는 소금을 뿌려야 전체적으로 골고루 간이 밴다. 1시간 이상 절이는 경우 냉장고에 넣고, 그렇지 않으면 실온에 둔다.

8*l* 크기 주물 냄비 또는 이와 비슷한 냄비를 센불에 올려 가열한다. 냄비 바닥 전체에 깔릴 정도로 올리브유를 붓고 오일이 끓기 시작하면 닭 2조각을 먼저 넣어 전체적으로 노릇해질 때까지 한 면당 4분 정도씩 익힌다. 다 구운 닭은 한쪽에 두고 나머지도 같은 방법으로 굽는다.

바닥에 고인 기름을 조심스럽게 따라 낸다. 다시 냄비를 가스레인지에 올리고 중불과 약불 사이로 맞춘다. 양파, 당근, 셀러리, 월계수 잎을 넣고 채소가 연해지면서 노릇한 갈색이 되도록 12분 정도 볶는다. 구워 놓은 닭을 냄비에 넣고 육수 또는 물 10컵을 부은 뒤 소금, 후추를 넣는다. 파르미지아노

치즈 껍질을 사용할 경우 함께 넣는다. 팔팔 끓으면 불을 줄여서 뭉근하게 끓인다.

작은 프라이팬을 중불에 올리고 바닥 전체가 덮일 정도로 올리브유를 넉넉하게 부은 뒤 마늘을 넣는다. 마늘이 살짝 구워지면서 향이 나오도록 20초 정도 익히되 색이 변하기 전에 수프 냄비에 넣는다. 수프는 계속 약하게 끓인다.

닭 가슴살을 사용하는 경우 12분 정도 끓인 후 건져 내고 닭 다리와 허벅지는 연하게 익을 때까지 총 50분 정도 끓인다. 불을 끄고 표면에 떠오른 기름을 제거한다. 닭고기는 모두 건져 손으로 만질 수 있을 정도로 식으면 뼈를 발라내고 살을 잘게 찢는다. 껍질은 취향에 따라 싫으면 제거하고(나는 잘게 다져서 살코기와 함께 넣는다.) 손질한 고기를 다시 수프에 넣는다. 간을 보고 필요하면 소금 간을 더 한다. 뜨거울 때 낸다.

남은 수프는 뚜껑을 덮어 냉장 보관하면 최대 5일까지, 냉동 보관하면 최대 2개월까지 두고 먹을 수 있다.

변형 아이디어

- 마늘 대신 얇게 썬 풋마늘 대를 넣고 양파, 당근, 셀러리, 월계수 잎을 그대로 넣고 끓이면 맛있는 **풋마늘 수프**가 된다.

- 익힌 쌀이나 파스타, 쌀국수, 콩, 보리, 통보리를 추가하면 더욱 든든한 수프가 된다.

- 큼직하게 썬 연한 시금치를 그릇에 담고 수프를 국자로 떠서 담은 뒤 수란을 올리면 수프가 주요리로 변신한다.

- **퍼가**(베트남식 닭고기 쌀국수) 만드는 방법은 다음과 같다. 양파와 당근, 셀러리, 월계수 잎, 흑후추, 마늘은 생략하고 껍질 벗긴 양파 2개와 10cm 크기로 손질한 생강을 가스 불 위에 바로 올리거나 그릴에 올려서 5분 정도 표면이 새카맣게 탈 때까지 굽는다. (이렇게 태운 껍질에 맛이 가득 담겨 있다!) 육수나 물에 피시 소스 ¼컵과 팔각 1개, 갈색 설탕 2큰술을 넣고 끓이면서 새카맣게 구운 양파와 생강을 추가한다. 이 육수에 닭을 넣고 앞의 레시피와 같은 방법으로 50분 정도 끓인다. 양파, 생강을 건져 내고 같은 방법대로 수프를 끓인 뒤 마찬가지로 닭고기를 잘게 찢어서 수프에 넣는다. 쌀국수 위에 수프를 붓고 생바질과 숙주를 올려서 낸다.

아다스 폴로 오 모르그

렌틸콩 넣은 밥을 곁들인 닭 요리

넉넉한 6인분

어린 시절에 엄마가 "저녁에 뭐 먹을래?" 하고 물어보면 나는 항상 "아다스 폴로"라고 대답했다. 어린아이가 렌틸콩 넣은 쌀밥을 좋아하다니 참 의젓하다고 생각할 수 있지만, 사실 내가 노린 건 아다스 폴로가 완성되기 직전에 엄마가 버터를 넣고 살짝 볶아서 올리던 건포도와 대추였다. 그 달콤한 맛이 렌틸콩의 깊은 맛과 어우러지는 것이 참 좋았다. 매콤한 프라이드치킨과 곁들이거나 **페르시아식 허브 오이 요구르트**(371쪽)를 듬뿍 올려서 함께 먹으면 다른 음식과는 비교할 수 없을 만큼 꿀맛이다. 이후에 나는 이 요리를 변형해서 한 그릇 음식 형태로 간단히게 만들었다. 누구니 편하게 즐길 수 있는 닭고기와 쌀밥 요리에 이란의 느낌을 가미한 레시피를 소개한다.

약 1.8kg짜리 생닭 1마리 또는 뼈와 껍질이 붙어 있는 닭 허벅지살 8조각

소금

쿠민 가루 1작은술과 1큰술

엑스트라버진 올리브유

무염 버터 3큰술

양파 중간 크기로 2개, 얇게 썰어서 준비

월계수 잎 2장

사프란 약간

바스마티 쌀 2½컵, 씻지 않은 것

검은색 또는 옅은 색 건포도 1컵

대추야자 6개, 씨 제거하고 4등분해서 준비

닭 육수 4½컵(271쪽) 또는 물

삶아서 물기 제거한 갈색 또는 녹색 렌틸콩 1½컵(생콩 기준으로는 약 ¾컵)

닭은 미리 손질해 둔다. 닭 한 마리를 통째로 준비한 경우 318쪽에 설명한 방법대로 4등분하고, 남은 부분은 따로 보관해 두었다가 **닭 육수**(271쪽)를 만든다. 손질한 닭에는 소금을 넉넉하게 뿌리고 쿠민 가루 1작은술을 양면에 골고루 바른다. 나는 하루 전날 닭에 양념을 해 두는 편이지만, 그럴 만한 시간이 없으면 요리를 시작하기 최소 1시간 전에는 소금을 뿌려야 전체적으로 골고루 간이 밴다. 1시간 이상 절이는 경우 냉장고에 넣고, 그렇지 않으면 실온에 둔다.

큰 주물 팬이나 이와 비슷한 팬을 준비하고 뚜껑을 티 타월 등으로 감싸서 덮은 후 손잡이에 고

무줄을 감아 고정한다. 이렇게 하면 행주에 증기가 흡수되므로 뚜껑에 고인 물기가 다시 닭고기 위로 떨어져서 껍질이 눅눅해지는 것을 방지할 수 있다.

주물 팬을 중불과 센불 중간 정도에 올리고 올리브유를 바닥 전체에 깔릴 정도로 붓는다. 닭고기가 너무 다닥다닥 붙지 않도록 두 번에 나눠서 노릇하게 굽는다. 껍질이 붙은 부분이 아래로 가도록 놓고 먼저 구운 다음 뒤집어서 굽고, 팬 안에서도 위치를 바꿔 주면서 양쪽이 모두 고르게 익도록 한 면당 4분 정도씩 굽는다. 다 구운 닭은 꺼내서 한쪽에 둔다. 팬에 고인 기름은 조심스럽게 제거한다.

팬을 다시 중불에 올리고 버터를 녹인다. 양파, 쿠민, 월계수 잎, 사프란을 넣고 소금을 한 번 집어서 넣은 뒤 양파가 노릇하게 변하고 연하게 익을 때까지 25분 정도 저어 가며 볶는다.

불을 중불과 센불 사이로 높이고 쌀을 넣는다. 옅은 황금색을 띠도록 골고루 섞어 가며 볶는다. 건포도와 대추야자를 넣고 부피가 커질 때까지 1분 정도 함께 볶는다.

육수를 붓고 렌틸콩을 넣은 다음 센불로 높여서 팔팔 끓인다. 소금을 넉넉하게 넣어 간을 한 뒤 맛을 본다. 육수가 약간 심하다 싶을 정도로 짠맛이 나야 쌀알 속에 양념이 충분히 밴다. 그동안 맛본 어떤 국물보다 짜다고 느껴질 정도여야 한다. 끓으면 불을 줄이고 껍질이 위로 오도록 닭고기를 넣는다. 뚜껑을 덮고 약불로 40분간 익힌다.

40분이 지나면 불을 끄고 뚜껑을 덮은 채 그대로 10분간 증기로 더 익힌다. 뚜껑을 열고 포크로 쌀을 골고루 섞는다. **페르시아식 허브 오이 요구르트**(371쪽)를 곁들여 바로 낸다.

닭 초절임

4~6인분

'셰 파니스'에서 인턴으로 일하기 시작한 뒤 처음으로 준비한 저녁 파티에서 나는 닭 초절임(Poulet au Vinaigre)으로 불리는 이 요리를 선보였다. 처음에는 다들 닭에 식초를 넣고 익힌다는 사실을 어떻게 받아들여야 할지 혼란스러워했다. 나 역시 마찬가지였다. 피클을 만들 때 식초를 끓이면 뜨거운 식초에서 훅 풍기는 강렬한 냄새부터 떠오르는데, 그건 식욕과는 아주 거리가 먼 냄새가 아닌가! 하지만 당시 내 멘토였던 크리스토퍼 리는 전통 요리 중 하나를 연습 삼아 만들어 보는 것이 어떠냐고 제안했고, 아주 성실한 학생이었던 나는 그 제안을 받아들였다. 그리고 크리스의 지시를 하나하나 따라가면서 요리를 준비했다. 대학가에 위치한, 딱 필요한 세간만 갖춰진 내 작은 아파트에 모인 친구들은 닭 초절임과 함께 김이 모락모락 나는 흰 쌀밥이 차려진 식탁에 둘러앉아 내가 열심히 준비한 결과를 확인했다. 식초의 강한 향은 요리 과정에서 사그라지고 크렘 프레슈와 버터의 진한 맛과 멋진 조화를 이루었다. 또다시 새로운 깨달음을 얻은 이 요리 덕분에 깊고 가득한 풍미를 내는 데는 신맛이 엄청난 역할을 담당한다는 나의 생각도 한층 더 확고해졌다.

약 1.8kg짜리 생닭

소금

흑후추, 바로 갈아서 넣을 것

다목적 밀가루 ½컵

엑스트라버진 올리브유

무염 버터 3큰술

양파 중간 크기로 2개, 얇게 썰어서 준비

드라이한 화이트 와인 ¾컵

화이트 와인 식초 6큰술

사철쑥 잎, 잘게 썰어서 2큰술

헤비 크림 또는 크렘 프레슈(113쪽) ½컵

닭은 미리 손질한다. 닭 한 마리를 통째로 준비한 경우 318쪽에 설명한 방법대로 8등분하고, 남은 부분은 따로 보관했다가 **닭 육수**(271쪽)를 만든다. 손질한 닭에는 소금을 넉넉하게 뿌리고 쿠민 가루 1작은술을 양면에 골고루 바른다. 나는 하루 전날 닭에 양념을 해 두는 편이지만, 그럴 만한 시간이 없으면 요리를 시작하기 최소 1시간 전에는 소금을 뿌려야 전체적으로 골고루 간이 밴다. 1시간 이상 절이는 경우 냉장고에 넣고, 그렇지 않으면 실온에 둔다.

얕은 볼이나 파이 접시에 밀가루를 넣고 소금을 넉넉하게 한 번 집어서 넣는다. 손질한 닭고기에 밀가루를 묻혔다가 털어 낸 후 철망이나 유산지를 깐 오븐 팬에 한 겹으로 놓는다.

주물 팬을 중불과 센불 중간 정도에 올리고 올리브유를 바닥 전체에 깔릴 정도로 붓는다. 닭고기가 너무 다닥다닥 붙지 않도록 두 번에 나눠서 노릇하게 굽는다. 껍질이 붙은 부분이 아래로 가도록 놓고 먼저 구운 다음 뒤집어서 굽고, 팬 안에서도 위치를 바꿔 주면서 양쪽이 모두 고르게 익도록 한 면당 4분 정도씩 굽는다. 다 구운 닭은 꺼내서 한쪽에 둔다. 팬에 고인 기름은 조심스럽게 제거한다.

팬을 다시 중불에 올리고 버터를 녹인다. 양파를 넣고 소금을 한 번 집어서 넣은 뒤 노릇하게 변하고 연하게 익을 때까지 25분 정도 저어 가며 볶는다.

불을 센불로 높이고 와인과 식초를 넣은 다음 나무 숟가락으로 바닥을 긁으며 데글레이즈한다. 준비한 사철쑥의 절반을 넣고 잘 젓는다. 껍질 부위가 위로 가도록 닭고기를 넣고 불을 줄여 뭉근하게 끓인다. 뚜껑을 걸치듯이 올려놓고 계속 끓인다. 다 익은 닭 가슴살은 12분 정도 지나 건져 내고 나머지 부위는 뼈에서 고기가 분리될 정도로 연하게 익을 때까지 총 35~40분간 계속 가열한다.

닭을 그릇에 옮긴 후 불을 높이고 크림이나 크렘 프레슈를 넣는다. 걸쭉하고 빽빽해지도록 끓인 후 맛을 보고 소금, 후추로 간을 한다. 필요하면 식초를 조금 추가해 소스 맛에 생기를 불어넣는다. 남은 사철쑥을 넣고 접시에 담아 놓은 닭고기 위에 숟가락으로 소스를 끼얹어서 낸다.

오향분 글레이즈 치킨

4인분

'셰 파니스'에서 일한 첫날에 내가 주방에서 보조한 요리사는 데이비드 타니스였다. 아직 칼 다루는 솜씨가 영 어설퍼서 불안해하는 나를 위해 데이비드는 몇 시간에 걸쳐 오이를 아주 잘게 다지는 방법을 가르쳐 주었다. 충분히 연습을 하면 주방에 필요한 어떤 기술이든 익힐 수 있다는 사실을 알게 된 경험이었다. 몇 년이 흘러 데이비드는 '셰 파니스'를 떠났고 지금은《뉴욕 타임스》'음식' 섹션에〈시티 키친(*City Kitchen*)〉이라는 칼럼을 쓰고 있다. 매주 간단한 요리에 데이비드 특유의 우아한 스타일이 가미되면 얼마나 멋진 결과물이 나오는지 볼 수 있어서 나도 즐겨 읽는다.

메콤히게 익힌 닭에 중국 향신료인 오향분을 발리서 완성히는 요리는 내기〈시티 키친〉에서 본 다양한 레시피 중에서도 무척 마음에 드는 음식이다. 간단하면서도 맛있게 만들 수 있는 레시피이기도 해서 나는 지난 몇 년 동안 다양한 부위의 육류와 생선을 이용해 수십 번은 만들어 보았다. **재스민 쌀밥**(282쪽), **베트남식 오이 샐러드**(226쪽)와 특히 잘 어울리는 요리이며, 먹고 남은 닭은 다음 날 덮밥으로 만들어 먹어도 좋다.

약 1.8kg짜리 생닭 1마리 또는 뼈와 껍질이 붙어 있는 닭 허벅지살 8조각
소금
간장 ¼컵
흑설탕 ¼컵
미림(청주) ¼컵
참기름 1작은술
잘게 썬 생강 1큰술
마늘 4톨, 잘게 다지거나 으깬 뒤 소금을 뿌려서 준비
오향분 ½작은술
카이엔 고춧가루 ¼작은술
고수 잎과 연한 줄기, 큼직하게 썰어서 ¼컵
파 4개, 푸른 잎과 흰색 대 부분 모두 얇게 썰어서 준비

닭은 미리 손질해 둔다. 닭 한 마리를 통째로 준비한 경우 318쪽에 설명한 방법대로 8등분하고, 남은 부분은 따로 보관해 두었다가 **닭 육수**(271쪽)를 만든다. 손질한 닭에 소금을 살짝 뿌려서 30분간 재운다. 나중에 닭을 재울 양념에도 간장이 다량 들어가서 짠맛이 난다는 점을 기억하고, 소금은 평소에 닭을 재울 때 사용하는 양의 절반 정도만 사용한다.

닭을 재워 두고 간장과 흑설탕, 미림, 참기름, 생강, 마늘, 오향분, 카이엔 고춧가루를 모두 한곳에 담아 잘 섞는다. 입구를 봉할 수 있는 비닐봉지에 닭을 담고 양념을 모두 붓고 닭 표면에 양념이 골고루 묻도록 봉지를 주무르듯 발라 준 뒤 봉지째로 냉장고에 넣고 하룻밤 둔다.

닭은 익히기 몇 시간 전에 냉장고에서 꺼내 실온으로 만든다. 그동안 오븐을 205℃로 예열한다.

20×33cm 크기의 로스팅용 팬에 껍질이 위로 가도록 닭을 담고 그 위에 양념을 붓는다. 양념의 양은 팬 바닥 전체에 자작하게 깔릴 정도로 충분해야 한다. 부족하면 물을 2큰술 넣어 바닥이 모두 덮이도록 해야 타지 않는다. 오븐에 팬을 넣고 10~12분마다 위치를 바꿔 주면서 익힌다.

닭 가슴살이 포함된 경우 20분 정도 후에 꺼내야 과도하게 익지 않는다. 나머지 부위는 총 45분간 뼈에서 살이 분리될 정도로 연하게 익을 때까지 계속 가열한다.

다른 부위가 다 익으면 닭 가슴살도 다시 팬에 담고 오븐 온도를 230℃로 높인다. 소스가 졸아들고 껍질이 짙은 갈색을 띠면서 바삭하게 익도록 12분 정도 가열한다. 3~4분마다 팬 바닥에 남은 양념을 붓에 묻혀 닭 표면에 골고루 바른다.

고수, 얇게 썬 파를 뿌려 따듯할 때 낸다.

뚜껑을 덮어 냉장 보관하면 최대 3일까지 두고 먹을 수 있다.

버터밀크로 양념한 로스트 치킨

4인분

'에콜로 레스토랑'의 로스트 요리에 적응한 후에는 매일 저녁 땔감에 불을 붙이고 그 위에서 닭을 굽는 일이 전혀 질리지 않을 만큼 즐거웠다. 그러다 미국 남부 지역의 할머니들이 즐겨 하는 방식대로 닭을 하루 동안 버터밀크에 담가 두었다가 구우면 어떨까 하는 아이디어가 떠올랐다. 몇 년이 흘러 한 친구가 전설적인 요리사 자크 페팽을 초대했다며 제발 좀 도와달라고 갑자기 연락을 해 왔다. 그날 당일에 있을 피크닉에서 먹을 요리를 준비해 달라는 요청이었다. 그때 나는 예전부터 생각했던 버터밀크 치킨을 10마리 넘게 만들었다. 그리고 더 생각하고 말고 할 겨를도 없이 얼른 랩으로 치킨을 포장하고 채소로 만든 샐러드와 바삭한 빵도 함께 준비해서 보냈다. 그날 밤, 자크 페팽이 내게 직접 메시지를 보냈다. 모든 음식에 전통 그대로의 느낌이 완벽하게 살아 있고 너무나 맛이 좋았다는 내용이었다. 이보다 더 좋은 찬사가 있을까 싶었다.

버터밀크에 소금을 넣어 닭을 절이면 소금물에 절일 때와 마찬가지로 여러 단계를 거쳐 닭이 연해진다. 일단 수분이 육질을 촉촉하게 하고 소금과 산 성분은 단백질이 익는 동안 수분이 빠져나가지 않도록 방지한다. (31쪽과 113쪽 내용 참조) 여기에 버터밀크에 함유된 당류에서 캐러멜화가 일어나므로 껍질이 더욱 노릇해지는 효과가 보너스로 따라온다. 로스트 치킨의 장점은 언제 어디서나 먹을 수 있다는 점이지만, 나는 전분 요리와 샐러드, 소스를 동시에 즐길 수 있는 **판차넬라**(231쪽)와 함께 먹는 것을 특히 좋아한다!

약 1.6~1.8kg짜리 생닭

소금

버터밀크 2컵

닭은 하루 전날 손질한다. 가금육 손질용 가위나 날이 잘 드는 칼로 날개의 첫 번째 마디를 잘라 날개 끝부분을 분리한다. 잘라 낸 날개 끝은 따로 보관한다. 닭은 소금을 넉넉하게 뿌려 간을 하고 30분간 그대로 둔다.

버터밀크에 코셔 소금 2큰술 또는 가는 천일염 4작은술을 넣고 녹인다. 약 4*l* 크기의 입구를 봉할 수 있는 비닐봉지에 닭을 담고 버터밀크를 붓는다. 닭이 4*l* 봉지에 모두 들어가지 않을 경우 두 배 더 큰 채소용 비닐봉지에 담고 액체가 새지 않도록 노끈으로 입구를 묶는다.

봉지를 봉하고 주물러서 닭 전체에 버터밀크를 골고루 묻힌 다음 테두리가 있는 그릇에 봉지 째로 담아 냉장고에 넣는다. 취향에 따라 24시간 동안 봉지 방향을 이리저리 바꿔서 골고루 양념이 배게 해도 되지만, 반드시 그럴 필요는 없다.

닭은 익히기 몇 시간 전에 냉장고에서 꺼내 실온으로 만든다. 오븐을 220℃로 예열하고 팬을 올릴 철제 선반은 중간 칸에 끼워 둔다.

봉지에서 닭을 꺼내고 남은 버터밀크도 대충 긁어모은다. 육류용 노끈으로 닭 다리를 하나로 단단히 묶는다. 25cm 크기의 주물 냄비나 얕은 로스트용 오븐 팬에 닭을 담는다.

팬을 오븐 중간 칸에 올리고 최대한 뒤로 밀어 넣는다. 닭 다리가 왼쪽 뒷면 구석을 향하고 닭 가슴 부위는 중앙을 향하도록 팬의 위치를 돌려 준다. (오븐 뒷면 구석이 온도가 가장 높으므로 이렇게 방향을 맞추면 다리가 다 익기 전에 가슴살이 과하게 익는 것을 방지할 수 있다.) 오븐을 작동하면 얼마 지나지 않아 닭이 지글지글 익는 소리가 들려야 한다.

20분쯤 익힌 후 닭이 갈색으로 변하기 시작하면 오븐 온도를 205℃로 줄이고 10분간 더 굽는다. 다리가 오븐 오른쪽 뒷면 구석을 향하도록 팬의 위치를 바꿔 준다.

닭이 전체적으로 갈색을 띠면서 다리와 허벅지를 칼로 찔러 봤을 때 투명한 육즙이 흘러나올 때까지 30분 정도 더 익힌다.

다 익은 닭은 접시에 담아 10분간 그대로 두었다가 썰어서 낸다.

변형 아이디어

- 당장 사용할 수 있는 버터밀크가 없으면 플레인 요구르트나 **크렘 프레슈**(113쪽)로 대체해도 된다.
- 버터밀크를 빼고 **페르시아식 로스트 치킨**을 만드는 방법도 있다. 287쪽의 설명을 참고해 사프란을 우려내고 여기에 플레인 요구르트 1½컵, 코셔 소금 1큰술 또는 가는 천일염 2작은술을 넣은 뒤 잘게 썬 레몬 제스트 2작은술을 추가한다. 입구를 봉할 수 있는 비닐봉지에 소금에 절여 둔 닭을 담고 요구르트 양념을 부은 다음 손으로 골고루 주물러서 표면에 입힌다. 나머지 방법은 위 레시피와 동일하다.

시칠리아식 치킨 샐러드

약 8컵

'에콜로 레스토랑'에서는 매일 저녁 꼬챙이에 끼운 닭구이를 만들었으므로 남은 닭을 잘 활용할 수 있는 온갖 기발한 방법을 짜내야 했다. 치킨 팟 파이, 치킨 수프, 치킨 라구 소스 같은 요리는 메뉴에 거의 빠지지 않았다. 지금 소개하는 샐러드는 그 모든 닭 요리 중에서도 남은 닭을 활용하는 방법으로 우리가 모두 애용하던 요리다. 바로 잣과 커런트, 회향, 셀러리와 함께 어우러져 지중해 지역의 멋진 풍미를 느낄 수 있는 전통적인 치킨 샐러드다. (요리할 시간이 부족하면 시중에 판매하는 전기구이 통닭을 사온 다음, 마찬가지로 상점에서 구할 수 있는 고품질 마요네즈에 으깨거나 잘게 다진 마늘 1~2톨을 넣어 휙 섞으면 금방 완성할 수 있다.)

붉은 양파 중간 크기로 ½개, 잘게 다져서 준비
레드 와인 식초 ¼컵
커런트 ½컵
굽거나 삶아서 잘게 찢은 닭고기 5컵(로스트 치킨 1마리 분량)
빽빽한 **아이올리** 소스(376쪽) 1컵
잘게 썬 레몬 제스트 1작은술
레몬즙 2큰술
잘게 썬 파슬리 잎 3큰술
잣 ½컵, 살짝 볶아서 준비
셀러리 줄기 작은 것으로 2개, 잘게 썰어서 준비
회향 구근 중간 크기로 ½개, 잘게 다져서 준비(약 ½컵)
회향 씨앗 가루 2작은술
소금

작은 볼에 양파와 식초를 담고 섞어서 15분간 절인다. (118쪽 참조)

다른 작은 볼에 커런트를 담고 끓인 물을 부어서 불린다. 수분을 흡수해 통통하게 부풀어 오르도록 15분간 그대로 둔다. 물을 제거하고 큰 볼에 담는다.

커런트가 담긴 볼에 닭고기, 아이올리 소스, 레몬 제스트, 레몬즙, 파슬리, 잣, 셀러리, 회향 구근, 회향 씨앗 가루를 넣고 소금을 넉넉하게 두 번 집어서 넣은 뒤 골고루 섞는다. 절여 둔 양파와 섞은 다음 (식초는 함께 넣지 말 것.) 맛을 본다. 필요하면 소금과 식초를 더 넣어 간을 맞춘다.

바삭하게 구운 빵과 함께 먹거나 로메인 상추 또는 리틀젬 상추에 싸서 먹는다.

변형 아이디어

- 잣과 레몬 제스트, 회향 구근과 씨앗을 빼고 파슬리 대신 고수를 넣어 **카레 치킨 샐러드**를 만드는 방법도 있다. 노란색 카레 가루 3큰술, 카이엔 고춧가루 ¼작은술, 얇게 썰어 살짝 볶은 아몬드 ½컵과 새콤한 맛이 강한 사과 1개를 잘게 다져서 넣는다.
- 샐러드에 스모키한 향을 조금 더하고 싶다면 구운 닭이나 삶은 닭고기 대신 먹고 남은 **세이지와 꿀을 넣은 훈제 치킨**(330쪽)을 넣는다.

육류

정육점 진열장 앞에 서서 오늘은 어떤 부위를 사서 저녁 식탁을 차릴까 고민할 때 꼭 기억할 것이 있다. 적어도 고기를 요리할 때만큼은 시간이 정말로 돈이라는 사실이다. 값비싼 부위, 즉 연하고 부드러운 부위일수록 단시간에 익힐 수 있고, 그보다 질기지만 저렴한 부위는 시간이 걸리는 세심한 처리 과정을 거쳐 연하게 만들어야 한다는 의미다. 따라서 값이 비싸고 연한 부위는 **센불**로 익히는 것이 좋고, 저렴하고 질긴 부위는 **약불**로 익히는 것이 좋다. 약불과 센불을 이용한 요리법에 관한 더욱 자세한 내용은 156쪽을 참고하기 바란다.

한 가지 재미있는 관용 표현에 대해서도 알아보자. 영어에서 'high on the hog'[1]라는 표현을 들어본 적이 있는가? '경제적으로 풍족하다', '사치스럽다'는 의미로 쓰이는 이 표현은 정육업자들 사이에서 사용되던 말이다. 이탈리아에서 지내던 시절, 나를 제자로 받아 준 다리오 체키니를 통해 나는 20세기가 한참 지났을 때까지도 이탈리아에서는 온 가족이 1년 동안 돼지 한두 마리로 먹고 살았다는 이야기를 들었다. 노르치노(norcino)라 불리던 전문 도축업자가 겨울마다 여러 지역을 돌아다니면서 돼지를 잡고 맛있는 부위로 해체해 주었다고 한다. 그러고 나면 다리로 프로슈토를, 삼겹살로 판체타를, 나머지 자투리 고기로는 살라미를 만들었다. 돼지 지방은 나중에 기름으로 사용하고 돼지 등 부위에서 얻은 최상급 부위인 등심은 특별한 날에 사용하기 위해 따로 남겨 두었다.

다시 캘리포니아로 돌아와 몇 개월이 지난 어느 날, 나는 우연히 미국 남부 지역 요리 전문가로 유명한 에드나 루이스의 책 『시골 요리의 맛(*The Taste of Country Cooking*)』을 발견했다. 그 책에서 에드나는 해마다 가족들이 돼지를 잡아 식재료를 마련했던 일을 상세히 회상했다. 여러 지역을 돌아다니는 도축업자를 자매들과 함께 손꼽아 기다렸다는 이야기와 함께, 그 도축업자가 12월마다 가족 농장에 찾아와 돼지를 잡고 손질하는 과정을 도와주었다는 내용도 있었다. 그가 돼지 허벅다리와 삼겹살, 등심을 앞으로 수개월간 두고 먹을 수 있도록 꼼꼼하게 훈연하면 아이들은 그 모습을 지켜보았다고 한다. 그리고 여자들이 파이에 넣을 리프 라드(leaf lard)를 만들거나 간 또는 자투리 고기로 소시지를 만들면서 일손을 도왔다고 에드나는 전했다. 미국 남부와 이탈리아에서 같은 전통이 이어진 것이다. 알뜰하게 요리하는 방식은 만국 공통이라는 사실을 알 수 있었던 흥미로운 이야기였다.

1 직역하면 '돼지를 마음껏 먹다', '돼지(고기)가 넘쳐난다'는 의미다.

나는 정육점 진열장 앞에서 무엇을 살까 고민할 때마다 머릿속에 하늘로 훨훨 날아가는 돼지 한 마리를 떠올린다. 돼지 발굽을 기준으로 각 부위가 얼마나 멀리 떨어져 있는지 생각하면 연한 정도와 가격을 금방 가늠할 수 있다. 등심은 돼지의 모든 부위 중에서 가장 움직임이 없는 부위이므로 가장 연하다. 반면 정강이나 가슴, 갈비, 목살처럼 다리와 목 부위에서 나온 고기는 더 질기고 그만큼 저렴하다. 하지만 맛은 오히려 좋은 경우가 많다.

분쇄육은 이와 같은 규칙에서 크게 벗어나는 예외로 봐야 한다. 일반적으로 정육업자들은 질긴 국거리용 부위로 분쇄육을 만드는데, 이 과정에서 길고 질긴 근섬유가 잘리면서 훨씬 연해진다. 버거 패티와 미트볼, 소시지, 케밥용 고기는 저렴하면서 단시간에 조리할 수 있는 음식이므로 주중 저녁 메뉴로 이상적이다.

바쁜 주중에 저녁 식탁을 차릴 때는 지금 소개하는 레시피들을 기본적인 지침으로 삼길 바란다. 먼저 각 요리에 필요한 기술을 익힌 다음 여러 가지 맛과 다양한 부위를 이리저리 조합해 보고, 특별한 예외가 아닌 이상 고기는 최대한 미리 간을 해 두어야 한다는 점을 잊지 말자. 하루 전날 절여 두는 것이 가장 좋지만 그렇지 못한 경우에도 소금을 바로 뿌리는 것보다는 조금이라도 미리 뿌려 두는 것이 낫다. 고기를 골고루 익히려면 일단 실온이 되도록 두었다가 구워야 한다는 사실도 기억하자.

매콤하게 절인 칠면조 가슴살 요리

6인분, 넉넉하게 남아서 샌드위치도 만들 수 있는 양

미국 축산 분야에 돌풍을 일으킨 빌 니먼은 칠면조를 처음 기르기 시작한 뒤 몇 개월이 지나자 '에콜로 레스토랑'에 매주 자신이 키운 칠면조를 두 마리씩 보냈다. 여섯 종류의 토종 칠면조 중에서 어떤 것이 가장 맛이 좋고 육질이 연한지 알려 달라는 조건이었다. 토종 칠면조는 맛이 뛰어나지만 고기가 너무 질기거나 퍽퍽할 수 있다. 그가 보내온 칠면조를 이리저리 요리해 본 결과, 나는 가장 마음에 드는 조리법을 발견했다. 다리는 소금물에 담갔다가 라구로 만들고, 가슴 부위는 절인 후 꼬챙이에 끼워 구운 다음 얇게 썰어서 촉촉한 샌드위치로 만드는 것이다. 레스토랑을 찾은 한 손님이 이 샌드위치를 주문해서 맛을 보고는 징말로 칠면조 고기 맛이 나는 칠면조 샌드위치는 처음 먹어 봤다며 감단했다! 긴 세월이 흘렀지만 지금도 나는 주말이면 칠면조 가슴살을 소금물에 절였다가 구워 놓고 평일에 점심으로 샌드위치를 싸 가곤 하는데, 그럴 때마다 같이 일하는 동료들이 얼마나 부러워하는지 모른다!

아래에 소개한 레시피의 소금물은 칠면조 고기를 샌드위치에 넣기 위한 구성이지만, 칠면조를 비롯해 어떤 고기든 따뜻하게 주요리로 만들 때 활용할 수도 있다. 그럴 경우 소금의 양을 코셔 소금은 ⅔컵으로, 가는 천일염은 7큰술(약 105g)로 줄이면 된다.

코셔 소금 ¾컵 또는 가는 천일염 ½컵(약 120g)

설탕 ⅓컵

마늘 1통, 가로로 2등분해서 준비

흑후추알 1작은술

붉은 고춧가루 2큰술

카이엔 고춧가루 ½작은술

레몬 1개

월계수 잎 6장

약 1.6kg짜리 칠면조 가슴살 절반, 뼈를 발라내고 껍질은 남겨서 준비

엑스트라버진 올리브유

큰 냄비에 소금, 설탕, 마늘, 통후추, 고춧가루, 카이엔 고춧가루를 모두 담고 물 4컵을 붓는다. 감자 깎는 칼로 레몬 제스트를 만들고 남은 레몬을 2등분해 즙을 짜서 냄비에 넣은 후 남은 레몬과 레몬 제스트도 모두 넣는다. 불을 켜고 팔팔 끓으면 불을 낮춰 뭉근하게 끓이면서 가끔씩 저어 준다. 소금과 설탕이 모두 녹으면 불을 끄고 찬물 8컵을 붓는다. 실온으로 식힌다. 칠면조 고기에 안심, 즉 가슴 아래쪽에 길게 붙어 있는 하얀 살코기가 남아 있는 경우 떼어 낸다. 가슴살과 떼어 낸 안심을 앞서 만든

소금물에 담가 하룻밤 동안, 최대 24시간까지 그대로 둔다.

요리하기 2시간 전에 소금물에서 가슴살과 안심을 건져 내고 실온에 둔다.

오븐을 220℃로 예열한다. 큰 주물 프라이팬이나 오븐에 바로 넣을 수 있는 냄비를 가스레인지에 올리고 센불로 가열한다. 뜨거워지면 올리브유 1큰술을 넣고 가슴살을 껍질이 아래로 가도록 놓는다. 중불과 센불 사이로 낮추고 가슴살이 노릇해지면서 껍질 색이 바뀌기 시작할 때까지 4~5분간 굽는다. 집게로 뒤집어서 껍질이 위로 오도록 한 뒤 가슴살 옆에 안심도 올린다. 불을 끄고 팬을 오븐에 넣은 다음 최대한 뒤쪽으로 밀어 넣는다. 오븐 온도가 가장 높은 곳에서 익혀야 처음 뜨거운 열이 바로 닿아서 보기 좋게 노릇노릇한 칠면조 구이가 된다.

약 12분 뒤 식품용 디지털 온도계를 안심의 가장 두툼한 부분에 찔러 넣고 65℃ 정도로 확인되면 오븐에서 꺼낸다. 이때 가슴살도 어느 정도로 익었는지 확인할 수 있도록 여러 군데에 온도계를 찔러 넣어 온도를 확인하고 65℃가 될 때까지 계속해서 12~18분 정도 더 굽는다. (55℃부터는 온도가 급속히 오르기 시작하므로 오븐을 너무 무신경하게 두면 안 된다. 몇 분에 한 번씩은 가슴살 온도를 확인해야 한다.) 팬을 오븐에서 꺼내고 10분간 그대로 두었다가 썬다.

구운 고기는 결과 반대 방향으로 썰어서 낸다.

변형 아이디어

- 조금 특별한 방법을 활용해 고기가 메마르지 않도록 구울 수 있다. 소금물에 절인 칠면조 가슴살을 베이컨이나 판체타 몇 줄로 돌돌 말아서 굽는 **바딩** 기법을 동원하는 것이다. 필요하면 말아 놓은 고기가 풀리지 않도록 육류용 노끈으로 묶어 둔다.

- **뼈 없는 돼지 등심** 1.8kg을 앞의 방법으로 만든 소금물에 재워 두었다가 구워 보자. 양면이 노릇해지도록 구운 다음 55℃(레어-미디엄-레어) 또는 57℃(제대로 된 미디엄 레어)가 되도록 30~35분간 굽는다. 그 외에는 61~63℃ 정도가 될 때까지 구우면 된다. 다 구운 돼지고기는 15분간 그대로 두었다가 썬다.

- **추수감사절 칠면조 즉석 구이**는 소금을 ¾컵 그대로 넣으면 촉촉하게 만들 수 있다. 타임 잔가지 2개, 로즈메리 가지 큰 것으로 1개, 세이지 잎 12장을 냄비에 담고 붉은 고춧가루는 1작은술로 줄여서 넣는다. 카이엔 고춧가루는 생략한다. 여기에 양파와 당근 각각 하나씩 껍질을 벗겨 얇게 썰고, 셀러리 줄기 하나도 잘게 썰어서 넣는다. 팔팔 끓인 후 찬물 6l를 붓는다. 칠면조를 즉석 구이용으로 손질한 후 (316쪽 참조) 차갑게 식힌 소금물에 48시간 동안 담가 두면 최상의 맛을 끌어 낼 수 있다. 재워 둔 칠면조는 205℃로 맞춘 오븐에 넣고 엉덩이 관절 쪽에 식품용 온도계를 찔러 넣어 확인했을 때 70℃가 될 정도로 굽는다. 다 구운 칠면조는 꺼내서 25분간 두었다가 썬다.

고추 넣은 돼지고기찜

6~8인분

이 레시피는 이 책에 포함된 레시피 중에서 가장 여러 용도로 두루 활용할 수 있는 요리를 소개한다. 베이징 미국 대사관에서 외교관들에게 제공할 식사를 준비할 때, 1,000년 전에 지어진 이탈리아 북부의 어느 성에서 저명한 손님들을 위한 식사를 준비할 때도 나는 이 방법으로 돼지고기를 준비했다. 하지만 이 요리는 '열'에 관한 요리 강좌를 마무리하면서 선보일 때가 가장 즐겁다. 학생들과 함께 고기를 잘게 찢고, 타코도 만들고, **삶은 콩**(280쪽)과 **브라이트 양배추 샐러드**(224쪽), **멕시코식 허브 살사**(363쪽)도 산더미처럼 만들 수 있으니까. 먹고 남은 음식을 집에 싸 들고 가서 1주일 내내 먹을 수 있다는 점도 빼놓을 수 없는 즐거움이니.

뼈 없는 돼지고기 목살 약 1.8kg

소금

마늘 1통

특별한 맛이 나지 않는 식용유

양파 중간 크기로 2개, 얇게 썰어서 준비

생토마토나 통조림 토마토, 으깨서 즙 포함 2컵

쿠민 씨앗 2큰술(또는 쿠민 가루 1큰술)

월계수 잎 2장

말린 고추 8개, 과히요, 뉴멕시코, 애너하임, 앤초 등과 같은 품종으로 꼭지와 씨 제거하고 씻어서 준비

선택 재료: 스모키한 향을 더하고 싶다면 훈제 파프리카 1큰술 또는 치폴레 모리타나 파시야 데 오악사카와 같은 품종의 훈제 고추 2개를 고기 절이는 소금물에 첨가한다.

라거 또는 필스너 맥주 2~3컵

큼직하게 썬 고수 ½컵, 고명용으로 준비

하루 전날 돼지고기에 소금을 넉넉하게 뿌리고 뚜껑을 덮어 냉장고에 넣어 둔다.

요리하는 날, 오븐을 160℃로 예열한다. 마늘 1통을 준비하고 뿌리를 완전히 제거한 다음 가로로 2등분한다. (나중에 다 건져 낼 것이므로 껍질이 들어가도 상관없다. 영 찜찜하면 껍질을 모두 벗겨서 넣어도 되지만, 그대로 넣으면 시간과 수고를 덜 수 있다.)

큰 주물 냄비나 오븐에 바로 넣을 수 있는 비슷한 냄비를 중불과 센불 사이에 올린다. 따뜻해지면 식용유를 1큰술 넣는다. 끓기 시작하면 돼지고기를 얹고 양면이 노릇해지도록 한 면당 3~4분 정도 굽는다.

고기가 갈색을 띠면 불을 끄고 한쪽에 담아 둔다. 냄비에 고인 기름은 조심스럽게 기울여 최대한 제거한다. 냄비를 다시 가스레인지에 올린 후 중불로 줄이고 식용유를 1큰술 넣는다. 양파와 마늘을 넣고 가끔씩 저어 주면서 양파가 연한 갈색을 띠면서 부드러워질 때까지 15분 정도 볶는다.

토마토를 즙과 함께 넣고 쿠민, 월계수 잎, 말린 고추도 넣는다. 훈제 파프리카나 고추를 넣을 경우 모두 잘 젓는다. 향긋한 맛을 내 줄 이 모든 재료 위에 돼지고기를 얹고 고기 측면이 4cm 이상 잠기도록 맥주를 충분히 붓는다. 고추와 월계수 잎은 거의 잠겨야 가열해도 타지 않는다.

불을 높여서 팔팔 끓인 후 불을 끄고 냄비 뚜껑은 덮지 않은 채 오븐에 넣는다. 30분간 가열한 후 국물이 거의 다 졸았는지 확인한다. 30분마다 돼지고기를 뒤집고 국물의 양을 확인한다. 국물이 4cm 높이로 유지되도록 필요하면 맥주를 더 붓는다. 포크로 찔러 봤을 때 고기가 쉽게 분리될 정도로 3시간 반에서 4시간 동안 푹 익힌다.

고기가 다 익으면 냄비를 꺼내 고기를 다른 그릇에 담아 둔다. 월계수 잎은 버린다. 마늘 껍질은 나중에 체에 다 걸러지므로 신경 쓰지 않아도 된다. 푸드 밀이나 블렌더, 푸드 프로세서를 사용해 냄비에 남은 재료를 모두 넣고 갈아서 퓌레로 만든 다음 체에 걸러 준다. 체 위에 남은 건더기는 버린다.

체에 거른 후 소스에 떠오른 기름기를 걷어 내고 맛을 본다. 필요하면 소금으로 간을 한다.

익힌 고기는 잘게 찢어서 소스와 버무려 돼지고기 타코로 만들어도 되고, 얇게 썰어서 소스를 숟가락으로 끼얹어 전채로 먹어도 된다. 잘게 썬 고수를 고명으로 올리고 멕시칸 크레마나 **멕시코식 허브 살사**(363쪽)처럼 새콤한 양념과 함께, 또는 간단히 라임즙을 뿌려서 먹는다.

뚜껑을 덮어 냉장 보관하면 최대 5일까지 두고 먹을 수 있다. 소금물에 절인 고기는 냉동해 두면 된다. 소금물에 담근 그대로 밀폐해 냉동실에 넣어 두면 최대 2개월까지 보관할 수 있다. 먹을 때는 통째로 냄비에 넣고 물을 조금 추가해서 끓인 후 사용한다.

변형 아이디어

- 다음에 나와 있는 리스트에서 아무 부위나 골라 찜이나 스튜를 만들어도 훌륭한 요리가 탄생한다. 앞의 레시피를 참고해 기본적인 단계만 기억해 두고 질기고 근육이 많은 부위를 요리할 때마다 활용해 보자. 찜 요리 만드는 상세한 방법과 부위별 평균 조리 시간은 「열」 부분의 166쪽을 참고하기 바란다.

- 세계 곳곳의 전통 찜 요리나 스튜를 시도해 보고 싶다면 레시피를 검색하면 된다. 같은 요리라도 몇 가지 다른 레시피를 찾아서 어떤 재료나 요리 방법이 공통적으로 포함되어 있는지 비교해 보자. 이 책에 나와 있는 세계의 향신료와 지방, 산을 안내하는 맛 지도와 향신료 도표도 참고하자. 찜 요리는 일단 배워 두면 수많은 요리를 만들어 낼 수 있다는 장점이 있다.

찜 요리를 자유롭게 변형할 때 반드시 알아야 할 정보

찜 요리에 가장 잘 어울리는 부위

돼지고기

- 돼지갈비
- 목살
- 정강이
- 소시지
- 삼겹살

닭, 오리, 토끼

- 다리
- 허벅지
- 날개(가금육인 경우에만 해당)

쇠고기

- 꼬리
- 갈비
- 정강이(오소 부코)
- 목살
- 양지머리
- 홍두깨살

양, 염소

- 어깨
- 목
- 정강이

세계 여러 나라의 전통 찜, 스튜

- 아도보(Adobo, 필리핀)
- 비프 부르기뇽(Beef Bourguignon, 프랑스)
- 비프 도베(Beef Daube, 프랑스)
- 맥주에 절인 소시지(독일)
- 비고(Bigot, 폴란드)
- 삼겹살 찜(전 세계 어디에서나!)
- 카술레(cassoulet, 프랑스)
- 치킨 알라 카치아토라(Alla Cacciatora, 이탈리아)
- 칠리 콘카르네(미국)
- 코코뱅(Coq au Vin, 프랑스)
- 시골 방식 갈비 요리(미국 남부)
- 도로 와트(doro wat, 에티오피아)
- 페제난(Fesenjan, 이란)
- 고르메 삽지(Ghormeh sabzi, 이란)
- 염소고기 비리아(Goat Birria, 멕시코)
- 굴라시(Goulash, 폴란드)
- 양고기 타진(Lamb Tagine, 모로코)
- 로크로(Locro, 아르헨티나)
- 니쿠자가(Nikujaga, 일본)
- 오소 부코(Osso buco, 이탈리아)
- 우유를 넣고 익힌 돼지고기(이탈리아)
- 포토푀(Pot au Feu, 프랑스)
- 팟 로스트(Pot Roast, 미국)
- 포졸레(Pozole, 멕시코)
- 라구 볼로네제(Ragù Bolognese, 이탈리아)
- 로간 조시(Rogan Josh, 카슈미르)
- 로마식 소꼬리 스튜(이탈리아)
- 타스 케밥(Tas Kebap, 터키)

기본적인 찜 요리 시간

닭 가슴살: 뼈가 없으면 5~8분, 뼈가 있으면 15~18분. (생닭을 통째로 찜 요리에 사용하는 경우 가슴살을 분리해서 4등분하고 뼈째로 익힌다. 가열 후 15~18분쯤 지나 다 익은 가슴살만 건져 내고 닭 다리는 더 익힌다.)

닭 다리: 35~40분

오리 다리: 1시간 반~2시간

칠면조 다리: 2시간 반~3시간

돼지 목살: 2시간 반~3시간 반, 뼈가 있으면 더 오래 걸린다.

뼈 있는 쇠고기(갈비, 정강이, 소꼬리): 3시간~3시간 반

쇠고기 살코기 부위(목살, 양지머리, 홍두깨살): 3시간~3시간 반

양 어깨 부위, 뼈가 있을 때: 2시간 반~3시간

단백질을 공급해 줄 식재료 쇼핑 가이드

일반적으로 450g이면 요리를 몇 인분 만들 수 있을까:

생선 필레: 3인분

껍데기 포함 조개류(새우 제외): 1인분

껍데기 포함 새우: 3인분

뼈 있는 구이용 고기: 1.5인분

스테이크: 3인분

통째로 파는 생고기, 뼈 있는 경우: 1인분

버거나 소시지용 분쇄육: 3인분

라구 소스나 칠리 소스용 분쇄육: 4인분

세계 곳곳의 향신료

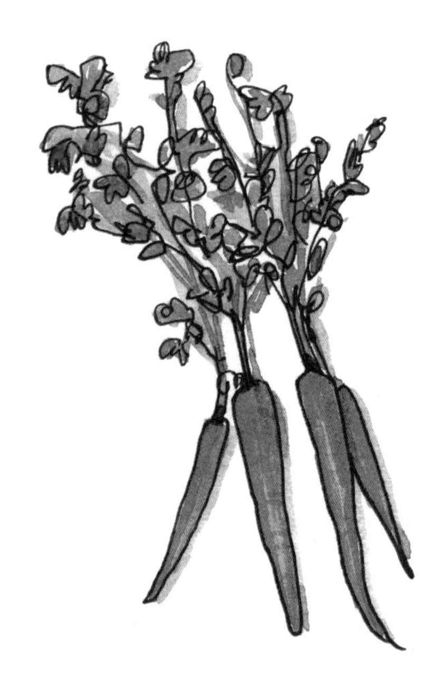

프랑스 : 미르푸아

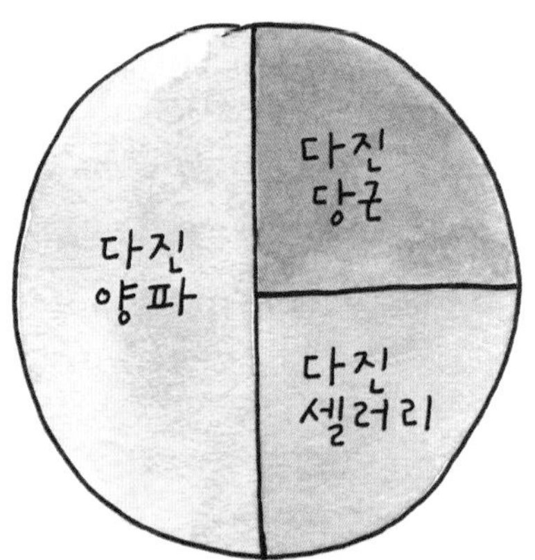

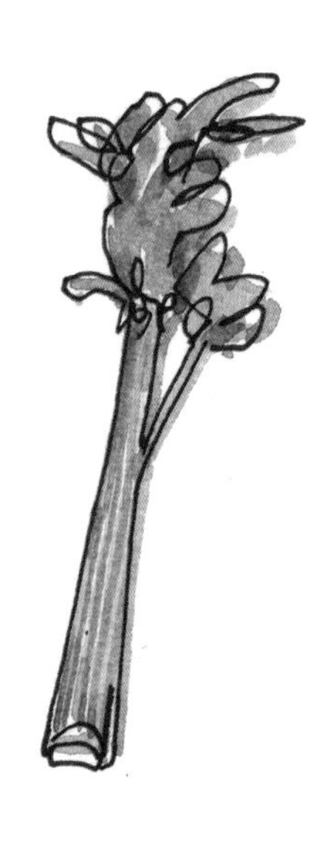

버터나 올리브유를 넣고 색 변화 없이
부드러워질 때까지만 익힌다.

이탈리아 : 소프리토

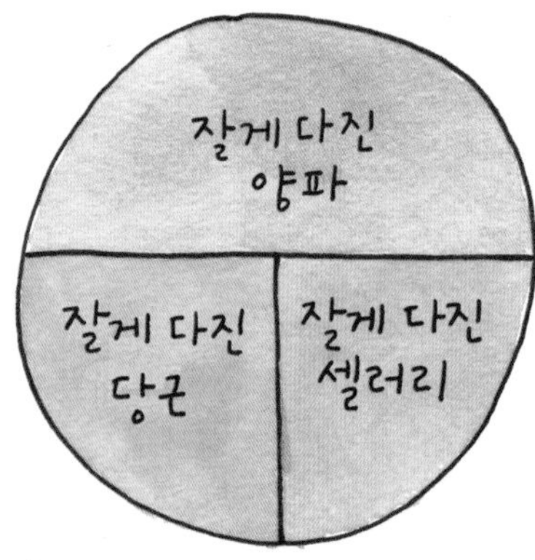

올리브유를 넉넉하게 넣고 채소가
물러지고 갈색이 되도록 익힌다.

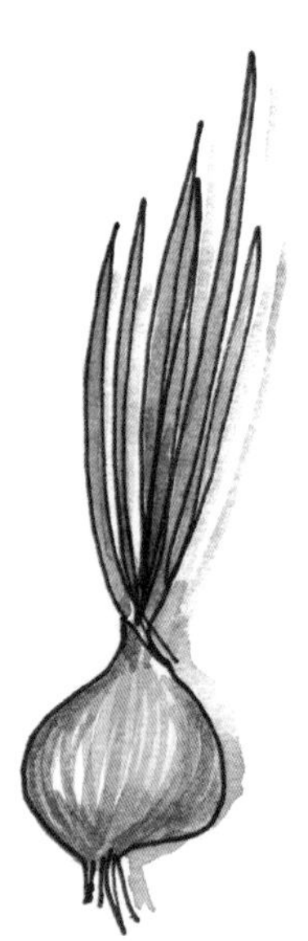

카탈루냐 : 소프레짓

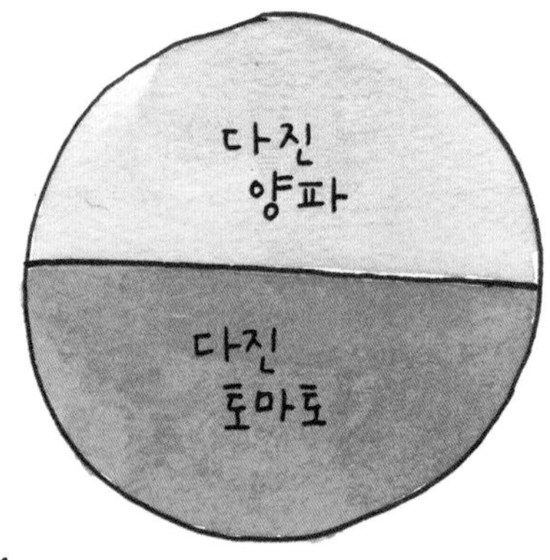

(선택재료 : 마늘 또는 붉은 피망)
올리브유를 넉넉하게 넣고 채소가
물러지고 갈색이 되도록 익힌다.

인도 :
아두 라산

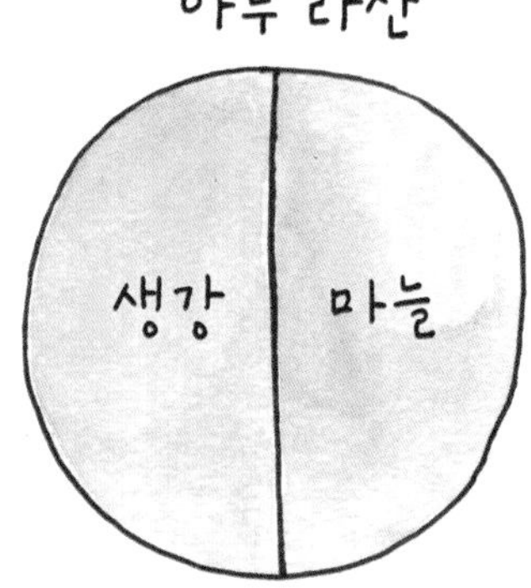

은 절구나 푸드 프로세서로 갈아서
이스트로 만든다. 고기나 가금육을
히기 전에 문질러주거나 절인
파와 함께 기름에 볶아서 사용한다.

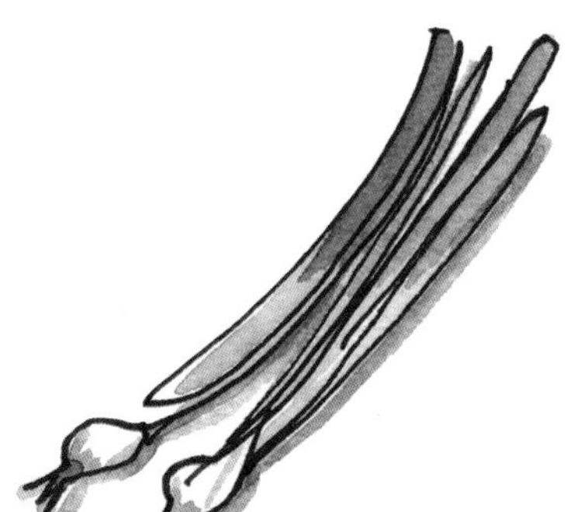

중국 광둥성
(광둥 요리): 향신채

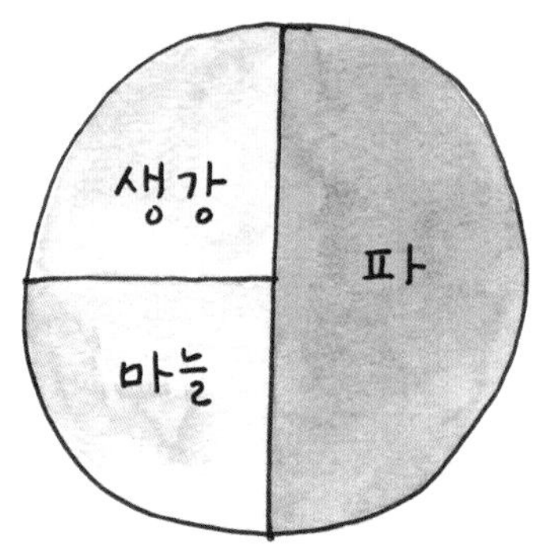

요리를 시작할 때 큼직하게 썰어서
익히면 부드러운 맛을 낼 수 있다. 잘게
다져서 볶음 요리 마지막 단계에 넣으면
강한 맛을 느낄 수 있다.

푸에르토리코 :
레카이토

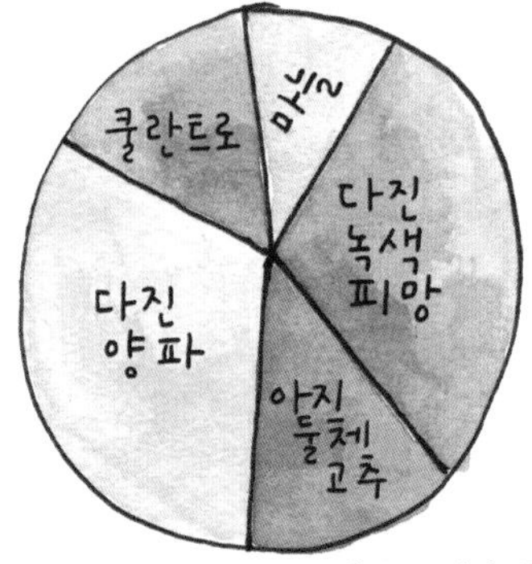

특별한 맛이 나지 않는 식용유에
재료가 연해지고 색이 노릇해지기
시작할 때까지 볶는다.

미국 남부 :
3대 재료

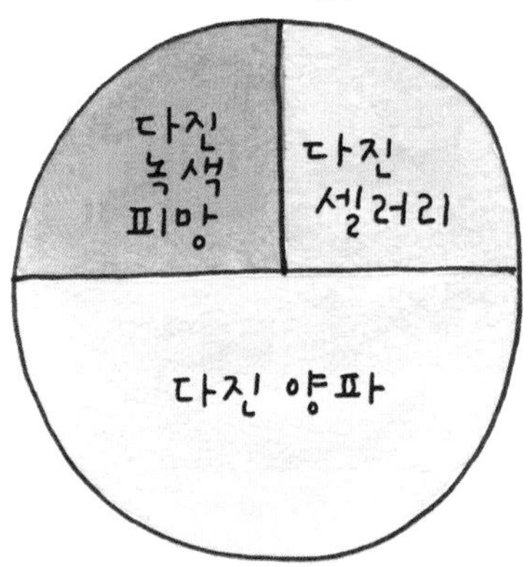

특별한 맛이 나지 않는 식용유에
재료가 연해질 때까지 볶는다.

서아프리카 :
아타 릴로

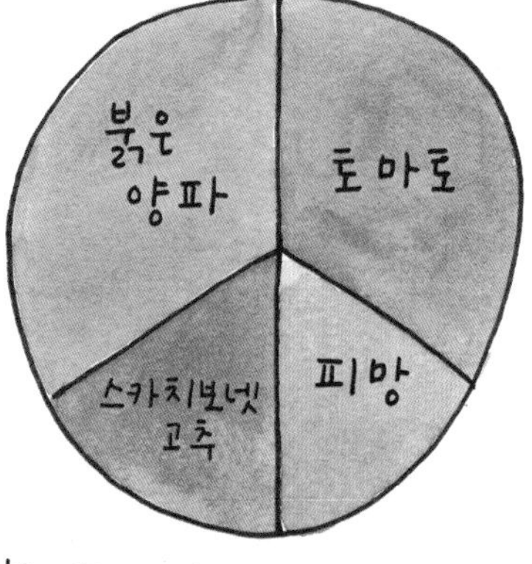

한꺼번에 갈아서 퓌레로 만들고
졸여서 되직한 페이스트로 만든다.

스테이크

어떤 스테이크든 완벽하게 익히는 핵심은 각자 좋아하는 정도로 익히면서 표면 전체를 고루 굽는 것이다. 그러나 스테이크용 고기는 제각기 다르고, 부위가 다르면 지방 함량과 근섬유의 구조에 따라 각각 다른 방식으로 익혀야 한다.

부위와 상관없이 스테이크를 익힐 때 공통적으로 적용되는 규칙이 있다. 첫 번째는 은빛이 도는 근막과 힘줄, 큰 지방 덩어리를 제거해야 한다는 것이다. 두 번째는 소금이 들어가야 육질이 연해지고 더 맛있어지므로 반드시 소금을 미리 뿌려서 간을 해 두어야 한다는 점이다. 또한 어떤 부위든, 어떤 방법으로 익히든 스테이크는 익히기 30~60분 전부터 실온에 두어야 한다.

스테이크를 그릴에서 구울 때는 가열 지점을 여러 종류로 만들자. 숯을 뜨겁게 달궈서 직화로 구울 수 있는 곳과 그보다 온도가 낮고 숯의 불길이 거의 바로 닿지 않아 간접 열로 익힐 수 있는 곳을 모두 만든다. 가스 그릴을 사용하면 버너로 이와 비슷한 효과를 얻을 수 있다. 그릴에 구울 때는 고기를 올려놓고 방치하면 안 된다. 고기가 익으면서 지방이 빠져나와 불 위로 떨어져 불길이 확 일어날 수 있기 때문이다. 이렇게 타오른 불길이 고기 표면에 닿으면 가스 냄새와 불쾌한 맛이 느껴지는 물질이 남는다. 그러므로 절대, 무슨 일이 있어도 고기는 불길이 바로 닿는 곳에서 구우면 안 된다.

그릴이 없거나, 있어도 날씨가 야외 요리에 알맞지 않은 날에는 주물 팬을 극도로 뜨겁게 달궈서 구우면 그릴로 구울 때와 비슷한 뜨거운 열을 얻을 수 있다. 주물 팬은 260℃로 예열한 오븐에 넣어 20분간 달군 다음 조심스럽게 가스레인지에 올려 센불로 계속 가열한다. 아래에 설명한 방법대로 스테이크를 굽되 김이 빠져나갈 수 있도록 고기 사이에 충분한 간격을 두어야 한다. 또한 미리 창문을 활짝 열고, 굽기 전에 화재경보기를 끄자. 간접 열로 익히는 방식은 주물 팬을 가스레인지 불로 먼저 달군 다음 중불로 익히면 비슷한 결과를 얻을 수 있다.

나는 안창살과 꽃등심 스테이크를 가장 좋아한다. 둘 다 깊고 진한 맛을 느낄 수 있는 부위다. 안창살의 경우 가격도 적당하고 준비 단계도 간단하므로 '주중 저녁 식사' 스테이크로 알맞다. 마블링이 멋지게 들어가 입안 가득 육즙을 느낄 수 있는 꽃등심은 가격이 꽤 나가므로 '특별한 날' 어울리는 스테이크다.

안창살 스테이크를 뜨거운 숯불로 굽거나 또는 **가장 센불**로 굽는다면 한 면당 2~3분씩 익힌다. 이렇게 하면 레어 또는 미디엄 레어 정도로 익는다.

225g 정도 되는 **두께 2.5cm짜리 꽃등심**은 **센불**로 굽는다. 한 면당 4분간 익히면 레어로, 5분 정도 익히면 미디엄 스테이크가 된다.

900g 정도 되는 무게에, **두께 6.5cm 정도, 뼈가 포함된 꽃등심**은 한 면당 12~15분간 **간접 열**로 익혀야 미디엄 레어로 익는다. 표면이 짙은 갈색을 띠면서 바삭하게 구워지고 속까지 골고루 익히려면

간접 열로 굽는 것이 적절하다.

어떤 스테이크든 눌러 보면 익은 정도를 확인할 수 있다. 말랑하게 들어가면 레어, 약간 스펀지 같은 느낌이 나면 미디엄 레어, 단단하면 웰던으로 볼 수 있다. 잘라서 속을 확인하거나, 식품용 디지털 온도계를 이용하는 방법도 있다. 레어는 46℃, 미디엄 레어는 52℃, 미디엄은 57℃, 미디엄 웰던은 63℃, 웰던은 68℃ 정도로 익히면 된다. 각 온도에 도달한 스테이크는 불에서 내려 5~10분간 그대로 둔다. 이 시간 동안 잔열로 5℃ 정도가 더 올라가므로 완벽하게 익힐 수 있다.

스테이크를 어떤 방법으로 익혔든, 아무리 배가 고파도 5~10분간 두었다가 먹어야 한다는 사실을 절대 잊지 말자! 이 시간 동안 단백질이 이완되고 육즙이 고기 전체에 골고루 퍼진다. 또한 고기의 결과 반대 방향으로 썰면 한입 먹을 때마다 부드럽게 씹히는 맛을 느낄 수 있다는 점도 기억하자.

코프타 케밥

케밥 약 24개(4~6인분)

코프타(kofta), 쾨프테(köfte), 케프타(kefta), 어떤 이름이든 상관없다. 기본적으로 어뢰처럼 생긴 미트볼에 해당하는 이 음식은 근동 지역과 중동 지역의 모든 국가와 남아시아 지역에서 다양하게 변형된 형태로 존재한다. 친구들이 이란 음식을 좀 해 달라고 할 때, 하지만 **쿠쿠 삽지**(306쪽)를 만들자니 그 많은 재료를 손질하고 썰 엄두가 나지 않거나 다른 복잡하고 까다로운 요리는 도저히 감당할 수가 없을 때 나는 이 음식을 만든다.

사프란, 넉넉하게 1자밤

양파 큰 것으로 1개, 굵게 채썰어서 준비

양고기 분쇄육 약 680g(어깨 부위로 선택하면 좋다.)

마늘 3톨, 잘게 갈거나 으깬 후 소금을 뿌려서 준비

강황가루 1.5작은술

파슬리나 민트, 고수를 한 가지만 또는 섞어서 잘게 썬 것 6큰술

흑후추, 바로 갈아서 넣을 것

소금

287쪽에 나온 방법대로 사프란을 물에 우려내어 **사프란 차**를 만든다. 양파를 체에 올리고 최대한 세게 눌러서 물기를 짜낸 뒤 액체는 버린다.

큰 볼에 사프란 우려낸 물과 양파, 양고기, 마늘, 강황가루, 허브를 담고 흑후추를 1자밤 넣는다. 소금을 세 번 넉넉하게 집어서 넣고 손으로 반죽을 섞으면서 치댄다. 손을 반죽 도구로 잘 활용하면 된다. 손에서 전해진 열로 재료의 지방이 살짝 녹으면서 모든 재료가 밀착되므로 덜 부스러지는 케밥을 만들 수 있다. 반죽이 완성되면 작게 떼어서 프라이팬에 구워서 먹어 본다. 소금과 다른 양념이 적절히 들어갔는지 맛을 보고 필요하면 간을 조절한 다음 다시 두

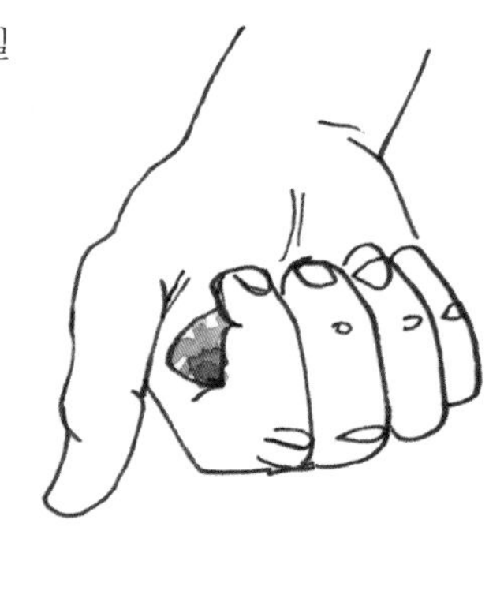

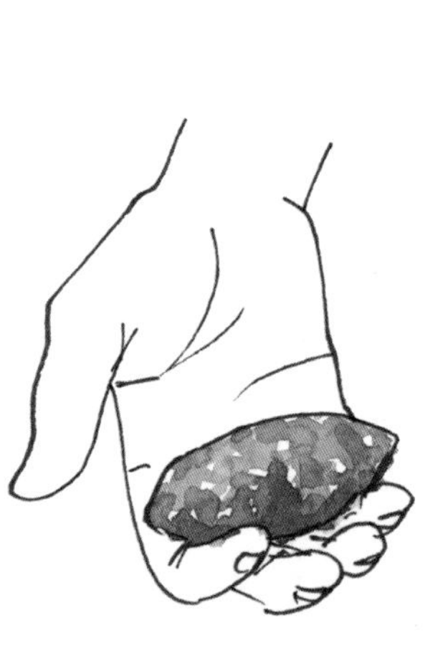

번째 조각을 구워서 맛을 본다.

간이 알맞게 된 반죽은 이제 손을 이용해 3면으로 이루어진 길쭉한 모양의 미트볼로 만든다. 반죽을 2큰술 덜어서 손에 쥐고 손가락 전체를 살짝 둥글게 말아서 형태를 잡으면 된다. 완성된 반죽은 오븐 팬에 유산지를 깔고 그 위에 올려 둔다.

그릴을 이용해 숯을 뜨겁게 달구고 반죽을 올려서 겉면은 먹음직스럽게 타고 속은 살짝 익을 만큼 6~8분 정도 익힌다. 고기가 갈색을 띠기 시작하면 자주 뒤집어서 겉이 골고루 바삭하도록 굽는다. 겉을 눌러 보면 단단하지만 세게 눌렀을 때 중앙은 말랑해야 한다. 다 익었는지 확신이 들지 않으면 반을 잘라 속을 확인한다. 가운데 작은 동전 크기로 분홍색이 남아 있고 갈색 고기로 둘러싸여 있으면 완성된 것이다!

실내에서 구울 때는 주물 프라이팬을 센불에 올리고 바닥이 덮일 정도로 올리브유를 부은 다음 반죽을 올려 6~8분간 굽는다. 딱 한 번만 뒤집어야 한다.

굽자마자 바로 내거나 실온일 때 낸다. **페르시아식 쌀밥**(285쪽), **페르시아식 허브 요구르트**(371쪽), **생강과 라임을 곁들인 얇게 썬 당근 샐러드**(227쪽), **차르물라**(367쪽)와 함께 먹는다.

변형 아이디어

- 사프란을 제외하고 허브를 잘게 다진 고수 ¼컵으로 대체하면 **모로코식 코프타 케밥**이 된다. 강황의 양도 ½작은술로 줄이고 쿠민 1작은술, 매운 고춧가루 ¾작은술, 다진 생강 ½작은술을 추가하고 계핏가루도 살짝 집어서 한 주먹 추가한다. 만드는 방법은 앞의 레시피와 동일하다.

- **터키식 쾨프테**는 입맛에 따라 쇠고기로 바꿔서 사용한다. 강황, 사프란, 허브를 빼고 터키산 마라시 고춧가루 1큰술(또는 매운 고춧가루 1작은술)과 잘게 썬 파슬리 ¼컵, 잘게 썬 민트 잎 8장을 넣는다. 만드는 방법은 앞의 레시피와 동일하다.

소스

훌륭한 소스는 맛있는 요리를 더 맛있게 만들 뿐만 아니라 덜 맛있는 음식도 살려 낸다. 그러므로 소스는 소금, 지방 그리고 산을 추가하여 만드는 믿음직한 재료이자 언제든 생기 있는 맛을 더할 수 있는 재료라 할 수 있다. 소스의 맛을 제대로 느끼는 가장 좋은 방법은 여러분이 만든 요리를 조금 덜어서 소스와 함께 먹어 보고, 맛이 어떻게 어우러지는지 직접 확인하는 것이다. 요리를 내기 직전에 이렇게 맛을 보고 소금과 산 그리고 다른 맛을 조절하면 된다.

살사 공식

잘게 썬 허브
+ 소금
+ 재료를 하나로 묶어 줄 올리브유
(뿌려 먹는 소스에는 조금 더 넣고,
되직한 소스에는 덜 넣는다.)
+ 산성 재료에 절인 샬롯

허브 살사

허브 살사

허브 살사는 딱 한 번만 만들어 보면 배울 수 있을 정도로 쉬운 음식이지만, 제대로 익혀 두면 100가지 소스로 활용할 수 있다. 장을 보러 갈 때마다 파슬리나 고수를 한 묶음씩 사 오는 습관을 들이자. 그리고 사 온 허브로 살사를 만들어서 콩이나 달걀, 쌀, 고기, 생선, 채소 등 떠올릴 수 있는 모든 요리에 1스푼 듬뿍 올리면, **부드럽고 달콤한 옥수수 수프**(276쪽)부터 **참치 콩피**(314쪽), **컨베이어 벨트 치킨**(325쪽)까지 어떤 음식이든 훨씬 맛있게 즐길 수 있다.

파슬리를 사용할 때는 질긴 줄기는 제외하고 잎만 떼어 내서 넣는다. 줄기는 냉동실에 넣어 두었다가 다음에 **닭 육수**(271쪽)를 만들 때 사용하면 된다. 반면 고수 줄기는 고수 전체에서 가장 맛이 좋은 부분이고 섬유질이 많지 않으므로 연한 줄기는 그대로 소스에 사용한다.

나는 살사에 있어서만은 순수주의자라 모든 재료를 손으로 직접 썰어서 사용한다. 하지만 여러분과는 영 거리가 먼 이야기라면 여기서 소개한 레시피를 푸드 프로세서를 이용해 만들어도 된다. 다만 기계를 사용하면 소스가 살짝 더 되직한 질감이 된다. 각기 다른 재료가 한 기계에서 제각기 다른 정도로 분쇄되기 때문이다. 그러므로 재료를 따로 분쇄한 다음 볼 하나에 전부 붓고 손으로 섞는 것이 좋다.

기본 살사 베르데

¾컵

잘게 다진 양파 3큰술(중간 크기 양파 1개 분량)

레드 와인 식초 3큰술

아주 잘게 썬 파슬리 잎 ¼컵

엑스트라버진 올리브유 ¼컵

소금

작은 볼에 양파와 식초를 담고 15분간 절인다. (118쪽 참조)

다른 작은 볼에 파슬리와 올리브유를 넣고 소금을 넉넉하게 한 번 집어서 넣는다.

먹기 직전에 절여 둔 양파를 구멍 뚫린 숟가락으로 건져 파슬리와 오일을 섞은 그릇에 넣는다. (양파를 절인 식초는 아직 넣지 말 것.) 골고루 섞어서 맛을 보고 필요하면 식초를 넣는다. 소금 간도 조절한다. 완성되면 바로 낸다.

뚜껑을 덮어 냉장 보관하면 최대 3일까지 두고 먹을 수 있다.

활용 제안: 수프, 생선이나 고기를 그릴에 굽거나 데친 요리, 굽거나 찐 요리, 채소를 그릴에 굽거나 직화로 구운 요리, 데친 요리에 고명으로 올리면 좋다. **완두콩 수프**, **천천히 구운 연어**, **참치 콩피**, **세상에서 가장 바삭한 즉석 닭구이**, **손가락까지 쪽쪽 빨아먹게 되는 프라이드치킨**, **치킨 콩피**, **컨베이어 벨트 치킨**, **매콤하게 절인 칠면조 가슴살 요리**, **코프타 케밥**과도 잘 어울린다.

변형 아이디어

- 내기 직전에 **뿌려 먹는 빵가루**(237쪽)를 3큰술 넣고 잘 섞으면 바삭한 **빵가루 살사**가 된다.
- 씹히는 맛을 좀 더 추가하고 싶다면 볶은 아몬드나 호두, 헤이즐넛을 잘게 썰어서 파슬리와 올리브유에 3큰술 추가한다.
- 파슬리와 올리브유에 붉은 고춧가루 1작은술 또는 잘게 다진 할라페뇨 1작은술을 넣으면 매콤한 맛을 더할 수 있다.
- 잘게 썬 셀러리 1큰술을 파슬리와 올리브유에 넣으면 신선한 맛을 극대화할 수 있다.
- 잘게 간 레몬 제스트 ¼작은술을 파슬리와 올리브유에 넣으면 상큼한 맛을 더할 수 있다.
- 마늘의 화끈한 맛을 더하고 싶다면 마늘 1톨을 잘게 다지거나 으깨서 넣는다.

- **정통 이탈리아식 살사 베르데**는 안초비 필레 6장을 잘게 다져서 넣고 케이퍼 1큰술을 씻어서 듬성듬성 썰어 파슬리와 올리브유에 넣는다.

- **민트 살사 베르데**는 파슬리 중 절반을 잘게 썬 민트 2큰술로 대체해서 만든다.

튀긴 세이지를 넣은 살사 베르데

조금 모자라는 1컵

기본 살사 베르데(360쪽)
세이지 잎 24장
특별한 맛이 나지 않는 튀김용 식용유 약 2컵

233쪽에 나온 방법대로 세이지 잎을 튀긴다.

살사를 내기 직전에 튀긴 세이지 잎을 부숴서 넣는다. 맛을 보고 소금과 신맛을 조절한다.

뚜껑을 덮어 냉장 보관하면 최대 3일까지 두고 먹을 수 있다.

활용 제안: 추수감사절 저녁 메뉴, 수프, 생선이나 고기를 그릴에 굽거나 데친 요리, 굽거나 찐 요리, 채소를 그릴에 굽거나 직화로 구운 요리, 데친 요리에 고명으로 올리면 좋다. **삶은 콩**, **세상에서 가장 바삭한 즉석 닭구이**, **컨베이어 벨트 치킨**, **매콤하게 절인 칠면조 가슴살 요리**, **그릴에 구운 안창살 스테이크**나 **꽃등심 스테이크**와도 잘 어울린다.

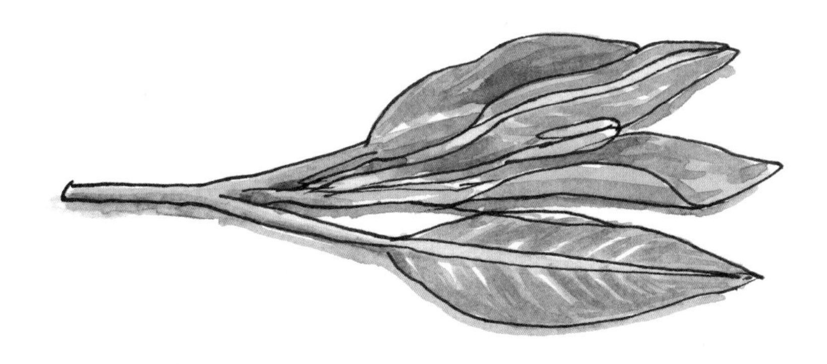

정통 프랑스식 허브 살사

¾컵

잘게 다진 양파 3큰술(중간 크기 양파 1개 분량)

화이트 와인 식초 3큰술

잘게 다진 파슬리 잎 2큰술

잘게 다진 처빌 1큰술

잘게 다진 차이브 1큰술

잘게 다진 바질 1큰술

잘게 다진 사칠쑥 1작은술

엑스트라버진 올리브유 5큰술

소금

작은 볼에 양파와 식초를 담고 15분간 절인다. (118쪽 참조)

다른 작은 볼에 파슬리와 처빌, 차이브, 바질, 사철쑥과 올리브유를 넣고 소금을 넉넉하게 한 번 집어서 넣는다.

먹기 직전에 절여 둔 양파를 구멍 뚫린 숟가락으로 건져 허브와 오일을 섞은 그릇에 넣는다. (양파를 절인 식초는 아직 넣지 말 것.) 골고루 섞어서 맛을 보고 필요하면 식초를 넣는다. 소금 간도 조절한다.

뚜껑을 덮어 냉장 보관하면 최대 3일까지 두고 먹을 수 있다.

활용 제안: 수프, 생선이나 고기를 그릴에 굽거나 데친 요리, 굽거나 찐 요리, 채소를 그릴에 굽거나 직화로 구운 요리, 데친 요리에 고명으로 올리면 좋다. **삶은 콩**, **천천히 구운 연어**, **참치 콩피**, **손가락까지 쪽쪽 빨아먹게 되는 프라이드치킨**, **치킨 콩피**와도 잘 어울린다.

변형 아이디어

- 새콤한 피클 맛을 더하고 싶다면 식초에 절인 작은 오이를 잘게 다져서 1큰술 넣는다.
- 조금 더 가볍고 경쾌한 맛의 살사를 원할 경우, 식초 대신 레몬즙을 넣고 잘게 다진 레몬 제스트 ½작은술을 추가한다.

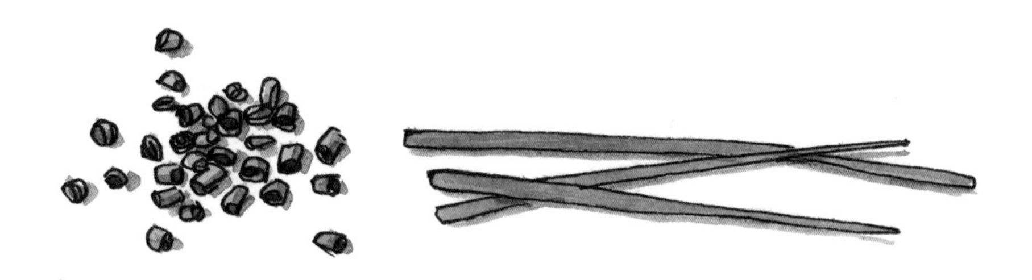

멕시코식 허브 살사

약 1컵

- 잘게 다진 양파 3큰술(중간 크기 양파 1개 분량)
- 라임즙 3큰술
- 잘게 다진 고수 잎과 줄기 ¼컵
- 다진 할라페뇨 1큰술
- 잘게 다진 파(녹색 잎과 하얀 줄기 부분 모두) 2큰술
- 특별한 맛이 나지 않는 식용유 ¼컵
- 소금

작은 볼에 양파와 라임즙을 담고 15분간 절인다. (118쪽 참조)

다른 작은 볼에 고수와 할라페뇨, 파, 식용유를 넣고 소금을 넉넉하게 한 번 집어서 넣는다.

먹기 직전에 절여 둔 양파를 구멍 뚫린 숟가락으로 건져 허브와 오일을 섞은 그릇에 넣는다. (양파를 절인 라임즙은 아직 넣지 말 것.) 골고루 섞어서 맛을 보고 필요하면 라임즙을 넣는다. 맛을 보고 소금 간도 조절한다.

뚜껑을 덮어 냉장 보관하면 최대 3일까지 두고 먹을 수 있다.

활용 제안: 수프, 생선이나 고기를 그릴에 굽거나 데친 요리, 굽거나 찐 요리, 채소를 그릴에 굽거나 직화로 구운 요리, 데친 요리에 고명으로 올리면 좋다. **부드럽고 달콤한 옥수수 수프**, **삶은 콩**, **천천히 구운 연어**, **맥주 반죽 생선 튀김**으로 만든 생선 타코, **참치 콩피**, **세상에서 가장 바삭한 즉석 닭구이**, **컨베이어 벨트 치킨**, **고추 넣은 돼지고기찜**과도 잘 어울린다.

변형 아이디어

- 석류 씨나 오이, 양배추, 멕시코 감자(히카마)를 잘게 다져서 3큰술 넣으면 아삭한 맛을 더할 수 있다.
- 잘게 다진 망고나 금귤을 3큰술 넣으면 달콤한 맛을 더할 수 있다.
- 크리미한 느낌을 더하려면 잘 익은 아보카도를 잘게 썰어 3큰술 넣는다.
- 볶은 호박씨를 잘게 다져서 3큰술 넣으면 **호박씨 살사**가 된다.

동남아시아식 허브 살사

1¼컵

잘게 다진 양파 3큰술(중간 크기 양파 1개 분량)

라임즙 3큰술

잘게 다진 고수 잎과 줄기 ¼컵

다진 할라페뇨 1큰술

잘게 다진 파(녹색 잎과 하얀 줄기 부분 모두) 2큰술

다진 생강 2작은술

특별한 맛이 나지 않는 식용유 5큰술

소금

작은 볼에 양파와 라임즙을 담고 15분간 절인다. (118쪽 참조)

다른 작은 볼에 고수와 할라페뇨, 파, 생강, 식용유를 넣고 소금을 넉넉하게 한 번 집어서 넣는다.

먹기 직전에 구멍 뚫린 숟가락으로 절여 둔 양파를 건져 허브와 오일을 섞은 그릇에 넣는다. (양파를 절인 라임즙은 아직 넣지 말 것.) 골고루 섞어서 맛을 보고 필요하면 라임즙을 넣는다. 맛을 보고 소금 간도 조절한다.

뚜껑을 덮어 냉장 보관하면 최대 3일까지 두고 먹을 수 있다.

활용 제안: 수프에 올리거나 고기를 절이는 양념으로도 활용할 수 있다. 생선이나 고기를 그릴에 굽거나 데친 요리, 굽거나 찐 요리, 채소를 그릴에 굽거나 직화로 구운 요리, 데친 요리에 고명으로 올리면 좋다. **천천히 구운 연어**, **참치 콩피**, **세상에서 가장 바삭한 즉석 닭구이**, **컨베이어 벨트 치킨**, **오향분 글레이즈 치킨**, **매콤하게 절인 돼지 등심**, **안창살** 또는 **꽃등심 스테이크**와도 잘 어울린다.

일본식 허브 살사

약 1컵

잘게 다진 파슬리 잎 2큰술

잘게 다진 고수 잎과 줄기 2큰술

잘게 다진 파(녹색 잎과 하얀 줄기 부분 모두) 2큰술

다진 생강 1작은술

특별한 맛이 나지 않는 식용유 ¼컵

간장 1큰술

양념이 들어간 청주 식초 3큰술

소금

작은 볼에 파슬리와 고수, 파, 생강, 식용유, 간장을 넣는다. 먹기 직전에 식초를 넣고 골고루 섞어서 맛을 보고 필요하면 소금과 식초를 넣는다.

뚜껑을 덮어 냉장 보관하면 최대 3일까지 두고 먹을 수 있다.

활용 제안: 수프에 올리거나 생선이나 고기를 그릴에 굽거나 데친 요리, 굽거나 찐 요리, 채소를 그릴에 굽거나 직화로 구운 요리, 데친 요리에 고명으로 올리면 좋다. **천천히 구운 연어**, **참치 콩피**, **세상에서 가장 바삭한 즉석 닭구이**, **컨베이어 벨트 치킨**, **오향분 글레이즈 치킨**, **매콤하게 절인 돼지 등심**, **안창살** 또는 **꽃등심 스테이크**와도 잘 어울린다.

메이어 레몬 살사 약 1¼컵

메이어 레몬 작은 것으로 1개

잘게 다진 양파 3큰술(중간 크기 양파 1개 분량)

화이트 와인 식초 3큰술

잘게 다진 파슬리 잎 ¼컵

엑스트라버진 올리브유 ¼컵

소금

레몬을 세로로 4등분하고 가운데 막과 씨앗을 제거한다. 손질한 레몬은 바깥 껍질과 안쪽 껍질을 모두 포함해서 잘게 다진다. 작은 볼에 다진 레몬을 담고 즙도 최대한 모아서 담은 다음 양파와 식초를 넣는다. 그대로 15분간 절인다. (118쪽 참조)

다른 작은 볼에 파슬리와 처빌, 올리브유를 넣고 소금을 넉넉하게 한 번 집어서 넣는다.

먹기 직전에 절여 둔 레몬과 양파를 구멍 뚫린 숟가락으로 건져 허브와 오일을 섞은 그릇에 넣는다. (절인 식초는 아직 넣지 말 것.) 골고루 섞어서 맛을 보고 필요하면 식초와 소금을 조절한다. 완성되면 바로 낸다.

뚜껑을 덮어 냉장 보관하면 최대 3일까지 두고 먹을 수 있다.

활용 제안: 수프, 생선이나 고기를 그릴에 굽거나 데친 요리, 굽거나 찐 요리, 채소를 그릴에 굽거나 직화로 구운 요리, 데친 요리에 고명으로 올리면 좋다. **삶은 콩**, **천천히 구운 연어**, **참치 콩피**, **세상에서 가장 바삭한 즉석 닭구이**, **치킨 콩피**, **컨베이어 벨트 치킨**과도 잘 어울린다.

변형 아이디어

- 소금 양을 줄이고 피콜린(Picholine) 올리브의 씨를 제거한 후 잘게 썰어 3큰술 추가하면 **메이어 레몬을 넣은 올리브 렐리시**가 된다.

- 소금 양을 줄이고 양젖으로 만든 페타 치즈를 잘게 부숴서 3큰술 추가하면 **메이어 레몬을 넣은 페타 치즈 렐리시**가 된다.

북아프리카식 차르물라

약 1컵

쿠민 씨앗 ½작은술

엑스트라버진 올리브유 ½컵

잘게 다진 고수 잎과 줄기 1컵

마늘 1톨

생강 2.5cm 크기 1덩어리, 껍질 벗기고 얇게 썰어서 준비

할라페뇨 고추 작은 것 ½개, 꼭지 제거해서 준비

라임즙 4작은술

소금

작은 냄비에 쿠민 씨앗을 담고 냄비를 중불에 올린다. 계속 저으면서 골고루 볶는다. 씨앗 몇 개가 터져서 진한 향이 퍼지기 시작할 때까지 3분 정도 굽는다. 완성되면 불을 끄고 작은 절구나 양념용 분쇄기에 바로 넣어서 가늘게 분쇄하고 소금을 살짝 더한다.

블렌더나 푸드 프로세서에 올리브유와 볶은 쿠민 씨앗, 고수, 마늘, 생강, 할라페뇨, 라임즙을 넣고 소금도 넉넉하게 두 번 집어서 넣는다. 멍울이 지거나 잎이 남지 않도록 갈아 준다. 맛을 보고 소금과 신맛을 조절한다. 필요하면 물을 넣어서 원하는 농도로 만든다. 뚜껑을 덮어서 냉장고에 넣어 두었다가 낸다.

뚜껑을 덮어 냉장 보관하면 최대 3일까지 두고 먹을 수 있다.

활용 제안: **기본 마요네즈**(375쪽)와 섞으면 칠면조 고기를 넣은 샌드위치에 딱 어울리는 소스가 된다. 오일의 양을 ¼컵으로 줄이면 생선이나 닭고기를 재울 양념으로 활용할 수 있다. 쌀이나 병아리콩, 쿠스쿠스 요리, 양고기나 닭고기찜 요리, 구운 고기나 생선과 잘 어울린다. **아보카도 샐러드**나 **당근 수프**에 얹어서 먹어도 좋다. **페르시아식 쌀밥**, **천천히 구운 연어**, **참치 콩피**, **세상에서 가장 바삭한 즉석 닭구이**, **컨베이어 벨트 치킨**, **코프타 케밥**과도 잘 어울린다.

인도식 코코넛 고수 처트니

약 1컵

쿠민 씨앗 1작은술

라임즙 2큰술

코코넛 가루 ½컵, 신선한 것 혹은 냉동 제품으로 준비

마늘 1~2톨

잘게 다진 고수 잎과 줄기 1컵(대략 1묶음 분량)

생민트 잎 12장

할리페뇨 고추 ½개, 꼭지 제거해서 준비

설탕 ¾작은술

소금

작은 냄비에 쿠민 씨앗을 담고 냄비를 중불에 올린다. 계속 저으면서 골고루 볶는다. 씨앗 몇 개가 터져서 진한 향이 퍼지기 시작할 때까지 3분 정도 굽는다. 완성되면 불을 끄고 작은 절구나 양념용 분쇄기에 바로 넣어서 가늘게 분쇄하고 소금을 살짝 더한다.

블렌더나 푸드 프로세서에 라임즙과 코코넛, 마늘을 넣고 멍울이 생기지 않도록 2분 정도 갈아 준다. 여기에 볶은 쿠민 씨앗과 고수, 민트 잎, 할라페뇨, 설탕을 넣고 소금도 넉넉하게 한 번 집어서 넣는다. 덩어리나 잎이 남지 않도록 2~3분 추가로 갈아 준다. 맛을 보고 소금과 신맛을 조절한다. 취향에 따라 물을 넣어서 뿌려 먹을 수 있는 농도로 만든다. 뚜껑을 덮어서 냉장고에 넣어 두었다가 낸다.

뚜껑을 덮어 냉장 보관하면 최대 3일까지 두고 먹을 수 있다.

활용 제안: 삶은 렌틸콩과 곁들이거나 생선 또는 닭고기를 재울 양념으로 활용할 수 있다. **인도식 연어 요리, 참치 콩피, 세상에서 가장 바삭한 즉석 닭구이, 인도식으로 맛을 낸 프라이드치킨, 컨베이어 벨트 치킨, 매콤하게 절인 칠면조 가슴살 요리, 코프타 케밥**과도 잘 어울린다.

변형 아이디어

- 생코코넛이나 냉동 코코넛을 구할 수 없는 경우 말린 코코넛 ½컵에 끓는 물 1컵을 붓고 15분간 불린다. 물기를 제거하고 위와 동일한 방법으로 요리한다.

살모릴리오
시칠리아식 오레가노 소스

약 ½컵

- 잘게 다진 파슬리 ¼컵
- 생오레가노나 마저럼 잘게 다진 것 2큰술 또는 말린 오레가노 1큰술
- 마늘 1톨, 다지거나 으깬 후 소금을 1자밤 뿌려서 준비
- 엑스트라버진 올리브유 ¼컵
- 레몬즙 2큰술
- 소금

작은 볼에 파슬리와 오레가노, 마늘, 올리브유를 넣고 소금을 넉넉하게 한 번 집어서 넣는다. 먹기 직전에 레몬즙을 넣는다. 골고루 섞어서 맛을 보고 필요하면 식초와 소금을 조절한다. 완성되면 바로 낸다. 뚜껑을 덮어 냉장 보관하면 최대 3일까지 두고 먹을 수 있다.

활용 제안: 생선이나 고기를 그릴에 굽거나 데친 요리, 굽거나 찐 요리, 채소를 그릴에 굽거나 직화로 구운 요리, 데친 요리에 고명으로 올리면 좋다. **천천히 구운 연어**, **참치 콩피**, **세상에서 가장 바삭한 즉석 닭구이**와도 잘 어울린다.

변형 아이디어

- 붉은 고춧가루 1작은술을 넣고 입맛에 따라 레드 와인 식초 1~2큰술을 넣으면, 구운 고기에 숟가락으로 끼얹어서 먹기 좋은 **아르헨티나식 치미추리** 소스가 된다.

요구르트 소스

어릴 때 나는 모든 음식에 요구르트를 얹어서 먹었다. 말하기 부끄럽지만 파스타도 예외가 아니었다! 요구르트 맛을 특별히 좋아해서라기보다는, 김이 펄펄 나는 뜨거운 음식을 금방 식힐 수 있었기 때문이다. 천천히 기다렸다가 먹을 수 있는 성격도 아니었다. 그러다 결국 크림처럼 부드러우면서 새콤한 요구르트 맛에 푹 빠졌고 진하고 메마른 요리의 부족한 부분을 채워 주는 특징도 좋아하게 되었다.

지금부터 소개할 요구르트 소스는 **인도식 연어 요리**, **아다스 폴로**, **구운 아티초크**, **페르시아식 로스트 치킨**, **페르시아식 쌀밥**과 잘 어울린다. 그냥 식탁에 올려놓고 아삭한 생채소나 따끈하게 데운 플랫브레드를 찍어 먹는 소스로 활용해도 된다. 나는 레브네(lebne)[1] 혹은 그리스식 요구르트처럼 여과해서 만든 되직한 요구르트를 선호하지만, 플레인 요구르트라면 아무거나 사용해도 무방하다.

허브 요구르트

1¾컵

플레인 요구르트 1½컵

마늘 1톨, 다지거나 으깬 후 소금을 뿌려서 준비

잘게 다진 파슬리 2큰술

잘게 다진 고수 잎과 줄기 2큰술

민트 잎 8장, 잘게 다져서 준비

엑스트라버진 올리브유 2큰술

소금

중간 크기의 볼에 요구르트와 마늘, 파슬리, 고수, 민트 잎, 올리브유를 넣고 소금도 넉넉하게 1자밤 집어서 넣는다. 맛을 보고 필요하면 소금 간을 맞춘다. 뚜껑을 덮고 차갑게 두었다가 낸다.

뚜껑을 덮어 냉장 보관하면 최대 3일까지 두고 먹을 수 있다.

변형 아이디어

- **인도식 당근 라이타**(Raita)[2]에는 올리브유가 들어가지 않고, 큼직하게 채썬 당근 ½컵과 잘게 다진 생강 2작은술을 요구르트에 넣는다. 작은 프라이팬을 중불에 올려 기 버터나 특별한 맛이 나지 않는 식용유 2큰술을 넣고 녹인다. 쿠민 씨앗 1작은술, 검은 겨자 씨 1작은술, 고수 씨앗 1작은술을 넣고 첫 번째 씨앗이 터지기 시작할 때까지 30초 정도 볶는다. 볶은 씨앗은 바로 요구르트에 넣어 골고루 섞는다. 맛을 보고 소금 간을 맞춘다. 뚜껑을 덮고 차갑게 두었다가 낸다.

페르시아식 허브 오이 요구르트

2컵

검은색 또는 옅은 색 건포도 ¼컵

플레인 요구르트 1½컵

페르시아 오이 1개, 껍질 벗기고 잘게 썰어서 준비

생민트 잎, 딜, 파슬리, 고수 아무거나 섞어서 잘게 다진 것 ¼컵

마늘 1톨, 다지거나 으깬 후 소금 뿌려서 준비

구운 호두 ¼컵, 큼직하게 썰어서 준비

엑스트라버진 올리브유 2큰술

소금 넉넉하게 1자밤

선택 재료: 장미 꽃잎, 고명으로 쓸 것

작은 볼에 건포도를 담고 끓인 물을 붓는다. 그대로 15분간 통통하게 부풀어 오르도록 둔다. 물기를 제거하고 중간 크기의 볼에 담는다. 여기에 요구르트와 오이, 허브, 마늘, 호두, 올리브유, 소금을 넣는다. 골고루 섞어서 맛을 보고 필요하면 소금 간을 맞춘다. 차갑게 두었다가 낸다. 취향에 따라 장미 꽃잎을 잘게 부수어 고명으로 얹어서 낸다.

먹고 남은 요구르트는 뚜껑을 덮어 냉장 보관하면 최대 3일까지 두고 먹을 수 있다.

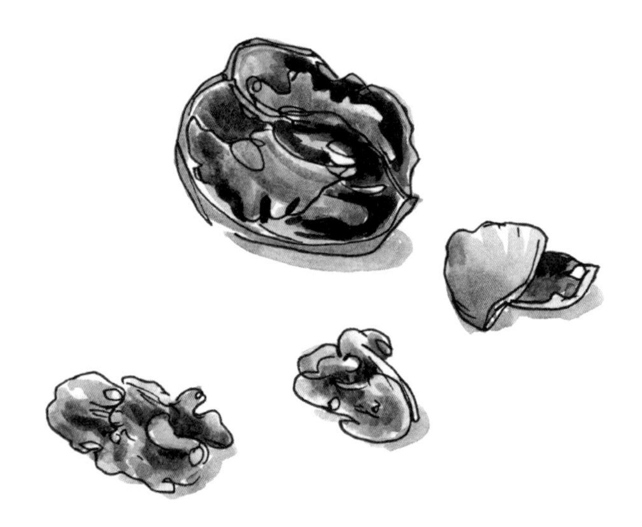

1 유청을 대부분 제거해서 치즈처럼 만든 중동 지역의 요구르트. 주로 라브네(labne) 치즈로 불린다.

2 다히(dahi)라는 요구르트를 넣어서 만든 인도 전통 소스.

보라니 에스페나즈

페르시아식 시금치 요구르트

2¼컵

엑스트라버진 올리브유 4큰술

시금치 2묶음, 손질한 후 씻어서 준비 또는 시금치 어린잎 약 680g, 씻어서 준비

잘게 다진 고수 잎과 부드러운 줄기 ¼컵

마늘 1~2톨, 다지거나 으깬 후 소금 뿌려서 준비

플레인 요구르트 1½컵

소금

레몬즙 ½작은술

큰 프라이팬을 센불에 올리고 올리브유 2큰술을 넣는다. 기름이 끓기 시작하면 시금치를 넣고 숨이 살짝 죽을 정도로 2분 동안 볶는다. 프라이팬 크기에 따라 두 번 나눠서 익혀도 된다. 익힌 시금치는 얼른 꺼내서 오븐 팬에 유산지를 깔고 그 위에 한 겹으로 올려 둔다. 이렇게 하면 시금치가 과도하게 익거나 색이 변하는 것을 방지할 수 있다.

시금치가 손으로 만질 수 있을 정도로 식으면 손으로 꼭 짜서 물기를 없애고 잘게 썬다.

중간 크기의 볼에 시금치와 고수, 마늘, 요구르트와 남은 올리브유 2큰술을 넣는다. 소금과 레몬즙으로 간을 한다. 골고루 섞어서 맛을 보고 필요하면 소금과 식초를 더 넣는다. 차갑게 두었다가 낸다.

먹고 남은 요구르트는 뚜껑을 덮어 냉장 보관하면 최대 3일까지 두고 먹을 수 있다.

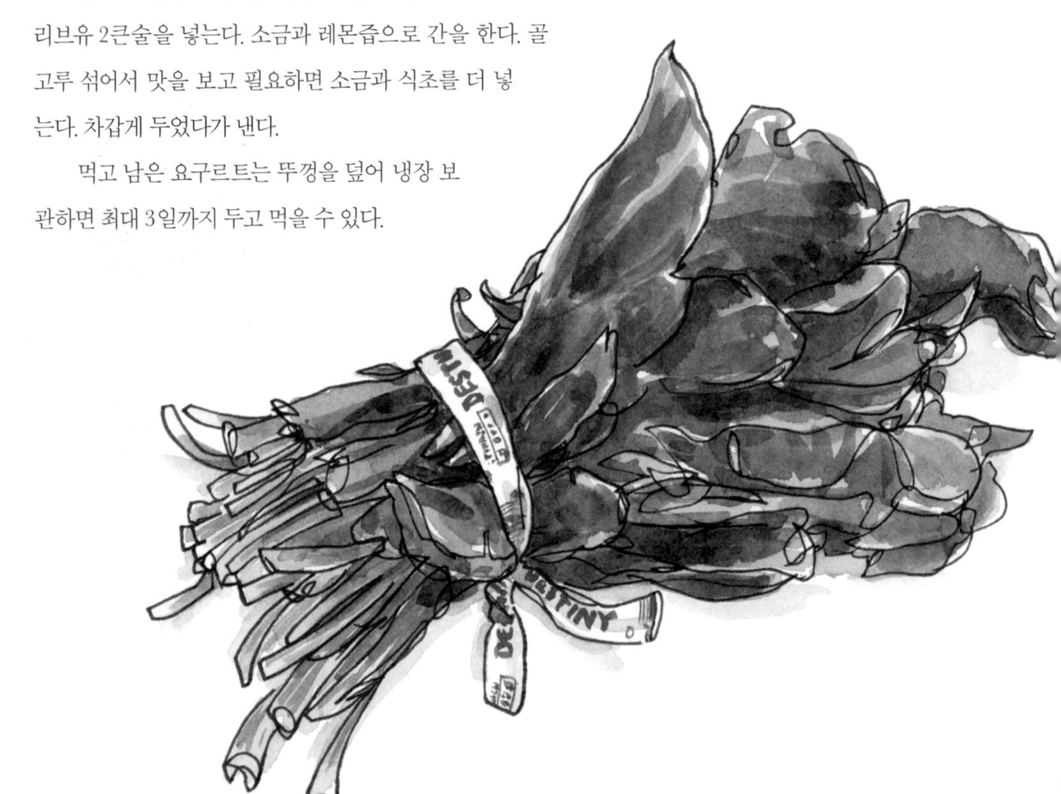

마스트 오 라부
페르시아식 비트 요구르트

2컵

붉은 비트나 노란 비트 중간 크기로 3~4개, 손질해서 준비

플레인 요구르트 1½컵

잘게 다진 생민트 2큰술

선택 재료: 잘게 다진 생사철쑥 1작은술

엑스트라버진 올리브유 2큰술

소금

레드 와인 식초 1~2작은술

선택 재료: 니겔라(nigella, 검은 쿠민) 씨앗, 고명으로 올릴 것

218쪽에 설명한 방법대로 비트를 구워서 껍질을 제거한다. 다 구운 비트는 식힌다.

비트를 큼직하게 채썰고 요구르트와 섞는다. 여기에 민트를 넣고 사철쑥을 준비한 경우 함께 넣는다. 올리브유, 소금, 레드 와인 식초 1작은술도 넣고 골고루 섞은 다음 맛을 본다. 필요하면 소금과 식초를 더 넣는다. 차갑게 두었다가 낸다. 취향에 따라 검은 쿠민 씨앗을 고명으로 얹어서 낸다.

먹고 남은 요구르트는 뚜껑을 덮어 냉장 보관하면 최대 3일까지 두고 먹을 수 있다.

마요네즈

마요네즈만큼 호불호가 극명하게 나뉘는 소스도 없을 것이다. 나는 분명히 좋아하는 쪽이다. 그리고 요리를 가르치는 사람의 입장에서는 약간의 과학적인 지식이 주방에서 발휘하는 힘을 설명하려고 할 때 마요네즈를 만들거나 망친 마요네즈를 살리는 방법만큼 좋은 소재는 없다. 마요네즈는 만들 때마다 일종의 기적처럼 느껴진다. 마요네즈를 만들다가 망쳤을 때 바로잡는 세세한 방법은 86쪽에 나와 있으니 다시 읽어 보기 바란다.

마요네즈를 **타르타르**나 **시저 드레싱**과 같은 다른 소스의 기본 재료로 사용하는 경우에는 소금을 넣지 말고 최대한 되직하게 만들어야 한다. 그래야 추가로 넣는 재료들로 간을 맞추고 적당히 묽게 만들 수 있다. 반대로 발라 먹을 마요네즈가 필요한 경우 물이나 레몬즙, 식초 등 추가하고 싶은 산성 액상 재료를 몇 스푼 준비하고 거기에 소금을 녹여서 넣는다. 이렇게 먼저 녹이지 않고 소금을 바로 첨가했다면, 어느 정도 기다렸다가 맛을 봐야 간이 얼마나 맞춰졌는지 정확하게 알 수 있다. 또한 소금을 바로 넣을 때는 조금씩 넣고 맛을 본 다음 다시 더 넣어야 한다.

이탈리아, 프랑스, 스페인 요리에 곁들일 **아이올리**, **허브 마요네즈**, **루예**(Rouille) 소스에 지중해의 맛을 더하고 싶다면 올리브유를 사용하자. **클래식 샌드위치 마요**나 **타르타르 소스** 등 미국 스타일로 만들 때는 포도씨유나 압착한 카놀라유 등 특별한 맛이 나지 않는 식용유를 사용하는 것이 좋다.

기본 마요네즈

약 ¾컵

달걀노른자 1개 분량, 미리 꺼내서 실온에 둘 것

오일 ¾컵(종류는 374쪽을 참고해 선택할 것)

깊이가 있는 중간 크기의 금속 혹은 세라믹 볼에 달걀노른자를 넣는다. 물에 적신 행주를 길게 돌돌 말아 고리 모양으로 만들어서 조리대 위에 올려놓는다. 볼을 그 위에 올려 두면 노른자를 휘젓는 동안 볼을 고정시킬 수 있다. (손으로 젓지 않을 경우 블렌더나 스탠드 믹서, 푸드 프로세서를 사용해도 상관없다.)

국자나 입구가 뾰족한 병에 오일을 담아 노른자에 한 번에 한 방울씩 떨어뜨리면서 휘젓는다. 이때 아주 천천히 젓되, 절대로 휘젓기를 멈추지 말아야 한다. 준비한 오일의 절반 정도가 들어간 다음에는 넣는 양을 조금씩 늘려도 된다. 도저히 더 저을 수 없을 정도로 마요네즈가 뻑뻑해지면 물이나 나중에 넣을 예정이었던 산성 재료를 1작은술 정도 넣어서 희석한다.

마요네즈가 뻑뻑하게 뭉치지 않고 풀어지면 87쪽에 제시한 되살리는 방법을 참고하기 바란다.

뚜껑을 덮어서 냉장 보관하면 3일까지 두고 먹을 수 있다.

클래식 샌드위치 마요

약 ¾컵

사과 식초 1½작은술

레몬즙 1작은술

황색 머스터드 가루 ¾작은술

설탕 ½작은술

소금

뻑뻑한 **기본 마요네즈** ¾컵

작은 볼에 식초와 레몬즙을 넣고 잘 섞은 뒤 머스터드 가루, 설탕을 넣고 소금도 넉넉하게 한 번 집어서 넣은 후 잘 녹인다. 다 섞은 재료를 마요네즈에 붓고 저어 준다. 맛을 보고 필요하면 소금이나 식초를 더 넣는다. 뚜껑을 덮어 차게 두었다가 낸다.

뚜껑을 덮어서 냉장 보관하면 3일까지 두고 먹을 수 있다.

활용 제안: BLT 샌드위치나 클럽 샌드위치, **미국 남부식 정통 양배추 샐러드** 또는 **매콤하게 절인 칠면조 가슴살**을 넣은 샌드위치에 잘 어울린다.

아이올리
마늘 마요네즈

약 ¾컵

소금

레몬즙 4작은술

뻑뻑한 **기본 마요네즈** ¾컵

마늘 1톨, 잘게 다지거나 으깬 후 소금 뿌려서 준비

레몬즙에 소금을 넉넉하게 한 번 집어서 넣고 녹인다. 다 녹으면 마요네즈에 붓고 마늘도 추가한다. 맛을 보고 필요하면 소금이나 식초를 더 넣는다. 뚜껑을 덮어 차게 두었다가 낸다.

뚜껑을 덮어서 냉장 보관하면 3일까지 두고 먹을 수 있다.

활용 제안: 삶거나 그릴 또는 직화로 구운 채소, 특히 감자, 아스파라거스, 아티초크와 잘 어울린다. 구운 생선이나 육류와 곁들여도 좋다. **구운 아티초크**, **천천히 구운 연어**, **맥주 반죽 생선 튀김**, **프리토 미스토**, **참치 콩피**, **손가락까지 쭉쭉 빨아먹게 되는 프라이드치킨**, **매콤하게 절인 칠면조 가슴살**을 넣은 샌드위치, **안창살** 또는 **꽃등심 스테이크**와도 잘 어울린다.

허브 마요네즈

약 1컵

소금

뻑뻑한 **기본 마요네즈** ¾컵

레몬즙 1큰술

파슬리, 차이브, 처빌, 바질, 사철쑥 잘게 다진 것, 자유롭게 조합해서 4큰술

마늘 1톨, 잘게 다지거나 으깬 후 소금 뿌려서 준비

레몬즙에 소금을 넉넉하게 한 번 집어서 넣고 녹인다. 다 녹으면 마요네즈에 붓고 허브와 마늘을 추가한다. 맛을 보고 필요하면 소금이나 식초를 더 넣는다. 뚜껑을 덮어 차게 두었다가 낸다.

뚜껑을 덮어서 냉장 보관하면 3일까지 두고 먹을 수 있다.

활용 제안: 삶거나 그릴 또는 직화로 구운 채소, 특히 감자, 아스파라거스, 아티초크와 잘 어울린다. 구운 생선이나 육류와 곁들여도 좋다. **구운 아티초크**, **천천히 구운 연어**, **맥주 반죽 생선 튀김**, **프리토 미스토**, **참치 콩피**, **손가락까지 쭉쭉 빨아먹게 되는 프라이드치킨**, **매콤하게 절인 칠면조 가슴살**을 넣은 샌드위치, **안창살** 또는 **꽃등심 스테이크**와도 잘 어울린다.

루예
고추 마요네즈

약 1컵

소금

레드 와인 식초 3~4작은술

빽빽한 **기본 마요네즈** ¾컵

기본 칠리 페이스트(379쪽) ⅓컵

마늘 1톨, 잘게 다지거나 으깬 후 소금 뿌려서 준비

식초에 소금을 넉넉하게 한 번 집어서 넣고 녹인다. 다 녹으면 마요네즈에 붓고 칠리 페이스트와 마늘을 추가한다. 섞고 나면 처음에는 너무 묽은 것처럼 보이지만 냉장고에 넣어 몇 시간을 두면 되직해진다. 뚜껑을 덮어 차게 두었다가 낸다.

변형 아이디어

- 칠리 페이스트 대신 치폴레 고추 통조림 ⅓컵을 퓌레로 만들어서 넣으면 **치폴레 마요네즈**가 된다.

뚜껑을 덮어서 냉장 보관하면 3일까지 두고 먹을 수 있다.

삶거나 그릴 또는 직화로 구운 채소, 특히 감자, 아스파라거스, 아티초크와 잘 어울린다. 구운 생선이나 육류와 곁들여도 좋다. **구운 아티초크**, **맥주 반죽 생선 튀김**으로 만든 생선 타코, **참치 콩피**, **매콤하게 절인 칠면조 가슴살**을 넣은 샌드위치, **안창살** 또는 **꽃등심 스테이크**와도 잘 어울린다.

타르타르 소스

약 1¼컵

다진 양파 2작은술

레몬즙 1큰술

빽빽한 **기본 마요네즈** ½컵

절인 오이 다진 것 3큰술

소금에 절인 케이퍼 1큰술, 물에 담갔다가 헹구고 잘게 썰어 준비

잘게 다진 파슬리 2작은술

잘게 다진 처빌 2작은술

잘게 다진 차이브 1작은술

잘게 다진 사철쑥 1작은술

10분간 삶은 달걀(304쪽) 1개, 큼직하게 썰거나 으깨서 준비

화이트 와인 식초 ½작은술

소금

작은 볼에 다진 양파를 담고 레몬즙을 부어 최소 15분간 절인다.

중간 크기의 볼에 마요네즈와 절인 오이, 케이퍼, 파슬리, 처빌, 차이브, 사철쑥, 달걀, 식초를 넣고 섞는다. 소금으로 간을 한다. 다진 양파를 레몬즙에서 건져서 넣는다. 골고루 섞고 맛을 본다. 필요하면 양파를 절여 두었던 레몬즙을 넣고 다시 간을 본 다음 소금과 산성 재료를 조절한다. 뚜껑을 덮어 차게 두었다가 낸다.

뚜껑을 덮어서 냉장 보관하면 3일까지 두고 먹을 수 있다.

맥주 반죽 생선 튀김 또는 **새우 튀김**, **프리토 미스토**와 함께 낸다.

고추 소스

고추 소스는 음식에 넣는 양념으로, 찍어 먹는 소스로, 샌드위치 스프레드로 모두 활용할 수 있어서 아주 훌륭하다. 모든 나라가 그런 것은 아니지만 전 세계 많은 지역에서 칠리 페이스트를 기본으로 한 양념이 존재한다. 고추가 들어간 양념이라고 해서 반드시 엄청나게 매운 것도 아니다. 냄비 가득 만든 콩이나 쌀 요리, 수프, 스튜에 칠리 페이스트를 넣고 저어 주면 풍미가 살아난다. 고기를 직화로 굽거나 그릴에 굽기 전에 칠리 페이스트를 표면에 발라도 좋고 찜 요리에 첨가해도 된다. 마요네즈에 칠리 페이스트를 넣으면 **참치 콩피**(314쪽)와 완벽하게 어울리는 프랑스식 **루예** 소스가 되고, 북아프리카 지역의 고추 소스인 **하리사**는 **코프타 케밥**(356쪽), 구운 생선이나 육류, 채소, 수란에 곁들이면 잘 어울린다. 고추와 견과류로 만드는 되직한 카탈루냐식 고추 소스 **로메스코**는 채소와 크래커를 찍어 먹는 소스로 일품이며, 물을 약간 넣어서 묽게 만들면 구운 채소와 생선 그리고 고기에 잘 맞는 양념이 된다. 석류와 함께 호두와 고추를 넣어서 만드는 레바논식 스프레드인 **무하마라**는 따끈하게 데운 플랫브레드와 생채소를 함께 낸다.

기본 칠리 페이스트

약 1컵

말린 고추 85g(10~15개), 과히요, 뉴 멕시코, 애너하임, 앤초 등과 같은 품종으로 준비

끓인 물 4컵

엑스트라버진 올리브유 ¾컵

소금

피부가 매우 민감한 사람은 손가락을 보호할 수 있도록 고무장갑을 끼고 요리한다. 고추는 먼저 꼭지를 제거한 다음 세로로 길게 갈라서 씨를 제거한다. 씨는 털어서 모두 빼낸다. 손질한 고추는 물에 헹군 후 내열 그릇에 담고 끓인 물을 붓는다. 접시 하나를 고추 위에 덮어서 물에 완전히 잠기도록 한다. 고추가 물을 머금도록 30~60분간 그대로 두었다가 건져 내고 물은 ¼컵 남겨 둔다.

블렌더나 푸드 프로세서에 고추와 오일, 소금을 담고 완전히 부드러운 상태가 되도록 최소 3분간 갈아 준다. 너무 빽빽해서 블렌더가 원활히 작동하지 않으면 남겨 두었던 물을 부어서 묽게 만든다. 맛을 보고 간을 맞춘다. 5분간 갈고 난 후에도 완전히 부드러워지지 않으면 구멍이 촘촘한 체 위에 얹고 고무 주걱으로 꾹꾹 눌러서 남은 고추 껍질을 제거한다.

완성된 페이스트는 병에 담고 위에 올리브유를 부어 단단히 밀폐한 후 냉장 보관하면 최대 10일까지 두고 사용할 수 있다. 냉동하면 3개월까지 보관할 수 있다.

하리사
북아프리카식 고추 소스

약 1컵

쿠민 씨앗 1작은술

고수 씨앗 ½작은술

캐러웨이 씨앗 ½작은술

기본 칠리 페이스트(379쪽) 1컵

선드라이드 토마토, 큼직하게 썬 것 ¼컵

마늘 1톨

소금

작은 냄비에 쿠민 씨앗, 고수 씨앗, 캐러웨이 씨앗을 담고 냄비를 중불에 올린다. 계속 저으면서 골고루 볶는다. 씨앗 몇 개가 터져서 진한 향이 퍼지기 시작할 때까지 3분 정도 굽는다. 완성되면 불을 끄고 작은 절구나 양념용 분쇄기에 바로 넣어서 가늘게 분쇄하고 소금을 살짝 더한다.

블렌더나 푸드 프로세서에 칠리 페이스트와 토마토, 마늘을 넣고 부드러운 상태가 되도록 갈아준다. 여기에 볶은 쿠민 씨앗, 고수 씨앗, 캐러웨이 씨앗을 넣고 소금 간을 한다. 맛을 보고 간을 맞춘다.

먹고 남은 소스는 뚜껑을 덮어서 냉장 보관하면 최대 5일까지 두고 먹을 수 있다.

변형 아이디어

- 카탈루냐식 고추 소스인 **로메스코**에는 쿠민, 고수, 캐러웨이 씨앗 대신 견과류가 들어간다. 구운 아몬드 ½컵과 구운 헤이즐넛 ½컵을 푸드 프로세서에 넣고 잘게 분쇄하거나 작은 절구에 넣고 빻아서 사용한다. 이렇게 만든 견과류 페이스트는 중간 크기의 볼에 담아서 한쪽에 두고, 위 레시피대로 칠리 페이스트와 토마토, 마늘을 갈아서 퓌레를 만든다. 견과류 페이스트에 퓌레를 넣고 레드 와인 식초 2큰술, **뿌려 먹는 빵가루**(237쪽) 1컵, 소금을 넣는다. 골고루 잘 저은 다음 맛을 보고 필요하면 소금과 식초를 더 넣는다. 소스가 너무 되직하면 물을 넣어서 원하는 농도로 희석하면 된다.

무하마라
레바논식 고추 호두 스프레드

약 2½컵

쿠민 씨앗 1작은술

호두 1½컵

기본 칠리 페이스트(379쪽) 1컵

마늘 1톨

뿌려 먹는 빵가루(237쪽) 1컵

석류 당밀 2큰술과 1작은술

레몬즙 2큰술과 1작은술

소금

오븐은 175℃로 예열한다.

작은 냄비에 쿠민 씨앗을 담고 냄비를 중불에 올린다. 계속 저으면서 골고루 볶는다. 씨앗 몇 개가 터져서 진한 향이 퍼지기 시작할 때까지 3분 정도 굽는다. 완성되면 불을 끄고 작은 절구나 양념용 분쇄기에 바로 넣어서 가늘게 분쇄하고 소금을 살짝 더한다.

오븐 팬에 호두를 겹치지 않게 한 겹으로 담고 오븐에 넣는다. 타이머를 4분으로 맞추고 익는 과정을 지켜보면서 골고루 노릇하게 익도록 섞어 준다. 바깥쪽은 연한 갈색을 띠고 씹으면 고소한 맛이 나도록 2~4분 추가로 더 굽는다. 다 구운 호두는 오븐에서 꺼내 다른 그릇으로 옮겨서 식힌다.

블렌더나 푸드 프로세서에 칠리 페이스트와 구워서 식힌 호두, 마늘을 넣고 부드러운 상태가 되도록 갈아 준다.

여기에 석류 당밀과 레몬즙, 쿠민 씨앗을 추가하고 골고루 섞이도록 다시 갈아 준다. 맛을 보고 간을 맞춘다.

먹고 남은 소스는 뚜껑을 덮어서 냉장 보관하면 최대 5일까지 두고 먹을 수 있다.

페스토

크기가(그리고 무게도) 꼬마들 손에나 딱 맞을 만한 작은 절구를 쓰는 요리사와 함께 일을 한 적이 있다. 말도 못하게 불편하고 사용할 때마다 주변이 온통 엉망이 되었지만 그는 페스토를 만들 때면 반드시 모든 재료를 그 절구에 넣고 빻아야 한다고 고집을 부렸다. "페스토를 처음 만든 선조들의 방식을 좀 더 비슷하게 따라야 한다."는 이유였다. (이탈리아어로 pesto는 '빻아진'이라는 의미다.) 이런 말을 하면 어이없다고 생각할 독자들도 있겠지만, 결국 우리는 번갈아 가면서 그가 다른 일에 정신이 팔리도록 만들고는 얼른 블렌더로 재료를 갈아 버리곤 했다.

그런데 정말 인정하고 싶지 않지만 재료를 절구에 빻아서 만든 페스토가 블렌더를 사용해서 만든 페스토보다 늘 맛이 좋았다. 그래서 나는 시간을 절약하고 위생도 지킬 수 있도록 두 가지를 혼합한 방법을 활용한다. 즉 견과류와 마늘은 각각 작은 절구에 빻아 부드러운 페이스트로 만들고 바질은 블렌더에 간 다음 큰 볼에 모든 재료를 넣고 손으로 섞는다.

최고로 맛있는 페스토를 만들고 싶다면 견과류와 치즈를 아끼지 말아야 한다. 큰 볼에 페스토를 덜어서 담고 막 삶아서 물기를 제거한 파스타를 넣어 골고루 섞기만 하면 파스타 소스로도 활용할 수 있다. 필요하면 파스타 삶은 물을 조금 넣어서 희석하고 고명으로는 (여러분이 예상한 대로) 파르미지아노 치즈를 뿌린다. 페스토는 가열하지 않고 만드는 몇 안 되는 파스타 소스 중 하나이기도 하다. 그래야 파릇한 식물 재료를 보존할 수 있기 때문이다.

바질 페스토의 원산지인 이탈리아 리구리아 지역에서는 페스토 파스타를 만들 때 가장 마지막 단계에 삶아서 익힌 작은 감자와 깍지콩, 반으로 자른 방울토마토 또는 불그스름하게 잘 익은 달콤한 토마토를 웨지 모양으로 잘라 함께 넣고 버무린다. 쓴맛이 좀 더 강한 브로콜리 라브나 케일로 만든 페스토를 사용할 경우 파스타와 섞은 뒤 생리코타 치즈 덩어리를 몇 개 더해서 맛의 균형을 맞춘다.

페스토는 용도가 정말 다양하다. 파스타가 아니라 소스의 하나로 소개하는 것도 그런 이유에서다. **세상에서 가장 바삭한 즉석 닭구이**를 만들 때 닭을 굽기 전, 닭 껍질 아래에 페스토를 채워 넣어도 좋고 물을 조금 섞어서 묽게 만들면 구운 생선 혹은 채소에 끼얹어도 잘 어울린다. 리코타 치즈와 섞어서 **토마토 리코타 샐러드 토스트**에 활용하는 방법도 있다.

바질 페스토

1½컵

엑스트라버진 올리브유 ¾컵

생바질 잎, 꽉꽉 눌러 담아서 2컵(큰 묶음으로 2묶음)

마늘 1~2톨, 잘게 다지거나 으깬 후 소금 뿌려서 준비

잣 ½컵, 살짝 볶은 후 잘게 빻아서 준비

파르미지아노 치즈 약 100g, 잘게 갈아서 준비, 마지막에 뿌릴 것도 따로 준비한다. (수북하게 1컵 분량)

소금

바질을 기계로 분쇄할 때는 너무 오래 작동시키지 말아야 한다는 점을 반드시 기억해야 한다. 모터가 돌아가면서 열이 발생하고 칼날에 과도하게 잘리면 산화가 진행되므로 바질이 갈색으로 변할 수도 있다. 먼저 칼로 잎을 잘게 자른 다음 블렌더나 푸드 프로세서에 올리브유를 위 분량의 절반 정도 붓고 함께 갈면 바질을 최대한 빨리 액체로 만드는 데 도움이 된다. 블렌더 등 기계를 일단 작동시킨 후에는 1분에 두 번 정도 멈추고 고무 주걱으로 가장자리에 붙은 잎을 긁어모아 바닥에 쌓은 뒤 다시 작동시켜야 한다. 이런 방법으로 바질 잎의 향긋한 냄새가 나고 에메랄드색 소용돌이가 치는 상태가 될 때까지 잘게 분쇄한다.

바질이 과도하게 분쇄되지 않도록 볼로 옮겨 페스토를 완성한다. 오일과 함께 분쇄한 바질을 중간 크기 볼에 담고 여기에 마늘과 잣, 파르미지아노 치즈를 넣는다. 골고루 섞고 맛을 본다. 마늘이 더 필요한지, 소금이나 치즈는 부족하지 않은지 판단해 보자. 너무 되직한 경우 오일을 더 넣거나 나중에 파스타 삶은 물을 추가한다. 간을 맞춘 후 다시 맛을 본다. 페스토는 시간이 흐르면 재료의 맛이 한데 어우러진다. 마늘의 맛도 더욱 두각을 나타내고 소금은 완전히 녹는다.

섞어서 몇 분간 그대로 두었다가 다시 맛을 보고 간을 맞춘다. 산화 방지를 위해 완성된 소스 위에 올리브유를 붓는다.

뚜껑을 닫아서 냉장 보관하면 최대 3일까지 두고 먹을 수 있다. 냉동하면 최대 3개월까지 보관 가능하다.

변형 아이디어

- 페스토는 재료를 편하게 대체해서 만들 수 있는 음식이다. 위 레시피의 재료 비율을 지키되 녹색 채소와 견과류, 치즈는 입맛에 따라 또는 당장 사용할 수 있는 재료로 대체해도 된다.

녹색 채소

익힌 채소: 브로콜리 라브, 케일, 야생 쐐기풀, 근대

연한 생채소: 루콜라, 완두콩 어린싹, 시금치, 근대 어린잎

허브 페스토를 만들 경우: 파슬리, 세이지, 마저럼, 민트

파·마늘 페스토: 파속 식물(파, 양파, 마늘 등) 또는 마늘 줄기

십자화과 페스토: 브로콜리, 콜리플라워, 로마네스코

견과류

전통적으로 많이 넣는 종류부터 드물게 넣는 종류까지 다양하다. 생으로 넣거나 살짝 볶아서 넣는다.

잣

호두

헤이즐넛

아몬드

피스타치오

피칸

마카다미아 너트

치즈

페스토에 소금과 지방, 신맛을 더하는 훌륭한 재료인 치즈도 다양한 종류를 사용할 수 있다. 가장 전통적인 바질 페스토에는 치즈가 유일한 산성 재료이기도 하다! 갈아서 넣는 단단한 치즈는 거의 다 사용할 수 있다. 파르미지아노, 페코리노 로마노 같은 전통 치즈는 물론 아시아고, 그라나 파다노 치즈도 사용할 수 있으며 숙성된 만체고 치즈를 넣어도 된다.

원 그래프로 보는 페스토 만들기

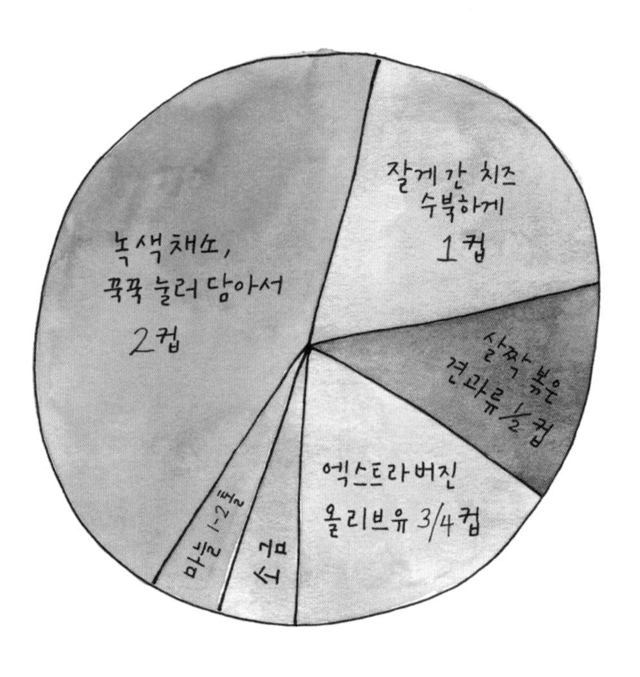

버터와 밀가루로 만드는 음식

제과제빵은 주방에서 하는 여러 가지 중에서도 정확성이 매우 중요한 요리에 속한다. 온도까지 정확하게 측정해야 하고, 넣어야 하는 분량까지 레시피에 명시된 정보는 특정 재료로 인해 발생할 수 있는 화학 반응을 고려한 것이므로 모두 나름의 이유가 있다고 봐야 한다. 그러므로 제과제빵 레시피는 자신만의 맛을 내고 싶어도 중심이 되는 부분은 바꾸지 말고, 향신료나 허브 혹은 향미료를 다르게 사용하는 방향을 택해야 한다.

지금부터는 레시피에 나온 지시사항을 최대한 정확하게 따라야 한다. 나는 대체로 주방 기구에 그리 관심이 많은 편은 아니지만 주방용 디지털 저울 정도는 제과제빵에 도움이 되므로 꼭 투자할 것을 권장한다. 부피가 아닌 중량을 기준으로 만들다 보면 결과물의 질과 일관성에 즉각적인 변화가 나타난다. 그럼에도 건조 재료의 양을 부피 기준으로 가늠하는 편이 낫다고 생각한다면, 숟가락에 퍼 담을 때마다 깎아서 사용하는 방식으로 일관성을 유지해야 한다. 밀가루와 같은 재료는 일반 숟가락이나 가루를 퍼 담는 큰 숟가락으로 여러 번 덜어서 계량컵을 채운 다음 칼등으로 계량컵 테두리를 따라 깎아 낸다.

제과제빵에서 재료의 양을 재는 것만큼 중요한 것이 온도다. 지금부터 소개할 버터 넣은 밀가루 반죽을 왜 하나부터 열까지 차가운 온도를 유지한 상태에서 만들어야 하는지 의아한 생각이 들면 앞서 소개했던 페이스트리 전문 제빵사 이야기를 떠올리기 바란다. (가물가물하면 88쪽을 다시 펼쳐서 읽어 보자.) 내 평생 먹어 본 페이스트리 중에 가장 가벼운 페이스트리를 만든 주인공인 그 제빵사는 파삭한 식감을 살리려면 글루텐이 과도하게 형성되지 않게 해야 한다는 사실을 잘 알고 있었다. 버터가 녹으면 버터에 함유된 물이 밀가루와 만나 글루텐을 형성하고, 그 결과 딱딱하고 질긴 페이스트리가 된다. 이런 차이는 특히 푸딩 파이에서 두드러지게 나타난다.

올 버터 파이 반죽

약 285g짜리 반죽 덩어리 2개
지름 23cm짜리 한 겹 파이 2개나 두 겹 파이 1개,
또는 **치킨 팟 파이** 1개를 만들 수 있는 분량

클래식 애플 파이부터 체스 파이, **치킨 팟 파이**, **초콜릿 푸딩 파이** 등 여러분이 평소에 만들어 보고 싶다고 생각했던 파이가 있다면 무엇이든 이 반죽으로 만들 수 있다. 전적으로 버터에 의존해서 만드는 반죽이므로 사전에 계획하고 주의를 기울여야 할 사항이 있다. 모든 재료를 차갑게 유지해야 하며 단시간에 빨리 작업해야 한다는 것, 재료를 과도하게 첨가하지 않도록 신경 써야 한다는 것, 그리고 반죽을 너무 과하게 치대지 않도록 극히 주의해야 한다는 것이다. 버터는 다루기 힘든 재료지만 버터를 넣으면 형용할 수 없을 만큼 맛있는 파이 껍질이 된다.

한 가지 기억할 것은 스탠드 믹서가 없으면 푸드 프로세서로 반죽을 만들어도 되고 페이스트리 블렌더를 이용해 직접 반죽을 만들어도 된다는 점이다. 어느 쪽이든 사용할 도구는 반드시 모두 냉동실에 넣어 두었다가 사용하자.

다목적 밀가루 2¼컵(약 340g)
설탕 넉넉하게 1큰술
소금 1자밤 가득
차가운 무염 버터 16큰술(약 225g), 1.5cm 크기의 정육면체로 잘라서 준비
얼음물 ½컵
백식초 1작은술

패들이 부착된 스탠드 믹서 볼에 밀가루, 설탕, 소금을 담고 냉동실에 20분간 넣어 둔다. (볼이 들어갈 공간이 없으면 재료만 얼린다.) 버터와 얼음물도 함께 얼린다.

볼을 믹서에 장착하고 전원을 켠 후 가장 느린 속도로 작동시킨다. 정육면체로 잘라 놓은 버터를 한 번에 몇 개씩 나눠서 넣는다. 버터가 부스러진 호두 조각처럼 보일 때까지 계속 섞는다. 버터 덩어리가 눈에 띌 정도로 크게 남아 있어야 파삭한 파이가 되므로 너무 과하게 섞지 말아야 한다.

식초를 소량씩 흘려 넣는다. 물은 최대한 적게 반죽이 겨우 뭉쳐질 정도로만 넣고 살살 섞는다. 총 ½컵 정도 들어가면 적당하다. 약간 질척한 부분이 있더라도 괜찮다. 물을 더 넣어야 하는지 확신하기 어려우면 믹서를 끄고 반죽을 떼서 손바닥 위에 올려 보자. 꽉 쥐고 손가락으로 살살 문질러서 조각조각 분리했을 때 작은 덩어리가 쉽게 떨어지고 아주 건조한 느낌이 들면 물을 더 넣어야 한다. 반죽이 손에 달라붙거나 자잘한 덩어리가 아닌 큼직한 덩어리 몇 개로 분리되면 더 넣지 않아도 된다.

조리대에 비닐 랩을 길게 빼서 깔아 놓고 잘라 내지는 않는다. 믹서 볼을 분리해서 재빨리 과감하게 랩 위에 볼을 엎는다. 볼만 들어서 다른 곳에 두고 반죽을 만지지 않는다. 이제 랩 한쪽을 잘라 양쪽 끝을 들어서 반죽을 둥근 덩어리로 만든다. 가루가 날리는 부분이 보여도 시간이 지나면 수분을 고르게 흡수할 것이므로 걱정할 것 없다. 랩을 양쪽에서 단단히 꼬아서 반죽을 둥근 공 모양으로 만든다. 날이 잘 드는 칼로 비닐까지 포함해서 전체를 2등분하고, 절반으로 나눈 반죽을 다시 랩으로 꽁꽁 싸서 납작한 원반 모양으로 만든다. 그대로 최소 2시간 또는 하룻밤 동안 냉동한다.

완성된 반죽은 일단 랩을 모두 벗긴다. 랩을 두 겹으로 씌우고 수분이 날아가지 않도록 포일에 싸서 냉동 보관하면 최대 2개월까지 두고 사용할 수 있다. 얼려 둔 반죽은 하루 전에 냉장실로 옮겨서 해동한 다음 사용한다.

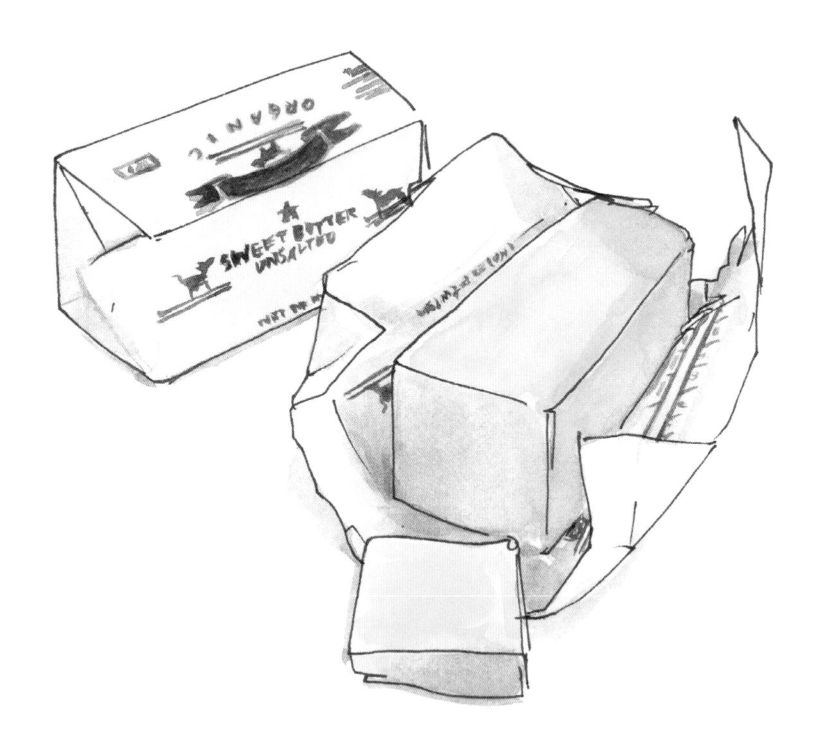

클래식 애플 파이

지름 23cm짜리 파이 1개

차가운 **올 버터 파이 반죽**(386쪽), 레시피 분량 전체(원반 형태로 보관한 반죽 2덩어리)

허니크리스프, 후지, 시에라 뷰티 등 새콤한 품종의 사과 약 1.2kg(큰 사과 5개 정도)

계핏가루 ½작은술

올스파이스 가루 ¼작은술

코셔 소금 ½작은술 또는 가는 천일염 ¼작은술

흑설탕 꾹 눌러 담아서 ½컵과 1큰술(총 130g 정도)

다목적 밀가루 3큰술, 반죽에 묻힐 분량 추가로 준비

사과 식초 1큰술

헤비 크림 2큰술

파이 위에 뿌릴 과립당 또는 데메라라 설탕

오븐은 220℃로 예열하고 팬을 올릴 철제 선반을 오븐 중앙에 끼워 둔다.

밀가루를 넉넉히 뿌린 판 위에 차가운 파이 반죽 덩어리를 올리고 밀대로 밀어 두께 0.5cm 지름 30cm 정도가 되도록 만든다. 밀대에 밀가루를 얇게 바른 후 반죽을 말아서 들어 올린다. 지름 23cm짜리 파이 팬에 반죽을 올리고 가장자리를 조심스럽게 눌러서 고정시킨다. 가장자리 바깥으로 튀어나온 반죽은 2.5cm 정도만 남기고 가위로 잘라 낸다. 파이 팬을 통째로 10분간 냉동실에 둔다. 이때 가위로 잘라 낸 반죽 조각도 버리지 말고 함께 얼린다. 두 번째 반죽 덩어리도 밀대를 이용해 같은 크기로 밀고 가운데 칼집을 내서 증기가 빠져나갈 구멍을 만든 후 냉동실에 넣는다.

반죽을 얼리는 동안 사과 껍질을 벗기고 가운데 심을 제거한 후 2cm 두께로 얇게 썬다. 큰 볼에 사과와 계핏가루, 올스파이스, 소금, 설탕, 밀가루, 식초를 넣고 골고루 섞는다. 파이 팬을 꺼내 완성된 속 재료를 반죽 위에 올린다. 두 번째 반죽도 밀대에 밀가루를 살짝 발라 말아서 들어 올린 후 속 재료가 채워진 파이 팬 위에 덮는다. 팬 가장자리 너머로 튀어나온 반죽은 1.5cm만 남겨 두고 위아래 반죽을 붙인 상태에서 나머지는 가위로 잘라 낸다.

가장자리에 튀어나온 반죽 중 0.5cm 정도를 원통 모양으로 둥글게 말아 꼭꼭 누르며 팬 테두리에 고정시킨다. 그런 다음 한 손은 손등이 위로 오도록 검지와 중지를 구부려 V자 모양으로 만들어서 두 손가락 마디로 반죽을 가장자리 쪽으로 밀고, 동시에 다른 손 검지를 V자 안쪽으로 밀면서 주름을 만들어 나간다. 약 2.5cm 간격으로 빙 둘러 가면서 계속 V자 주름을 만든다. 손가락 마디로 밀 때 반죽은 팬 가장자리 바로 위에 조금 튀어나올 정도로 밀어야 한다. 이 부분은 파이를 구우면 수축된다. 구멍이 나거나 빈 부분은 앞서 가위로 잘라 낸 조각을 덧붙여서 메운다.

파이 전체를 냉동실에 넣어 20분간 얼린다. 냉동실에서 꺼낸 파이는 유산지를 깐 오븐 팬 위에 올린다. 파이 윗부분에 헤비 크림을 넉넉하게 바른 후 설탕을 뿌린다. 팬을 오븐 중간 칸에 넣고 220℃에서 15분간 구운 다음 205℃에서 살짝 황금빛이 돌 때까지 15~20분간 더 굽는다. 오븐 온도를 다시 175℃로 낮추고 45분 정도 구워서 완전히 익힌다. 완성된 파이는 철망에 올려 2시간 동안 식힌 후 자른다. **바닐라 크림**, **시나몬 크림** 또는 **캐러멜 크림**과 함께 낸다. (423~425쪽)

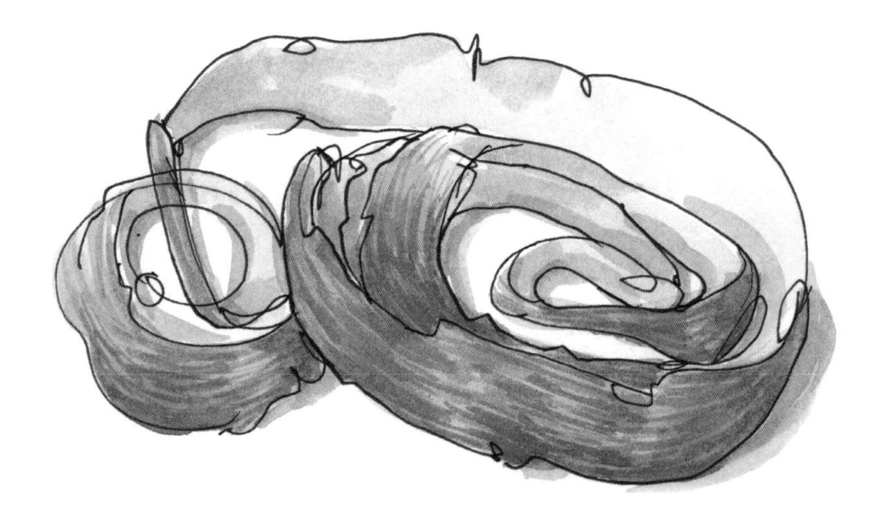

클래식 호박 파이

지름 23cm짜리 파이 1개

차가운 **올 버터 파이 반죽**(386쪽), 레시피 분량의 절반(원반 형태로 보관한 반죽 1덩어리)

반죽 밀 때 사용할 밀가루

큰 달걀 2개

헤비 크림 1½컵

호박 퓌레 425g(큰 캔 1개)

설탕 ¾컵(약 150g)

코셔 소금 1작은술 또는 가는 천일염 ½작은술

계핏가루 1½작은술

생강가루 1작은술

정향가루 ½작은술

오븐은 220℃로 예열하고 오븐 팬을 올릴 철제 선반은 중간 칸에 끼워 둔다.

밀가루를 넉넉히 뿌린 판 위에 차가운 파이 반죽 덩어리를 올리고 밀대로 밀어 두께 0.5cm 지름 30cm 정도로 만든다. 밀대에 밀가루를 얇게 바른 후 반죽을 말아서 들어 올린다. 지름 23cm짜리 파이 팬에 반죽을 올리고 가장자리를 조심스럽게 눌러서 고정시킨다. 가장자리 바깥으로 튀어나온 반죽은 2cm 정도만 남기고 가위로 잘라 낸다. 잘라 낸 반죽 조각은 버리지 말고 남겨 둔다.

가장자리에 튀어나온 반죽을 원통 모양으로 둥글게 말아서 파이 팬 테두리에 꼭꼭 눌러 고정시킨다. 이제 한 손은 검지와 중지를 손바닥 쪽으로 구부려서 V자 모양으로 만들어 가장자리 쪽으로 미는 동시에 다른 한 손 검지를 V자 안쪽으로 밀면서 주름을 만들어 나간다. 약 2.5cm 간격으로 빙 둘러 가면서 계속 V자 주름을 만든다. 손가락 마디로 밀 때 반죽은 팬 가장자리 바로 위에 조금 튀어나올 정도로 밀어야 한다. 이 부분은 파이를 구우면 수축된다. 구멍이 나거나 빈 부분은 가위로 잘라 낸 조각을 덧붙인다. 바닥 전체에 포크로 구멍을 뚫은 후 냉동실에 넣어 15분간 얼린다.

중간 크기의 볼에 달걀을 깨뜨려 담고 휘저어서 풀어 준다. 크림, 호박 퓌레, 설탕, 소금, 기타 향신료를 모두 넣고 골고루 섞는다. 얼려 둔 파이 팬을 꺼내서 완성된 커스터드 반죽을 붓는다.

팬을 오븐에 넣고 220℃에서 15분간 구운 다음 오븐 온도를 160℃로 낮추고 파이 가운데 부분이 살짝 굳을 정도로 40분 더 굽는다. 완성된 파이는 철망에 올려 1시간 동안 식힌 후 자른다. **시큼한 바닐라 크림**, **시나몬 크림** 또는 **캐러멜 크림**과 함께 낸다. (423~425쪽)

변형 아이디어

- **초콜릿 푸딩 파이**도 이 레시피와 같은 방법으로 파이 반죽을 지름 23cm 크기로 밀어서 팬에 담아 주름을 잡고 냉동해서 만든다. 다음 단계는 블라인드 베이킹이다. 즉 반죽 위에 유산지를 깔고 파이 전용 누름도구를 올리거나 말린 콩으로 속을 채워서 220℃에서 15분간 굽는다. 그리고 오븐 온도를 205℃로 낮춰서 파이가 살짝 노릇해지도록 다시 10~15분 더 굽는다.

  다 구운 파이는 오븐에서 꺼낸 후 누름도구나 콩, 유산지를 제거한다. 오븐 온도를 190℃로 낮춘 후 파이 팬을 오븐에 넣고 파이 바닥이 연한 황금빛을 띠면서 바깥쪽은 갈색으로 바뀌기 시작할 때까지 5~10분간 추가로 굽는다. 오븐마다 굽는 시간은 달라질 수 있고 마지막으로 굽는 단계이므로 상태를 계속 주시해야 한다.

  다 구운 파이는 식힌 후 달콤하면서 쓴맛이 나는 초콜릿 55g 정도를 녹여 파이에 골고루 바른 후 굳힌다.

  달콤 쌉싸름한 초콜릿 푸딩(416쪽) 레시피 분량 전체를 만든다. 단, 옥수수 전분의 양을 ⅓컵(약 45g)으로 늘려서 넣는다. 푸딩에 막이 생기지 않도록 위에 랩을 씌우고 실온에서 식힌다. 식은 푸딩은 숟가락으로 떠서 구워 놓은 파이에 채우고 비닐 랩을 씌운 후 하룻밤 동안 차갑게 보관한다. 풍성하게 거품을 낸 **바닐라 크림**, **초콜릿 크림**, **커피 크림** 또는 **캐러멜 크림**(423~425쪽)과 함께 낸다.

가볍고 바삭한 버터밀크 비스킷

비스킷 16개(절반으로 줄여서 만들어도 된다.)

이 레시피는 오클랜드에서 내가 즐겨 찾는 음식점 중 한 곳에서 일하는 젊은 제빵사 톰 퍼틸로부터 전수 받은 것으로 정통 방식과는 차이가 있다. 톰이 만든 비스킷을 처음 맛본 날 나는 그에게 주방에서 잠시 나와 만드는 법을 좀 가르쳐 달라고 애원했다. 알고 보니 그때까지 내가 알고 있던 비스킷 만드는 법과는 전혀 다른 방법이었고, 물어보기를 정말 잘했다는 생각이 들었다. 비스킷의 핵심은 반죽을 최대한 덜 만지작거리는 거라고만 생각했는데, 톰은 버터의 절반을 반죽에 넣어 부드러운 맛을 끌어내고 그 반죽을 여러 번 밀고 성형하고도 파삭한 층이 살아 있는 비스킷을 만들 수 있다는 것을 보여 주었다. 직관적인 생각과는 너무 어긋나는 과정이라, 내가 먹어 본 것 중 가장 촉촉하면서도 바삭한 비스킷이 눈앞에 있었기에 망정이지 그렇지 않았다면 톰의 말을 믿지 않았을지도 모른다.

나는 집에 곧장 돌아와서 배운 대로 비스킷을 만들어 보았다. 톰이 알려 준 것은 전부 하나도 빠짐없이 철저히 지켰고, 결과는 성공이었다! 톰의 설명대로 이 비스킷의 핵심은 모든 재료를 아주 차갑게 유지함으로써 녹은 버터와 밀가루의 결합을 막고 비스킷을 딱딱하게 만드는 글루텐이 형성되지 않도록 하는 것이다. 집에 스탠드 믹서가 없으면 푸드 프로세서를 사용하면 된다. 아니면 금속으로 된 페이스트리 커터를 사용해 손으로 섞어도 된다. 시간만 조금 더 걸릴 뿐이다.

무염 버터 16스푼(약 225g), 1.5cm 크기의 정육면체로 잘라서 차갑게 둘 것

버터밀크 ¾~1컵, 차갑게 둘 것

다목적 밀가루 3½컵(약 525g)

베이킹파우더 4작은술

코셔 소금 1작은술 또는 가는 천일염 ½작은술

헤비 크림 1컵, 차갑게 준비하고 비스킷 표면에 바를 것 ¼컵 따로 준비

오븐을 230℃로 예열한다. 오븐 팬 2개을 준비하고 각각 유산지를 깔아 둔다.

정육면체로 잘라 놓은 버터와 버터밀크를 냉동실에 넣고 15분간 얼린다.

스탠드 믹서 볼에 패들을 끼우고 밀가루와 베이킹파우더, 소금을 넣은 후 기계에 장착해 재료가 골고루 섞이도록 30초 정도 낮은 속도로 작동시킨다.

준비한 버터의 절반을 넣는다. 잘라 놓은 버터를 한 번에 몇 개씩 추가하고, 믹서를 계속 낮은 속도로 작동시키면서 반죽이 모래처럼 부스러지되 버터 덩어리가 큼직하게 눈에 띄지 않도록 8분간 섞는다.

나머지 버터를 넣고 버터가 큼직한 완두콩 크기 정도로 보일 때까지 4분간 더 섞는다.

반죽을 입구가 넓은 큰 볼에 옮겨 담고 눈에 띄는 큼직한 버터 덩어리를 손가락으로 살짝 눌러서 납작하게 만든다. 먼저 손에 밀가루를 묻히고 엄지손가락에도 밀가루를 찍듯이 묻힌 다음, 돈다발을 쥐고 지폐를 하나하나 셀 때와 같이 새끼손가락부터 검지까지 손끝에 가루를 묻힌다. 그다음에 손끝으로 버터를 누른다.

볼 한가운데를 비우고 버터밀크와 크림 1컵을 빈 공간에 붓는다. 넓적한 고무 주걱으로 둥글게 원을 그리며 가볍게 치대면서 반죽이 대강 하나로 모이도록 한다. 가루가 많이 남아 있더라도 괜찮다.

판에 밀가루를 가볍게 깔고 그 위에 볼을 엎어서 반죽을 올린다. 손으로 가볍게 쳐서 약 23×33cm 크기의 직사각형 모양에 두께는 2cm 정도 되도록 만든다. 반죽을 반으로 접고 다시 반으로 접는다. 한 번 더 반으로 접은 후 밀대로 살살 밀어서 다시 같은 크기의 직사각형으로 만든다. 반죽 맨 윗부분이 매끄럽지 않으면 매끈해질 때까지 접어서 미는 이 과정을 한두 번 더 반복한다.

판에 밀가루를 살짝 뿌리고 반죽을 밀대로 밀어서 3cm 두께로 만든다. 지름 6.5cm 크기의 비스킷 커터를 반죽에 수직으로 찍어 모양을 만든다. 한 번 찍고 나면 커터를 닦아 내고 밀가루를 바른 다음 다시 찍는다. 이렇게 수직으로 찍어야 비스킷이 구워지는 과정에서 기울어지지 않고 위로 곧게 부풀어 오른다. 남은 반죽은 하나로 모아서 다시 납작하게 펴고 커터로 비스킷을 찍어 낸다.

오븐 팬에 1.5cm 간격으로 비스킷을 담고 표면에 크림을 넉넉히 바른다. 230℃에서 8분간 굽는다. 팬 위치를 반대로 돌려서 오븐에 넣고 비스킷이 노르스름한 갈색을 띠면서 집어 들면 가볍다는 느낌이 들 때까지 다시 8~10분간 더 굽는다.

다 구운 비스킷은 철망으로 옮기고 5분간 식힌다. 따뜻할 때 낸다.

비스킷은 냉동 보관하면 최대 6주까지 두고 먹을 수 있다. 커터로 자른 비스킷 반죽은 오븐 팬에 한 겹으로 깔고 냉동해서 굳힌 다음 비닐봉지에 반죽을 옮겨 담아 얼려 둔다. 얼린 반죽은 해동하지 않고 냉동 반죽 표면에 크림을 바른 후 230℃에서 10분 굽고 190℃에서 10~12분 추가로 굽는다.

변형 아이디어

- 건조 재료에 설탕 ½컵(약 100g)을 추가하면 **쇼트케이크**를 만들 수 있다. 비스킷을 찍어 낸 후 헤비크림을 바르고 위에 설탕을 뿌려서 굽는다. 다 구운 뒤에 5분간 식히고 접시에 담는다. 반으로 잘라 숟가락으로 **바닐라 크림**(423쪽)과 **딸기 콩포트**(407쪽)를 얹어서 낸다.

- **과일 코블러**를 만들기 위해서는 먼저 오븐을 205℃로 예열한다. 쇼트케이크 레시피의 절반 분량을 만들어 비스킷을 찍어 낸 후 냉동실에서 차갑게 보관한다. 큰 볼에 씨를 제거한 생체리, 얇게 자른 복숭아나 천도복숭아 7컵(약 1.1kg) 또는 블랙베리, 보이즌베리, 라즈베리 10컵에 설탕 ¾컵(약 150g), 옥수수 전분 2큰술(약 28g), 잘게 간 레몬 제스트 1작은술, 레몬즙 3큰술을 담고 소금을 듬

뿍 한 번 집어서 넣는다. (냉동과일을 사용할 경우, 옥수수 전분을 3큰술[약 42.5g]로 늘려서 넣는다.)

가로세로 23cm 크기의 정사각형 베이킹 접시에 섞은 과일을 담는다. 그 위에 차갑게 얼린 쇼트케이크를 얹고, 굽는 동안 거품이 일면 떨어지는 물기를 받을 수 있도록 아래에 베이킹 시트를 받친다. 쇼트케이크에 헤비 크림을 바르고 설탕을 넉넉히 뿌린 후 비스킷이 완전히 익어서 노르스름한 색이 되도록 40~45분간 굽는다. 살짝 식힌 후 취향에 따라 바닐라 아이스크림을 곁들여서 낸다.

애런의 타르트 반죽

타르트 반죽 약 450g짜리 1개, 지름 30cm 크기의 타르트 1개

내가 아끼는 친구이자 나만큼 맛에 집착하는 애런이 몇 년간의 실험을 거쳐 이 레시피를 내놓기 전까지, 나는 타르트를 만들 때마다 겁을 먹곤 했다. 이 레시피는 과일 타르트와 그 밖에 다양한 재료가 들어간 타르트를 모두 만들 수 있을 정도로 활용도가 높다. 맛이 괜찮은 타르트를 만들 수 있게 되었으면 멋진 결과물을 내도록 더 연습하자. 토핑에 미적인 감각을 발휘해 보는 것이다. 자두, 사과, 토마토를 색깔별로 번갈아 가며 골고루 얹어도 좋고, 피망으로 줄무늬를 만들어 보거나 아스파라거스 타르트를 만든 후 간을 잘 맞춘 리코타 치즈를 한 덩어리 올려서 대비를 주는 것도 좋은 방법이다. 직접 만든 음식에서 다양한 감각을 끌어낼수록 그 음식으로 여러분이 얻는 기쁨도 늘어날 것이다.

한 가지 참고할 사항은, 스탠드 믹서가 없으면 푸드 프로세서로 만들어도 되고 페이스트리 블렌더를 이용해 직접 손으로 반죽을 만들어도 된다는 것이다. 어떤 도구를 사용하든 모두 얼려서 사용해야 한다는 점을 기억하자.

다목적 밀가루 1⅔컵(약 240g)

설탕 2큰술(약 30g)

베이킹파우더 ¼작은술

코셔 소금 1작은술 또는 가는 천일염 ½작은술

무염 버터 8스푼(약 115g), 1.5cm 크기의 정육면체로 잘라서 차갑게 둘 것

크렘 프레슈(113쪽) 6스푼(약 85g) 또는 헤비 크림, 차갑게 준비

얼음물 2~4큰술

스탠드 믹서 볼에 밀가루와 설탕, 베이킹파우더, 소금을 넣고 저어 준다. 버터와 믹서 패들은 냉동실에 넣어 20분간 얼린다. 크렘 프레슈와 크림도 냉장고에 넣어 차갑게 준비한다.

건조 재료들이 담긴 볼을 냉동실에서 꺼내 스탠드 믹서에 장착하고 패들도 부착한다. 느린 속도로 패들을 작동시키고 버터 덩어리를 천천히 추가한다. 버터를 모두 넣고 난 뒤에는 믹서 속도를 중간 속도와 느린 속도 사이로 높여도 된다.

버터가 부스러진 호두 알맹이처럼 보일 때까지 섞는다. (버터 덩어리가 조금 남아 있어도 괜찮으니 과도하게 섞지 말자!) 스탠드 믹서에서 1~2분간 섞은 뒤 손으로 조금 더 섞으면 이와 같은 상태가 된다.

크렘 프레슈를 넣는다. 레시피에 명시된 분량은 재료가 어느 정도 섞이기에 충분하지만, 얼음물을 1~2스푼 더 넣어야 할 수도 있다. 물을 더 많이 넣거나 좀 더 오래 섞어서 반죽이 완전히 섞이게 만들고 싶더라도 참아야 한다. 가루가 날리는 부분이 있어도 괜찮다. 물을 더 넣어야 하는지 확신할 수

없다면 믹서를 끄고 반죽을 떼서 손바닥 위에 올려 보자. 꽉 쥐었다가 손가락으로 살살 문질러서 조각조각 분리했을 때 작은 덩어리가 쉽게 떨어지고 아주 건조한 느낌이 들면 물을 더 넣어야 한다. 반면 반죽이 달라붙거나 자잘한 덩어리가 아닌 큼직한 덩어리 몇 개로 분리되면 더 넣지 않아도 된다.

조리대에 비닐 랩을 길게 빼서 깔아 놓고 잘라 내지는 않는다. 믹서 볼을 분리해서 재빨리 과감하게 랩 위에 볼을 엎는다. 볼만 들어서 다른 곳에 내려놓고 반죽은 만지지 않는다. 이제 랩 한쪽을 잘라 낸다. 그리고 랩 양쪽 끝을 들어 올려서 반죽을 살짝 굴려 가며 둥근 덩어리로 만든다. 가루가 날리는 부분이 보여도 시간이 지나면 수분을 고르게 흡수할 것이므로 걱정할 것 없다. 반죽이 둥근 모양이 되면 랩을 양쪽에서 단단히 꼬아서 공 모양으로 만든다. 날이 잘 드는 칼로 랩까지 포함해서 전체를 2등분하고, 절반으로 나뉜 반죽을 다시 랩으로 꽁꽁 싸서 납작한 원반 모양으로 만든다. 그대로 최소 2시간 또는 하룻밤 동안 냉동한다.

랩을 두 겹으로 씌우고 수분이 날아가지 않도록 포일에 싸서 냉동 보관하면 최대 2개월까지 두고 사용할 수 있다. 얼려 둔 반죽은 하루 전에 냉장실로 옮겨서 해동한 다음에 사용한다.

헤링본 타르트

(어떤 타르트든 이와 같은 형태로 만들 수 있다.)

사과 프랜지페인 타르트

지름 36cm 크기의 타르트 1개

프랜지페인 재료

구운 아몬드 ¾컵(약 115g)

설탕 3큰술

아몬드 페이스트 2큰술(약 30g)

무염 버터 4큰술(약 55g), 실온에 둘 것

큰 달걀 1개

코셔 소금 1작은술 또는 가는 천일염 ½작은술

바닐라 추출액 ½작은술

아몬드 추출액 ½작은술

타르트 재료

애런의 타르트 반죽(395쪽) 레시피 분량 전체, 차갑게 준비

반죽을 밀 때 뿌릴 밀가루

사과 6개, 허니크리스프, 시에라 뷰티, 핑크 레이디 등 새콤하고 아삭한 품종으로 준비

헤비 크림

위에 뿌릴 설탕

프랜지페인부터 만든다. 푸드 프로세서에 아몬드와 설탕을 넣고 아주 미세한 가루가 되도록 분쇄한다. 여기에 아몬드 페이스트와 버터, 달걀, 소금, 바닐라 추출액, 아몬드 추출액을 넣고 부드러운 페이스트가 되도록 갈아 준다.

테두리가 있는 오븐 팬을 뒤집어서 유산지를 깐다. (팬에 테두리가 없어야 타르트 형태를 잡고 접기가 수월하다.) 한쪽에 둔다.

반죽에 씌워 둔 랩을 벗기기 전에 조리대에서 반죽 모서리를 굴려 일정한 형태의 원 모양으로 만든다. 랩을 벗기고 서로 달라붙지 않도록 판과 밀대, 반죽에 모두 밀가루를 뿌린다. 빠른 속도로 반죽을 밀대로 밀어 지름 36cm, 두께 0.5cm인 원 모양으로 만든다.

반죽을 한 번 밀 때마다 4분의 1바퀴씩 돌려 주면 좀 더 수월하게 원 모양으로 만들 수 있다. 조리대에 반죽이 들러붙기 시작하면 조심스럽게 들어 올려서 밑부분에 밀가루를 더 뿌린다.

밀대에 반죽을 말아서 천천히 들어 올린다. 뒤집어서 유산지를 깔아 둔 오븐 팬으로 가져가 조심스럽게 그 위에 반죽을 올린다. 팬을 냉장고에 넣고 20분간 둔다.

기다리는 동안 과일을 손질한다. 사과는 껍질을 벗기고 가운데 심을 제거한 뒤 1.5cm 크기로 얇게 자른다. 한 조각을 먹어 보고 너무 신맛이 강하면 큰 볼에 모두 담고 설탕을 1~2큰술 뿌린 후 골고루 섞는다.

앞서 만든 프랜지페인을 고무 주걱이나 오프셋 스패출러를 이용해 차갑게 식힌 반죽 표면에 0.5cm 두께로 바른다. 단, 바깥 테두리로부터 안쪽으로 5cm까지는 바르지 않는다. 프랜지페인이 발린 부분에 사과를 올린다. 켜켜이 쌓고 많은 부분이 서로 겹치도록 올려야 한다. 사과가 익으면 수축되므로 완성된 타르트에 빈 공간이 생길 수 있기 때문이다. 사과를 서로 45°가 되도록 두 줄로 나란히 얹으면 표면을 헤링본 모양으로 만들 수 있다. (이때 양쪽으로 기울어진 사과는 화살표처럼 한 점을 향하도록 한다.) 그리고 다음 두 줄은 반대 방향을 향하도록 135°로 나란히 두 줄을 얹으면 된다. 표면 전체가 사과로 덮일 때까지 이 같은 방식으로 계속 무늬를 만든다. 색이 서로 다른 과일을 번갈아 가며 사용하면 시각적으로도 아주 인상적인 타르트를 만들 수 있다. 루비 레드와 시에라 뷰티 사과를 한 줄씩 올려도 좋고 핑크 펄 사과의 솜사탕처럼 놀랍도록 매력적인 색을 활용해도 된다. 매실과 보라색 자두, 졸인 포르멜로, 또는 레드 와인이나 화이트 와인에 졸인 배도 멋진 색깔을 낼 수 있는 재료다. (한 가지 이상의 색깔로 장식할 경우 45° 기울인 줄무늬를 A색으로 만들고 같은 각도로 기울인 줄무늬를 B색으로 만든 다음, 다시 A색으로 135° 기울인 줄무늬를, 이어 B색으로 그 짝이 될 기울인 줄무늬를 135°로 만드는 방법이 있다.)

가장자리에 주름을 만든다. 반죽 가장자리를 위로 접어 올리고 전체적으로 돌리면서 4cm 간격으로 주름을 잡는다. 주름 하나하나는 속에 채운 과일과 바로 밀착되도록 위로 세우면서 세게 집어 준다. 테두리 반죽을 일정 간격으로 과일 쪽으로 간단히 접으면 더 투박한 형태가 된다. 오븐 팬을 다시 뒤집어서 유산지를 깐 다음 그 위에 타르트를 올려서 냉장고에 넣고 20분간 둔다.

오븐을 220℃로 예열하고 철제 선반을 중간 칸에 걸쳐 둔다. 타르트를 굽기 직전에 헤비 크림을 반죽에 넉넉하게 바르고 설탕도 충분히 뿌린다. 과일에도 설탕을 함께 뿌린다. (짭짤한 맛이 나는 토핑을 올린 경우 설탕은 생략하고 달걀을 풀어서 살짝 바른다. 대황, 살구처럼 즙이 굉장히 많이 나오는 과일은 설탕을 뿌리면 삼투압이 촉진되어 물이 뚝뚝 떨어질 수 있으므로 설탕을 뿌리지 말고 15분간 굽는다. 이렇게 하면 과일에서 물이 나와도 타르트 껍질의 형태가 무너지지 않는다.)

팬을 오븐 중간 칸에 넣고 220℃에서 20분간 굽는다. 오븐 온도를 205℃로 줄이고 다시 15~20분간 구운 다음 175~190℃로 줄여서(온도는 껍질의 색에 따라 정한다.) 다 익을 때까지 20분 더 굽는다. 골고루 익도록 타르트의 위치를 수시로 돌려 준다. 너무 빠른 속도로 갈색이 된다 싶으면 타르트 위에 유산지를 덮어서 계속 굽는다.

과일이 물러지고 껍질은 진한 노란빛과 갈색을 띠면 완성된 것으로 볼 수 있다. 팬에서 꺼낼 때는 과도를 바닥에 끼워 넣어서 들어 올리면 수월하게 빼낼 수 있다. 타르트 바닥도 노르스름하게 익은 상태여야 한다.

다 구운 타르트는 오븐에서 꺼내 철망으로 옮겨 45분간 식힌 후 자른다. 따뜻할 때 내거나 차갑게 식혀서 낸다. 아이스크림, **향을 가미한 크림**(422쪽), **크렘 프레슈**(113쪽)를 곁들인다.

사용하지 않은 프랜지페인은 뚜껑을 덮어 냉장 보관하면 최대 1주일간 두고 사용할 수 있다. 먹고 남은 타르트는 랩에 싸서 실온에 보관하면 최대 하루 정도 두고 먹을 수 있다.

변형 아이디어

- 살구, 대황, 베리류, 복숭아, 자두 등 수분이 많은 과일을 사용할 경우 프랜지페인 위에 **마법 가루**를 살짝 뿌리면 파이 껍질이 눅눅해지는 것을 방지할 수 있다. 마법 가루는 구운 아몬드와 설탕, 밀가루를 각각 2큰술씩 푸드 프로세서에 넣고 미세한 가루가 되도록 갈면 완성된다. 물기 많은 과일에는 마법 가루 4~6큰술 정도를 뿌린다.

- 짭짤한 타르트를 만들고 싶을 때는 반죽을 밀대로 밀고 그 위에 밀가루를 2큰술 뿌린 후, 물기를 제거하고 차갑게 식힌 **캐러멜화된 양파**(254쪽)나 파르미지아노 치즈, 혹은 둘 다 올려 과일을 얹듯이 표면을 덮으면 된다.

- 구운 감자나 익힌 적색 치커리, 땅콩호박 등 한 번 익힌 재료로 타르트를 만들 때는 오븐에 굽는 시간을 220℃에서 20분, 205℃에서 15분으로 조절한다. 이렇게 구운 후 얼마나 익었는지 확인하고 필요하면 파이 껍질이 노르스름한 갈색이 되도록 175℃에서 추가로 굽는다. 팬에서 꺼낼 때는 과도를 바닥에 끼워 넣고 들어 올리면 수월하게 빼낼 수 있다.

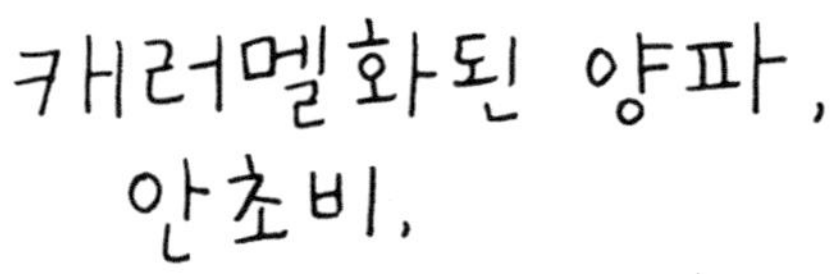
캐러멜화된 양파,

안초비,
블랙 올리브
자두
프랜지페인
구운 라디치오
(내기 전에
숙성 발사믹 식초를
뿌릴 것.)
대황
프랜지페인
에어룸 토마토와
숙성 체다 치즈

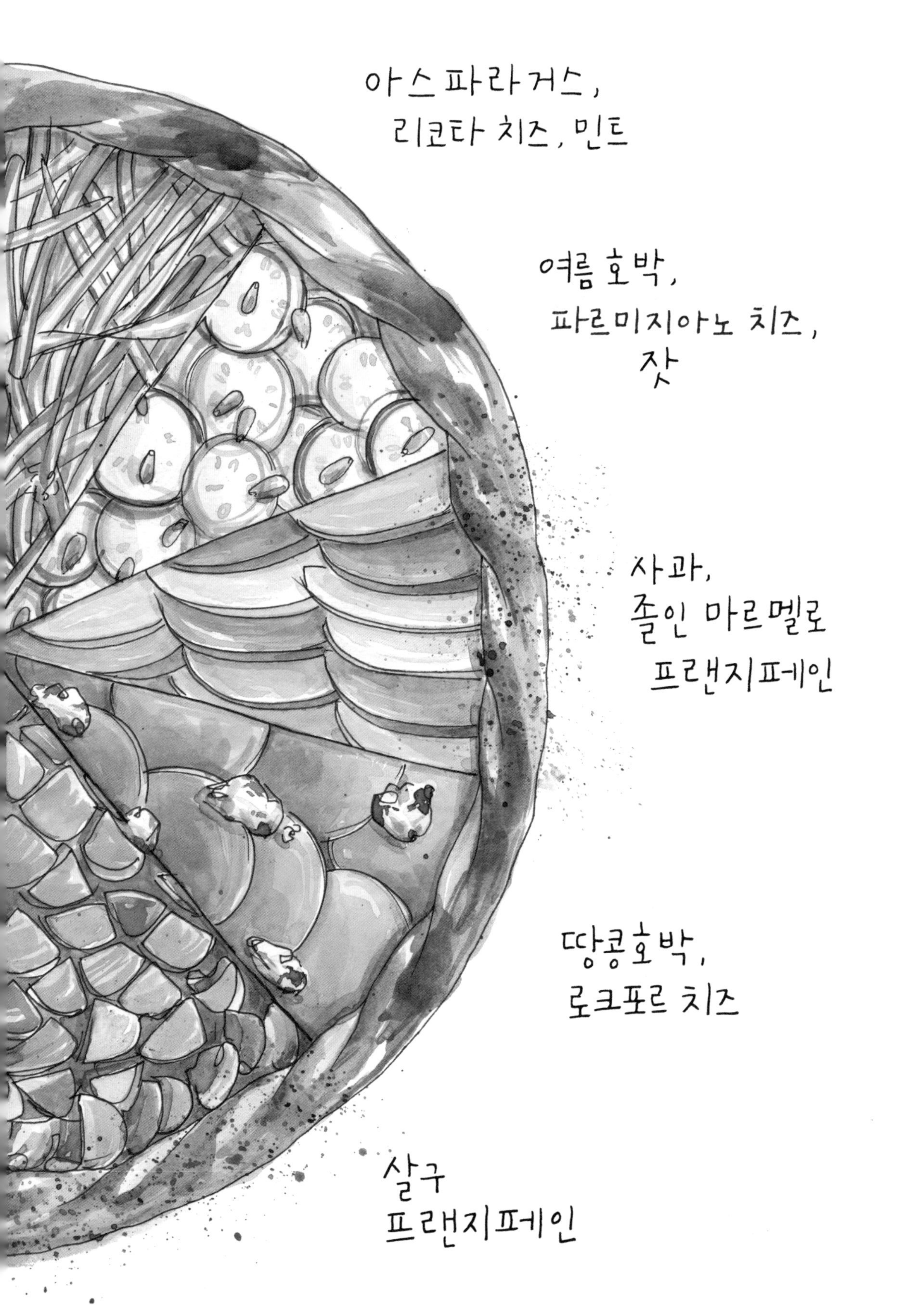

아스파라거스,
리코타 치즈, 민트
여름 호박,
파르미지아노 치즈,
잣
사과,
졸인 마르멜로
프랜지페인
땅콩호박,
로크포르 치즈
살구
프랜지페인

간식

올리브유와 천일염으로 만드는 네키시아 그래놀라

약 8컵

최근까지만 해도 아침에 내 손으로 그래놀라를 찾아서 먹게 되리라곤 상상도 하지 못했다. 그래놀라는 늘 과하게 달거나 맛이 밋밋하고, 충분히 굽지 않은 느낌이라 뭔가 잘못 만들어진 음식처럼 느껴졌기 때문이다. 그러다 한 친구가 아마 내 생활에도 변화가 생길 것이라며 '네키시아 데이비스의 얼리버드 그래놀라(Nekisia Davis's Early Bird Granola)'를 한 상자 보냈다. 봉지를 뜯고, 짙은 색으로 잘 구워지고 완벽하게 간이 된 이 견과류를 맛보자마자, 그래놀라에 대한 생각이 완전히 바뀌었다.

어떻게 이런 맛이 나는지 꼭 알고 싶다는 생각에 나는 네키시아의 연락처를 찾아서 레시피를 좀 알려 달라고 졸랐다. 대답은? 물론 소금, 지방, 산 그리고 열이었다. 얇은 소금을 충분히 넣었을 때 시리얼의 맛이 얼마나 달라지는지에 관해서는 굳이 네키시아의 설명을 듣지 않아도 잘 아는 부분이었다. 다음으로 지방의 경우, 대부분의 그래놀라가 특별한 맛이 나지 않는 식용유를 사용하는 반면 네키시아는 엑스트라버진 올리브유를 사용한다고 했다. 올리브유의 강렬한 풍미를 또 하나의 재료로 활용한 것이다. 그리고 단맛을 낼 재료로 색이 짙고 맛이 풍부한 A등급 메이플 시럽을 사용해 신맛과의 균형을 유지했다. 일반적인 단풍당을 만드는 전체 과정 중 마지막 단계에 생산되는 메이플 시럽은 살짝 신맛이 나는 특징이 있다. 짙은 색이 될 때까지 천천히 굽고 이때 약한 열을 가해 세심하게 관리하는 방식도 신맛을 더한다. 이와 동시에 열은 캐러멜화와 마이야르 반응을 일으켜 복합적인 풍미를 더하는 역할을 한다.

다 구운 그래놀라에 말린 과일을 조금 넣어서 섞어 먹거나 요구르트에 한 주먹 뿌려서 먹으면 신맛을 더욱 확실하게 더할 수 있다. 아침 식탁이 완전히 달라질 만한 맛이다.

옛날 방식으로 압착한 귀리 3컵(약 300g)

껍질 제거한 호박씨 1컵(약 130g)

껍질 제거한 해바라기 씨 1컵(약 140g)

무가당 코코넛 칩 1컵(약 65g)

반으로 자른 피칸 1½컵(약 150g)

순수 메이플 시럽 ⅔컵, 색이 짙고 맛이 풍부한 A등급 제품이면 더 좋다.

엑스트라버진 올리브유 ½컵

갈색 설탕, 꾹꾹 눌러 담아서 ⅓컵(약 80g)

셀 그리스 소금 또는 말돈 소금

선택 재료: 말린 사워 체리 또는 4등분해서 말린 살구 1컵(약 140g)

오븐을 150℃로 예열한다. 테두리가 있는 오븐 팬에 유산지를 깔아서 한쪽에 둔다.

큰 볼에 호박씨와 해바라기 씨, 코코넛, 피칸, 메이플 시럽, 올리브유, 소금 1작은술을 넣고 골고루 잘 섞는다. 다 섞은 재료는 오븐 팬에 붓고 평평하게 깐다.

팬을 오븐에 넣고 10~15분마다 꺼내서 금속 주걱으로 저어 주면서 그래놀라가 아주 바삭한 상태가 되도록 45~50분간 굽는다.

다 구운 그래놀라는 오븐에서 꺼낸 후 소금 간을 맞춘다.

완전히 식힌 후 입맛에 따라 말린 체리나 살구를 넣고 섞는다.

밀폐 용기에 담아서 보관하면 최대 1개월까지 두고 먹을 수 있다.

과일을 맛있게 먹는 네 가지 방법

대부분의 경우 과일을 가장 맛있게 즐기는 방법은 제대로 잘 익은 것을 골라 그대로 먹는 것이다. 우리 집에 있는 셔츠마다 앞쪽에 지워지지 않은 얼룩이 크게 남아 있는 것도 내가 여름 내내 각종 베리며 천도복숭아, 복숭아, 자두, 멜론 등 과일이라면 손에 잡히는 대로 그렇게 통째로 먹는다는 사실을 생생하게 증명한다. "조리한 음식들에는 모두 과일의 특성을 따라 하려는 열망이 담겨 있다."는 식품과학자 해럴드 맥기의 말처럼 과일의 맛을 요리로 더 향상시킬 수 있는 경우는 없다. 그러므로 지금부터 소개할 레시피는 과일을 그냥 먹는 것 다음으로 맛있게 먹을 수 있는 방법들로, 생과일 상태가 거의 바뀌지 않도록 만드는 것이 핵심이다. 타르트나 파이에 올리는 것과 더불어 잘 익은 과일의 훌륭한 맛을 제대로 즐길 수 있는 네 가지 방법이다.

여기에 소개한 레시피는 아주 간단하므로 최대한 맛이 좋은 과일을 구한 다음에 시작해야 한다. 제철 과일 중에서도 완전히 익은 것을 골라서 사용하자. (냉동과일이 들어가는 그라니타의 경우 제철에 냉동한 과일을 사용해야 한다.) 좀 수고스럽지만, 맛을 보면 그 노력이 헛되지 않았음을 알게 될 것이다.

즙으로 그라니타 만들기

시칠리아식 빙수인 그라니타는 상쾌한 기분을 느끼고 싶을 때 내가 즐겨 찾는 디저트 중 하나다. 일단 아주 간단하게 만들 수 있다는 점도 자주 만드는 이유에 포함된다. 그라니타는 재료를 쉴 새 없이 젓지 않고 어쩌다 한 번씩만 저으면서 얼리기 때문에 일반 아이스크림이나 젤라토보다 얼음 결정이 훨씬 더 큼직하게 형성되고 식감도 좋다.

먼저 감귤류 과일을 손으로 꼭 짜서 즙을 낸다. (또는 마트에 진열되어 있는, 보기만 해도 눈을 뗄 수 없는 착즙기로 즙을 짜서 사용해도 된다.) 푸드 프로세서 또는 블렌더에 잘 익은 과일이나 냉동과일(나는 체리나 딸기, 라즈베리, 멜론을 즐겨 사용한다.)을 넣고 물을 조금 넣어서 간 다음 체에 걸러 덩어리를 제거하고 즙만 남겨서 사용하는 방법도 있다. 체에 걸러 즙을 낼 때는 고무 주걱이나 국자로 힘껏 눌러서 마지막 한 방울까지 모두 짜내자. 당장 사용할 수 있는 과일이 없다면 아몬드밀크나 코코넛밀크, 루트비어, 커피, 에스프레소, 레드 와인으로 대체해도 맛있는 그라니타를 만들 수 있다.

즙이 마련되었다면 이제 단맛을 더하고 레몬즙이나 라임즙을 넣어 신맛 균형을 맞춘다. 단맛보다 신맛을 잘 조절하는 것이 더 중요하다. 꽁꽁 얼리면 단맛이 약해진다는 점을 감안해서 조금 더 달게 만드는 것이 좋다.

여기에 제시한 기본적인 그라니타 레시피는 출발점으로 활용하기 바란다. 각 레시피는 4명이 충분히 먹을 수 있는 양이다.

오렌지 그라니타

오렌지즙 2컵

설탕 ¼컵(약 50g)

레몬즙 6큰술

소금 1자밤

커피 그라니타

진하게 내린 커피 2컵

설탕 ½컵(약 100g)

소금 1자밤

위에 제시한 재료 또는 여러분이 직접 고안한 그라니타 재료를 음식과 반응하지 않는 재질(즉 스테인리스스틸, 유리, 세라믹)의 그릇이나 볼에 모두 담는다. 섞은 재료를 그릇에 담았을 때 높이가 최소 2.5cm여야 한다. 그대로 그릇을 냉동실에 넣고 1시간 후 꺼내서 포크로 구석구석 긁어낸다. 가장자리의 더 꽁꽁 언 부분과 맨 윗부분의 덜 얼려진 부분이 고루 섞이도록 전체를 잘 섞어야 한다. 꼼꼼하게 섞을수록 최종 완성되는 그라니타의 얼음 결정이 더 미세하게 형성되고 질감도 균일해진다. (얼음 덩어리가 적어진다.) 다 긁어낸 후에는 다시 냉동실에 넣고 8시간 정도 완전히 얼린다. 그동안 최소 세 번은 그릇을 꺼내 포크로 긁어내고 섞은 다음 다시 얼리는 과정을 반복해야 한다. 먹기 직전에 얼음을 칼로 깎은 것 같은 형태가 되도록 마지막으로 긁어낸다. 입맛에 따라 아이스크림이나 **향을 가미한 크림**(422쪽)을 곁들여서 낸다. 뚜껑을 덮어서 냉동 보관하면 최대 1주일까지 두고 먹을 수 있다.

와인에 졸이기

복숭아나 천도복숭아, 살구, 자두, 사과, 배, 마르멜로의 껍질을 벗기고 반으로 자른 뒤 씨와 가운데 심을 제거하고 와인을 부어서 과일이 말랑해질 때까지 끓인다. (한 냄비에 여러 가지 과일을 섞어서 끓이고 싶어도 참아야 한다. 과일마다 익는 정도가 다르기 때문이다.) 어떤 메뉴와 곁들일 것인지, 또는 어떤 맛을 원하는지에 따라 레드 와인이나 화이트 와인 중에서 고르고, 달달한 와인과 드라이한 와인 중에 잘 어울리는 것으로 선택한다. 재료와

반응하지 않는 두꺼운 냄비에 과일 900g당 와인 4컵, 설탕 1⅓컵(약 270g), 2.5×7.5cm 크기의 레몬 제스트를 넣고 바닐라 빈 ½개 정도를 준비해서 속과 씨를 긁어낸 후 함께 넣는다. 소금도 넉넉하게 1자밤 넣는다. 팔팔 끓으면 불을 줄여 뭉근하게 끓이면서 유산지를 둥글게 자르고 가운데 지름 5cm 크기로 구멍을 만들어서 과일 위에 덮는다. 과도로 과일을 찔러 봤을 때 물컹하게 들어갈 때까지 계속 끓인다. 살구는 3분이면 이 같은 상태가 되지만 마르멜로는 2시간 반까지 소요될 수 있다. 과일이 물렁해지면 건져서 접시에 담아 식힌다. 졸인 후에도 물과 비슷한 상태인 경우 센불로 끓여서 메이플 시럽과 비슷한 점성이 되도록 졸인다. 다 끓인 시럽은 실온이 될 때까지 식혀서 따로 담아 둔 과일과 다시 합친다. 과일을 따뜻하게 데워서 내거나 실온 그대로 내고, 그 위에 졸인 시럽을 뿌린다. 마스카포네 치즈, **크렘 프레슈**(113쪽), 약간 달게 만든 리코타 치즈, 그리스 요구르트, 바닐라 아이스크림, **향을 가미한 크림**(422쪽)을 곁들인다.

시각적으로 눈길을 사로잡는 디저트를 만드는 방법도 있다. 배나 마르멜로를 준비하고 절반은 레드 와인에, 나머지 절반은 화이트 와인에 졸인 후 접시에 한 조각씩 번갈아 놓는다. 겨울철에는 계피 스틱 ½개와 정향 2톨, 육두구 몇 개를 와인과 함께 넣어서 끓이면 향신료의 따뜻한 맛을 더할 수 있다.

졸이는 방법은 405쪽에 나온 레시피와 동일하다.

무화과 잎을 깔고 굽기

세라믹 또는 유리 재질의 작은 로스팅용 접시에 무화과 잎을 깐다. 무화과 잎은 과일에 향긋한 견과류 향을 더하는 역할을 한다. (월계수 잎이나 타임 잔가지를 대신 사용해도 된다.) 그 위에 주먹만 한 크기로 손질한 포도를 줄기째 한 겹으로 얹거나 반으로 자른 살구, 복숭아, 천도복숭아, 자두를 자른 면이 위로 가도록 마찬가지로 한 겹으로 얹는다. 설탕을 충분히 뿌리고 오븐에 넣어 220℃에서 굽는다. 속은 물렁하게 익고 겉은 노르스름한 갈색이 되도록 작은 과일은 15분, 큰 과일은 30분 정도 익힌다. 따듯할 때 내거나 실온으로 식혀서 낸다. **향을 가미한 크림**(422쪽)이나 바닐라 아이스크림과도 잘 어울리고, **버터밀크 판나 코타**(418쪽)에 곁들여 낸다.

콩포트 만들기

잘 익은 신선한 과일을 설탕과 잘 섞어서 그대로 절이면 콩포트가 된다. 입맛에 따라 레몬즙이나 와인, 식초를 몇 방울 섞어서 과도한 단맛을 줄이고 맛의 균형을 맞춘다. 과일에 설탕을 넣었을 때 어떤 맛이 날지 감이 잡히지 않으면 일단 설탕을 충분히 뿌려서 과일에 모두 흡수되도록 기다렸다가 맛을 본 다음에 더 넣는다.

콩포트와 쿠키에 **향을 가미한 크림**(422쪽), 바닐라 아이스크림, 마스카포네 치즈, 단맛을 더한 리코타 치즈, 그리스 요구르트 또는 **크렘 프레슈**(113쪽)를 함께 내면 간단히 디저트가 완성된다. 또는 **버터밀크 판나 코타**(418쪽), **로리의 미드나잇 초콜릿 케이크**(410쪽), **생강 당밀 케이크**(412쪽), **아몬드 카다몬 티 케이크**(414쪽), **파블로바**(421쪽) 같은 다른 디저트에 고명처럼 얹어도 잘 어울린다.

콩포트는 아래에 제시한 과일을 한 종류만 사용하거나 여러 종류를 섞어서 만들 수 있다. 설탕과 갓 짜낸 레몬즙을 입맛에 맞게 더하고 30분 정도 절이면 된다.

얇게 자른 딸기

얇게 자른 살구, 천도복숭아, 복숭아, 자두

블루베리, 라즈베리, 블랙베리, 보이즌베리

얇게 자른 망고

얇게 자른 파인애플

씨 제거하고 반으로 자른 체리

오렌지, 귤, 자몽, 각각 알맹이를 분리한 것

씨 제거하고 아주 얇게 썬 금귤

석류 씨

변형 아이디어

- **복숭아 바닐라 빈 콩포트**를 만드는 방법은 먼저 복숭아 6개당 바닐라 빈 ½개를 준비해서 씨를 긁어낸 다음 설탕과 함께 섞는 것이다. 레몬즙으로 맛을 조절한다.

- **살구 아몬드 콩포트**는 살구 900g당 설탕과 함께 아몬드 추출액 ½작은술, 구운 아몬드 슬라이스 ¼컵(약 20g)을 섞어서 만든다. 레몬즙으로 맛을 조절한다.

- **장미 향을 가미한 베리**는 약 470*ml* 용량의 그릇에 채워질 만큼 각종 베리를 담고 설탕과 함께 장미수 2작은술을 넣어서 만든다. 레몬즙으로 맛을 조절한다.

과일 : 언제 그리고 어떻게 먹을까

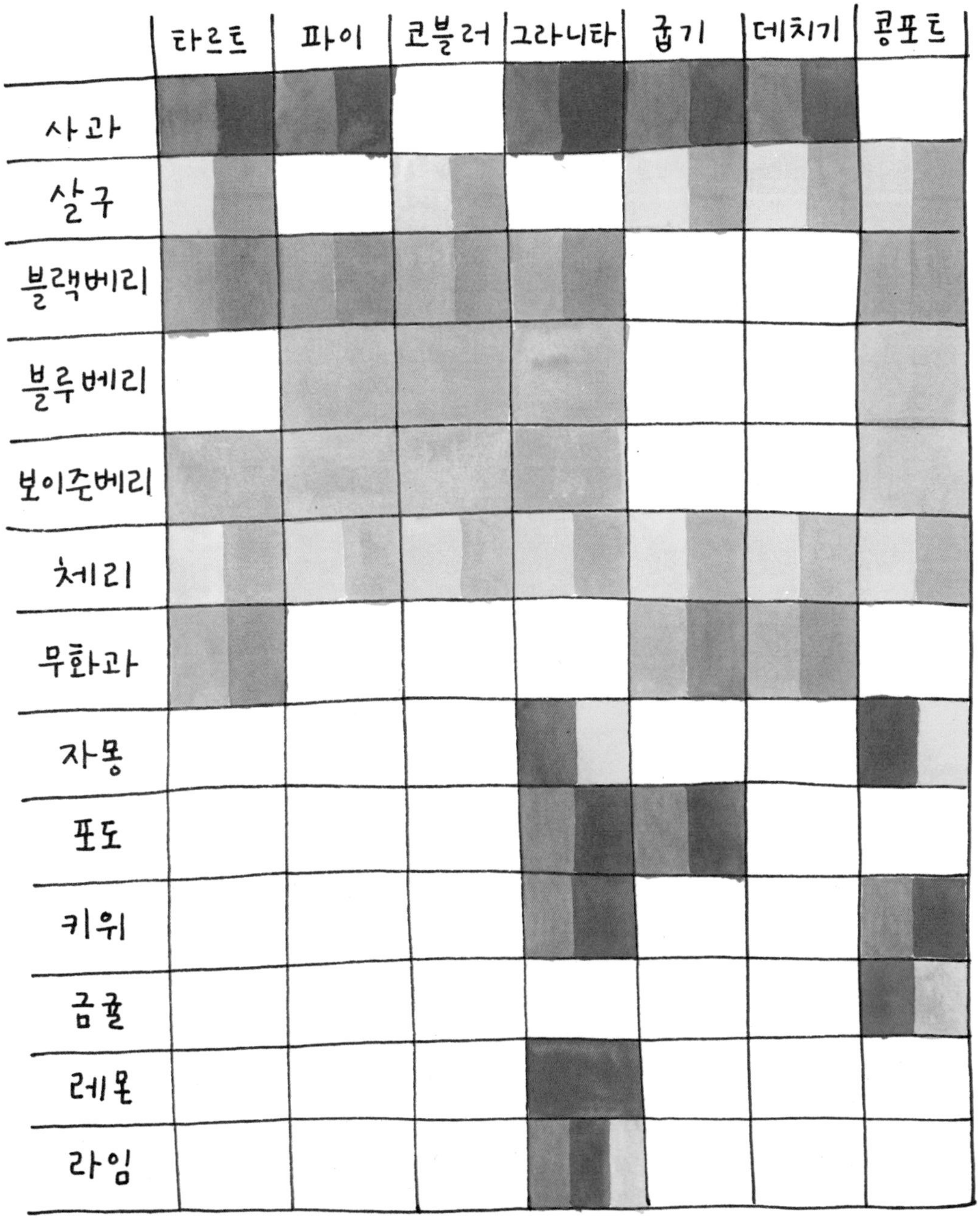

	타르트	파이	코블러	그라니타	굽기	데치기	콤포트
사과							
살구							
블랙베리							
블루베리							
보이즌베리							
체리							
무화과							
자몽							
포도							
키위							
금귤							
레몬							
라임							

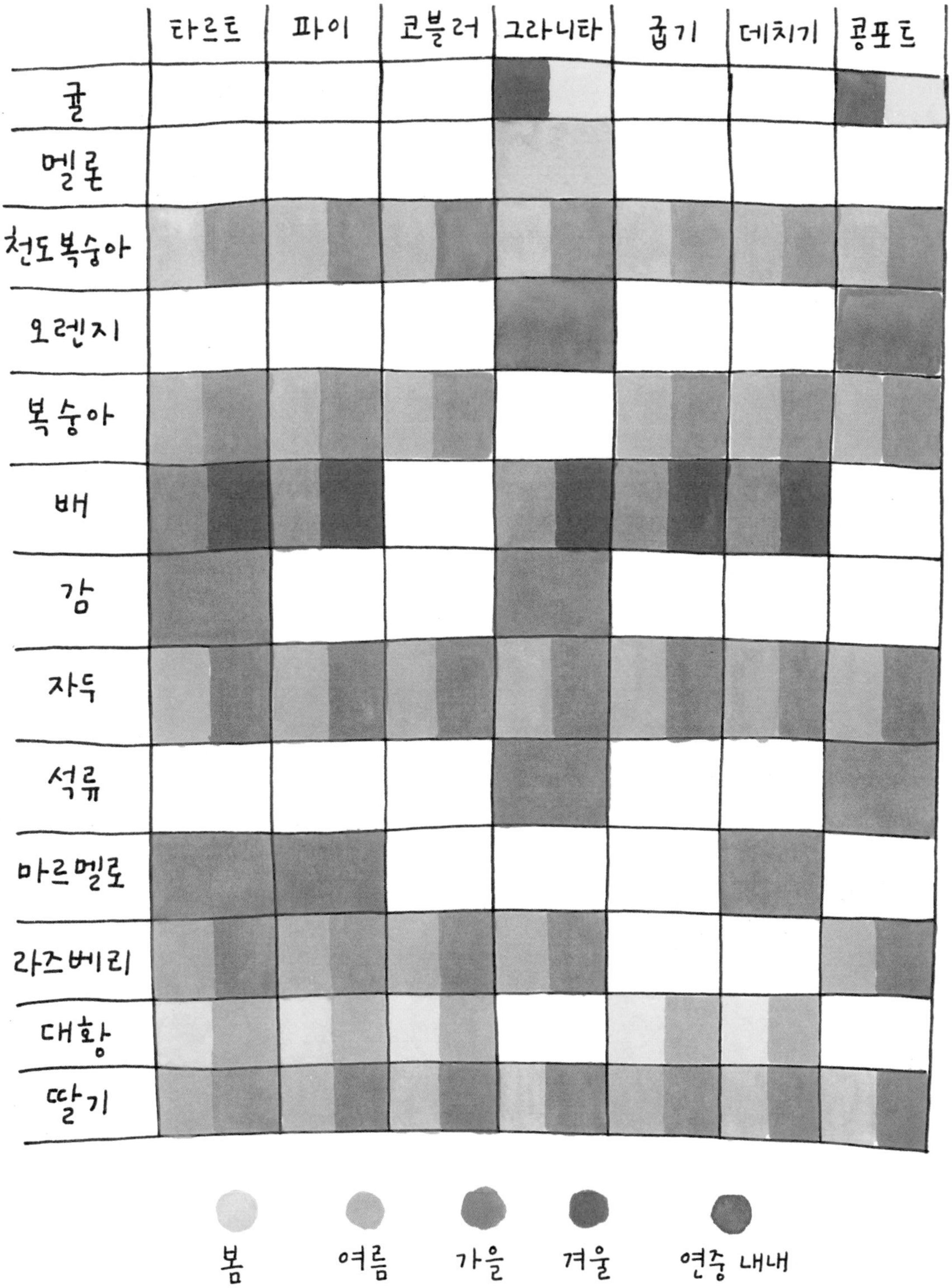

	타르트	파이	코블러	그라니타	굽기	데치기	콩포트
귤							
멜론							
천도복숭아							
오렌지							
복숭아							
배							
감							
자두							
석류							
마르멜로							
라즈베리							
대황							
딸기							

봄 여름 가을 겨울 연중 내내

내가 즐겨 만드는 오일 케이크 두 가지

로리의 미드나잇 초콜릿 케이크

지름 20cm 크기의 케이크 2개

앞서 지방을 설명할 때 언급했던 케이크의 레시피를 소개할 차례다. 개인적으로는 초콜릿 케이크에 대한 생각을 완전히 바꿔 놓은 레시피다. 나는 늘 마음속으로 생각해 온 이상적인 맛의 초콜릿 케이크를 알고 싶었고, 스무 살 때 그런 레시피는 절대로 찾을 수 없으리라 확신하며 단념했다. 내가 성장한 1990년대는 밀가루 없이 만든 초콜릿 케이크의 전성 시대였다. 내가 원한 건 케이크 믹스로 만든 케이크 특유의 촉촉함을 살리면서도 고급 제과점에서만 느낄 수 있는 깊은 풍미를 살린 레시피였다. 그러다 '셰 파니스'에서 손님 테이블의 접시 치우는 일을 시작하고 몇 개월이 흐른 어느 날, 내 친구였던 로리 포드라차가 같이 일하던 요리사의 생일을 축하하기 위해 **바닐라 크림**을 얹은 미드나잇 케이크를 만들어 왔다. 항상 꿈꿔 온 케이크를 찾을 수 있다는 희망은 이미 버린 후였지만 어쨌거나 한 조각 받아들고 맛을 보았다. 그날 케이크를 거절했다면 큰일 날 뻔했다. 한입 먹자마자 나는 완전히 반해 버렸다. 그동안 내가 맛본 모든 케이크들, 혹은 내가 심혈을 기울여서 직접 만들어 본 그 어떤 케이크보다 훨씬 더 맛이 좋았다. 왜 그렇게 느껴지는지는 알 수 없었지만 분명히 그랬다. 몇 개월이 지나서야 나는 버터가 아닌 오일을 넣어서 만든 덕분에 그만큼 촉촉한 맛을 낼 수 있었다는 사실을 알게 되었다. 무엇보다 촉촉해서 즐겨 만들어 먹던 케이크 믹스에도 오일이 들어가는데 그제야 그 이유를 깨달았던 것이다!

코코아 파우더 ½컵(약 55g), 네덜란드에서 가공된 것이나 발로나 지역에서 생산된 것이면 더 좋다.

설탕 1½컵(약 300g)

코셔 소금 2작은술 또는 가는 천일염 1작은술

다목적 밀가루 1¾컵(약 260g)

베이킹소다 1작은술

바닐라 추출액 2작은술

특별한 맛이 나지 않는 식용유 ½컵

끓인 물 또는 바로 내린 진한 커피 1½컵

실온에 둔 큰 달걀 2개, 살짝 휘저어서 준비

바닐라 크림 2컵(423쪽)

오븐을 175℃로 예열한다. 팬을 올릴 철제 선반은 오븐 맨 위 칸에 걸쳐 둔다.

지름 20cm 크기의 케이크 팬 2개를 준비하고 안쪽에 전체적으로 기름을 바른 후 유산지를 깐다. 유산지에도 기름을 바르고 밀가루를 충분히 뿌린 다음 남아 있는 가루를 털어 내고 한쪽에 둔다.

중간 크기의 볼에 코코아 파우더와 설탕, 소금, 밀가루, 베이킹소다를 담고 체에 내려 큰 볼로 옮긴다.

중간 크기의 볼에 바닐라 추출액과 식용유를 넣고 잘 섞는다. 물을 끓이거나 커피를 내려서 식용유와 바닐라 농축액이 섞인 볼에 붓는다.

큰 볼에 담긴 건조 재료들의 한가운데에 구멍을 만들고 식용유와 섞은 재료를 조금씩 부어 가며 휘젓는다. 달걀도 조금씩 넣으면서 전체가 부드러운 반죽이 되도록 잘 젓는다. 다 섞으면 묽은 반죽이 된다.

준비한 케이크 팬 2개에 반죽을 반으로 나눠서 붓는다. 팬을 10cm 정도 높이로 들어 올렸다가 조리대에 수직으로 몇 번 내려치는 방식으로 반죽의 기포를 제거한다.

팬을 오븐에 넣고 25~30분간 굽는다. 눌러 봤을 때 원상태로 되돌아오고 팬 가장자리와 막 분리되기 시작하면 오븐에서 꺼낸다. 이쑤시개로 찔러 봤을 때 아무것도 묻어 나오지 않으면 다 된 것이다.

팬에 담긴 채로 완전히 식힌 후 팬과 분리하고 유산지를 벗겨 낸다. 가로로 2등분한 뒤 아래층 가운데에 **바닐라 크림** 1컵을 부어 고르게 편 다음 윗면을 살짝 덮는다. 남은 크림은 맨 윗부분 표면에 바르고 그대로 최대 2시간 동안 냉장고에 넣어 차갑게 굳힌 다음 낸다.

치즈 크림을 프로스팅으로 올리거나 아이스크림을 곁들여도 잘 어울린다. 또는 코코아 파우더, 슈거 파우더를 케이크 위에 뿌려서 낸다. 같은 반죽으로 컵케이크를 구워도 된다!

랩을 씌워 실온에 두면 최대 4일간 보관할 수 있으며, 냉동 보관하면 2개월간 두고 먹을 수 있다.

생강 당밀 케이크

지름 23cm 크기의 케이크 2개

'셰 파니스'에서 식재료 재고 관리를 맡았던 시절에는 아침 6시부터 일을 시작해야 했다. 아침형 인간과는 거리가 먼 나 같은 사람이 제시간에 일을 시작하기 위해서는 어마어마한 노력이 필요했다. 아침밥은 거르기 일쑤였다. 오전 8시가 되어 페이스트리 만드는 제빵사들이 출근해서 전날 만들고 만든 남은 케이크와 쿠키를 꺼내면 다들 간식으로 먹곤 했다. 오전 8시 15분쯤 되면 도저히 달달한 간식을 거부할 수 없을 만큼 녹초가 된다. 나는 생강 케이크 한 조각을 챙겨 담고 커다란 유리잔에 밀크티를 준비한 다음 니트로 된 비니를 푹 눌러쓰고 주방의 대형 냉장창고로 들어갔다. 그곳에서 촉촉하고 향긋한 케이크를 한입씩 떠먹고 김이 모락모락 나는 차를 마시면서 각종 육류와 채소를 다시 정리해 당일에 배달될 식재료가 들어갈 공간을 만들었다. 시끌시끌하고 복잡한 레스토랑에서 벗어나 냉장창고 안에서 홀로 보낸 그 조용한 시간은 '셰 파니스'에서 남긴 소중한 추억 중 하나다. 지금 소개할 레시피는 그때 맛본 생강 케이크의 레시피를 집에서도 쉽게 만들 수 있도록 다듬은 것이다. 만들 때마다 좀 더 짭짤하게, 좀 더 향긋하게 만들고 싶은 유혹을 느끼곤 하는 레시피이기도 하다. 하루 중 어느 때나 예전에 내가 그랬던 것처럼 따끈한 차 한잔을 준비해서 이 케이크를 즐겨 보기 바란다.

신선한 생강 1컵(약 115g), 껍질 벗기고 얇게 썰어서 준비(껍질 벗기지 않은 생강을 기준으로 하면 약 140g)

설탕 1컵(약 200g)

특별한 맛이 나지 않는 식용유 1컵

당밀 1컵

다목적 밀가루 2⅓컵(약 340g)

계핏가루 1작은술

생강가루 1작은술

정향가루 ½작은술

흑후추 바로 간 것 ¼작은술

코셔 소금 2작은술 또는 가는 천일염 1작은술

베이킹소다 2작은술

끓인 물 1컵

실온에 둔 큰 달걀 2개

바닐라 크림 2컵(423쪽)

오븐을 175℃로 예열한다. 팬을 올릴 철제 선반은 오븐 맨 위 칸에 걸쳐 둔다. 지름 23cm 크기의 케이크 팬 2개를 준비하고 안쪽에 전체적으로 기름을 바른 후 유산지를 깐다. 유산지에도 기름을 바르고 밀가루를 충분히 뿌린 다음 남아 있는 가루를 털어 내고 한쪽에 둔다.

푸드 프로세서나 블렌더에 생강과 설탕을 넣고 4분 정도 갈아서 아주 부드러운 질감의 퓌레로 만든다. 중간 크기의 볼에 모두 옮겨 담고 식용유와 당밀을 넣은 후 잘 섞어서 한쪽에 둔다.

중간 크기의 볼에 밀가루, 계핏가루, 생강가루, 정향가루, 후추, 소금, 베이킹소다를 담고 섞은 후 체에 내려 큰 볼로 옮긴다. 한쪽에 둔다.

설탕과 식용유를 섞은 혼합물에 끓인 물을 붓고 골고루 잘 섞는다.

큰 볼에 담긴 건조 재료들의 한가운데에 구멍을 만들고 식용유와 섞은 재료를 조금씩 부어 가면서 휘젓는다. 달걀도 조금씩 넣으면서 전체가 부드러운 반죽이 되도록 잘 젓는다. 다 섞으면 묽은 반죽이 된다.

준비한 케이크 팬 2개에 반죽을 반으로 나눠서 붓는다. 팬을 10cm 정도 높이로 들어 올렸다가 조리대에 수직으로 몇 번 내려쳐 반죽의 기포를 제거한다.

팬을 오븐에 넣고 38~40분간 굽는다. 눌러 봤을 때 원상태로 되돌아오고 팬 가장자리와 막 분리되기 시작하면 오븐에서 꺼낸다. 이쑤시개로 찔러 봤을 때 아무것도 묻어 나오지 않으면 다 된 것이다.

팬에 담긴 채로 완전히 식힌 후 팬과 분리하고 유산지를 벗겨 낸다.

가로로 2등분한 뒤 아래층 가운데에 **바닐라 크림** 1컵을 부어 고르게 편 다음 윗면을 살짝 덮는다. 남은 크림은 맨 윗부분 표면에 바르고 그대로 최대 2시간 동안 냉장고에 넣어 차갑게 굳힌 다음 낸다.

치즈 크림을 프로스팅으로 올리거나 아이스크림을 곁들여도 잘 어울린다. 또는 코코아 파우더, 슈거 파우더를 케이크 위에 뿌려서 낸다. 같은 반죽으로 컵케이크를 구워도 된다!

랩을 씌워 실온에 두면 최대 4일간 보관할 수 있으며, 냉동 보관하면 2개월간 두고 먹을 수 있다.

아몬드 카다몬 티 케이크

지름 23cm 크기 케이크 2개

버터가 들어간 케이크는 오일 케이크처럼 촉촉하고 부드럽지 않은 대신 맛이 진하고 벨벳 같은 식감을 느낄 수 있다. 여기 소개하는 레시피에 들어가는 아몬드 페이스트는 버터 케이크의 이 두 가지 특징을 모두 강화한다. 달콤하면서도 짭짤하고 캐러멜화가 진행된 바삭한 아몬드와 함께 진하고 맛있는 크럼블도 맛볼 수 있다. 오후에 뜨거운 차 한잔과 함께 즐기기에 안성맞춤인 케이크다.

아몬드 토핑 재료

버터 4큰술(약 55g)

설탕 3큰술

슬라이스 아몬드, 약간 모자란 듯한 1컵(약 85g)

말돈 소금 등 얇은 소금 1자밤

케이크 재료

박력분 1컵(약 150g)

베이킹파우더 1작은술

코셔 소금 1작은술 또는 가는 천일염 ½작은술

바닐라 농축액 1작은술

카다몬 가루 2½작은술

실온에 둔 큰 달걀 4개

아몬드 페이스트 1컵(약 270g), 실온에 둘 것

설탕 1컵(약 200g)

버터 16큰술(약 225g), 정육면체로 잘라 실온에 둘 것

오븐을 175℃로 예열한다. 팬을 올릴 철제 선반은 오븐 맨 위 칸에 걸쳐 둔다. 지름 23cm 크기의 둥근 케이크 팬 2개를 준비하고 버터와 밀가루를 바르고 유산지를 깐다.

아몬드 토핑부터 만든다. 작은 소스팬을 중불에 올리고 버터와 설탕을 넣는다. 설탕이 완전히 녹고 버터가 부글부글 끓어오르면서 거품이 올라오도록 3분 정도 가열한다. 불을 끄고 슬라이스 아몬드와 얇은 소금을 넣은 후 골고루 섞는다. 준비해 둔 케이크 팬에 모두 붓고 고무 주걱으로 팬 바닥에 고르게 편다.

이제 케이크를 만든다. 유산지를 깔고 그 위에 밀가루와 베이킹파우더, 소금을 체에 내린 후 잘

섞으면서 덩어리를 없앤다. 한쪽에 둔다.

작은 볼에 바닐라 농축액과 카다몬 가루, 달걀을 넣고 골고루 섞어서 한쪽에 둔다.

푸드 프로세서에 아몬드 페이스트를 넣고 몇 번 갈아서 분쇄한다. 여기에 설탕 1컵을 붓고 90초 동안 혹은 가는 모래 같은 형태가 되도록 갈아 준다. 푸드 프로세서 대신 스탠드 믹서를 사용해도 된다. 이 경우 동일한 형태로 섞이려면 5분 정도 소요된다.

계속 섞으면서 버터를 추가한다. 반죽이 아주 가볍고 보송한 느낌으로 고루 섞이도록 2분 정도 더 분쇄한다. 작동을 멈추고 반죽을 전부 긁어서 한 덩어리로 만든다.

다시 기계를 작동시키고 앞서 만들어 놓은 달걀 혼합물을 마요네즈 만들 때와 같이 한 번에 1스푼씩, 천천히 추가한다. (똑같이 유화가 진행되도록 하는 과정이다!) 달걀을 1스푼 넣고 반죽에 완전히 흡수되어 반죽이 다시 매끈하고 표면이 실크처럼 부드러운 느낌으로 돌아오면 다시 1스푼 더 넣는 식으로 이어간다. 달걀을 전부 넣고 나면 기계를 멈추고 고무 주걱으로 반죽을 전부 긁어모아 한 덩어리로 만든다. 큰 볼에 반죽을 모두 옮긴다.

유산지 위에 체에 내려 모아 둔 가루 재료를 세 번에 나누어 솔솔 뿌리듯이 반죽에 더한다. 한 번 넣고 반죽을 살살 접어서 잘 섞은 다음 다시 붓는 식으로 더하되, 반죽을 과도하게 뒤적이면 케이크가 딱딱해지므로 주의해야 한다.

완성된 반죽은 앞서 준비해 둔 케이크 팬에 붓고 오븐 맨 위 칸에 넣는다. 이쑤시개로 찔러 봤을 때 아무것도 묻어 나오지 않을 때까지 55~60분간 굽는다. 팬 가장자리와 막 분리되기 시작하면 다 된 것으로 볼 수 있다. 다 구운 케이크는 철망으로 옮겨서 식힌다. 팬에서 분리할 때는 칼을 측면으로 밀어 넣은 후 가스레인지 불에 팬 바닥을 대고 몇 초 정도 가열하면 쉽게 분리된다. 유산지를 벗겨 내고 케이크 접시에 담아 두었다가 낸다.

케이크만 먹어도 좋고, 각종 베리, 핵과류 과일로 만든 **콩포트**(407쪽), **바닐라 크림**, **카다몬 크림**(423쪽)과도 잘 어울린다.

랩을 씌워 실온에 두면 최대 4일간 보관할 수 있으며, 냉동 보관하면 2개월간 두고 먹을 수 있다.

달콤 쌉싸름한 초콜릿 푸딩

6인분

벌써 몇 년째 나는 샌프란시스코 '타르틴 베이커리'의 제빵사들과 함께 그곳에서 개최하는 디너 시리즈에 참여해 왔다. '타르틴 애프터아워(Tartine Afterhours)'라 불리는 이 디너 시리즈의 특징은 영업시간이 끝난 후 테이블을 전부 한곳으로 모으고 요리사들이 가장 좋아하는 음식을 만들어서 마치 집에서 식사하듯이, 큼직한 접시에 가득 담아서 내는 것이다. 아주 고급스럽지는 않지만 참여하는 모든 요리사가 모든 재료와 정성을 쏟아서 요리를 만들어 낸다. 행사가 열리는 날에는 자정이 가까운 시각이 되도록 주방에서 설거지를 하고 마무리를 하는데, 그제야 아침부터 한 끼도 제대로 못 먹었다는 사실을 깨닫곤 한다. 뭐 먹을 것이 없나 둘러보면 페이스트리만 가득하고, 뜨거운 불 앞에서 땀을 뻘뻘 흘리며 하루 종일 일한 날이면 내 입맛을 가장 강하게 잡아끄는 한 가지가 있다. 유리문 너머, 냉장고 안에서 조용히 손짓하는 초콜릿 푸딩이다. 그럴 때 나는 하던 일을 잠시 멈추고 숟가락을 찾은 다음 냉장고에서 작은 볼에 담긴 푸딩을 꺼내 한입 떠먹는다. 크리미하고 차가운 푸딩은 어김없이 내가 딱 원하던 미각을 충족시킨다. 그러고 있는 나를 발견한 다른 요리사들도 하나둘 숟가락을 들고 다가온다. 우리는 그렇게 말없이 한 스푼씩 푸딩을 떠먹은 다음 다시 청소를 마무리한다. 푸딩 한 그릇이면 충분하다. 어떨 때는 이 순간이 손꼽아 기다려지기도 한다. 아래에 소개한 레시피는 '타르틴 베이커리'에서 사용되는 오리지널 레시피를 약간 변형해, 조금 덜 달고 약간 더 짭짤한 맛을 즐길 수 있도록 했다. '타르틴'과 마찬가지로 발로나 코코아 파우더를 사용해 보면 맛의 차이를 제대로 느낄 수 있을 것이다.

달콤하면서도 쌉싸름한 초콜릿 약 115g, 큼직하게 잘라서 준비

큰 달걀 3개

하프앤드하프 크림 3컵

옥수수 전분 3큰술(약 20g)

설탕 ½컵과 2큰술(총 140g 정도)

코코아 파우더 3큰술(약 15g)

코셔 소금 1¼작은술, 또는 가는 천일염 수북하게 ½작은술

큼직한 내열 그릇에 초콜릿을 담고 그 위에 구멍이 촘촘한 체를 덮어서 한쪽에 둔다.

중간 크기의 볼에 달걀을 풀고 살짝 저어서 한쪽에 둔다.

중간 크기의 소스팬에 하프앤드하프 크림을 붓고 약불로 가열한다. 김이 나고 막 끓으려고 할 때 불을 끈다. 유제품은 끓기 시작하면 유화 상태가 깨지고 단백질이 응고되므로 절대로 끓이지 말아야 한다. 끓인 크림으로 커스터드를 만들면 결코 부드러운 식감을 얻을 수 없다.

믹싱 볼에 옥수수 전분과 설탕, 코코아 파우더, 소금을 담고 섞는다. 여기에 따뜻한 하프앤드하프 크림을 붓고 휘저은 후 전부 소스팬에 옮겨 담아 다시 중불에 올린다.

고무 주걱으로 계속 저어 주면서 되직해질 때까지 6분 정도 가열한다. 불을 끈다. 숟가락 뒷면에 푸딩을 묻히고 손가락으로 길게 길을 냈을 때 자국이 선명하게 남아 있으면 밀도가 적당하다고 볼 수 있다.

푸딩 반죽을 계속 젓다가 뜨거울 때 2컵 정도 덜어서 풀어 놓은 달걀에 천천히 붓는다. 달걀과 함께 다 섞은 후에는 전부 소스팬에 옮겨서 약불로 가열한다. 계속 저어 주면서 전체적으로 되직하게 굳도록 1분 정도 가열하거나 온도계를 이용해 약 98℃까지 가열한다. 불을 끄고 체에 거른다. 작은 국자나 고무 주걱으로 눌러 가면서 푸딩이 체를 통과해 미리 담아 둔 초콜릿 위로 떨어지도록 한다.

잔열로 초콜릿을 전부 녹인다. 블렌더에 모두 옮겨 담고 실크처럼 부드러워지도록 갈아 준다. (도깨비 방망이가 있으면 블렌더 대신 이용해도 된다.) 맛을 보고 필요하면 소금 간을 한다.

완성된 푸딩은 컵 6개에 곧바로 나누어 담고 바닥을 조리대에 살짝 내려쳐서 기포를 없앤다. 그대로 식힌 후 실온이 되면 **향을 가미한 크림**(422쪽)을 올려서 낸다.

뚜껑을 덮어 냉장 보관하면 최대 4일까지 두고 먹을 수 있다.

변형 아이디어

- 우유에 계핏가루 ¾작은술을 넣고 이와 같은 방법으로 만들면 **멕시코식 초콜릿 푸딩**이 된다.
- 우유에 카다몬 가루 ½작은술을 넣고 이와 같은 방법으로 만들면 **초콜릿 카다몬 푸딩**이 된다.
- **초콜릿 푸딩 파이**(391쪽)는 옥수수 전분의 양을 ⅓컵으로 늘리고 이와 같은 방법으로 만든다. 파이 형태로 만드는 방법은 390쪽에 나와 있다.

버터밀크 판나 코타

6인분

가벼운 커스터드의 일종인 이 음식은 수십 년 전부터 '셰 파니스'의 중요한 메뉴로 자리를 잡았고, 나는 이곳에서 판나 코타를 만드는 방식이 원조라고 생각했다. '셰 파니스'를 떠나고 몇 년이 지난 어느 날, 한 친구가 전설적인 페이스트리 전문가로 알려진 클라우디아 플레밍의 유명한 저서 『최후의 코스(*The Last Course*)』를 빌려 주었다. 절판되어 구하기 힘든 귀한 책이었는데, 그 책 14쪽에 버터밀크 판나 코타 레시피가 있는 것이 아닌가! 클라우디아가 뉴욕 '그래머시 태번(Gramercy Tavern)'에서 개발한 메뉴가 멀리 서쪽으로 넘어와 '셰 파니스'까지 도달했다는 사실을 분명하게 확인한 순간이었다. 게다가 몇 년 후에는 클라우디아의 흥미로운 인터뷰 기사를 접했다. 원형 그대로 만든 음식이 가장 맛있다는 이야기와 함께, 자신의 판나 코타 레시피는 호주에서 발행된 『보그 리빙(*Vogue Living*)』에서 처음 발견하고 그 페이지를 찢어서 보관해 두었다가 옮긴 것이라고 밝힌 것이다! 아래에 소개한 레시피는 그렇게 전 세계에서 활용되어 온(적어도 한 번 이상 이렇게 옮겨졌을 것으로 추정되는) 전통 버전이다.

특별한 맛이 나지 않는 식용유

헤비 크림 1¼컵

설탕 7큰술(약 85g)

코셔 소금 ½작은술 또는 가는 천일염 ¼작은술

향이 가미되지 않은 젤라틴 분말 1½작은술

바닐라 빈 ½개, 세로로 길게 잘라서 준비

버터밀크 1¾컵

170g 크기의 수플레용 그릇(램킨)이나 작은 볼, 또는 컵 6개를 준비하고 안쪽에 페이스트리용 브러시나 손가락을 이용해 식용유를 얇게 바른다.

작은 소스팬에 크림과 설탕, 소금을 담고 바닐라 빈 씨를 긁어 넣은 뒤 남은 바닐라 빈도 통째로 넣고 골고루 섞는다.

작은 볼에 찬물 1큰술을 넣고 젤라틴 분말을 솔솔 뿌린다. 녹을 때까지 5분간 그대로 둔다.

크림이 담긴 팬을 중불로 가열하고 저어 가면서 설탕을 녹인다. 김이 올라오기 시작할 때까지 4분 정도 가열한다. (절대 크림이 끓으면 안 된다. 크림이 너무 뜨거우면 나중에 젤라틴과 섞었을 때 젤라틴이 제 기능을 하지 못한다.) 불을 아주 약하게 줄이고 물에 녹인 젤라틴을 넣는다. 전부 녹아서 골고루 섞이도록 1분 정도 천천히 젓는다. 불을 끄고 버터밀크를 붓는다. 촘촘한 체에 걸러서 뾰족한 주둥이가 달린 계량컵으로 옮긴다.

걸러 낸 혼합물을 앞서 준비해 둔 수플레용 그릇에 나눠 담는다. 랩을 씌워 냉장고에 넣고 최소 4시간 또는 하룻밤 그대로 두면서 굳힌다.

완성된 판나 코타는 뜨거운 물이 담긴 그릇에 램킨을 담갔다가 거꾸로 뒤집어서 접시에 올리면 그릇과 쉽게 분리할 수 있다. 감귤류 과일이나 베리, 핵과류 과일로 만든 **콩포트**(407쪽)를 고명으로 얹어서 낸다.

최대 2일 전에 미리 만들어 두었다가 낼 수 있다.

변형 아이디어

- 크림을 가열하기 전에 카다몬 가루 ¾작은술을 넣고 이 레시피와 동일한 방법으로 만들면 **카다몬 판나 코타**가 된다.

- 크림을 가열하기 전에 잘게 간 레몬 제스트나 오렌지 제스트 ½작은술을 넣고 이 레시피와 동일한 방법으로 만들면 맛있는 **시트러스 판나 코타**가 된다.

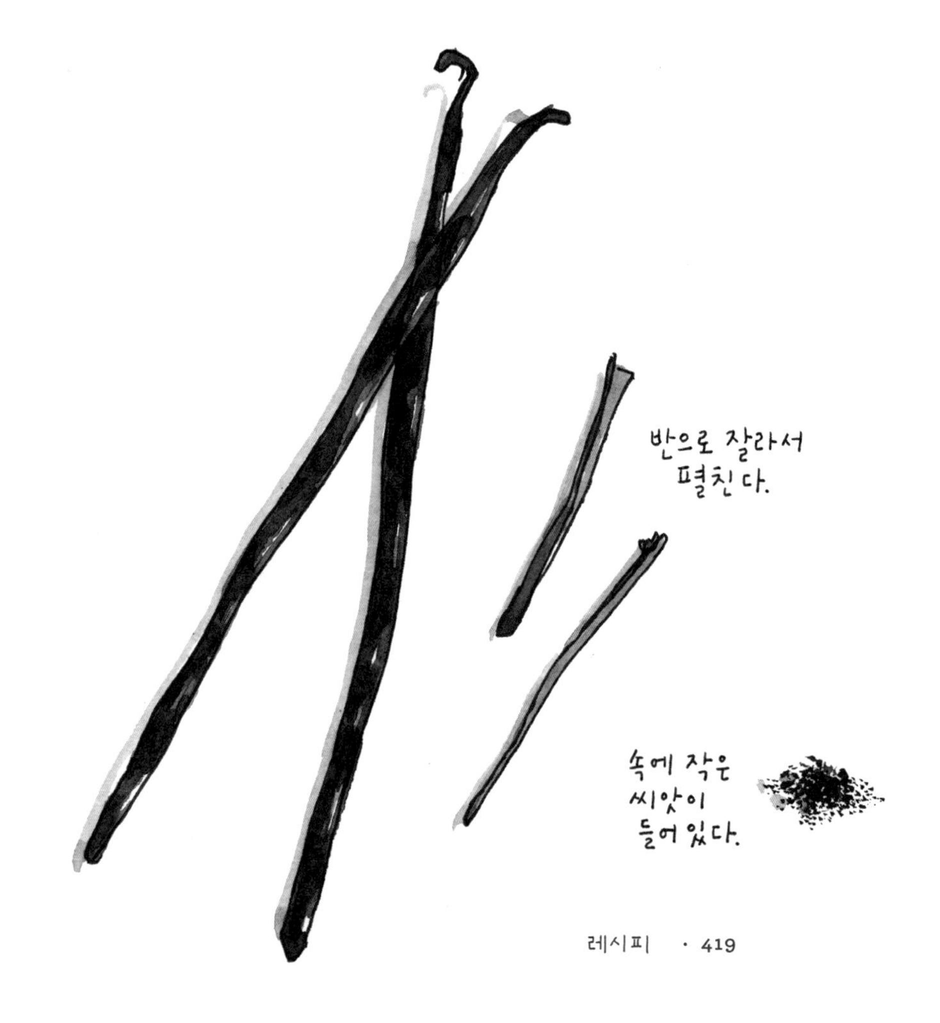
반으로 잘라서
펼친다.
속에 작은
씨앗이
들어 있다.

마시멜로 머랭

작은 머랭 약 30개

달걀흰자를 자유자재로 다룰 줄 아는 슈친이라는 친구가 있다. 나는 이 친구로부터 머랭에 들어가는 흰자는 천천히 휘저어야 거품이 일정하게 생기고 그래야 구울 때 부피가 더 늘어나면서 안정적이라는 사실을 배웠다. 이때 가장 중요한 유의사항은 흰자가 깨끗해야 하며 다른 건 아무것도 들어가지 않아야 한다는 것이다. 노른자가 섞이거나 손에 묻어 있던 기름기 같은 지방 성분, 볼 안쪽에 남아 있던 물질이 섞이면 깨끗한 흰자 거품을 낼 수 없고 부피도 줄어든다. 아래에 소개한 레시피는 아주 부드럽고 쫄깃한 머랭을 만들 수 있어서 내가 정말 좋아하는 방식이다. 한입에 쏙 들어가는 크기로 만들어도 좋고 **파블로바**처럼 더 큰 사이즈로 구울 때도 활용할 수 있다. (다음 쪽에 변형 아이디어가 있다.)

옥수수 전분 4½작은술(약 15g)

설탕 1½컵(약 300g)

실온에 둔 달걀흰자 ¾컵(약 170g, 큰 달걀 6개 분량)

타르타르 크림 ½작은술

소금 1자밤

바닐라 추출액 1½작은술

오븐을 120℃로 예열한다. 오븐 팬 2개를 준비하고 유산지를 각각 깔아 둔다.

작은 볼에 옥수수 전분과 설탕을 담고 섞는다.

스탠드 믹서 볼에 거품기를 끼우고(스탠드 믹서가 없으면 거품기가 달린 핸드 믹서를 사용해도 된다.) 달걀흰자와 타르타르 크림, 소금을 넣어 휘젓는다. 먼저 천천히 약하게 젓다가 속도를 중간 정도로 높여서 거품기가 지나간 자국이 선명하게 남고 흰자 거품이 아주 작고 균일하게 형성되도록 2~3분간 저어 준다. 충분히 시간을 들여서 거품을 내자.

중간 속도와 빠른 속도 사이로 높이고 계속 휘저으면서 설탕과 옥수수 전분을 섞어 놓은 것을 조금씩 뿌리듯이 첨가한다. 설탕을 다 넣고 몇 분 후에 바닐라 농축액을 천천히 넣는다.

속도를 약간 더 높이고 거품에 윤기가 나면서 거품기를 위로 들었을 때 빽빽한 거품이 뾰족하게 솟구친 형태를 유지할 때까지 3~4분 더 섞는다.

오븐 팬에 깔아 둔 유산지 위에 숟가락으로 거품을 골프공 크기만큼 떠서 올린다. 다른 숟가락으로 거품을 뜬 숟가락을 긁어내듯 거품을 밀어낸다. 이때 손목 스냅을 이용해 거품을 살살 위로 끌어올려서 머랭마다 맨 윗부분에 불규칙하게 뾰족한 꼭대기를 만들어 준다.

팬을 오븐에 넣고 오븐 온도를 105℃로 낮춘다.

25분 구운 뒤 팬 위치를 180도 돌리고 오븐 안에 들어가는 위치도 바꿔 준다. 머랭 색깔이 바뀌거나 갈라진 곳이 보이면 온도를 95℃로 낮춘다.

그대로 20~25분 더 굽는다. 유산지에서 쉽게 들어 올릴 수 있고, 바깥쪽은 바삭하고 만져 보았을 때 건조하면서 안쪽은 마시멜로 같은 느낌이 남아 있으면 다 된 것이다. 하나 먹어 보고 다 됐는지 확인하면 된다!

다 구운 머랭은 철망에 옮겨서 식힌다.

밀폐 용기에 담아 실온에 두거나 하나씩 개별 포장하면 집 안이 크게 습하지 않을 경우 최대 1주일까지 두고 먹을 수 있다.

변형 아이디어

- 머랭을 자그마한 **파블로바**로 만들어도 된다. 유산지 위에 거품을 가로 7.5cm 세로 5cm 크기의 유선형이 되도록 올린 후 숟가락 뒷면을 이용해 움푹 파인 모양을 만든다. 이 레시피와 같은 방법으로 65분 정도 구운 뒤 완전히 식혀서 **향을 가미한 크림**(422쪽)이나 아이스크림을 올리고 그 위에 각종 베리류 또는 감귤류 과일로 만든 **과일 콩포트**(407쪽)을 얹어서 낸다.

- **페르시아식 파블로바**는 달걀흰자에 카다몬 가루 ½작은술과 식힌 사프란 차 1큰술(287쪽 참조)을 넣어서 이 레시피와 같은 방법으로 만든다. **장미 향이 나는 베리**(407쪽), **카다몬 크림**(423쪽), 구운 피스타치오, 잘게 부순 장미 꽃잎을 곁들여서 낸다.

- 머랭을 부순 후 유리그릇에 담고 위에 **베리 콩포트**(407쪽)나 레몬 커드, **바닐라 크림**(423쪽)을 올리면 **머랭 풀**(Meringue Fool)이 된다.

- **초콜릿 캐러멜 머랭 풀**은 머랭을 굽기 전에 달콤하면서 쌉싸름한 초콜릿 약 55g을 녹여서 식힌 후 섞어서 만든다. 이 레시피와 같은 방법으로 만들고 부순 머랭을 유리그릇에 담은 뒤 초콜릿 아이스크림이나 **솔티드 캐러멜 소스**(426쪽), **캐러멜 크림**(424쪽)을 올려서 낸다.

향을 가미한 크림

약 2컵

거품을 낸 크림의 환상적인 맛은 가벼우면서 진한 맛을 내는 정반대의 특징에서 비롯된다. 크림은 공기를 포집해 액체가 폭신한 고체로 바뀐다는 독특한 특성이 있다. (423쪽에 더 자세한 설명이 있다.)

크림을 구입할 때는 아무것도 들어가지 않은 평범한 헤비 크림을 선택하는 것이 좋다. 카라기난 같은 안정제를 첨가하거나 초고온(UHT) 살균을 거친 제품들이 많은데, 이 같은 처리는 거품이 형성되는 과정에 영향을 준다. 순수한 크림을 구입해야 가장 맛있고 풍성한 휘핑크림을 만들 수 있다.

다음에 소개한 다양한 맛을 첨가해서 입맛에 맞는 크림으로 만들어 보자. 캐러멜 크림은 애플파이와 곁들이고 월계수 잎 크림은 구운 복숭아에 1스푼 얹어 보자. 또 구운 코코넛 크림은 **달콤 쌉싸름한 초콜릿 푸딩**(416쪽)과 잘 어울린다. 케이크에 다급히 크림을 입혀야 할 때는 향을 가미한 크림을 더 열심히 휘저어서 부드러운 거품을 더 빽빽하게 만든 다음 구워서 식힌 케이크 전체에 골고루 펴 바르면 된다. 향을 가미한 크림을 곁들여서 맛이 더 좋아지지 않는 음식은 아마 거의 없을 거라는 사실을 여러분도 알게 될 것이다.

차가운 헤비 크림 1컵

과립당 1½작은술

다음 쪽에 소개한 여러 가지 향미 재료 중 한 가지

충분히 휘젓기

속이 깊은 큼직한 금속 볼(또는 스탠딩 믹서에 딸린 볼)과 거품기(또는 믹서에 달린 거품기)를 냉동실에 최소 20분간 미리 넣어 두고 차갑게 만든 다음에 시작한다. 볼이 충분히 차가워지면 아래에 소개한 향미 재료 중 한 가지를 선택해 크림과 섞고 설탕도 추가한다.

나는 크림을 만들 때 손으로 직접 거품 내는 방식을 선호한다. 과정을 직접 통제할 수 있어서 과도하게 휘젓거나 거품기 끝에 버터가 뭉치는 상황을 피하기도 쉽기 때문이다. 믹서를 사용할 경우 천천히 느린 속도로 휘저어야 한다. 먼저 크림을 들어 올렸을 때 뾰족한 꼭대기가 부드럽게 만들어질 때까지 거품을 낸다. 기계로 거품을 낼 경우 핸드 믹서에 거품기가 달린 것을 이용해 액상 크림이 한데 뭉쳐져 부드럽고 폭신한 크림이 균일하게 형성될 때까지 계속 휘젓는다. 맛을 보고 단맛과 첨가한 맛이 적당한지 확인한다. 내기 전까지 차갑게 보관한다.

사용하고 남은 크림은 뚜껑을 덮어 냉장 보관하면 최대 2일까지 두고 먹을 수 있다. 거품이 가라앉으면 다시 휘저어서 거품기로 들어 올렸을 때 뾰족한 꼭대기가 부드럽게 만들어지면 사용한다.

크림에 맛을 가미하는 방법

거품 내기 직전에 아래 재료를 첨가한다.

- **향신료 크림**은 카다몬 가루나 계핏가루, 육두구 가루를 ¼작은술 첨가한다.
- **바닐라 크림**은 바닐라 빈 ¼개 분량의 씨앗을 긁어서 넣거나 바닐라 추출액 1작은술을 넣어서 만든다.
- **레몬 크림**은 잘게 간 레몬 제스트 ½작은술과 함께 취향에 따라 리몬첼로(Limoncello) 리큐어 1큰술을 추가해서 만든다.
- **오렌지 크림**은 잘게 간 오렌지 또는 귤 제스트 ½작은술과 함께 취향에 따라 그랑 마니에르(Grand Marnier) 리큐어를 1큰술 추가해서 만든다.
- 장미수 1작은술을 넣으면 **장미 크림**이 된다.
- 등화수(오렌지 꽃에서 채취한 향료) ½작은술을 넣으면 **오렌지 꽃 크림**이 된다.
- **애주가용 크림**은 그랑 마니에르나 아마레토(amaretto), 버번, 프랑부아즈(framboise), 깔루아, 브랜디 또는 럼을 1큰술 넣어서 만든다.
- 아몬드 추출액 ½작은술을 넣으면 **아몬드 크림**이 된다.
- 인스턴트 에스프레소 분말 1큰술에 취향에 따라 깔루아 1큰술을 추가하면 **커피 크림**이 된다.

크림의 절반 분량에 아래 재료를 넣고 살짝 끓을 때까지 가열한다. (그 이상 가열하면 안 된다.) 재료마다 명시된 시간 동안 그대로 두었다가 체에 거르고 차갑게 식힌 후 나머지 분량의 크림을 붓고 앞에서 설명한 방법과 동일하게 거품을 낸다.

- **복숭아 잎 크림**(복숭아 잎은 향긋한 아몬드 향을 더해 준다!)은 복숭아 잎 12장을 뜯어서 크림에 담그고 15분간 우려서 만든다.

- 얼그레이 찻잎 2큰술을 크림에 10분간 우려내면 **얼그레이 크림**을 만들 수 있다.

- **월계수 잎 크림**은 월계수 잎 6장을 크림에 15분간 담가서 만든다.

아래 재료는 차가운 크림에 담가서 최소 2시간 또는 하룻밤 두었다가 걸러내고 앞에 나온 방법과 동일하게 거품을 낸다.

- **누아요**(noyau) **크림**은 살구씨 12개를 분쇄한 후 살짝 볶아서 만든다.

- **구운 아몬드 크림** 또는 **구운 헤이즐넛 크림**은 구운 아몬드나 헤이즐넛 ¼컵(약 35g)을 큼직하게 썰어서 만든다.

- **구운 코코넛 크림**은 얇게 썬 무가당 코코넛 ⅓컵(약 45g)으로 만든다. 코코넛이 크림을 일부 흡수하므로 체에 내릴 때 크림을 최대한 꾹 눌러서 거른다.

- **초콜릿 크림**은 작은 소스팬에 헤비 크림 ½컵과 설탕 1큰술을 넣어 중불과 약불 사이에서 가열하여 만든다. 김이 올라오기 시작하면 달콤하면서 쌉싸름한 초콜릿 약 55g을 잘게 썰어서 붓는다. 초콜릿이 전부 녹아서 섞이도록 저어 준다. 그대로 냉장고에 넣어 아주 차갑게 식힌 후 차가운 헤비 크림 ½컵을 붓고 거품기로 들어 올렸을 때 부드러운 꼭대기가 생길 때까지 휘젓는다. **로리의 미드나잇 초콜릿 케이크**(410쪽), **마시멜로 머랭**(420쪽), **커피 그라니타**(405쪽) 또는 바닐라 아이스크림과 함께 낸다.

- **캐러멜 크림**은 설탕 ¼컵(약 50g)에 물 3큰술을 넣고 가열해서 진한 호박색으로 만든 후 헤비 크림 ½컵을 부어서 만든다. (423쪽에 설명한 방법을 따른다.) 소금을 1자밤 넣는다. 아주 차갑게 식힌 후 차가운 헤비 크림 ½컵을 붓고 앞서 설명한 방법대로 거품을 낸다. **사과 프랜지페인 타르트**(397쪽), **클래식 애플 파이**(388쪽), **커피 그라니타**(405쪽), **로리의 미드나잇 초콜릿 케이크**(410쪽)와 함께 낸다.

- 새콤한 휘핑크림은 차가운 헤비 크림 ½컵에 설탕 3큰술을 넣고 사워크림이나 지방이 그대로 함유된 그리스식 요구르트 또는 **크렘 프레슈**(113쪽) ¼컵을 넣어 앞에 나온 방법으로 거품을 내서 만든다. **사과 프랜지페인 타르트**(397쪽), **생강 당밀 케이크**(412쪽), **클래식 호박 파이**(390쪽)와 함께 낸다.

● 코코넛밀크 캔 2개를 따고 위에 고인 고형 지방만 떠낸 다음 차갑게 식혀서 앞에서 설명한 방법으로 거품을 내면 유제품이 들어가지 않은 **코코넛 크림**이 된다. 남은 코코넛밀크는 **재스민 쌀밥**(282쪽)을 만들 때 넣는다. 코코넛 크림은 **로리의 미드나잇 초콜릿 케이크**(410쪽), **달콤 쌉싸름한 초콜릿 푸딩**(416쪽), **초콜릿 푸딩 파이**(391쪽) 또는 아이스크림과 함께 낸다.

솔티드 캐러멜 소스

약 1½컵

소금이 얼마나 엄청난 차이를 만들 수 있는가에 관한 이야기로 이 책을 시작했으니, 같은 이야기로 마무리하는 것이 가장 적절할 것 같다. 캐러멜 소스는 소금의 그러한 영향력을 보여 주는 음식이다. 캐러멜 소스에 소금을 약간 넣으면 쓴맛은 약해지고 단맛과 기분 좋은 대비를 이루면서 그냥 맛있는 소스에서 형용할 수 없는, 입에 침이 가득 고이게 하는 맛으로 바뀐다. 소금을 조금 넣고 녹여서 맛을 보고 더 넣는 과정을 여러 번 반복해야 알맞은 소금 양을 알 수 있다. 소금을 더 넣을지 그만 넣을지 도저히 모르겠으면, 캐러멜을 1큰술 떠서 다른 그릇에 옮긴 후 소금을 조금 뿌리고 섞어서 맛을 보자. 너무 짜다 싶으면 그대로 완성하고, '맛이 더 좋다'고 느껴지면 전체적으로 소금을 조금 더 넣으면 된다. 확신이 없는 상태에서 무작정 소금을 더 넣어 몽땅 망치면 안 된다.

무염 버터 6큰술(약 85g)

설탕 ¾컵(약 150g)

헤비 크림 ½컵

바닐라 농축액 ½작은술

소금

속이 깊고 두꺼운 소스팬을 중불에 올리고 버터를 녹인다. 설탕을 붓고 센불로 높인다. 골고루 섞이지 않아도 걱정할 것 없다. 믿음을 갖고 계속 가열하면 하나로 다 섞이게 되어 있다. 끓을 때까지 계속 저어 주다가 끓기 시작하면 젓지 말고 가열한다. 캐러멜 색이 나오기 시작하면 팬 전체를 조심스럽게 흔들어서 색이 골고루 형성되도록 한다. 진한 황금빛 갈색이 되고(147쪽 '화재경보기 작동주의' 설명 참조) 김이 살짝 피어오르기 시작할 때까지 10~12분 정도 가열한다.

불을 끄고 곧바로 크림과 섞어서 휘젓는다. 굉장히 뜨거운 상태라 거품이 부글부글 끓어오르면서 마구 튈 수 있으므로 조심해야 한다. 캐러멜 덩어리가 남아 있으면 소스팬을 다시 약불에 올려서 녹인다.

미지근한 온도가 되도록 식힌 후 바닐라 추출액을 넣고 소금도 넉넉하게 한 번 집어서 넣는다. 잘 저어서 맛을 보고 필요하면 소금을 더 넣는다. 캐러멜은 식으면 되직한 상태가 되므로 나는 불에서 내린 다음 실온에 가까운 온도로 식혀서 내는 편이다. 그래야 아이스크림과도 잘 어우러지고 그 밖에 다른 요리와 함께 내기에 좋다. 하지만 솔직히 냉장고에서 바로 꺼낸 캐러멜 소스의 맛이 정말 끝내준다는 사실도 부정할 수 없다.

사용하고 남은 소스는 뚜껑을 덮어 냉장 보관하면 최대 2주까지 두고 먹을 수 있다. 전자레인지에 살짝 데우거나 다시 소스팬에 담아 아주 약한 불에 잘 저으면서 데운 후에 사용하면 된다.

클래식 애플 파이, 클래식 호박 파이, 사과 프랜지페인 타르트, 로리의 미드나잇 초콜릿 케이크, 생강 당밀 케이크, 초콜릿 캐러멜 머랭 풀과 함께 내거나 아이스크림 위에 뿌려서 낸다.

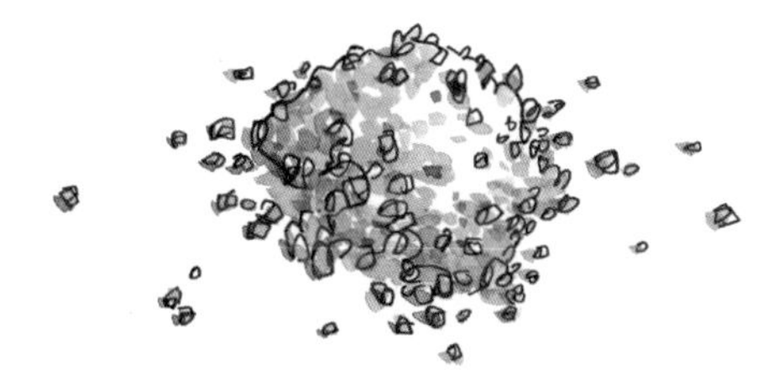

요리 실습

이제 소금, 지방, 산 그리고 열에 관해 배운 내용을 실전에서 확인할 차례다. 어디서부터 어떻게 시작할지 감이 오지 않는다면, **1부**에서 설명한 주제가 담긴 레시피를 골라서 시도해 보기 바란다.

소금 수업

속에서부터 소금 간하기

삶은 콩(280쪽)

각종 파스타 레시피(288~302쪽)

세이지와 꿀을 넣은 훈제 치킨(330쪽)

버터밀크로 양념한 로스트 치킨(340쪽)

매콤하게 절인 칠면조 가슴살 요리(346쪽)

짠맛 덧입히기

그리스식 샐러드(230쪽)

시저 드레싱(247쪽)

푸타네스카 파스타(294쪽)

아마트리치아나 파스타(294쪽)

오향분 글레이즈 치킨(338쪽)

지방 수업

유화

타히니 드레싱(251쪽)

치즈 후추 파스타(290쪽)

알프레도 파스타(291쪽)

닭 초절임(336쪽)

마요네즈와 마요네즈를 다양하게 활용한 멋진 요리들(374~378쪽)

아몬드 카다몬 티 케이크(414쪽)

지방 덧입히기

블루치즈 드레싱(249쪽)

맥주 반죽 생선 튀김(312쪽)과 타르타르 소스(378쪽)

달콤하고 쌈싸름한 초콜릿 푸딩(416쪽)과 향을 가미한 크림(422쪽)

산 수업

산 덧입히기

브라이트 양배추 샐러드(224쪽)

발사믹 비네그레트 드레싱(241쪽)

시트러스 비네그레트 드레싱(244쪽)

시저 드레싱(247쪽)

블루치즈 드레싱(249쪽)

봉골레 파스타(300쪽)

닭 초절임(336쪽)

와인에 졸인 과일(405쪽)을 곁들인 버터밀크 판나 코타(418쪽)

열 수업

열 덧입히기

직화로 구운 아티초크(266쪽)

페르시아식 쌀밥(285쪽)

렌틸콩 넣은 밥을 곁들인 닭 요리(334쪽)

아그로돌체 소스로 버무린 땅콩호박과 방울양배추(262쪽)

갈색화 반응

직화로 굽기: 세상에서 가장 바삭한 즉석 닭구이(316쪽), 얇게 혹은 두툼하게 구운 꽃등심 스테이크(354쪽)

가스레인지에서 굽기: 손가락까지 쪽쪽 빨아먹게 되는 프라이드치킨(328쪽), 렌틸콩 넣은 밥을 곁들인 닭 요리(334쪽), 고추 넣은 돼지고기찜(348쪽)

오븐으로 굽기: 아그로돌체 소스로 버무린 땅콩호박과 방울양배추(262쪽), 오향분 글레이즈 치킨(338쪽)

부드러운 식감 유지하기

스크램블드에그(147쪽)

천천히 구운 연어(310쪽)

참치 콩피(314쪽)

손가락까지 쪽쪽 빨아먹게 되는 프라이드치킨(328쪽)

질기고 딱딱한 재료 연하게 만들기

천천히 오래 익힌 브로콜리 라브(264쪽)

삶은 콩(280쪽)

치킨 콩피(326쪽)

고추 넣은 돼지고기찜(348쪽)

그 밖의 요리 수업

타이밍을 정확히 지켜야 하는 요리

삶은 달걀(304쪽)
스크램블드에그(147쪽)
참치 콩피(314쪽)
안창살 스테이크, 꽃등심 스테이크(354쪽)
마시멜로 머랭(420쪽)
솔티드 캐러멜 소스(426쪽)

타이밍이 정확하지 않아도 되는 요리

캐러멜화된 양파(254쪽)
닭 육수(271쪽)
삶은 콩(280쪽)
라구 파스타(297쪽)
고추 넣은 돼지고기찜(348쪽)

칼질 기술 익히기

캐러멜화된 양파 — 얇게 썰기(254쪽)
콩과 케일이 들어간 토스카나식 수프 — 얇게 썰기, 다지기(274쪽)
시칠리아식 치킨 샐러드 — 다지기(342쪽)
쿠쿠 삽지 — 채소와 허브 잘게 다지기(306쪽)
즉석 닭구이 — 기본적인 고기 손질(316쪽)
컨베이어 벨트 치킨 — 기본적인 고기 손질(325쪽)
허브 살사 — 허브 잘게 썰고 다지기(359쪽)

먹고 남은 음식 즉흥적으로 변형하기

다양한 아보카도 샐러드(217쪽)
데친 채소(258쪽)와 고마아에 드레싱(251쪽)
브로콜리 빵가루 파스타와 다양한 변형 요리(295쪽)
쿠쿠 삽지(306쪽)
늘 꿈꿔 온 여러 가지 타르트!(400~401쪽)

추천 메뉴

가벼운 페르시아식 점심

잘게 부순 페타 치즈와 얇게 썬 오이, 따끈하게 구운 피타 빵

얇게 썬 회향과 순무 샐러드(228쪽)

쿠쿠 삽지(306쪽)와 페르시아식 비트 요구르트(373쪽)

무더운 여름날 점심

토마토와 허브를 넣은 여름 샐러드(229쪽)

참치 콩피(314쪽)와 삶은 흰 강낭콩(280쪽)

클래식 샌드위치에 샐러드를 곁들인 메뉴

로메인 상추와 크리미 허브 드레싱(248쪽)

매콤하게 절인 칠면조 가슴살을 넣은 샌드위치(346쪽)와 아이올리 소스(376쪽)

하노이의 향기

베트남식 오이 샐러드(226쪽)

퍼가(333쪽)

미리 싸 놓기 좋은 소풍 도시락

파르미지아노 비네그레트 드레싱을 곁들인 케일 샐러드(241쪽)

시칠리아식 치킨 샐러드 샌드위치(342쪽)

아몬드 카다몬 티 케이크(414쪽)

데리야끼보다 훨씬 맛있는 한 끼

아시아식 양배추 샐러드(225쪽)

오향분 글레이즈 치킨(338쪽)

재스민 쌀밥(282쪽)

언짢은 날 기분을 확 바꿔 줄 음식

허니머스터드 비네그레트 드레싱을 곁들인 리틀젬 상추(240쪽)

치킨 팟 파이(322쪽)

마늘 향 가득한 깍지콩(261쪽)

겨울 저녁 따듯하게 즐기는 파티 음식

겨울 판차넬라(234쪽)

절여서 구운 돼지 등심(347쪽)

구운 파스닙과 당근(263쪽에 소개한 방법으로 구운 것)

메이어 레몬 살사(366쪽)

버터밀크 판나 코타(418쪽)

와인에 졸인 마르멜로(405쪽)

부담 없는 인도 요리

인도식 연어 요리(311쪽)

사프란 밥(287쪽)

인도식 당근 라이타(370쪽)

인도식 마늘 향 가득한 깍지콩(261쪽)

여름에 어울리는 저녁 메뉴

레몬 비네그레트 드레싱을 곁들인 루콜라(242쪽)

컨베이어 벨트 치킨(325쪽) — 그릴에 구워 보자!

방울토마토 콩피(256쪽)

통째로 그릴에 구운 옥수수(266~267쪽 방법대로 구워 보자. 미리 한 번 삶는 단계는 생략해도 된다.)

딸기 쇼트케이크(393쪽)

프랑스 감성을 담은 요리

레드 와인 비네그레트 드레싱을 곁들인 가든 양상추(240쪽)

손가락까지 쪽쪽 빨아먹게 되는 프라이드치킨(328쪽)

살짝 볶은 아스파라거스(260쪽 방법대로 볶은 것)

정통 프랑스식 허브 살사(362쪽)

바닐라 크림(423쪽)을 곁들인 대황 프랜지페인 타르트(400쪽)

맛있는 모로코 음식

얇게 썬 당근과 생강, 라임 샐러드(227쪽)

모로코 향신료를 넣고 삶은 병아리콩(280쪽과 함께 194쪽 '세계의 맛' 참조)

모로코식 코프타 케밥(357쪽)

하리사(380쪽), 차르물라(367쪽), 허브 요구르트(370쪽)

이자카야 느낌 내기

데친 시금치(259쪽)와 고마아에 드레싱(251쪽)

세상에서 가장 바삭한 즉석 닭구이(316쪽)

일본식 허브 살사(365쪽)

언제나 옳은 치킨으로 차리는 저녁 한 상

브라이트 양배추 샐러드(224쪽)

매콤한 프라이드치킨(320쪽)

가볍고 바삭한 버터밀크 비스킷(392쪽)

삶은 동부콩(280쪽)

천천히 오래 익힌 케일과 베이컨(264쪽에 소개한 방법으로 익힌 것)

달콤하고 쌈싸름한 초콜릿 푸딩(416쪽)

균형까지 완벽하게 맞춘 추수감사절 요리

추수감사절 칠면조 즉석 구이(347쪽)

마늘 향 가득한 깍지콩(261쪽)

발사믹 비네그레트 드레싱을 곁들인 치커리(241쪽)

아그로돌체 소스로 버무린 땅콩호박과 방울양배추(262쪽)

튀긴 세이지를 넣은 살사 베르데(361쪽)

사과 프랜지페인 타르트(397쪽), 솔티드 캐러멜 소스(426쪽)

클래식 호박 파이(390쪽), 새콤한 휘핑크림(424쪽)

내 맘대로 만들어 먹는 타코 파티

절인 양파, 고수를 넣고 아보카도와 감귤류 과일로 만든 샐러드(217쪽)

고추 넣은 돼지고기찜(348쪽), 따끈하게 데운 토르티야

멕시코식 허브 살사(363쪽), 크레마

삶은 콩(280쪽)

그리고 몇 가지 추천 디저트

- 거품 낸 크렘 프레슈(113쪽)를 곁들인 사과 프랜지페인 타르트(397쪽)
- 새콤한 휘핑크림(424쪽)을 곁들인 클래식 호박 파이(390쪽)
- 캐러멜 크림(424쪽)을 곁들인 클래식 애플 파이(388쪽)
- 구운 아몬드 크림(424쪽)을 곁들인 아몬드밀크 그라니타(404쪽)
- 초콜릿 크림(424쪽)을 곁들인 커피 그라니타(405쪽)
- 얼그레이 크림(424쪽)을 곁들인 블러드 오렌지 그라니타(404쪽)
- 누아요 크림(424쪽)을 곁들인 구운 살구(406쪽)
- 솔티드 캐러멜 소스(426쪽)를 곁들인 졸인 배(405쪽)
- 복숭아 잎 크림(424쪽)을 곁들인 복숭아 콩포트(407쪽)
- 커피 크림(423쪽)을 곁들인 로리의 미드나잇 초콜릿 케이크(410쪽)
- 새콤한 휘핑크림(424쪽)을 곁들인 생강 당밀 케이크(412쪽)
- 천도복숭아 콩포트(407쪽)를 곁들인 아몬드 카다몬 티 케이크(414쪽)
- 향신료 크림(423쪽)을 곁들인 멕시코식 초콜릿 푸딩(417쪽)
- 복숭아 바닐라 빈 콩포트(407쪽)를 곁들인 버터밀크 판나 코타(418쪽)
- 장미 향을 가미한 베리(407쪽)를 곁들인 카다몬 판나 코타(419쪽)
- 금귤 콩포트(407쪽)를 곁들인 시트러스 판나 코타(419쪽)

더 읽을거리

특정한 작가나 요리사를 충분히 접하다 보면 그 사람이 어떤 레시피를 쓰는지 알게 되고, 믿고 참고할 수 있는 정보원이 된다. 아래에 소개한 요리사와 저술가는 내가 온라인이나 책에서 새로운 레시피를 검색할 때 꼭 참고하는 분들이다.

전 세계 여러 나라의 요리: **[중국]** 세실리아 치앙, 푸크시아 던롭 **[프랑스]** 줄리아 차일드, 리처드 올니 **[인도 아대륙]** 마두르 재프리, 닐루퍼 이차포리아 킹 **[이란]** 내즈미예 바트망겔리즈 **[이탈리아]** 아다 보니, 마르첼라 하잔 **[일본]** 낸시 싱글턴 하치스, 츠지 시즈오 **[지중해]** 요탐 오토렝기, 클라우디아 로덴, 폴라 울퍼트 **[멕시코]** 다이아나 케네디, 마리셀 프레실라 **[태국]** 앤디 리커, 데이비드 톰슨 **[베트남]** 안드레아 응우옌, 찰스 판

요리 전반: 제임스 비어드, 에이프릴 블룸필드, 매리언 커닝햄, 수잰 고인, 에드나 루이스, 데버라 매디슨, 칼 피터넬, 데이비드 타니스, 앨리스 워터스, '커낼 하우스'의 요리책, 『조이 오브 쿠킹(*The Joy of Cooking*)』

음식과 요리에 관한 글에 필요한 영감을 얻고 싶을 때: 타마르 애들러, 엘리자베스 데이비드, MFK 피셔, 페이션스 그레이, 제인 그릭슨, 나이젤 슬레이터

제과제빵: 조시 베이커, 플로 브레이커, 도리 그린스팬, 데이비드 레보비츠, 앨리스 메드리치, 엘리자베스 프루이트, 클레어 프탁, 채드 로버트슨, 린지 셰어

요리와 관련된 과학적 원리: 셜리 코리허, 해럴드 맥기, J. 캔지 로페즈 알트, 에르베 티스, 매거진 《쿡스 일러스트레이티드(*Cook's Illustrated*)》

감사의 말

지난 15년 동안 했던 요리와 요리에 관한 생각 그리고 6년간 조사하고 쓴 글들이 모여 이 한 권의 책이 되었다. 그 과정에서 수많은 분들이 크게 또는 작게, 일일이 셀 수 없을 만큼 많은 도움을 주셨다. 그 분들께 깊은 감사의 마음을 전하고 싶다.

앨리스 워터스는 요리하는 사람들이 서로 엄청난 영감을 얻고 배움을 나눌 수 있는 커뮤니티를 만들었고, 어린 나를 기꺼이 받아 주었다. 미학적인 감각과 민감하게 볼 줄 아는 눈을 키워 준 분이고, 그렇게 배운 것들은 지금까지 내가 해 온 모든 일을 이끈 길잡이가 되었다. 여성이 비전을 세우고 단호하게 도전하면 얼마나 많은 것을 성취할 수 있는지 몸소 보여 준 분이기도 하다.

마이클 폴란과 주디스 벨저는 나의 친구이자 선생님으로 오랫동안 수없이 많은 지지를 보내 주었다. 요리에 관한 무모한 아이디어가 번듯한 철학이 되고, 이렇게 책으로 완성되도록 가장 초창기에 격려해 준 분들이다.

크리스토퍼 리는 백과사전 같은 풍성한 지식의 보고이자 요리 분야의 선구자들이 이룬 성과를 존중해야 한다는 사실을 내게 가르쳐 준 분이다. 요리의 한계에 도전하고, 맛을 보는 법도 이분께 배웠다.

로리 포드라차와 마크 고든은 내가 이론 하나하나를 걸고넘어지며 의문을 제기해도 인내하며 기다려 주었다.

'Quality'와 'quality'의 차이를 알려 준 토머스 W. 도먼께도 감사를 드린다.

나에게 선생님이 되어 준 분들도 많다. 스티븐 부스, 실번 브래킷, 메리 커낼리스, 다리오 체키니, 슈친 친, 레이넬 데 구즈만, 에이미 덴클러, 사만다 그린우드, 찰리 할로웰, 로버트 해스, 켈시 커, 닐루퍼 이차포리아 킹, 찰린 니콜슨, 칼 피터넬, 도미니카 라이스, 크리스티나 로치, 린지 셰어, 앨런 탱그렌, 데이비드 타니스, 베네데타 비탈리까지, 모든 분께 감사의 말을 전한다.

'18 리즌스(18 Reasons)'의 샘 모거넘과 로시 브랜슨 길, 미셸 맥켄지와 '소울 푸드 팜(Soul Food Farm)'의 알렉시스 쿠푸드와 에릭 쿠푸드는 내가 〈소금, 지방, 산, 열〉이라는 제목으로 처음 수업을 진행했을 때 고치고 다듬을 기회를 제공해 주었다. 내 첫 번째 학생이자 가장 우수한 학생인 사샤 로페즈도 빼놓을 수 없다.

크리스 콜린, 잭 히트, 더그 맥그레이, 캐롤린 폴, 케빈 웨스트를 비롯해 나를 든든하게 응원해 준

작가들과 '노토(Notto)'를 거쳐 간 분들을 포함한 모든 분들, 록시 바하르, 줄리 케인, 노벨라 카펜터, 브리짓 후버, 케이시 마이너, 세라 C. 리치, 메리 로치, 알렉 스콧, 고디 슬랙, 말리아 울란께 감사드린다.

세라 아델먼, 로렐 브레이트먼, 제니 와프너는 초기 아이디어를 발전시킬 수 있도록 힘을 보태 주고 내게 변함없는 우정을 선사해 주었다.

퀴노아를 계기로 알게 된 트와일라잇 그리너웨이, 나와 친자매처럼 가까워진 저스틴 리모지스 그리고 나까지 세쌍둥이의 일원이 된 말로 콜트 그리너웨이 리모지스에게도 인사를 전한다.

애런 하이먼은 내 머릿속에 떠오른 궁금증을 하나하나 함께 풀어 가면서 절대로 대충 타협하지 않도록 이끌어 주었다.

크리스틴 라스무센은 과학과 영양에 대해 제대로 가르쳐 준, 내게는 영웅 같은 분이다. 해럴드 맥기는 식품과학에 대해 가르쳐 주었고 가이 크로스비와 미셸 해리스, 로라 카츠는 이 책에 담긴 내용의 사실 여부를 꼼꼼하게 체크해 주었다.

레시피 작성과 검증 과정을 도와주고 조언을 아끼지 않은 아네트 플로어스, 미셸 퓨어스트, 에이미 해트윅, 캐리 루이스, 아말리아 마리노, 로리 오야마다, 로리 엘렌 펠리카노, 톰 퍼틸, 질 산토피에트로, 제시카 워시번에게도 감사드린다.

인내심을 갖고 나에 대한 굳은 믿음으로 부지런히 내 레시피를 테스트해 준 수백 명의 아마추어 요리사들께도 감사 인사를 전한다!

각자의 입맛을 내게 알려 주고 우정을 보여 줬을 뿐만 아니라 아마추어 요리사들이 어떤 생각을 갖고 있는지 알려 준 토머스와 티파니 캠벨, 그레타 카루소, 바버라 덴튼, 렉스 덴튼, 필립 드웰, 알렉스 홀리의 도움도 잊지 못할 것이다.

타마르 애들러와 줄리아 터센은 내가 글쓰기와 요리가 공존하는 길을 걷는 동안 옆에서 나란히 함께 걸어 주었다.

꾸준함과 연민을 보여 준 데이비드 릴랜드에게도 고마운 마음을 전한다.

세라 레이허넨, 에릭 파미산은 농장에 내가 글을 쓸 수 있는 공간을 제공해 주었다.

내가 놀러 갈 때마다 스스럼없이 나를 끼워 준 배커 가족 피터와 크리스틴, 보디와 베아도 정말 고마웠다.

베를린 클리켄보그의 저서 『몇 가지 단문으로 배우는 글쓰기(*Several Short Sentences about Writing*)』도 큰 도움이 되었다.

맥도웰 공동체(The MacDowell Colony), 헤드랜드 아트센터(The Headlands Center for the Arts), 메사 리퓨지(Mesa Refuge)는 내게 필요한 공간과 시간, 값을 따질 수 없는 창의적인 영감을 제공해 준 곳이다.

알바로 빌라누에바는 엄청난 참을성과 훌륭한 유머 감각, 창의성을 발휘해 기존의 규칙을 모두 깨뜨린 책을 만들어야 하는 어려운 일을 해냈다.

세세한 것도 놓치지 않는 에밀리 그래프의 열의와 체계적인 성향, 지치지 않는 응원 덕분에 이 책을 크게 발전시킬 수 있었다. 보이지 않는 곳에서 이 책을 만들고 세상에 나올 수 있도록 숨을 불어넣어 준 '사이먼 앤드 슈스터 출판사'의 앤 체리와 모린 콜, 케일리 호프먼, 세라 레이디, 메리수 루치, 스테이시 사칼, 다나 트로커의 노고에도 감사드린다.

제니 로드는 저 멀리 지구 반대편에서 꼭 알맞은 타이밍에 꼭 필요한 말을 해 주었다.

이 책이 올바른 방향으로 나아갈 수 있도록 지혜와 열정을 담아 도움을 주고 그보다 더 중요한 것, 책을 향한 깊은 애정에서 나오는 마법 같은 우정을 발휘해 준 마이크 슈체르반에게도 감사드린다.

웬디 맥노튼은 빛나는 유머 감각과 모험심, 열정으로 뭐든 기꺼이 시도해 보고, 응원해 주고, 중요한 순간에 곁에 있어 주고, 성실하게 일해 주었다. 내가 사랑하는 아티스트가 내가 쓴 책에 들어갈 일러스트 작업을 해 준 것만으로도 기쁜 일인데 함께 일하면서 나와 절친한 친구가 되다니, 정말 이 행운을 어떻게 표현해야 할지 모르겠다. 내가 바란 것보다 훨씬 더 많이 도와주고 이끌어 준, 잊지 못할 작업이었다.

내 친구이자 무엇이든 못하는 것이 없는 챔피언, 캐리 스튜어트가 없었다면 이 책은 절대로 완성되지 못했을 것이다. 내게 캐리를 보내 준 어맨다 어번께도 감사드린다. 최고라고밖에 표현할 수 없는 패트릭 몰리도 마찬가지다.

마지막으로 어떻게 먹고 살아야 하는지 가르쳐 준 샤흘라, 파샤, 바하도어 노스랏, 내 가족들에게 고맙다는 인사를 전한다. 레일라, 샤합, 샤흐람, 샤리아르, 지바 카자이 이모와 삼촌들 그리고 나의 할머니들 파빈 카자이와 파리바시 노스랏께도 감사드린다. Nooshe joonetan.

늘 변함없이 격려해 주시는 부모님, 로빈 맥노튼과 캔디 맥노튼께 감사드린다. (엄마, 제 인생 최고의 요리사는 엄마예요.)

요리하고 그림을 그리느라 엉망진창으로 준비했던 식사 초대에 늘 와서 즐거운 시간을 보내며 우리에게 용기를 심어 주고, 생각과 지혜, 응원, 사랑을 아낌없이 베풀어 준 친구들, 가족들께 감사 인사를 드린다. 그 모든 응원으로 여기까지 올 수 있었다.

스튜디오 매니저이자 사람들 틈에서 항공관제사 역할을 톡톡히 해 준 트리시 리치먼에게 기립박수를 보낸다. 이번 프로젝트에서 핵심이 된 이분이 없었다면 그림 작업은 물론 아무것도 해내지 못했을 것이다.

알바로 빌라누에바! 멋진 디자인과 창의적인 아이디어, 명확한 생각, 인내심은 정말 놀라운 그 자체였다. 덕분에 수백 장의 그림을 수월하게 그릴 수 있었다. 정말 감사드린다.

사민과 나를 지극 정성으로 돌봐 준 캐리 스튜어트에게도 정말 큰 도움을 받았다. 이분이 진정한 챔피언이다.

내 에이전트이자 롤 모델인 샬럿 쉬디에게는 최고급 버번 위스키를 100병쯤 선물해도 내 감사한 마음을 다 전할 수 없을 것 같다. 업무에 관해서나 그 외 모든 면에서도 맡은 몫 이상으로 큰 도움을 주었다.

내 모든 것, 캐롤라인 폴은 매일 저녁을 함께 먹고 설거지도 함께하고, 보고며 토의까지 매 순간을 나와 함께했다. 캐롤라인이 없었다면 이 책도 없었을 것이다. 우리 집 그리고 우리 삶에 문을 열고 찾아와 이렇게 좋은 경험을 할 수 있게 해 준 것에 정말 감사드린다. 이제 내가 직접 만든 음식을 대접할 수 있게 되어서 얼마나 기쁜지 모른다.

그리고 사민. 처음 내게 연락해서 함께 일하자고 했을 때 나는 달걀 하나도 제대로 못 깨는 사람이었다. 사민의 유머 감각과 인내심, 다정함 그리고 진심 어린 열정 덕분에 요리가 얼마나 재미있고 매력적인 일인지 알게 되었다. 내 삶을 바꾼 사민에게 고맙다는 인사를 전한다. 사민과 함께 작업하고 그림을 그릴 수 있어서, 그리고 친구가 될 수 있어서 영광이었으며 너무나 즐거웠다.

참고 문헌

Batali, Mario. Crispy Black Bass with Endive Marmellata and Saffron Vinaigrette, in *The Babbo Cookbook*. New York: Clarkson Potter, 2002.

Beard, James. *James Beard's Simple Foods*. New York: Macmillan, 1993.

_____. *Theory and Practice of Good Cooking*.

Braker, Flo. *The Simple Art of Perfect Baking*. San Francisco: Chronicle Books, 2003.

Breslin, Paul A. S. "An Evolutionary Perspective on Food and Human Taste." *Current Biology*, Elsevier, May 6, 2013.

Corriher, Shirley. *BakeWise: The Hows and Whys of Successful Baking with Over 200 Magnificent Recipes*. New York: Scribner, 2008.

Crosby, Guy. *The Science of Good Cooking: Master 50 Simple Concepts to Enjoy a Lifetime of Success in the Kitchen*. Brookline, MA: America's Test Kitchen, 2012.

David, Elizabeth. *Spices, Salt and Aromatics in the English Kitchen*. Harmondsworth: Penguin, 1970.

Frankel, E. N., R. J. Mailer, C. F. Shoemaker, S. C. Wang, and J. D. Flynn. "Tests Indicate That Imported 'extra-Virgin' Olive Oil Often Fails International and USDA Standards." *UC Davis Olive Center*. UC Regents, June 2010.

Frankel, E. N., R. J. Mailer, S. C. Wang, C. F. Shoemaker, J. X. Guinard, J. D. Flynn, and N. D.

Sturzenberger. "Evaluation of Extra-Virgin Olive Oil Sold in California." *UC Davis Olive Center. UC Regents, April 2011*.

Heaney, Seamus. *Death of a Naturalist*. London: Faber and Faber, 1969.
『어느 자연주의자의 죽음』, 셰이머스 히니, 이정기 옮김, 나라원, 1995

Holland, Mina. *The Edible Atlas: Around the World in Thirty-Nine Cuisines*. London: Canongate, 2014.

Hyde, Robert J., and Steven A. Witherly. "Dynamic Contrast: A Sensory Contribution to Palatability." *Appetite* 21.1 (1993): 1-16.

King, Niloufer Ichaporia. *My Bombay Kitchen: Traditional and Modern Parsi Home Cooking*. Berkeley: University of California, 2007.

Kurlansky, Mark. *Salt: A World History*. New York: Walker, 2002.
『소금: 인류사를 만든 하얀 황금의 역사』, 마크 쿨란스키, 이창식 옮김, 세종서적, 2003

Lewis, Edna. *The Taste of Country Cooking*. New York: A. A. Knopf, 2006.

McGee, Harold. "Harold McGee on When to Put Oil in a Pan." *Diners Journal Harold McGee on When to Put Oil in a Pan Comments*. New York Times, August 6, 2008.

____. *Keys to Good Cooking: A Guide to Making the Best of Foods and Recipes*. New York: Penguin Press, 2010.

____. *On Food and Cooking: The Science and Lore of Cooking*. New York: Scribner, 1984; 2nd ed. 2004.
『음식과 요리: 세상 모든 음식에 대한 과학적 지식과 요리의 비결』, 해럴드 맥기, 이희건 옮김, 이데아, 2017

Mcguire, S. "Institute of Medicine. 2010. Strategies to Reduce Sodium Intake in the United States." Washington, DC: The National Academies Press. *Advances in Nutrition: An International Review Journal* 1.1 (2010): 49-50.

McLaghan, Jennifer. *Fat: An Appreciation of a Misunderstood Ingredient, with Recipes*. Berkeley: Ten Speed Press, 2008.

McPhee, John. *Oranges*. New York: Farrar, Straus and Giroux, 1967.

Montmayeur, Jean-Pierre, and Johannes Le Coutre. *Fat Detection: Taste, Texture, and Post Ingestive Effects*. Boca Raton: CRC/Taylor & Francis, 2010.

Page, Karen, and Andrew Dornenburg. *The Flavor Bible: The Essential Guide to Culinary Creativity, Based on the Wisdom of America's Most Imaginative Chefs*. New York: Little, Brown, 2008.

Pollan, Michael. *Cooked: A Natural History of Transformation*. New York: Penguin, 2014.
『요리를 욕망하다: 요리의 사회문화사』, 마이클 폴란, 김현정 옮김, 에코리브르, 2014

Powers of Ten— Film Dealing with the Relative Size of Things in the Universe and the Effect of Adding Another Zero. By Charles Eames, Ray Eames, Elmer Bernstein, and Philip Morrison. Pyramid Films, 1978.
『10의 제곱수: 마흔두 번의 도약으로 보는 우주 만물의 상대적 크기』, 필립 모리슨, 필리스 모리슨, 찰스와 레이 임스 연구소, 박진희 옮김, 사이언스북스, 2012

Rodgers, Judy. *The Zuni Cafe Cookbook*. New York: W. W. Norton, 2002.

Rozin, Elisabeth. *Ethnic Cuisine: The Flavor-Principle Cookbook*. Lexington, MA: S. Greene, 1985.

Ruhlman, Michael. *The Elements of Cooking: Translating the Chef's Craft for Every Kitchen*. New York: Scribner, 2007.

Segnit, Niki. *The Flavor Thesaurus: A Compendium of Pairings, Recipes, and Ideas for the Creative Cook*. New York: Bloomsbury, 2010.

"Smoke: Why We Love It, for Cooking and Eating." *Washington Post*, May 5, 2015.

Stevens, Wallace. *Harmonium*. New York: A. A. Knopf, 1947.

Strand, Mark. *Selected Poems*. New York: Knopf, 1990.

Stuckey, Barb. *Taste What You're Missing: The Passionate Eater's Guide to Why Good Food Tastes Good*. New York: Free, 2012.

Talavera, Karel, Keiko Yasumatsu, Thomas Voets, Guy Droogmans, Noriatsu Shigemura, Yuzo Ninomiya, Robert F. Margolskee, and Bernd Nilius. "Heat Activation of TRPM5 Underlies Thermal Sensitivity of Sweet Taste." *Nature*, 2005.

This, Hervé *Kitchen Mysteries: Revealing the Science of Cooking=Les Secrets De La Casserole*. New York: Columbia UP, 2007.

_____. *Molecular Gastronomy: Exploring the Science of Flavor. New York*: Columbia UP, 2006.

_____. *The Science of the Oven*. New York: Columbia UP, 2009.

Waters, Alice, Alan Tangren, and Fritz Streiff. *Chez Panisse Fruit*. New York: HarperCollins, 2002.

Waters, Alice, Patricia Curtan, Kelsie Kerr, and Fritz Streiff. *The Art of Simple Food: Notes, Lessons, and Recipes from a Delicious Revolution*. New York: Clarkson Potter, 2007.

Witherly, Steven A. "Why Humans Like Junk Food." Bloomington: iUniverse Inc., 2007.

Wrangham, Richard W. *Catching Fire: How Cooking Made Us Human*. New York: Basic, 2009.

찾아보기

* NOTES *

사민 노스랏

사민 노스랏은 저술가이자 강사, 요리사다. 《뉴욕 타임스》는 '최상의 재료를 정확하게 다루는 기술을 알고 싶을 때 꼭 물어봐야 할 사람'으로, NPR 프로그램 〈올 띵스 컨시더드(*All Things Considered*)〉에서는 '차세대 줄리아 차일드'로 사민을 묘사한 적이 있다. '셰 파니스' 레스토랑에 어쩌다 발을 들인 2000년부터 전문 요리사로 활동해 왔다. 《뉴욕 타임스》, 《본 아페티》, 《샌프란시스코 크로니클》 등에 글을 기고해 왔다. 현재 캘리포니아주 버클리에서 요리도 하고 정원도 가꾸며 살고 있다. 『소금, 지방, 산, 열』은 처음으로 낸 책이다.

웬디 맥노튼

웬디 맥노튼은 《뉴욕 타임스》 베스트셀러에 오른 여러 도서에 참여한 일러스트레이터이자 그래픽 저널리스트다. 저서로는 『샌프란시스코의 일상(*Meanwhile in San Francisco*)』, 『요리사의 문신(*Knives & Ink*)』, 『용감한 소녀들이 온다(*The Gutsy Girl*)』, 『로스트 캣(*Lost Cat*)』, 『먹어 보고 맡아 보는 와인 전문가 가이드(*The Essential Scratch and Sniff Guide to Becoming a Wine Expert*)』 등이 있다. 《캘리포니아 선데이 매거진》의 칼럼니스트로도 활동 중이다. 현재 샌프란시스코에서 파트너, 그리고 네 발 달린 동물 몇 마리와 함께 살고 있다. 사민 덕분에 주방도 제대로 활용하게 되었다고 한다.

옮긴이 제효영

성균관대학교 유전공학과와 동 대학교 번역대학원을 졸업하였다. 현재 번역 에이전시 허니브릿지에서 출판 기획 및 전문 번역가로 활동하고 있다.
주요 역서로는 『괴짜 과학자들의 별난 실험 100』, 『설탕 디톡스 21일』, 『몸은 기억한다』, 『밥상의 미래』, 『G폭탄 식사법』, 『세뇌』, 『브레인 바이블』, 『콜레스테롤 수치에 속지 마라』, 『약 없이 스스로 낫는 법』, 『독성프리』, 『100세 인생도 건강해야 축복이다』, 『신종 플루의 진실』, 『내 몸을 지키는 기술』, 『파이만큼 맛있는 숫자 이야기』, 『잔혹한 세계사』, 『러시안룰렛에서 이기는 법』, 『아웃사이더』, 『멘사 수학 퍼즐 프리미어』, 『잡동사니 정리의 기술』 등 다수가 있다.

한글 캘리그래피 황의정

홍대 앞에서 오랜 시간 '엣코너(at corner)'라는 빈티지 숍을 운영했고, 지금은 제주 동쪽 마을에서 라이프스타일 브랜드 '파앤이스트(FAR&EAST)'를 운영하며 남편과 강아지 네 마리, 고양이 한 마리와 함께 살고 있다. 쓰고 그린 책으로 『여행하듯 랄랄라』와 『각자 원하는 달콤한 꿈을 꾸고 내일 또 만나자』가 있다. 인스타그램 @doodaamee

소금, 지방, 산, 열

훌륭한 요리를 만드는 네 가지 요소

1판 1쇄 펴냄 2020년 1월 28일
1판 8쇄 펴냄 2024년 12월 30일

지은이 사민 노스랏
그린이 웬디 맥노튼
옮긴이 제효영

편집 김지향 길은수 최서영
교정교열 신귀영
디자인 김낙훈 한나은 김혜수 이미화
마케팅 정대용 허진호 김채훈 홍수현 이지원 이지혜 이호정
홍보 이시윤 윤영우
저작권 남유선 김다정 송지영
제작 임지헌 김한수 임수아 권순택
관리 박경희 김지현

펴낸이 박상준
펴낸곳 세미콜론
출판등록 1997. 3. 24.(제16-1444호)

06027 서울특별시 강남구 도산대로1길 62
대표전화 515-2000 팩시밀리 515-2007
편집부 517-4263 팩시밀리 515-2329

ISBN 979-11-90403-52-8 13590

세미콜론은 민음사 출판그룹의
만화 · 예술 · 라이프스타일 브랜드입니다.
www.semicolon.co.kr

엑스 semicolon_books
인스타그램 semicolon.books
페이스북 SemicolonBooks